# 25th Scientific and Practical Conference on Issues of Geological Exploration and Development Oil and Gas Fields (Geomodel 2023)



Gelendzhik, Russia
4-7 September 2023

ISBN: 978-1-7138-8709-6

**Printed from e-media with permission by:**

Curran Associates, Inc.
57 Morehouse Lane
Red Hook, NY 12571

**Some format issues inherent in the e-media version may also appear in this print version.**



For permission requests, please contact the publisher:

GEOMODEL LLC
119071 Leninsky Prospect 19
Moscow, Russia

Printed with permission by Curran Associates, Inc. (2025)

**Additional copies of this publication are available from:**

Curran Associates, Inc.
57 Morehouse Lane
Red Hook, NY 12571 USA
Phone: 845-758-0400
Fax: 845-758-2633
Email: curran@proceedings.com
Web: www.proceedings.com

Геомодель2023

25-я конференция по вопросам геологоразведки и разработки месторождений нефти и газа

4–7 сентября 2023 г. | Геленджик, Россия

# Сборник материалов конференции

# Оглавление

## Геофизический и гидродинамический контроль и мониторинг добычи на нефтяных и газовых месторождениях

## Исследования керна. Петрофизические измерения, зависимости и модели коллекторов

## Исследования неантиклинальных ловушек углеводородов (русловые, тектонически и литологически экранированные, стратиграфические….)



## Кинематическая и динамическая интерпретация данных сейсморазведки (атрибутный анализ, все виды инверсии и т.п.)

## Математические методы обработки геологической информации, включая геостатистику и многомерный анализ данных

## Машинное обучение и искусственный интеллект в геонауках



## Несейсмические и дистанционные методы поисков

## Нетрадиционные месторождения углеводородов: трудноизвлекаемые запасы и нетрадиционные скопления УВС, тяжёлая и сланцевая нефть, газ в плотных породах, угольный метан, газогидраты



## Пленарная сессия

## Прикладные вопросы обработки сейсмических данных

## Проектирование систем наблюдения, сбор и контроль качества сейсмических данных

## Региональная геология нефтегазоносных бассейнов России и мира



## Региональная сессия. Западная Сибирь

## Современные методы проектирования и оптимизации разработки месторождений УВ, методы повышения нефтеотдачи

**«Подход к оценке потенциала выработки запасов с учетом сложившихся геолого-технологических факторов разработки месторождений»**

В.А. Иванова* (ООО «Газпромнефть НТЦ»), С.С. Суходанова (ООО «Газпромнефть НТЦ»), Ф.Ф. Халиуллин (ООО «Газпромнефть НТЦ»), Р.И. Шакиров (ООО «Газпромнефть – ННГГФ»)

**Введение**

Разработан подход, позволяющий оценить потенциал добычи нефти в краткосрочной и долгосрочной перспективе с учетом начальных и сложившихся в процессе разработки месторождения осложняющих геологических и технологических факторов. Интеграция существующих подходов к анализу показателей разработки и оценке геологических параметров объекта дала возможность получить два коэффициента, позволяющих спрогнозировать уровни добычи нефти и оценить объект извлекаемых запасов в текущих условиях разработки: Ксл (коэффициент сложности), отражающий геологические и инфраструктурные особенности месторождения, и Кр (коэффициент разработки), характеризующий эффективность процесса выработки ОИЗ. Сумму двух полученных коэффициентов составляет индекс RPE (reservoir production efficiency), позволяющий оперативно оценивать степень достижения текущего и конечного КИН с учетом принятых проектных решений, определять основные причины недостижения запланированных показателей добычи. На основе значений индексов RPE осуществляется ранжирование объектов по степени сложности с точки зрения выработки запасов, что позволяет выйти на комплекс рекомендуемых ГТМ и сформировать программу доисследований для оптимизации разработки и наращивания уровня добычи нефти на перспективу с учетом уже существующих геолого-технологических осложнений выработки запасов.

На примере ряда месторождений Компании по предложенной методике были выявлены наиболее проблемные объекты, требующие детальной проработки ввиду низких ожидаемых конечных КИН. По всем объектам были проведены экспресс-диагностика текущего состояния системы разработки, оценка ожидаемых уровней добычи нефти, а также сформирована программа ГТМ для повышения степени выработки запасов в условиях текущих особенностей месторождений. Ретроспективный анализ разработки показал успешность применения предлагаемого подхода к оценке эффективности выработки ОИЗ с целью оптимизации уровней добычи нефти, а также помог обосновать, с научной точки зрения, применимость подходов к разработке трудноизвлекаемых запасов на объектах.

**Метод (и/или Теория)**

Подход представляет собой проведение нескольких последовательных этапов. На первом этапе определяется тип запасов на месторождении: трудноизвлекаемые запасы (ТрИЗ) или коллектор с традиционным строением и свойствами пласта. Степень трудности извлечения запасов оценивается на основании проницаемости, расчлененности, нефтенасыщенной толщины, вида геологической свиты, вязкости нефти и начальной нефтенасыщенности [1]. Группировка объектов по типу запасов позволяет перейти к следующему этапу, в ходе которого оценивается Индекс RPE, который складывается из расчета двух коэффициентов Ксл и Кр, что позволит оценить потенциал извлечения ОИЗ как на краткосрочную, так и на долгосрочную перспективы с учетом текущих проблем выработки и понимания основных рычагов воздействия для управления выработкой запасов. Чем выше индекс RPE, тем интереснее, с точки зрения оперативного наращивания объемов добычи, объект разработки.

Все параметры, участвующие при расчете Ксл, указаны в таблице на рисунке 1. Каждому параметру задается граничное значение, которому на выходе присваивается соответствующий коэффициент - 0.1 или 1 балл. Далее все полученные баллы складываются, и на выходе получаем некий результат Ксл. Максимальное значение, которое может быть присвоено Ксл –

12 баллов, что свидетельствует о наличии существенных осложнений, связанных с геологией пласта, свойствами флюидов и инфраструктурными сооружениями на самом месторождении. И наоборот, минимальный допустимый результат говорит о незначительном осложнении при реализации тех или иных технологических мероприятий по довыработке ОИЗ [2]. Параметры, выделенные жирным шрифтом в таблице на рисунке 1, представляют собой качественные оценки, полученные как результат более детальной проработки каждого Актива Компании по соответствующим критериям.

| Данные | Значение | Балл |
|---|---|---|
| Отклонение Гф тек. от Гф нач. | <25% / >25% | **0.1 / 1** |
| Отклонение Рпл.тек. от Рпл.нач. | <10% / >10% | **0.1 / 1** |
| Песчанистость (Кп) | >0,6 / <0,6 | **0.1 / 1** |
| Объем бурения за прошлый год (ОБ), отнесенный к общему кол-ву скважин (Nскв/Общий фонд скважин)*100% | >20% / <20% | **0.1 / 1** |
| Средний коэффициент эксплуатации скважин (Кэкспл) (определяется по среднему значению за последние три года) | >0,6 / <0,6 | **0.1 / 1** |
| Совместная эксплуатация скважин | >10% / <10% | **0.1 / 1** |
| Обеспеченность водой (ОВ) в текущем году | >90% / <90% | **0.1 / 1** |
| Проницаемость (Кпр) | >3мД / <3мД | **0.1 / 1** |
| Схема добычи УВ | годовая / сезонная | **0.1 / 1** |
| **Энергия вытеснения в коллекторе:** | Сумма: Менее 9/Более 10 | **0,1 / 1** |
| 1. Активность аквифера | 1-5 | |
| 2. Газовая шапка | 1-5 | |
| 3. Режим уплотнения породы (Упругий режим) | 1-5 | |
| 4. Энергия пласта (Упругонапорный режим) | 1-5 | |
| **Качество флюидов:** | Менее 9/Более 10 | **0,1 / 1** |
| 1. Свойства нефти | 1-5 | |
| 2. Свойства газа | 1-5 | |
| 3. Содержание инертных соединений | 1-5 | |
| 4. Пластовая вода | 1-5 | |
| **Структурная сложность:** | Менее 9/Более 10 | **0,1 / 1** |
| 1. Тектоническое экранирование | 1-5 | |
| 2. Плотность разломов | 1-5 | |
| 3. Естественные трещины | 1-5 | |
| 4. Падение пласта | 1-5 | |
| **Результат этапа 3.1** | | **12 (max)** |

***Рисунок 1.*** *Расчетные параметры для Ксл*

Аналогично все параметры, участвующие при расчете Кр, представлены в таблице на рисунке 2. Максимальное значение, которое может быть присвоено Кр – 8 баллов, что свидетельствует о наличии существенных проблем в способе выработки запасов на месторождении. Чем выше Кр по результатам оценки объекта, тем больше технологических факторов на месторождении, связанных не с самой рациональной выработкой ОИЗ.

После проведения расчетов Ксл и Кр, полученные значения коэффициентов предварительно нормируются от 0.1 до 1 для учета в корректировке проектных профилей добычи нефти на перспективу. Данная графическая часть, представленная на рисунке 3, дает представление о том, насколько сильно мы можем отклоняться в добыче нефти в условиях осложняющих факторов, приведенных в коэффициенте сложности. Остальное снижение потенциала добычи нефти заключается в коэффициенте разработки. Если Кр высокий, значит, проблему необходимо решать на уровне пересмотра подхода к выработке запасов. Профиль Прогноз*Ксл*Кр показывает, к чему мы идем при текущей ситуации разработки.

Геомодель

| Данные | Значения | Балл |
|---|---|---|
| Обводненность (В), % | <70% / >70% | **0,1 / 1** |
| Отбор от НИЗ, % | <60% / >60% | **0,1 / 1** |
| Коэффициент текущей компенсации (m тек), % | >100% / <100% | **0,1 / 1** |
| Коэффициент накопленной компенсации (m нак), % | >100% / <100% | **0,1 / 1** |
| Показатель эффективности системы ППД. Оценка Кохвата при текущих отборах и в условиях ППД.<br>$К_{охв\ проект} = \frac{проект\ КИН}{К_{выт}}$<br>$К_{охв\ факт} = \frac{(Q_{зак\ нак} - Q_{В\ нак})}{Подвижные\ запасы}$<br>$К_{охв\ текущ}^{ожидаемый} = \frac{КИН_{текущ}}{К_{выт}}$ | Если $К_{охв\ факт} > К_{охв\ текущ}^{ожидаемый}$ то 1, иначе 0,1 | **0,1 / 1** |
| Накопленный объем непроизводительной закачки по методу материального баланса (то, что не повлияло на изменение энергетики), %<br>Объем неэффективной + потенциально эффективной закачки по сопоставлению текущего, проектного и фактического коэффициентов охвата, % | Если $\Delta Q_{непроизв.з.} / \Sigma Q_{зак} > 20\%$, то 1, **иначе** 0,1 | **0,1 / 1** |
| Показатель отклонений накопленных водонефтяных отношений (ВНФнак) на конец рассматриваемого года согласно фактическим и проектным данным. | Если ВНФ факт/ВНФ проект>1,15, то 1, иначе 0.1 | **0,1 / 1** |
| Наличие скважин с НЭК и ЗКЦ.<br>Оценка по функции Баклея-Леверетта, ОФП и картам текущей водонасыщенности + построение графиков Чена для выявления основного источника обводнения скважины/участка/объекта. | Графическая оценка результатов: 0,1 – графики без ЗКЦ/НЭК, 1 с ЗКЦ/НЭК | **0,1 / 1** |
| **Результат этапа 3.2** | | **8 (max)** |

***Рисунок 2.*** *Расчетные параметры для Кр*

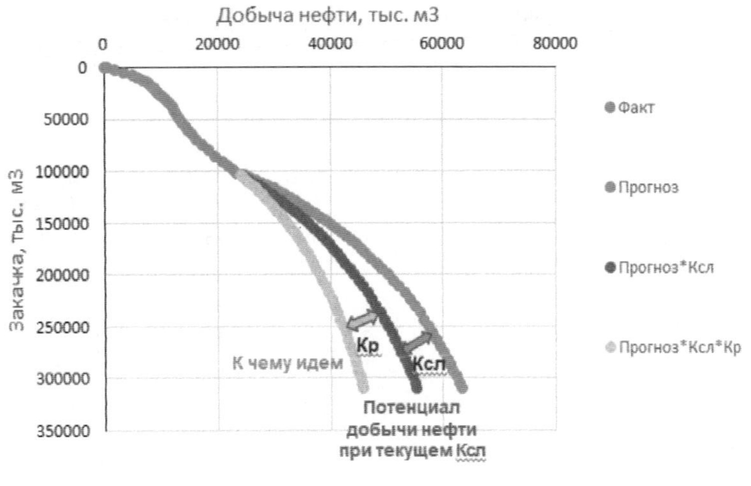


***Рисунок 3.*** *Оценка потенциала доступных извлекаемых запасов нефти на перспективу на примере месторождения X, пласт Y [3]*

**Выводы**

Таким образом, благодаря предложенному подходу можно:

1. Повысить успешность формирования программы бизнес-кейсов за счет научно-обоснованного подхода к прогнозированию потенциала по ОИЗ;

2. Получить избыточный портфель кейсов (больше проработанных вариантов решений);

3. Провести дифференцированную экспресс-диагностику состояния разработки большого количества объектов в разрезе геологических и технологических осложнений;

4. Выделить наиболее перспективные объекты по наименьшей сложности доизвлечения ОИЗ;

5. Определить доступный потенциал на объектах разработки;

6. Выявить основные рычаги воздействия для оптимизации системы разработки и наращивания объемов добычи нефти на перспективу;

7. Повысить качество и достоверность прогноза при последующем планировании ПТД.

**Библиография / References**


1. Lisovskiy N.N., Khalimov E.M., On the classification hard to recover reserves (In Russ.) Vestnik TsKR Rosnedra, 2009, no 6, pp. 33-35.

2. Sukhodanova S.S., F.F. Khaliullin, V.S. Vorobev et al., Recoverable production efficiency of remaining reserves as an instrument of potential assessment of oil production (In Russ.) // Oil Industry Journal. – 2021. - №10. – P. 59-63.

3. Sukhodanova S.S., F.F. Khaliullin, Shakirov M.A. et al., Analysis of the efficiency of the productive formation reserve recovery in the high-level assessment of oil production indicators (In Russ.) // Oil Industry Journal. – 2022. - №12. – P. 30-33.

Геомодель

## Выявление суперколлекторов на примере карбонатных резервуаров рифового строения

Д.О. Ширинкин* (ФГАОУ ВО «ПНИПУ»), С.Н. Кривощеков (ФГАОУ ВО «ПНИПУ»), А.А. Кочнев (ФГАОУ ВО «ПНИПУ»), Н.Д. Козырев (ФГАОУ ВО «ПНИПУ»)

### Введение

Геолого-технологическое моделирование является актуальной развивающейся отраслью. Сейчас невозможно представить разработку месторождения углеводородов без сопровождения постоянно действующей геолого-технологической модели. В условиях сложного геологического строения и высокой степени неоднородности свойств коллектора использование стандартного подхода к построению геолого-технологических моделей может привести к низкой точности, поскольку не учитывает всех геологических факторов. Одним из таких факторов являются вторичные изменения карбонатных пород. В своей геологической истории карбонатные породы претерпевают изменения, которые существенно влияют на коллекторские свойства. В первую очередь это образование трещин и каверн, которые в совокупности могут формировать зоны с аномально высокими фильтрационно-емкостными свойствами - суперколлекторы. Наличие суперколлектора оказывает огромное влияние на процесс разработки месторождения и является значительной неопределенностью. С одной стороны, суперколлектор вследствие своей высокой проницаемости может обеспечивать высокие темпы добычи нефти, с другой стороны, появляются риски преждевременного обводнения скважин. Поэтому в геолого-технологической модели необходим учет изменения характера фильтрации флюида в пласте при наличии суперколлекторов с целью сохранения высокой точности прогнозных расчетов, что в свою очередь позволит эффективно управлять процессом разработки месторождения. В данной работе приведен опыт выявления суперколлектора и его учета в геолого-технологических моделях для ряда месторождений Тимано-Печорской провинции.

### Метод и теория

В качестве объектов исследования послужили рифовые отложения трех месторождений Тимано-Печорской провинции, характеризующейся общностью геологического строения. Все месторождения находятся в пределах единой структуры - Денисовского прогиба. Рифы, к которым приурочены залежи нефти, образованы в задонско-елецкое время в ходе 4 сиквенсов рифостроения. Они расположены вдоль единой береговой линии, поэтому накопление рифовых отложений во время стояния высокого уровня моря происходило одномоментно в схожих условиях осадконакопления. Развитие рифовых массивов подчинено единому уровню моря и поэтому их дальнейшие изменения происходили схожим образом, следовательно, образование трещин и каверн происходило ходе одних и тех же процессов.

В ходе работы проанализирован керн всех трех месторождений, отобранный при бурении 18 скважин. По генезису выделяется три типа трещин, распространенных в продуктивных породах: литогенетические, тектонические и трещины разгрузки (рис. 1). Первый тип наиболее связан с микробиальными известняками (баундстоунами), менее – со вторичными доломитами и сформировался в процессе литификации пород. Второй тип широко развит во всех разновидностях известняков (баундстоуны, рудстоуны, пакстоуны, грейнстоуны). Трещины секут и огибают форменные элементы, фенестры и фрагменты стилолитов в породах, часто соединяют фенестровые полости. Третий тип трещин свойственен для всех литотипов пород, в том числе и вторичных доломитов. Образование трещин связано с герцинско-раннекиммерийским циклом развития, сопровождавшийся как обширными трансгрессиями и обильным накоплением осадочного материала в периоды погружения бассейна, так и регрессивно-инверсионными тектоническими движениями, и эрозией пород [1,3,4].

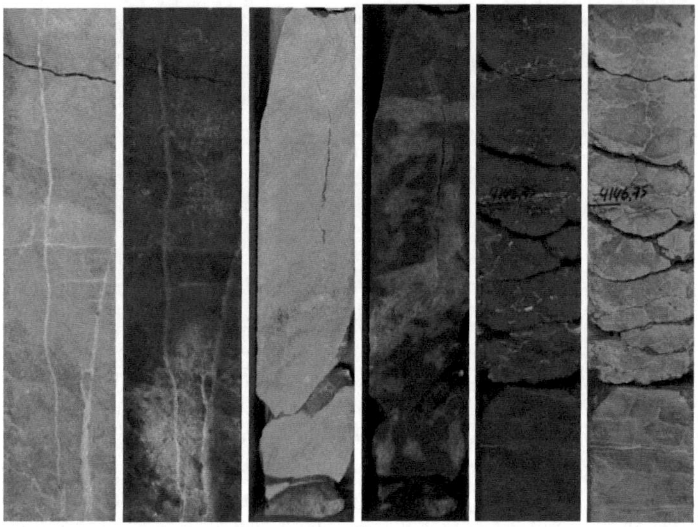

а б в

***Рисунок 1.*** *Типы трещиноватости задонско-елецких отложений: а – литогенетическая; б – тектоническая; в – трещины разгрузки.*

Выполнено описание эволюции карста для территории исследования. Карстообразование ~~также~~ связано с герцинским тектоническим этапом развития Тимано-Печорского бассейна. Ключевую роль при формировании карстовых пустот сыграли процессы растворения и замещения в поверхностных или приповерхностных условиях во время низкого стояния уровня моря и выхода рифовых массивов на дневную поверхность [2].

Помимо геологических предпосылок образования суперколлекторов, актуальность их выявления на рассматриваемых месторождениях в том числе обусловлена наличием преждевременных прорывов воды для ряда скважин. Для таких скважин проведен анализ характеристик вытеснения, по результатам которого отмечается, что скважины вступают с высокой обводненностью, несмотря на большое количество подвижных запасов в зоне дренирования, большую нефтенасыщенную толщину и удаленность от ВНК. Такой характер обводнения возможен в следствие прорыва воды по суперколлектору [6].

На следующем этапе проведено сопоставление основных работающих интервалов (потокометрия) и колонок керна данных интервалов (рис.2).

Для всех месторождений в интервалах, обеспечивающих основной приток жидкости в скважину, керн сильно подвержен трещино- и кавернообразованию; эти интервалы также отчетливо выделяются по проницаемости, полученной по результатам лабораторных исследований полноразмерного керна. В скважине на месторождении № 1 проведен специальный комплекс ГИС, при помощи которого было установлено, что проницаемость, определенная при помощи ядерно-магнитного каротажа, отлично картирует работающий интервал; по FMI в работающем интервале также определено наличие трещин. Зоны разуплотнения также закартированы по результатам интерпретации сейсмических атрибутов. Отсюда можно заключить: высокая продуктивность описанных интервалов в первую очередь связана с вторичными изменениями породы, наличие которых сильно отразилось на фильтрационных свойствах коллектора; работающий интервал выявляется комплексом исследований, что повышает достоверность наличия суперколлектора в данной части разреза.

На следующем этапе разработана методика выделения суперколлекторов. Методика основана на комплексировании [5,7] результатов лабораторных исследований керна, методов промыслово-геофизических исследований скважин и сейсмических атрибутов. Методами математической статистики обоснованы кривые ГИС, имеющие наибольшую корреляцию с

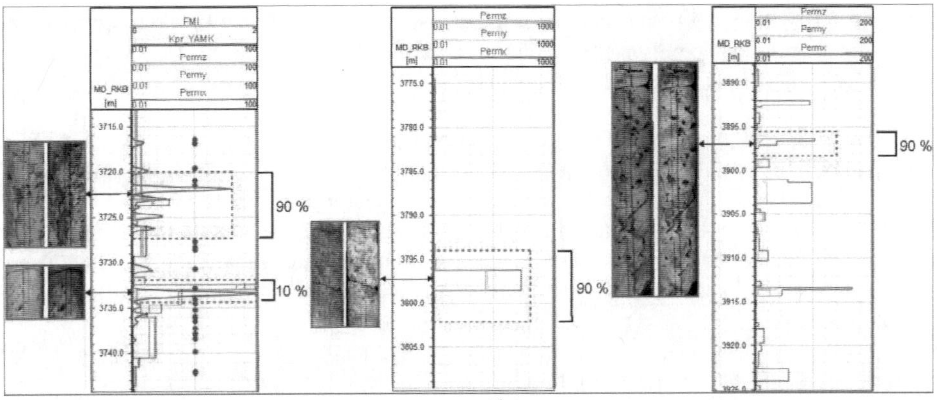


а б в

***Рисунок 2.*** *Иллюстрация керна, отобранного из интервалов, которые обеспечивают основной приток жидкости: а – месторождение № 1; б – месторождение № 2; в – месторождение № 3; процентами обозначена доля жидкости, поступающей из соответствующего интервала; Permx – проницаемость керна перпендикулярно оси; Permy – проницаемость керна перпендикулярно оси, развернутого на 90°; Permz – проницаемость керна параллельно оси.*

высокопроницаемыми пропластками. На основании комплекса методов ГИС, керна и сейсмических атрибутов получены вероятностные кривые, показывающие наличие суперколлекторов коллекторов на уровне вероятностей P10, P50, P90. Далее методами стохастического моделирования проведено распространение суперколлекторов в объеме резервуара. При распределении использованы тренды сейсмических атрибутов, а также зависимости эффективных толщин к толщинам суперколлектора по скважинам. Получены распределения суперколлекторов в трех реализациях P10, P50, P90.

Следующей задачей исследования являлся зональный расчет множителей проницаемости в интервалах суперколлекторов. Также методом многовариантных расчетов для суперколлектора подобраны зависимости относительных фазовых проницаемостей. Затем осуществлены расчеты для воспроизведения истории разработки. Для оценки результатов и выбора реализации суперколлектора проведено по одной итерации расчетов для различных вероятностей суперколлектора и базового варианта (модели без суперколлектора). Проведена обработка результатов статистическими методами. По результатам расчетов для каждого месторождения предложены рекомендации по использованию моделей с суперколлекторами различной реализации. На последнем этапе выполнена доадаптация моделей в рамки регламентных погрешностей для осуществления дальнейших расчетов технологических показателей на краткосрочную и долгосрочную перспективу.

**Выводы**

В процессе исследования проведен анализ геологического строения и предпосылок наличия суперколлекторов по трем рифовым месторождениям Тимано-Печерской провинции. Выполнен анализ керновых данных (лабораторные исследования, колонки керна), промыслово-геофизических исследований, фактической работы скважин.

По результатам анализа можно отметить: для всех месторождений характерно развитие трещин трех типов: литогенетические, тектонические и трещины разгрузки; исследуемые рифовые резервуары подвержены карстообразованию, связанному с герцинским тектоническим этапом развития Тимано-Печорского бассейна; по группе месторождений отмечается наличие скважин с опережающим обводнением прорывного характера.

По результатам комплексирования исследований различного масштаба построены вероятностные кривые, позволяющие выделять суперколлектора по скважинам на уровне вероятностей P10, P50, P90. На основании кривых построены кубы суперколлекторов с различной вероятностью. По результатам керновых данных и потокометрии зонально проведено распространении множителей проницаемости для суперколлектора.

Путем воспроизведения истории разработки установлена значительно более высокая сходимость прогнозных расчетов фактическим с использованием суперколлектора в моделях. Для каждой модели выбраны реализации P50 или P90 (наиболее консервативный сценарий). Реализация P10 (наименьшее количество суперколлекторов) не отразила необходимые прорывы воды для всех месторождений. На выбраных моделях проведена доапдаптация технологических показателей в рамки погрешности накопленных показателей добычи жидкости и нефти не превыщающие 5%.

Использование данной методики позволило учесть геологическую неоднородность и снизить неопределенность строения пласта в геолого-технологических моделях исследуемых месторождений. Следствием послужила более высокая адаптируемость моделей на исторические данные, что потенциально снижает время, необходимое на данный этап построения ПДГТМ. Локализация суперколлектора в объеме модели позволяет с большей точностью предсказать динамику работы действующих скважин, а также учесть риски преждевременного обводнения проектных скважин, что неизбежно ведет к повышению эффективности разработки месторождения и росту доходов компании.

**Благодарности**

Исследование выполнено за счет гранта Российского научного фонда № 22-17-00111.

**Библиография / References**

1. Abrosimov A.A., Shelyago E.V., Yazynina I.V. Justification of representative data volume of porosity and permeability properties for obtaining statistically reliable petrophysical connections. Journal of Mining Institute. 2018. Vol. 233, pp. 487-491. DOI: 10.31897/pmi.2018.5.487
2. Ermekov R.I., Korovin M.O., Merkulov V.P., Chernova O.S. Construction of anisotropy simulation model and studying the effect of permeability anisotropy on the example of field unit modeling. Bulletin of the Tomsk Polytechnic University, Geo Assets Engineering. Vol. 330 (11), pp. 86-93. DOI: 10.18799/24131830/2019/11/2351
3. Gupta I., Rai C., Devegowda D., Sondergeld C.H. Fracture hits in unconventional reservoirs: A critical review. SPE Journal. 2021. Vol. 26 (1), pp. 412-434. DOI: 10.2118/203839-PA
4. Kolbikov S., Kuznetsova Y., Smirnov A. Method of anisotropy modeling and its application to hydrodynamic simulation. SPE Russian Petroleum Technology Conference. 2018. DOI: 10.2118/191622-18rptc-ms
5. Kozyrev N.D., Kochnev A.A., Mengaliev A.G. et al. Refinement of the geological and hydrodynamic model of a complex oil reservoir by means of a comprehensive data analysis. Bulletin of the Tomsk Polytechnic University, Geo Assets Engineering. 2020. Vol. 331 (10), pp. 164-177. DOI: 10.18799/24131830/2020/10/2866
6. Putilov I., Kozyrev N., Demyanov V. et al. Factoring in Scale Effect of Core Permeability at Reservoir Simulation Modeling. SPE Journal. 2022. Vol. 27 (4), pp. 1930-1942. DOI: 10.2118/209614-PA
7. Repina V.A., Galkin V.I., Galkin S.V. Complex petrophysical correction in the adaptation of geological hydrodynamic models (On the example of visean pool of Gondyrev oil field). Journal of Mining Institute. 2018. Vol. 231, pp. 268-274. DOI: 10.25515/pmi.2018.3.268

Геомодель

# Создание 3Д фациальной модели пластов ПК на основе 2Д концептуальной седиментационной модели и результатов геостатистической инверсии группы месторождений ЯНАО в пределах ЛУ "АО Сибнефтегаз"

В.Л. Киселев В.Л.*, А.А. Решетников, В.С. Козлов, Д.Г. Овчинникова, Д.С. Женыспаев

ООО «Тюменский нефтяной научный центр

**Введение**

Береговое и Хадырьяхинское НГКМ являются ключевыми активами АО Сибнефтегаз. Существенная часть запасов УВ (более 69%) приурочена к континентальным отложениям, которые характеризуются высокой неоднородностью по ФЕС и литологической невыдержанностью. Разработка подобных объектов требует применения всего арсенала инструментов инженера геолога-разработчика и применения современных подходов.

В представленной работе описано, как опираясь на потребности разработки были построены 3D фациальные геологические модели отложений нижней части покурской свиты (пласты ПК19-20) Берегового и Хадырьяхинского месторождений, призванные повысить надежность геологических моделей.

**Седиментационная модель**

В основу построения 3Д геологических моделей легли работы по «Созданию седиментационной модели пласта ПК19-20 Берегового и ПК20 Северо-Ханчейского+Хадыръяхинского месторождений» выполненные специалистами ООО «ТННЦ» в 2021 г. По результатам детального седиментологического описания керна по сважинам 85 и 86 Берегового ЛУ и пересмотра разрезов 13-ти скважин Берегового и Хадыръяхинского ЛУ для пластов ПК19-20 было выделено более 20 фаций.

Моделирование и прогнозирование такого большого количества фациальных обстановок нецелесообразно, так как свойства некоторых очень близки между собой и по отдельности они не проявляются в поле упругих параметров, поэтому они были объединены в группы 4 основных макрофаций: SW – болото, MTF – глинистая приливно-отливная отмель, MSTF – смешанная глинистая приливно-отливная отмель, TC – приливно-отливной канал, FCt – речное русло с влиянием приливно-отливных процессов При выделении фаций по данным ГИС за методическую основу приняты модели В. С. Муромцева [1].

Литолого-фациальный профиль отчетливо демонстрирует, что отложения пласта ПК19-20 характеризуются очень сильной латеральной и вертикальной неоднородностью, обусловленной существованием разветвлённой сети мигрирующих приливно-отливных и флювиальных каналов (рис 1).

Разработана концептуальная модель формирования отложений, а также подготовлены фациальные карты-схемы, которые легли в основу 3Д геологической модели для каждого пласта на основе комплексного анализа керна, ГИС и сейсмических материалов:

- Отложения пласта ПК19-1 Берегового ЛУ и пластов ПК20-1 Хадыръяхинского ЛУ накапливались в пределах приливно-отливной равнины и примыкающей к ней низменности, периодически заливаемой морем
- Отложения пласта ПК19-2 Берегового ЛУ и пласта ПК20-2 Хадыръяхинского ЛУ накапливались в прибрежно-континентальных обстановках: затопленной низменной равнины (залива) и примыкающих к нему приливно-отливных отмелей
- Отложения пласта ПК20 Берегового ЛУ и пластов ПК20-3-4 Хадыръяхинского ЛУ формировались в прибрежно-континентальных обстановках. Территория представляла собой низменную равнину, контактирующую с приливно-отливной зоной.

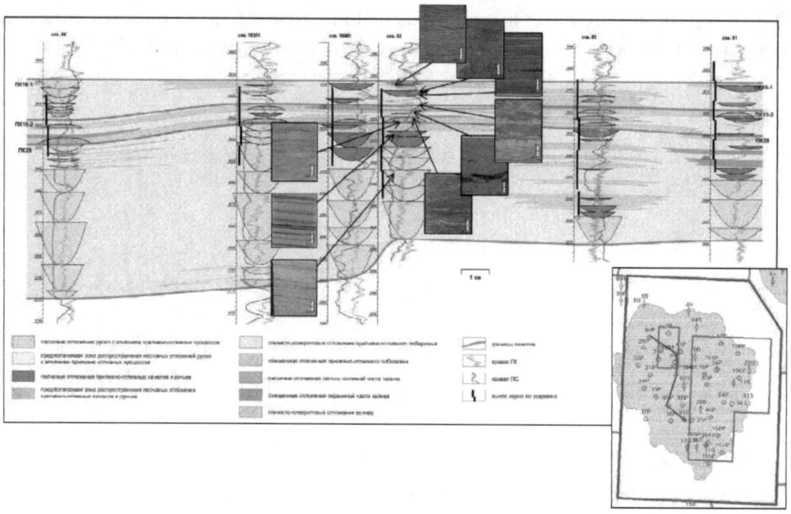

*Рисунок 1. Литолого-фациальный разрез пласта по линии скважин: 80 – 10301 – 10401 – 82 – 85 – 81 Берегового ЛУ*

**Петрофизическая модель**

В основу работы легла петрофизическая модель, прошедшая апробацию ГКЗ, на основе которой были поставлены на Государственный баланс начальные геологические запасы УВ. Обобщенные зависимости проницаемости от пористости по группам пластов не всегда удовлетворительно описывают всю вариативность коэффициента проницаемости, тем более в таких сложных континентальных отложениях. Одним из вариантов решения по снижению дисперсии может являться – построение индивидуальных зависимостей с учетом литологических особенностей структуры порового пространства пород.

Для комплексного анализа итерационным путем породы сгруппированы в кластеры по структуре порового пространства, тесно связанного с остаточной водонасыщенностью, фильтрационно-емкостными и капиллярными свойствами. Полученные группы уверенно различаются по соотношению пелитовой, алевритовой и песчаной фракции. В результате использования индивидуальных зависимостей расчета проницаемости по петротипам удалось добиться лучшего схождения с данными керна и гидродинамических исследований скважин (рис 2).

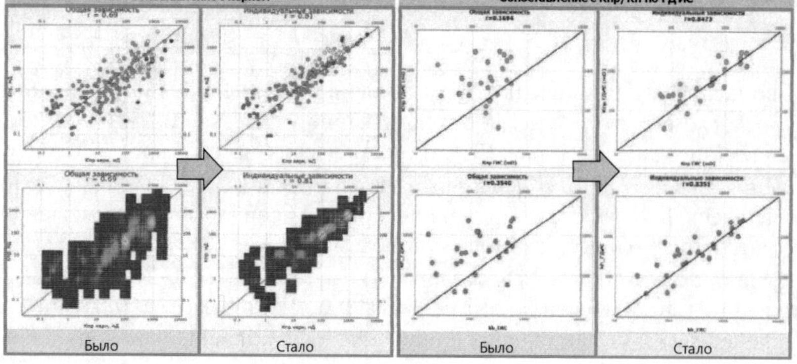


*Рисунок 2. Сопоставление коэффициента проницаемости и проводимости (Kh) по обобщенным и индивидуальным петрофизическим зависимостям.*

**Сейсмическая модель**

Береговой и Хаыдряхинский ЛУ в полной мере покрыты 2Д и 3Д сейсморазведочными работами, выполненными в разный период времени, обработка которых выполнена на современном техническом уровне. Для площадного прогноза обстановок осадконакопления и наполнения их свойствами при построении трёхмерной геологической модели, выполнен поиск связей, моделируемых параметров (фаций) с данными СРР – к сожалению, в рамках стандартного атрибутного анализа убедительных зависимостей получено не было. Однако объёмная вероятностная классификация, реализованная по результатам детерминистической синхронной инверсии, на Берговом НГКМ позволили определить мощные пропластки преобладающих литотипов и выполнить стохастическую инверсию [2, 3].

Анализ проведенных работ выявил корреляционные связи разной степени достоверности для пластов ПК19-1, ПК19-2, ПК20 по скважинам для отдельных фаций, что дает основание использовать при 3Д геологическом моделировании сейсмические тренды для наиболее уверенно прослеживаемых макрофаций (табл 1).

| | Фация | Пласт | ККор | Использование в 3D-моделировании |
|---|---|---|---|---|
| *болото* | **SW** | | нет | |
| *глинистая приливно-отливная отмель* | MTF | | нет | |
| *Преимущественно неколлектор (SW+MTF)* | | ПК$_{19}^{1}$ | нет | |
| *смешанная приливно-отливная отмель* | MSTF | | нет | |
| *приливно-отливной канал* | TC | | **0,65** | Сейсмический тренд |
| *Содержит перспективные коллектора (TC+MSTF)* | | | **0,73** | Сейсмический тренд |
| *болото* | **SW** | | нет | |
| *глинистая приливно-отливная отмель* | MTF | | 0,53 | |
| *Преимущественно неколлектор (SW+MTF)* | | ПК$_{19}^{2}$ | 0,65 | |
| *смешанная приливно-отливная отмель* | MSTF | | нет | |
| *приливно-отливной канал* | TC | | **0,66** | Сейсмический тренд |
| *Содержит перспективные коллектора (TC+MSTF)* | | | **0,63** | Сейсмический тренд |
| *болото* | **SW** | | нет | |
| *глинистая приливно-отливная отмель* | MTF | | 0,40 | |
| *Преимущественно неколлектор (SW+MTF)* | | ПК$_{20}$ | 0,40 | |
| *смешанная приливно-отливная отмель* | MSTF | | нет | |
| *речное русло* | FCt | | **0,54** | Сейсмический тренд |
| *Содержит перспективные коллектора (FCt+MSTF)* | | | **0,60** | Сейсмический тренд |

***Таблица 1.*** *Корреляция мощностей фаций в точках скважин с прогнозными значениями по результатам стохастической инверсии.*

**Трехмерная геологическая модель**

3Д геологическая модель консолидирует весь объем проведенных работ: седиментационная модель, петротипизация в скважинах, 2Д прогноз распространения фаций в межскважинном пространстве, индивидуальные уравнения расчета Кпр. Другими словами, разворачивает 2Д и 1Д представления специалистов петрофизиков, седиментолологов и сейсмиков в объемные модели геологических объектов. Отличительной чертой 3Д фациальных моделей является подход к построению модели коллектора и распределению свойств. В отличии от стандартных подходов где зачастую на прямую воспроизводится в объеме сеточной области два значения 1 - коллектор и 0 - неколлектор, в фациальных моделях сперва происходит распределение фаций и уже в дальнейшем, с сохранением статистических характеристик распространяется коллектор и присущие ему свойства для конкретной фации. Полная схема построения представлена на рисунке 3.

| | | Хадыръяхинское | | Береговое | |
|---|---|---|---|---|---|
| Параметр | Разрез | Метод моделирования | Тренд | Метод моделирования | Тренд |
| Фации |  | SIS (стохастика) 5 реализаций | ГСР + фацмакет | SIS (стохастика) 5 реализаций | Результаты инверсии: 1.FCt (TC)+MSTF 2. FCt |
| Литология |  | SIS (стохастика) 5 реализаций | ГСР | SIS (стохастика) 5 реализаций | ГСР + 2Д |
| Петротипы |  | SIS (стохастика) 5 реализаций | ГСР | SIS (стохастика) 5 реализаций | ГСР |
| Пористость |  | Kriging | ГСР | Kriging | ГСР |
| Проницаемость |  | Зависимость от пористости по петротипам | - | Зависимость от пористости по петротипам | - |
| Газонасыщенность |  | Kriging | Куб водонасыщенности по капиллярной модели | Kriging | Куб водонасыщенности по капиллярной модели |

***Рисунок 3.*** *Блок схема моделирования литолого-фациальной модели Хадыръяхинского и Берегового НГКМ*

По итогам выполненных работ созданы две полноценные авторские фациальные геологические модели пластов ПК19-20 Берегового и Хадырьяхинского НГКМ максимально приближенные к реальным условиям и являющиеся базой для дальнейшей итерационной настройки гидродинамический модели. В рамках моделирования было уточнено распределение объемов коллекторов в межскважинном пространстве, детализировано распределение ФЕС в разрезе и по площади учитывающее геологическую природу моделируемых коллекторов. Созданные модели в настоящий момент находятся на этапе апробации.

**Выводы**

Трехмерная геологическая модель является лишь приближением реального строения недр земли и не исключает субъективного взгляда ее создателей.

Комплексирование полного набора всей имеющейся геолого-технической информации (результаты стохастической сейсмической инверсии, фациальные схемы осадконакопления, керн, ГИС) позволило создать качественно новые трехмерные геологические модели, которые призваны повысить надежность прогнозирования, как с позиции нового бурения, так и с позиции оценки прогнозных уровней добычи углеводородов.

Сближение с реальными объектами позволяет минимизировать количество неизбежно вводимых модификаторов на этапе адаптации гидродинамической модели и сделать прогноз более устойчивым повысив его достоверность

**Библиография / References**


1. Электрометрическая геология песчаных тел – литологических ловушек нефти и газа / В. С. Муромцев. – Ленинград: Недра, 1984. – 260 с. – Текст: непосредственный.

2. Опыт применения стохастической инверсии для прогноза литологии по сейсмическим данным. / Е.Ф. Гайфулина, Р.Б. Яневиц, Р.С. Мельников, Д.В. Емельянов, А.Р. Дорохов, С.Д. Дарий, В.В. Романов. – Текст: непосредственный // Нефтяное хозяйство. – 2021. – № 9. – С. 34-37.

3. Опыт применения стохастической инверсии сейсмических данных для включения в трёхмерное моделирование / Е.Ф. Гайфулина, А.А. Решетников, В.С. Швыдкой, А.Р. Дорохов // Научно-технологический дайджест. Специализированный институт по обработке и интерпретации сейсмических данных на суше. Корпоративное хранилище сейсмических данных (СИ Сейсмика) – май 2023

**Геомодель**

**Автоматизация процесса определения геологического потенциала при бурении газовых скважин**

Ю.В.Пено* (ООО «Газпромнефть-Заполярье»), О-М.А.Радзиевская (ООО «Газпромнефть-Заполярье»), Д.А.Рагозина (ООО «Газпромнефть-Заполярье»), Р.Р.Кудашев (ООО «Газпромнефть-Заполярье»), С.И.Шкуратов (ООО «Газпромнефть-Заполярье»), А.Н.Помазов (ООО «Газпромнефть-Заполярье»), Д.С.Басанаев (ООО «Газпромнефть-Заполярье»)

**Введение**

Цель проекта заключается в оказании комплекса услуг по строительству скважин на месторождениях Заказчика с учетом наработанного опыта и технологий в соответствии со стандартами ПАО «Газпромнефть». Основной задачей проекта является реализация полного цикла строительства скважин (от бурения до освоения, с последующей передачей в эксплуатацию) с ответственностью за геологический результат.

Ключевые особенности проекта: 1) Реализация строительства скважин 3-го этапа, располагающихся в зонах со сложной геологией: в краевых, слабоизученных приконтактных зонах, представленными запасами низкого качества в сравнении с первым и вторым этапом строительства. 2) Согласование проектных решений со всеми участниками процесса- это Заказчик, научный институт Заказчика, Инвестиционная компания и Недропользователь. 3) Соблюдение обязательств по достижению целевого дебита, который является главным критерием, по оценке эффективности работы. В следствии этого возникает необходимость в разработке подходов, позволяющих минимизировать риски недостижения целевых показателей, в частности за счет применения вариативных решений при проводке скважин.

**Геологические особенности месторождения**

- Высокая расчлененность, сложное тектоническое строение
- Площадная и вертикальная изменчивость разреза
- Высокая анизотропия ФЕС
- Наличие локальных литологических изолированных тел
- Наличие вторичных изменений
- Низкая пластовая температура (t 10ºC) и низкое пластовое давление (АНПД 0,9)

**Эффект от изменения базовой конструкции**

В случае не подтверждения геологического разреза для достижения целевых показателей один из вариантов решения - это изменение базовой конструкции. Для выбора конструкции и длины скважины на начальном этапе проводится многовариантная оценка на ГДМ влияния изменения базовой конструкции скважины на дебит в различных геологических условиях. На рисунке 1 представлены варианты расчетов. В варианте 1, имея средние значения коэффициента проницаемости в районе 50 мД, удлинение скважины до 1000м приводит к существенному росту стартового дебита на 34%, в варианте 2, имея высокие значения коэффициента проницаемости в районе 400 мД, увеличение длины ГС уже не приводит к существенному росту дебита скважины. В варианте 3, имея низкие значения коэффициента проницаемости в районе 25 мД, целесообразней рассматривать переход на конструкцию Fishbone для достижения целевых показателей.

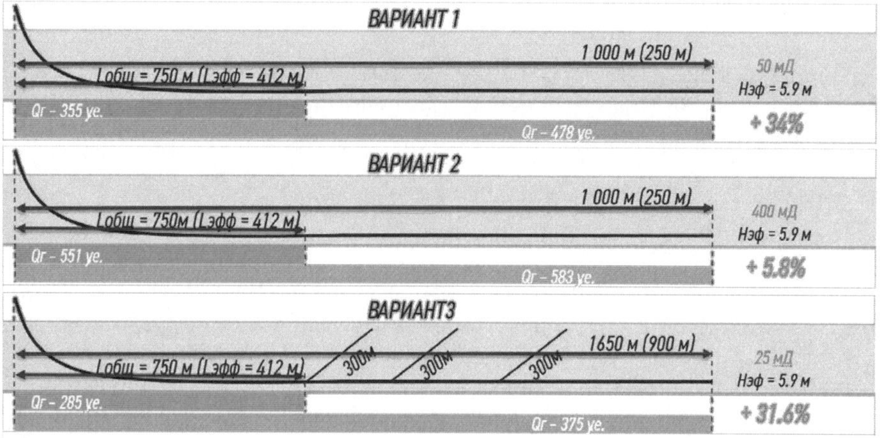


***Рисунок 1.*** *Влияние изменения базовой конструкции скважины на дебит в различных геологических условиях*

**Проблематика, цели и задачи**

Выполнение этапов, необходимых для принятия решения о выборе оптимальной конструкции скважины, длине горизонтального участка и выполнении расчетов по оценке достижения геологического потенциала занимает - порядка 5 часов. Большая половина временных затрат приходится на обновление ГМ и ГДМ. В условиях бурения скважины - это достаточно долго, что негативно сказывается на своевременность принятия решений. В рамках данной работы была поставлена задача по разработке и внедрению инструмента для сопровождения бурения, для возможности более оперативно выполнять расчеты на различные варианты конструкции с учетом текущей геологической ситуации, сокращая временные и ресурсные затраты на принятие ключевых решений.

Совместно со специалистами РФД были сформированы алгоритмы обновления геолого-гидродинамической модели. Полный цикл - от загрузки скважинных данных до расчёта стартовых показателей.

Основной трудностью является необходимость работы в двух ПО: это обновление полномасштабный модели в Петрель и оперативное обновление секторной модели в тНавигаторе для расчётов в процессе бурения.

Все расчеты выполняются на секторной модели. Геологическая модель и все необходимые для ее обновления данные, при использовании плагина выгружаются из Петрель и с помощью сформированного Workflow импортируются в тНавигатор. Все объекты, участвующие в обновлении, ГМ привязываются к соответствующим переменным и операциям, производится предбуровой расчет стартового дебита и сравнивается с дебитов, который заложен в геологический проект по скважине. После успешной проверки инструмент идет в работу при сопровождении бурения скважины. Весь процесс от загрузки траектории до получения прогнозных показателей занимает 20-30мин.

**Пример блок-схемы принятия решений**

По результатам оценки возможны несколько сценариев.

По первому сценарию – дебит по расчетам выше планового, то продолжаем бурение по плановой конструкции, либо рассматриваем вариант по сокращению длины горизонтального участка.

По второму сценарию – дебит на уровне плана, то продолжаем бурение по изначальной базовой конструкции.

Третий сценарий – дебит по результатам оценки ниже плана, то рассматриваются различные варианты по смене базового заканчивания.

Четвертый сценарий – базовые геологические предпосылки существенно не подтвердились. В этом случае так же рассматривается несколько вариантов:

- первый – если в азимуте бурения эксплуатационной скважины имеем одну опорную скважину по которой у нас есть понимание по разрезу, то здесь возможно продолжить бурение скважины в направлении опорной по базовой конструкции, в случае подтверждения разреза рассмотреть смену конструкции при не достижении целевых показателей текущей длиной.
- второй – если в районе бурения не подтверждается разрез опорной скважины, рассматривается два варианта-корректировка азимута бурения или перебур в другом направлении.

Таким образом оптимальные конструкции скважин выбираются исходя из фактических геологических условий в процессе бурения и для максимизации эффективности реализации проекта необходим учет различных сценариев развития событий.

**Пример работы с инструментом**

При ГСБ скважины 113 по факту достижения точки Т2 вскрыт более монолитный коллектор с высокими ФЕС. В процессе дальнейшего бурения скважины открылось полное поглощение бурового раствора (предположительно причиной стало вскрытие зоны разуплотнения вблизи разлома). Встал вопрос о целесообразности добуривания скважины до проектного забоя при таком осложнении. Выполнена оперативная оценка дебита на текущий/плановый забой и на различные конструкции. (Рисунок 2) Результаты расчетов (Рисунок 3) показали, что добуривание скважины до планового забоя дает лишь 1% прироста по пусковому дебиту. Однако уменьшение длины ГС ведет к сокращению накопленной добычи газа за 20 летний период на 10% при эксплуатации скважины с НКТ 89 мм. С учетом изменения конструкции скважины с ГС-750 и НКТ 89 мм на ГС-329 и НКТ 114 мм уменьшение накопленной добычи газа относительно плановых показателей не прогнозируется. С целью исключения дальнейших осложнений и простоя принято решение завершить бурение при текущем забое и спустить фильтр-хвостовик 168мм и НКТ 114мм.

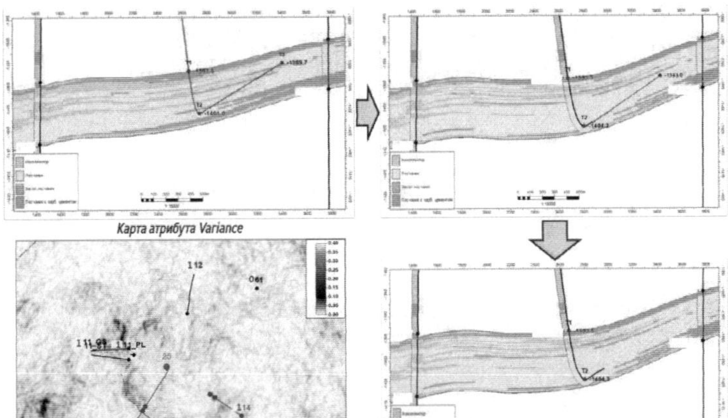


***Рисунок 2.*** *Различные варианты заканчивания скважины в процессе бурения*

| Параметр | План | Прогноз на Т2 | Прогноз на тек. забой | Прогноз на плановый забой |
|---|---|---|---|---|
| Lобщ | 750 | 291 | 329 | 750 |
| Lэфф | 487 | 227 | 283 | 704 |
| ГНТ | 4.4 | 7.7 | 7.7 | 7.7 |
| Кпр | 494 | 1133 | 1016 | 1016 |
| Дебит на конец месяца на НКТ 89мм, тыс. м3/сут | 355 | 348 | 355 | 356 |
| Дебит на конец месяца на НКТ 114мм, тыс. м3/сут | 596 | 598 | 600 | 601 |

***Рисунок 3.*** *Оценка дебита на текущий/плановый забой и на различные конструкции*

На текущий момент с использованием данного инструмента реализовано строительством 16 скважин, 11 из которых по конструкции ГС, 5 по конструкции Fishbone. На графике (Рисунок 4) приведено сопоставление расчетов по данным скважинам на полномасштабной ГДМ. Получена хорошая сходимость, которая в среднем составляет 1.7%

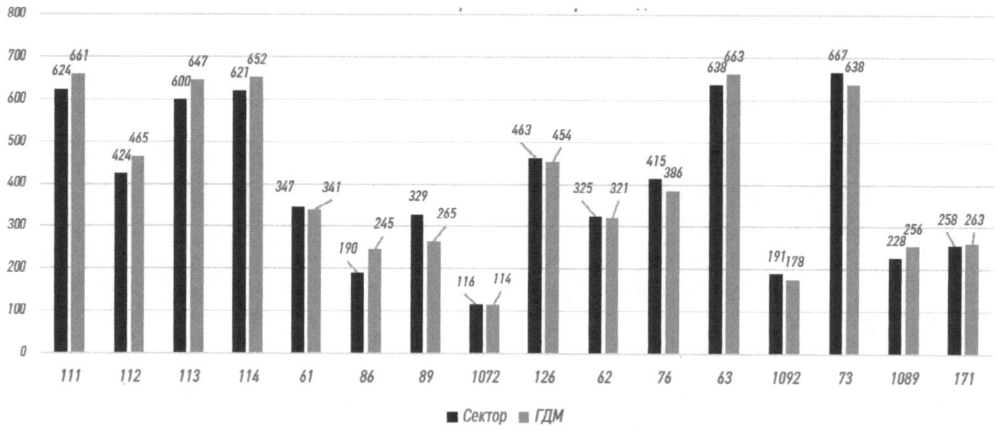


***Рисунок 4.*** *Сопоставление расчетных стартовых дебитов*

**Выводы**

В данной работе удалось воспроизвести и автоматизировать алгоритмы для локального обновления ГМ и ГДМ в едином цифровом инструменте tNavigator, что позволило существенно сократить трудозатраты при оперативной оценке геологического потенциала скважины в процессе бурения.

Использование цифрового инструмента позволило в процессе бурения вносить оперативные корректировки в траекторию, конструкцию и схему заканчивания на основании комплексного анализа потенциала скважины.

На текущий момент с помощью данного инструмента выполняются расчеты для горизонтальных скважин и конструкции Fishbone, в планах до конца этого года внедрить инструмент на другой проект компании и опробовать на нефтяных объектах.

В работе описан опыт моделирования закачки сверхкритической воды в баженвскую свиту в режиме "закачка-отбор", с целью повышения нефтеотдачи за счет преобразования керогена и битума в подвижные углеводороды. Описывется выбор оптимального симулятора для моделирования закачки сверхкритической воды, выбор оптимальной сетки (с учетом наличия трещин ГРП), а также оптимальных параметров численной схемы. В работе показаны сложности, которые возникают при моделировании, в частности - нестабильность расчетов в коммерческих симуляторах при закачке сверхкритической воды с температурой более 400С. На примере моделирования работы одной из горизонтальных скважин оценен потенциальный эффект от применения тепловых мотодов для условий баженовской свиты Западной Сибири.

**Подходы к прогнозу продуктивности скважин с МГРП для низкопроницаемых газоконденсатных объектов**

А.Ф. Ямалетдинов* (ООО «Газпромнефть-НТЦ»), К.В. Присмотров (ООО «Газпромнефть-НТЦ»), А.И. Варавва (ООО «Газпромнефть-НТЦ»), Я.Г. Воронинская (ООО «Газпромнефть-НТЦ»)

**Введение**

Целью данной работы является выбор оптимальной методики моделирования МГРП на скважинах крупного газоконденсатного месторождения Х в условиях низкопроницаемых коллекторов и наличия риска выпадения конденсата в ПЗП (призабойная зона пласта) при снижении пластового давления. Критерием оптимальности выбрано минимальное время расчёта при приемлемой точности воспроизведения аналитической оценки, эталонного численного решения, а также воспроизведения фактической динамики работы скважин. Проведён обзор фактических показателей работы скважин сложного заканчивания месторождения Х. Объекты многопластовые, характеризуются средней выдержанностью, низкими ФЕС (Кпр до 2 мД). Заканчивание скважин – горизонтальный ствол длиной 1500 м, 8 стадий ГРП. Конструкции (разрезы) фактичекских скважин приведены на Рисунке 1.

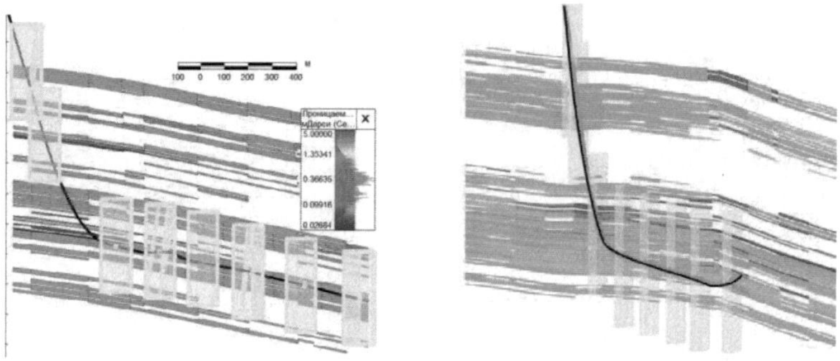

***Рисунок 1.*** *Разрезы фактических скважин, пробуренных на низкопроницаемые объекты месторождения Х.*

Для моделирования МГРП (многостадийный гидроразрыв пласта) был использован метод, при котором ячейки с ГРП измельчаются относительно исходной сетки с использованием вложенных LGR (Local Grid Refinement). Данный метод позволяет воспроизвести фактические темпы падения продуктивности скважин в условиях низкой проницаемости коллектора, а также позволяет воспроизвести в ГДМ (гидродинамическая модель) эффект от выпадения конденсата в ПЗП и последующего снижения продуктивности по газу. График динамики забойного давления приведён на рисунке 2.

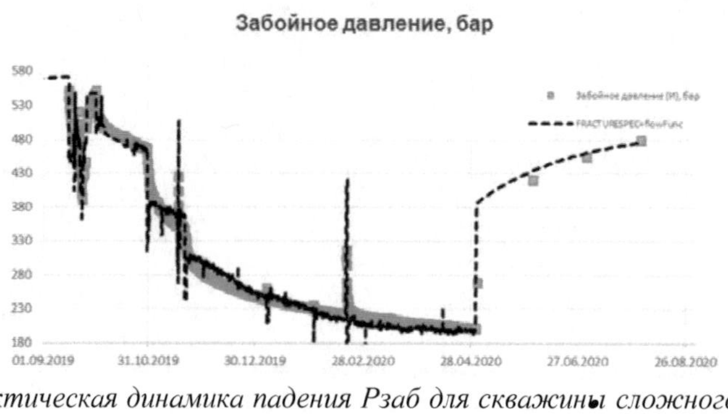


***Рисунок 2.*** *Фактическая динамика падения Рзаб для скважины сложного заканчивания на низкопроницаемый газоконденсатный объект.*

**Метод**

В настоящее время в отрасли применяется множество различных методов моделирования ГРП на скважинах в ГДМ: на основе локального измельчения сетки, тартановых сеток, виртуальных соединений с пластом [1]. Визуализация рассмотренных методов приведена на Рисунке 3.

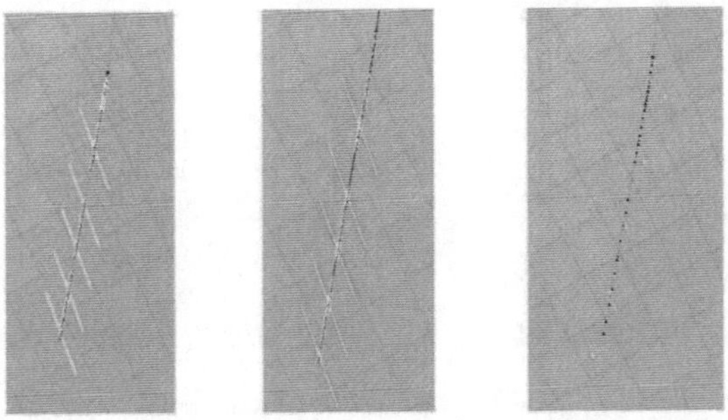

***Рисунок 3.*** *Визуализация рассмотренных способов моделирования трещин ГРП. Слева направо: виртуальные перфорации FRACTURE_SPECS + LGR50x50; логарифмическое измельчение; виртуальные перфорации WFRACP.*

Зачастую при прогнозировании эффективности гидроразрыва требуется учет эффектов, происходящих вблизи и внутри трещин: образование и влияние конденсатных банок (разрез из ГДМ приведён на рисунке 4), отклонение от линейного закона Дарси при турбулизации потока [2], что на практике учитывается с помощью явного моделирования (LGR) или специальных опций гидродинамического симулятора (уравнение притока GPP, D-фактор). Каждый метод имеет собственные преимущества и недостатки, границы применимости.

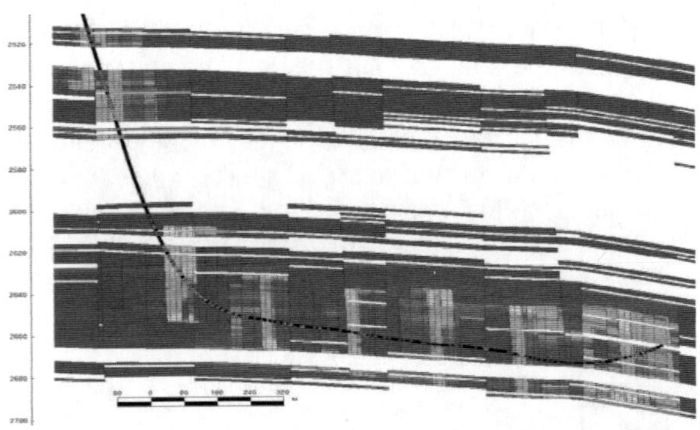

***Рисунок 4.*** *Результат моделирования конденсатных банок. Приведён разрез по кубу нефтенасыщенности из гидродинамической модели низкопроницаемого газоконденсатного объекта.*

В данной работе проведена сравнительная характеристика различных методов моделирования ГРП и специальных опций, отражены их преимущества и недостатки, применительно к скважинам газоконденсатного месторождения X, характеризующегося низкими ФЕС (фильтрационно-емкостными свойствами), АВПД (аномально высоким пластовым давлением), повышенным конденсатосодержанием и давлением начала конденсации близким к пластовому. При выборе оптимальной методики моделирования ГРП учитывались такие факторы, как точность в сравнении с аналитическими оценками и эталонными расчетами, корректность воспроизведения выпадения конденсата в ПЗП при снижении пластового давления ниже давления начала конденсации.

Также проводилась интерпретация синтетической (модельной) КВД, полученной с помощью инструмента. Оценивалась корректность воспроизведения КВД (кривая восстановления давления) в сравнении с интерпретацией в ПО KAPPA Saphire, качество адаптации на фактические данные (сходимость ФЕС) и воспроизведения фактических темпов падения продуктивности на среднесрочный период (1 месяц – 1 год). Диагностический график к модельной КВД приведён на Рисунке 5.

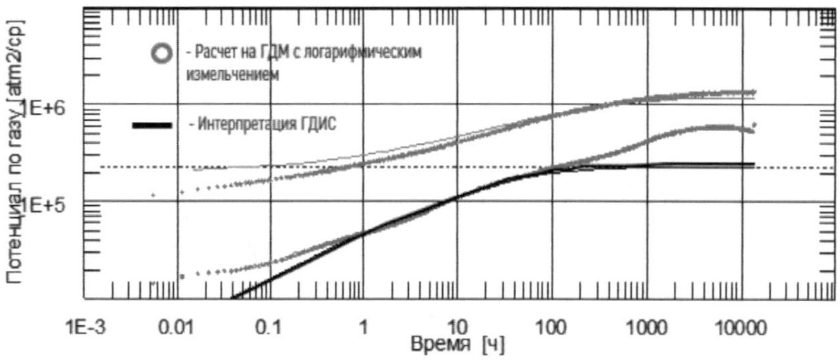


***Рисунок 5.*** *Диагностический график синтетической КДВ (из гидродинамической модели с применением инструмента ГРП).*

Также учитывался общий функционал инструмента моделирования, его удобство и трудоемкость работы с ним на большом фонде скважин, скорость расчета ГДМ на долгосрочный период (на период более 40 лет) с проектным фондом. Расчеты проводились в ПО RFD «tNavigator» [3].

В ходе работы получено, что методика моделирования ГРП с применением вложенного локального измельчения сетки в ячейках с трещинами ГРП позволяет корректно воспроизвести все вышеперечисленные эффекты в ГДМ, метод обладает широким функционалом и удобен при использовании, характеризуется наибольшей физичностью относительно остальных методов и фактических данных. Для применения LGR к долгосрочным прогнозным расчетам на интегрированной модели месторождения проведена оценка чувствительности результатов к количеству вложенных LGR, концевым точкам фазовых кривых (SOGCR) для ускорения расчетов. Результаты приведены на Рисунке 6.

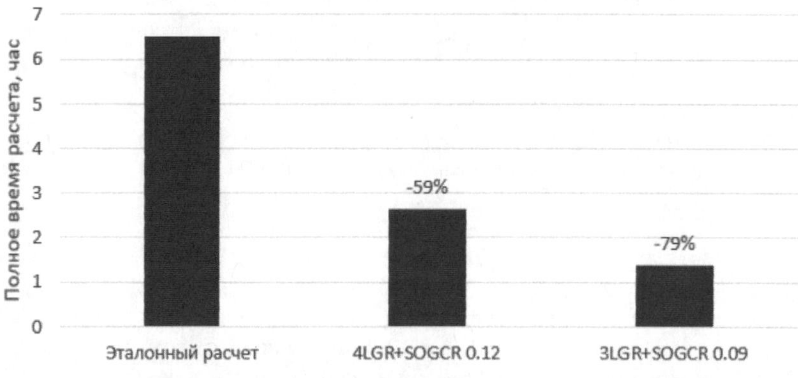


***Рисунок 6.*** *Гистограмма зависимости времени расчёта от детальности применяемого инструмента моделирования ГРП. Применение 4-х вложенных LGR позволяет сократить время расчёта на 59%.*

В ходе работы авторы столкнулись с рядом сложностей. Зачастую результаты моделирования с применением LGR давали неочевидные результаты, что требовало отдельной проработки с точки зрения аналитической оценки, а также требовало получения комментариев от службы поддержки ПО. Например, продуктивность трещины ГРП сильно занижалась при задании интервала перфорации значительно меньше, чем размер вскрываемой ячейки.

На основе выбранного инструмента проводились расчёты технологических показателей проектных скважин, определения оптимального способа заканчивания на низкопроницаемые объекты – длина горизонтального окончания и количества стадий МГРП. В результате расчёта получены характерные перегибы функции экономической эффективности от варьируемых параметров. Результаты расчётов приведены на Рисунке 7. Оптимальным заканчиванием является горизонтальная скважина длиной 1500 м, с проведением 10 стадий ГРП.

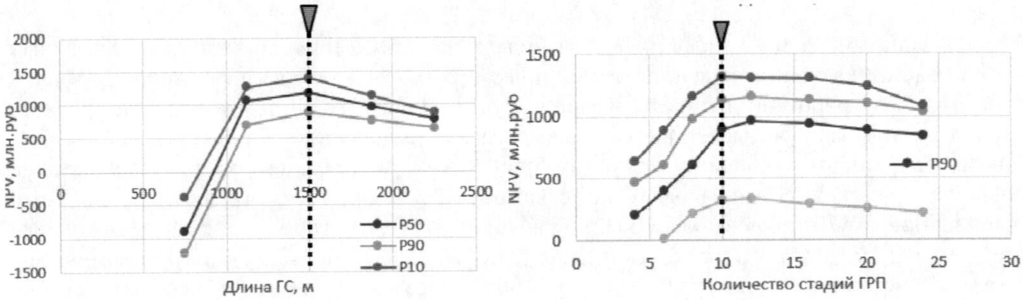


*Рисунок 7.* *Графики оптимальной длины горизонтальной части и количества трещин ГРП для рассматриваемого объекта.*

**Выводы**

По результатам рассмотрения различных способов моделирования МГРП с учётом фактически полученных данных работы скважин сложного заканчивания выработаны рекомендации применения методов моделирования на скважинах низкопроницаемых объектов газоконденсатного месторождения Х. Выбранный метод подходит для задач дальнейшей адаптации фактических показателей работы скважин, расчетов ключевых показателей разработки, многовариантных оптимизационных расчётов. Полученные выводы и рекомендации применимы при моделировании МГРП на скважинах месторождений со сходными характерными особенностями.

**References**


1. Aamir Lokhandwala; Vaibhav Joshi; Ankit Dutt, Utilizing Pseudo Well Connections to Simulate Multi-Stage Hydraulic Fracturing - Example Based On the Study of a Tight Gas Asset, International Petroleum Technology Conference, March 2021, IPTC-21318-MS
2. Samir Alakbarov; Aron Behr, Explicit Numerical Evaluation of Productivity Impairment in Hydraulically Fractured Wells of Gas Condensate Reservoirs, SPE Russian Petroleum Technology Conference, October 2020, SPE-201953-RU
3. User manual for RFD «tNavigator» version 22.1, March 2022

Геомодель

**Методические подходы к формированию УИМ на многопластовом НГКМ**

Е.Е. Сандалова * (ООО «Газпромнефть-НТЦ»), А.И. Варавва (ООО «Газпромнефть-НТЦ»), К.М. Бабичева (ООО «Газпромнефть-НТЦ»), Я.Г. Воронинская (ООО «Газпромнефть-НТЦ»), Ф.А. Корякин (ООО «Газпромнефть-НТЦ»), А.Ф.Ямалетдинов (ООО «Газпромнефть-НТЦ»), Р.Т. Апасов (ООО «Газпромнефть-НТЦ»)

**Введение**

Интегрированная модель – единая цифровая модель месторождения, состоящая из связанных моделей пласта, скважин и модели наземной инфраструктуры – основа прогнозных профилей добычи [1]. Интегрированная модель является одним из важных инструментов для прогноза добычи газа, так как учитывает влияние каждого элемента сети на добычу скважин. Для принятия оперативных решений необходим инструмент, который бы смог предсказать на небольшой срок показатели добычи по скважине с учетом всех ограничений по сети. Полномасштабная интегрированная модель не походит для таких расчетов, так как время одного расчета может доходить до нескольких дней, это связано с больших количеством ячеек, расчетами многофазной фильтрацией и др. Таким образом, существует необходимость в упрощенном инструменте, с помощью которого можно в короткие сроки рассчитать несколько вариативных расчетов и принять оперативное решение по скважинам, таким инструментом является упрощенная интегрированная модель. Еще одной сложностью при построении упрощенной интегрированной модели является вскрытие одной скважиной нескольких пластов, так как возникают ошибки при прогнозе работы каждого отдельного пласта.

В работе рассматриваются два крупных газоконденсатных месторождения X и Y. Месторождения имеют многопластовое строение, go разрезу существенно изменяются обстановки осадконакопления, фильтрационно-емкостные свойства, PVT-свойства и пластовые давления. Дополнительным услужением при моделировании является вскрытие одной скважиной до 4 пластов.

Целью данной работы является разработка методики по упрощенному моделированию многопластовых нефтегазоконденсатных месторождений, ее проверка и использование для краткосрочных прогнозов. В данной работе предложены подходы по созданию моделей с помощью программного продукта, основанного на уравнение материального баланса. Рассмотрены несколько вариантов расчетов: создание единого объема (танка) для всего объекта, создание объема для каждого отдельного пласта, создание объема для каждой отдельной скважины и другие. Приведены рекомендации и случаи для создания и использования таких моделей при краткосрочных прогнозных расчетах.

**Метод**

Вследствие сложной конструкции применяемых на месторождениях X и Y скважин (ГС и МЗС 1200-1500 м) и одновременного вскрытия нескольких продуктивных пластов, а также существенной дифференциации фильтрационных свойств по различным объектам разработки возникает ряд вопросов:

- Необходимо ли использовать отдельную модель для каждого пласта при вскрытии одной скважиной группу пластов;
- Какой необходим подход при выборе радиуса дренирования: необходимо задавать околоскважинную зону, нужно ли учитывать дальние зоны;
- какой горизонт планирования более детальных или более грубых упрощенных моделей;

- какими данными нужно наполнять упрощенные модели фактических и проектных скважин?

В данной работе для ответа на эти вопросы, во-первых, проводится сравнительный анализ результатов полноценного и упрощенного моделирование пласта различной детальности по фактическим скважинам ОПР, а также моделирования длительной отработки этих скважин в ходе появления новых данных. Затем результаты упрощенного интегрированного моделирования сравниваются с долгосрочными прогнозными расчетами на полноценной интегрированной модели по отдельным объектам разработки и в целом по системе.

Для моделирования фактических скважин применялось несколько подходов [2] создания упрощенной модели (рисунок 1):

- Подход 1. Модель с «4 танками» для каждого из 4-х пластов, резервуар разбивается на «ближнюю» («танк») и «дальнюю («субтанк») зоны дренирования, связанные через коэффициент гидропроводности. «Субтанки» используются для моделирования «подпитки» дальней зоны пласта. Варьирование параметров гидропроводности между субтанком и танком использовалось для адаптации динамики пластового давления по скважине;
- Подход 2. Пласты группы 1 моделировались 4 отдельными «танками», каждый «танк» моделировал отдельный пласт группы 1;
- Подход 3. Все пласты были заданы одним «танком», который моделировал «ближнюю зону дренирования».

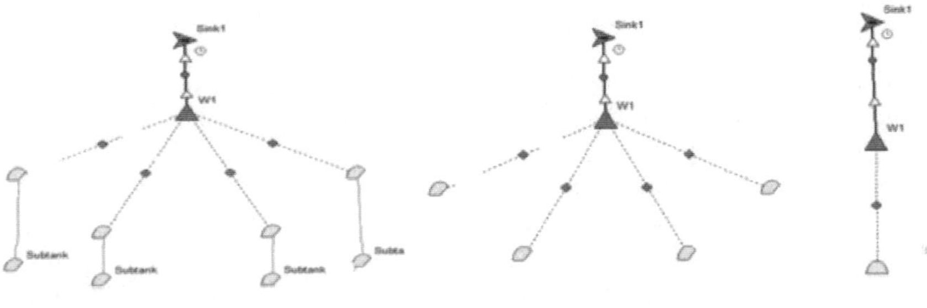


***Рисунок 1.*** *Подходы к моделированию фактических скважин*

Так как скважина фактически работала ~ 1 неделю, а горизонт планирования УИМ 1 неделя – 1 месяц – 1 год, для верификации УИМ модель сравнивалась с расчетом на ГДМ, адаптированной на фактическую работу скважины. Адаптация ГДМ была выполнено детально с привлечением всех имеющихся данных и исследований: ГДИ-ГКИ, ПГИ, ГДИС, в результате чего удалось добиться высокого качества адаптации (Рисунок 2).

По результатам сравнения результатов полноценного и упрощенного моделирование пласта различной детальности по фактическим скважинам ОПР 2021 показано, что в случае одновременного вскрытия проектными скважинами нескольких пластов многопластовых объектов разработки месторождений Х и У, для корректного воспроизведения модельных и фактических данных необходимо задание отдельного танка для каждого пласта. При самом упрощенном и укрупненном способе задания притока из пласта с помощью одного танка не удается добиться совпадения прогнозных темпов падения пластового давления, добычи газа или динамики КГФ при горизонте планирования более 1-2 месяцев, также в этом случае упрощенная модель не корректно будет воспроизводить вовлечение в работу различных пластов при изменении режима работы скважины. Добавление субтанков в некоторых случаях позволяет скорректировать интенсивное падение расчетной кривой падения добычи.

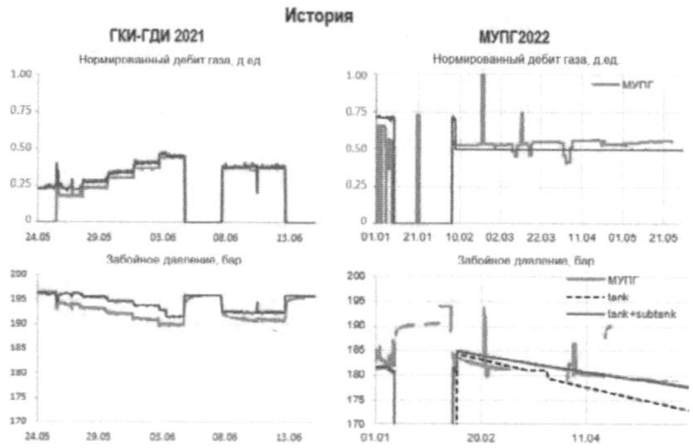


***Рисунок 2.*** *Сопоставление фактических показателей длительной отработки ГДИ-ГКИ-МУПГ/УИМ*

Для оценки точности и скорости прогнозных расчетов для всех скважин (148 проектных скважин месторождения У) по результатам анализа фактических скважин для УИМ прогнозных скважин были выбраны 4 способа упрощенного моделирования многопластовых объектов (Рисунок 10):

- Вариант 1 - Один танк на один пласт без разбивки по скважинам;
- Вариант 2 - Один танк на одну скважину без разбивки по пластам;
- Вариант 3- Один танк для одного пласта каждой скважины без субтанков;
- Вариант 4- Использование кривых падения Рпл(Qг) по скважинам без использования ПО MBAL.

В качестве исходных данных для моделей материального баланса использовались результаты расчета ГДМ. Для оценки коэффициента продуктивности и пластового давления был проведен расчет синтетического модифицированного изохорного теста на моделях ГДМ. Скважины фактического и проектного фонда на каждом объекте были запущены на 3 прямых режимах работы длительностью 30 дней с остановкой на КВД после каждого. Длительность режимов была определена исходя из времени выхода на псевдостационар по каждому из объектов. Объем дренируемых запасов оценивался по кривым падения давления Рпл/Zпл(Qг) по каждому пласту объекта разработки, в качестве пластовых использовались давления на конец КВД после каждого режима, в качестве отборов – накопленные отборы по всем предыдущим режимам по интервалам перфорации по рассматриваемому пласту. Водонасыщенность, пористость, начальное пластовое давление были сняты по каждому пласту по регионам около скважины. PVT-свойства и КГФ задавались постоянными для каждого пласта в соответствии с принятыми PVT-моделями, построенными на базе ГКИ скважин ОПР (Рисунок 3).

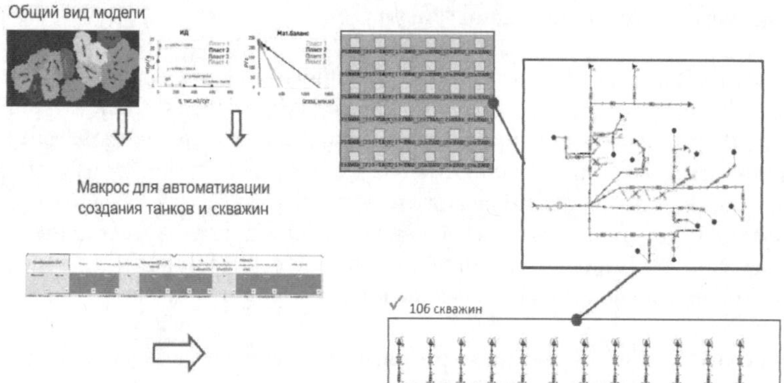


***Рисунок 3.*** *Алгоритм создания упрощенных интегрированных моделей.*

Наиболее упрощенным вариантом задания модели пласта является Вариант 4. В качестве исходных данных необходима динамика давления и дебита по скважине. Кроме того, данный способ задания модели пласта является наименее затратным по времени – в 7 раз быстрее по сравнению с Network. Однако, ввиду большого количества допущений, данный тип задания модели пласта обладает наибольшим отклонением накопленной добычи от эталонного расчета (Рисунок 4).

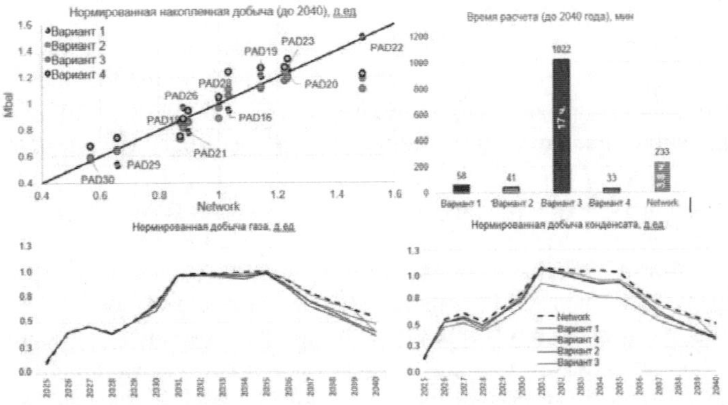


***Рисунок 4.*** *Сопоставление добычи и времени расчета ГДМ/УИМ по месторождению.*

Наиболее компромиссный вариант с точки зрения точности и скорости расчета - Вариант 1, которые можно использовать для среднесрочных и долгосрочных расчетов на период от 1 до 15 лет. Время расчета на 15 лет составляет около1 часа, что в 4 раза быстрее, чем в Network.

**Выводы**

Таким образом, в работе приведены рекомендации по использованию каждой модели: в каких случаях необходимо применять каждую из моделей, сроки, на которые можно использовать ту или иную модель, какой объем информации можно получить при использовании каждой из представленных моделей. Также описаны взаимовлияние каждого пласта на добычу скважины, указаны условия применения дополнительных объемов и настройка перетоков между ними.

**Библиография**

1. А.И. Варавва, Р.Т. Апасов, Р.Р. Бадгутдинов, А.Ф. Ямалетдинов и др. «Иерархия интегрированных моделей различной детальности для решения задач на разных этапах развития газоконденсатных проектов» // SPE-206545-2021-25c.

**References**

2. Cornelis Veeken. Data Driven Gas Well Performance Model Hands Back Control to Engineers // SPE-206192-2021

Геомодель

**Методические аспекты подготовки композиционной PVT-модели при проработке вариантов совместного освоения объектов нефтегазоконденсатного месторождения**

Е.В. Литвинцева* (ООО «ЛУКОЙЛ-Инжиниринг»)

**Введение**

Знание свойств флюида является основным требованием для всех аспектов разработки месторождений, добычи и переработки углеводородов. Современное программное обеспечение позволяет калибровать уравнение фазового состояния для получения соответствия с лабораторными данными и может быть использовано для моделирования процессов.

Для выполнения прогнозных расчетов технологических показателей при совместном освоении нефтегазоконденсатных объектов и последующей интеграции результатов расчетов технологических показателей с моделями-компонентами системы сбора, транспорта и подготовки продукции была подготовлена единая композиционная PVT-модель флюида. Особенность подготовки и интеграции модели заключалась в необходимости описать одновременно как газ каждого из пластов, так и жидкие углеводороды при моделировании сайклинг-процесса и обратной закачки кислого газа, добытого из всех пластов и перемешавшегося в системе сепарации.

Анализ неопределенностей, влияющих на точность создаваемых моделей пластовых флюидов, позволяет использовать результаты для оценки рисков освоения месторождений со сложным строением по фазовому состоянию.

**Метод**

При создании композиционных PVT-моделей углеводородных флюидов, в основном, применяется методика, основанная на применении трёхпараметрических кубических уравнений состояния и алгоритмов моделирования парожидкостного равновесия многокомпонентных систем. В инженерной практике в основном используют уравнения состояния Пенга-Робинсона и Соаве, которые заложены в современном специализированном программном обеспечении. Трехпараметрические кубические уравнения состояния основываются на компонентном составе углеводородной системы и имеют большое количество настраиваемых параметров, которые редко определяются в лабораторных условиях.

Без подробного представления состава пластового флюида невозможно корректно прогнозировать изменение состава добываемого сырья в динамике разработки месторождения, связанное с фазовыми переходами газ-жидкость в пластовых условиях, точность расчетов которых в основном зависит от степени детализации состава. Объем добычи и необходимость контроля содержания кислых газов в составе добываемой продукции, в следствие негативного влияния на оборудование, определяют технологические решения по их переработке. Объем добычи жидких углеводородов определяют пентан и высшие компоненты. Детализация состава тяжелой части флюида важна при проектировании технологических схем промысловой подготовки газоконденсатных флюидов и оценки сырьевой ценности для переработки выделенного на промысле конденсата. Без информации о содержании в добываемом сырье узких фракций невозможно создать корректную технологическую модель и достоверно определить объемы и составы продуктов промысловой подготовки. При наличии достаточного количества качественных лабораторных данных о свойствах флюидов в широком диапазоне термобарических условий высоко детальные композиционные модели обеспечивают приемлемый прогноз физико-химических свойств для практических нужд. При сокращении состава объединением узких фракций в более широкие, свойства объединенных фракций рассчитываются по аддитивности. В этом случае расчет парожидкостного равновесия при заданных термобарических параметрах существенно загрубляется, невозможно выполнять расчет давления паров и температуры кипения и конденсации флюидов. Моделирование химико-технологических процессов подготовки продукции в специализированном программном обеспечении, требует высокой детальности композиционной модели. Увеличение детальности описания компонентного состава углеводородного флюида влечет экспоненциальный рост вычислительной сложности задачи гидродинамического моделирования и увеличению числа степеней свободы в композиционной модели флюида и, как следствие, к неоднозначности (многовариантности) настройки композиционной модели на результаты лабораторных измерений физико-химических свойств флюида за счет корректировки параметров псевдокомпонент.

Современное программное обеспечение позволяет оценить наилучшие значения параметров псевдокомпонент за счет совместной регрессии компонентных составов проб отобранных при исследованиях пластов. В результате должны быть рассчитаны такие значения параметров псевдокомпонент, которые наилучшим образом (в смысле минимизации суммы квадратов отклонений измеренных и расчетных свойств проб флюидов) удовлетворяют всем пробам одновременно.

На ранних стадиях изученности объектов и с учетом принятых решений о совместной разработке пластов целесообразно применять композиционную модель, в которой физико-химические параметры псевдокомпонент (критические параметры, ACF, Vshift) едины для всех пластов. При этом флюиды из различных пластов различны по содержанию псевдокомпонент, которые в каждом пласте заданы по результатам усреднения исследований.

Разбиение углеводородного остатка в составе пластового газа должно быть выполнено по одному из вариантов:

- Использование результатов вакуумной разгонки по ИТК (остаток C5+ разбивается на узкие фракции согласно результатам фракционной разгонки, имеются свойства узких фракций);
- Использование результатов фракционной разгонки по Энглеру (остаток C5+ разбивается на узкие фракции согласно результатам фракционной разгонки, свойства фракций определены по корреляциям);
- Использование результатов хромотографии (фракции ранжируются по номеру нормального парафина до C36+, свойства фракций определены по корреляциям);
- Разбиение остатка по методу Whitson при отсутствии результатов хромотографии и фракционной разгонки.

При подготовке композиционных PVT-моделей необходимо учитывать ограничения и особенности гидродинамических симуляторов. Например, при задании различающихся параметров псевдокомпонент флюидов для каждого пласта и их совместном вскрытии скважинами, симуляторы используют набор параметров, соответствующий первому перфорированному пласту. В связи с этим, возможным механизмом получения итоговых значений может быть использование опции смешивания в пропорции ожидаемой добычи из пластов с контролем согласованности изменений параметров псевдокомпонент при настройке каждой из проб на результаты PVT-экспериментов или использование совместной регрессии всех проб.

Схема процесса подготовки композиционной модели в программном обеспечении (рисунок 1) состоит из двух этапов: 1) единообразное построение индивидуальных композиционных моделей для каждой пробы и их настройка (регрессия) на результаты PVT-экспериментов, 2) построение единой композиционной модели на основе полученных в рамках этапа 1 композиционных моделей с использованием совместной регрессии на результаты тех же PVT-экспериментов.

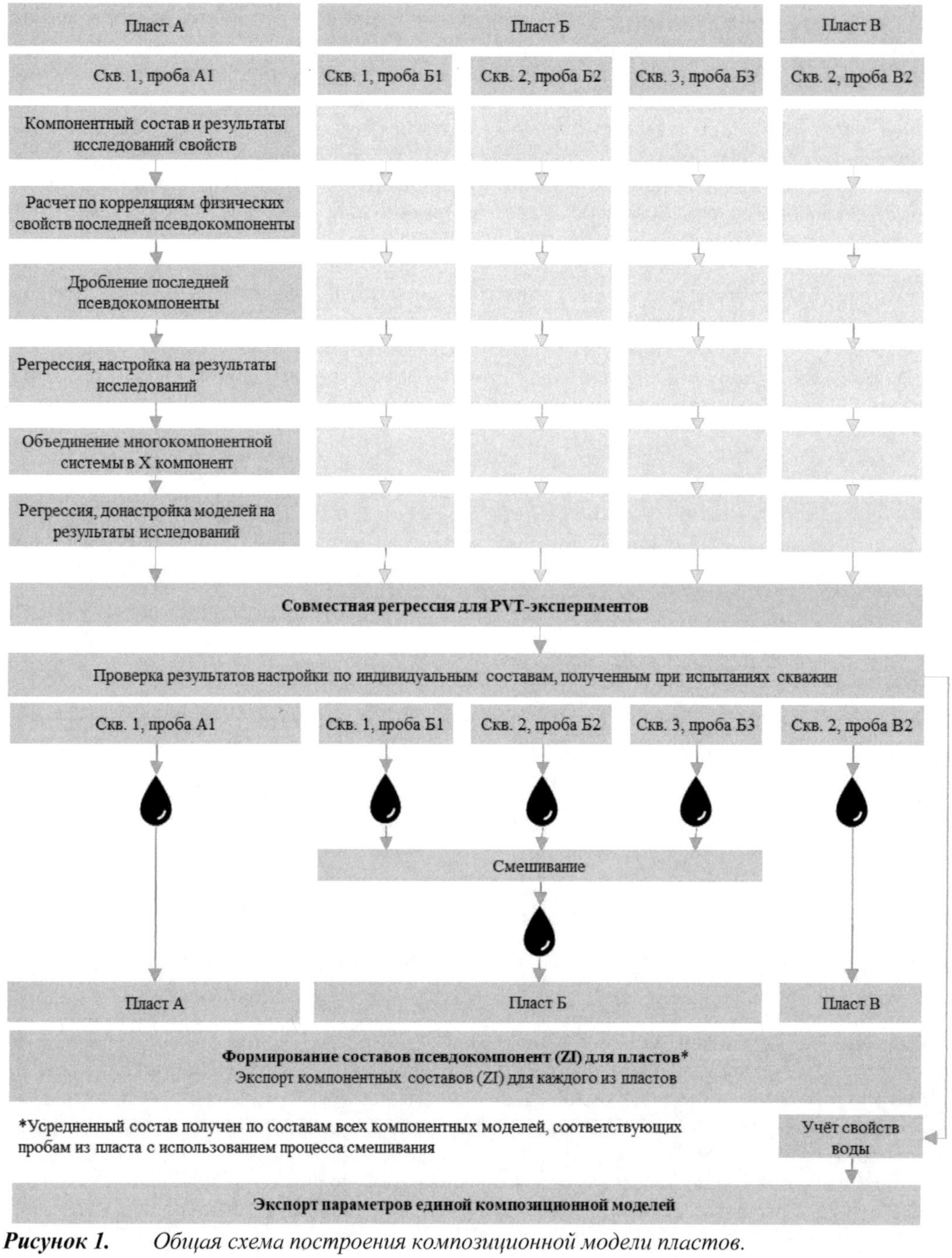


***Рисунок 1.*** *Общая схема построения композиционной модели пластов.*

Одна из ключевых проблем при композиционном моделировании и интеграции результатов расчетов в модели сбора, транспорта и подготовки продукции газоконденсатных месторождений сохраняется в корректной детализации состава высокомолекулярных остатков и является параметром для адаптации модели. Не смотря на их малое содержание, при высоких давлениях и температурах отмечается существенное влияние на результаты настройки PVT-модели. При проведении лабораторных PVT-экспериментов необходимо уделять особое внимание на определение содержания и свойств узких фракций для достоверного прогноза объема и состава продукта в модели сбора, транспорта и промысловой подготовки.

**Выводы**

При совместной регрессии компонентных составов проб, отобранных при исследованиях пластов, в работе выполнена оценка наилучших значений физико-химических параметров. При адаптации PVT-модели подбирались такие параметры псевдокомпонент, при которых одновременно воспроизводятся результаты исследований как проб газа, так и проб нефти (совместная адаптация) и минимизируются соответствующие отклонения расчетных и фактических значений. В работе представлена рекомендуемая методика выбора последовательности адаптационно-корректирующих и вычислительных процедур, которые позволяют подготовить адекватные единые композиционные модели флюидов для гидродинамического моделирования совместного освоения объектов разработки нефтегазоконденсатных месторождений.

Реализованный подход к подготовке единой композиционной PVT-модели нефтегазоконденсатного месторождения позволил создать физически адекватную модель флюида, настроенную на результаты лабораторных исследований. Подготовленная модель была использована для вероятностной геолого-технологической модели и последующей оценке рисков проекта освоения месторождения с учетом имеющихся неопределенностей.

**Библиография**


1. Баталин О.Ю., Брусиловский А.И., Захаров М.Ю. Фазовые равновесия в системах природных углеводородов. — М.: Недра, 1992. 272 2.
2. Брусиловский А.И. Фазовые превращения при разработке месторождений нефти и газа / А.И. Брусиловский. – М.: Грааль, 2002. – 575 с
3. Долгушин Н.В. Методология изучения газоконденсатной характеристики нефтегазоконденсатных месторождений с высоким содержанием конденсата и большим этажом газоносности: Дис. д-ра. техн. наук: 25.00.17 / Долгушин Николай Васильевич. – Ухта, 2007. – 400 с.
4. Литвинцева Е.В., Санников И.Н. Методические аспекты подготовки композиционной модели физико-химических свойств флюидов при совместном освоении объектов газоконденсатных месторождений // Научно-технический журнал ««Геология, геофизика и разработка нефтяных и газовых месторождений». 2023 №4 (376)


**References**


1. Batalin O.YU., Brusilovskij A.I., Zaharov M.YU. Fazovye ravnovesiya v sistemah prirodnyh uglevodorodov. — M.: Nedra, 1992. 272 2.
2. Brusilovskij A.I. Fazovye prevrashcheniya pri razrabotke mestorozhdenij nefti i gaza / A.I. Brusilovskij. – M.: Graal', 2002. – 575 s
3. Dolgushin N.V. Metodologiya izucheniya gazokondensatnoj harakteristiki neftegazokondensatnyh mestorozhdenij s vysokim soderzhaniem kondensata i bol'shim etazhom gazonosnosti: Dis. d-ra. tekhn. nauk: 25.00.17 / Dolgushin Nikolaj Vasil'evich. – Uhta, 2007. – 400 s.
4. Litvinceva E.V., Sannikov I.N. Metodicheskie aspekty podgotovki kompozicionnoj modeli fiziko-himicheskih svojstv flyuidov pri sovmestnom osvoenii ob"ektov gazokondensatnyh mestorozhdenij // Nauchno-tekhnicheskij zhurnal ««Geologiya, geofizika i razrabotka neftyanyh i gazovyh mestorozhdenij». 2023 №4 (376)

**Количественное определение профиля притока при вскрытии неоднородного коллектора горизонтальным стволом по температурным аномалиям калориметрического смешивания**

Е.В. Бакинова* (ООО «Газпромнефть НТЦ»), В.В. Соловьева (ООО «Газпромнефть НТЦ»), М.И. Кременецкий (ООО «Газпромнефть НТЦ»)

**Введение**

На большинстве участках Западной Сибири уже выработаны комфортные для разработки залежи, относящиеся к нижнемеловому и юрскому интервалу разреза. Поэтому наибольший научный интерес с точки зрения поисково-разведочных работ представляют трудноизвлекаемые запасы, представленные неоднородными коллекторами с аномально низкой проницаемостью. Наиболее эффективный способ разработки подобных объектов предполагает их вскрытие горизонтальным стволом с многостадийным ГРП. Одной из основных задач контроля разработки применительно к данному случаю является мониторинг динамики выработки пласта. К актуальным задачам исследований добывающих скважин в рамках этой проблемы относится определение профиля притока. Применение при ее решении стандартных методов промыслово-геофизических исследований малоэффективно из-за сложного строения пустотного пространства, многофазного потока и низкой проницаемости коллектора. Поэтому возрастает интерес к методам исследований добывающих горизонтальных скважин, информативный потенциал которых пока еще не реализован полностью. Одним из таких методов является термометрия. Термические исследования нередко остаются единственным эффективным инструментом диагностики и оценки слабых притоков в горизонтальном стволе. В данной работе представлен анализ результативности количественной оценки доли пластов в притоке на основе одного из наиболее представительных и информативных термодинамических эффектов – калориметрического смешивания.

**Метод (и/или Теория)**

Эффект калориметрического смешивания давно и широко используется в практике геофизических исследований скважин и описан в литературе.

Классическое описание данного эффекта предполагает, что в стволе скважины в интервале отдающего пласта, толщиной которого пренебрегают, происходит мгновенное смешивание двух потоков флюида. Первый движется по стволу по направлению к подошве пласта и характеризуется объёмной теплоемкостью $C_{\text{под}}$, расходом, $Q_{\text{под}}$ и температурой $T_{\text{под}}$, второй поступает из пласта и характеризуется объёмной теплоемкостью $C_{\text{пл}}$, расходом, $Q_{\text{пл}}$ и температурой $T_{\text{пл}}$. Аналогичные характеристики для смеси флюидов в кровле интервала притока: $C_{\text{кр}}$, $Q_{\text{кр}}$, $T_{\text{кр}}$.

Данный эффект описывает приближенным соотношением:

$$C_{\text{под}}\,Q_{\text{под}}T_{\text{под}} + C_{\text{пл}}\,Q_{\text{пл}}T_{\text{пл}} = C_{\text{кров}}\,Q_{\text{кров}}T_{\text{кров}} \quad (1)$$

Основная проблема в использовании данного соотношения при оценке доли пластов в притоке заключается в необходимости определения температуры $T_{\text{пл}}$ поступающего из пласта флюида. А в качестве фоновой может выступать температура коллектора в изначально не работавшей или длительно простаивающей скважине.

Классическая теория предполагает, что температура поступающего из пласта флюида может быть равна геотермической $T_{\text{пл}} = T_{\text{г}}$ или отличаться от нее на величину $\Delta T_{\text{пл}}$, как в формуле 2, вследствие баротермических процессов, сопровождающих движение флюида по простиранию коллектора (рис. 1) [1].

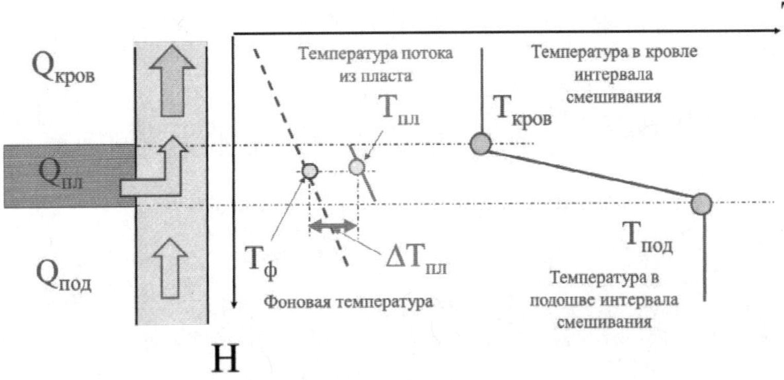


***Рисунок 1.*** *Эффект калориметрического смешивания в стволе скважины*

$$T_{пл} = T_{г} + \Delta T_{пл} = T_{г} + \varepsilon_T \cdot \Delta P \quad (2)$$

где $\varepsilon_T$ – коэффициент дросселирования, ΔР – депрессия на пласт.

В последнем случае из-за отсутствия достоверных значений параметров, входящих в уравнение (2) значение $T_{пл}$ оценивается с большой погрешностью. Кардинальным выходом при сложившейся ситуации является обоснование технологии термических исследований, когда значение $T_{пл}$ или величина близкая к ней могут быть измерены в стволе скважины.

Подход, предложенный авторами, к решению данной задачи предусматривает сравнение термограмм, полученных в периоды стабильной работы скважины и после ее остановки. Он основывается на сходстве изменения температуры со временем при запуске скважины и при прекращении притока из пласта. Это позволяет оценить температуру потока флюида в произвольный момент времени после запуска скважины на основе измерений, произведенных в любой момент времени после ее остановки.

Данную идею иллюстрирует схема на рис. 2а, где сплошные линии с индексом $T_{пл}$ отображают изменение температуры на стенке скважины против циклически работающего пласта во времени *Δt*. Первоначальная (фоновая) температура в скважине и вмещающей среде принята постоянной $T_{ф}$=const. В цикле притока значение $T_{пл} = T_{пл}'$ соответствует температуре поступающего из пласта флюида, которая закономерно снижается во времени. В цикле последующей остановки значение $T_{пл} = T_{пл}''$ растет.

Измерить температуру в стволе скважины близкую к $T_{пл}$, можно только в ограниченный период времени. При притоке этому препятствует экранирующее влияние движения газожидкостной смеси по стволу. Поведение температуры в стволе во времени на глубине подошвы и кровли пласта в течение этого периода описывают пунктирные кривые $T_{под}$ и $T_{кр}$ на рис. 2а [2].

Эффект экранирования ствола сохраняется и проявляется непосредственно после остановки скважины, но с течением времени его интенсивность уменьшается. Продолжительность периода времени, в течение которого данный эффект оказывает существенное влияние, составляет от одного до нескольких часов. Температура $T_{пл}'$, измеренная в стволе в статике в произвольное время после завершения данного периода может быть использовано для расчета величины $T_{пл}''$, для любого времени в период после запуска скважины.

Сходство в поведении температуры во времени в действующей и остановленной скважине позволяет обосновать приближенную зависимость между величинами $T_{пл}''$ и $T_{пл}'$. при произвольных моментах их регистрации $\Delta t'$ и $\Delta t''$.

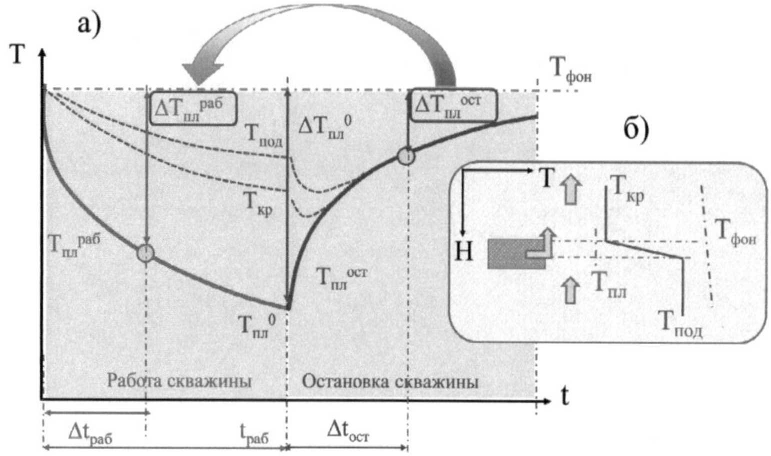


***Рисунок 2.*** *а) поведение температуры $T_{пл}$ на стенке скважины от времени $\Delta t$ в интервале отдающего газоносного пласта в цикле притока и в остановленной скважины; б) аномалия смешивания в стволе скважины в интервале пласта*

Одним из возможных вариантов подобной зависимости может быть связь между разностями температур $T_{пл} - T_{ф}$ для названных моментов времени: $\Delta T_{пл}''$ и $\Delta T_{пл}'$. Ее характер определяется тем, какие моменты времени выбраны измерений. То есть для каждого сочетания времени она должна рассчитываться индивидуально.

**Примеры**

Для обоснования возможности и точности решения данной задачи авторы используют термомоделирование. Авторами было выполнено несколько серий численных экспериментов на термодинамической модели «скважина-пласт» для анализа поведения температуры в скважине в цикле «приток-остановка». Каждая серия включала расчеты для конкретных значений продолжительности цикла притока и дебита, и объединяла расчеты, выполненные при различных фильтрационно-емкостных свойствах коллектора, тепловых свойствах пласта и пластового флюида, а также геометрических характеристик трещин в максимально возможных диапазонах изменения перечисленных параметров в условиях скважины.

За счет влияния на температуру свойств пластовой системы (прежде всего ФЕС коллектора и длин трещин) связь неоднозначная, В зависимости от значений параметров скважины и пласта, меняются показания коэффициентов $\Delta T_{раб} = T_{фон} - T_{ост}$ и $\Delta T_{ост} = T_{ост} - T_{пл}$, по которым можно прогнозировать температуру, выходящего из пласта флюида. С увеличением времени измерений в статике возрастает погрешность оценки $T_{пл}$, так как разница между коэффициентами уменьшается. (рис.3а).

Если бы отсутствовал экранирующий эффект, то замер, снятый сразу после остановки, имел бы значение температуры выходящего флюида. Но его влияние оценено выше и исходя по работе модели можно определить оптимальное время работы и остановки, и по представленной методике провести оценку. Если проницаемость низкая, то погрешность будет составлять около 5%, когда проницаемость достаточно высокая, то ошибка в оценке дебита будет 15%.

Также проведен анализ чувствительности для случая, когда времена замеров в остановке и работе различны. Такая зависимость приведена на рисунке 3б. Исходя из расчетов, можно сделать вывод, что расхождение на разных временах минимально и не оказывает сильного влияния на оценку профиля притока.

а) б)

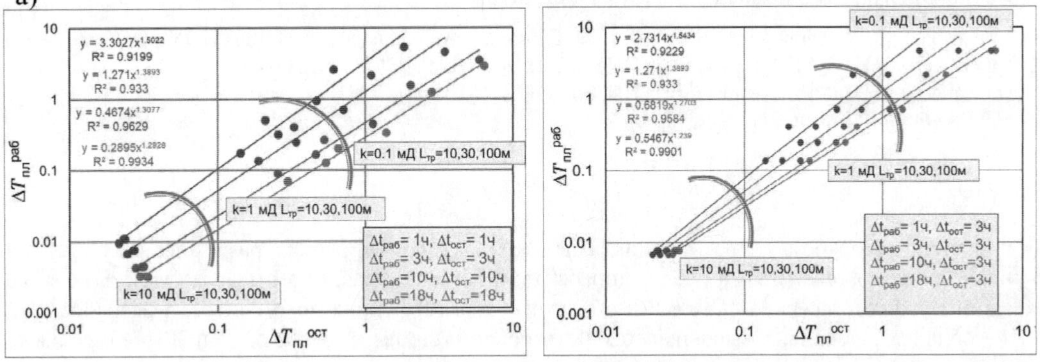


***Рисунок 3.*** *Кросс-плоты со связями приращений температур на стенке, работающей* $\Delta T_{пл}^{раб}$ *и остановленной* $\Delta T_{пл}^{ост}$ *скважины в интервале отдающего пласта, отличающиеся продолжительностями периодов работы* $\Delta t_{раб}$ *и простоя* $\Delta t_{ост}$ *скважины. Каждая связь аппроксимирована степенной линией тренда вида* $y=\alpha x^{\beta}$*,* $R$ *– характеристика достоверности аппроксимации. Каждая точка кросс-плота соответствует конкретной паре значений проницаемости пласта* $k$ *и длины трещины* $L_{тр}$ *а) продолжительности работы и простоя скважины одинаковы, б) продолжительность остановки скважины составляет 3 часа, длительности простоя меняются в диапазоне от 1 до 18 часов.*

**Выводы**

В данной работе был проведен анализ результативности количественной оценки доли пластов в притоке на основе одного из наиболее представительных и информативных термодинамических эффектов – калориметрического смешивания. Выполнено моделирование поведения температуры в интервале смешивания с учетом ФЕС коллектора и особенностей вскрытия пласта. Также обоснована оригинальная методика, предполагающая определение температуры поступающей из пласта жидкости на основе идентичности поведения температуры в действующей и остановленной скважине. И было проведено опробование методики на горизонтальных скважинах с МГРП.

**Библиография / References**


1. Chekalyuk E.B. Termodinamika iz neftyanogo plastika. - I.Nedra, 1965. - 238 s.
2. Kremenetskiy M.I., Ipatov A.I. Primeneniye promyslovo-geofizicheskogo kontrolya dlya tochnoy razrabotki mestorozhdeniy nefti i gaza. T. Rol' gidrodinamicheskogo-geofizicheskogo monitoringa v upravlenii. – M. – Izhevsk: Institut komp'yuternykh issledovaniy, 2020. – 756 s.
3. Solov'yeva V.V., Bakinova Ye.V. Informativnyye preimushchestva tsiklicheskikh termicheskikh issledovaniy gorizontal'nykh skvazhin, vskryvayushchikh plasty s anomal'no nizkoy pronitsayemost'yu // GORIZONTAL'NYYe SKVAZHINY 2022. Sbornik materialov 5-y nauchno-prakticheskoy konferentsii. Moskva, 2022. - M.: YEAGE GEOMODEL', 2022. - S. 222-225.

**Информативность термических исследований в горизонтальных скважинах при контроле многостадийного ГРП в низкопроницаемом коллекторе**

В.А. Ерастова* (РГУ нефти и газа НИУ им. И.М. Губкина), А.Н. Никонорова (НОЦ КФУ / ООО «Газпромнефть НТЦ» / РГУ нефти и газа НИУ им. И.М. Губкина), М.И. Кременецкий (ООО «Газпромнефть НТЦ» / РГУ нефти и газа НИУ им. И.М. Губкина), Д.Н. Гуляев (РГУ нефти и газа НИУ им. И.М. Губкина)

**Введение**

Как правило, разработку низкопроницаемых коллекторов проводят разбуриванием залежи горизонтальными скважинами (ГС) с многостадийным гидроразрывом пласта (МсГРП). Такие скважины являются весьма сложными объектами для геофизического контроля разработки, а также обладают довольно высокими темпами падения добычи. Однако, данный вид скважин представляет весьма высокий интерес для недропользователя с точки зрения возможности оптимизации планирования и проведения гидроразрыва, для чего требуется внедрение более сложных технологий проведения исследований для оценки полудлин трещин, их расположения, раскрытости и направления.

Основными методами контроля параметров трещин при многостадийном ГРП являются промыслово-геофизические и гидродинамические исследований скважин. Однако, в горизонтальных скважинах имеются трудности с проведением классических исследований. Кроме того, особенности конструкции горизонтальных скважин также привносят свой вклад в информативность вышеперечисленных методов.

При оценке профиля притока / приемистости в ГС с МсГРП, а также контроле проведения ГРП наиболее информативным методом представляется термометрия скважин, так как гидродинамические исследования не позволяют изучать трещины по отдельности, а расходометрия в случае снижения дебита скважины перестает отрабатывать корректно.

Данная работа посвящена анализу информативности термических исследований в горизонтальных скважинах с МсГРП. Авторами оценивается эффективность активных технологий при контроле МсГРП, а также анализируются информативные возможности оптоволоконных систем.

**Метод (и/или Теория)**

В представленной работе авторы акцентируют внимание на особенностях изменения теплового поля в условиях работы ГС с МсГРП. Для анализа поведения теплового поля в горизонтальной скважине, вскрывающей однородный низкопроницаемый пласт с несколькими трещинами гидроразрыва проведено термобарическое моделирование на основе численной модели, приведенной на рисунке 1. Скважина - вертикальный цилиндр в горизонтальной плоскости, трещины расположены перпендикулярно оси скважины, представляют с собой прямоугольные щелевые каналы. Параллельные горизонтальные границы пласта-коллектора расположены на определенном расстоянии h, что является его мощностью. Задача решена на неравномерной сетке по времени и в пространстве, сгущаемой в интервалах максимальных градиентов T и P вблизи трещин и стенки скважины. В данном случае моделировалась работа скважины на различных режимах, а именно при различных длительностях и интенсивностях работы скважины. После цикла закачки начинается либо цикл остановки, либо цикл отбора и далее остановка скважины.

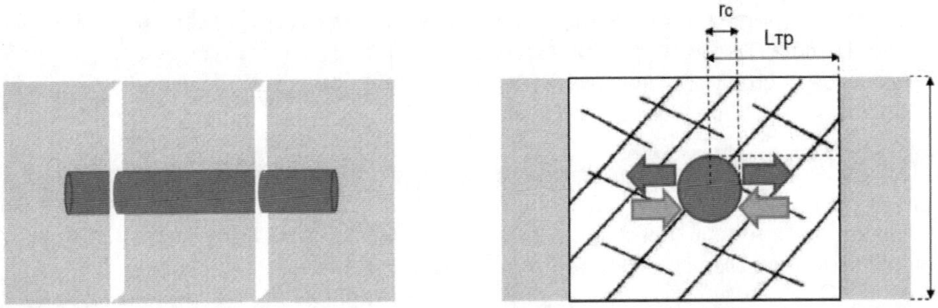


**Рисунок 1.** *Система «горизонтальная скважина-трещины-пласт».*

Предшествующий анализ поведения теплового поля в трещине ГРП в случае вертикальной скважины показал, что при росте трещины в длину, темп релаксации теплового поля гораздо выше. То есть чем больше длина трещины, тем быстрее восстанавливается тепловое поле после его возмущения вследствие кратковременного запуска скважины в работу [1-3]. Данный фактор будет оказывать весомое влияние и на информативность термометрии при работе в горизонтальных скважинах.

Кроме того, низкая проницаемость пласта существенно влияет на темп изменения теплового поля. Чем хуже проницаемость пласта, тем быстрее восстанавливается тепловое поле после его возмущения при запуске скважины [1-3].

Однако, в горизонтальных скважинах с МсГРП будет наблюдаться еще сильное влияние от направления распространения трещин. Так трещины, раскрытые в направлении ствола скважины, будут гораздо ярче диагностироваться, нежели трещины, имеющие минимальный контакт со скважиной.

Особое внимание, авторы уделили анализу релаксации теплового поля при разных условиях закачки. Так на рисунке 2 приведены графики с поведением теплового поля при релаксации после кратковременного нагнетания в ГС с МсГРП (две стадии, перпендикулярно скважине) в условиях низкопроницаемого коллектора.

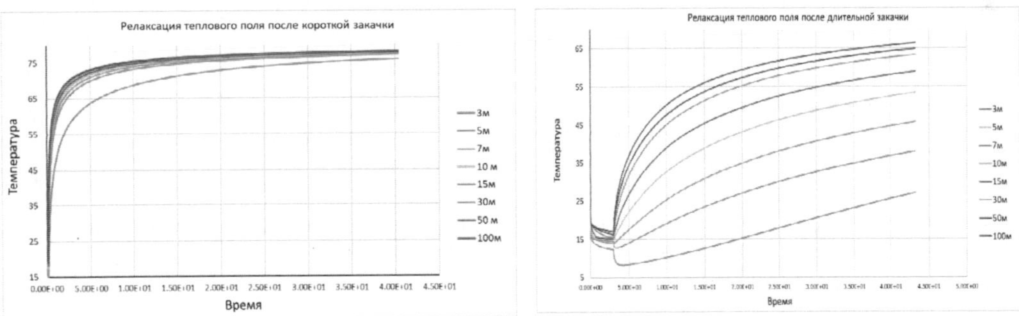


а) б)

**Рисунок 2.** *Особенности релаксации температуры в статике в горизонтальной скважине: а – однородный пласт Кпр = 1 мД, режим закачки – 100 м$^3$/сут, продолжительность закачки – 3 ч; б – однородный пласт Кпр = 1 мД, режим закачки – 100 м$^3$/сут, продолжительность закачки – 72 ч. Шифр кривых – полудлина трещин ГРП.*

Из графиков видно, что при более продолжительных закачках в условиях однородного пласта с проницаемостью 1 мД поле успевает сильно охладится в прискважинной зоне, а при этом темп восстановления значительно замедлен, нежели при условии кратковременной закачки. Так, рассматривая, например, нагнетательные скважины, работающие в режиме закачки продолжительное время, данный наблюдаемый эффект сильно снизит информативность классической термометрии.

При проведении многостадийного гидроразрыва закачка жидкости в пласт происходит не на долговременной основе. После закачки происходит процесс отбора и запуск скважины в работу. Данные процессы создают контрастные аномалии, которые способны повысить информативность термометрических исследований.

С одной стороны, при анализе с применением активных технологий, включающих создание возмущения поля температуры и наблюдение за его релаксацией установлено, что, управляя продолжительностью и интенсивностью закачки и остановки скважин появляется возможность повышения информативных возможностей термометрии в вертикальных скважинах.

С другой стороны, раннее был проведен анализ поведения теплового поля при смене циклов работы скважины с закачки на отбор. Уже на раннем этапе стало понятно, что за счет контрастных смен температуры такие активные технологии весьма успешно справляются с задачей диагностики трещин. Наблюдается хорошее зонирование параметров, то есть при активных технологиях «закачка-отбор-остановка» термические исследования весьма уверенно могут справляться с задачей оценки параметров трещины и пласта. В горизонтальных скважинах данная технология осложняется особенностями проведения исследований, однако, позволит оценить как профиль притока / приемистости (классическая задача термометрии), так и выйти на количественные параметры трещин [1-3]. Так, на рисунке 3 приведен график для случая ГС с МсГРП (2 стадии) в условиях низкопроницаемого коллектора при переходе на отбор.

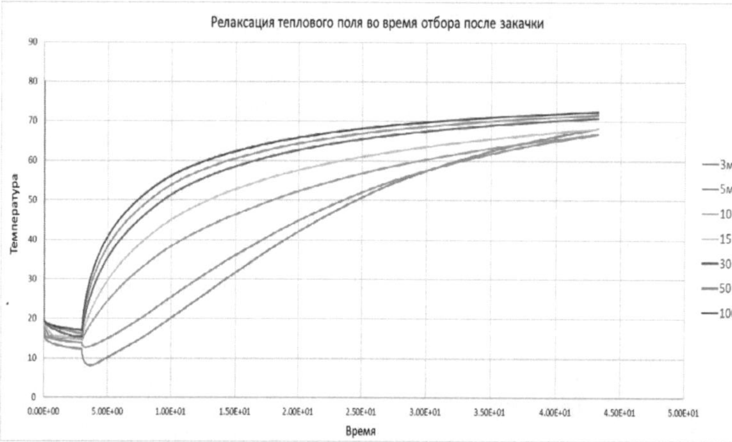


**Рисунок 3.** *Особенности релаксации температуры в статике в горизонтальной скважине: а – однородный пласт Кпр = 1 мД, режим закачки – 100 м$^3$/сут, продолжительность закачки – 72 ч; режим отбора 10 м$^3$/сут.*

Видно, что при отработке скважины, темп восстановления теплового поля гораздо выше, чем в случае только остановки скважины после закачки (рисунок 2), что позволяет усилить информативные эффекты метода.

Далее изучена информативность оптоволоконных систем для контроля трещин гидроразрыва в горизонтальных скважинах. Оптоволоконные исследования являются элементом долговременного мониторинга процессов, происходящих в скважинах. Особенно, это касается ранних переходных процессов, которые не могут быть зафиксированы классическими датчиками в виду особенностей проведения исследований. Так, например, при переходе с закачки на отбор при наличии межпортовых перетоков за первые 30-40 минут (в этот момент классические датчики только спускаются к забою ГС) формируются аномалии нагрева, связанные с работой трещин [1-3].

Яркий пример контроля проведения ГРП по результатам долговременного мониторинга с помощью оптоволоконных систем приведен на рисунке 4.

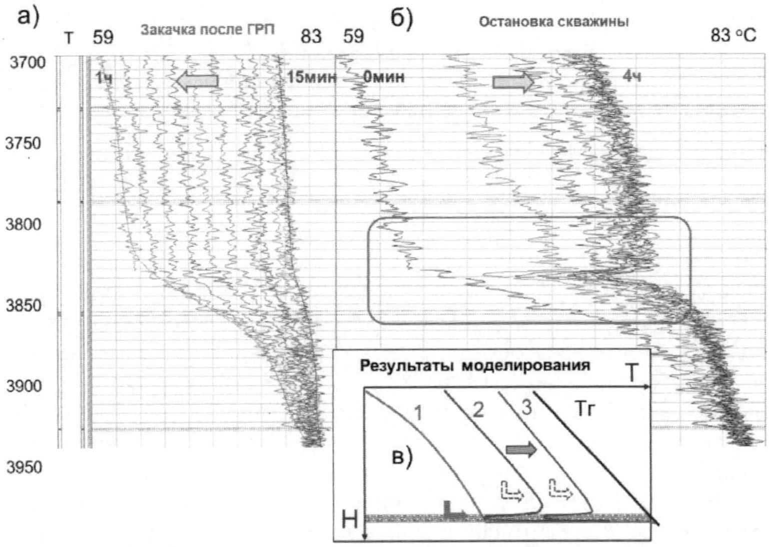


**Рисунок 4.** *Оптоволоконные исследования в горизонтальном стволе с МсГРП во время остановки скважины после ГРП*

Во время остановки скважины через некоторое время наблюдается локальная отрицательная температурная аномалия, связанная с наличием трещины. При этом скважина имеет 4 порта ГРП, где не наблюдаются изменения на температурных кривых. В связи с этим можем предположить, что либо работает одна трещины, либо крылья трещин в местах проведения ГРП расположены строго перпендикулярно к оси ствола скважины, и по термометрии их не видно.

**Выводы**

- Применение активных технологий исследований с кратковременной закачкой с последующим отбором являются важным условием информативности термических исследований ГС с МсГРП, так как трещины в ГС зачастую расположены перпендикулярно стволу скважины, когда по термометрии в статике они плохо выявляются.
- Наиболее информативным способом при изучении теплового поля в ГС с МсГРП является долговременный и беспрерывный мониторинг температуры с помощью распределенного стационарного оптоволоконного датчика.
- По результатам мониторинга возможно определение количества работающих трещин и распределения профиля приемистости или притока по трещинам МсГРП

**Библиография / References**

1. Kremenetskiy M.I., Nikonorova A.N. "Rezul'tativnost' termometricheskikh issledovaniy skvazhin pri diagnostike i otsenke parametrov treshchin gidrorazryva plasta". Logger. 2023. № 1. pp. 56-67.
2. Nikonorova A.N., Yerastova V.A., Gulyaev D.N. "Vozmozhnosti skvazhinnoy termometrii dlya svoyevremennoy diagnostiki neproizvoditel'noy zakachki i predotvrashcheniya zagryazneniya plastovykh vod". Environmental protection in the oil and gas industry. 2023. № 2 (311). pp. 12-18.
3. Nikonorova A.N., Ponomarenko O.M., Naumov A.S., Gulyaev D.N. "Diagnostika tipa mezhplastovykh peretokov, privodyashchikh k neproizvoditel'noy zakachki vody pri razrabotke neftyanykh mestorozhdeniy ". Zashchita okruzhayushchey sredy v neftegazovom komplekse. 2023. № 2 (311). pp. 50-58.

**Внедрение многорежимных геофизических и межскважинных гидродинамических исследований для оптимизации работы нагнетательных скважин и повышения добычи**

А.С. Наумов* (РГУ нефти и газа (НИУ) имени И.М. Губкина, НОЦ «Газпромнефть-Политех», ООО «Газпромнефть НТЦ»), Д.Н. Гуляев (РГУ нефти и газа (НИУ) имени И.М. Губкина), А.Н. Никонорова (ООО «Газпромнефть НТЦ»)

**Введение**

Значительная часть разрабатываемых в настоящее время месторождений перешла на этап завершающей стадии разработки. Подобные объекты имеют схожую проблематику: низкие дебиты углеводородов, высокая обводненность продукции, зачастую низкое пластовое давление, многочисленные межпластовые заколонные перетоки. Для повышения эффективности работы нагнетательных скважин необходимо существенное внимание уделять современным методам контроля разработки месторождений, важную часто которых занимает задача выявления межпластовые и заколонные перетоки в нагнетательном фонде скважин. Процесс явления можно описать как уход нагнетаемого агента из целевого объекта по системе естественных или же техногенных трещин в нецелевые пласты. Данное явление также часто именуют, как непроизводительная закачка. Наличие перетоков сильно усложняет процесс извлечения полезных флюидов, поскольку, во-первых, системы поддержания пластового давления (ППД) не создает необходимое давление в пласте, а во-вторых, не происходит оттеснение углеводородов фронтом нагнетаемого агента к добывающему ряду скважин. Как следствие, недропользователь несет экономические потери по причине недоизвлечения углеводородов, а также затрат на закачку агента в нагнетательных скважинах. Устранение непроизводительной закачки возможно благодаря применению правильно подобранных геолого-технических мероприятий (ГТМ), ремонта скважин или же просто оптимизации режима работы скважины, что особенно актуально для нагнетательных скважин с авто-ГРП. Однако для того, чтобы принять решение о проведении тех или иных мероприятий необходимо, для начала, провести качественную диагностику явления непроизводительной закачки, определить тип перетока, а также локализовать его положение по кабельной глубине и направление движения. Решение задачи, связанной с диагностикой перетоков, возможно благодаря использованию комплекса методов промыслово-геофизических исследований (ПГИ) [1], а также гидродинамических исследований скважин (ГДИС), в частности продвинутой технологии ГДИС импульсно-кодового гидропрослушивания (ИКГ).

**Метод**

В работе приводится аналитическое моделирование поведения теплового поля в скважине при различных условиях существования канала перетока. Рассматривается два базовых случая перетока (Рис. 1), возможных в условиях работы нагнетательной скважины: переток по негерметичному заколонному пространству и переток по трещине ГРП.

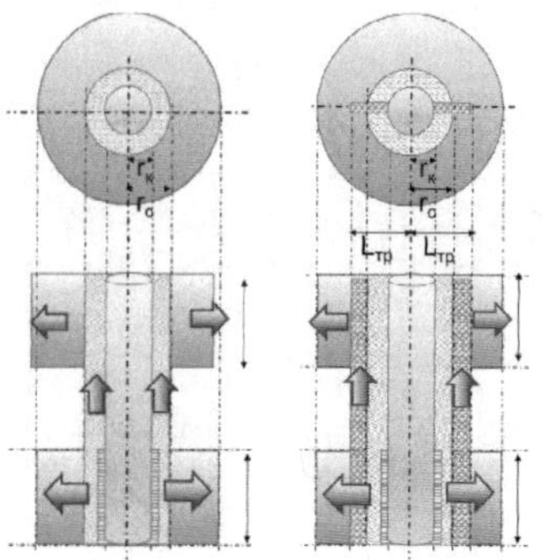

***Рисунок 1.*** *Схема системы скважина-пласт с наличием перетока (справа – переток по негерметичному заколонному пространству, слева – переток по трещине ГРП).*

Результаты моделирования представлены на рисунке 2. Представленное различие поведения теплового поля подтверждает возможность различать тип перетока, поскольку имеются яркие различия в динамике изменения теплового поля во времени в зависимости от канала претеока.

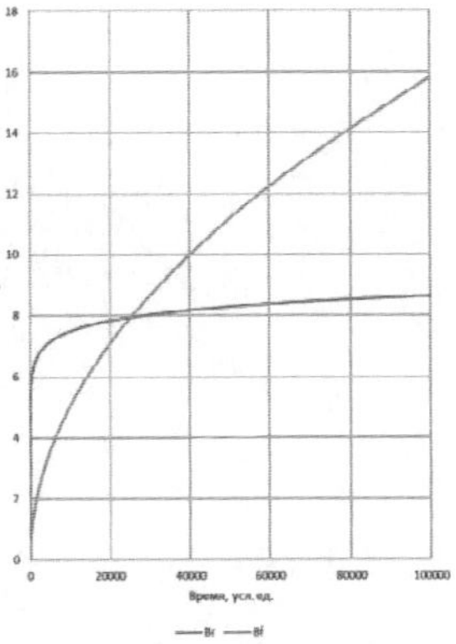


***Рисунок 2.*** *Результаты аналитического моделирования, выраженные в сравнении поведения нормированного коэффициента теплопередачи B во временном масштабе (синяя кривая – переток по негерметичному заколонному пространству, оранжевая крива – переток по трещине ГРП).*

Гипотеза о возможности различия перетока по ЗКЦ и трещине также подтверждается результатами численного моделирования. В ПО «tNavigator» была собрана термическая модель системы скважина-пласт, в которой моделировалось поведение теплового профиля скважины по стволу при существовании различных видов перетока. Как можно заметить на рисунке 3, существуют яркие различия в профиле температуры для случаев ЗКЦ и трещин.

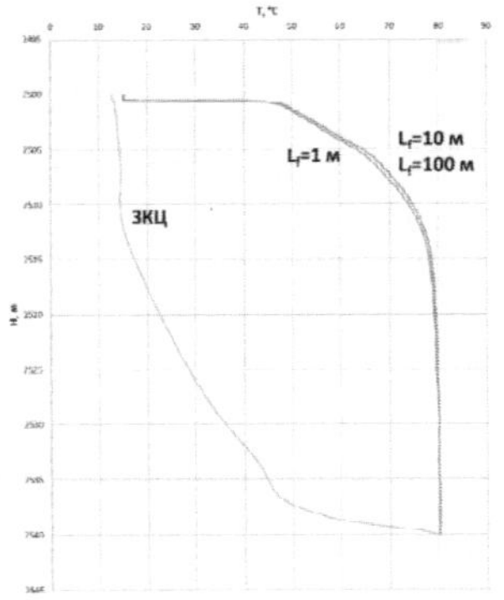


***Рисунок 3.*** *Результаты численного моделирования теплового профиля нагнетательной скважины при различных каналах перетока.*

В свою очередь, перед проведением измерений температуры непосредственно в скважине необходимо установить факт наличия перетока. Это возможно благодаря применению импульсно-кодового гидропрослушивания, благодаря которому можно зафиксировать аномальное изменение межскважинной гидропроводности, что свидетельствует о потенциальном наличии перетока.

**Примеры внедрения предлагаемых технологий**

Анализ межскважинных взаимодействий проводился на основе исторических данных дебитов и давлений длительностью 3 месяца в тестовых скважинах и скважинах ближайшего окружения. Участок гидропрослушивания скважины B49 представлен на рисунке 4, возмущения, создаваемые нагнетательной скважиной, регистрировались в добывающих скважинах B33, B34, B50.

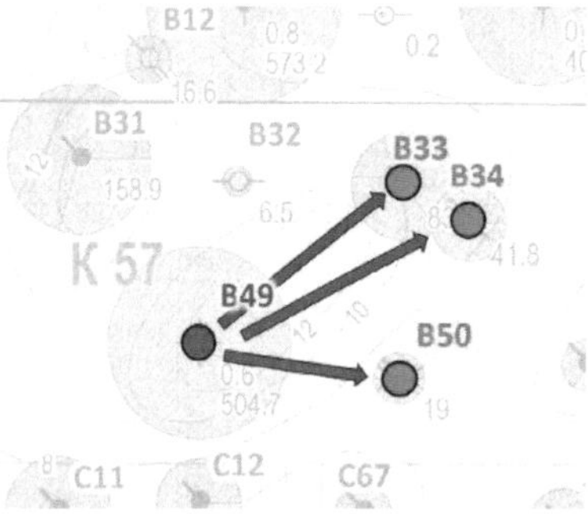


***Рисунок 4.*** *Участок гидропрослушивания вокруг скважины B49. Скважина B49 – генератор импульсов давления, скважины B33, B34, B50 – слушающие.*

Выявлено влияние закачки нагнетательной скважины B49 на B33, B34. В интервалах B49 – B50 гидродинамическая связь однозначно не выявлена за время исследования, свойства пласта в межскважинном интервале оценены «сверху», исходя из предположения о скором приходе возмущения давления после окончания ИКГ.

На рисунке 5 изображен сводный планшет, на котором изображена история работы слушающих скважин и возмущающей скважины. Синей кривой обозначено исходное давление, записанное в скважинах, черным пунктиром детрендированное давление

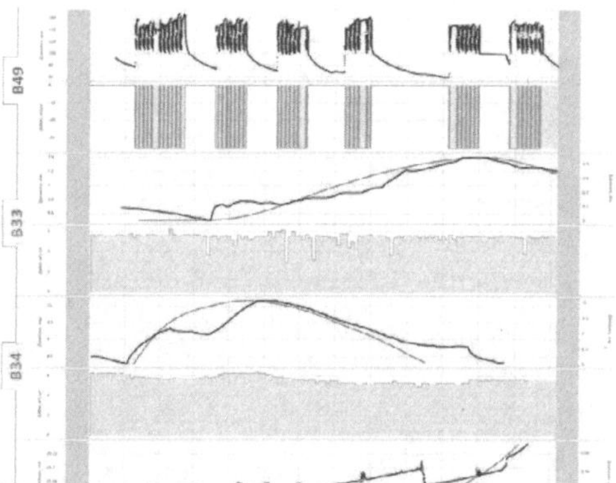


***Рисунок 5.*** *История работы скважин на участке гидропрослушивания скважины B49.*

Соответствие пьезопроводности, полученной по ИКГ и рассчитанной на основе РИГИС для текущего насыщения пласта (преимущественно нефть) говорит о хорошем соответствии связи проницаемости от пористости, применяемой при интерпретации, ГИС с условиями в данной области пласта. Так же наблюдается не соответствие гидропроводности по ИКГ и расчетной по РИГИС, что может говорить о непродуктивной закачке.

На планшете, представленном на рисунке 6 приведен комплекс исследований ПГИ в нагнетательной скважине В49. Можно заметить, что ниже целевого интервала поглощения наблюдается переток, который регистрируется термометрией и шумометрией. Слабая динамика поведения теплового поля в интервале перетока характерна для наличия трещины ГРП.

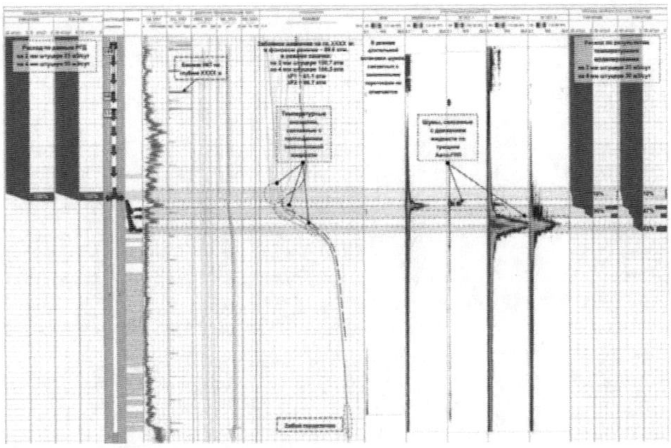

***Рисунок 6.*** *Планшет ПГИ по скважине В49.*

При анализе данных классических ГДИС было установлено наличие линейного режима течения в скважине В49, что также является маркером существовании трещины в пласте (Рис. 7).

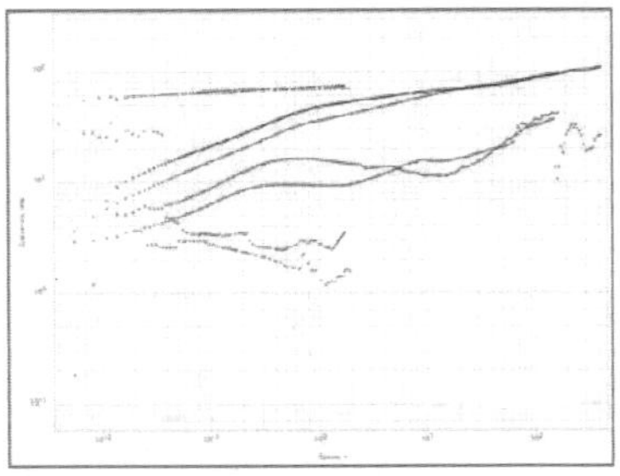

***Рисунок 7.*** *Результаты ГДИС в скважине В49.*

**Выводы**

Комплексный анализ многорежимных геофизических и гидродинамических исследований (ПГИ и ГДИС) дает возможность детально изучить состояние объекта эксплуатации и подготовить предложения по оптимизации режима работы нагнетательных скважин для повышения добычи.

- Применение многорежимных односкважинных ГДИС или межскважинных гидродинамических исследований дает возможность устанавливать факт наличия перетока,
- Анализ термометрии с применением воздействия на скважину в процессе исследований позволяет локализовать расположение и тип канала перетока, рекомендовать и контролировать проведение ремонтных работ,
- Комплекс исследований позволяет рекомендовать оптимальные режимы работы нагнетательных скважин и рассчитывать повышение добычи от оптимизации ППД.

**Библиография**

1. Кременецкий М.И., Ипатов А.И. Применение промыслово – геофизического контроля для оптимизации разработки месторождений нефти и газа. Т. 1. Основы гидродинамико - геофизического контроля разработки и мониторинга добычи. – М. – Ижевск: Институт компьютерных исследований, 2020. – 660 с.

**References**

1. Kremenetsky M.I., Ipatov A.I. Application of field geophysical control for optimization of oil and gas fields development. T. 1. Fundamentals of Hydrodynamic - Geophysical Control of Development and Production Monitoring. - Moscow - Izhevsk: Institute for Computer Research, 2020. - 660 c.

**Контроль динамики добычи в низкодебитных скважинах, работающих многофазной продукцией для оптимизации выбора скважин-кандидатов для стимуляции**

В.В. Соловьева* (РГУ нефти и газа (НИУ) им. Губкина), Д.Н. Гуляев (РГУ нефти и газа НИУ имени И.М. Губкина)

**Введение**

В настоящее время большую долю скважин в разрабатываемых сегодня нефтяных и газовых месторождениях занимают низкодебитные скважины, в связи с чем в индустрии существует запрос на недорогие и надежные способы контроля их производительности. В этом случае все больше специалистов отдают предпочтение долговременному мониторингу основных параметров вместо единичных исследований скважин. Получение информации в режиме реального времени позволяет не только оптимизировать режим работы скважин, но и отслеживать нарушения при ее эксплуатации, выбирать оптимальные геолого-технические мероприятия для поддержания или повышения добычи. Одним из ключевых параметров эффективности является текущая производительность скважины.

С широким внедрением систем стационарного мониторинга геофизических параметров увеличилось количество способов оперативного контроля. Однако использование подобных систем требует использование высокочувствительных датчиков для достижения информативных результатов [1, 2]. Использование таких датчиков значительно увеличивает стоимость исследования, что может быть накладным для массового практического использования.

Эффективный долговременный мониторинг режимов работы скважины предполагает комплексирование способов измерений для удовлетворения перечисленных методов. В ходе исследования было предложено производить дискретные замеры с помощью устьевого сепаратора, а долговременные непрерывные измерения в промежутках между данными периодами выполнить менее затратным способом, таким как системами погружной телеметрии. Одним из основных параметров мониторинга предполагается использовать измерения температуры в скважине.

**Теория**

Предложенная методика основывается на одном из основных баротермических эффектов-теплообмене потока газожидкостной смеси в стволе скважины с вмещающим массивом горных пород. Благодаря чему можно провести количественную оценку профиля притока, основанную на определении так называемого коэффициента теплоотдачи.

В основе представленной методики также, как и при классическом подходе, лежит модель теплообмена потока флюида в стволе скважины с вмещающим массивом горных пород при произвольном изменении во времени температуры и дебита флюида, поступающих в ствол скважины. Поведение температуры необходимо анализировать на достаточном удалении от интервала работы пласта. В этом случае температура в действующей скважине меняется с глубиной по зависимости близкой к линейной, при чем ее градиент остается стабильным вне зависимости от дебита скважины. Причем данная закономерность сохраняется при существенно нестабильном поведении дебита во времени: как при его интенсивном возрастании или убывании, так и циклическом изменении (рис.1).

Классическое явление «параллельность» термограмм позволяет использовать для количественной интерпретации простые и наглядные расчетные зависимости, связывающие изменение температуры в стволе с динамику дебита как при стационарном, так и циклическом и существенно нестабильном режиме работы скважины.

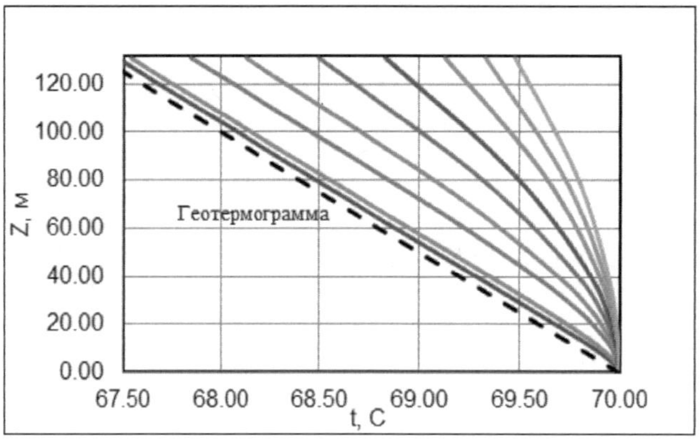


***Рисунок 1.*** *Схема движения потока в скважине выше интервала пластов, шифр кривых дебит (от 1 м3/сут [коричневым] до 100м3/сут [оранжевым])*

Данные зависимости получены на основе аналогии поведения поля температур в рассматриваемом случае с полем давления в коллекторе, эксплуатируемом в нестабильном режиме [3]. В случае циклического изменения дебита данные зависимости имеют вид:

n=1: (1)

$$(C\gamma Q)_{\Sigma 1} = \frac{4\pi\lambda_T}{\Gamma} \frac{\Delta T_1}{E_1\left(\frac{r_c^2}{4a_T(t_1 - t_0)}\right)};$$

n>1:

$$(C\gamma Q)_{\Sigma n} = \frac{\left\{\Delta T_n \cdot \frac{4\pi\lambda_T}{\Gamma} - \sum_{i=1}^{n-1}(C\gamma Q)_{\Sigma 1} \cdot \left(E_1\left(\frac{r_c^2}{4a_T(t_n - t_{i-1})}\right) - E_1\left(\frac{r_c^2}{4a_T(t_n - t_i)}\right)\right)\right\}}{\left\{E_1\left(\frac{r_c^2}{4a_T(t_n - t_{n-1})}\right)\right\}} \quad (2)$$

где n – количество изменений режимов работы скважин, $C\gamma$-объемная теплоемкость флюида, а-температуропроводность среды, λ- теплопроводность среды, Г- геотермический градиент, rc – радиус скважины, Q –объемный дебит скважины.

Данная формула позволяет по результатам мониторинга динамики температуры произвести расчет изменения во времени инварианты (произведение дебита на теплоемкость движущегося флюида), переходя затем к оценке производительности скважины. Возможет, также, учет влияния на результаты измерений предшествующих циклов (истории) работы скважины.

Отметим, также, что на поведение температуры в эксплуатационной скважине кроме дебита влияет достаточно большое количество дополнительных параметров, которые при мониторинге поведения скважины выступают в качестве помех. В первую очередь это тепловые свойства добываемого флюида и вмещающих горных пород. Анализ информативности предлагаемого способа, выполненный с помощью численной модели показывает, что перечисленные помехи хотя и снижают точность оценки дебита, но не исключают его успешного практического использования.

**Примеры**

Данная методика была применена для анализа результатов измерений, полученных со стационарной информационно-измерительной системы. Датчик температуры был расположен на глубине, существенно выше перфорированных пластов, что позволило беспрепятственно использовать для оценки дебита предложенный способ расчетов. Динамика поведения скважины дополнительно контролировался датчиком давления (рис.2)

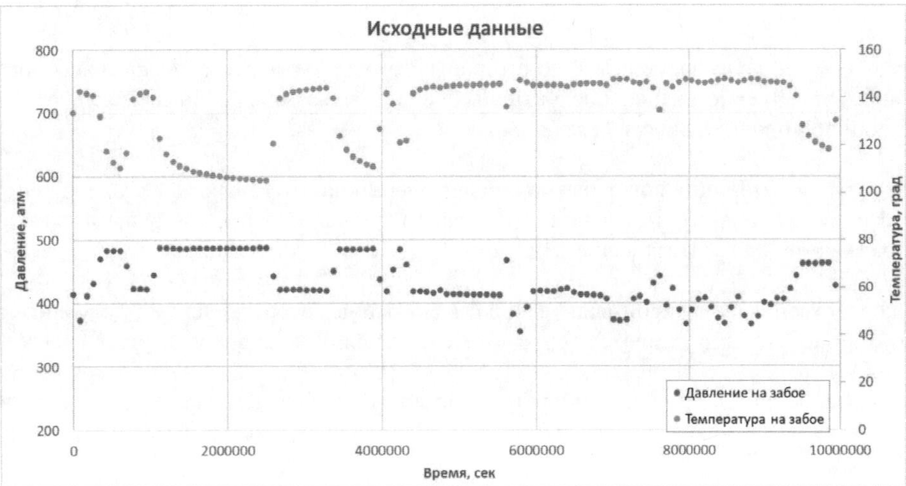


***Рисунок 2.*** *Результаты долговременного мониторинга температуры и давления в скважине, выше интервала работы пласта.*

В ходе исследования было подтверждено не только возможность достоверной оценки динамики дебита скважины (который определялся независимыми измерениями на устье), но и корректного учета истории работы скважины. Сопоставление результатов оценки дебитов в циклах работы скважины, оцененного по результатам термических исследований и измеренных на устье показывает удовлетворительную сходимость данных параметров (рис.3)

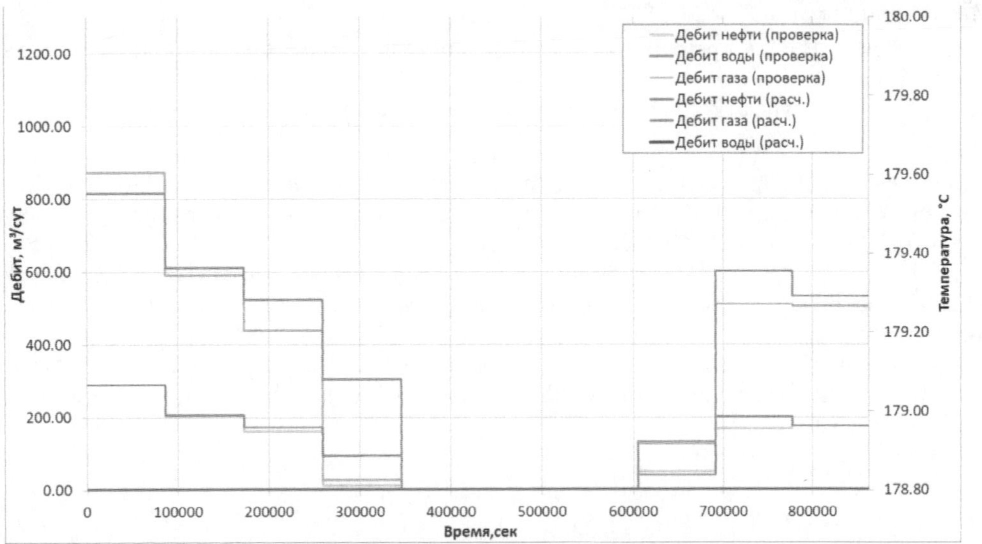


***Рисунок 3.*** *Сравнение рассчитанных данных по методике одиночного температурного замера во времени с учетом влияния истории работы.*

В перспективе, для повышения достоверности измерений и контроля методической погрешности можно использовать два датчика температуры на небольшом удалении друг от друга. Это позволит контролировать уровень не только погрешностей измерительной аппаратуры, но и контролировать и нивелировать методические погрешности, связанные, со сложной структурой потока, недостаточным удалением датчика температуры от работающих пластов, погрешностями в априорной оценке величины геотермического градиента и пр.

**Выводы**

- По результатам долговременного мониторинга температуры в стволе на фиксированной глубине существенно выше продуктивных пластов возможна информативная оценка динамики производительности скважины.

- Результаты мониторинга могут быть основой оперативного контроля текущего состояния пласта и своевременного выявления возможных нарушений в режиме работы скважины и выбора скважин-кандидатов для стимуляции.

- Для корректной оценки производительности скважины, работающей многокомпонентной продукции необходимы разовые опорные измерения фазовых дебитов на устье скважины.

- Использование двух датчиков температуры позволяет оценить наклон геотермы во время, когда скорость движения жидкости в стволе постоянна; кроме того позволяет оценивать заколонные перетоки.

**Библиография**

1. Кременецкий М.И., Ипатов А.И. Применение промыслово-геофизического контроля для оптиёмизации разработки месторождений нефти и газа. Том 2. Роль гидродинамико-геофизического мониторинга в управлении разработкой, М.; ИКИ (институт компьютерных исследований), 2020. 755 с

2. Кременецкий М.И., Ипатов А.И. Стационарный гидродинамико-геофизический мониторинг разработки месторождений нефти и газа. – М.: Институт компьютерных исследований, Ижевск, 2018. – 795с

3. Соловьева В.В., Кременецкий М.И. Контроль динамики производительности эксплуатационной скважины по результатам долговременного мониторинга температуры в стволе // Научный журнал Российского газового общества. 2022. №4(36). С. 38-50

**References**

1. Kremenetsky M.I., Ipatov A.I. Application of field development surveillance to optimize the development of oil and gas fields: Part 2. The role of well testing and production logging in reservoir development. Moscow–Izhevsk: IKI, 2020 (In Russ).

2. Kremenetsky M.I., Ipatov A.I. *Monitoring of oil and gas field development by permanent downhole gauges*. A series of books “The Golden Fund of oil and gas science”. Moscow–Izhevsk: IKI, 2018, 796 p (In Russ).

3. Soloveva V.V., Kremenetsky M.I. Gas well productivity monitoring based on the results of permanent temperature monitoring in the wellbore // Scientific journal of the Russian gas society. 2022; 4(26): 38-50 (In Russ).

Геомодель

**Повышение добычи на месторождении с высоковязкой нефтью за счет оптимизации системы ППД по результатам определения геометрических параметров трещин гидроразрыва в карбонатном коллекторе**

А.Н. Никонорова* (НОЦ КФУ / ООО «Газпромнефть НТЦ»), М.И. Кременецкий (ООО «Газпромнефть НТЦ»), В.М. Кричевский (РГУ нефти и газа НИУ им. И.М. Губкина), Д.Н. Гуляев (РГУ нефти и газа НИУ им. И.М. Губкина)

**Введение**

Подавляющее большинство нефтяных месторождений разрабатывается с применением систем поддержания пластового давления (ППД) и вытеснения углеводородов нагнетаемыми флюидами. Однако, скважины, входящие в состав системы ППД эксплуатируются довольно «агрессивно», что в отдельных случаях приводит к возникновению непроизводительной закачки в выше- и нижележащие пласты. В погоне за увеличением компенсации закачкой отборов при неконтролируемом увеличении давления нагнетания может теряется значительная часть добычи нефти, которая не может быть добыта по причине низкой энергетики пласта, большая часть закачки уходит в нецелевые интервалы.

Одной из частых проблем на нагнетаемом фонде являются трещины авто-ГРП (гидроразрыв пласта), которые образуются при превышении давления нагнетания над давлением раскрытия трещины в пласте. Данный процесс может привести как к перетокам в соседние пласты, и тем самым к неэффективной закачки, а также и к опережающему обводнению добывающего фонда.

Многие недропользователи задаются вопросами как оперативно диагностировать и определять объемы непроизводительной закачки на объектах разработки. Основными методами на данный момент являются промыслово-геофизические и отчасти гидродинамические исследования скважин (ГДИС). Однако, ГДИС не позволяет локализовать переточные интервалы, а информативность термометрии при наличии трещин гидроразрыва в пласте остается под вопросом.

При интерпретации термических исследований в скважине с трещинами имеется несколько особенностей:

1. Высота отрицательных температурных аномалий существенно больше, чем толщина соответствующих коллекторов-объектов закачки;

2. Амплитуды аномалий сравнимы между собой даже в случае значительных различий в приёмистости пластов.

Вышеописанные особенности стали предпосылками для авторов заняться проблематикой оценки непроизводительной закачки по трещинам авто-ГРП, и разработки способов повышения информативности термических исследований при наличии трещин в пласте в целом.

**Метод (и/или Теория)**

Данная работа представляет результаты опробования технологии многорежимных термических в комплексе с многоцикловыми гидродинамическими исследованиями нагнетательных скважин для определения геометрических параметров трещин гидроразрыва и проницаемости пластов.

Авторами на базе баротермического моделирования проведен анализ информативности термометрии скважин в условиях вскрытия пласта трещиной гидроразрыва. По результатам моделирования установлено, что основными параметрами, оказывающими сильное влияние на тепловое поле, являются полудлина трещины и проницаемость пласта (рисунок 1). Стоит заметить, что данные параметры оказывают различное влияние на изменение температуры при разных условиях закачки (продолжительности и интенсивности), тем самым это стало предпосылкой для разработки технологии многорежимных исследований, позволившей проводить количественные оценки обоих этих параметров.

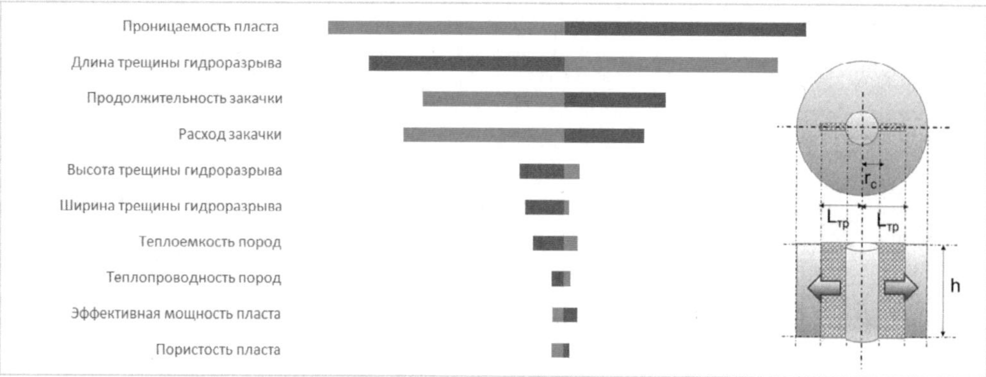


**Рисунок 1.** *«Торнадо» плот чувствительности параметров пласта, трещин и условий закачки на термометрические исследования скважин в условиях вскрытия пласта трещиной гидроразрыва*

На рисунке 2 приведена реализация многорежимных термических исследований скважин на синтетическом примере однородного коллектора с проницаемость 3 мД. Можно заметить, что при заданных условиях работы скважины (закачка 10 м3/сут в течении 72 часов и последующая остановка 48 часов) технология информативно отрабатывает только при малых значениях проницаемости и средних значениях полудлин трещин.

Однако, управляя режимами работы скважин можно регулировать интервалы информативности термических исследований скважин.

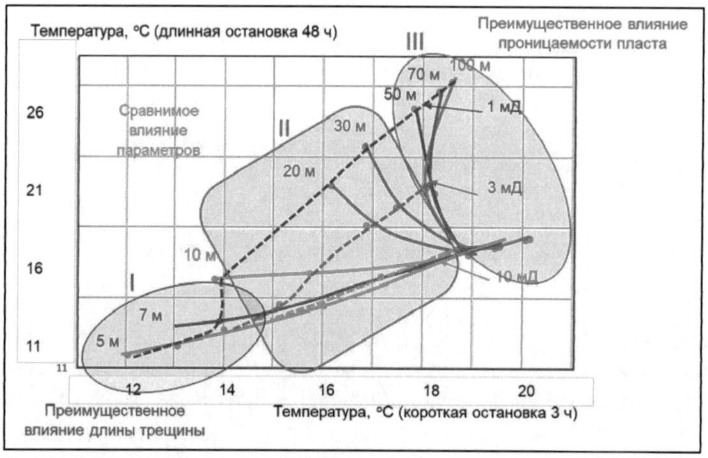


**Рисунок 2.** *Теоретическая палеточная зависимость в случае закачки в пласт 10 м$^3$ / сут в течении 72 часов и дальнейшего снятия температуры релаксации теплового поля после 3 и 48 часов. Шифр кривых – проницаемости и полудлины трещин ГРП*

Данная технология опробована на одном из месторождений Южно-Татарского свода, где продемонстрировала возможности количественной оценки полудлины трещины авто-ГРП и проницаемости пласта, непротиворечащие оценкам по результатам гидродинамических исследований скважин. Так, на рисунке 3 приведен планшет промыслово-геофизических исследований скважин, который демонстрирует замеры термограмм на трех режимах работы скважины.

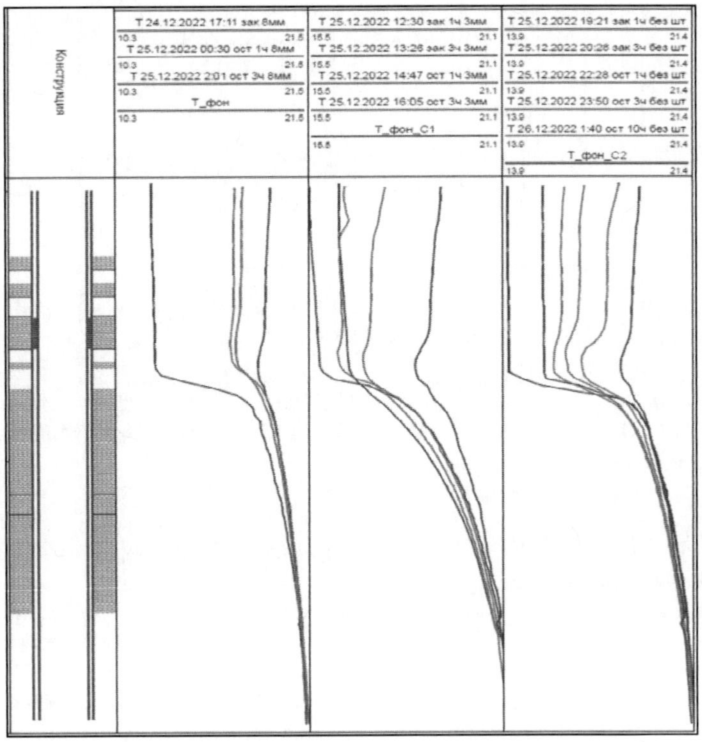


**Рисунок 3.** *Результаты многорежимных термометрических исследований на примере скважины 1* Южно-Татарского свода*

На первом цикле скважина работала с расходом 93 м3/сут. По кривой термометрии в динамике наблюдается преимущественный уход жидкости в верейский пласт. Однако, принимающий интервал находится ниже интервала перфорации. Кроме того, по величине аномалии в статике отмечается наличие трещины в подошве перфорированного интервала высотой ~ 8м. Наблюдается также небольшой уход жидкости по негерметичному заколонному пространству. Замедленный темп восстановления теплового поля выше интервала перфорации свидетельствует о перетоке по негерметичному заколонному пространству (ЗКЦ) в нижележащий горизонт.

На втором цикле расход уменьшается до 62 м3/сут. Принимающий интервал на 2 цикле остается таким же. Однако высота трещины меняется на 4.5 м, ее преимущественное развитие в подошве перфорированного интервала. Данный факт свидетельствует о начале закрытия трещины. Однако, переток по негерметичному заколонному пространству усиливается из-за того, что наиболее проводящий канал смыкается и именно ЗКЦ становится основным каналом перетока.

На третьем цикле расход увеличивается до 136 м3/сут. Высота трещины быстро возрастает до 7м. Переток по негерметичному заколонному пространству снижается из-за открытия интенсивного перетока по трещине.

Кроме того, в скважине проведены многорежимные ГДИ, на рисунке 4 приведены результаты LOG-LOG диагностики в двух циклах КПД (остановки скважины после интенсивной закачки на разных штуцерах).

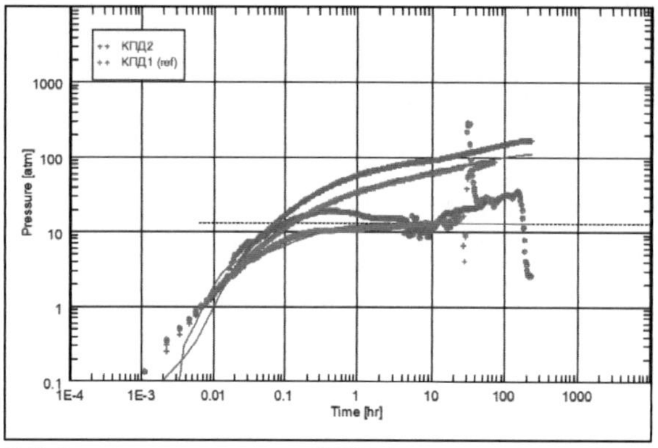


**Рисунок 4.** *LOG-LOG диагностика циклов КПД (кривая падения давления) по результатам многорежимных гидродинамических исследований на примере скважины 1* Южно-Татарского свода (коричневым – КПД после нагнетания с высоким давлением, зеленым – КПД после нагнетания со сниженным давлением)*

Представленные на планшете ПГИ (рисунок 3) циклы были обработаны в комплексе с термобарическим моделированием по приведенной выше технологии. Было количественно оценено, что полудлина трещины авто-ГРП превышает 10 м, при этом по результатам ГДИ она составляла 27 м. Однако, стоит заметить, что продолжительность отработки скважины на режиме при термических и гидродинамических исследованиях скважин различна. Так как при гидродинамических исследованиях скважина отработала на режиме дольше более чем на сутки, трещины успела вырасти в длину. При оценке проницаемости по термическим и гидродинамическим исследованиям различия в показаниях составила менее чем 30%.

**Выводы**

- Многоцикловые исследования скважин позволили оценить проницаемость пласта и полудлину трещины авто-ГРП. По ГДИ было подтверждено наличие динамической трещины в пласте. Кроме того, результаты по оценке полудлины трещины и проницаемости пласта по ГДИ и термометрии не являются противоречивыми.
- Во время гидродинамических исследований скважина 1* принимала воду через трещину в призабойной зоне пласта. Полудлина трещины составила от 27 до 140 м.
- Технология многоцикловых термических исследований показала высокую эффективность при диагностике непроизводительной закачки, а также количественной оценки параметров трещины авто-ГРП и фильтрационно-емкостных свойств карбонатного коллектора.
- Подобран оптимальный режим работы нагнетательных скважин для повышения пластового давления, то приводит к плавному повышению добычи добывающего окружения на исследованном участке.

**Библиография / References**

1. Kremenetskiy M.I., Nikonorova A.N. "Rezul'tativnost' termometricheskikh issledovaniy skvazhin pri diagnostike i otsenke parametrov treshchin gidrorazryva plasta". Logger. 2023. № 1. pp. 56-67.
2. Nikonorova A.N., Yerastova V.A., Gulyayev D.N. "Vozmozhnosti skvazhinnoy termometrii dlya svoyevremennoy diagnostiki neproizvoditel'noy zakachki i predotvrashcheniya zagryazneniya plastovykh vod". Environmental protection in the oil and gas industry. 2023. № 2 (311). pp. 12-18.
3. Nikonorova A.N., Ponomarenko O.M., Naumov A.S., Gulyayev D.N. "Diagnostika tipa mezhplastovykh peretokov, privodyashchikh k neproizvoditel'noy zakachki vody pri razrabotke neftyanykh mestorozhdeniy ". Zashchita okruzhayushchey sredy v neftegazovom komplekse. 2023. № 2 (311). pp. 50-58.

**Оценка доли пластов в притоке в нестабильно работающих скважинных по изменения профиля температуры во времени**

М.А. Оленин* (РГУ нефти и газа НИУ имени И.М. Губкина), В.В. Соловьёва (РГУ нефти и газа НИУ имени И.М. Губкина), Д.Н. Гуляев (РГУ нефти и газа НИУ имени И.М. Губкина).

**Введение**

Оптоволоконные системы с распределенным датчиком температуры имеют целый ряд преимуществ, к которым относятся: возможность исследований работы в многоствольных скважинах, в горизонтальных и боковых стволах, а также в скважинах, где нет возможности использовать геофизические приборы; возможность получать информацию по всему стволу скважины в реальном времени; длительное время жизни системы, по причине отсутствия в скважине датчиков со сложной конструкцией; устойчивость ко всем видам электромагнитных помех и т.д.

Традиционно количественную оценку дебита производят при помощи механической и термокондуктивной расходометрии. Несмотря на эффективность методов, применение данных исследований затрудняется несколькими факторами. Во-первых, чувствительность расходомера при низких скоростях движения потока в стволе снижается и применение в скважинах с низким дебитом не эффективно. В свою очередь термоанемометрия имеет низкую эффективность при многофазном потоке. Также затруднительно производить количественную интерпретацию, поскольку на показания датчика влияют не только температура в скважине и характеристики прибора (например, мощность нагревателя), но и направление, в котором флюид движется по стволу, а также структура потока.

В таких случаях диагностику профиля притока осуществляют посредством интерпретации стационарной термометрии. Но у данного способа есть ограничение – требуется учитывать изменяющееся тепловое поле. Классическая интерпретация термометрии предусматривает установившийся фон теплового поля. Термометрия при в условиях естественного поля проводится перед запуском скважины или в долговременно остановленных, где техногенное влияние минимально. При этом определяются геотермический градиент (прирост температуры горных пород с глубиной) и сама температура горных пород, оценивается плотность теплового потока. Данные условия отличаются от реальной ситуации в скважинах с трудноизвлекаемыми запасами, а также в скважинах с горизонтальным окончанием. Дело в том, что в этом случае рассмотрению подлежит искусственный тепловой фон, установившийся в результате проведенных технологических мероприятий. Для этого перспективно использовать современную технологию термометрии на основе распределенных датчиков температуры.

Увеличение спроса на оптоволоконные системы напрямую связано с преимуществами распределенных датчиков перед традиционными методами исследований.

В первую очередь, ОВС позволяет осуществлять передачу огромного массива данных, сохраняя при этом высокую скорость. Поскольку не удалось достичь границы предела плотности транслируемых данных, долговременные оптоволоконные измерения возможно проводить по всей длине ствола скважины без подвода электричества, обладая при этом высоким уровнем помехоустойчивости и защиты от коррозионных процессов. Стоит отметить небольшой вес и компактность кабеля, а также способность сохранения его свойств на протяжении долгого времени (свыше двадцати пяти лет).

Исходя из того, что измерения температуры на основе распределенных датчиков достаточно информативны, по сравнению со стационарными методами исследований, следует подробнее рассмотреть технологию количественной интерпретации оптоволоконной термометрии.

**Теория**

Для усовершенствования методики анализа оптоволоконных данных было предложено использование существует технология оценки притока эксплуатационных скважин по результатам долговременного мониторинга температуры. Она основана на аналогии изменения полей давления и температур, что позволяет оценить динамику расхода скважины выше объекта разработки.

$$\Delta T = \frac{Q_{Th_1}}{4\pi\lambda_{\text{T}}} \cdot ln\left(\frac{2.25a_{\text{T}}}{r_c^2}(t_1 - t_0)\right),$$

$$\Delta T = \frac{1}{4\pi \cdot \lambda_{\text{T}}}\left\{\begin{matrix} \sum_{i=1}^{n-1} Q_{Th_i} \cdot ln\left(\frac{t_n - t_{i-1}}{t_n - t_i}\right) \\ +Q_{Th_n} \cdot ln\left(\frac{2.25a_T}{r_c^2}(t_n - t_{n-1})\right) \end{matrix}\right\},$$

Данная методика позволит не только уменьшит количество времени необходимое для поиска нужного интервала исследования и подходящих кривых для анализа, но и позволит производить долговременный мониторинг в скважине.

Стоит отметить, что для анализа температурных данных применяются «экспрессные методики». Ключевым фактором таких методов интерпретации является адаптация к условиям проведения исследования. Другими словами, анализу подлежат наиболее яркие процессы, определяющие поведение температурного поля.

Такой подход влечет за собой потерю части полезной информации, но на текущий момент геофизика не обладает универсальным методом, способным решать подобные задачи и получать при этом полный спектр данных. Вследствие чего необходимо рассматривать не одиночные замеры с выраженными аномалиями, а динамику их распространения и поведение во времени. Динамика поведения температуры позволяет не только повысить информативность данных и определить профиль приток, но и делает возможным производить постоянный мониторинг скважины, основанный на изменении температуры во времени.

**Примеры**

В качестве примера была выбрана горизонтальная скважина с применением технологии гидроразрыва пласта. В ходе исследования было рассмотрена динамика поведения температуры в скважине во всем интервале глубин. Стоит отметить, что поведение температуры соответствует стандартному движению жидкости по скважине, противотоков не обнаружено.

По изменению температуры возможно проследить существенные различия в работе различных участков ствола скважины. Для дальнейшей количественной интерпретации профиля притока в исследуемой скважине были выбраны наиболее информативные кривые.

Так как исследование проводилось на базе данных оптоволокна, была возможность рассмотреть в динамике поведение термограмм при запуске скважины. Прослеживается увеличение температуры в зависимости от дебита в соответствии с влиянием притока жидкости.

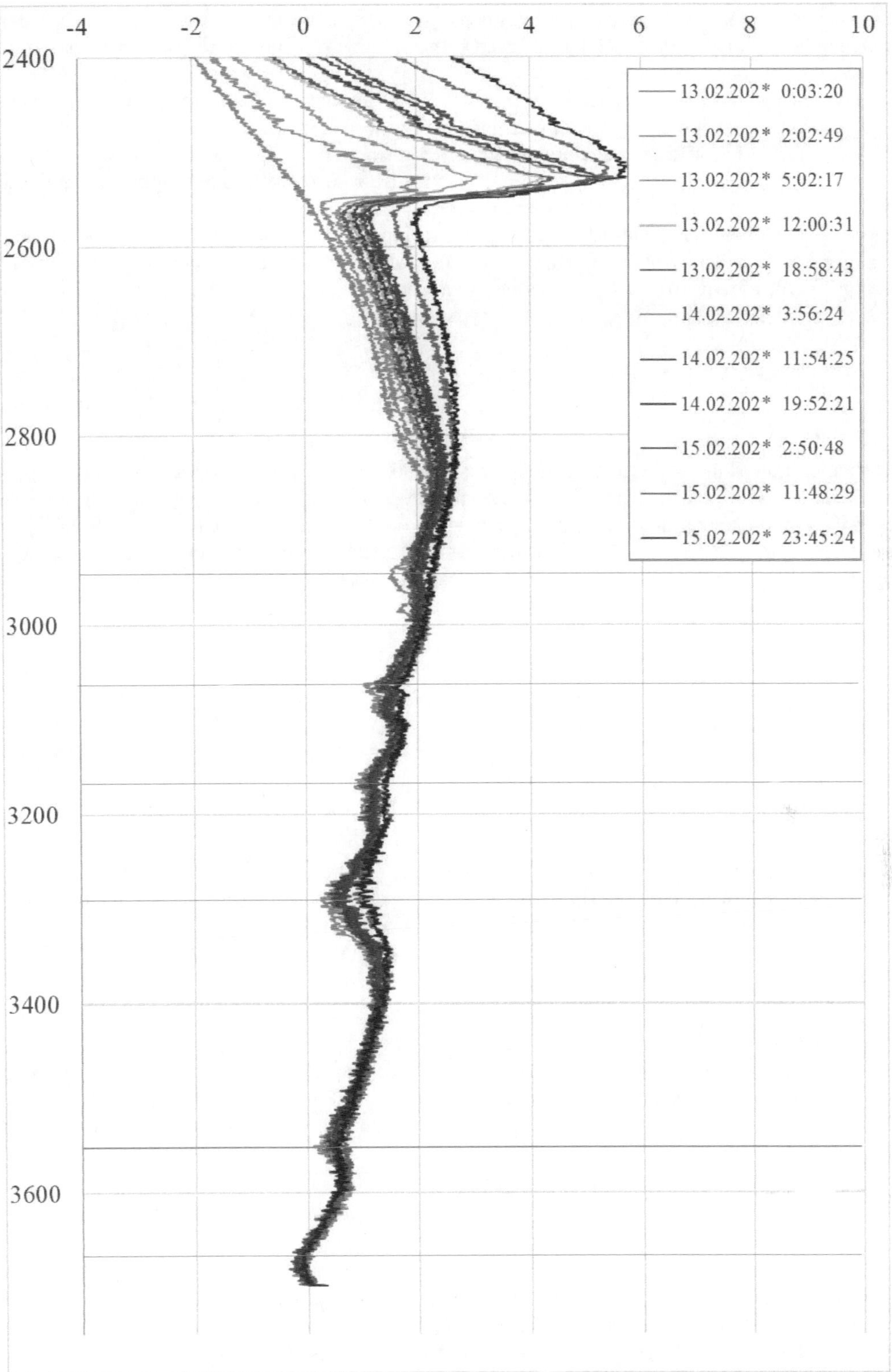


***Рисунок 1.*** *Анализ изменения температуры со временем в нестабильно работающей скважине*

Благодаря качественному мониторингу температуры видны аномалии, связанные с достаточно интенсивной работой пяточной части скважины и значительно хуже работающего носка скважины.

По результатам анализа поведения температурных аномалий были выделены интервалы притока, которые характеризуются снижениями на термограмме. На рисунке 1 отчетливо видно, как с увеличением дебита со временем повышается температура в скважине.

Интерпретация проводилась как на основе классической методики оценки профиля притока с помощью нормированного коэффициента теплоотдачи B, основанного на динамике теплообмена потока, движущегося по стволу вне интервалов притока с вмещающими скважину породами, так и на основе динамики изменения аномалий теплового поля при закуске скважины в работу. Стоит отметить, что использовать данную методику стало возможно, благодаря наличию постоянного мониторинга температуры при работе скважины.

**Выводы**

Для экспрессной оценки профиля притока в скважинах со сложным заканчиванием и в условиях нестабильно работающей скважины наиболее перспективно использование термических исследований на основе распределенных датчиков температуры. Чтобы в полной мере раскрыть потенциал термометрии иследования желательно выполнять в период непосредственно после проведения гидроразрыва (в период вывода скважины на режим отбора и стабилизации режима после ГРП). В таком случае контраст температурных аномалий, связанных с работой портов, максимален.

Изменение поведения разновременных кривых температуры является весьма информативным при оценке профиля притока в скважинах с нестабильной работой. Поскольку применение стационарных методов исследования в силу как особенностей проведения, так и скважинных условий затруднено и не всегда является информативным, основным методом качественной и количественной интерпретации применяется термометрия на основе оптоволоконных датчиков.

По динамике изменения температуры со временем при помощи распределенных датчиков температуры возможно определить вклад отдельно работающих интервалов в интегральном притоке. Для этого применяется нормированный коэффициент теплоотдачи, который позволяет перейти от измерения температуры по глубине скважины к величине расхода работающих интервалов.

**Библиография**

1. Кременецкий М.И., Ипатов А.И. Применение промыслово-геофизического контроля для оптиёмизации разработки месторождений нефти и газа. Том 2. Роль гидродинамико-геофизического мониторинга в управлении разработкой, М.; ИКИ (институт компьютерных исследований), 2020. - 755 с
2. Чекалюк Э.Б. Термодинамика нефтяного пласта / Недра, Москва, 1965. - 240с.

**References**

1. Kremenetsky M.I., Ipatov A.I. Application of field development surveillance to optimize the development of oil and gas fields: Part 2. The role of well testing and production logging in reservoir development. Moscow–Izhevsk: IKI, 2020 (In Russ).
2. Chekalyuk E.B. Termodinamika neftyanogo plasta / Nedra, Moscow, 1965. - 240c.

**Методика применения многослойной модели для интерпретации ГДИ по результатам исследований на месторождении Западная Курна 2**

Д. Никулина* (ООО «ЛУКОЙЛ-Инжиниринг»), А.Р. Бухаров (ООО «ЛУКОЙЛ-Инжиниринг»)

**Введение**

Месторождение Западная Курна 2 расположено на юге Ирака, в 65 км северо-западнее крупного портового города Басра, является одним из крупнейших в мире месторождений. Начальные извлекаемые запасы месторождения составляют около 14 млрд барр. Более 90 % запасов сосредоточены в залежах Мишриф и Ямама.

В данный момент месторождение Западная Курна 2 является стратегически важным проектом компании "ЛУКОЙЛ", в связи с чем особое значение придается дополнительному изучению и уточнению его характеристик. Основная сложность разработки месторождения обусловлена большой эффективной толщиной пласта с высокой расчленённостью коллектора – коллектор состоит из множества пропластков различных характеристик. Каждый год на месторождении проводится более 100 гидродинамических и промыслово-геофизических исследований (ПГИ). Совместный анализ результатов интерпретации ПГИ и ГДИС (гидродинамические исследования скважин) позволил выявить наличие межпластовых перетоков в пласте и влияние их на характер поведения давления. Исходя из перечисленных наблюдений, а также результатов ГИС (геофизических исследованиях скважин), указывающих на высокую неоднородность продуктивного разреза, стандартный подход интерпретации ГДИС по моделям однородного пласта и пласта с двойной проницаемостью не позволяет в полной мере охарактеризовать продуктивный разрез определяемыми параметрами. Применение многослойной модели наиболее оправдано геологическим строением месторождения, но имеются существенные трудности в применении данной модели в практических расчетах. Наиболее значимым является необходимость задания проницаемости и скин-фактора по каждому слою. При этом, отсутствуют критерии, по которым можно уточнить эти значения.

Главной целью данного исследования является разработка подходов для уточнения параметров по каждому слою, на основе имеющейся информации по месторождению, которые будут способствовать значительному уточнению гидродинамической модели месторождения. Результаты применения многослойной модели смогут, также, указать на то, в каком слое получен высокий положительный скин-фактор, что может послужить основанием для проведения селективной кислотной обработки. Исследование является актуальным, так как позволит решить востребованную практическую задачу на базе полученных новых данных.

**Метод (и/или Теория)**

Для повышения эффективности разработки многослойных коллекторов необходимо увеличить достоверность получаемых результатов гидродинамических исследовании, описывающий работу пласта. Для этого, все чаще, необходимое применение сложных интерпретационных моделей, в том числе и многослойной модели пласта. Из-за отсутствия корректных критерии проверки достоверности проведенных расчетов, можно получить широкий набор параметров по каждому слою с одинаковым совмещением фактической и расчетной кривых при интерпретации ГДИС.

При изучении неоднородности необходим комплексный подход к учету данных геолого-промысловых исследований. Решение вопроса с помощью одного метода недостаточно, поскольку возможности его применения и его "разрешающие" способности ограничены. Поэтому изучают геологическую неоднородность, применяя комплекс геолого-геофизических, лабораторных и промыслово-гидродинамических методов.

В отличие от исследования однородных коллекторов, сложностью гидродинамического анализа многослойного корректора является оценка проницаемости и скин-фактора отдельных слоев. Несмотря на это, поведение многослойного коллектора, в большинстве случаев нельзя отличить от поведения однородного коллектора – на графике производной давления многопластового коллектора отсутствуют участки описывающие индивидуальные слои [6]. Поведение любой многослойной системы будет эквивалентным общей реакции однородного пласта с проявлением эффекта влияния ствола скважины и общей стабилизацией давления на уровне суммарного *kh* и скин-фактора (формулы 1, 2) [2]. Единственным отличием может быть характерная "ямка" производной давления при наличии между продуктивными слоями перетоков.

$$(\mathrm{kh})_{\mathrm{total}} = \sum_{j=1}^{n} = (\mathrm{kh})_j \tag{1}$$

$$S_t = \sum_{j=1}^{n} = \frac{S_j * k_j * h_j}{(\mathrm{kh})_{\mathrm{total}}} \tag{2}$$

Анализ совмещения модельной кривой с замеренными данными в полулогарифмических и логарифмических координатах проводится по заданным значениям дебита и давления [7]. Следует отметить, что одинаковое совмещение фактической и расчетной кривых может быть получено в значительном диапазоне используемых значении определяемых параметров, что может привести к получению ошибочных значении параметров пласта. В связи с этим, при интерпретации многослойного коллектора, необходимы как проведение предварительного анализа всех доступных данных об исследуемом коллекторе, так и разработка подходов к определению параметров интерпретации:

Начальное давление $P_i$ может отличаться от слоя к слою. Суммарное поведение модели будет суперпозицией характеристик каждого слоя. В многопластовом коллекторе каждый слой может иметь различную продуктивность [1], следовательно, использование общего дебита скважины, замеряемого на поверхности, для прогнозирования каждого слоя недостаточно. В связи с этим, в дополнение к данным о давлении, необходимо измерение дебита каждого слоя по результатам промыслово-геофизических исследований для расчета параметров слоев [5].

Предварительный анализ имеющихся данных по коллектору Мишриф, показал теоретические основания для уточнения параметров по каждому слою на основании имеющейся информации по месторождению:

- Результаты интерпретации ПГИ по многим исследованиям выявили наличие перетоков флюидов в скважинах, при хорошем качестве цементации, как при остановке скважины, так и в процессе работы.

- Также, форма графика производной давления по ГДИС указывает на совместный отклик двух и более пропластков ("ямка двойной проницаемости", 2 или 3 уровня стабилизации производной).

- Для корректного применения многослойной модели при интерпретации ГДИС месторождении Западная Курна 2, разработана методика определения ФЕС с учетом специфики геологической характеристики пласта Мишриф. Для определения входных параметров использованы результаты ГИС, ПГИ и ГДИС.

Выделение продуктивных слоев

По результатам исследований ГИС выделяются продуктивные интервалы и оцениваются коллекторские свойства пласта Мишриф, такие как: пористость, проницаемость, насыщение пор флюидами и т. д. В дополнение продуктивные интервалы разделены по петротипам. По данным интерпретации ПГИ оцениваются фактически работающие интервалы, профиль притока. При проведении ПГИ на 3-х режимах и в остановленной скважине, по индикаторной диаграмме рассчитывается пластовое давление и коэффициент продуктивности каждого работающего интервала притока или поглощения.

Оценка мощности слоев

Мощности слоев для многослойной модели оцениваются в двух величинах. Максимально возможная и минимально возможная с точки зрения результатов ГИС и ПГИ. Это обусловлено тем, что работающие интервалы по ПГИ не всегда характеризуют всю мощность пропластка, по которой происходит фильтрация флюидов. Следовательно, минимально возможная толщина слоя равна интервалу, выделенному по ПГИ, а максимально возможная толщина равна интервалу, выделенному по ГИС, который сверху и снизу ограничен непроницаемыми или низкопроницаемыми горными породами. В первом приближении принято, что каждый слой должен соответствовать только одному петротипу. Данный подход позволил минимизировать интервал поиска параметров ФЕС при решении обратной задачи методом минимизации ошибки в ПО Saphir.

Оценка проницаемости слоев

По результатам интерпретации ГИС открытого стола в первом приближении оценивается средневзвешенная проницаемость и пористость в пределах каждого слоя, выбранного для многослойной модели. Так как используется минимально и максимально возможная толщина слоя, то рассчитываются два значения средневзвешенной проницаемости для каждого варианта – минимальное и максимальное допущенное. Сумма проводимости всех слоев должна быть равна проводимости $(kh)_t$, определённой по классической методике ГДИС (1). Для уточнения проницаемости используются значения коэффициента продуктивности по каждому слою, определенных на основе результатов ПГИ.

Оценка скин-фактора слоев

Проведение ПГИ на нескольких устоявшихся режимах притока позволяет построить индикаторную диаграмму на каждый интервал притока флюидов в скважину и, соответственно, рассчитать пластовое давление и коэффициент продуктивности каждого слоя для многослойной модели. Для расчета скин-фактора в первом приближении используем уравнение Дюпюи, выраженное через коэффициент продуктивности. Из него найдено значение скин-фактора для каждого слоя.

На основе определенных значении параметров по слоям, запускается уточнение модели и параметров в пределах допустимых интервалов. Модель подбирает значения проницаемости, скин-фактора и толщины слоев, чтобы модельные данные по дебитам и давлениям совпали с фактическими. Результатом являются уточненные параметры пласта по каждому слою, соответствующие геологической и промысловой характеристики пласта.

Критериями достоверности определенных параметром являются:

- Соответствие суммы определенных проводимостей $(k_j h_j)$ по слоям общей проводимости системы $(kh)_t$.
- Соответствие суммы средневзвешенных по *kh* скин-факторов слоев $(S_j)$ общему значению скин-фактора системы $(S_t)$;
- Совпадение фактических и расчетных данных по давлениям и дебитам в модели (рисунок 1).

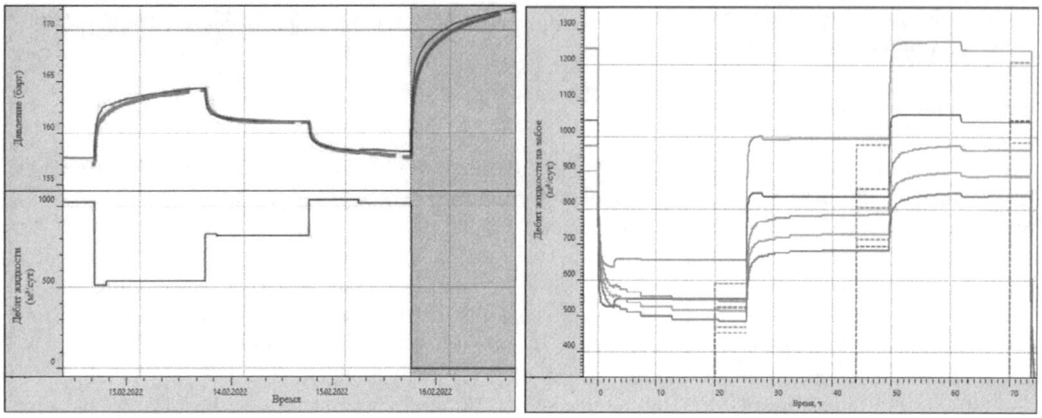


*Рисунок 1. Совмещение модельной кривой с замеренными данными давления и дебита*

**Выводы**

В рамках научного исследования разработан и предложен новый подход к комплексному анализу и учету данных ГИС, ПГИ и ГДИ для определения критериев задания входных параметров интерпретации необходимых для корректного применения многослойной модели интерпретации ГДИС. Данный подход учитывает геологическую характеристику пласта и позволяет дать оценку параметров проницаемости и скин-факторов по слоям и повысить степень достоверности проводимых интерпретаций ГДИС.

Определенные параметры позволят уточнить гидродинамическую модель пласта, путем детализации модели по слоям. Определение скин-факторов по слоям позволят следить за изменением степени загрязненности и выявления пластов, нуждающихся в дополнительной обработке.

Разработанная методика находится на стадии апробации на скважинах, добывающих на пласте Мишриф Проделанная работа имеет не только научную, но и практическую значимость для актива месторождения Западная Курна 2.

**Библиография / References**

1. Eskandari H.A. Challenges in Well Testing Data from Multi-Layered Reservoirs; a Field Case. // Int. J Sci. Emerging Tech – Vol. 4 – 2012.
2. Houzé O., Viturat D., Fjaere O.S. Dynamic Data Analysis, The theory and practice of Pressure Transient Analysis, Rate Transient Analysis, Formation Testing, Production Logging and the use of Permanent Downhole Gauges.
3. KODHELAJ N., BOZGO] S. Role of Well Testing and Information in the Petroleum Industry-Testing in Multilayers Reservoirs] – 2016.
4. PARK H. Well test analysis of a multilayered reservoir with formation crossflow. – 1989.
5. Raghavan P.R. Well Test Analysis for Wells Producing Layered Reservoirs with Crossflow // Soc. Pet. Eng. J. – June 1985. – P. 407–418.
6. Soleimani. Sh., Hashemi A., Kharrat R. Challenges in Well Testing Data from Multi-layered Reservoirsand Improving Nonlinar Regression: A Gas filed // Journal of Oil, Gas and Petrochemical Technology – Vol. 4, No. 1 – Islamic Azad University, Tehran, Iran. – P. 1–23.
7. Spivey J.P. Estimating Layer Properties for Wells in Multilayer Low Permeability Gas Reservoirs by Automatic History-Matching Production and Production Log Data. // Gas Technology Symposium, Calgary, Alberta, Canada – 2006.

## Результаты вибрационной обработки нефтяных скважин

Ченгжи Ци (Пекинский университет строительства и архитектуры, Пекин, Китайская Народная Республика), Куницких А.А.*(ФГАОУ ВО ПНИПУ), В.В. Поплыгин (ФГАОУ ВО ПНИПУ), Гузев М.А. (ФГАОУ ВО ПНИПУ), З.Г. Иванов (ФГАОУ ВО ПНИПУ), А.Е. Пантелеева (ФГАОУ ВО ПНИПУ)

### Введение

Сложность извлечения остаточных запасов связана с неэффективностью эксплуатации скважин из-за высокой обводненности. Пластовая вода обладает высокой подвижностью по сравнению с нефтью и снижает проницаемость нефтяной фазы. Это вызывает образование в пласте промытых водой каналов, за счет чего снижается приток нефти. Несмотря на то, что эти каналы могут быть очень узкими, их наличие в призабойной зоне пласта существенно снижает эффективность работы скважин. С целью повышения эффективности эксплуатации скважин применяются различные методы стимуляции притока, в том числе вибрационное воздействие [1-5]. Преимуществом этого метода является его относительная дешевизна и отсутствие структурных изменений в породе [6,7].

Распространение упругих волн в пористых средах способствует увеличению проницаемости, уменьшению межфазного натяжения между нефтью и водой и уменьшению капиллярного давления [8,9]. Увеличение продуктивности скважин после волнового воздействия может достигать 65 %, а глубина проникновения некоторых волн может составлять от нескольких сантиметров до десятков километров. Упругие волны увеличивают подвижность жидкости при неизменной истинной проницаемости пород. На сегодняшний день многие нефтяные месторождения находятся на стадии падающей добычи. Однако, несмотря на это, в пластах может оставаться большой объем остаточной нефти. Однако, результаты волнового воздействия на практике не дают однозначного представления об эффективности высокочастотного или низкочастотного воздействия. Поэтому перед применением на нефтяном месторождении необходим подбор оптимальных условий воздействия упругими волнами.

В данной работе для оценки эффективности технологий волнового воздействия предлагается использовать закон рангового распределения. Ранговые распределения включают в себя ранг (номер) объекта $R$ и частоту $\omega$ встречаемости рассматриваемых характеристик объекта. Параметр $\omega$ соответствует относительному увеличению дополнительной добычи нефти, относительной продолжительности технологического эффекта и относительному увеличению дебита нефти скважин после обработки скважин. Ранговое распределение обработки упругими волнами выполняется по закону Ципфа:

$$ln\,(R_l) + \gamma\, ln(\omega_l) = \, const. \quad (1)$$

В данной работе представлена оценка эффективности технологий волнового воздействия по закону рангового распределения для скважин Пермского края. Обработка скважин упругими волнами проводилась по различным технологиям с высокой и низкой частотой.

### Технологии волновых обработок скважин

В Пермском крае проводятся три типа волновых обработок скважин. Дилатационно-волновое воздействие (DWA) заключается в создании зоны разуплотнения пород вокруг скважины в интервале перфорации за счет веса колонны насосно-компрессорных труб (НКТ). При работе станка-качалки трубы опираются на породы через специальный хвостовик и возбуждают в породах пласта низкочастотные упругие колебания. DWA характеризуется частотой 1-10 Гц. Виброволновое воздействие (VWA) осуществляется путем размещения на забое скважины гидродинамического излучателя (генератора волн давления), который возбуждает пульсации давления в потоке закачиваемого в пласт агента. Средняя частота вибрации составляет 66 Гц. VWA+acid заключается в виброволновом воздействии с использованием нефтекислотных композиций. Акустическое воздействие (AV) – длительное воздействие акустических волн на призабойную зону скважин. Генератор волн работает внутри скважины. Средняя частота воздействия составляет 25 кГц. Результаты применения технологий на месторождениях Пермского края представлены в таблице 1.

***Таблица 1*** – Результаты обработки скважин упругими волнами.

| Технология лечения | Время работы с эффектом, дни | Средний прирост дебита нефти, т/сут | Дополнительная добыча нефти за операцию, т | Средняя частота вибрации (f), Гц |
|---|---|---|---|---|
| DWA | 1880 | 4 | 8115 | 5 |
| AV | 235 | 2 | 877 | 25 000 |
| VWA | 1094 | 3 | 3759 | 66 |
| VWA +acid | 1015 | 2 | 3331 | 66 |

Технология DWA применялась на 13 скважинах. Семь скважин эксплуатируют терригенные коллекторы, шесть скважин – карбонатные. Из карбонатных коллекторов дополнительная добыча нефти составила 5981 т, а продолжительность эффекта – 1133 сут. В терригенных коллекторах, дополнительная добыча нефти составила 2175 т, а продолжительность эффекта - 716 сут. Результаты применения технологии DWA свидетельствуют о большей эффективности технологии в карбонатных породах. Высокая эффективность для карбонатных пород связана с наличием системы пор и трещин. Поток жидкости из пласта в скважину происходит по трещинам, а основная масса нефти находится в блоках пор. Волновое воздействие способствует улучшению перетока нефти из блоков в трещины.

Для оценки технологичности воздействия упругих волн на скважины методом DWA и в соответствии с идеей рангового анализа скважин результаты были расположены в порядке возрастания абсолютного значения $\omega$ и каждому значению $\omega$ был присвоен соответствующий порядковый номер. Ранг $R$ рассчитывался по наивысшим значениям $\omega_{max}$. Используя уравнение (1), мы получили области с разными наклонами (рисунок 1а). Наклон зависимости натурального логарифма ранга от логарифма относительно дополнительной добычи нефти по карбонатным коллекторам ($DWA_{carb}$) имеет больший наклон. Скважины, эксплуатирующие терригенные коллекторы, можно разделить на две группы ($DWA_{clast}$ и $DWA_{clast.sol}$). Кривые имеют близкие наклоны, но различаются свободными членами. Скважины, объединенные в группы, эксплуатируют месторождения, приуроченные к разным тектоническим структурам, что говорит о том, что геологическая приуроченность является важным критерием эффективности метода DWA.

Технология AV применялась на 30 скважинах. Терригенные коллекторы эксплуатируются 28 скважинами, карбонатные коллекторы – 2 скважинами. Результаты применения технологии AV свидетельствуют о большей эффективности технологии в терригенных породах, что связано с наличием в поровых каналах отложений, которые удаляются при высокочастотном воздействии и площадь проходного сечения каналов увеличивается. Кривые с разными наклонами (рисунок 1б). соответствуют разным геологическим структурам.

Технологии VWA и VWA+Acid применены на 100 скважинах. Терригенные коллекторы эксплуатируются 21 скважиной, карбонатные – 50 скважинами. Технологии VWA и VWA+Acid наиболее эффективны в карбонатных породах (рисунок 1в)

Перечисленные технологии воздействия различаются величиной применяемых амплитуд и частот изменения давления. Анализ величин среднего наклона в уравнении (1) от средней частоты упругого волнового воздействия показал, что наибольший уклон отмечается для кривых, построенных по результатам обработки DWA (рисунок 1). Аналогичный характер имеют изменения значений продолжительности технологического эффекта и относительного прироста дебита скважин. С увеличением логарифма частоты воздействия уменьшается продолжительность технологического эффекта, а также уменьшается относительный прирост дебита скважины. Технологический эффект действия упругих волн уменьшается по мере удаления от излучателя. Поэтому эффект упруговолнового воздействия на насыщенную пористую среду вблизи скважины излучателем, расположенным внутри, будет более эффективным на высокой частоте. Эффективность упруго-волнового воздействия при продвижении вглубь нефтяного пласта будет снижаться с увеличением частоты. Эти выводы коррелируют с анализом результатов полевых исследований. Волновое воздействие по технологии DWA проводилось на скважине 433 с частотой до 5 Гц и амплитудой около 3 МПа (рисунок 1г). Среднее расстояние между скважинами в районе составляет 500 м, а проницаемость – 494 мД. За период наблюдения дебит скважины 433 увеличился на 133% и не имел тенденции к снижению. В первые 2 месяца после начала действия упругих волн в скважинах 431, 107 и 100 наблюдалось увеличение дебита жидкости в пределах 130 %. Изменение дебитов скважинной жидкости на расстоянии 500 м свидетельствует о глубоком проникновении низкочастотного волнового воздействия в пласт.

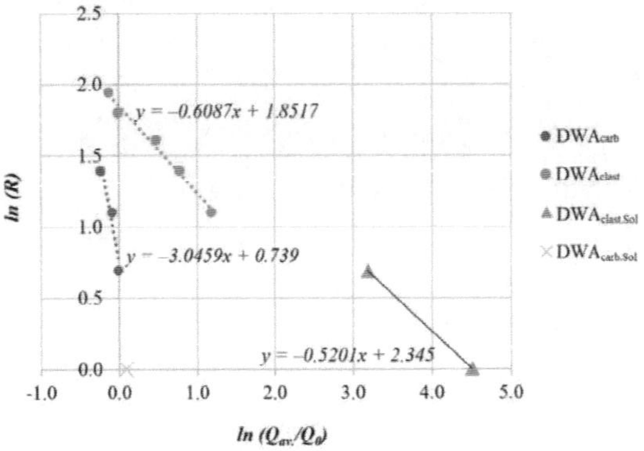


(а)

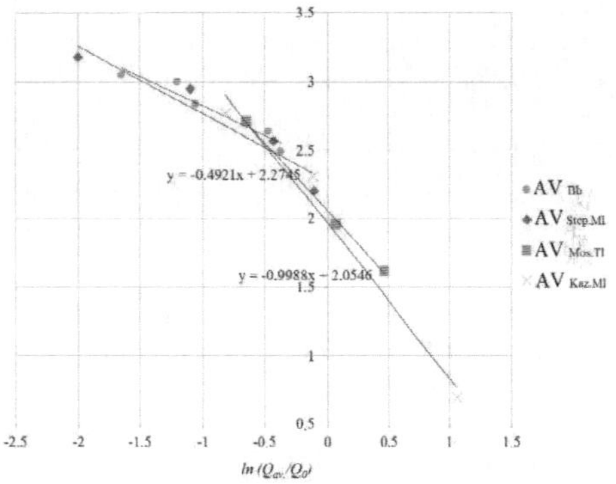


(б)

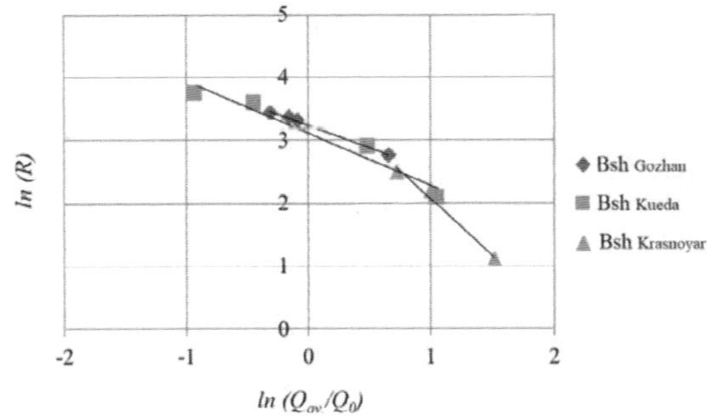


(в)

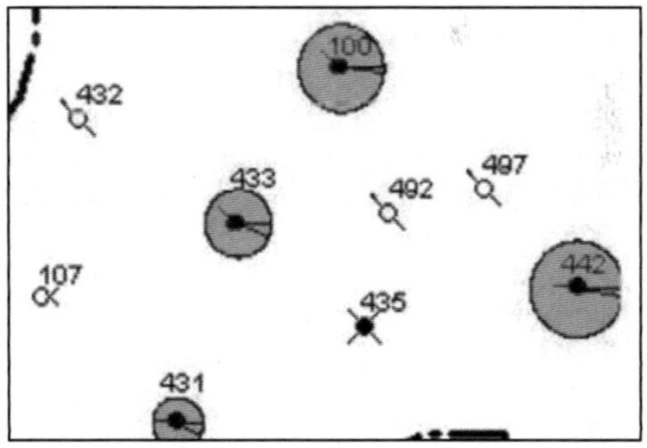


(г)

***Рисунок 1.*** *Изменение логарифма ранга от логарифма относительного среднего дебита нефти для карбонатных коллекторов после обработки: DWA (а); AV (б); VWA (в). Расположение скважин на месторождении (г).*

**Выводы**

Технология DWA более эффективна в карбонатных пластах. Кроме того, при технологии DWA возникает амплитуда давления в несколько мегапаскалей, что позволяет волне проникать вглубь пласта и воздействовать на окружающие скважины. Технология AV наиболее эффективна в терригенных породах. Глубина проникновения волны при высокочастотном воздействии невелика и свойства изменяются только вблизи ствола скважины. Технологии VWA и

VWA+Acid наиболее эффективны в карбонатных породах. Исследовано изменение относительной средней добычи нефти по закону Ципфа. Скважины группировались по принадлежности к нефтяным коллекторам. Группы скважин характеризуются линейным изменением логарифмов $R$ и $\omega$. На основании значения коэффициента наклона уравнения для анализируемых нефтяных пластов можно прогнозировать эффективность волнового воздействия.

**Благодарности (на ваше усмотрение)**

Исследование выполнено при финансовой поддержке Правительства Пермского края в рамках НИР № С-26/628 от 05.04.2021 г.

**Библиография / References**

1. Guzev M, Kozhevnikov E, Turbakov M, Riabokon E, Poplygin V. Experimental Studies of the Influence of Dynamic Loading on the Elastic Properties of Sandstone. Energies. 2020; 13(23):6195. https://doi.org/10.3390/en13236195

2. Riabokon, E., Poplygin, V., Turbakov, M. et al. Nonlinear Young's Modulus of New Red Sandstone: Experimental Studies. Acta Mech. Solida Sin. 34, 989–999 (2021). https://doi.org/10.1007/s10338-021-00298-w

3. Kozhevnikov, E.V.; Turbakov, M.S.; Riabokon, E.P.; Poplygin, V.V. Effect of Effective Pressure on the Permeability of Rocks Based on Well Testing Results. Energies 2021, 14, 2306. https://doi.org/10.3390/en14082306

4. Kozhevnikov E, Riabokon E, Turbakov M. A Model of Reservoir Permeability Evolution during Oil Production. Energies. 2021; 14(9):2695. https://doi.org/10.3390/en14092695

5. Guzev M, Riabokon E, Turbakov M, Kozhevnikov E, Poplygin V. Modelling of the Dynamic Young's Modulus of a Sedimentary Rock Subjected to Nonstationary Loading. Energies. 2020; 13(23):6461. https://doi.org/10.3390/en13236461

6. Riabokon E, Turbakov M, Popov N, Kozhevnikov E, Poplygin V, Guzev M. Study of the Influence of Nonlinear Dynamic Loads on Elastic Modulus of Carbonate Reservoir Rocks. Energies. 2021; 14(24):8559. https://doi.org/10.3390/en14248559

7. Turbakov MS, Kozhevnikov EV, Riabokon EP, Gladkikh EA, Poplygin VV, Guzev MA, Jing H. Permeability Evolution of Porous Sandstone in the Initial Period of Oil Production: Comparison of Well Test and Coreflooding Data. Energies. 2022; 15(17):6137. https://doi.org/10.3390/en15176137

8. Kozhevnikov E. V., Turbakov M. S., Gladkikh E. A., Riabokon E. P., Poplygin V. V., Guzev M. A., Qi C., and Jing H. Colloidal-induced permeability degradation assessment of porous media. Géotechnique Letters 2022 12:3, 217-224. Doi:10.1680/jgele.22.00017

9. Kozhevnikov EV, Turbakov MS, Gladkikh EA, Riabokon EP, Poplygin VV, Guzev MA, Qi C, Kunitskikh AA. Colloid Migration as a Reason for Porous Sandstone Permeability Degradation during Coreflooding. Energies. 2022; 15(8):2845. https://doi.org/10.3390/en15082845

## “Многомасштабные цифровые модели керна: практика применения”

И. Магдеев*, И. Варфоломеев, Н. Евсеев, О. Динариев, Д. Коробков, В. Хан
(все – ООО «ТКШ»)

### Введение

Цифровое моделирование процессов в горных породах на уровне пор в настоящее время является инструментом решения широкого класса практических задач в нефтегазовой индустрии. При постановке эксперимента с естественным материалом у недропользователя возникает ряд сложностей и технических ограничений, связанных как с оборудованием, так и свойствами самого керна. Особой проблемой на морских месторождениях, например, является дефицит керна. Необходимость использования многомасштабного подхода в цифровом моделировании диктуется главной целью – обеспечить представительный цифровой двойник натурального образца того или иного класса пород, к которому этот образец принадлежит, для оценки запасов и исследования поведения свойств коллектора при воздействии на него. Такой подход к цифровому моделированию экспериментов с агрегированием моделей нескольких масштабов обусловлен рядом факторов:

- Широтой диапазона размеров пор, требующих получения изображений и проведения экспериментов на разных масштабах.
- Практическими соображениями оптимального распределения вычислительных ресурсов.
- Идентичностью начальных условий цифрового и лабораторного эксперимента (в том числе физических размеров моделируемой области)

В рамках данной работы построены Многомасштабные Цифровые Модели Керна (далее МЦМК), описывающие весь объём каждого образца, что позволяет напрямую сопоставлять результаты моделирования с лабораторными фильтрационными экспериментами, без дополнительных предположений и допущений о репрезентативности какого-либо меньшего объёма. Показан рабочий процесс получения адекватных и соответствующих результатам лабораторного эксперимента величин абсолютной проницаемости и ОФП для двухфазной задачи в системе нефть-вода на основе цифрового моделирования.

### Теоретическая и методическая база

В настоящей работе применяется технология Цифрового Анализа Керна (ЦАК), являющаяся совокупностью экспериментальных и вычислительных средств для изучения различных характеристик горных пород. Эта технология широко распространена, методы цифрового моделирования достаточно проработаны теоретически, в том числе разработаны основные принципы многомасштабного подхода (Dinariev et al., 2020).

Экспериментальная составляющая представляет из себя комплекс лабораторных измерений, ориентированных на создание и калибровку цифровых моделей породы, и включает в себя в том числе привычные стандартные исследования:

- МикроКТ стандартных образцов и мини кернов.
- Измерения пористости и проницаемости по газу.

Вычислительный комплекс включает в себя три категории инструментов, предназначенных для:

- Обработки данных микроКТ изображений и построение МЦМК

- Построения Цифровой Модели Флюидов (ЦМФ), где под ЦМФ понимается термодинамическое описание поведения флюидов в объеме и пористой среде, а также их взаимодействия с непроницаемой породой.
- Цифрового моделирование экспериментов в численном симуляторе, основанном на методе функционала плотности в гидродинамике, для настройки МЦМК на результаты лабораторного эксперимента и последующего определения гидродинамических характеристик.

При этом под Многомасштабной Цифровой Моделью Керна (МЦМК) понимается трёхмерная модель, описывающая свойства каждого вокселя (в том числе ФЕС – пористость, проницаемость) на равномерной по пространству сетке и отдельно выделяющая воксели, соответствующие «чистым» порам (100% пористость) и непроницаемому скелету (нулевая пористость).

Для моделирования многофазных гидродинамических и физико-химических процессов на уровне пор нами применяется метод функционала плотности в гидродинамике (Dinariev, 1995; Demianov et al., 2011, 2014). Данный метод является универсальным подходом описания сложных многофазных, в том числе композиционных, систем с течением. При этом учитываются все необходимые физико-химические явления такие как поверхностное натяжение, смачиваемость, фазовые переходы, химические реакции, сложные реологические модели, ПАВ, движение твердых частиц в потоке, и другие процессы и явления. При этом в области матрицы, то есть там, где отсутствуют явно разрешенные поры и свойства среды описываются при помощи эффективных параметров, моделирование проводится при помощи метода градиента химических потенциалов (Dinariev et al., 2020). На МЦМК, включающей одновременно разрешенные поры и матрицу, моделирование проводится путем совместного решения обоих типов уравнений в едином времени в соответствующих пространственных областях.

**Практическое применение МЦМК в технологии ЦАК на примере терригенных пород коллекторов**

Исходные данные микроКТ последовательно проходят стадии реконструкции, оценки качества, предобработки, дающей стек изображений в градациях серого, и сегментации, в результате которой получается также стек черно-белых изображений, на которых отделяются пустоты и зерна породы. Эти наборы изображений составляют основу для построения МЦМК.

Общая схема работы со стеком готовых изображений для построения МЦМК и калибровки на лабораторные измерения показана ниже (Рисунок 1). Сканирование образцов мини керна осуществлено с высоким разрешением 2.18 мкм/вокс. Результирующий стек составил около 10000 изображений размером 4000×4000 пикселей, таким образом для моделируемой области около 40 мм$^3$ порядок модели составляет $10^{10}$ ячеек.

С точки зрения оптимизации вычислительных ресурсов GPU для практических задач МЦМК мини керна с разрешением изображений в 17 раз меньше будет иметь порядок $10^7$ ячеек. Для будущих перспектив моделирования на МЦМК стандартных образцов диаметром до 40 мм порядок может возрасти до $10^9$, что все еще остается приемлемым.

Таким образом, полный цифровой двойник образца керна по своей сути является двух масштабной ЦМК, которую необходимо построить по принципу самосогласованности. То есть, расчетные свойства отдельных вокселей МЦМК получаются на основе результатов прямых расчетов на ансамбле Бинарных Цифровых Моделей Керна (БЦМК) и парных им МЦМК, построенном на множестве взаимно однозначно соответствующих в пространстве областей для изображений разных разрешений. При этом локально, по отдельным блокам исходной БЦМК и МЦМК, значения соответствуют друг другу в пределах определяемых расхождений, глобально не смещены относительно линии равных значений для всего ансамбля и дают состоятельную оценку макроскопического параметра (в данном случае абсолютной проницаемости) при гидродинамическом расчете на МЦМК образца целиком.

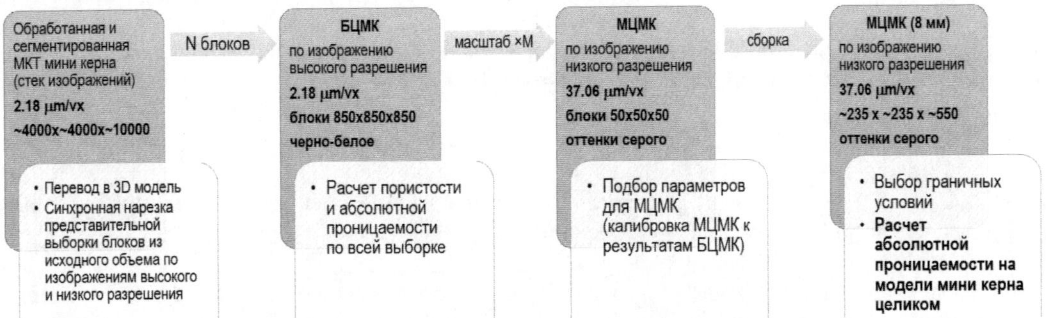


***Рисунок 1.*** *Схема построения многомасштабного цифрового двойника.*

Анализ геометрии пустотного пространства трех исследуемых образцов показал, что оптимальным элементом ансамбля является БЦМК размером $850^3$ вокселей. Результаты последовательной калибровки БЦМК и МЦМК моделей показаны ниже (Рисунок 2) на конкретном примере двух образцов песчаников – Buff Berea (однородный средней проницаемости) и Boise (неоднородный высокой проницаемости). В первом случае в однородном песчанике разброс локальной проницаемости в пределах образца относительно невелик, а во втором случае (неоднородный песчаник) разброс уже достигает почти одного порядка, но результаты БЦМК и МЦМК совпадают с приемлемой точностью в обоих случаях.

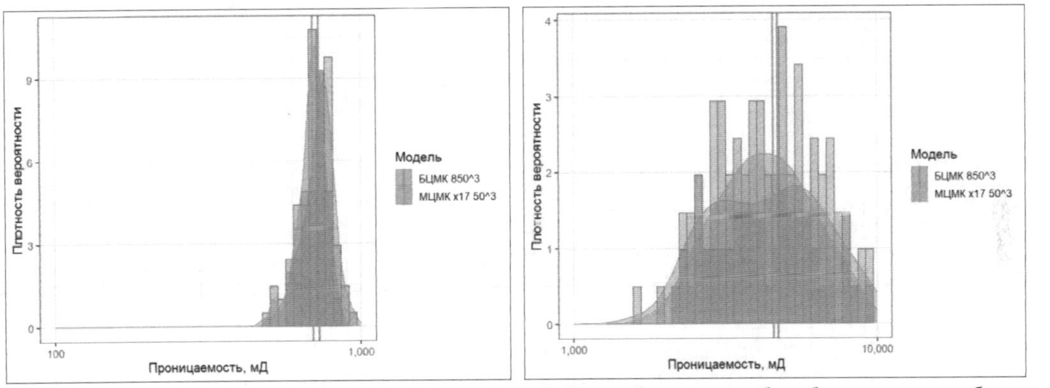


***Рисунок 2.*** *Гистограммы расчетных значений Кпр_абс по ансамблю блоков: слева образец* ***однородного*** *песчаника Buff Berea, справа образец* ***неоднородного*** *песчаника Boise.*

Сравнение макроскопических (по образцу целиком) значений пористости (разрешенной в пределах микротомографии) и расчетной цифровой проницаемости всех трех исследованных образцов с лабораторными значениями приведено далее (Таблица 1).

Таблица 1 – Сводные значения расчетной пористости и проницаемости

| Образец | Кп газ, д.ед. | Кпр газ, мД | Кп микроКТ, д.ед. | Кпр МЦМК 10 мм, мД | Отн. откл. от лаб., % |
|---|---|---|---|---|---|
| sm10_bb22_1 | 0.261 | 807 | 0.191 | 750 | 7.1% |
| sm11_be22_1 | 0.264 | 2570 | 0.229 | 2404 | 6.5% |
| sm12_bo22_2 | 0.308 | 3407 | 0.250 | 4450 | 30.6% |

Значения проницаемости по цифровым моделям находятся в пределах повторяемости измерений в лаборатории. Необходимо отметить, что для неоднородного образца даже в лаборатории на практике разброс по нескольким параллельным измерениям будет существенно выше, чем для однородных.

Практическая реализация общего решения задачи калибровки МЦМК в 2-фазной постановке (расчет ОФП) находится в стадии дополнительных исследований и оценки результатов с учетом лабораторных данных о смачиваемости, основываясь на представлениях о разбросе значений контактного угла в системе флюид-порода, и исходя из экспериментальных значений интегрального показателя смачиваемости, качественно представляющего характеристику образца. В частности, выполняются этапы работы:

- Калибровка МЦМК по цифровым 2-фазным ОФП и лабораторным результатам.
- «Слепое тестирование» результатов 2-фазных ОФП для обобщения подхода на геологические аналоги в случае дефицита керна.
- Последовательный расчет гидродинамического и электрического полей, а также процесса релаксации ЯМР, с помощью единого подхода методом функционала плотности в точках установившегося режима течения для контроля распределения насыщенности во всем объеме области моделирования МЦМК.

Последний из указанных пунктов является особенно актуальным для реализации полноценного контроля лабораторного эксперимента с помощью цифрового моделирования, учитывая нюансы при измерениях электрического сопротивления и пересчете в насыщенность образца, а также проблемы достижимости установившегося режима фильтрации в лабораторной установке для низкопроницаемых образцов в многофазном эксперименте.

**Выводы**

В работе показан рабочий процесс построения многомасштабных цифровых моделей керна, представлен обзор результатов на примере однородных и неоднородных образцов песчаника, показывающий согласованность расчета проницаемости по БЦМК и МЦМК.

Полученные результаты дают основания в дальнейшем вести расчеты, используя модель низкого разрешения образца целиком, имитируя таким образом полноценный лабораторный протокол исследования.

Обобщение работы для задачи моделирования 2-фазного процесса на цифровом двойнике, идентичном натуральному образцу по размерам и геометрии фильтрационных каналов, позволит расширить применение технологии ЦАК для планирования МУН и получения более надежной и точной оценки нефтеотдачи различными методами.

**Библиография / References**

1. O. Dinariev, A Hydrodynamic Description of a Multicomponent Multiphase Mixture in Narrow Pores and Thin Layers, J. Appl. Math. Mech. 59, 745 (1995).
2. A. Demianov, O. Dinariev, N. Evseev, Density functional modeling in multiphase compositional hydrodynamics, Can. J. Chem. Eng., 89, 206 (2011).
3. A.Yu. Demianov, O.Yu. Dinariev, N.V. Evseev, Introduction to the density functional method in hydrodynamics (Fizmatlit, Moscow, 2014). ISBN 978-5-9221-1539-1
4. O. Dinariev, N. Evseev, D. Klemin, Density Functional Hydrodynamics in Multiscale Pore Systems: Chemical Potential Drive, The 33rd International Symposium of the Society of Core Analysts, Pau, France, 26-30 August, 2019, SCA2019-0009, E3S Web of Conferences, 146, 01001 (2020)

Геомодель

**Влияние геологической неоднородности коллекторов каширского горизонта на успешность бурения горизонтальных скважин месторождений севера Республики Башкортостан**

Ю.А. Хакимова* (ООО «РН-БашНИПИнефть»), А.Р. Лутфурахманова (ООО «РН-БашНИПИнефть»), Г.Р. Аминева (ООО «РН-БашНИПИнефть»)

**Введение**

В последнее время на месторождениях Республики Башкортостан большой интерес и множество вопросов вызывают карбонатные отложения среднего карбона, в частности пласты каширского горизонта. Каширские отложения Волго-Уральской провинции изучаются на протяжении 50- 60 лет. За это время был проведен значительный объем исследовательских работ, где описана и доказана неоднородность продуктивных отложений как по минеральному составу, так и по структуре порового пространства [1,3]. Однако бурение скважин с горизонтальным окончанием в пределах залежей пласта C2ks.4 зачастую бывает неуспешным - скважины работают с высоким обводнением (более 80%), при учете того, что бурение скважин происходит выше установленного уровня ВНК и нет активного влияния разработки. Целью данной работы являлось выявление причин высокой обводненности продукции добывающих горизонтальных скважин, пробуренных на пласт C2ks.4.

**Метод**

Каширские отложения уверенно коррелируются по разрезу. Наиболее изучены отложения в северо-западной части Башкортостана, где они являются продуктивными. Данные отложения интересны тем, что представлены переслаиванием органогенных известняков, доломитистых известняков и микро- и тонкозернистых доломитов. Пустотное пространство представлено порами первичными и вторичными, кавернами, также местами развита микротрещиноватость. По лабораторным исследованиям керна тонкозернистые и микро-тонкозернистые доломиты обладают высокой микро-пористостью до 30%, низкой проницаемостью до 0,01 мкм$^2$ и содержат большую долю связанной воды. Такие породы называют микропоровыми. В данной работе анализ выполнен по одному из месторождений северо-запада Башкортостана, авторами было проведено обобщение материалов по геолого-геофизической изученности, литолого-петрофизическая типизация изучаемых отложений, построение флюидальной модели и определения положения ВНК, также проведена оценка траектории ствола горизонтальных скважин.

На первом этапе при изучении каширских отложений данного месторождения была выполнена литолого-петрофизическая типизация рассматриваемых отложений. Для этого был проанализирован комплекс стандартных и специальных керновых исследований, также были привлечены результаты НИР «Создание литолого-петрофизической модели платформенной части Башкортостана для терригенных отложений нижнего карбона и карбонатных отложений среднего карбона»[1,3]. В ходе обобщения всего накопленного материала, был сделан вывод о том, что карбонатные отложения каширского горизонта на месторождении представлены известняками порового типа и доломитами микропорового типа. На данном месторождении была проведена интерпретация материалов ГИС, в ходе которой было отмечено, что микропоровые породы выдержаны по площади и прослеживаются во всех скважинах. Пример выделения различных петротипов в пласте изображен на рисунке 1.

Также при анализе лабораторных исследований по определению показателей вытеснения нефти водой было отмечено, что через микропоровую породу возможна фильтрация флюида, несмотря на то, что коэффициент вытеснения при сопоставимом значении коэффициента проницаемости в микропровых породах ниже на 20%, относительно порового типа пород.

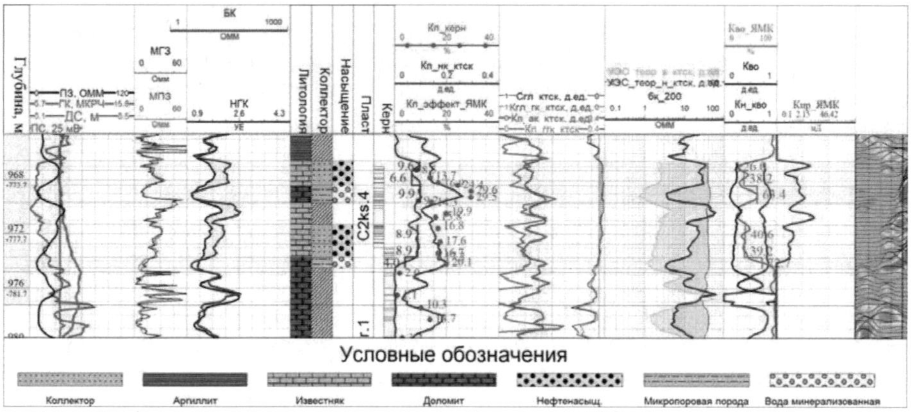


***Рисунок 1.*** *Выделение различных петротипов в пласте C2ks.4*

Вторым этапом при рассмотрении каширских отложений было построение флюидальной модели, которая изображена на рисунке 2. Было выделено две границы - водонефтяной контакт ВНК (УСВ/ЗСВ), являющийся границей, ниже которой при опробовании получают однофазный приток воды, а выше – приток нефти с водой и уровень безводного притока нефти ВНК* (ЧНЗ), являющейся верхней границей зоны двухфазной фильтрации (определяется тогда, когда это необходимо для решения технологических вопросов освоения залежи [2]).

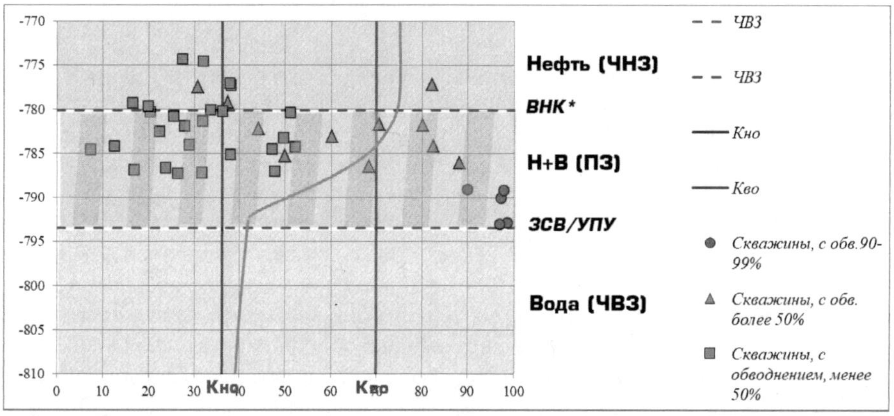


***Рисунок 2.*** *Положение скважин относительно различных зон в флюидальной модели пласта C2ks.4*

Обводнение скважин, находящихся на абсолютных отметках близ ЗСВ, обусловлено в первую очередь структурным фактором. При бурении скважин ниже определенной отметки (≈-787-789 м) возрастают риски получения притоков воды.

Следующим этапом был анализ траектории ствола горизонтальной скважины ГС. При бурении ГС скважину обсаживают эксплуатационной колонной диаметром 168 мм, а горизонтальный ствол бурят долотом - расширителем диаметром 151 мм. После добуривания до проектной глубины горизонтальный ствол скважины обсаживают хвостовиком из профильных труб с муфтами ГРП, также устанавливаются пакерующие элементы, разделяющие этот ствол на отдельные участки. На рисунке 3 изображены скважины 1г и 2г. Видно, что обе скважины 2г и 1г находятся в зоне, относящейся по флюидальной модели к зоне однофазной фильтрации нефти. Но существенная разница заключается в том, что скважина 2г проходит в основном по нефтенасыщенному коллектору и муфты ГРП расположены в интервале нефтенасыщенных прослоев. А скважина 1г в основном проходит по микропоровым породам и муфты ГРП расположены в интервале микропоровых пород.

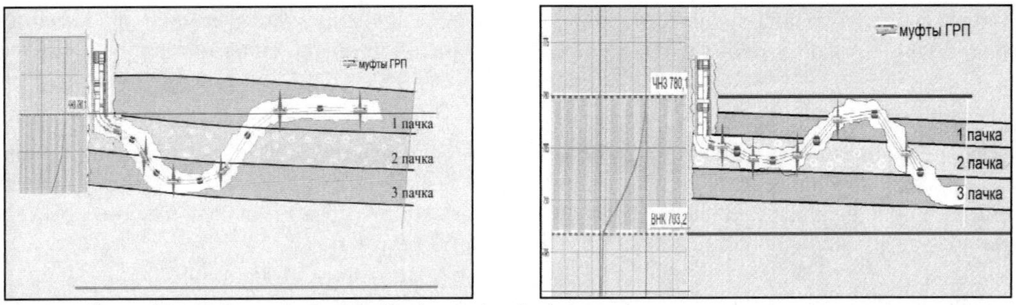


***Рисунок 3.*** *Проходка скважины 2г (слева) и 1г (справа)*

Подобный анализ, включающий в себя рассмотрение таких критериев как положение скважины относительно различных зон в флюидальной модели, % проходки скважины по микропоровым породам от общей эффективной толщины и начальное обводнение скважин, был проведен в 44 пробуренных на пласт C2ks.4 горизонтальных скважинах. На рисунке 4 приведен сравнительный анализ начальных показателей работы горизонтальных скважин, вскрывающих микропоровые породы в различном процентном соотношении от общей проходки горизонтального ствола скважины.

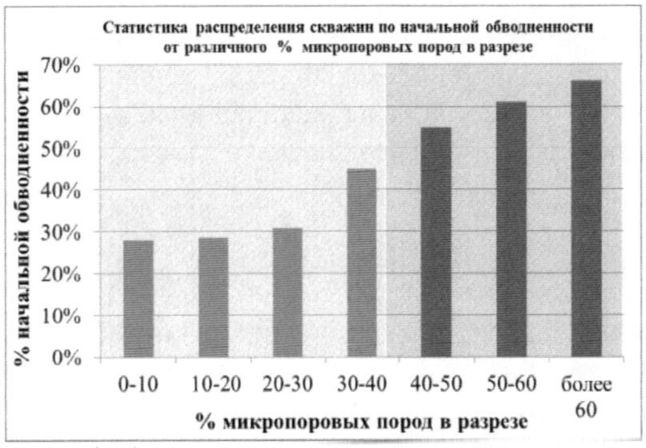


***Рисунок 4.*** *Зависимость обводнения скважин от проходки по микропоровым породам*

Согласно статистике распределения входной обводненности по скважинам, эксплуатирующим пласт C2ks.4, были отмечены следующие моменты:

- по группе, вскрывшим более 50% толщин микропоровых пород, скважины вошли с обводненностью более 40%
- по скважинам, не вскрывшим микропоровые породы, стартовая обводненность фиксировалось ниже 30%.

**Выводы**

1. Каширое отложения рассматриваемого месторождения по данным керна и ГИС, представлены чередованием продуктивных интервалов коллекторов, и микропоровых пород, представленных малопроницаемыми водонасыщенными доломитами.

2. Использование современной петрофизической и интерпретационной моделей отложений каширского горизонта позволило выделить в разрезе отложений нефтенасыщенные интервалы и микропоровые породы по результатам комплексной интерпретации материалов ГИС.

3. Продуктивные каверново-поровые и поровые карбонатные коллектора пласта C2ks.4 приурочены не только к зоне предельной насыщенности, но и к переходной зоне большого размера. При этом в этаже нефтеностости также находятся **прослои** связанной воды, приуроченные к микропоровым породам.

Осуществление бурения горизонтальных скважин в зоне двухфазной фильтрации (нефть+вода), близкой к ВНК (ЗСВ) приводит к повышенной обводненности продукции более 90%.

4. По результатам проведенной работы можно сделать вывод о том, что наличие микропоровых пород в разрезе скважин введенных в разработку, обуславливает более высокую начальную обводненность. В высокообводненных скважинах горизонтальный ствол вскрывает большую часть микропоровых коллекторов (около 50% толщин).

5. Результаты комплексной переинтерпретации ГИС дают возможность в дальнейшем подойти более избирательно к перфорации нефтенасыщенных прослоев, тем самым минимизировав влияние микропоровых пород на начальную обводненность скважин.

6. Реализованные подходы могут быть апробированы на других месторождениях северо-запада Республики Башкортостан.

**Благодарности**

Авторы работы выражают огромную благодарность за консультации и методическую помощь в подготовке к конференции старшему эксперту Приваловой О.Р. Также благодарим за предоставленные материалы ведущего специалиста отдела разработки и мониторинга месторождений Мерзлякову А.В. и старшего специалиста отдела промыслово-геофизических исследований Хакимова Т.Р.

**Библиография**

1. Бурикова Т.В., Савельева Е.Н., Хусаинова А.М., Привалова О.Р., Нугаева А.Н., Корост Д.В., Гилязетдинова Д.А. Литолого-петрофизическая типизация карбонатных пород отложений среднего карбона (на примере месторождений северо-западной части Башкортостана) // Нефтяное хозяйство. – 2017. - №10. – 18-21с.
2. Методические рекомендации по подсчету геологических запасов нефти и газа объемным методом / Под ред. В.И. Петерсилье, В.И. Пороскуна, Г.Г. Яценко. – М. - Тверь: ВНИГНИ и НПЦ «Тверьгеофизика», 2003. – 50 с.
3. Хусаинова А.М., Бурикова Т.В., Привалова О.Р., Нугаева А.Н., Зианбердин Р.И. Влияние структурных и литологических особенностей на модель насыщения карбонатных коллекторов среднего карбона месторождений Республики Башкортостан // Нефтяное хозяйство. – 2016. - №8. – 74-77с.

**References**

1. Burikova T.V., Savel'eva E.N., Husainova A.M., Privalova O.R., Nugaeva A.N., Korost D.V., Gilyazetdinova D.A. Litologo-petrofizicheskaya tipizaciya karbonatnyh porod otlozhenij srednego karbona (na primere mestorozhdenij severo-zapadnoj chasti Bashkortostana) // Neftyanoe hozyajstvo. – 2017. - №10. – 18-21c.
2. Metodicheskie rekomendacii po podschetu geologicheskih zapasov nefti i gaza ob'emnym metodom / Pod red. V.I. Petersil'e, V.I. Poroskuna, G.G. YAcenko. – M. - Tver': VNIGNI i NPC «Tver'geofizika», 2003. – 50 c.
3. Husainova A.M., Burikova T.V., Privalova O.R., Nugaeva A.N., Zianberdin R.I. Vliyanie strukturnyh i litologicheskih osobennostej na model' nasyshcheniya karbonatnyh kollektorov srednego karbona mestorozhdenij Respubliki Bashkortostan // Neftyanoe hozyajstvo. – 2016. - №8. – 74-77c.

# Разработка нового симулятора напряженного состояния массива горных пород РН-СИГМА 3D

Ардисламова Д.Р. (ООО «РН-БашНИПИнефть»), Закирзянов Ш.И. (ООО «РН-БашНИПИнефть»), Федоров А.И.* (ООО «РН-БашНИПИнефть»), Хакимов А.А. (ООО «СевКомНефтегаз»), Абушаев Р.Н. (ООО «СевКомНефтегаз»)

## Введение

Одной из тенденций последних лет является повышение роли геомеханического моделирования при разработке месторождений [1]. К геомеханическим задачам, помимо классических задач по обеспечению устойчивости ствола скважины при бурении, относятся явления формирования трещин гидроразрыва пласта [2], уплотнения коллекторов [3], реактивации крупномасштабных разломов и микромасштабных систем трещиноватости [4], эффекты самопроизвольного роста трещин гидроразрыва пласта (автоГРП) [5] и многие другие. Некоторые явления могут быть косвенно учтены посредством введения дополнительных зависимостей в гидродинамическом моделировании. Однако многие явления таким способом описать крайне сложно. К последним относится, например, задача прогнозирования эффекта автоГРП. Наиболее целесообразным представляется подход, при котором все возникающие задачи разработки и бурения решаются на базе единой модели механических свойств и напряженно-деформированного состояния. Для построения таких моделей в условиях сложной геометрии месторождения или изменчивых механических свойств необходимо использование полноценного численного расчета полей напряжения и деформации в трехмерной (3D) постановке.

В рамках политики импортозамещения в 2022 году ПАО «НК «Роснефть» начала проект по разработке собственного 3D/4D геомеханического симулятора «РН-СИГМА». В настоящее время закончена первая стадия проекта – разработано вычислительное ядро интерфейс для его полноценного использования в ПК «РН-СИГМА». На текущий момент завершается этап апробации и тестирования 3D ядра. В настоящей работе приведены первые результаты расчетов для участка пласта ПК1 верхнепокурской подсвиты Северо-Комсомольского месторождения, использованные для практических целей.

## Задачи геомеханики

Геомеханическое моделирование в зависимости от постановки задачи и геологических условий можно разделить на три класса:

*Одномерное геомеханическое моделирование* (1D ГМ) основано на аналитических решениях задачи о напряженном состоянии пласта или ствола скважины. Класс решаемых задач включает моделирование устойчивости ствола скважины и элементов ее конструкции во время бурения или в процессе эксплуатации, устойчивость разломов и систем трещиноватости в пластах простой геометрии, подготовку геомеханических моделей для задач моделирования гидроразрыва, определение условий начала выноса песка.

*Трехмерное геомеханическое моделирование* (3D ГМ) решает тот же класс задач, но в условиях произвольной расчлененности и геометрии залегания, в том числе при наличии разного рода тектонических нарушений. Среди дополнительных задач можно выделить задачи оценки степени уплотнения коллектора и проседания дневной поверхности. Отдельным классом можно выделить задачи устойчивости сопряжения стволов многоствольных скважин.

*Четырехмерное геомеханическое моделирование* (4D ГМ) решает сопряженные задачи гидродинамики и геомеханики в масштабе месторождения. 4D ГМ позволяет рассчитывать изменение во времени свойств модели и состояние отдельных ее элементов, например, для учета влияния на общее напряжено-деформированное состояние истории изменения порового давления или водонасыщенности. В основном 4D ГМ применяется для полноценного моделирования гидродинамики с учетом изменения механического состояния горных пород, решения динамических задач устойчивости коллекторов, содержащих системы трещиноватости, а также для прогнозирования изменения коллекторских свойств в процессе разработки.

В настоящей работе рассматривается задача разработки ядра для 3D ГМ в упругой постановке.

**Вычислительное ядро «РН-СИГМА»**

Процесс построения трехмерной (3D) геомеханической модели можно разделить на два блока: построение модели свойств, и расчет напряженно-деформированного состояния. Первый блок выполняется на геологической сетке с применением стандартных методов распространения свойств в межскважинном пространстве. Для этой цели применяются стандартные геологические или петрофизические алгоритмы (интерполяционных, статистических и др.), реализованные, в том числе в программных продуктах «РН-ГЕОСИМ» и «РН-СИГМА». Основной интерес представляет второй блок – расчет напряженно-деформированного состояния. В его основе лежит численное решение задачи расчета напряженного состояния массива горной породы. Массив горной породы, включающий месторождение, находится на глубине в условиях действия на него сил со стороны вмещающей среды. Под вмещающей средой понимают достаточно большой участок геологической формации, такой, что от его размеров при заданных внешних воздействиях напряженное состояние интересующего массива горной породы не зависит. Массив горной породы сложен из геологических сред с различными упругими свойствами. Каждая геологическая среда – упругое пористое насыщенное тело. Распределение необходимых упругих характеристик – модуля Юнга $E$, коэффициента Пуассона $\nu$, коэффициента Био $\alpha$, а также плотности $\rho$ и коэффициента линейного температурного расширения $\beta$ – будем считать заданными во всем массиве горной породы.

Уравнение равновесия имеет классический вид [6]: $\partial\sigma_{ij}/\partial x_j - \rho g_i = 0$. Уравнение равновесия замыкается уравнением состояния изотропной пористой насыщенной среды с учетом термических напряжений: $\sigma_{ij} = K\varepsilon_{ll}\delta_{ij} + 2\mu\left(\varepsilon_{ij} - \frac{1}{3}\varepsilon_{ll}\delta_{ij}\right) + (\alpha p + 3\beta KT)\delta_{ij}$, где $\sigma_{ij}$ – тензор упругих напряжений, $p, T$ – давление и температура соответственно, $\boldsymbol{g}$ – ускорение свободного падения, $\mu$ – модуль сдвига, $K$ – модуль объемного сжатия, $\varepsilon_{ij}$ – тензор деформации. Здесь напряжения и деформации имеют положительное значение при сжатии, в соответствии с принятым в рудной механике соглашением. Важным вопросом при построении модели является постановка корректных граничных условий. Вычислительное ядро «РН-СИГМА» разработано с учетом максимального охвата разных классов граничных условий для корректного описания практически любой реальной модели.

**Тестирование вычислительного ядра**

Вычислительное ядро ПК «РН-СИГМА» реализовано на основании алгоритма конечно-элементного типа [7]. Ядро работает с основным типом сеточной модели, используемой в геологическом и гидродинамическом моделировании, – геометрией угловой точки. Единственное существенное требование к сеткам при конечно-элементном моделировании – это отсутствие разрывов.

Для верификации работы ядра выполнено сравнение расчетов с ПО «ANSYS». Геометрия задачи – однородный куб со сферическим включением. Куб находится только под действием собственного веса. Свойства сред намеренно выбраны исключительно контрастные. Относительная разница между результатами расчетов полей упругого смещения представлена на рисунке Рисунок *1*. Различие между расчетами составляет не более 0.45% во всей области.

Кроме того, было проведено сравнение результатов моделирования с аналитическим расчетом на модели контрастного свойства. Причем, расчеты были выполнены как в ПК «РН-СИГМА», так и в промышленном аналоге («Petrel Geomechanics»). Расчет показал, что отличия результатов от аналитического решения для обоих симуляторов находятся на одном уровне и качественно повторяют поведение друг друга. Различие результатов решения задач между собой не превышает 3%.

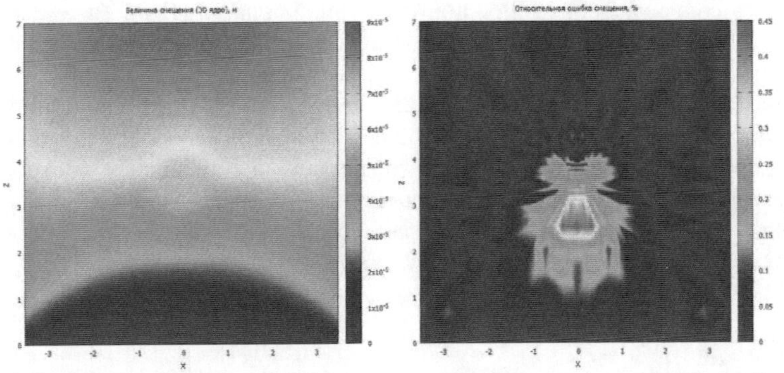

***Рисунок 1.** Сравнение результатов расчета с ПО ANSYS. Свойства вмещающей среды:* $E = 7$ ГПа, $\nu = 0.45$, $\rho = 2700$ кг/м$^3$, *свойства включения:* $E = 70$ ГПа, $\nu = 0.1$, $\rho = 2700$ кг/м$^3$, *эффекты пороупругости отсутствуют.*

**Моделирование участка месторождения**

В настоящее время симулятор «РН-СИГМА» применен к решению реальной задачи – построение модели на участке пласта ПК-1 Верхнепокурской подсвиты Северо-Комсомольского месторождения. Данные отложения представлены рыхлыми песками и слабосцементированными песчаниками с многочисленными тонкослоистыми и часто прерывистыми прослоями глинистых пород. Отдельные пропластки характеризуются наличием включений с высоким контрастом механических свойств. Кроме того, выбранный участок пересекает несколько разломов.

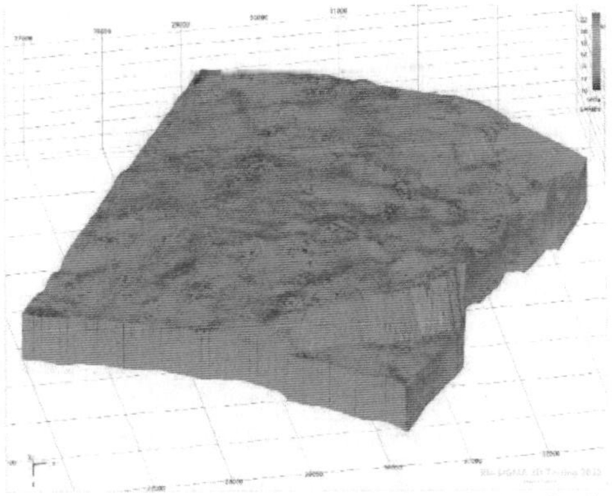

***Рисунок 2.** Результаты численного моделирования напряженно-деформированного состояния пласта на примере одного из секторов (куб минимального горизонтального напряжения)*

На основе действующей геологической модели выполнено распространение механических свойств пород с учетом действующей литолого-фациальной модели целевых отложений. Далее рассчитан куб начального пластового давления. На финальном шаге выполнен расчет напряженно-деформированного состояния пласта и проведена калибровка 3D геомеханической модели на результаты 1D геомеханического моделирования опорных скважин. На рисунке Рисунок *2* приведен пример расчета модели выбранного участка (куб минимального горизонтального напряжения). Общий размер модели составляет примерно 1,8 млн. ячеек (137х106х126), размер ячеек – 100х100 метров. Время расчета модели – порядка 18 минут на современном персональном компьютере (процессор Intel i7-8700 с частотой 3.2 ГГц, оперативная память 32 Гб).

Результаты выполненной работы по расчету 3D ГМ в настоящее время используются для геомеханического сопровождения бурения отложений пласта ПК-1, а также глинистых отложений Березовской и Кузнецовской свит. На основе 3D модели построены предбуровые модели устойчивости ствола скважин: выданы рекомендации по статической плотности бурового раствора и предельно допустимой эквивалентной циркуляционной плотности раствора, определены основные зоны нестабильности ствола скважин и зоны возможных поглощений раствора. Всего за период 2022 года предбуровые модели построены для 44-х скважин. Также результаты 3D ГМ будут использованы в качестве основы для расчетов в рамках двунаправленной 4D ГМ для оценки влияния геомеханических эффектов на фильтрационные процессы в пласте при эксплуатации скважин.

**Заключение**

В результате настоящей работы разработано вычислительное ядро для расчета напряженно-деформированного состояния массива горной породы. На текущий момент разработанное ядро позволяет выполнять расчеты напряжений и деформаций массива породы в упругой постановке. Спектр возможных граничных условий полностью соответствует мировым практикам. Для верификации работы вычислительного ядра ПК «РН-СИГМА» было проведено тестирование. Все проведенные тесты показали хорошее соответствие расчетов с достаточной для практического применения точностью.

Интеграция вычислительного ядра в программный интерфейс ПК «РН-СИГМА» позволила выполнить расчет геомеханической модели участка пласта ПК-1 Верхнепокурской подсвиты Северо-Комсомольского месторождения, обладающего сложным строением, как с точки зрения геометрии, так и с точки зрения вариации механических свойств. По данным фактического бурения наблюдается удовлетворительная сходимость с фактическими данными.

**Библиография**

1. Поляков Д.А., Павлов В.А., Морева В.А., Ельсов П.В., Самойлов М.И., Нечаев А.С. Новый подход к внедрению результатов геомеханического моделирования в производственные процессы добывающих обществ ПАО «НК «Роснефть». Экспозиция Нефть Газ, 2021, №6 (85).

2. Gupta J.K., Zielonka M.G., Albert R.A., Wadood E.R., Burnham H.A., and Nancy H.C. Integrated Methodology for Optimizing Development of Unconventional Gas Resources. SPE Hydraulic Fracturing Technology Conference, The Woodlands, Texas, USA, February 2012.

3. Ghabezloo S., Sulem J., Guedon S., Martineau F. (2008) Effective stress law for the permeability of a limestone. International Journal of Rock Mechanics and Mining Science.

4. Yang X., Pan Y., Fan W., Huang Y., Zhang Y., Wang, L., Wang L., Teng Q., Qiu, K., Feng S. Case Study: 4D Reservoir Geomechanics Simulation of an HP/HT Naturally Fractured Reservoir. SPE Kuwait Oil & Gas Show and Conference, Kuwait City, Kuwait, October 2017.

5. Мальцев В.В., Асмандияров Р.Н., Байков В.А., Усманов Т.С., Давлетбаев А.Я. Исследование развития трещин автоГРП на опытном участке Приобского месторождения с линейной системой разработки. Нефтяное Хозяйство, 2012, №5, Стр.70-73.

6. Coussy O. Poromechanics (1st ed.). Wiley, 2004, pp.298.

7. Zienkiewicz O. Morgan K. Finite elements and approximation. Wiley, 1983

**References**

1. Polyakov D.A., Pavlov V.A., Moreva V.A., Elsov P.V., Samoilov M.I., Nechaev A.S. A new approach to the implementation of the results of geomechanical modeling in the production processes of the Production Companies of "NK "Rosneft" PJSC. Exposition Oil&Gas, 2021, №6 (85).

2. Gupta J.K., Zielonka M.G., Albert R.A., Wadood E.R., Burnham H.A., and Nancy H.C. Integrated Methodology for Optimizing Development of Unconventional Gas Resources. SPE Hydraulic Fracturing Technology Conference, The Woodlands, Texas, USA, February 2012.

3. Ghabezloo S., Sulem J., Guedon S., Martineau F. (2008) Effective stress law for the permeability of a limestone. International Journal of Rock Mechanics and Mining Science.

4. Pavlov V.A., Lapin K.G., Gavris A.S., Ivantsov N.N., Volgin E.R., Toropov K.V. Estimation of influence of geomechanical effects on change of formation reservoir properties in conditions of slightly cemented reservoir. Territorija Neftegas, 2019, №10. (In Russ.)

5. Yang X., Pan Y., Fan W., Huang Y., Zhang Y., Wang, L., Wang L., Teng Q., Qiu, K., Feng S. Case Study: 4D Reservoir Geomechanics Simulation of an HP/HT Naturally Fractured Reservoir. SPE Kuwait Oil & Gas Show and Conference, Kuwait City, Kuwait, October 2017.

6. Maltsev V.V., Asmandiyarov R.N., Baikov V.A., Usmanov T.S., Davletbaev A.Ya. Testing of auto hydraulic-fracturing growth of the linear oilfield development system of priobskoe oilfield. Oil Industry, 2012, №5, P.70-73. (In Russ.)

7. Davletbaev A.Ya., Baykov V.A., Bikbulatova G.R. et al. Field studies of spontaneous growth of induced fractures in injection wells. SPE–171232-RU, 2014.

8. Coussy O. Poromechanics (1st ed.). Wiley, 2004, pp.298.

9. Zienkiewicz O. Morgan K. Finite elements and approximation. Wiley, 1983.

**Применение петроупругого моделирования для целей прогноза разработки месторождений (4D сейсмические исследования)**

Д.А. Пискун* (ООО «СЖЖ Восток»), Л.Е. Полякова (ООО «СЖЖ Восток»), А.А. Радченко (ООО «СЖЖ Восток»)

**Введение**

Разработка месторождения несет за собой изменение параметров среды в целевых интервалах, таких как снижение давления, пористости, изменение насыщенности флюидами и т.д. В свою очередь, изменение свойств среды отражается на акустических характеристиках разреза. Породы могут становиться акустически «жестче», что приводит к росту значений акустического импеданса и уменьшению сейсмических амплитуд. Некоторые приводят к эффектам «смягчения» пород, т.е. к уменьшению значений акустического импеданса.

Проведение петроупругого моделирования может помочь оценить проявления и степень возможных эффектов на сейсмические данных при разработке. Оценить данные эффекты можно основываясь на вариантах разработки, полученные с использованием гидродинамической модели. Выбор вариантов осуществляется исходя из особенностей каждого месторождения.

**Метод и теория**

В рамках данной работы была поставлена задача провести моделирование различных сценариев влияния разработки на петрофизические параметры горных пород с оценкой их влияния на упругие свойства.

Одним из параметров, значительно изменяющимся при разработке месторождения, является пластовое давление. В связи с этим, важность приобретает выбор определенной теоретической модели описания среды, позволяющей учесть данный параметр. Исходя из анализа изменений, происходящих в процессе разработки месторождения, для моделирования выбрана теоретическая модель, учитывающая изменение порового давления. В библиотеки RockSI таковой моделью является теоретическая модель неконсолидированных песчаников [5], насыщенных различным типом углеводородов, которая является частным случаем модели контактов. В данном варианте упругие модули сухой породы рассчитываются с использованием теории Hertz-Mindlin. Модель Hertz-Mindlin (Mindlin, 1949) описывает свойства породы, которая представляет из себя упаковку из одинаковых сфер, соприкасающихся друг с другом. Эффективные модули матрицы при пористости $\phi$ задаются формулой:

$$K_{HM} = \left[\frac{C^2(1-\phi)^2 G_m^2}{18\pi^2(1-\nu_m)^2} P_{eff}\right]^{\frac{1}{3}}$$

$$G_{HM} = \frac{5-4\nu_m}{5(2-\nu_m)} \left[\frac{3C^2(1-\phi)^2 G_m^2}{2\pi^2(1-\nu_m)^2} P_{eff}\right]^{\frac{1}{3}},$$

где $P_{eff}$ - горное давление, $K_m$, $G_m$ - модули сжатия и сдвига минералов, $\nu_m$ - коэффициент Пуассона минералов (Poisson's ratio), $C$ - число контактов (координационное число), $\phi$ – пористость.

При известных упругих свойствах, при критической пористости $\phi_c$, эффективные модули сухой породы при заданной пористости $\phi$ вычисляются по нижней границе модели «Lower Hashin-Strikman».

В RockSI модель Unconsolidated Hydrocarbone Sandstone может быть расширена от модели неконсолидированного песчаника до плотного песчаника с помощью параметра жесткости матрицы Matrix Stiffness Index (MSI).

Свойства флюидов рассчитываются по уравнениям Batzle&Wang [2]. Смешение флюидов происходит по модели Wood. Модуль объемного сжатия для насыщенных пород рассчитывается по уравнению Gassmann [5].

При разработке месторождений нефти и газа на истощение снижается пластовое давление, а горное давление вышележащих пород остается без изменений. При этом, часть нагрузки, которую принимал на себя флюид (газ, вода, нефть), содержащийся в поровом пространстве коллекторов, будет передаваться на скелет породы и вызывать снижение пористости и проницаемости.

Снижение пластового давления ведёт к повышению эффективного напряжения:

$$P_{эф} = P_{вс} - n \cdot P_{пл}$$

где, Рвс – геостатическое или всестороннее давление, величина которого определяется мощностью и плотностью вышележащих горных пород; Рпл - давление флюида в пласте или поровое давление; n – коэффициент разгрузки, зависящий от структуры и литолого-минералогического состава породы (обычно n=1) [3].

На рисунке 1 отображено теоретическое представление об изменении скорости продольных волн при изменении эффективного давления [4].

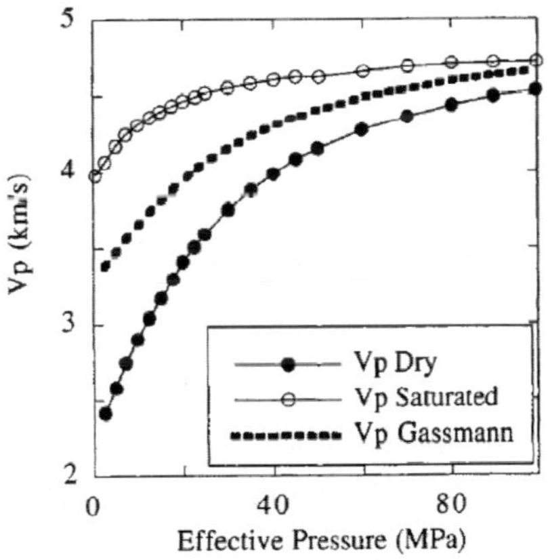


***Рисунок 1.*** *Теоретическое представление об изменении скорости продольных волн при изменении эффективного давления (по Coyner, 1984).*

Стоит отметить, что при высоких значениях литостатическкго давления в интервале исследований (рассчитывается по кривой плотности) и относительно невысоком поровом давлении, эффективное давление в начальных условиях имеет высокие значения. Согласно рисунку 1, в таком случае мы изначально находимся в пологой части графика. В результате, при снижении порового давления на 10-20 МПа изменение скорости продольных волн, которая является главным индикатором эффективного давления, будут уже не значительны.

В процессе разработки при снижении порового давления происходят более тонкие изменения, в частности такие как снижение пористости. При среднем значении пористости 20 %, при снижении порового давления, относительные изменения пористости могут составлять от 0,2 % до 20 % от значений, определенных в атмосферных условия. По данным, представленным в докладе [1] Института Физики Земли им. О.Ю. Шмидта РАН, исследования на аналогичных месторождениях показали, что изменение эффективного давления на 10,0 Мпа, в процессе разработки, ведет к снижению пористости образцов в среднем на 0,1 – 0,2 %. Такие изменения пористости, при высоких значениях эффективного давления, крайне незначительно влияют на упругие свойства горных пород, как сами по себе, так и в совокупности со снижением порового давления.

Еще одним значимым эффектом при разработке месторождения является изменение характера насыщения коллекторов, в частности поднятие контакта. В связи с этим, проводится моделирование флюидозамещения. Процесс моделирования объемной плотности и скоростей продольной и поперечной волн выполняется с учетом истинного характера насыщения (газ, нефть, вода) в емкостном пространстве породы по модели Gassmann. При этом, в коллекторах производится процедура замещения фильтрата промывочной жидкости в ближней зоне пласта на его реальное насыщение. Таким образом, в коллекторах модельные кривые должны отличаться от измеренных ввиду того, что они не испытывают влияния зоны проникновения фильтрата бурового раствора.

В реальности, в пласте, углеводороды находятся как в подвижном, так и неподвижном состоянии. Количество неподвижных углеводородов (остаточных), как правило, определяется по данным ОФП на керне. Соотвественно, флюидозамещение также возможно проводить только до этих значений.

**Моделирования сценариев**

На рисунке 2 приведен фрагмент геофизической характеристики изучаемого терригенного разреза, представленного переслаиванием песчаных и алеврито-песчанистых пластов, иногда встречаются пропластки ангидритов. Коллекторами являются алевролиты песчанистые крупнозернистые и песчаники мелкозернистые алеритистые. Согласно исследованиям керна содержание кварца в разрезе в среднем 50,0 %, отмечается присутствие калиево-полевых шпатов до 25,0 % и плагиоклазова до 25,0 %. Глинистый цемент состоит в основном из каолинита, иллита и хлорита.

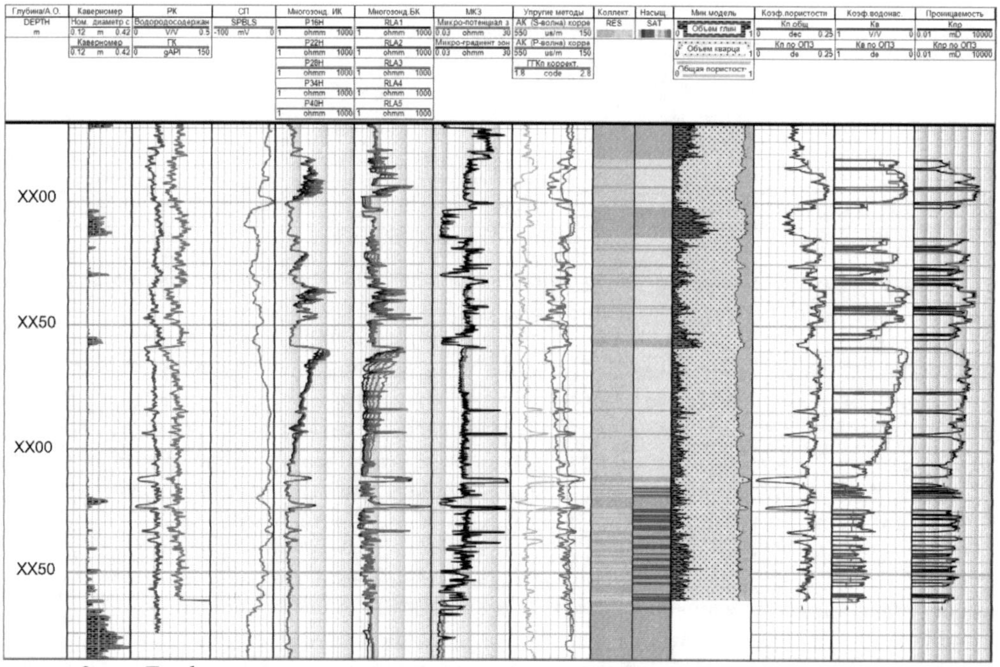


***Рисунок 2.*** *Геофизическая характеристика изучаемого разреза*

Основываясь на имеющейся геологической модели, результатах и методики интерпретации данных ГИС при подсчете запасов, построена поточечная трехкомпонентная объемная минералогическая модель: скелет (кварц + КПШ + плагиоклазы), глинистые минералы, пористость.

На основе проведенного петроупругого моделирования и анализа возможных изменений при разработке месторождения выбраны несколько сценариев изменения параметров:

- моделирование изменения порового давления
- моделирование изменения характера насыщения (поднятие контакта)
- моделирование изменения насыщения с учетом снижения порового давления и пористости.

**Выводы**

Проведение петроупругого моделирования и изменения на его основе исходных параметров согласно проекту разработки, позволяет оценить наличие или отсутствие эффекта от разработки месторождения на упругие параметры в скважинах, а соответственно и на сейсмический отклик.

Несмотря на небольшой процент отклонения модельных результатов от исходных, возможно получение следующих результатов:

- По результатам синхронной инверсии возможно надёжное выделение газонасыщенных коллекторов в пределах сейсмического разрешения;
- В газонасыщенных коллекторах возможен прогноз пористости по значению акустического импеданса на основе петрофизических зависимостей;
- Сейсмический прогноз изменений порового давления возможен только при достижении высокого уровня повторяемости 4D на качественном уровне, есть вероятность успешного выделения недренируемых (изолированных) блоков;
- Высокая остаточная газонасыщенность затрудняет сейсмический контроль за изменением ГВК, но связь 4D-отклика с отобранными объёмами газа существует и может быть использована для контроля за разработкой.

**Библиография**


1. Жуков В. С. Динамика петрофизических свойств коллекторов, сопровождающая современные геодинамические процессы при разработке месторождений углеводородов. Институт Физики Земли им. О.Ю. Шмидта РАН, Москва, 2020
2. Batzle M., Wang Z. Seismic properties of pore fluids. 1992
3. Christensen N. I., Wangt H. F. The influence of pore pressure and confining pressure on dynamic elastic properties of Berea sandstone. Geophysics, vol. 50, No.2, February 1985
4. Coyner K. B. Effects of stress, pore pressure and pore fluids on bulk strain, velosity and permeability in rocks. B.S., University of Arizona, 1984
5. Mavko G., Mukerji T. and Dvorkin J. The Rock Physics Handbook. Cambridge University Press. Second Edition, 2009


**References**


1. Zykov V. S. Dynamics of petrophysical properties of reservoirs accompanying modern geodynamic processes in the development of hydrocarbon deposits. Schmidt Institute of Earth Physics of the Russian Academy of Sciences, Moscow, 2020

# Практические аспекты выбора жидкости разрыва пласта для повышения продуктивности нефтяных и газовых скважин в сложных геологических условиях на основе фильтрационных испытаний на керне

А.Н. Бетехтин*, Д.А. Старицин (ООО «Газпромнефть НТЦ»),

К.В. Коняшкина, А.В. Табунщиков (ООО «Газпромнефть-ГЕО»)

## Введение

Гидроразрыв пласта (ГРП) является одним из наиболее эффективных методов повышения производительности нефтяных и газовых скважин. Для получения максимальной эффективности ГРП необходимо учитывать свойства пласта, тип жидкости разрыва (ЖР), рецептуру жидкости и дизайн ГРП, а также использовать современные технологии.

Неправильно выбранный тип жидкости разрыва особенно для пород с низкими фильтрационно-емкостными свойствами (ФЕС) может привести к снижению продуктивности скважин. На примере исследований, выполненных для условий ачимовских отложений, рассмотрены вопросы соответствия выбора методики тестирования. Подход включает экспериментальную часть на образцах керна и на пропантной пачке при этом изучается степень повреждения от воздействия различными технологическими жидкостями. Фильтрационные исследования основаны на сравнении результатов воздействия ЖР в максимально приближенных и сопоставимых с промысловыми условиями, опираются на принципы физического моделирования. Начальный этап планирования экспериментов является определяющим – от уровня сопоставимости условий эксперимента зависят итоговые результаты.

## Метод

Целью исследования являлся выбор наиболее предпочтительных жидкостей разрыва с учетом оценки влияния на ФЕС пласта и проводимость трещины ГРП. Жидкости разрыва готовились на слабоминерализованной воде (близкой по составу поверхностным источникам Западной Сибири) с добавлением гелеобразователей, сшивателя, деструктора полимеров (в капсулированной и жидкой форме), стабилизатора глин и деэмульгатора.

В соответствии с исследованиями группы авторов [1] некоторые рецептуры ЖР имеют значительное снижении вязкости при повышенном давлении. Для учета данного эффекта исследование ЖР проводилось при фактических пластовых условиях ($P_{пл}$ 40 МПа, $T_{пл}$ 90°C). Изучено 38 рецептур жидкостей разрыва. Использовались образцы горных пород, представленные песчаником мелко-тонкозернистым, алевритистым с признаками углеводородов, которые имели значения пористости 10 - 18 %; значения абсолютной проницаемости 0,5 - 1,5 мД; значения остаточной водонасыщенности 50 - 69 %. Образцы керна представлены однородной структурой без дефектов (трещины, каверны и т.п.). Для испытаний использовалась составная колонка кернов длиной 60 мм.

Изучено 6 типов систем с различными технологическими параметрами и типами гелеобразователей: гуаровый линейный гель (LG); гуаро-боратный сшитый гель (XL); ксантановый линейный гель (XAN); низкомолекулярный полиакриламидный гель (FR); высокомолекулярный полиакриламидный гель, двух производителей (HVFR-1 и HVFR-2).

Одной из причин не достижения потенциального дебита добывающих скважин после ГРП является снижение проводимости пропантной пачки, вызванное неполным разрушением гелеобразователя и последующим образованием осадков в объёме пропантной пачки. Эффект снижения может достигать до 75 % (рис. 1).

В случае неоптимальных соотношений ключевых компонентов ЖР (гелеобразователь, сшиватель, деструктор) не обеспечивается полное разрушение системы. При этом высоковязкая гелеобразная масса, блокирует не только пространство трещины, но и поровое пространство горных пород близи трещины.

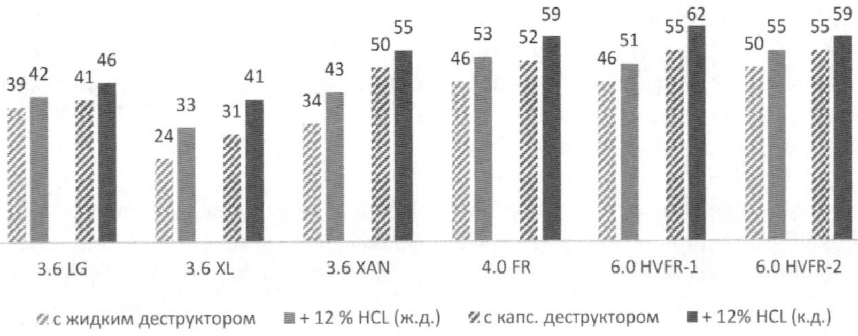


***Рисунок 1.*** *Остаточная проводимость (%) пропантной пачки систем с жидким и капсулированным деструктором в концентрации 1,0 л/м$^3$ и 0,5 кг/м$^3$ соответственно.*

Одним из основных требований к жидкостям разрыва является разрушение до значения вязкости, сравнимой с вязкостью воды для последующей очистки созданной трещины от деструктированной ЖР. При неполной деструкции геля снижается проводимость трещины и остаточный гель может создавать препятствия на пути притока продукции из скважины. Недостаточная деструкция ЖР влечет необходимость применения дополнительной очистки при освоении скважины при этом, ввиду закрепленной полудлины трещины ГРП зачастую более 100 м, подобные методы эффективны лишь для пристволовой части трещины.

Оценка восстановления проницаемости горных пород проводилась при одних и тех же объёмных скоростях фильтрации в рамках одного эксперимента, до и после создания рабочей депрессии 22 МПа. После эксперимента выполнен замер остаточной водонасыщенности и определена степень её изменения.

Следует отметить, что даже в случае фактической депрессии на пласт до 22 МПа за счёт депрессионной воронки перепад давления у стенки трещины на расстоянии 15-20 см может быть снижен до 90% в зависимости от проницаемости пласта, что необходимо учитывать при планировании фильтрационных экспериментов. Также известно, что глубина проникновения сшитого геля значительно меньше, чем глубина проникновения фильтрата жидкости разрыва и промывочной жидкости. Поэтому коэффициенты восстановления проницаемости приведены дифференцированно для удаленной зоны составной модели и притрещинной зоны (рис. 2), в которой имеется основное скопление полимера ЖР.

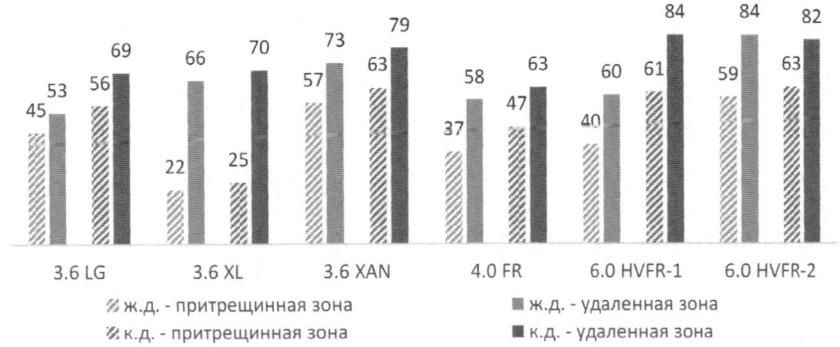


***Рисунок 2.*** *Остаточная фазовая проницаемость (%) колонки кернов после воздействия ЖР с жидким и капсулированным деструктором в концентрации 1,0 л/м$^3$ и 0,5 кг/м$^3$.*

Из результатов исследований видно, что классическая сшитая гуаро-боратная система оказывает наиболее сильное загрязнение притрещинной зоны (остаточная фазовая проницаемость 22-25%). При переходе к ЖР на основе несшитых полимеров наблюдается существенное снижение степени воздействия на притрещинную зону (остаточная фазовая проницаемость 37-64%). Стоит отметить, что влияние на удаленную зону (второй керн) при переходе от одного типа жидкости к другому меняется несущественно, остаточная фазовая проницаемость составляет 63-84%. При этом высокомолекулярные полиакриламидные (HVFR) и ксантовая (XAN) ЖР показывают наименьшее влияние среди испытанных систем.

Принимая во внимание результаты по остаточной проводимости пропантной пачки (рис. 1) и остаточной фазовой проницаемости кернов (рис. 2), наибольшую технологическую успешность на низкопроницаемых коллекторах имеют высокомолекулярные полиакриламидные гели (HVFR).

Экспериментально установлено, что при проницаемости 0,5-1,5 мД происходит наибольшая закупорка пор притрещинной зоны, что сильно затрудняет отработку фильтрата ЖР и полимера из пласта в скважину.

Наиболее эффективным решением для доразрушения ЖР считается воздействие соляной кислотой в концентрации 10-15%. Известно, что соляная кислота эффективно разрушает связи в сшитых гуаро-боратных системах и способствует очистке пропантной пачки. При этом в открытых источника не обнаружено информации об эффективности подобных обработок совместно с системами типа LG, XAN, FR, HVFR при воздействии на керн.

Результаты исследований на пропантной пачке показали повышение остаточной проводимости при воздействии соляной кислотой (рис. 1) на 3-7% для систем LG, XAN, FR, HVFR-1,2 и 10-11% для XL. При этом воздействие на керн показывает несущественное повышение от 2 до 6% остаточной проницаемости для XL и снижение таковой от 3 до 27% для LG, XAN, FR, HVFR-1,2.

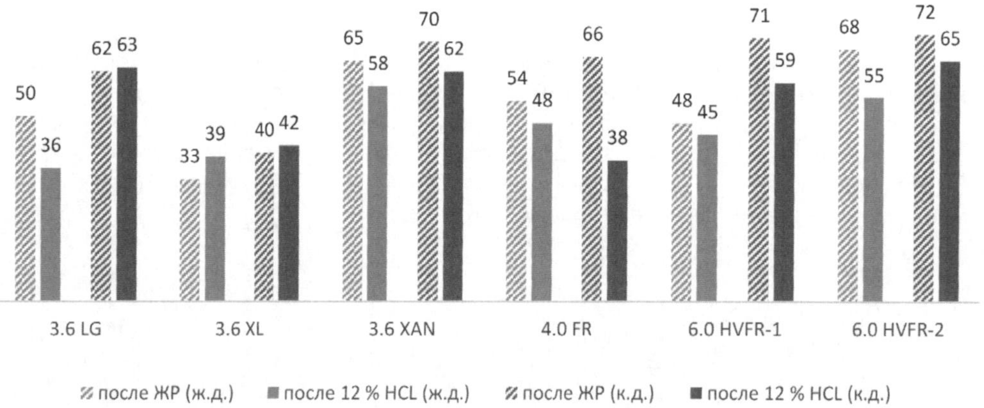


***Рисунок 3.*** *Изменение остаточной фазовой проницаемости (%) колонки кернов после воздействия ЖР с жидким и капсулированным деструктором и обработки 12% HCl для диапазонов абсолютной проницаемости кернов 0,5 - 1,5 мД. (градиентная заливка – до кислотной обработки, сплошная заливка – после кислотной обработки)*

Одним из возможных объяснений таких результатов является образование мелкодисперсных осадков при взаимодействии кислоты с полимерами. При этом данные осадки могут быть удалены из пропантной пачки и не могут быть удалены из порового пространства горных пород ввиду существенных различий размеров порового пространства. Таким образом, воздействие соляной кислотой для доразрушения ЖР может быть эффективно лишь при условии закачки малых объёмов с целью минимизации воздействия на пласт с последующей отработкой продуктов реакции. Продавливание продуктов реакции в низкопроницаемые пласты имеет негативное влияние.

Проведенные экспериментальные исследования по определению относительных значений коэффициента восстановления проницаемости для всей колонки и первого образца показали, что визуально на торцах образцов видны лишь редкие фрагменты гелеобразной корки. Можно, предположить, что фильтрационная корка (продукты распада полимерной жидкости разрыва) обладает низкой адгезией к породе, что отразилось на количестве фильтрата, поступившего в образцы керна, и соответственно, повлияло на коэффициенты восстановления проницаемости.

Если рассматривать восстановление проницаемости без учёта первого со стороны загрязнения образца, то картина меняется, и степень повреждения ФЕС в удалённой от притрещинной зоны сопоставима для разных типов жидкостей. Данный эффект наблюдается для исследований именно с «живой» ЖР и ее деструкцией в ячейке с керном, что максимально приближено к реальным промысловым условиям.

**Выводы**

Ниже представлены общие результаты и рекомендации по планированию фильтрационных испытаний на керновом материале для подбора жидкости разрыва пласта:

1) При исследовании воздействия жидкости разрыва на проницаемость горных пород необходимо использовать составные модели с оценкой восстановления проницаемости дифференцировано для притрещинной и удалённой зон;

2) В условиях проведения экспериментов с низкой проницаемостью (менее 2 мД) учитывать целевые градиенты давления;

3) Результаты исследований показали, что для условий ачимовских отложений тип ЖР имеет существенное влияние на восстановление проницаемости и достигает 25% для систем типа XL, использование несшитых систем оказывает существенно меньшее воздействие восстановление проницаемости составляет 45-55%, а использование высокомолекулярных полиакриламидных гелей имеет лучшие результаты: восстановление проницаемости составляет до 63%.

4) Показано, что воздействие соляной кислотой 12% на пропантную пачку повышает остаточную проводимость на 3-7% для систем LG, XAN, FR, HVFR-1,2 и 10-11% для XL; но в тоже время оказывает негативное воздействие на восстановление проницаемости образцов горных пород на 3-27% для систем XAN, FR, HVFR-1,2.

**Библиография / References**

1. Vernigora D., Olennikova O. et al. Unveil the Unknown: Combining the Laboratory Study of Fracturing Fluids at High Pressure with a State-of-the-Art Hydraulic Fracturing Simulator. Presented at the SPE International Conference and Exhibition on Formation Damage Control, Lafayette, Louisiana, USA, February 2018. SPE-189518-MS. https://doi.org/10.2118/189518-MS.

# Оценка пористости в глинистых отложениях в терригенном комплексе нижнего карбона платформенной части Башкортостана

**Э.Р. Сахаутдинова*[1,2], Т.В. Бурикова [1], Р.Р. Загиров [1], В.И. Шавалиев [1]**

**[1]ООО «РН-БашНИПИнефть», Уфа, Россия**

**[2]ФГБОУ ВО «Уфимский университет науки и технологий», Уфа, Россия**

## Введение

В настоящее время отсутствует единый и корректный подход к обоснованию петрофизических параметров глин, который применяется при выполнении интерпретации ГИС в помощь сейсморазведке по всему разрезу. Как правило, в глинистых разностях наблюдается образование каверн, которое не позволяет замерить истинные свойства геофизическими методами, что в свою очередь приводит к необходимости их восстановления. Если для настройки модели интерпретации методов ГИС в интервалах консолидированных пород используют керновые данные, то для глинистых отложений комплекс лабораторных исследований ограничен и фильтрационно-емкостные свойства аргиллитов остаются не определенными. Замеренные значения открытой и общей пористости на ограниченной выборке образцов аргиллитов позволили обосновать алгоритм расчета пористости методами ГИС в интервалах глинистых отложений нижнего карбона Башкортостана.

## Методики определения пористости на керне глинистых отложений

Определение емкостных параметров аргиллитов является трудоемким процессом, так как исследования таких отложений осложняется неконсолидированной структурой, и образцы керна изготовить крайне тяжело, в связи с тем, что они подвергаются разрушению при взаимодействии с водными растворами. Было констатировано, что наибольшим разрушениям при взаимодействии с водой подвергаются иллитовые глины. В одной из скважин выделен интервал чистых каолинитовых глин (среднее содержание каолинита составило 96%) с консолидированной структурой, который характеризовался номинальным диаметром по данным ГИС. Применение нестандартных подходов к изготовлению и насыщению образцов позволило провести определение открытой пористости каолинитовых глин. Выпиливание образцов проводилось на безводной основе с охлаждением сжатым воздухом, а насыщение пластовой водой выполнялось в фильтрационной установке.

На менее консолидированных образцах с преобладанием иллитовых глин был применен метод И.А.Преображенского, который основан на определении общего объема образца и объема пор методами насыщения рабочей жидкостью, в нашем случае керосином, для предотвращения процессов разбухания и разрушения кусочков керна. Также получены результаты общей пористости пикнометрическим способом (метод Мельчера). В результате разрушения образца, измерения веса сухой навески и определения ее объема в пикнометре, используя в качестве рабочей жидкости спирт, была определена минералогическая плотность породы.

Анализ полученных данных показал, что есть существенные различия в значениях открытой пористости, определенной при насыщении пластовой водой и керосином образцов каолинитовых глин. При этом значения открытой пористости образцов, насыщенных водой, в несколько раз превышали пористости, замеренные при насыщении керосином. Это, вероятно всего, обусловлено наличием структурной воды, которая при насыщении керосином не учитывается, что в свою очередь подвергает сомнению методики, которые рекомендуют использовать керосин в качестве рабочего флюида для исследования глинистых пород. Поэтому в качестве эталонных были приняты замеры, выполненные в фильтрационной установке при насыщении образцов пластовой водой для каолинитовых глин. Для иллитовых глин, где замеры открытой пористости проведены только при насыщении керосином, были выданы рекомендации использовать их на качественном уровне и больше ориентироваться на замеры общей пористости. В итоге пористость исследуемых образцов в отложениях ТТНК составила в среднем 5,7% для каолинитовых глин и 8,4% для иллитовых, при этом общая пористость достигает 6,5% для каолинитовых глин и 12,7% для иллитовых.

**Алгоритм расчета пористости аргиллитов по данным нейтронного гамма-каротажа**

Так как нейтронный гамма-каротаж НГК преобладает в основном фонде скважин, то пористость, рассчитанная данным методом, как правило, принимается в результатах интерпретации ГИС.

Метод НГК является индикатором количества водорода, наибольшее содержание которого в горных породах присутствует в воде и нефти. А так как жидкость содержится в основном в порах горных пород, то НГК дает возможность оценивать их пористость. Исключением являются глинистые минералы, которые имеют структурно связанную воду, за счет чего глинистые породы характеризуются повышенным водородосодержанием, не связанным с их пористостью. В связи с этим при прогнозе упругих характеристик возникают проблемы оценки пористости по данным нейтронного гамма-каротажа в глинистых интервалах, поскольку при введении поправки за водородосодержание глин (структурно связанную воду) существуют неоднозначности, которые не всегда учитываются интерпретатором.

В работе предлагается изменить алгоритм ввода поправки за глинистость. Как известно, между водородосодержанием пород и пористостью есть закономерная связь (1), которая используется при оценки пористости методом нейтронного гамма-каротажа[1].

$$\text{Кп} = W\text{общ} - \text{Кгл} * W\text{гл} - W\text{ск} * (1 - \text{Кп} - \text{Кгл}), \qquad (1)$$

где Кп - общая пористость, д.ед.; Wобщ, Wгл, Wск – водородосодержание общее, глинистой фракции и скелета соответственно, д.ед.; Кгл – объемная глинистость.

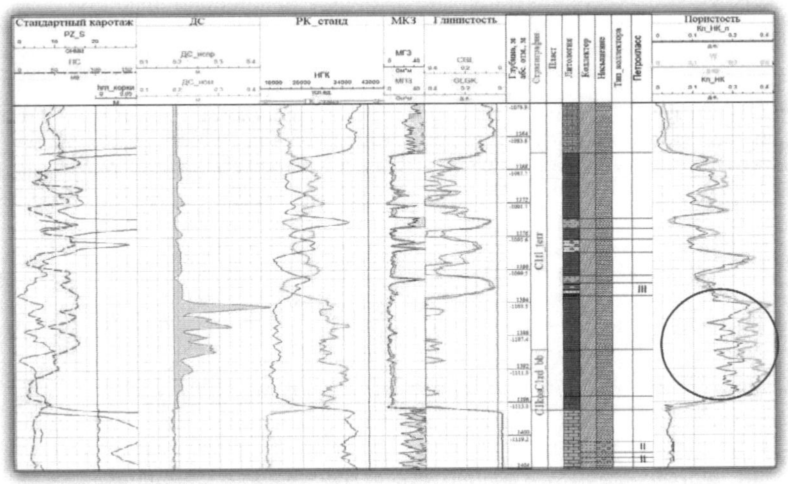


***Рисунок 1.*** *Фрагмент разреза скважины №3**** с примером расчета пористости по НГК (синим цветом выделена область с расчетом Кп в глинистом интервале, где голубая кривая водородосодержание, черная кривая пористости, после введения поправки за глинистость).*

Учитывая, что методами ГИС рассчитывается массовая глинистость (Сгл) и в объемную глинистость пересчитывается через выражение Кгл=Сгл(1-Кп), то за пористость в данном случае часто принимается водородосодержание, регистрируемое методом НГК. Если для интервалов коллекторов это допущение не приводит к значительным погрешностям, то в глинистых интервалах наблюдается увеличение открытой пористости, поскольку водородосодержание в этих интервалах достигает 25-40%, за счет размыва ствола скважины и не отражает открытую пористость пород (рис.1, голубая кривая). В свою очередь это ведет к уменьшению достоверности петроупругого моделирования и прогнозирования коллекторских свойств в модели сейсмического куба.

Чтобы исключить из алгоритма расчета коэффициента пористости нейтронными методами процесс перевода массовой глинистости в объемную формула 1 была преобразована в формулу 2, выразив пористость через водородосодержание каждой компоненты породы и массовую глинистость. При этом было получено лучшее сопоставление рассчитанной пористости с керновыми данными и с результатами расчета пористости по данным гамма-гамма плотностного каротажа и ядерно-магнитного каротажа в интервалах неразмытых глинистых отложений, чем по ранее применяемому алгоритму.

$$\text{Кп} = \frac{W_{\text{общ}} - \text{С}_{\text{гл}} * W_{\text{гл}} - W_{\text{ск}} + \text{С}_{\text{гл}} * W_{\text{ск}}}{1 - \text{С}_{\text{гл}} * W_{\text{гл}} - W_{\text{ск}} + \text{С}_{\text{гл}} * W_{\text{ск}}}, \quad (2),$$

где Сгл – массовая глинистость, д.ед.

**Учет минералогического состава и формы распределения глинистых минералов**

Для учета минералогического состава глинистых прослоев при расчете петрофизических параметров методами ГИС проведено сопоставление результатов рентгено-структурного анализа (РСА) образцов керна и спектрального гамма–каротажа. Выполненный анализ керна позволил уточнить распределение глинистых минералов для продуктивных отложений Башкортостана по данным спектрометрического гамма-каротажа при сопоставлении массовых содержаний тория и калия [2].

В терригенных отложениях нижнего карбона основными минералами являются каолинит и иллит. Результаты определения минералогического состава глин необходимо использовать при введении поправки за глинистость в процессе расчета пористости методом НГК, поскольку различные глинистые минералы имеют свой индекс водородосодержания. По результатам РСА была проанализирована объемная доля глинистых минералов для интервалов с преобладанием иллитовых и каолинитовых глин, что позволило уточнить их водородосодержание (формула 3) [3].

$$W_{\text{общ.}} = \sum_{i=1}^{n}(W_i * V_i), \quad (3)$$

где Wi – водородосодержание i-го минерала, д.ед.; Vi – объемная доля i-го минерала, д.ед

В среднем значение водородосодержания составило для иллитовых глин 0,23 и каолинитовых глин 0,39.

Немаловажным показателем является форма распределения глин в поровом пространстве, который в дальнейшем используется при выборе методики расчета коэффициента пористости по данным акустического каротажа. Для этого была построена палетка Томаса-Стейбера по данным керна. Анализ показал, что в разрезе преобладает рассеянная глинистость, поэтому для расчета пористости применима формула[3]:

$$\text{Кп} = \text{К}_{\text{п}}^{\text{АК}} - \text{Кгл}, \quad (4)$$

где Кп – общая пористость, д.ед.; $К_п^{АК}$– значение пористости по данным АК, д.ед.; Кгл– коэффициент объемной глинистости, д.ед.;

**Выводы**

1. Впервые в ООО «РН-БашНИПИнефть» специалистами лаборатории по исследованию керна выполнено определение открытой и общей пористости отложений ТТНК в интервалах с высоким содержанием глинистых минералов каолинита и иллита, которые позволили настроить методики интерпретации геофизических данных.

2. В работе проанализированы методики расчета пористости по данным ГИС глинистых отложений ТТНК республики Башкортостан. Предложен алгоритм расчета пористости методом нейтронного-гамма каротажа, акустического каротажа с учетом минералогической и структурной неоднородности глин.

**Библиография / References**

1. Учебное пособие по курсу: интерпретация данных ГИС. Белохин В.С., Калмыков Г.А., Мифтахова А.А., Петракова Н.Н., Топунова Г.Г. – Москва 2017
2. Добрынин В.М., Вендельштейн Б.Ю., Кожевников Д.А. Петрофизика (Физика горных пород): Учеб. Для вузов. 2-ое изд. перераб. и доп. под редакцией доктора физико-математических нак Д.А. Кожевникова – М.:ФГУП Издательство «Нефть и газ» РГУ нефти и газа им. И.М.Губкина, 2004, 368 с., ил.
3. Методические рекомендации по подсчету геологических запасов нефти и газа объемным методом. Под редакцией В.И. Петерсилье, В.И. Пороскуна, Г.Г. Яценко – Москва- Тверь: ВНИГНИ, НПЦ «Тверьгеофизика», 2003.

## Миграция коллоидов как причина ухудшения проницаемости пористых пород при циклическом нагружении

Е.В. Кожевников* (ФГАОУ ВО ПНИПУ), М.С. Турбаков (ФГАОУ ВО ПНИПУ), Е.П. Рябоконь (ФГАОУ ВО ПНИПУ), З.Г. Иванов (ФГАОУ ВО ПНИПУ), А.Е. Пантелеева (ФГАОУ ВО ПНИПУ)

### Введение

Общепринятой причиной гистерезиса проницаемости при циклическом нагружении является остаточная деформация порового пространства, которая может возникать при любых нагрузках, а также вследствие ползучести [1-4]. Наиболее сильно остаточная деформация проявляется в пластичных породах, содержащих в себе большое количество слабых минералов, таких как разного рода глины [5,6]. В более прочных породах, таких как чистые песчаники с низким содержанием глинистого цемента также наблюдается гистерезис проницаемости, в том числе и при малых изменениях эффективного давления (менее чем на 5 %), при которых пластические деформации мало вероятны, а проницаемость снижается катастрофически [7]. В прочных породах постепенное ухудшение проницаемости наблюдается только во время фильтрации и происходит не по причине уплотнения породы, а из-за миграции коллоидов [8]. Миграция коллоидов внутри пористой среды происходит при закачке жидкости и способствует блокированию поровых каналов и снижению проницаемости.

Всего несколько теоретических [9,10] и экспериментальных [8,11] работ, посвящены совместному влиянию нагружения и миграции коллоидов на проницаемость, тогда как по отдельности эти явления изучаются достаточно подробно. Но если в породе находятся свободные частицы коллоидного размера (которые могли быть образованы естественным путем при формировании пластов, а также могли появиться при бурении, транспортировке и изготовлении), то они с большой вероятностью могут мигрировать при фильтрационных исследованиях керна и снижать кажущуюся проницаемость. Блокирование коллоидами отдельных поровых каналов приводит к их отключению от фильтрации и неверному представлению изменения проницаемости при циклическом нагружении.

На проявление влияния миграции коллоидов на проницаемость влияет не только их наличие, но и их способность к миграции, которая зависит от режимов фильтрации, а также типа флюида. В породах коллоиды прикреплены к стенкам пор за счет электростатических сил. Для того чтобы оторвать частицу к ней нужно приложить сдвиговое усилие, превышающее удерживающую силу. Сдвиговое усилие зависит от скорости течения жидкости, ее вязкости и полярности [12]. Вязкость жидкостей достаточно высока и поэтому миграция коллоидов может происходить при малых расходах, даже с использованием нейтральных по отношению к минералам породы жидкостей. Так как фильтрация керна обычно осуществляется до стабилизации потока или перепада давления, то через керн может быть профильтровано несколько десятков и сотен поровых объемов жидкости и снижение проницаемости может быть существенным.

Кроме жидкостей также для определения проницаемости используют газы – азот, водород и т.д. В отличие от жидкостей газ обладает низкой вязкостью и соответственно меньшей силой для перемещения коллоидов. Однако, при закачке газа гистерезис проницаемости тоже проявляется, и многие авторы делают вывод, что единственной причиной этому является пластические деформации, что вызвано недостатком доказательств о миграции коллоидов. К сожалению, невозможно оценить концентрацию коллоидов на выходе из образца, поэтому убедиться, что на проницаемость оказывает влияние именно миграция коллоидов можно только по косвенным методам. В связи с этим, целью данной работы является экспериментальное доказательство влияния миграции коллоидов на проницаемость кернов при закачке газа и циклическом нагружении. В работе представлена методология, которая минимизирует влияние на проницаемость таких факторов как пластические деформации и реактивное течение.

**Методика исследований**

В работе использовались образцы керна известняка, диаметром 30 мм и длиной 30 мм. Химический состав образцов показан в таблице 1.

***Таблица 1*** – Химический состав матрицы вокруг поры.

| № п/п | Химическое соединение и элементы | Содержание, % |
|---|---|---|
| 1 | $Na_2O$ | 0.16 |
| 2 | MgO | 0.40 |
| 3 | $Al_2O_3$ | 0.00 |
| 4 | $SiO_2$ | 0.29 |
| 5 | $SO_3$ | 0.46 |
| 6 | Cl | 0.06 |
| 7 | $K_2O$ | 0.00 |
| 8 | CaO | 55.09 |
| 9 | FeO | 0.05 |

При микроструктурном анализе образцов керна на поверхности образцов и внутри пор обнаружено большое количество кристаллов различных форм и размеров, которые потенциально могут перемещаться во время фильтрации жидкостей или газов.

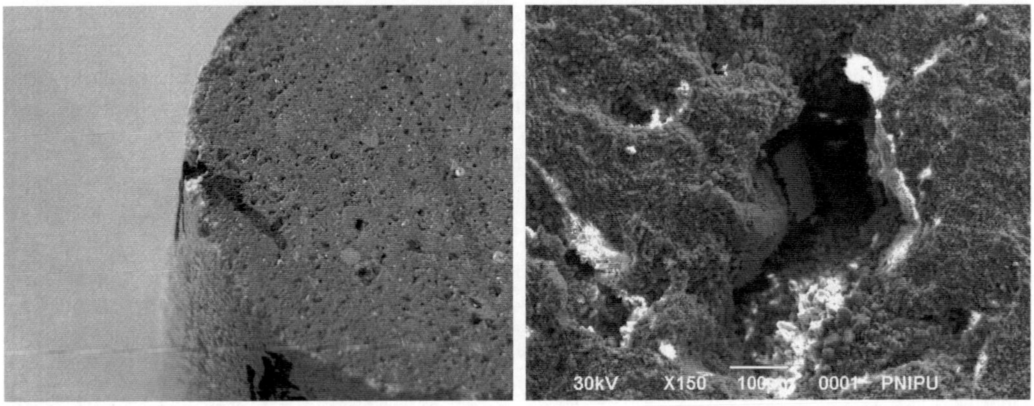


*(а)* *(б)*

***Рисунок 1.*** *Поверхность образца с углеродным напылением (а) и его микрофотография (б) до фильтрации.*

Программа фильтрационных исследований с циклическим давлением обжима и результаты показаны на рисунке 2. Во время фильтрации записывались параметры закачки азота, и мгновенная проницаемость рассчитывалась по формуле Дарси для линейного течения газа. Между циклами фильтрации образцы продувались с повышенным градиентом давления. Продувки выполнялись с целью разрушения внутреннего равновесия и разрушения коллоидных пробок. Продувки косвенно позволяют показать влияние коллоидов на проницаемость в случае значительного изменения проницаемости между циклами.

Из графика (рисунок 2) видно, что прямые продувки между I, II и III циклами не привели к значительным изменениям проницаемости, следовательно влияние коллоидов незначительно. При реверсной продувке между III, IV, V и VI циклами проницаемость изменяется значительно и не соответствует изменению давления обжима. Также отмечается, что несмотря на циклическое изменение давления обжима проницаемость образца в начале последнего цикла имеет значение близкое к исходному. Это свидетельствует о более значительном влиянии миграции коллоидов на проницаемость образца по сравнению с деформациями.

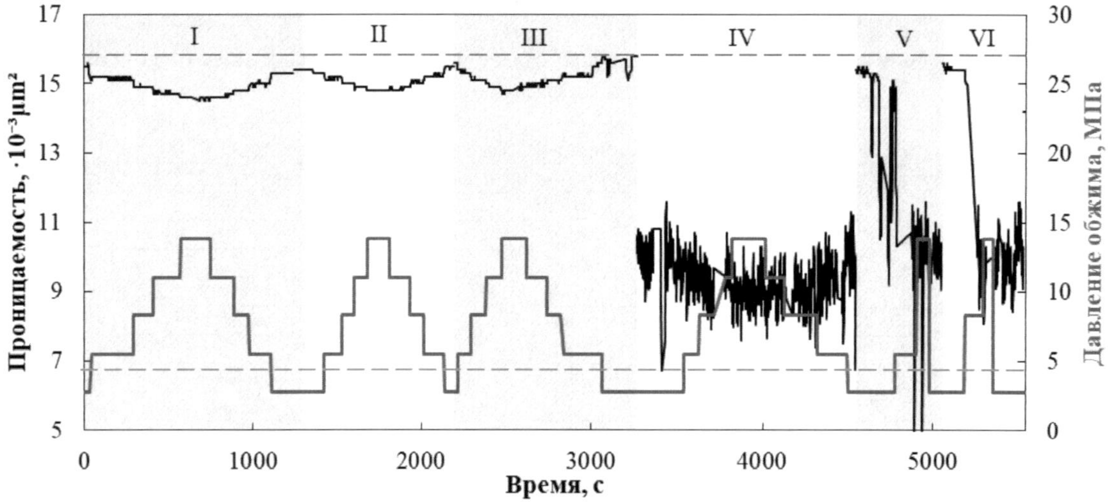


***Рисунок 2.*** *Программа фильтрационных исследований и динамика проницаемости. Давление обжима – голубая линия, проницаемость – черная сплошная линия. Римскими цифрами указан номер цикла.*

Сравнительный анализ микрофотографий поверхностей образцов до и после фильтрации показал отсутствие механических повреждений пор породы. Также отмечаются незначительные изменения на поверхности образцов – перемещение мелких зерен, исчезновение и появление новых частиц (рисунок 3).

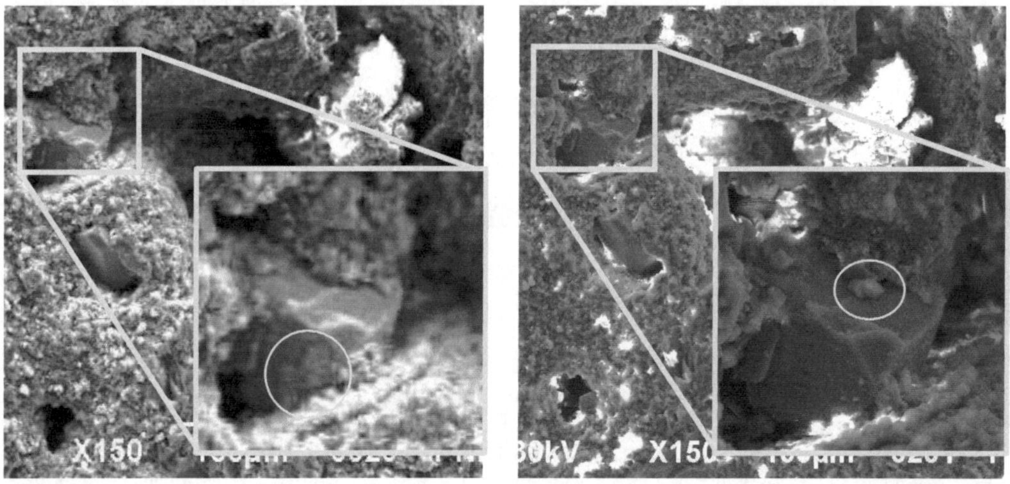


(а) (б)

***Рисунок 3.*** *Микрофотография поверхности образца до фильтрации (а) и после фильтрации (б). Прямоугольниками выделены поверхности с увеличением изображения, кругами – отмечены изменения.*

**Выводы**

В работе представлены результаты фильтрационных исследований керна для оценки вклада миграции коллоидов в кажущуюся проницаемость при циклическом давлении обжима. Установлено, что под нагрузкой кажущаяся проницаемость образцов керна изменяется не только в результате механического уплотнения, но и в результате миграции коллоидов при закачке газа. Методика исследования снижает вероятность возникновения необратимых деформаций и исключает реактивное течение. Миграция коллоидов подтверждается косвенными методами и является единственной причиной изменения кажущейся проницаемости при прямой и обратной закачке.

**Благодарности (на ваше усмотрение)**

Работа выполнена при поддержке гранта РНФ № 23-19-10699, https://rscf.ru/project/23-19-00699/

**Библиография / References**

1. Guzev M, Kozhevnikov E, Turbakov M, Riabokon E, Poplygin V. Experimental Studies of the Influence of Dynamic Loading on the Elastic Properties of Sandstone. Energies. 2020; 13(23):6195. https://doi.org/10.3390/en13236195

2. Riabokon, E., Poplygin, V., Turbakov, M. et al. Nonlinear Young's Modulus of New Red Sandstone: Experimental Studies. Acta Mech. Solida Sin. 34, 989–999 (2021). https://doi.org/10.1007/s10338-021-00298-w

3. Kozhevnikov, E.V.; Turbakov, M.S.; Riabokon, E.P.; Poplygin, V.V. Effect of Effective Pressure on the Permeability of Rocks Based on Well Testing Results. Energies 2021, 14, 2306. https://doi.org/10.3390/en14082306

4. Kozhevnikov E, Riabokon E, Turbakov M. A Model of Reservoir Permeability Evolution during Oil Production. Energies. 2021; 14(9):2695. https://doi.org/10.3390/en14092695

5. Guzev M, Riabokon E, Turbakov M, Kozhevnikov E, Poplygin V. Modelling of the Dynamic Young's Modulus of a Sedimentary Rock Subjected to Nonstationary Loading. Energies. 2020; 13(23):6461. https://doi.org/10.3390/en13236461

6. Riabokon E, Turbakov M, Popov N, Kozhevnikov E, Poplygin V, Guzev M. Study of the Influence of Nonlinear Dynamic Loads on Elastic Modulus of Carbonate Reservoir Rocks. Energies. 2021; 14(24):8559. https://doi.org/10.3390/en14248559

7. Turbakov MS, Kozhevnikov EV, Riabokon EP, Gladkikh EA, Poplygin VV, Guzev MA, Jing H. Permeability Evolution of Porous Sandstone in the Initial Period of Oil Production: Comparison of Well Test and Coreflooding Data. Energies. 2022; 15(17):6137. https://doi.org/10.3390/en15176137

8. Kozhevnikov E. V., Turbakov M. S., Gladkikh E. A., Riabokon E. P., Poplygin V. V., Guzev M. A., Qi C., and Jing H. Colloidal-induced permeability degradation assessment of porous media. Géotechnique Letters 2022 12:3, 217-224. Doi:10.1680/jgele.22.00017

9. Zhai, X., Atefi-Monfared, K. Injection-Induced Poroelastic Response of Porous Media Containing Fine Particles, Incorporating Particle Mobilization, Transport, and Straining. Transp Porous Med 137, 629–650 (2021). https://doi.org/10.1007/s11242-021-01580-8.

10. Zhai, X., & Atefi-Monfared, K. (2021). Production versus injection induced poroelasticity in porous media incorporating fines migration. Journal of Petroleum Science and Engineering, 205, 108953. doi:10.1016/j.petrol.2021.108953.

11. Kozhevnikov EV, Turbakov MS, Gladkikh EA, Riabokon EP, Poplygin VV, Guzev MA, Qi C, Kunitskikh AA. Colloid Migration as a Reason for Porous Sandstone Permeability Degradation during Coreflooding. Energies. 2022; 15(8):2845. https://doi.org/10.3390/en15082845

12. Torkzaban, S., Bradford, S. A., Vanderzalm, J. L., Patterson, B. M., Harris, B., & Prommer, H. (2015). Colloid release and clogging in porous media: Effects of solution ionic strength and flow velocity. Journal of Contaminant Hydrology, 181, 161–171. doi:10.1016/j.jconhyd.2015.06.005

**Влияние нелинейных нагрузок на проницаемость песчаника при фильтрации нефти, содержащей асфальтены и парафины**

Е.П. Рябоконь*(ФГАОУ ВО «ПНИПУ»), Е.А. Гладких (ФГАОУ ВО «ПНИПУ»), М.С. Турбаков (ФГАОУ ВО «ПНИПУ»), Е.В. Кожевников (ФГАОУ ВО «ПНИПУ»), М.А. Гузев (ФГАОУ ВО «ПНИПУ»)

**Введение**

Высокочастотное нагружение позитивно влияет на проницаемость горной породы в присутствии парафинов. Воздействие упругими колебаниями восстанавливает вызванную парафином блокировку проницаемости образцов горных пород [1], аллокситовых дисков [2], удерживает асфальтены в диспергированном состоянии от осаждения на стенках порового пространства пород [3-4], ускоряет очистку рыхлого песка [5], восстанавливает проницаемость образцов искусственного кварца [06] Среди современных исследований распространены двумерные микромодели [7-8]. Микромодели наглядно демонстрируют эффективность волновых обработок в плоской искусственной пористой среде. В то же время в пласте происходит трехмерное течение жидкости, а поровое пространство значительно сложнее. Чтобы оценить влияние ультразвуковых колебаний на изменение проницаемости пород, через которые фильтруется парафиновая нефть, требует создания условий и масштаба, аналогичных скважинным условиям. В соответствии с этими условиями приток парафиновой нефти, поступающий из пласта в добывающую скважину, должен моделироваться совместно с упругими колебаниями, исходящими из скважины и распространяющимися навстречу притоку флюида и проходящим через скелет породы и флюид. Чтобы восполнить пробел между мелкомасштабными исследованиями и натурными наблюдениями проведен эксперимент на стандартном образце керна. Похожая экспериментальная система, но с искусственными образцами керна, была описана в работе [9], где она использовалась для изучения восстановления проницаемости, ухудшенной технологической жидкостью. Попытка создания экспериментальной установки для изучения течения пластового флюида в поле упругих колебаний была предпринята в работе [10]. В настоящей работе создан лабораторный стенд и исследована зависимость проницаемости породы и интенсивности парафиноотложения от ультразвукового воздействия.

**Материалы**

В качестве среды, через которую фильтруется флюид, в исследовании использовались образцы терригенных горных пород (консолидированный песчаник) проницаемостью 0,035 мкм$^2$, 0,117 мкм$^2$ и 0,606 мкм$^2$, приуроченные к визейскому ярусу нижнекаменноугольных отложений. Размер использованных образцов 30 мм в диаметре и 30 мм в длину. Пористость песчаников межзерновая, связана с пустотами между кварцевыми сцементированными зернами, формирующими матрицу горной породы. Горная порода извлечена с глубины 2 км при бурении с отбором керна добывающих скважин на нефтяном месторождении Пермского края. На месторождении наблюдается низкое пластовое давление вблизи скважин (ниже давления насыщения нефти газом), в результате чего дегазирование нефти происходит уже в пласте. Следствием этого также является выделение из нефти парафинов и асфальтенов, которые блокируют горную породу прискважинной зоны пласта при фильтрации нефти в скважину.

В качестве фильтруемой жидкости использована нефть, содержащая парафины и асфальтены, полученная со скважин того же месторождения, что и образцы. Плотность и динамическая вязкость нефти, замеренные при комнатной температуре, составили 836 кг/м$^3$ и 3,3 мПа·с соответственно, что принято расценивать как относительно легкая. Черный цвет нефти свойственен большинству зрелых нефтяных и газонефтяных месторождений нефти Волго-Уральской провинции и связан с наличием в нефти, помимо парафинов, асфальтенов и смол.

**Методы**

Лабораторный стенд представляет собой доработанную систему по заводнению керна AFS-300. Доработка выполнена в части камеры приёма жидкости на выходе из кернодержателя. Втулка устанавливается в кернодержатель и прижимается к образцу горной породы. Втулка является полой и пропускает жидкость, вытекающую из образца горной породы, в камеру. Камера представляет собой полую деталь конической формы и соединяется со втулкой. Камера имеет два патрубка: верхний - для выхода фильтрующейся жидкости в блок противодавления и затем в расходомер, и нижний - для опорожнения камеры. Камера заполняется исходящей из образца жидкостью. Камера имеет с торца герметизирующую крышку. На крышку навинчивается излучатель упругих колебаний. Метод проведения эксперимента заключается в следующем. Вначале фильтруемая через образец горной породы жидкость проходит сквозь образец в камеру, затем из-за относительно большого объема в 600 мл для экономии времени на эксперимент камера вручную дозаполняется той же жидкостью. Далее выполняется фильтрация не менее трех поровых объемов и устанавливается тренд на снижение проницаемости горной породы из-за блокирования парафинами порового пространства образца. Затем для наблюдения эффекта от нелинейной нагрузки во время фильтрации активируется излучатель упругих колебаний. В результате возвратно-поступательного движения элементов излучателя на крышку камеры создается нелинейная нагрузка заданной частоты. Колебания крышки передаются по жидкости, заполняющей конус, сквозь втулку к торцу образца горной породы, после чего колебания далее распространяются через матрицу и жидкость в поровых канала (формируется эффект твёрдого и жидкого поршня. Активация нелинейной нагрузки ведет к изменению проницаемости горной породы.

**Результаты и обсуждение**

В процессе экспериментов выполнен ряд активаций и деактиваций переменной нагрузки. При этом в зависимости от момента времени, когда выполняется активация, эффект от упругих колебаний различен (рисунок 1). При фильтрации нефти, содержащей парафины и асфальтены, проницаемость ухудшается. С момента начала опыта и до его окончания проницаемость снизилась в 6 раз с 0,06 мкм$^2$ до 0,01 мкм$^2$.

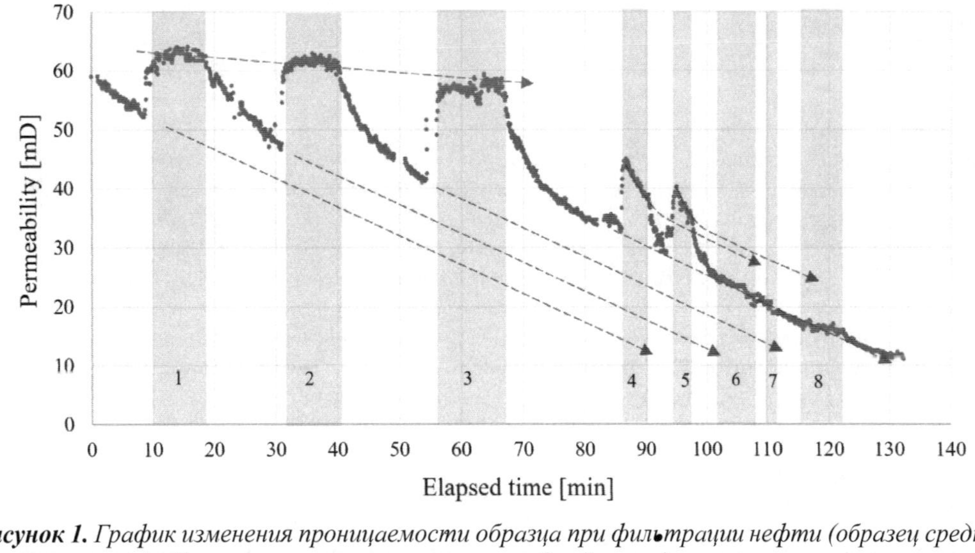


***Рисунок 1.*** *График изменения проницаемости образца при фильтрации нефти (образец средней проницаемости). Красными стрелками показан общий тренд на снижение проницаемости образца в результате блокирования порового пространства. Голубым цветом выделены периоды активации нелинейного воздействия.*

Активация упругих колебаний при фильтрации нефти, содержащей парафины и асфальтены, также способствует восстановлению проницаемости. С точки зрения характера изменения проницаемости при активации упругих колебаний выделяются три эффекта: восстановление проницаемости до некоторого значения, близкого к начальному, и поддержание его на постоянном уровне, снижение проницаемости при фильтрации в поле упругих колебаний и минимальное восстановление проницаемости при волновом воздействии излучателями.

В эксперименте на образце высокопроницаемого песчаника искусственное переменное нагружение сняло большую часть перепада давления (рис. 2a), вызванного блокированием пор, и восстановило проницаемость. В то же время до 110 мин наблюдается небольшой тренд на блокирование пор. Отчетливо наблюдается эффект изменения частоты с 40 кГц на 20 кГц на механизм фильтрации. Комбинируя воздействие на частотах 40 кГц и 20 кГц, достигнуто снижение перепада давления и восстановление проницаемости образца до начального значения в 0,420 **мкм²** (рисунок 2b), хотя в процессе эксперимента проницаемость снижалась до 340 мД.

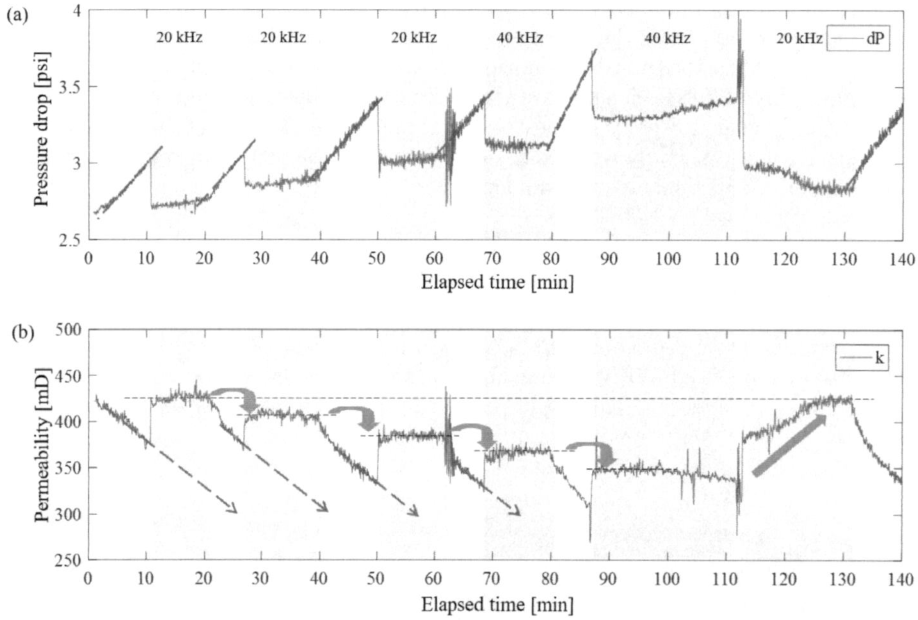


***Рисунок 2.*** *График изменения проницаемости образца при фильтрации нефти, содержащей парафины и асфальтены (образец высокой проницаемости). Красными стрелками показан тренд на снижение проницаемости из-за блокирования парафинами и асфальтенами порового пространства образца, соответствующие фильтрации без воздействия нелинейной нагрузки. В конечном итоге проницаемость удалось восстановить до первоначального значения.*

Переменное нагружение ведет к относительному смещению стенок порового канала и отложений парафинов. Преодолев силовой порог сцепления отложений со стенкой с помощью колебательного ускорения, частицы парафинов и асфальтенов срываются и уносятся (проталкиваются) дальше по каналу потоком нефти.

**Выводы**

Выполнены экспериментальные исследования влияния нелинейного нагружения горной породы на ее проницаемость при фильтрации жидкости. В качестве фильтрующей среды использован отобранный из пласта песчаник трех типов: низкой, средней и высокой проницаемости. В качестве фильтруемого флюида использована парафинистая нефть с того же месторождения. По результатам исследования получены следующие выводы:

1. Воздействие нелинейной нагрузки на горную породу, через которую фильтруется парафинистая нефть, способствует восстановлению коэффициента проницаемости по нефти для образцов средней и высокой проницаемости.

2. В случае необратимого ухудшения части проницаемых каналов, воздействие переменной нагрузкой способствует откладыванию момента блокирования оставшейся части каналов и поддержанию расхода нефти на постоянном уровне.

3. Воздействие переменной нагрузкой не оказывает значимого влияния в случае уже имеющейся сильной блокировки проницаемых каналов, высокой концентрации парафинов или в том случаем, когда размеры парафинов сопоставимы с размерами поровых каналов (горная порода низкой проницаемости).

**Благодарности**

Исследование выполнено за счет гранта Российского научного фонда № 22-19-00447, https://rscf.ru/project/22-19-00447/.

**Библиография / References**

1. Abad-Guerra BP (1976) Methods for restoring productivity to gas wells in the Clinton sand of Ohio: a laboratory and field experiment. Ph.D. thesis, Pennsylvania State University. United States.
2. Tutuncu AN and Joha R (2008) An experimental study for removal of near-wellbore asphaltene deposits using ultrasonics. SEG Technical Program Expanded Abstracts 27(1): 1719–1723, http://dx.doi.org/10.1190/1.3059239
3. Roberts PM, Venkitaraman A and Sharma MM (2000) Ultrasonic removal of organic deposits and polymer-induced formation damage In Proceedings of SPE Drilling and Completion, 15(1): 19–24, http://dx.doi.org/10.2118/62046-PA
4. Bjorndalen N and Islam MR (2004) The effect of microwave and ultrasonic irradiation on crude oil during production with a horizontal well. Journal of Petroleum Science and Engineering 43(3-4): 139–150, http://dx.doi.org/10.1016/j.petrol.2004.01.006
5. Paddock J and Islam MR (1999) A new technique for cleaning horizontal wellbores In Proceedings of Technical Petroleum Conference of the South Saskatchewan Section, http://dx.doi.org/10.2118/99-98
6. Wang Z, Xu Y and Bajracharya S (2015) The comparison of removing plug by ultrasonic wave, chemical deplugging agent and ultrasound-chemical combination deplugging for near-well ultrasonic processing technology. Ultrasonics Sonochemistry 27: 339–344, http://dx.doi.org/10.1016/j.ultsonch.2015.06.002
7. Otumudia E, Hamidi H, Jadhawar P et al. (2022) Effects of reservoir rock pore geometries and ultrasonic parameters on the removal of asphaltene deposition under ultrasonic waves. Ultrasonics Sonochemistry 83: 105949, http://dx.doi.org/10.1016/j.ultsonch.2022.105949
8. Rezaei Dehshibi R, Mohebbi A, Riazi M et al. (2018) Experimental investigation on the effect of ultrasonic waves on reducing asphaltene deposition and improving oil recovery under temperature control. Ultrasonics Sonochemistry 45: 204–212, http://dx.doi.org/10.1016/j.ultsonch.2018.03.023
9. Khan N, Pu C, Li X et al. (2017) Permeability recovery of damaged water sensitive core using ultrasonic waves. Ultrasonics Sonochemistry 38: 381–389, http://dx.doi.org/10.1016/j.ultsonch.2017.03.034
10. Riabokon EP, Kazantsev AL, Gladkikh EA et al. (2022) Development of an experimental set-up for studying the effect of elastic oscillations on fluid flow through rocks IOP Conference Series: Earth and Environmental Science 1021(1): 012016, http://dx.doi.org/10.1088/1755-1315/1021/1/012016 .

# Уточнение геологического строения зонального циклита АС12 южной части Приобского месторождения

А.С. Теплякова (ООО «Газпромнефть НТЦ»), Т.К. Кажмулинов (ООО «Газпромнефть НТЦ»), М.А. Краснопеева (ООО «Газпромнефть НТЦ»)

## Введение

Приобское месторождение – уникальный по размерам и величине запасов нефти объект в Западной Сибири. Является многопластовым и характеризуется сложным геологическим строением, обусловленным литолого-фациальным замещением пород, изменчивостью коллекторских свойств.

Продуктивные горизонты неокомского возраста имеют сложное клиноформное строение и состоят из частого чередования прослоев песчаников, алевролитов и аргиллитов, в основном, малой толщины. Формирование клиноформных тел происходило за счет постепенного бокового заполнения обломочным материалом глубоководного морского бассейна. Особенность этого района – формирование залежей нефти в линзах песчано-алевритистых пород разной протяженности, не контролируемых структурным фактором. Циклит АС12 - это один из самых богатых нефтью резервуар в южной части Приобского месторождения [1].

## Метод:

При изучении строения зонального циклита АС12 южной части Приобского месторождения был применен системный подход: изучение кернового материала, фациальный анализ отложений, анализ сейсмических атрибутов. Целью работы является уточнение геологического строения циклита АС12 для более качественного планирования дальнейшей разработки пластов АС12/1 и АС12/3-5, а также поиска новых залежей на соседних площадях на примере Приобского месторождения.

## Примеры

В составе рассматриваемой толщи выделено два объекта - пласты АС12/3-5 и АС12/1, которые разделяются между собой относительно выдержанными на большей части площади глинами (рис. 1).
В отложениях циклита выделяются несколько условий осадконакопления, где расположены залежи нефти [2] : а - приливно-отливная зона; б - шельфовая лагуна; в – бровка шельфа баровые отложения; г - проксимальная часть глубоководного конуса выноса, подводный береговой склон; д – средняя часть отложений глубоководного конуса выноса.
То есть охвачены все условия осадконакопления на рассматриваемой территории (рис. 1).

Сложное строение отложений пласта АС12/3-5 отражается на динамических характеристиках, по которым опознаются недеформированные участки пласта, осложненные зонами развития оползней и конусов выноса (рис. 2).
Продуктивность пласта АС12/3-5 связана с отложениями разного генезиса: шельфа, склона и глубоководных конусов выноса, что может быть оконтурено на качественном уровне в пределах точности сейсморазведки.
Залежь в районе скв. 608 отделена в самостоятельную залежь от Основной залежи по картам суммарных негативных амплитуд и средних амплитуд, представляющая отложения древнего конуса выноса.

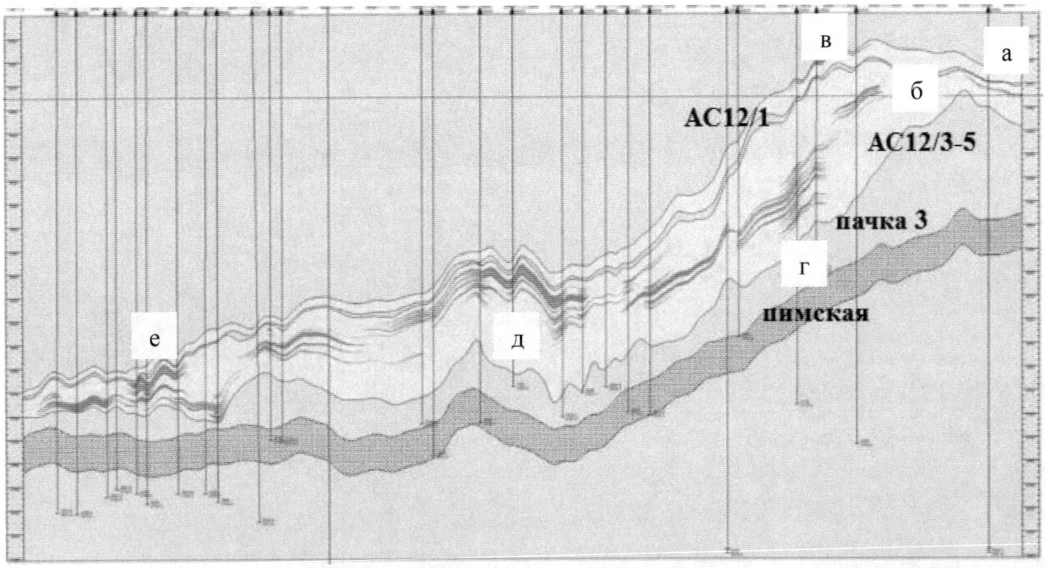


***Рисунок 1.** Схематическое фациальное районирование разреза циклита АС12*

***Рисунок 2.** Динамические атрибуты пласта АС12/3-5*

На количественном уровне найдена корреляционная зависимость эффективных нефтенасыщенных толщин пласта АС12/3-5 для залежи с картой суммарных отрицательных амплитуд, рассчитанных с коэффициентом корреляции 0,66. Полученная прогнозная карта эффективных нефтенасыщенных толщин в дальнейшем использовалась при подсчете запасов в качестве тренда (рис.3).

На качественном уровне по пласту АС12/3-5 по сейсмическим атрибутам оконтурена линза коллекторов в районе скв. 14301 по карте акустического импеданса. Выделенная залежь представляет из себя вдольбереговое баровое тело палеошельфа (рис. 4). Керн представлен неравномерным субгоризонтальным, полого-наклонным переслаиванием алевролита, песчаника и аргиллита, местами биотурбированным. Реже встречается косая слоистость.

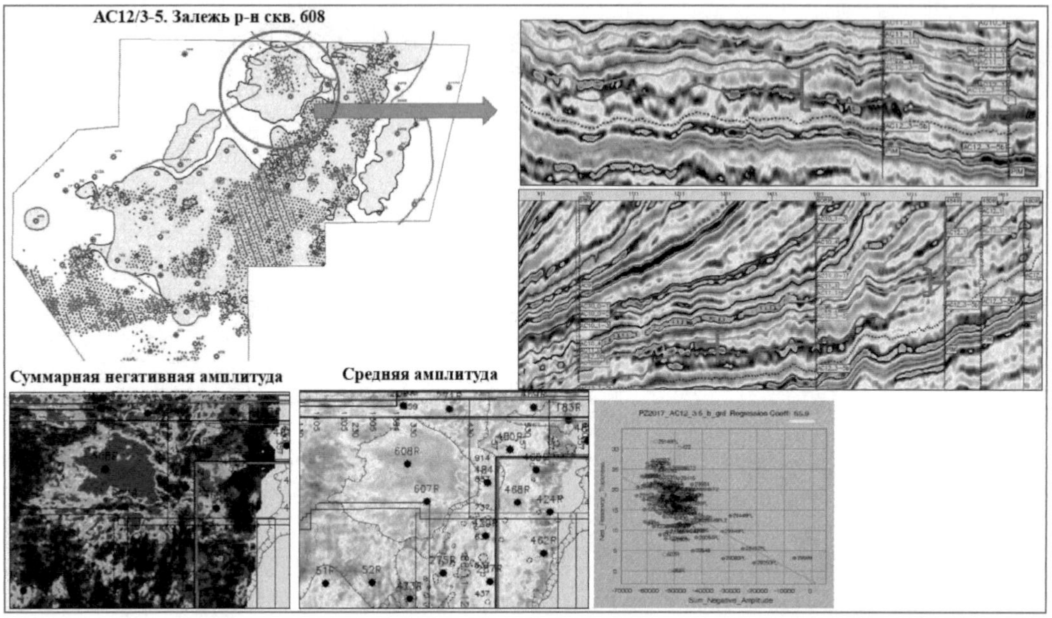


*Рисунок 3. Геологическое строение залежи в р-не скв. 608 пласта АС12/3-5*

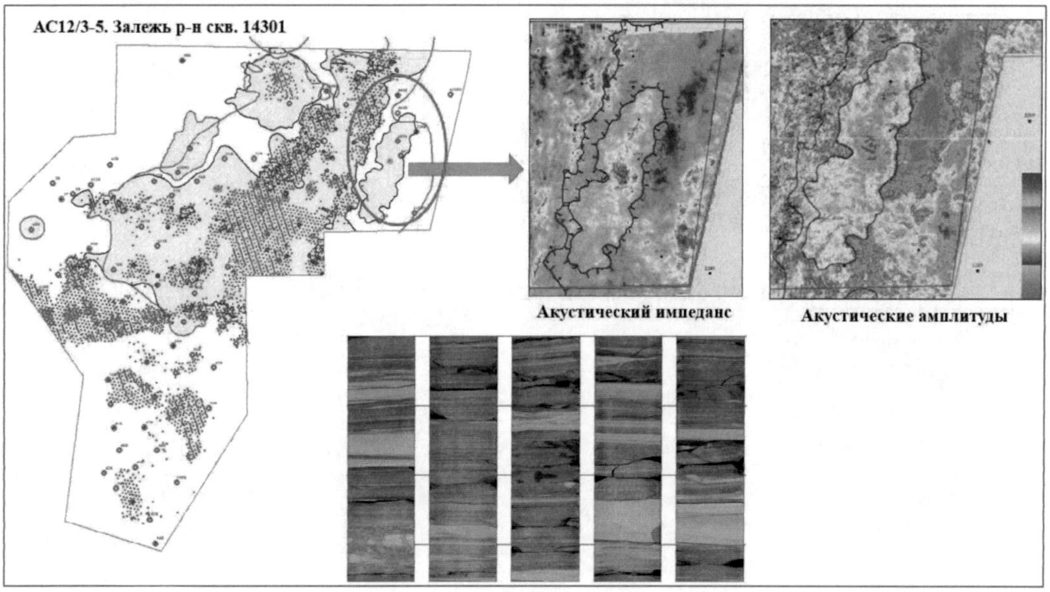


*Рисунок 4. Геологическое строение залежи в р-не скв. 14301 пласта АС12/3-5*

Пласт АС12/1 так же имеет сложное строение. Продуктивен в шельфовой и глубоководной области осадконакопления. На картах динамических характеристик видны зоны развития оползней.

Залежь 2 пласта АС12/1 представляет собой протяженное, вытянутое тело вдольберегового вала палеошельфа. (рис 5). Восточная и западная границы залежи были уточнены на качественном уровне по динамическим атрибутам, их положение установлено по результатам бурения скважин и картам динамических атрибутов. После выделения данной границы, новые скважины ее подтвердили.

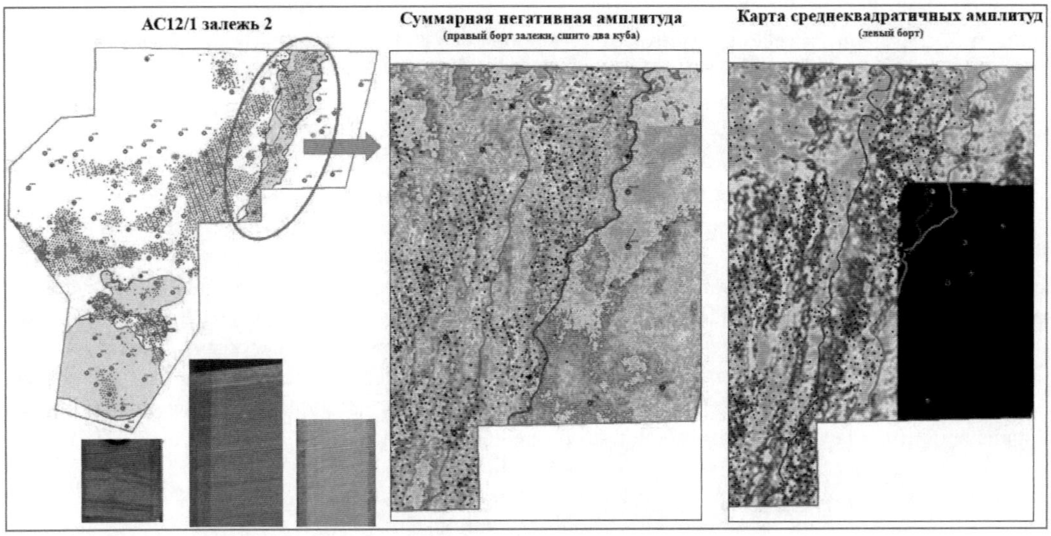


***Рисунок 5.*** *Геологическое строение залежи 2 пласта АС12/1*

**Выводы**

В результате проведенного анализа комплекса данных установлены условия осадконакопления, в которых сформировались продуктивные отложения, уточнено геологическое строение пластов, уточнена геометрия залежей: от Основной залежи пласта АС12/3-5 отделены в самостоятельные две залежи. Залежь в районе скв. 14301 – баровое тело палеошельфа и залежь в р-не скв. 608 – конус выноса. Оконтурена водонасыщенная песчаная линза пласта АС12/3-5, локализованная в оползневом теле. Уточнены границы залежи 2 пласта АС12/1, нашедшие подтверждение последующим бурением.

**Благодарности**

Авторы выражают свою благодарность коллеге Предеину Сергею Александровичу за экспертную поддержку при написании статьи.

**Библиография / References**

1. Пересчет геологических запасов нефти, растворенного газа, сопутствующих компонентов Южной части Приобского нефтяного месторождения, ООО «Газпромнефть НТЦ», Тюмень, 2020 г.
2. Мизенс Г.А. Отложения глубоководных бассейнов геологического прошлого. Учебно-методическое пособие, Уральский государственный горный университет, Екатеринбург, 2005г

**Прирост информации из сейсмических данных в процессе реализации проектов разработки.**

В.Ю. Овечкина* (ООО «Газпромнефть НТЦ»)

**Введение**

На примере одного из «долгоживущих», находящихся в активной разработке более 10 лет, месторождений Западной Сибири, рассмотрим характер и особенности сейсмогеологического мониторинга во времени. С приростом геологической информации и появлением новых технологий на различных этапах изучения и разработки меняется отношение к оценке параметров коллектора с тенденцией к приобщению в работу все более «тризовых» т.е. маломощных, со свойствами на грани экономической успешности добычи, пластов. С повсеместным вводом горизонтального бурения и применением технологий гидроразрыва пласта, ограничения по пористости и проницаемости становятся менее жесткими. Определяющим остается наличие в коллекторе желаемого флюида, в нашем случае, нефти.

Наиболее литологически контрастные перспективные объекты выявлены и закартированы на этапе ГРР. Далее разбурены с разной степенью успешности. /2/

Менее контрастные, в связи с малыми эффективными толщинами и ухудшенными ФЕС объекты, становятся рентабельными в случае площадной локализации. Получение площадных границ распространения коллекторских разностей, значения эффективных толщин которых находятся в диапазоне первых метров, лежит в зоне ожиданий от данных сейсмики. Но возможности сейсмики не безграничны, существуют реальные физические ограничения метода как по латерали, так и по вертикали. /3/

В процессе активной разработки месторождения, для эффективной реализации проектов необходим мониторинговый анализ. Это фактически, переход от масштаба месторождения к масштабу мини-проектов управления рисками. С уровня месторождения пошагово переходим на уровень пласта, далее на уровень локального объекта. Конечная цель - успешная скважина (группа горизонтальных стволов). (рис.**1**)

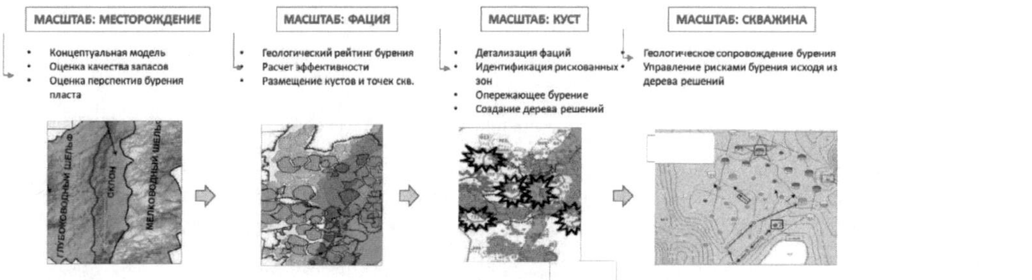


***Рисунок 1.*** *Планирование и сопровождение бурения – создание мини-проектов управления рисками.*

**Метод (и/или Теория)**

Если сейсмические данные и стратификация на площади не менялись, т.е., пласты для разработки те же, что и в начальной стадии изучения месторождения, то и с атрибутами ничего значимого произойти не должно. Интервалы для определения атрибутов пластов и математика при расчете атрибутов за время разработки не менялись.

Площадные атрибуты при соблюдении ряда условий (пласты значимые по мощности (Ноб не менее 10-15м), коллектор не спорадический (не точечного распространения) и в объемах сопоставимых с сейсмическими величинами (Нэфф >= 5м условно монолитной пачки) характеризуют закономерности распространения коллектора по площади и являются основой для концептуальных геологических представлений о формировании месторождения. (рис.2,3)

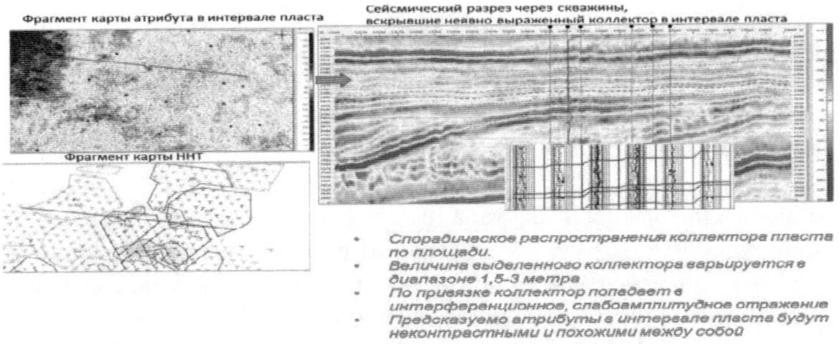


***Рисунок 2.*** *Пример неоптимальных условий для получения площадных трендов распространения коллектора.*

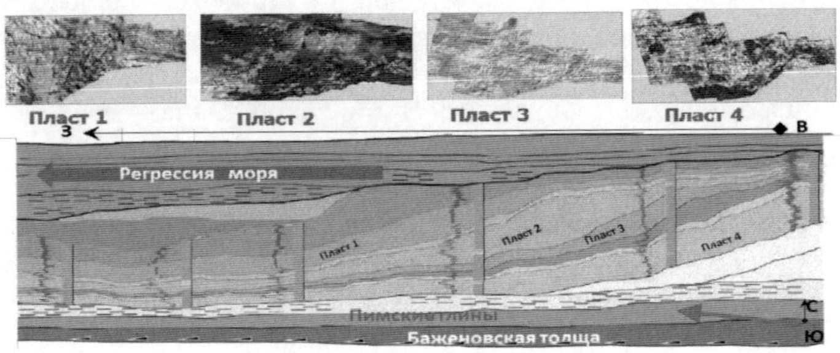


***Рисунок 3.*** *Принципиальная схема геологического строения месторождения. Карты атрибутов по перспективным пластам разреза.*

После вышеописанного можно ставить точку и использовать полученные атрибуты в качестве базовых данных. Т.е. при бурении новых скважин калибровать полученную информацию (Ноб, Нэфф) на трендовые значения. Насыщение в целом не предмет изучения сейсмики.
Но, с поступлением новой информации (как частный случай, эксплуатационное бурение в краевые зоны литологических объектов с невыдержанными толщинами пластов), проявляется недовольство сейсмическими атрибутами, как входными данными для получения уверенных прогнозных трендов распространения искомого параметра (Нэфф). С чем это может быть связано? И как можно повлиять на ситуацию?

Рассмотрим возможные причины:

-исходные (базовые) карты прогнозного параметра получены на этапе, когда скважин по площади было не много (разведочные и опорно-параметрические) и бурились они с целью подтверждения депоцентров развития коллектора в изучаемых пластах при литологическом типе залежей, либо в купола антиклинальных поднятий при структурном типе. КК в таких случаях ожидаемо весьма высок. При разбуривании выявленных явных литологических объектов и переходе от депоцентрических к дистальным зонам мы сталкиваемся с проблемой сейсмического разрешения. /3/ Прогнозировать дистальные зоны с применением классического атрибутного анализа получается не эффективно по ряду причин:

- вся мощность пласта «ложится» в один экстремум, что влияет на контрастность получаемых атрибутов (преимущественно шельфовые зоны развития коллектора) (рис.2)
- проблема литологической неоднородности внутреннего строения стратиграфически ограниченного пласта. (преимущественно склоновые зоны развития коллектора)

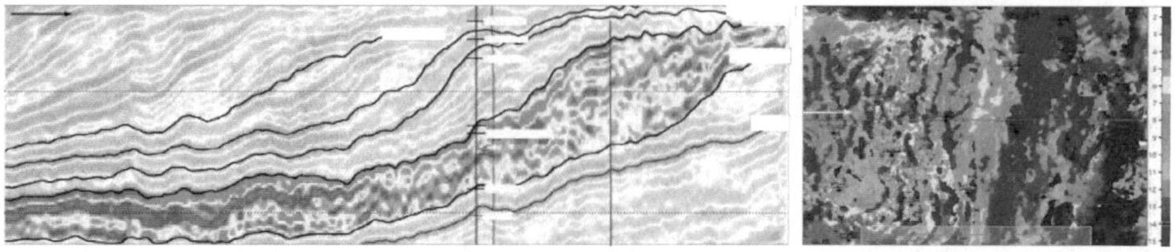

***Рисунок 3.*** *Внутреннее строения стратиграфически ограниченного пласта. Карта атрибута, рассчитанного в стратиграфических границах пласта.*

Очевидно необходим учет геоморфологического фактора. Шельф, склон и подножье (при наличие данных элементов на площади) лучше разделить на площадные зоны распространения и подавать на сравнение изначально сопоставимые величины (атрибуты в полигоне развития моносиквенционных отложений и данные по скважинам, вскрывшим эти отложения).

- изменение петрофизической модели. Это отдельная тема (выбор «отсечек»- граничных значений параметров, определяющих вероятность наличия коллектора и его свойств), весьма существенно влияющая на изменение КК при неизменном атрибуте. Изменение петрофизической модели вполне обоснованно при долговременной разработке месторождения. В ходе прироста информации параметры, взятые с площади - аналога меняются на параметры, характерные только для этого, конкретного месторождения. НО, в таком случае необходим пересмотр всего фонда скважин (в том числе и «старого фонда») для создания модели логично - геологичного распределения параметров, а не карты ННТ в «горошек» когда, «старые» скважины оставлены в старом видении, а новые в новом.

Варианты учета озвученных проблем:

Решение проблемы картирования маломощных коллекторов с учетом сейсмических данных непосредственно увязано с физическими ограничениями метода. При параметрах изучаемого пласта Ноб <20м, Нэфф <5м, и скоростных характеристиках данного типа разреза, временная мощность пласта составляет около 10-12мс, что менее временной мощности одного экстремума. Таким образом результат выделения данного вида коллекторов зависит от точности привязки кровли пласта/коллектора, консолидированности песчаных поропластков в разрезе и, как следствие, их контрастности в волновом поле.

Неоднородность внутреннего строения стратиграфически ограниченного интервала пласта обусловлена последовательностью процессов, приведших к формированию коллекторов сложного строения. Прогнозировать площадное распределение каждого из элементов коллектора в разрезе можно только опираясь на сейсмические данные. Так как межскважинная корреляция в переменной терригенной толще без сейсмической подложки может быть не очевидна и ошибочна. (рис.4)

При достаточно мощных стратиграфических толщинах пластов с разновысокой локацией коллектора по вертикали хорошо отрабатывает приём создания условных поверхностей, позволяющих локализовать коллекторские разности в объеме. Данные поверхности не несут геологической нагрузки и актуальны только на определенном участке. При этом атрибуты, полученные с их использованием, в большинстве случаев значительно детальнее суммарных атрибутов для всего интервала пласта.

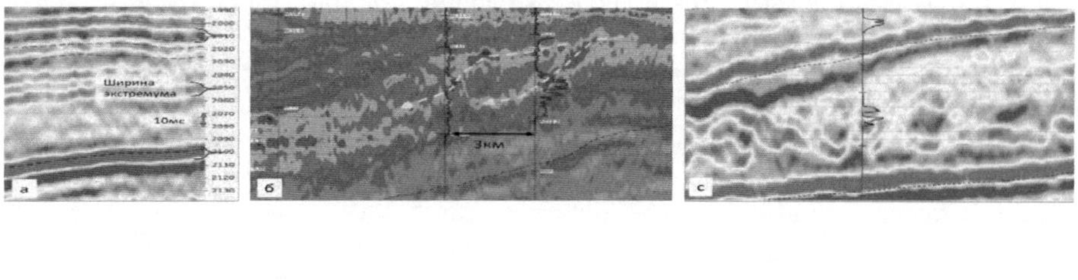

*Рисунок 4.* *Примеры волнового поля для пластов различного генезиса. а) фрагмент разреза в шельфовой части пласта, б) фрагмент разреза склоновой части пласта, в) фрагмент разреза вдоль оползневого тела*

**Выводы**

«Потерянные» аномальные участки в интервалах пластов, не охарактеризованных бурением, при работах ГРР, не являются критерием качества выполненных работ. С учетом объемов, задач и сроков, которые стоят перед исполнителями, результаты работ ГРР в большинстве случаев соответствуют проделанной работе и используются в качестве базовых данных для планирования разработки. Далее начинается работа в рамках мониторингового анализа:

- учет всех скважин окружения на момент анализа, включая горизонтальные, изменение площадного масштаба анализа до размеров 1-3 куста, использование технологий и методов динамического анализа для локальных интервалов развития коллектора в стратиграфическом объеме (при возможности),

- пересмотр потенциально перспективных интервалов с эффективными толщинами 2-5 метров, ранее по различным причинам отнесенных к нерентабельным, пересмотр РИГИС,

- калибровка на актуальное бурение и как приз – «пропущенные» литологические объекты, которые являются весьма значимыми при современных технологиях добычи.

Основная цель сейсмогеологического мониторинга–максимально достоверный прогноз наличия коллектора и его площадного распространения, размещение скважин в оптимальных условиях, с учетом геологических особенностей и технических ограничений, для обеспечения наиболее полной выработки извлекаемых запасов нефти рассматриваемого объекта разработки, и достижения максимальной продуктивности скважины.

**Библиография**

1. Козлов Е. А., «Построение сейсмических изображений геологической среды: чего хотим и что имеем». Москва, Семинар EAGE, 18.02.2009

2. Ольнева Т.В., Овечкина В.В., Каранов В.В. «Сейсмовидение геологических процессов и явлений: подводные конусы выноса» – Геофизика №6, 2015, 8-13с

3. Пьянков А.А. «Разрешенность сейсмических данных. Геология и нефтегазоносность Западно-Сибирского мегабассейна.» – т.II.материалы конф. – Тюмень: ТГНГУ, 2012. 84-87с.

1990г

**References**

1. Kozlov E. A., «Postroenie sejsmicheskih izobragenij geologicheskoj sredy: chego hotim I chto imeem».[« Creation of seismic images of geologic medium: what we want and what we get »] Moskva, Seminar EAGE, 18.02.2009

2. Olneva T.V., Ovechkina V.U., Karanov V.V. «Sejsmovidenie geologicheskih processov i javlenij: podvodnye konusu vynosa» [«Seismic facies analysis range of possibilities for the study of submarine fan »] – Geofizika №6, 2015, 8-13c

3. Pyankov A.A. «Razreshonnost sejsmicheskih dannyh. Geologija i neftegazonosnost Zapadno-Sibirskogo megabassejna.» [«The resolution of seismic data. Geology and petroleum potential of the West Siberian megabasin »] – т.II.materialy konf. – Tumen: TGNGY, 2012. 84-87p.

**Геологическое строение и особенности разбуривания оползневых отложений неокомских клиноформенных комплексов**

И. А. Курасов* (ТКШ), Д. А. Романов (ТКШ), К. А. Хасанова (ТКШ), М. Толкачев (ТКШ), К. В. Крейнина (ТКШ)

**Введение**

Бурение и разработка оползневых неокомских клиноформенных комплексов осуществляется в очень сложных геологических условиях – общепринятые сейсмические атрибуты не предоставляют достаточной детальности и не всегда отражают геологические особенности с достаточной степенью детальности, что может приводить к неподтверждению геологической модели бурением, а именно некорректному распределению коллектора по разрезу.

Неравномерное распределение коллектора в них связано со следующими особенностями геологического строения и условий формирования данных отложений: осадконакопление на склоне и в глубоководной части бассейна; широкое развитие гравитационных процессов, которые привели к образованию подводных оползней с различной степенью сохранности изначального напластования пород в зависимости от удаленности от бровки шельфа и начала склона.

**Метод (и/или Теория)**

Решение этой проблемы заключается в подготовке корректной концептуальной и детальной геологической моделей.

В районе исследований области с наиболее выдержанным по площади и мощным коллектором (до 35–40 м) приурочены к складкам оползневых тел шириной 300–500 м и длиной до 4-5 км, отделенными друг от друга сопоставимыми по ширине и длине участками, в которых коллектор либо отсутствует, либо характеризуется минимальными толщинами (рисунок 1).

Формирование оползня происходит не одновременно, а в несколько этапов, начинаясь, как одно из движений осадочных масс в области, граничащей со склоном и наиболее предрасположенной к гравитационным процессам. Изначальное оползание пород, в свою очередь, приводит к дальнейшей деконструкции и дестабилизации прилегающих областей в сторону верхней части склона и шельфа. Каждое оползание приводит к череде последующих, меньших по масштабу и охвату стратиграфических уровней. Последовательность гравитационных процессов возможно установить и определить по четко выраженному шраму оползания (рисунок 2).

В пределах оползня с точки зрения распространения коллектора следует выделить две основные зоны:

- зона оползания с сохранением изначальной структуры и текстуры отложений, расположенная в верхней части оползня вблизи шельфа.
- зона оползания с разрушением изначальной структуры, а также формирования в заключительной части на дне бассейна подводных дебрис флоу и турбидитов.

Для первой зоны характерны процессы растяжения и сбросы, для наиболее дальней части оползня – процессы сжатия и образования взбросов и надвигов, характеризующихся наименьшей мощностью коллектора и его максимальной латеральной и вертикальной неоднородностью.

Таким образом, выделяют несколько характерных видов блоков отложений относительно их положения в теле оползня: проксимальные, медиальные и дистальные. Коллектор приурочен к проксимальным и медиальным блокам, что подтверждается скважинными данными и данными сейсморазведки 3Д (рисунок 3).

Для детального анализа данных сейсморазведки 3Д использовалась технология eXchromaSG, позволяющая получить высокоразрешающую 3Д среду для интерпретации строения недр, подобно процессу интерпретации поверхности земли по спутниковым снимкам. Данная технология изначально разрабатывалась НАСА для обработки космоснимков.

eXchromaSG позволяет получить более детальную геологическую картину при меньших временных затратах, а также позволяет картировать геологические тела по латерали и вертикали более детально, чем по атрибутам.

В скважинах коллектор оползневого генезиса характеризуется характерными резкими горизонтальными границами в подошве и кровле, что наблюдается как на месторождениях в Западно-Сибирском нефтегазоносном бассейне, так и в разновозрастных отложениях по всему миру – от верхнеюрских оползневых песчаников в Антарктике до эоценовых песчаных оползневых отложений в Северном море.

**Примеры**

На рисунке 1. показаны концептуальная модель оползня по данным различных авторов, его вид по срезу сейсмического куба после хроматической обработки eXchromaSG и наложенные контуры эффективных толщин на сейсмическом срезе, которые приурочены к оползневым телам, врезанным в отложения предыдущего сиквенса.

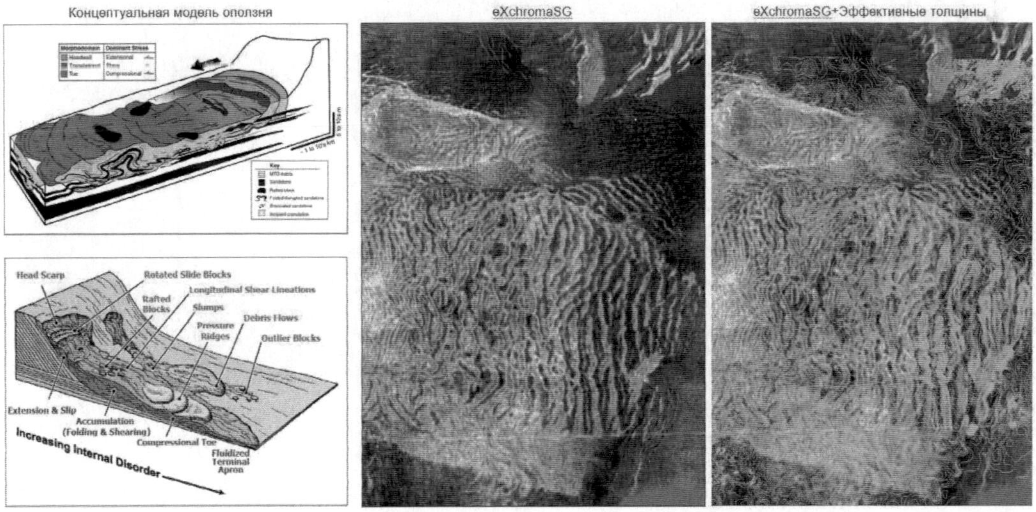


***Рисунок 1.*** *Концептуальная геологическая модель оползня, его вид по атрибуту eXchromaSG и наложенные контуры эффективных толщин на атрибуте eXchromaSG (Cardona, 2020).*

На рисунке 2 показаны концептуальная модель развития основного шрама оползания и его отображение на данных сейсморазведки 3Д.

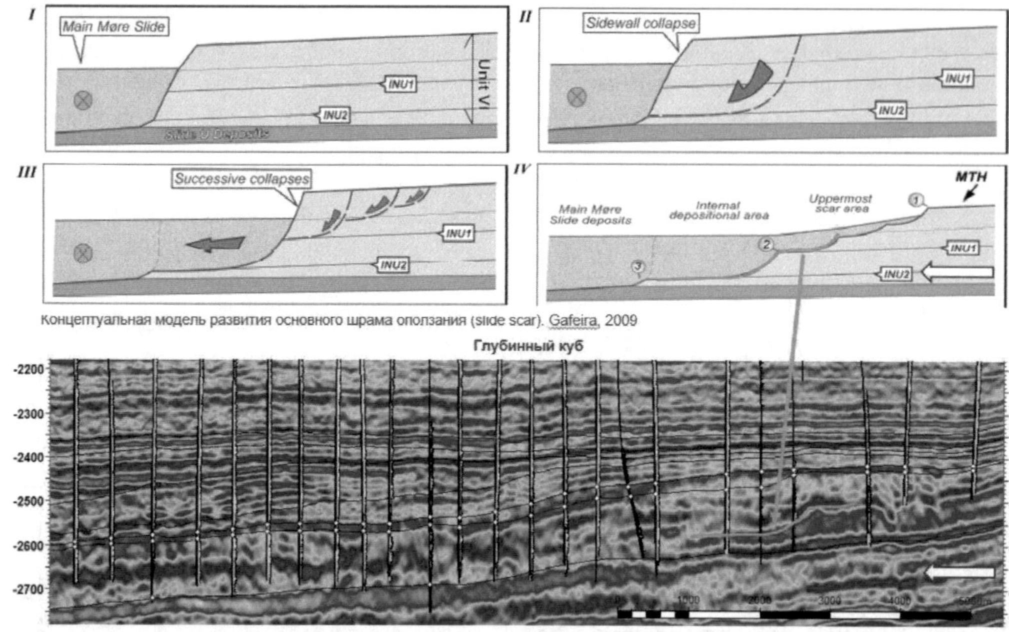


***Рисунок 2.*** *Концептуальная модель развития основного шрама оползания и его отображение на данных сейсморазведки 3Д (Gafeira, 2009).*

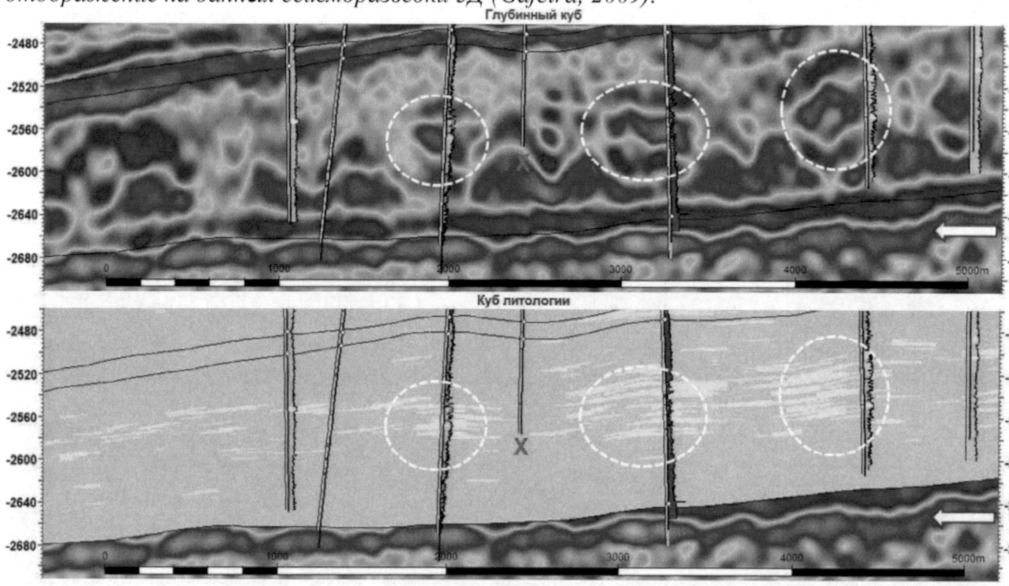


***Рисунок 3.*** *Расположение коллектора по сейсмическим и скважинным данным в оползневых блоках, четко выделяющихся по данным сейсморазведки 3Д.*

На рисунке 3 отображено распространение коллектора на глубинном сейсмическом кубе и кубе литологии, а также его приуроченность к оползневым блокам, выраженным в сейсмическом поле яркими положительными отражениями.

Скважины, пробуренные за пределами данных блоков, либо не вскрывают коллектор, либо вскрывают его минимальные толщины.

**Выводы**

В результате проведенных работ построена детальная сейсмогеологическая модель, которая подтверждена бурением.

Для каждой из зон оползневых тел проведена оценка рисков.

На основании выполненных работ скорректирована сетка добывающего фонда скважин, что позволяет проектировать скважины с максимальной эффективностью и обеспечивается максимальная эффективная проходка скважин со стартовыми дебитами более 100 т/сут.

Оптимальной с точки зрения разработки является привязка скважин к оползневым блокам с максимальными толщинами, которые характеризуются в сейсмическом поле яркими положительными отражениями.

Рекомендуется закладывать скважины поперек оползневого тела, при наличии такой возможности исходя из схемы разработки, направления регионального стресса и расположения рядов скважин ППД. Боковые стволы с длиной горизонтального ствола 300 м, пробуренные поперек оползневого тела, дают сопоставимые показатели добычи, что и горизонтальные скважины с длиной ствола 1000 м, пробуренные вдоль одного или несколько блоков оползня – около 2000 т/месяц на протяжении первых 6–12 месяцев работы скважины.

При имеющихся ограничениях требуется оптимизация расположения проектного фонда между рядами скважин ППД.

**Благодарности**

Авторы выражают благодарность сотрудникам ООО «Газпромнефть-Хантос» (И.Л. Каюмов, С.А. Халилов, А.В. Леонов, Д.С. Бегма, Р.Р. Зубайдуллин, Д.В. Бажин, Р.К. Халиков) за предоставленные материалы и разрешение их публикации.

**Библиография / References**

1. Bhatnagar B., Verma S., (2018). Geomorphologic Character of an Upper Leonardian Mass Transport Deposit, Midland Basin: Insights from 3D Seismic Data. The University of Texas Permian Basin, 2018
2. Cardona S., Wood L.J., Dugan B., Jobe Z, Strachan L.J., (2020). Characterization of the Rapanui mass-transport deposit and the basal shear zone: Mount Messenger Formation, Taranaki Basin, New Zealand. Sedimentology, the journal of the international association of sedimentologists, Volume 67, Issue 4, June 2020.
3. Gafeira J., (2009). Submarine mass movement processes on the North Sea Fan as interpreted from the 3D seismic data – The University of Edinburgh
4. Posamentier H.W., (2017). Seismic Stratigraphy and Geomorphology – The Next Frontier 21st Century Reservoir Characterization. American Association of Petroleum Geologists (AAPG) South West Section (SWS) Bill Hailey short course.
5. Scarselli N., (2020) Regional Geology and Tectonics (Second Edition), Volume 1: Principles of Geologic Analysis. Chapter 16 - Submarine landslides – architecture, controlling factors and environments. A summary. Pages 417–439
6. Shanmugam, G., (2022). 150 Years (1872-2022) of research on deep-water processes, deposits, settings, triggers, and deformation: A difficult domain of progress, dichotomy, diversion, omission, and groupthink. Keynote Lecture. 5th International Conference on Palaeogeography. May 14, Saturday, 9:50-10:20 AM (Beijing Time), 2022, Wuhan, China. 108.

Геомодель

## Нефтегазоносность ачимовских отложений на территории Широтного Приобья. Поисковые факторы и морфология ловушек

И.А. Пешкова*(Филиал ООО «ЛУКОЙЛ-Инжиниринг» «КогалымНИПИнефть» в г. Тюмени), Е.Н. Смородин (Филиал ООО «ЛУКОЙЛ-Инжиниринг» «КогалымНИПИнефть» в г. Тюмени), Е.А. Яневиц (Филиал ООО «ЛУКОЙЛ-Инжиниринг» «КогалымНИПИнефть» в г. Тюмени)

### Введение

Вопрос о прогнозе и поиске залежей УВ в ачимовских отложениях на сегодняшний день остается актуальным. Совершенно очевидно, что дальнейший основной прирост запасов и добыча УВ возможна за счет данного комплекса. В то же время, ачимовский комплекс является весьма сложным по своему строению и условиям формирования. К настоящему времени на территории Широтного Приобья выявлены залежи: структурного, неструктурного, условно структурного, литологического и литостратиграфического типов. Выявление закономерностей в распространении нефтегазоносности ачимовских отложений является актуальной задачей как при освоении уже открытых залежей, так и при поиске новых. Решение этого вопроса позволяет снизить риски геологоразведки, а также на основе установленных критериев осуществлять прогноз поиска перспективных объектов.

На примере ряда месторождений Нижневартовского района выполнен анализ взаимосвязи ряда факторов: структурно-тектонический (тектонические нарушения, наличие залежей в вышележащих шельфовых и нижележащих юрских пластах, наличие АРБС) и седиментологический, связанный с распространением пластов-коллекторов по площади и разрезу внутри ачимовской толщи.

### Региональные факторы нефтегазоносности (структурно-тектонический аспект)

Рассматриваемый район включает в себя отложения двух клиноформ: тагринской и самотлорской (Рисунок 1). Тагринский клиноформный комплекс расположен в восточной части территории, покрышкой комплекса служат глины самотлорской пачки. Отмечаются области увеличенных общих толщин как в ачимовской части, так и в шельфовой, что предполагает наличие крупной авандельтовой системы с формирующими ее депоцентрами. С запада к конусам выноса примыкают зоны распространения аномального строения баженовской свиты (АРБС). Самотлорский клиноформный комплекс распространен на всей территории исследований. Покрышкой служат урьевские глины. По аналогии с тагринским, в этом комплексе так же выделяются депоцентры осадконакоплений, условно разделяемые областями пониженных общих мощностей.

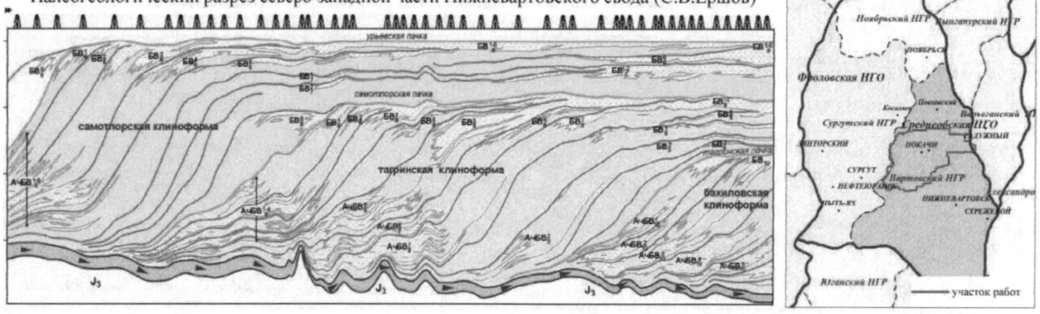


***Рисунок 1.*** *Положение участка* исследования *в разрезе неокома и на схеме нефтегеологического районирования*

В пределах региональной территории исследований находится 19 месторождений с установленной продуктивностью в ачимовской толще. В анализ были включены такие факторы как: наличие в пределах установленных месторождений нарушений по ОГ Б и ОГ А, залежи в шельфовых пластах группы БВ и верхнеюрских пластах ЮВ$_1$, наличие АРБС и залежей в нем, а также удельные геологические запасы (тыс.т. нефти/км$^2$). Распределение перечисленных факторов по месторождениям приведено на рисунке 2. На основании анализа гистограммы можно сделать следующие выводы: наличие залежей в ачимовских отложениях четко коррелируется с тектоническими нарушениями (флексурными перегибами) по ОГ А (100% совпадение), наличием залежей нефти в пласте ЮВ$_1$ (95%), наличием залежей в шельфовой части разреза (89%), развитием АРБС и тектоническими нарушениями по ОГ Б (74%).

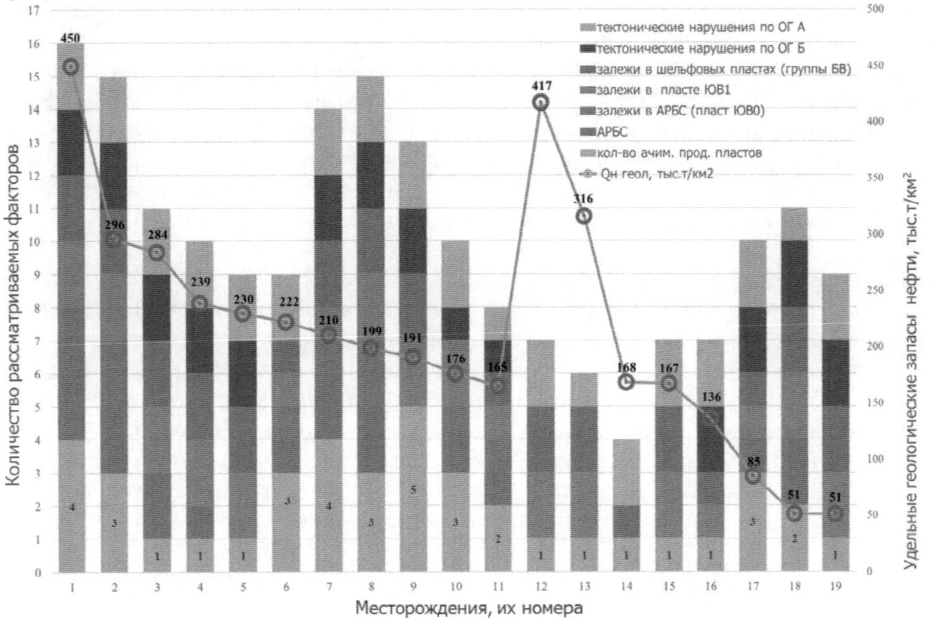


***Рисунок 2.*** *Гистограмма распределения продуктивности ачимовской толщи в зависимости от различных геологических факторов*

Следует отметить, что значения плотности запасов для месторождений №12 и №13 выбиваются из общего тренда. В настоящий момент оба месторождения находятся на разведочной стадии, сейсморазведочные работы 3D на их территории не выполнялись. Перечисленные факты могут свидетельствовать о текущей некорректной оценке запасов в пластах ачимовской толщи. Далее был выполнен поиск зависимостей плотности запасов нефти в ачимовской толще от площади распространения АРБС, количества продуктивных пластов и высоты структуры по ОГ А. Ни с одним из перечисленных факторов корреляции не установлено.

**Влияние тектонических процессов на формирование залежей в ачимовских отложениях на примере зонального проекта создания СГМ (1200 км$^2$)**

В непосредственной близости от участка работ СРР 3D отмечается проявление сдвиговой тектоники. Площадь работ располагается в границах региональных геоблоков, где прослеживается серия крупных региональных разломов. В основном, тектонические нарушения контролируют сводовые части локальных поднятий, определяя их тектонический генезис. В целом их можно разделить на основные, оперяющие и затрагивающие зону АРБС. Интерес для дальнейшего исследования представляют разломы, которые прослеживаются в доюрском, юрском интервалах разреза. Высокоамплитудные тектонические нарушения проникают в вышележащую нижненеокомскую толщу разреза, постепенно затухая в интервале ачимовских отложений. Несмотря на это, тектоника оказывала влияние на формирование залежей. Высокоамплитудные разломы могли быть как путями транспортировки флюидов, проводниками тепла, а также экранами.

**Локальные исследования (седиментологические факторы)**

В пределах участка зонального проекта, расположенного на востоке территории, были выполнены детальные исследования ачимовских конусов выноса (Рисунок 3). Применение сиквенс-стратиграфического подхода позволило выделить ассоциации фаций, характеризующие определенные этапы развития бассейна седиментации. Каждая из фациальных групп (пластов Ач) обладает своими особенностями формирования, и, как следствие, закономерностями развития песчаных тел. Создание тектонической модели участка работ опиралось на данные о региональной истории тектонического развития территории. Основные разломы сравнивались с направлениями региональных стрессов. Использование динамической интерпретации сейсморазведочных работ 3D на качественном уровне осуществлялось, в том числе, путем выделения контрастных объектов, ассоциируемых с конусами выноса. Выделенные конусы выноса, в зависимости от условий осадконакопления, были разделены на группы: глинистые, песчано-глинистые и песчаные. Далее объекты сравнивались с фактическими данными по скважинам – определение фаций по каротажу (в т.ч. анализ эффективных мощностей, Кп, Кпр), керну (диагностика фациальных обстановок и характерных для них фаций).

В пределах участка зонального проекта ачимовский комплекс разделен на три пласта: $Ач_1$, $Ач_2$ и $Ач_3$. Самый ранний пласт $Ач_3$ развит на всей территории исследований. Представлен покровными отложениями донных конусов выноса нижнего системного тракта (LST). Мощности достигают порядка 100 м и более. Среднее значения пористости в коллекторах составляет 16%, проницаемости 2,4 мД. Большие эффективные мощности пласта наравне с низкими ФЕС предопределены быстрым лавинным заполнением бассейна, при котором огромное количество материала, сносимого с шельфа, не успевало перерабатываться и перекрывалось новой порцией осадков. В покровных отложениях пласта $Ач_3$ перспективные объекты, в первую очередь, будут контролироваться структурным фактором.

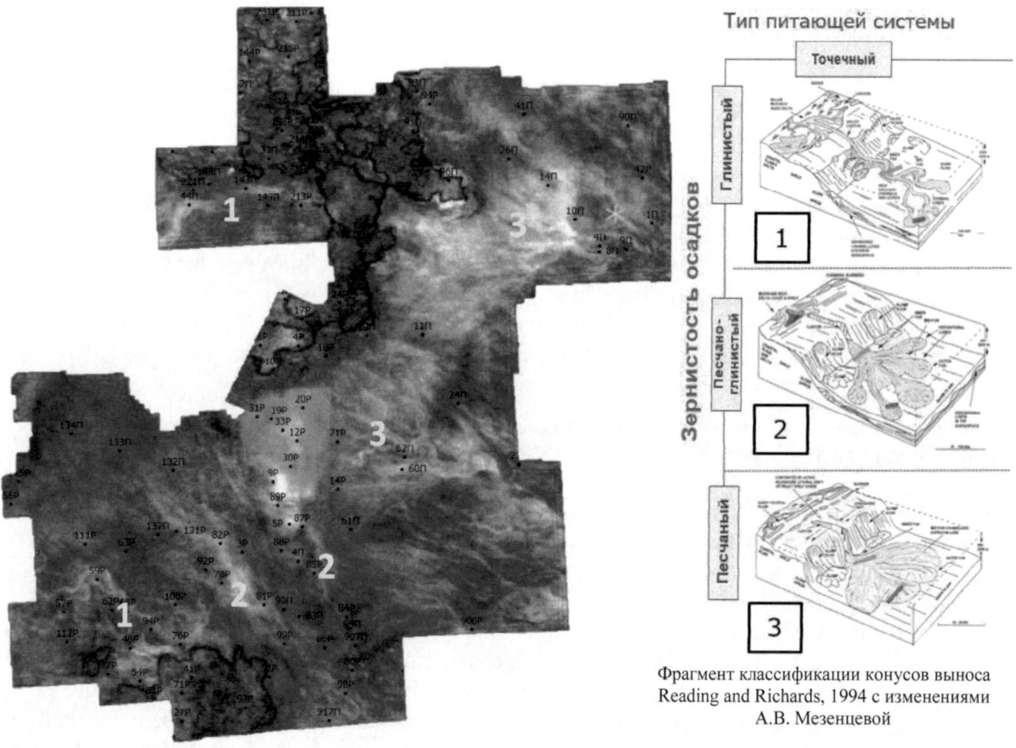


Фрагмент классификации конусов выноса Reading and Richards, 1994 с изменениями А.В. Мезенцевой

***Рисунок 3.*** *Отображение различных типов конусов выноса на карте спектральной декомпозиции*

Породы пласта $Ач_2$ развиты в центральной части территории и простираются полосой северо-восточного простирания. По аналогии с пластом $Ач_3$, отложения пласта $Ач_2$ накапливались на завершающем этапе формирования тракта нижнего стояния (LST). На сейсмических атрибутах в интервале разреза хорошо прослеживаются подводящие каналы и области разгрузки. Увеличенными толщинами характеризуются фации проксимальной части и фации подводящих каналов. Кпесч заметно выше в проксимальной части и достигает 70-80%. Значения Кп имеют увеличенные значения для фаций проксимальной части конуса выноса и фаций подводящих каналов (0,17-0,20). К сожалению, фации подводящих каналов недостаточно освещены скважинными исследованиями в силу их ограниченного распространения по площади, что влияет на качество статистических данных.

Пласт $Ач_1$ накапливался на переходной стадии между максимумами регрессии и трансгрессии. Распространение коллекторов контролируется относительно пологими ступенями склона седиментации. Проницаемые прослои представлены линзовидными телами конусов выноса. Наибольшими Нэфф характеризуются фации проксимальной части конусов выноса и распределительных каналов. Лучшими ФЕС (Кп до 20-23%, Кпр>20 мД) обладают фации распределительных каналов.

**Выводы**

Ачимовский резервуар является обособленным комплексом со свойственными ему особенностями распределения залежей. Существует связь с выше- и нижележащими продуктивными отложениями. В большинстве случаев это связано с тектоникой, пусть даже неявной (флексурной). Очевидно, что наличие разуплотненных пород способствовало появлению путей миграции УВ и формированию залежей. Наличие АРБС не всегда является прямым поисковым признаком (совпадение 74%). Наличие залежей в верхнеюрских и неокомских шельфовых отложениях может считаться устойчивым поисковым признаком, в совокупности с АРБС на рассматриваемых месторождениях корреляционная зависимость составила 100%.

Разные условия седиментации ачимовских пластов обуславливают их различные характеристики как ловушек. В зависимости от условий образования пласта следует искать определенный тип ловушки:

- Для пласта $Ач_3$ характерно покровное распространение, для него поисковым признаком является структурный план.
- Для пласта $Ач_2$ характерна фациальная неоднородность, что требует точного картирования границ распространения песчаных тел конусов выноса и подводящих каналов. Зачастую, конуса выноса находятся за пределами выявленных структурных поднятий и имеют ограниченное распространение по площади. Соответственно, поисковые объекты будут неструктурного, условно структурного, литологического типов.
- Пласт $Ач_1$ формировался на трансгрессивном этапе, характеризуется наиболее расчлененным строением и образует систему, объединяющую все многообразие фациальных форм глубоководного шельфа. В отложениях пласта следует ожидать как структурно-литологические, так и структурно-стратиграфические ловушки.

**Библиография / References**

1. Мезенцева А.В., Байков Р.П., Зверев К.В., Соловьев В.В., Буткеев А.С., Улыбина И.В. Типизация конусов выноса в ачимовских отложениях Уренгойского месторождения / Мезенцева А.В., Байков Р.П., Зверев К.В. и др.// Нефтегазовая геология. Теория и практика, 2019.-Т.14.-№3.
2. Ершов С.В. Закономерности размещения залежей углеводородов в берриас-нижнеаптских отложениях северных районов Западно-Сибирского осадочного бассейна // Нефтегазовая геология. Теория и практика, 2019.-Т.14.-№4.

Геомодель

**Генезис визейских врезов Волго-Уральской нефтегазоносной провинции с учетом данных об их современных аналогах на Южном Урале и во Флориде**

А.М. Фазлиахметов* (ООО НПЦ «Геостра», АО «НПФ «Геофизика»)

**Введение**

Во многих областях Волго-Уральской нефтегазоносной провинции кровля карбонатных отложений турнейского яруса осложнена отрицательными формами палеорельефа, заполненными визейскими терригенными и угленосными отложениями. Эти формы именуются визейскими врезами. Интерес исследователей к ним появился в 1950-х годах и не угас по сей день, поскольку с ними связаны месторождения нефти.

Особенно дискуссионной является проблема образования врезов. История ее разработки приводится в публикациях [1–2 и др.]. В настоящее время превалирует две гипотезы. Согласно первой, врезы образовались при эрозионной деятельности рек. По второй – врезы сформировались в результате карстовых явлений.

Краткий обзор публикаций, посвященных генезису врезов, выявил отсутствие анализа территорий, в пределах которых образование врезоподобных форм рельефа происходило в недавнем геологическом прошлом или протекает в настоящее время. Таким образом, один из наиболее применяемых геологических принципов – принцип актуализма – не был использован. Соответственно некоторые нюансы процессов формирования врезов могли быть упущены. Восполнению данного пробела посвящено данное сообщение.

**Метод (и/или Теория)**

Принцип актуализма гласит, что познание настоящего является ключом к познанию прошлого. Поиск современных аналогов визейских врезов привел нас к двум территориям (наверняка их гораздо больше): Западно-Центральная Флорида и Кутукская (Сакаская) синклиналь на западном склоне Южного Урала. Далее приведена их краткая геологическая характеристика, некоторые особенности визейских врезов Волго-Уральской НГП и результаты сравнительного анализа изложенных данных.

**Примеры**

*Кутукская синклиналь* расположена на Южном Урале, в Нугуш-Бельском междуречье, в зоне сочленения передовой складчатости, южной периклинали Башкирского мегантиклинория и западного борта Зилаирского мегасинклинория. Ядро синклинали выполнено известняками франского и фаменского ярусов верхнего девона, турнейского и визейского ярусов нижнего карбона. Крылья синклинали (хребты Кибиз и Ямантау) сложены кварцевыми песчаниками венда, сланцами и песчаниками силура и ордовика. Рассматриваемая территория служит аналогом (в геоморфологическом отношении!) Волго-Уральской нефтегазоносной провинции в конце турнейского века, т.е. до накопления обломочных отложений визейского яруса.

Основными формами рельефа в Кутукской синклинали являются сухие долины (Рис. 1а). Их ширина составляет 100–200 м, глубина – 25–40 м. Постоянные водотоки (ручьи и мелкие реки) в настоящее время отсутствуют. Исключением является ручей Сумган, спускающийся с хребта Ямантау и уходящий в понор в нескольких километрах от своего истока. На былое присутствии водотоков указывает сравнительно большое количество пещер (бывших поноров), наиболее значимой из которых является пропасть Кутук-Сумган с суммарной протяженностью ходов более 10 км. Вход в пещеру представляет собой вертикальную шахту (колодец) глубиной 110 м и сечением около 5×10 м (Рис. 1б).

Повсеместно – на водоразделах, на бортах и дне долин распространены многочисленные воронки. Их размеры в поперечнике колеблются от одного до первых десятков метров; глубина достигает 10 и более метров.

Рельеф в Кутукской синклинали сформирован под действием и эрозионных, и карстовых процессов, роли которых сопоставимы и неразделимы.

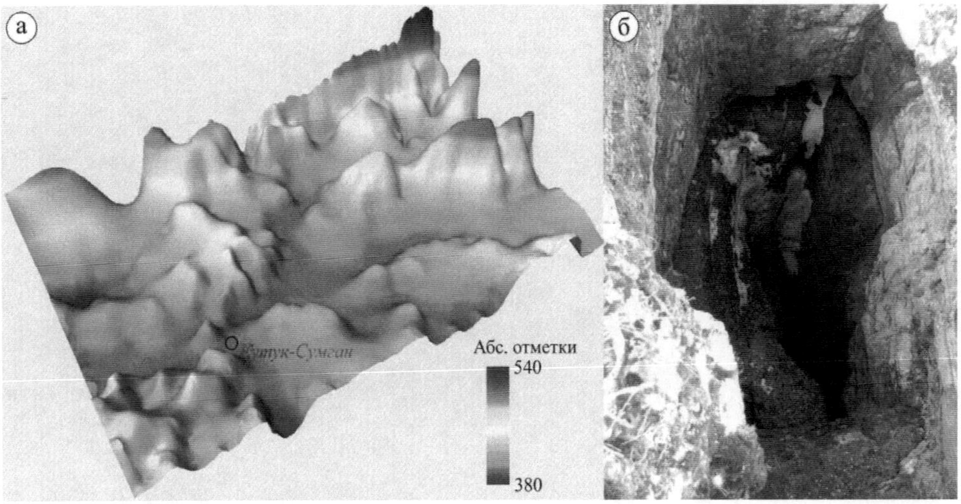


***Рисунок 1.*** *Объемное изображение рельефа Кутукской синклинали (а) и фотография входного колодца пещеры Кутук-Сумган (б, ru.wikipedia.org)*

*Полуостров Флорида* (западная и центральная части) представляет собой преимущественно затопленную карбонатную платформу мел-кайнозойского возраста мощностью более 900 м. На большей своей части платформа покрыта песчано-глинистыми отложениями миоцена мощностью 40–100 м [4–5]. Таким образом, Флорида близка по своему геологическому строению к Волго-Уральской нефтегазоносной провинции в начале визейского века, т.е. после перекрытия карбонатных отложений обломочными.

Наиболее распространенными формами рельефа во Флориде являются карстовые воронки трех видов. Воронки растворения – формируются при глубине залегания известняков до 10 м. Воронки проседания – образуются при растворении известняков, залегающих под слоем преимущественно песчаных отложений мощностью 10–60 м. Воронки обрушения – возникают при обвале сводов карстовых полостей, находящихся на глубинах 10–60 м под слоем преимущественно глинистых осадков.

Важными являются следующие обстоятельства. Первое – карстовый процесс протекал не только во время субаэральной экспозиции известняков, но и после перекрытия их обломочными отложениями (Рис. 2). Второе – генезис и морфология воронок, т.е. вероятных аналогов визейских врезов, контролируется составом отложений, которые перекрывают известняки. В данном случае необходимо отметить, что формы, возникшие до начала накопления миоценовых обломочных отложений здесь не рассматриваются. Третье – в пределах одной области развиты воронки, имеющие разный генезис. Это является аргументом в пользу того, что и визейские врезы разных частей Волго-Уральской нефтегазоносной провинции могли формироваться в результате разных процессов – в одних случаях, например, преобладала эрозия, в других – карст.

*Визейские врезы Волго-Уральской области* изучены коллективом ООО НПЦ «Геостра» на нескольких участках Татарстана, Башкортостана, Удмуртии и Самарской области по многочисленным скважинам и данным сейсморазведки МОГТ-3D. Детальное представление о морфологии визейских врезов дают карты толщин отложений, заключенных между кровлями турнейского яруса и тульского горизонта. Установлены разнообразные формы древнего рельефа: изолированные карстовые депрессии (Рис. 3б), русловидные понижения и крупные котловины. Особый интерес представляют слепые долины (Рис. 3а), т.е. долины, не имеющие устья, а замыкающиеся в своей нижней части, поскольку формирующий их водоток уходил под землю.

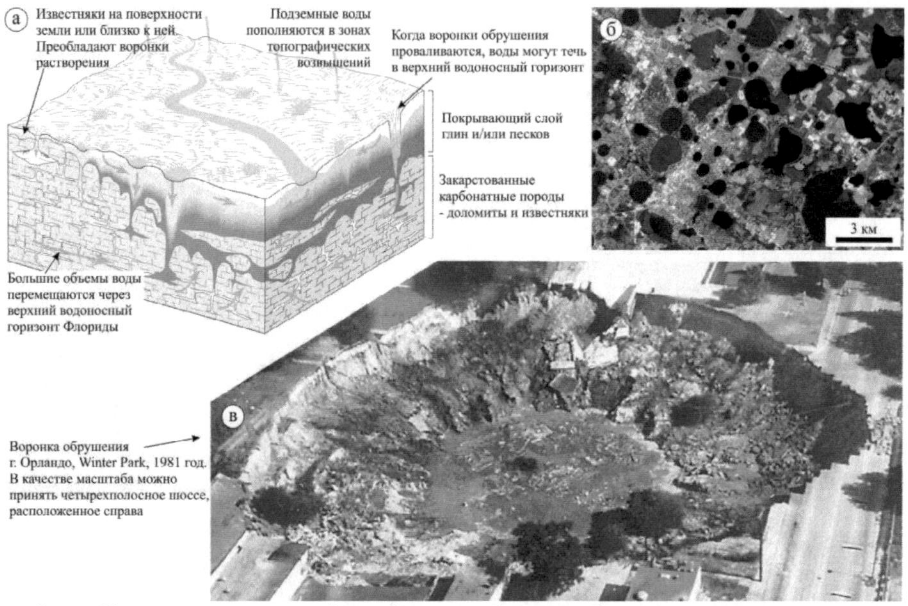


***Рисунок 2.*** *Карстовые явления Флориды: а – общие особенности геологического строения и гидрогеологии [4]; б – космоснимок с многочисленными озерами (Google Earth), существенная часть которых образована над карстовыми депрессиями; в – воронка обрушения [4]*

В бортах наиболее крупных русел установлены террасы (см. рис. 3а), указывающие на стадийность врезания. На современных карбонатных платформах (Багамские и Бермудские острова, Флорида) подобная стадийность обусловлена гляциоэвстатическими колебаниями уровня океана. Конец турнейского и начало визейского веков характеризуется 4–5 трансгрессивно-регрессивными циклами (см. рис. 3в), что позволяет гипотетически увязать с ними формирование террас на бортах врезов.

Колебания уровня моря контролируют положение базиса эрозии наземных и подземных водотоков и зеркала грунтовых вод. Это дает основание связать накопление песчаников во врезах с регрессиями, т.е. с понижением базиса эрозии и ускорением скорости потоков. Трансгрессии обусловливали повышение базиса эрозии, снижение скорости потоков и накопление глинистых и/или углистых отложений.

**Выводы**

В обзоре представлена информация о морфологии и генезисе рельефа современных аналогов Волго-Уральской нефтегазоносной провинции на рубеже турнейского и визейского веков (Кутукская синклиналь) и в начале визейского века (Флорида), т.е. до перекрытия турнейских известняков визейскими обломочными отложениями, и после этого. Наиболее важными выводами являются следующие.

Рельеф поверхности известняков при их субаэральной экспозиции подвергается воздействию и эрозионных, и карстовых процессов, соотношение которых может меняться во времени и по латерали.

Карстовые процессы протекают не только во время субаэральной экспозиции карбонатного массива, но и после его перекрытия терригенными отложениями. При этом состав и мощность последних влияют на генезис и морфологию карстовых воронок.

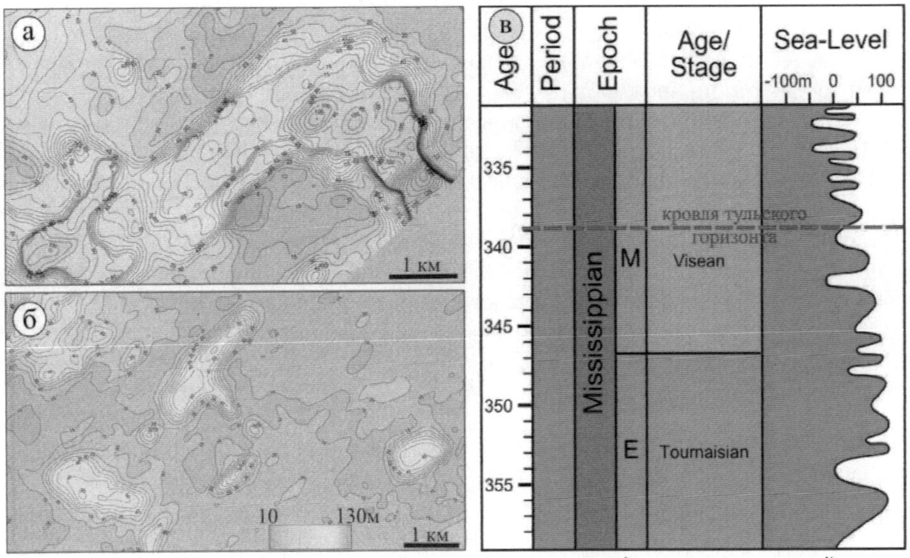


***Рисунок 3.*** *Карты толщин отложений, заключенных между кровлями турнейского яруса и тульского горизонта с отображением слепой долины (а), карстовых изолированных депрессий (б) (по данным ООО НПЦ «Геостра») и Международная стратиграфическая шкала с кривой колебания уровня моря по [3] и приблизительным положением кровли тульского горизонта (в)*

Формирование поверхности, разделяющей в пределах Волго-Уральской нефтегазоносной провинции турнейские карбонаты и визейские терригенные отложения, по всей вероятности, протекало длительно, многостадийно, в сопряжении с колебаниями уровня грунтовых вод и мирового океана.

Визейские врезы Волго-Уральской нефтегазоносной провинции целесообразно называть карстово-эрозионными, поскольку и карстовый, и эрозионный процесс протекали, но оценить вклад каждого из них не представляется возможным.

**References**

1. Larochkina I.A. Kontseptsiya sistemnogo geologicheskogo analiza pri poiskakh i razvedke mestorozhdeniy nefti na territorii Tatarstana. Kazan': Fen, 2013. 232 s.
2. Mukhametshin R.Z. Erozionnyye vrezy i ikh neftenosnost': uchebnoye posobiye. Kazan': izdatel'stvo Kazanskogo universiteta, 2016. 88 s.
3. The Geologic Time Scale 2012.Vol. 2. Amsterdam: Elsevier, 2012. 1139 p.
4. Tihansky A.B., Knochenmus L.A. Karst Features and Hydrogeology in West-central Florida – A Field Perspective // U.S. Geological Survey Karst Interest Group Proceedings, Water-Resources. U.S. Geological Survey. Investigations Report 01-4011. 2001. P. 198–211.
5. Tihansky, A.B. Sinkholes, West-Central Florida // Land Subsidence in the United States: USGS Circular 1182, 1999. P. 121-140.

**«Трехмерная интерпретация профильных данных по технологии "Псевдо 3D": эволюция методики пространственной интерполяции от аналитических алгоритмов к применению нейронных сетей нового поколения»**

П.А. Авдеев* (ООО «ГридПоинт Дайнамикс»), Р.Ф. Мифтахов (ООО «ГридПоинт Дайнамикс»), Д. Богоедов (ООО «ГридПоинт Дайнамикс»), Н. Безухов (ООО «ГридПоинт Дайнамикс»), И.И. Ефремов (ООО «ГридПоинт Дайнамикс»), А.К. Базанов (ООО «ГридПоинт Дайнамикс»)

**Введение**

Несмотря на тенденцию к снижению, на сегодняшний день объемы сейсморазведочных работ 2D на территории РФ по-прежнему велики. Таким образом, распространенной практикой является выполнение работ по сейсмической интерпретации именно в рамках комплексных проектов 2D+3D. В процессе реализации таких проектов в области наличия трёхмерных сейсмических данных специалистам-геофизикам предоставляется полный спектр возможностей для визуализации подповерхностных структур и интерпретации лежащей в их основе геологической информации. В области наличия двумерных сейсмических данных интерпретация геологических структур вызывает определенные сложности, вызванные прежде всего необходимостью производить все исследования в отдельных плоскостях, а не в полном объёме трехмерного пространства. Для решения этой проблемы исследователи предлагают самые различные методики с целью оценки недостающего трехмерного сейсмического объема на основе двумерных сейсмических данных [1-4].

В своей работе мы предлагаем рассмотреть два подхода к восстановлению трехмерного сейсмического объема на основе сейсмических профилей: через аналитические алгоритмы пространственной интерполяции данных, и с использованием генеративных состязательных нейронных сетей (GAN).

**Теория методов**

Основным отличием рассматриваемых методов от традиционной сейсмики 2,5D является то, что не требуется предварительного планирования полевых работ и какой-либо специальной предварительной обработки профильных данных.

Суть первого подхода достаточно проста и наглядно проиллюстрирована на рисунке 1.

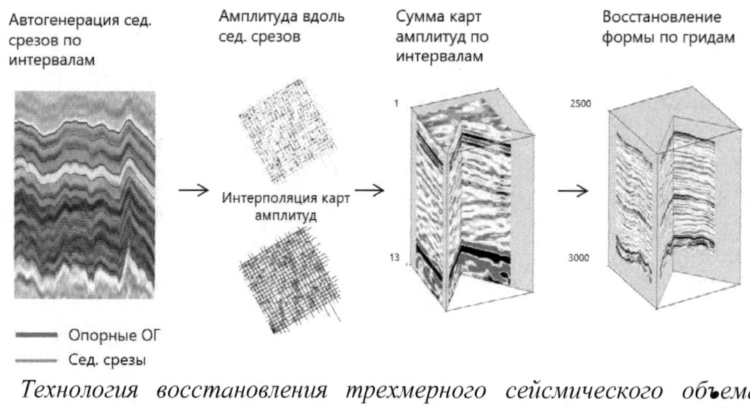


***Рисунок 1.*** *Технология восстановления трехмерного сейсмического объема на основе сейсмических профилей через аналитические алгоритмы пространственной интерполяции данных.*

Для каждой пары горизонтов рассчитывается набор седиментационых срезов путем линейной интерполяции формы между ними с шагом дискретизации съемки [5]. Затем, вдоль каждой седиментационной поверхности автоматически рассчитываются амплитуды по всем профилям, и преобразуются в карты амплитуд путем интерполяции выбранным аналитическим алгоритмом. Далее все карты, получаемые в результате такого анализа пласта, складываются, и получается куб карт атрибутов. На последнем этапе происходит объединение набора таких кубов, созданных по всем пластам в единый куб карт атрибутов (амплитуд), после чего он преобразуется в обычный временной (глубинный) сейсмический куб на основе информации о гридах опорных отражающих горизонтов, участвовавших в построении.

Подход с использованием нейронных сетей подразумевает привлечение возможностей GAN для изучения базового распределения данных и генерации синтетических выборок, соответствующих исходным данным. Мы применяем метод интерполяции на основе GAN к широкому спектру данных и демонстрируем его способность точно восстанавливать структуры разломов и соединять отражения. Восстановление трёхмерных сейсмических данных является сложной задачей по ряду очевидных причин, в том числе из-за их анизотропии и пространственной непрерывности. Чтобы решить эту проблему, была предложена новая GAN-структура, которая использует множество дискриминаторов для извлечения локальных или глобальных особенностей из объема 3D-куба. Чтобы преодолеть высокие аппаратные требования, которые могут вызвать 3D-данные, генератор разработан на основе архитектуры сети «Transformer», которая параллельно использует высокое и низкое разрешение для передачи признаков и предотвращения потери информации. Генератор также уменьшает количество параметров и нагрузку на аппаратное обеспечение, сохраняя при этом высокое качество восстановления. Предложенная структура и генератор ожидаются значительно улучшить качество и эффективность восстановления сейсмических данных и имеют ряд преимуществ по сравнению с существующими аналитическими методами.

**Примеры**

Для оценки преимуществ и недостатков каждого подхода к интерполяции был проведён набор тестов. Мы изучили чувствительность результатов к интерполяции аналитическими методами и на основе GAN на различных геологических объектах.

В качестве примера работы интерполяции с использованием аналитических алгоритмов представлены результаты построений "псевдо 3D" сейсмического куба на одной из площадей Западно-Сибирского региона исследований. Среднее расстояние между профилями в данном случае составило ~1-1,5 км. Для оценки качества построений было выполнено сопоставление волновой картины, полученной из "псевдо 3D" куба вдоль линии одного из профилей 2D с реальной волновой картиной по данному 2D профилю. Результат такого сопоставления представлен на рисунке 2.

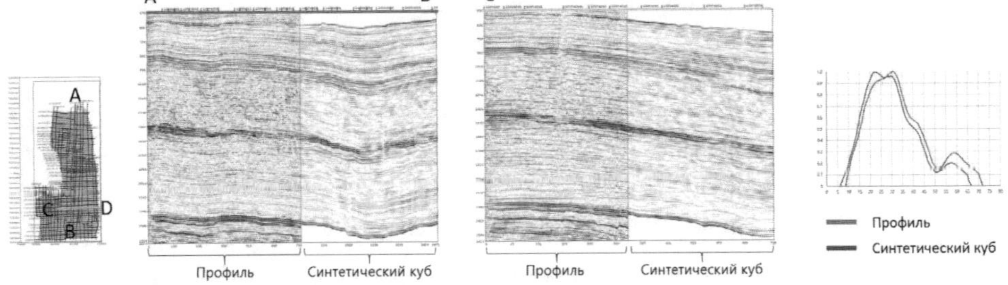


***Рисунок 2.*** *Анализ разрезов "псевдо 3D" куба, построенного методом интерполяции на основе аналитических алгоритмов.*

Можно отметить высокий уровень прогнозирования кинематики и динамики волновой картины в результате построений, а также отсутствие видимых искажений в амплитудном и частотном составе сейсмического материала, что позволяет использовать данный куб на этапе динамической интерпретации. Для этого мы выполнили объединение псевдо 3D куба с реальной съемкой 3D и провели комплексный динамический анализ в рамках объединенного куба (рис. 3). Пунктирной линией отмечена область построения “псевдо 3D”.

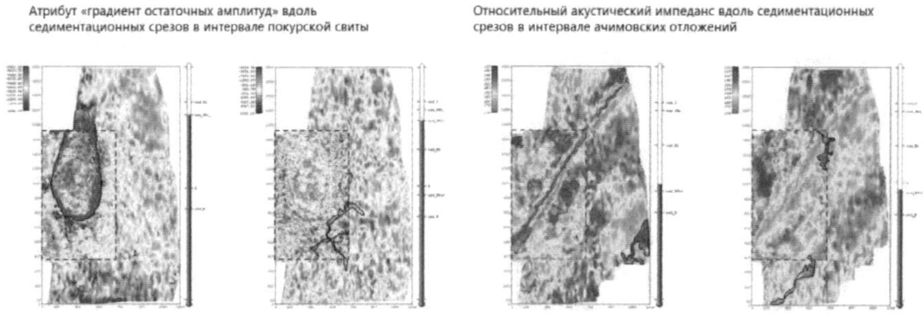


***Рисунок 3.*** *Динамический анализ и выделение объектов в рамках объединенного куба “псевдо 3D” + реальный 3D.*

Недостатком представленного выше метода можно признать наличие эффекта “заглаживания” структур в области наличия разрывов со смещениями, что затрудняет последующие процессы интерпретации нарушений. Решение данной проблемы мы попробовали найти, применив второй подход к интерполяции - на основе генеративно-состязательных сетей (GAN).

Метод интерполяции на основе генеративно-состязательных сетей (GAN) мы применили для Гронингенского газового месторождения (Нидерланды). Набор регулярных сейсмических профилей был получен путем извлечения их из реального сейсмического 3D куба с разным шагом. Затем мы применили предлагаемый метод интерполяции для восстановления трехмерного сейсмического объема из этих двумерных профилей на выборке с шагом 625 метров между профилями.

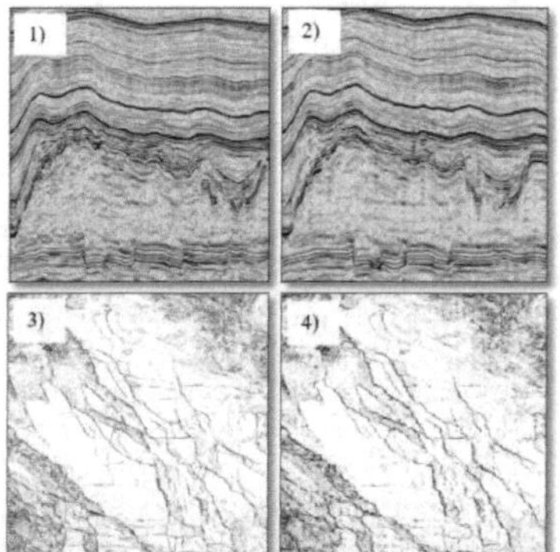


***Рисунок 4.*** *Анализ результатов интерполяции “псевдо 3D” куба, построенного методом интерполяции на основе GAN: 1 – исходный сейсмических куб; 2 - результат интерполяции предлагаемым методом на основе нейронной сети GAN; 3,4 – атрибут когерентности для исходного и “псевдо 3D” куба соответственно.*

Интерпретация результата показала, что все отражения были достаточно точно интерполированы, а положение разломов было правильно определено, структурная картина исходных сейсмических данных была восстановлена качественно. Наблюдались некоторые незначительные изменения в структурах, при которых разломы с маленьким углом наклона начали пропадать из-за более низкого разрешения данных. Кроме того, наблюдалось снижение уровня шума за счет децимации входных данных, таким образом можно сделать вывод, что алгоритм правильно восстанавливает часть данных, отвечающую за полезную геологическую информацию. Также, был рассчитан куб когерентности, который позволил сделать вывод, что разломы четко прослеживаются и имеют правильную ориентацию в нижней части соляного тела.

**Выводы**

Представленные результаты демонстрируют, что технологии синтезирования сейсмических "псевдо 3D" кубов из профильных данных путем пространственной интерполяции обеспечивают сохранность принципиальных элементов, связанных с сейсмическими фациями, определяющими перспективные объекты, а также разломами. Метод интерполяции на основе GAN может обеспечить дополнительные преимущества за счет более детального восстановления структурного фактора и сохранности зон некогерентности сигнала. Существенные преимущества подходов перед стандартным дискретным атрибутным анализом по данным 2D сейсморазведки заключаются прежде всего в возможности расчета объемных атрибутов, пространственного оконтуривания объектов, а также восстановления модели разломов в межпрофильном пространстве.

**Библиография**


1. R. H. Stolt, "Seismic data mapping and reconstruction," Geophysics, vol. 67, no. 3, pp. 890–908, 2002.
2. S. Spitz, "Seismic trace interpolation in the F-X domain," Geophysics, vol. 56, no. 6, pp. 785–794, 1991.
3. V. Oropeza and M. Sacchi, "Simultaneous seismic data denoising and reconstruction via multichannel singular spectrum analysis," Geophysics, vol. 76, pp. V25–V32, 2011.
4. M. Naghizadeh, "Seismic data interpolation and denoising in the frequency-wavenumber domain," Geophysics, vol. 77, pp. V71–liu–V80, 2012.
5. Гогоненков Г.Н., Бадалов А.В, Кашик А.С., Эльманович С.С. [2001] Декомпозиция данных сейсморазведки 3Д на седиментационный и структурный объемы. «Геофизика», № 4.

**Трёхмерная сейсмическая инверсия для реконструкции модели трещин на основе машинного обучения**

М.И. Протасов*(ИНГГ СО РАН), Р.М. Кенжин (ИНГГ СО РАН, НГУ), Е. Н. Павловский (НГУ)

**Введение**

Трещины могут существенно влиять на фильтрационные процессы в коллекторах. Поэтому анализ их пространственной структуры и ее моделирование имеет большое значение при планировании разработки и эксплуатации нефтегазовых залежей. Как правило, измерения геометрических характеристик систем трещин сопровождаются серьезными ошибками и ограничениями. Поэтому для их описания обычно используется статистический подход. В данной работе мы исследовали возможности реконструкции систем трещин по сейсмическим данным с использованием концепции дискретной сети трещин, которая требует явного задания пространственного положения, размера и ориентации каждой трещины [Xu, Dowd, 2010].

К настоящему времени сейсмическая инверсия стала стандартной процедурой, основным результатом которой является детальная модель упругих параметров геологической среды, позволяющая прогнозировать коллекторские свойства [Ampilov et al., 2009]. Обычно геофизики используют сейсмическую инверсию как алгоритм, преобразующий временной или мигрированный временной сейсмический разрез в разрез акустического импеданса. Однако сейсмическая инверсия основана на использовании одномерной свёрточной модели, предполагающей горизонтальную слоистость среды. На практике это условие может не выполняться из-за наличия разного рода латеральных неоднородностей, в частности, при наличии трещин. В этом случае логично перейти на двумерные или трехмерные свёрточные модели и соответствующим образом реализовать алгоритмы инверсии, что мы и предлагаем сделать в настоящей работе.

Кроме того, в этой работе мы предлагаем использовать алгоритмы машинного обучения. Мы реализовали и протестировали такую процедуру для восстановления модели трещин. Она содержит две ключевые составляющие: трехмерное свёрточное моделирование в глубинной области для создания обучающего набора данных и нейронную сеть UNet [Ronneberger et al., 2015] для реконструкции модели трещин. В работе представлены результаты машинного обучения для трёхмерных моделей и изображений. Численные эксперименты проведены для реалистичной синтетической модели, построенной по реальным данным из севера России.

**Дискретная модель трещин**

Для статистического моделирования дискретной сети трещин используется общая схема, описанная в работе [Xu, Dowd, 2010]. Трещины представляются в виде эллипсоидов. Среднее направление плоскости, в которой расположена трещина, определяется по величинам: угол падения и направление падения. Ориентация плоскости определяется по направлению нормали, параллельной малой оси эллипсоида. Для всех рассмотренных моделей значение угла падения задает ориентацию трещин в вертикальной плоскости. Среднее значение направления падения и дисперсия отклонения от этого направления подбирается отдельно для каждого семейства трещин. Также определяется распределение угла, которое описывает отклонение направления главной оси от горизонтальной плоскости. Геометрические размеры трещин определяются размерами главных осей. Следуя [Xu, Dowd, 2010], задаётся статистическое моделирование для большой оси (длины трещины) L. Среднее значение оси (ширина трещины) W определяется из смоделированной длины трещины через задание статистическое распределения L/W. Обычно значение малой оси (толщина трещины) T является постоянной величиной. Однако, когда геометрия (размеры и углы) определена для каждой трещины, нам не нужно статистическое моделирование, и мы используем эту информацию напрямую.

**Свёрточное моделирование**

С одной стороны, для локализации зон трещиноватости используются дифракционные изображения, в основе которого лежит условие визуализации в структурных углах [Protasov, 2021]:

$$Image(\acute{x}_i;\beta,az) = \int T^{gbs}(\acute{x}_s;\acute{x}_i;\gamma,\theta,\beta,az;\omega)\cdot$$

$$\cdot\vec{T}^{gbr}(\acute{x}_r;\acute{x}_i;\gamma,\theta,\beta,az;\omega)\cdot\vec{u}^{obs}(\acute{x}_r;\acute{x}_s;\omega)d\acute{x}_r d\acute{x}_s d\gamma d\theta d\omega. \quad (1)$$

Здесь $\vec{u}^{obs}(\acute{x}_r;\acute{x}_s;\omega)$ – многокомпонентные сейсмические данные в частотной области. Изменяя углы падения $\gamma$ и азимута $\theta$, появляется возможность управлять видимостью/невидимостью геологических объектов. И на этой основе для многих реальных случаев можно получить дифракционное изображение, позволяющее найти трещиноватые зоны.

С другой стороны, функция $Image(\acute{x}_i;\beta,az)$ представляет собой суперпозицию двух линейных интегральных операторов – «частичного» обратного преобразования Фурье и прямого преобразования Фурье [Protasov, 2021]:

$$Image(\acute{x}_i;\beta,az) = \iiint_{X_{par}} F\big(\omega(\acute{p})\big)e^{i\cdot\acute{p}\cdot\acute{x}_i}d\acute{p}\iiint_{R_3} f(\acute{y};\beta,az)e^{-i\cdot\acute{p}\cdot\acute{y}}d\acute{y}, \quad (2)$$

на искомое возмущение макромодели $f(\acute{y};\beta,az)$. Мы называем обратное преобразование Фурье «частичным», потому что оно выполняется только по его подмножеству $X_{par}$, называемому множеством частичной реконструкции. Функция $f(\acute{y};\beta,az)$ является потенциалом рассеяния, а функция $Image(\acute{x}_i;\beta,az)$ является проекцией потенциала рассеяния в спектральную область, и мы называем ее идеальным изображением, а процесс преобразования трёхмерного потенциала рассеяния в идеальное изображение трёхмерным свёрточным моделированием в глубинной области. Это то, что мы можем идеально получить для данного диапазона сейсмических частот, и для корректной миграционной модели, и для идеальных данных с заданной системой наблюдения без шума и без кратных волн. Мы предлагаем использовать идеальные изображения поскольку их расчёт вычислительно намного дешевле, чем альтернативный подход моделирования трехмерных сейсмических данных с последующей частичной миграцией этих данных.

**Машинное обучение**

Известно, что трещины создают локальные неоднородности упругих свойств, которые являются причиной возникновения рассеянных/дифрагированных волн. Поэтому в масштабе сейсмических моделей трещины рассматриваются как рассеиватели/дифракторы. И именно часть модели, отвечающая за рассеяние/дифракцию, является целью реконструкции. В качестве входной информации рассматривается результат глубинной обработки сейсмических данных, который представляет собой глубинное сейсмическое дифракционное изображение. Как указано выше, в качестве альтернативы, в случае, когда модель известна, можно получить дифракционное изображение с помощью 3D-свёрточного моделирования, и оно называется идеальным 3D изображением. Поэтому предлагается исследовать инверсию, которая использует идеальные 3D сейсмические изображения, потому что свёрточное моделирование позволяет быстро воспроизвести множество сейсмических изображений для создания набора данных для машинного обучения. Кроме того, появляется возможность создать достаточно большое количество различных 3D-моделей трещин и соответствующих изображений, используя минимум априорной информации о трещинах и относительно небольшие вычислительные ресурсы. Таким образом, мы можем построить необходимый набор данных для алгоритма машинного обучения за разумное время вычислений.

Для прогноза трещин мы рассматриваем задачу как семантическую сегментацию трещин. Первоначальная гипотеза состоит в том, чтобы проверить способность некоторой широко используемой архитектуры семантической сегментации, такой как UNet, выявлять трещины. Для процесса машинного обучения использована стандартная архитектура UNet [Ronneberger et al., 2015] с небольшой модификацией: в каждой двойной свертке первое ядро имеет размер 7x7. Для задачи семантической сегментации используется показатель Dice в качестве меры качества:

$$Dice(x^t, x^p) = 2\frac{\sum_{i,j=1,1}^{150,380} x_{ij}^t * x_{ij}^p}{\sum_{i,j=1,1}^{150,380} x_{ij}^t + x_{ij}^p}. \quad (3)$$

**Численные примеры**

Численные эксперименты проведены для трехмерной реалистичной модели, созданной с использованием реальных данных из северного региона России. Этот реалистичный набор данных содержит полную информацию для построения модели дискретной сети тещин, т.е. все геометрические характеристики для каждой трещины (Рисунок 1а). Первая серия экспериментов проведена, когда для создания обучающего набора данных использовалась «минимальная» априорная информации о трещинах, а именно, считались известными средняя длина и среднее направление семейств трещин. Во второй серии экспериментов обучающий набор данных создан с использованием дополнительной априорной информации, то есть считались известными средняя длина и среднее направление семейств трещин, а также плотность распределения трещин. В результате были восстановлены 2 модели для двух сценариев. Представленная метрика Dice показывают, что «улучшенный» обучающий набор данных дает более точные результаты (Dice=0.568) по сравнению с «упрощенным» случаем (Dice=0.439). На рисунке 1 видно, что в модели, восстановленной с использованием «улучшенного» набора обучающих данных (Рисунок 1г), большее количество трещин корректно определено по сравнению с моделью трещин, определённой с использованием «упрощенного» набора обучающих данных (Рисунок 1в). Однако, следует отметить, что в обоих случаях модели восстановлены удовлетворительно.

**Выводы**

В работе предложена и исследована трехмерная сейсмическая инверсия на основе машинного обучения для восстановления модели трещин. Реализован подход, основанный на трехмерном свёрточном моделировании и машинном обучении с использованием нейронной сети U-net. В рамках предложенного решения также используется построение трёхмерных дискретных моделей трещин. Свёрточное моделирование и построение дискретных моделей трещин являются недорогими в вычислительном отношении процедурами. Таким образом, подход позволяет построить набор данных для алгоритма машинного обучения за разумное время вычислений.

Численные эксперименты проведены для реалистичной трехмерной синтетической модели трещин, построенной по реальным данным из северного региона России. Численные результаты показывают, что предложенный подход позволяет с удовлетворительной точностью реконструировать трёхмерную модель трещиноватости, но при использовании минимальной априорной информации, т.е. средней длины и среднего направления семейств трещин. Также предложенный подход даёт возможность восстановить трёхмерную модель трещин с большей точностью при использовании средней длины, среднего направления семейств трещин и плотности распределения трещин.

**Благодарности**

Данное исследование выполнено при финансовой поддержке РНФ 21-71-20002. Численные результаты получены с использованием вычислительных ресурсов Суперкомпьютерного центра Санкт-Петербургского политехнического университета Петра Великого (scc.spbstu.ru).

**Библиография / References**

1. Ampilov Yu.P., Barkov A.Yu., Yakovlev I.V., Filippova K.E., Priezzhev I.I. Almost everything is about seismic inversion. Part 1 : Seismic technologies. – 2009. – 4. – P. 3–16. (in Russian)
2. Protasov M. High-Performance Implementation of 3D Seismic Target-Oriented Imaging : Communications in Computer and Information Science. – 2021. – v. 1510. – p. 125–136.
3. Ronneberger O., Fischer P., Brox T. U-Net: Convolutional Networks for Biomedical Image Segmentation: arXiv:1505.04597v1. –2015.
4. Xu C., Dowd P. A new computer code for discrete fracture network modelling: Computers and Geosciences. – 2010. – v. 36. – p. 292–301.

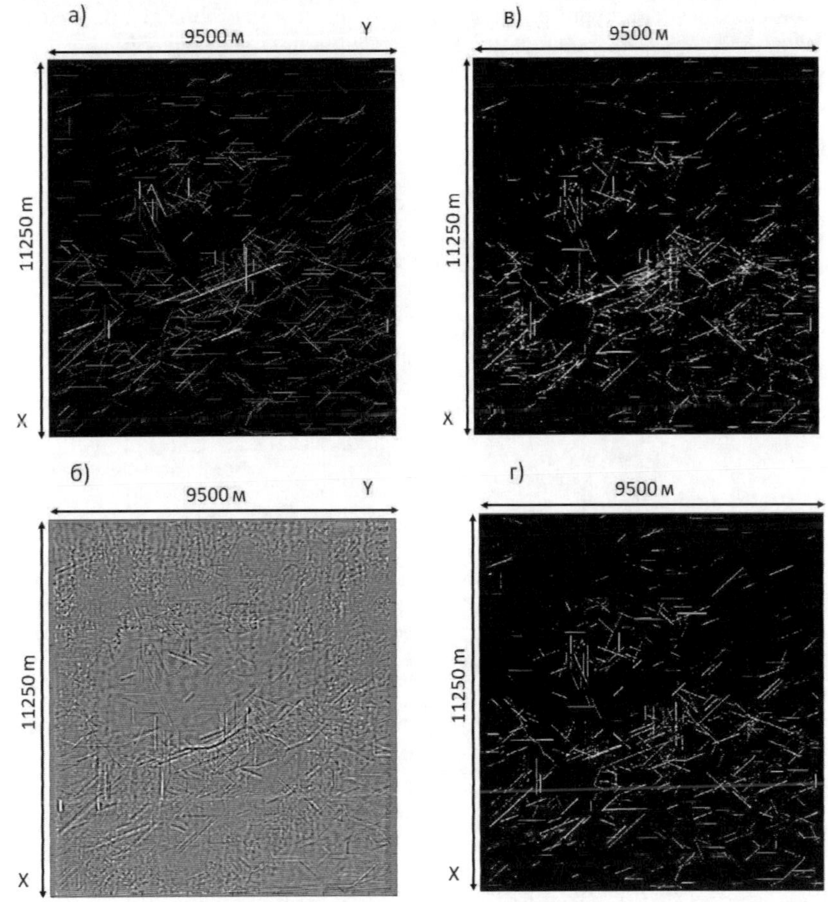


***Рисунок 1.*** *а) Истинная трехмерная модель трещин, горизонтальный срез; б) соответствующее трехмерное дифракционное изображение, горизонтальный срез; в) восстановленная трехмерная модель трещин при использовании «упрощенного» обучающего набора данных, горизонтальный срез; г) восстановленная трехмерная модель трещин при использовании «улучшенного» обучающего набора данных, горизонтальный срез.*

**Погрешность картирования локальных поднятий по материалам сейсморазведки 2D**

А.В. Екименко* (ООО «Газпромнефть НТЦ»)

**Введение**

Геологическое изучение лицензионного участка предполагает выполнение разных видов работ: геологические, геофизические, наземные, скважинные. Один из основных видов исследования - сейсморазведка. Очень крупно можно разделить выполняемые наземные работы на сейсморазведку 2Д и сейсморазведку 3Д. Не вызывает сомнений, что пространственная модификация (3Д) позволяет получить более корректное изображение среды чем двумерный аналог. Данная работа не претендует на всеобъемлющий анализ возможностей двумерной сейсморазведки. Здесь затронут только аспект возможности выделения локальных поднятий по профильным наблюдениям.

Толчком к выполнению работы послужил анализ следующего геологической ситуации. На рисунке 1 приведены две структурные карты для двух разных месторождений. Замыкающиеся изолинии соответствуют палеоподнятию. Поскольку подобные палеоподнятия являются потенциальными ловушками углеводородов, то измерение их геометрических размеров (и оценка погрешности таких измерений) представляет практический интерес.

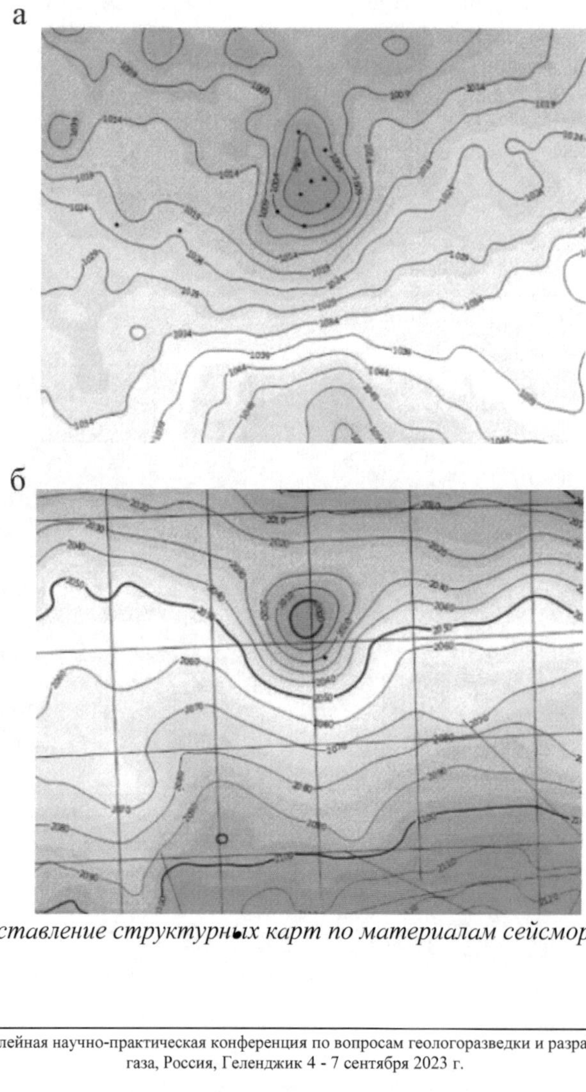


***Рисунок 1.*** *Сопоставление структурных карт по материалам сейсморазведки 3D и 2D.*

Важным отличием приведённых выше карт является способ, с помощью которого они были получены: карта вверху получена по методике 3Д сейсморазведки, а карта внизу по сети 2Д профилей (расстояние между ними составляет 1500 метров).

Логично предположить, что наблюдения, выполненные по сети профилей менее достоверны чем наблюдения, выполненные с детальностью 25 на 25 метров. Также можно предположить, что если расстояние между линиями профилей будет увеличено, то погрешность структурных построений возрастёт. Наконец может измениться направление линий и это также может повлиять на погрешность оценок глубин.

Б*о*льшая часть современных сейсмических съёмок выполняется по методике пространственной сейсморазведки (МОГТ 3Д), однако переобработка исторических материалов МОГТ2Д востребована и материалы 2Д сейсморазведки могут составлять значительную часть проектов, по оценке ресурсной базы. В докладе рассмотрен вопрос влияния параметров сейсмической съёмки 2Д и параметров геологического объекта на погрешность оценки площади локального поднятия.

**Описание эксперимента**

Для оценки того, как параметры геологического объекта могут меняться в зависимости от параметров с сейсмической съёмки, предлагается выполнить моделирование. Необходимо создать несколько вариантов геологических моделей, отличающихся размерами и формой. Для этих моделей имитировать сейсмические наблюдения вдоль профилей, при этом нужно рассмотреть случаи когда съёмки отличаются азимутом направления профилей и когда съёмки отличаются расстояниями между профилями. Для каждой сейсмической съёмки нужно получить значения глубин пласта вдоль профиля, а затем интерполировать глубины в пространство между линиями профилей – построить структурную карту. После получения непрерывной карты глубин нужно оценить площадь локального поднятия. Выполнив расчёты для разных сейсмических съёмок с разными параметрами становится возможным оценить на сколько оценки площади поднятия будут отличаться от истинного значения и оценить погрешность.

**Создание геологической модели и моделирование**

Под геологической моделью в контексте данной работы понимается двумерная поверхность, имитирующая кровлю пласта. При создании модели были сформулированы требования, которым она (модель) должна отвечать. Параметры модели должны позволять изменить форму локального палеоподнятия (изометричное или вытянутое) и его размер.

Требуемая поверхность задаётся как комбинация двух гауссовых распределений. Для каждого из распределений возможно задать параметр Sigma и тем самым изменить форму палеоподнятия. Палеоподнятие ограничивается снизу горизонтальной плоскостью, имитирующей водонефтяной контакт (ВНК).

Используя горизонтальную плоскость ВНК и заданную поверхность палеоподнятия можно оценить площадь "нефтеносности". Полученное значение площади далее будет использовано для сравнения с оценками площади полученными "по результатам сейсморазведки 2Д".

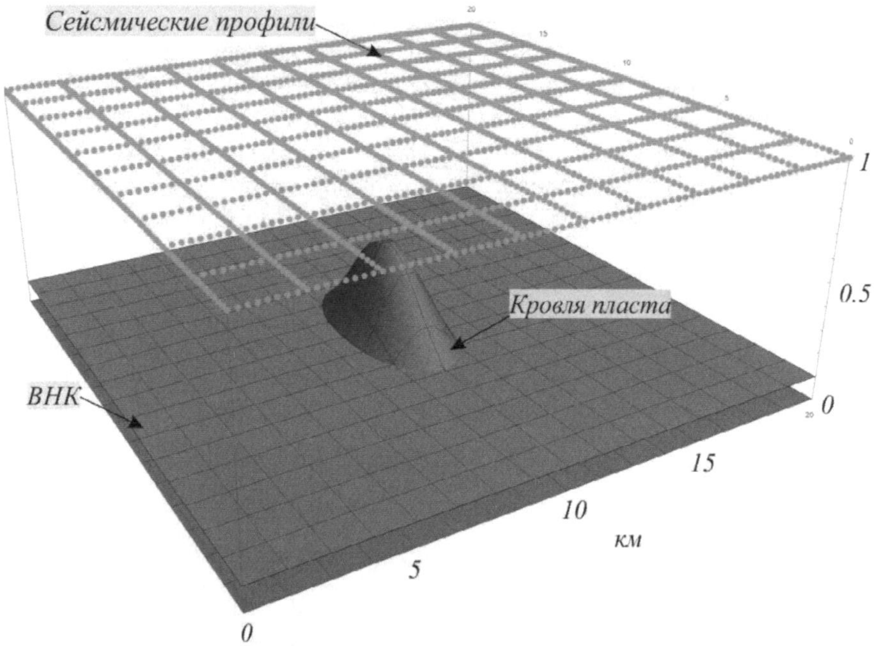


***Рисунок 2.*** *Изображение геологической модели и профилей сейсмической съёмки.*

Эксперимент предполагает, что сейсмическая съёмка может быть выполнена под другим углом, а также может быть смещена относительно показанного положения. Поэтому при расчётах задаётся набор сдвигов по осям X и Y, а также преобразования поворота для углов от 0 до 45 градусов с шагом 5 градусов.

В результате перебора азимутов и смещений для фиксированных параметров геологической модели рассчитывается 90 вариантов схем профилей.

Следующим этапом является интерполяция наблюдений с профилей на 2 плоскость – построение структурных карт.

На заключительном этапе выполняется оценка пресечения полученных карт с плоскостью ВНК. В случае если линия пересечения является замкнутым объектом, выполняется оценка площади по контуру ВНК. В противном случае делается вывод о том, что локальное поднятие по данным 2Д сейсморазведки не закартировано.

После выполнения серии таких расчётов становится возможным проанализировать параметры «закартированных» локальных поднятий (площадь, высоту, объём) и оценить погрешность определения этих параметров.

**Результаты расчётов**

Описанный подход использовался при проектировании сейсмической съёмки на одном из участков в Оренбургской области. Параметры локального поднятия заданы сходными с одним из ближайших месторождений. Были смоделированы съёмки с расстояниями между профилями 2км, 1.5 км и 1 км. Для каждой съёмки выполнено по 90 расчётов с изменением азимута и центра съемки. Сделаны оценки площади локального поднятия по результатам интерполяции (Рисунок 3).

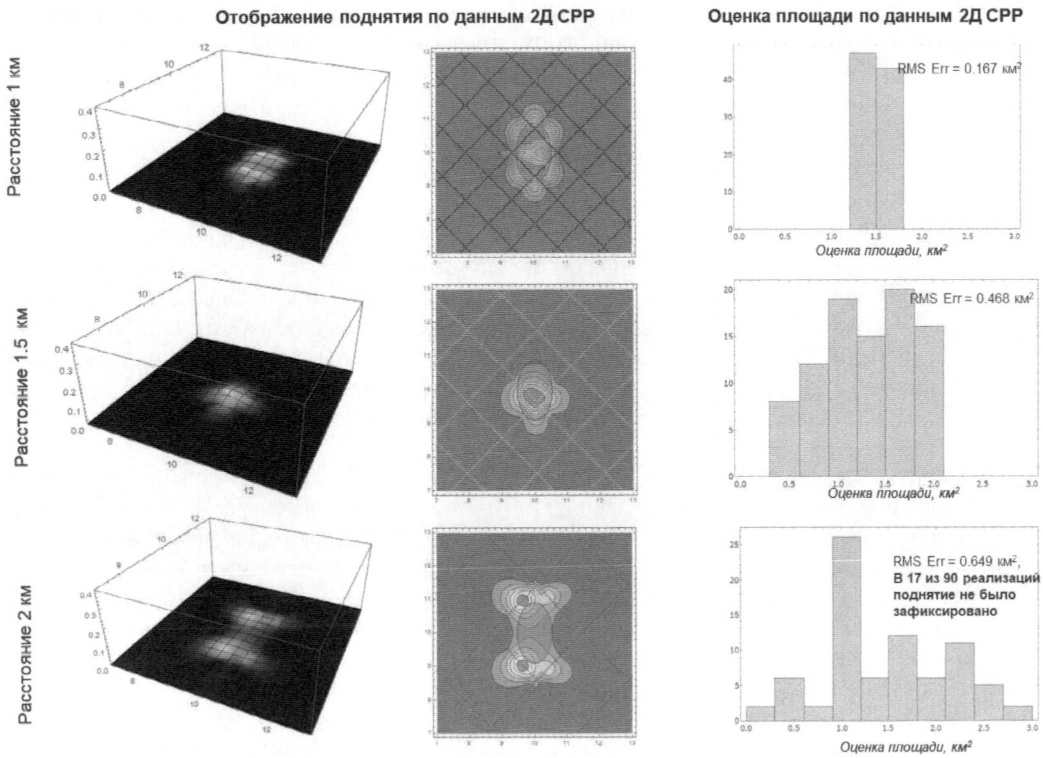


***Рисунок 3.*** *Сопоставление геометрии локального поднятия и оценки площади в зависимости от расстояния между профилями.*

Результаты расчетов показывают, что локальное поднятие картируется при использовании сети профилей с расстоянием до 1.5 км, однако при таком шаге геометрия ловушки сильно меняется и разброс в оценке площади составляет 0.5 кв. км до 2 кв. км. При расстоянии между профилями 2км естественно нет возможности оценить корректно геометрию поднятия, более того, в некоторых случаях площадь ловушки может превышать истинное значение в 2 раза (например, в ряде случаев площадь составила 3 кв. км).

**Выводы**

В работе предложен способ оценки погрешности картирования локальных поднятий и выполнены необходимые расчеты. На языке Wolfram Language [1] реализованы функции моделирования и оценки погрешности. Проанализированы закономерности изменения погрешности в зависимости от параметров 2Д съёмки. Описанный подход опробован при проектировании сейсмических работ. Стоит отметить и ограничение этих расчётов – предполагается, что данные собственно сейсморазведки 2Д не содержат ошибок и корректно отражают геометрию поднятий –оценивается только погрешность интерполяции.

**Библиография / References**

1. An Introduction to Programming with Mathematica, Third Edition, Paul R. Wellin, Richard J. Gaylord, Samuel N. Kamin, Cambridge University Press, 2005, 550 pp

**Анализ подходов к идентификации палеорусловых систем по сейсмическим данным и прогноз эффективной мощности коллектора (по объектам тюменской свиты Западно-Сибирского нефтегазоносного бассейна)**

М. Ю. Орешкова* (ООО «Газпромнефть НТЦ»), Т. В. Ольнева (ООО «Газпромнефть НТЦ»)

**Введение**

В данной работе проанализированы комплексные подходы к идентификации палеорусловых систем и прогнозу архитектуры резервуара на примере одного из месторождений Ханты-Мансийского АО, включающая подходы сейсмофациального анализа, методику параметризации палеорусловых систем по параметрам синусоидальности (тиражирование знаний о современных системах на основе принципов актуализма), синхронной AVA- инверсии сейсмических данных с последующим прогнозом эффективных толщин, а также методы разряженной аппроксимации для повышения разрешающей способности волнового поля.

***Актуальность*** работы обусловлена поиском новых продуктивных горизонтов в ранее не рассматриваемом интервале разреза эксплуатируемого в настоящее время месторождения. Обнаружение новых залежей позволит продолжить эксплуатацию месторождения и в целом продлить его жизненный цикл. Речь идет о перспективности отложений тюменской свиты, оказавшихся во многих случаях недоизученными, на фоне продуктивного неокомского комплекса. Потенциальные резервуары приурочены к русловым фациям, которые не всегда контрастно и отчётливо отображаются в динамических характеристиках волнового поля, зачастую проявляются лишь фрагментарно.

***Объектом*** исследования являются палеорусловые системы в пределах тюменской свиты в условиях Западно-Сибирского нефтегазоносного бассейна. Палеорусла и связанные с ними песчаные тела аллювиального генезиса находятся в фокусе внимания при поисках залежей углеводородов, так как являются надежными литологическими ловушками.

***Целью*** работы является создание комплексной методики детального картирования палеорусловых систем и прогноза эффективной мощности коллектора на примере одного из месторождений Ханты-Мансийского АО.

**Геологическое строение исследуемой территории**

Площадь исследования расположена в центральной части Западно-Сибирской равнины в Ханты-Мансийском АО.

Геологический разрез исследуемой территории сложен мощной толщей (более 3000 м) терригенных отложений осадочного чехла мезо-кайнозойского возраста, залегающей на породах доюрского основания. Юрская система представлена тремя отделами: нижним, средним и верхним. В ее строении выделяются два основных комплекса пород: нижний, представленный осадками континентального генезиса и верхний, сложенный осадками морского генезиса. Отложения ягельной и горелой свит нижнеюрского отдела и отложения тюменской свиты среднеюрского отдела формируют нижний комплекс. Верхний комплекс сформирован отложениями абалакской и баженовской свит позднеюрского возраста. Тюменская свита представлена тонким чередованием аргиллитов, алевролитов и песчаников, которые развиты практически повсеместно: либо согласно залегают на аргиллитах радомской пачки, либо с перерывом в осадконакоплении перекрывают денудированные породы доюрского основания. Свита условно делится на три подсвиты: нижнюю, в составе которой выделяются песчаные пласты ЮС9, ЮС8, ЮС7, среднюю, с пластами ЮС6 и ЮС5, верхнюю, вмещающую пласты ЮС4, ЮС3, ЮС2. Максимальная мощность тюменской свиты достигает 320 м. В сейсмических данных кровля свиты ассоциируется с опорным отражающим горизонтом Т.

**Методы**

Традиционно для изучения палеорусловых объектов рассматриваются подходы, заключающиеся в изучении регионального геологического строения и палеогеографии изучаемой площади, анализе скважинных данных (керн, интерпретация ГИС), структурных построений, динамической интерпретации сейсмических данных (сейсмофациальный анализ, сейсмическая инверсия, машинное обучение) [2]. Каждый из перечисленных подходов позволяет посмотреть на геометрию резервуара под разным углом зрения.

- ***Сейсмофациальный анализ***

Сейсмофациальный анализ находит широкое применение для идентификации палеорусловых систем и включает разнообразные подходы:

***1. Атрибутный анализ*** наиболее способствует экспресс-идентификации палеорусловых систем, позволяет оценить качество исходных данных и отметить их характерные особенности. Однако, в основном, отображает наиболее контрастно проявленные в волновом поле объекты. В данной работе рассчитывались атрибуты, представленные в библиотеке ПО Petrel, вблизи ОГ Т. Слайсы, демонстрирующие вариации амплитуд в пределах съемки 3D представлены на Рис. 1 и 2.

***2. Спектральная декомпозиция.*** Применение алгоритмов спектральной декомпозиции и последующей визуализации результатов с применением RGB-смешивания позволяет в значительной степени уточнить конфигурацию и распространение палеорусел. Полученная схема представлена на Рис. 3, стоит отметить, что по сравнению с атрибутным анализом, русла и пояса меандрирования выделяются с более высокой степенью детальности и контрастности.

***3. Технология eXchroma***, реализованная в ПО Petrel и заключающаяся в цветовом смешивании амплитудных срезов, позволяет закартировать палеорусла с наиболее высокой степенью детальности. Для изучаемой площади данная технология показала очень высокую степень детальности и информативности как для палеорусел, так и для поясов руслоформирования. Цветовая карта eXchroma представлена на Рис. 4.

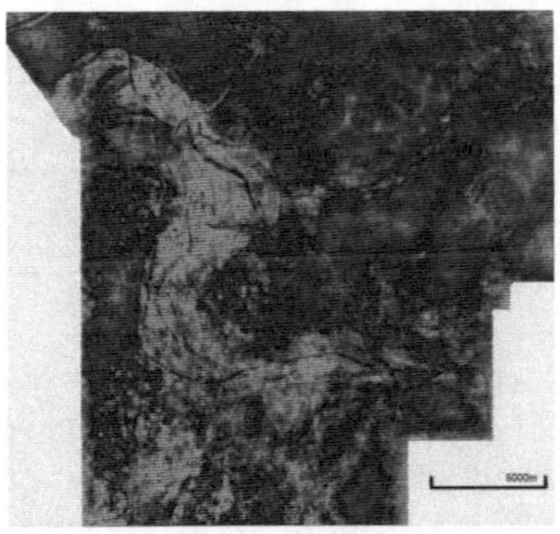

***Рисунок 1.*** *Карта экстрагированных знаечний амплитуд (10 мс взниз)*

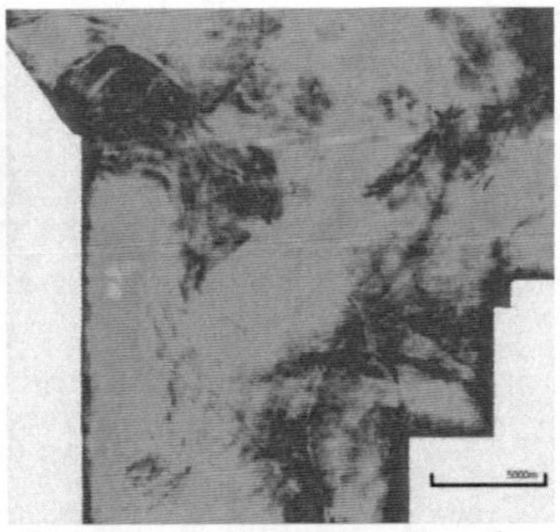

***Рисунок 2.*** *Атрибут Envelope (огибающая) (10 мс вниз)*

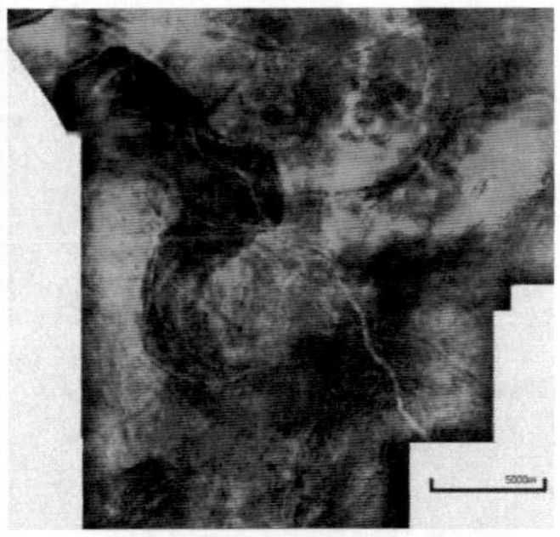

***Рисунок 3.*** *Цветовая карта спектральной декомпозиции*

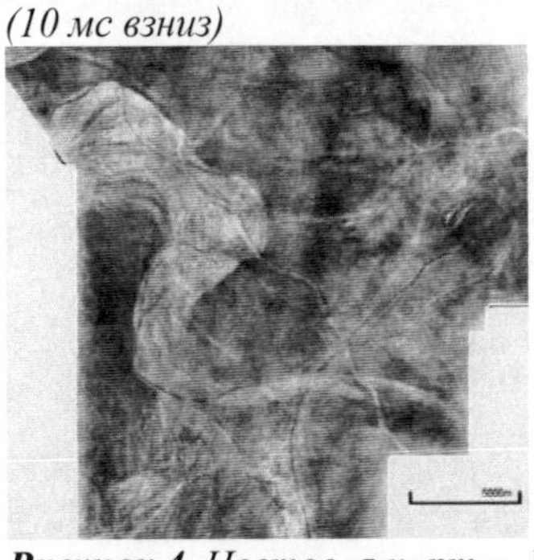

***Рисунок 4.*** *Цветовая карта eXchroma*

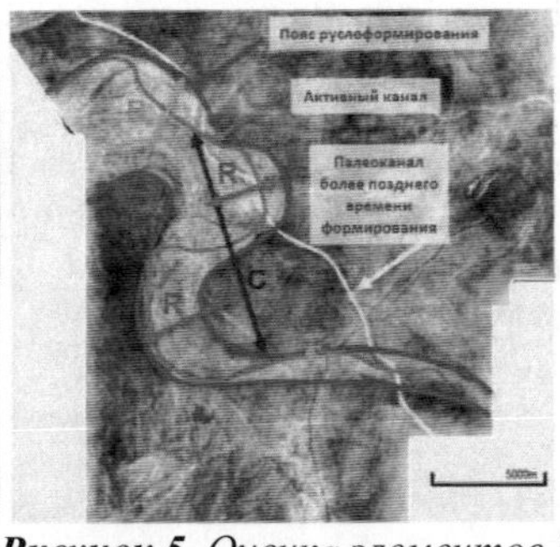


***Рисунок 5.*** *Оценка элементов морфологии палеорусла*

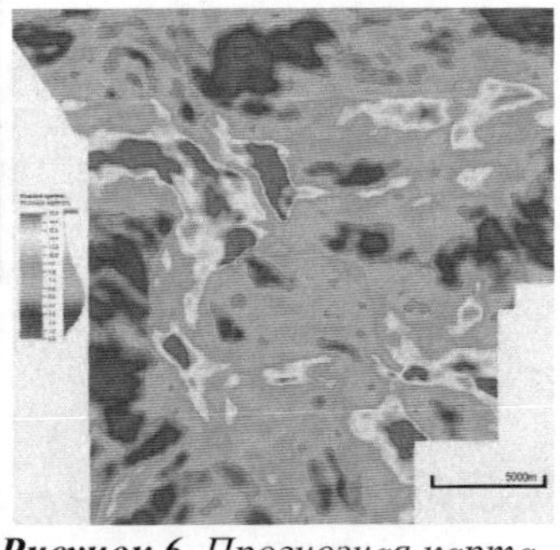

***Рисунок 6.*** *Прогнозная карта мощности фации русел*

- ***Способ прогнозирования морфометрических параметров русловых тел по параметрам синусоидальности***

Морфометрический анализ в первую очередь основывается на описании и измерении наблюдаемых форм, установлении разнообразных зависимостей между формой и свойствами, взаимосвязи между различными свойствами и т. д. Для углубленной сейсмогеологической интерпретации погребенных осадочных тел руслового генезиса предлагается внедрить классические подходы морфометрического анализа, традиционно использующиеся для изучения современных палеорусловых систем. Данный подход подробно изложен в патенте Ольневой Т. В., Жуковской Е. А. [4].

Анализ результатов применения вышеперечисленных подходов сейсмофациального анализа позволил закартировать в пределах целевого интервала контрастно проявленное палеорусло, и авторами выполнена оценка его морфометрических характеристик, представленных на рисунке 5, таких как ширина пояса руслоформирования (B), длина излучины (C), радиус кривизны (R) [3]. В данном примере предполагаемая средняя мощность русловых отложений, рассчитанная по зависимости Collinson (1987), прогнозируется в 14.6 ±3 м при ширине пояса 4000 м.

*Зависимость Collinson (1978):*

$$\boldsymbol{B = 64.6 \cdot h^{1,53}},$$

где $h$ = средняя мощность в пределах пояса меандрирования.

В Таблице 1 представлены измеренные и рассчитанные параметры геометрии палеорусла.

*Таблица 1. Параметры морфологии палеорусла*

| Параметры | Измеренные и вычисленные значения |
|---|---|
| Ширина пояса руслоформирования (B), м | 4000 |
| Ширина русла (W), м | 450 |
| Длина палеорусла, км | 47 |
| Длина долины палеорусла, км | 25 |
| Коэффициент извилистости | 1.88 |
| Длина излучины (C), м | от 7000 до 10000 |
| Радиус кривизны (R), м | от 1500 до 2500 |
| Средняя мощность в пределах пояса меандрирования (h), м | 14.6±3 |

- ***Синхронная AVA-инверсия и прогноз эффективных толщин***

Сейсмическая инверсия волнового поля представляет собой решение обратной динамической задачи сейсморазведки – определение величин упругих свойств пород (акустического импеданса при инверсии суммарных сейсмических данных; скоростей Vp, Vs, объемной плотности пород и производных от них величин при инверсии частично-кратных сумм), слагающих разрез, по амплитудам отраженных волн. Данный метод динамической интерпретации сейсмических данных позволяет осуществить переход от характеристик отражений от границ пластов к упругим характеристикам самих пластов изучаемого разреза. Для прогноза эффективных толщин для изучаемого интервала была применена функция распределения вероятности коллектора - 2Д функция распределения Гаусса. В результате оптимизации параметров 2Д распределения Гаусса с целью максимизации коэффициента корреляции между прогнозными и фактическими эффективными толщинами по скважинам были выбраны параметры решающего правила. Результирующая карта эффективных толщин для интервала Ю2-Ю3 по результатам синхронной AVA-инверсии представлена на рисунке 6. Прогнозная мощность в пределах рассматриваемого палеорусла варьирует в среднем от 10 до 15 м, а по зависимости Collinson прогнозируемая мощность составляет 14.6 ±3 м.

- ***Методы разряженной аппроксимации для повышения разрешающей способности волнового поля***

Методы разряженной аппроксимации для повышения разрешающей способности волнового поля находит своё применение и для идентификации палеорусловых систем, изучение которых сопряжено с ограничениями, связанными с разрешающей способностью сейсморазведки, так как для речных систем характерно многообразие фаций при незначительной мощности геологических тел. Данный метод подробно рассмотрен в статье Буторина А.В. [1]. Данные алгоритмы основаны на использовании заданного словаря вейвлетов для описания входной сейсмической трассы. При этом значительное влияние на результат оказывает состав используемого аппроксимирующего словаря. Данный алгоритм позволяет восстановить коэффициенты отражения перейти к относительному акустическому импедансу, тем самым позволяя спрогнозировать тонкие пласты.

**Выводы**

Анализ результатов различных комплексных подходов позволяет закартировать объект более надежно, а в некоторых случаях выявить отдельные детали в его строении, позволяющие применить способ численной оценки морфометрических параметров русловых тел (палеоканалов) и сделать сейсмический прогноз по результатам синхронной AVA-инверсии. Пример применения рассмотренных в данной работе подходов наглядно демонстрирует их преимущества для углубленной геологической интерпретации палерусловых объектов.

Для практического примера, рассматриваемого в данной работе, наиболее контрастно и детально палеорусло проявляется на цветовой карте атрибута eXchroma, менее детально палеорусло проявляется на цветовом срезе спектральной декомпозиции, а атрибутный анализ позволяет лишь выполнить первичную экспресс-идентификацию исследуемого объекта. При рассмотрении двух подходов к дальнейшему прогнозу эффективных толщин (способ прогноза морфометрических параметров палоканалов по параметрам синусоидальности и сейсмический прогноз по результатам синхронной AVA-инверсии) получаются согласующиеся между собой значения мощности палеорусловых отложений. По сейсмическому прогнозу мощность палеорусла находится в диапазоне от 10 до 15 м, а прогнозируемая мощность по зависимости Collinson составляет 14.6 ±3 м. При этом вычисление мощности палеорусловых отложений по параметрам синусоидальности относится к экспресс подходам интерпретации, и позволяет выполнить первичную оценку мощности коллектора в короткие сроки, а также к преимуществам данного подхода следует отнести возможность применения на неразбуренных участках.

Таким образом, параметризация объекта и прогноз отдельных величин, находящихся за пределами разрешенности сейсмического метода, позволяют более реалистично оценить морфологию палеорусла, спрогнозировать размеры возможных литологических ловушек, оценить ресурсы, дать прогноз и рекомендации для дальнейшего изучения.

**Библиография / References**


1. Butorin A.V., Sparse approximation for seismic resolution increasing // PRONEFT, 2020, issue 4, pp.40-45

2. Butorin A. V., Vinokhodov M. A., Zinnurova R. R., Mityaev M. Yu., Onegov A. V., Sharifullin I. F. Estimating the potential of the Tumen formation in the Noyabrskiy region of Western Siberia // Journal " Neftyanoe khozyaystvo - Oil Industry". 2015. No. 12. C. 41-43.

3. Olneva T. V., Zhukovskaya E. A., Oreshkova M. Yu., Kuzmin D. A. Diagnostics of morphogenetic types of paleochannels based on parametrization of seismic images // Journal "Geophysics". – 2022. – No. 2. – pp. 17-25.

4. Patent No. 2672766 C1 Russian Federation, IPC G01V 1/28, G01V 9/00. Method of forecasting morphometric parameters of channel bodies (paleocannels): No. 2018104929: application 08.02.2018: publ. 19.11.2018 / T.V. Olneva, E.A. Zhukovskaya; applicant LLC Gazpromneft STC

**Влияние масштаба структурных построений на ресурсную базу.**

А.А. Вазаева (ООО «Газпромнефть НТЦ»), Т.В.Шмелькова (ООО «Газпромнефть НТЦ»), А.Ю. Колцун (ООО «Газпромнефть НТЦ»)

**Введение**

Оценка ресурсного потенциала и формирование программы на доизучение участка предполагает анализ значительного объёма геолого-геофизических данных. Как правило, это несколько съёмок 3Д и 2Д разных лет и сотни скважин. Величина ресурсов во многом определяется морфологией кровли целевого пласта. Это обуславливает важность структурных построений при выделении ловушек. В работе приведен пример того, как структурные построения влияют на ресурсную базу.

**Общие сведения о проекте**

Участок работ расположен в южной части Ямало-Ненецкого автономного округа (Рис.1). На территории в разные годы получен большой объем сейсмических данных (МОВОГТ 3D - 12 тыс.кв.км, МОВОГТ 2D - 20 тыс.пог.км), пробурено более 2000 скважин. На участке расположены как уже известные месторождения (Еты-Пуровское, Спорышевское и пр.), так и перспективные неопоискованные зоны. Целевым интервалом является юрские отложения, а именно пласты васюганской и тюменской свиты.

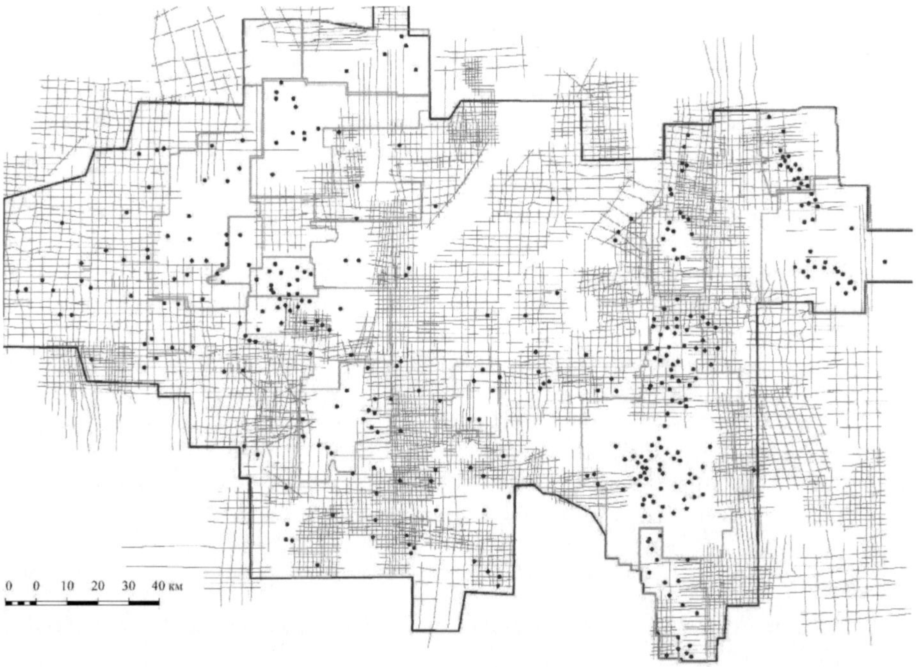


*Рис. 1. Участок работ*

**Структурные построения на региональном этапе анализа**

Работы с такими крупными проектами предусматривают следующую последовательность: на первом этапе происходит выделение перспективных зон для детального анализа и разбиение на кластеры; на втором оценивается ресурсная база (РБ) отдельных кластеров.

Структурные карты являются основным критерием для выделения ловушек. Чаще всего прогноз глубин выполняется с использованием регрессионной зависимости H(to). Это обусловлено рядом причин: большое количество скважин на площади, как правило тесная зависимость время/глубина в точках скважин, более низкое значение дисперсии, более рельефные поверхности, минимизация пересечений близко расположенных поверхностей. Поверхности строятся с большой ячейкой (200-300м) и базой сглаживания 1-2 ячейки (Рис.2).

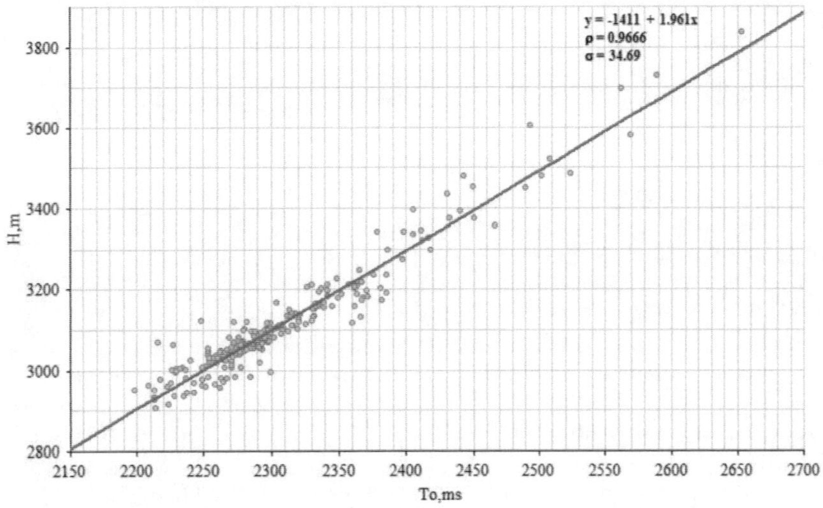


*Рис. 2. Общий график зависимости время-глубина для юрских ОГ*

В результате анализа региональных карт отбираются наиболее перспективные зоны (кластеры) и определяется набор ловушек с целью их дальнейшего анализа. В рассматриваемом примере приняты следующие параметры выделения ловушек: амплитуда должна быть не меньше 10м, площадь не менее 1 кв.км. Помимо структурных построений привлекается вся геолого-геофизическая информация (РИГИС, испытания, фациальные модели и пр.).

**Структурные построения на детальном этапе анализа**

После того, как выбраны наиболее перспективные зоны, выполняется детальная геологическая оценка этих участков. На этом этапе применяются собственные скоростные законы с тем набором скважин, что есть в пределах кластеров. В отдельных случаях уточняется корреляция отражающих границ и разрывных нарушений. Карты рассчитываются с меньшей ячейкой (25-50м для 3D, 50-100м для 2D) и характеризуются большей детальностью.

Стоит отметить, что ряд площадей характеризуется наличием газовых шапок, которые на начальном региональном уровне не учитывались при картопостроениях. На уровне локальных карт выполнен учёт влияния газовых шапок на геометрию отражающих горизонтов.

В результате детальных структурных построений морфология поверхности кровли пласта может измениться. К примеру локальные поднятия, не замыкающиеся на региональном уровне, становятся более амплитудными и представляют собой отдельные поднятия, интересные как потенциальные объекты под бурение.

На рисунке 4 представлен наиболее выразительный пример изменения структурного плана. На фрагменте структурной карты пласта J3 есть существенные особенности. Можно отметить следующие:

-уменьшился контур большой ловушки в северной части участка (изменение размера с 22х4.3км до 8.5х2.5км, площади с 86.5кв.км до 20.4 кв.км);

-количество ловушек на карте возросло.

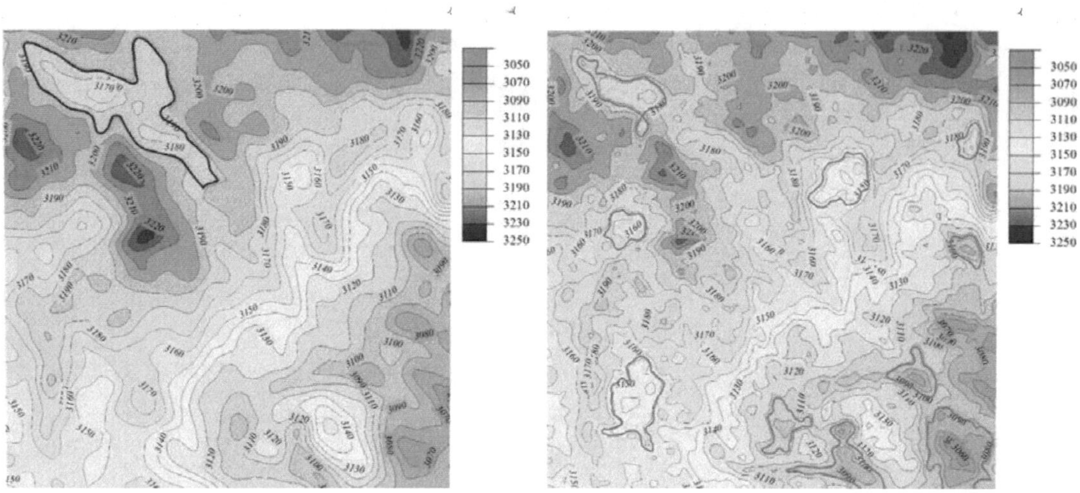


*Рис.4. Фрагменты структурной региональной (слева) и локальной (справа) карт ОГ J3*

**Построение карт погрешности**

Важным этапом является расчет карт стандартного отклонения, которые используются при вероятностной оценке ресурсной базы. На этапе региональных работ оценка погрешности структурных построений выполняется, однако учитывая большую площадь работ, значение стандартного отклонения достаточно велико (в нашем случае 35м) и использовать для варьирования отдельных локальных участков некорректно. Для этого при расчете локальных карт также рассчитывается и свое локальное стандартное отклонение (Рис.5). Таким образом, к финальным построениям по локальным участкам имеем комбинированную карту стандартного отклонения, состоящую из отдельных участков со своим значением. Для рассматриваемого участка работ погрешность составила 16 м.

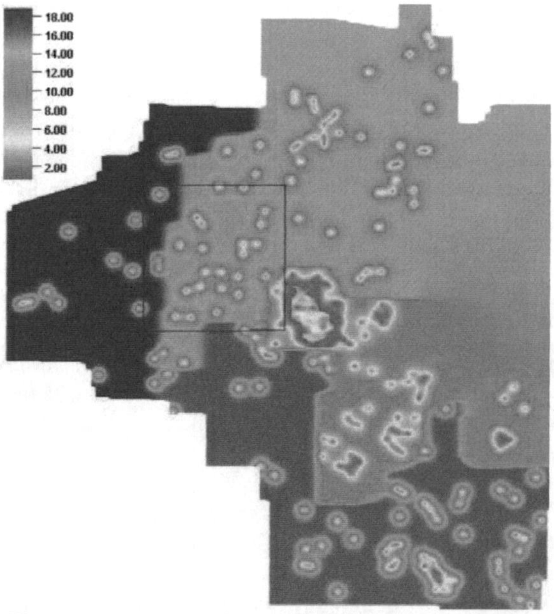


*Рис.5. Пример карты погрешности на уровне локальных карт*

**Оценка ресурсов и выводы.**

Результатом работ по оценке перспективности региона является величина ресурсной базы. В данной работе выполнены вероятностные расчеты по двум вариантам: на основе региональной (более гладкой) карты и на основе локальной (детальной) структурной карты.

В качестве входной информации для вероятностной оценки выбраны две исходные структурные поверхности, карта эффективных толщин, статистика по аналогам распределения коэффициента пористости и коэффициента нефтенасыщенности, скважинная информация, а также параметры, описывающие неопределенность входных данных (карты и значения стандартного отклонения, ранги вариограмм, вероятные границы распространения коллекторов и т.д.).

Погрешности структурных построений также использованы в двух вариантах: в первом случае, по значению дисперсии из общей регрессии H(to), во втором случае стандартное отклонение принималось по скважинам в пределах локального участка.

В результате расчетов ресурсная база по отдельно рассмотренному кластеру составляет 4363 тыс.т, что в два раза больше, чем по предыдущему варианту расчетов по региональной карте (2584 тыс.т). Также значения вырастают в случаях P90 и P10. Отношение ресурсов в вариантах P10/P90 существенно ниже при расчетах с использованием локальной карты, что говорит об уменьшении диапазона неопределенности в общей ресурсной базе, благодаря уточнению продуктивных объемов. Причинами такого отличия является увеличение количества ловушек, уточнения их морфологии (площади и амплитуды) и уменьшения погрешности структурных построений в пределах кластера.

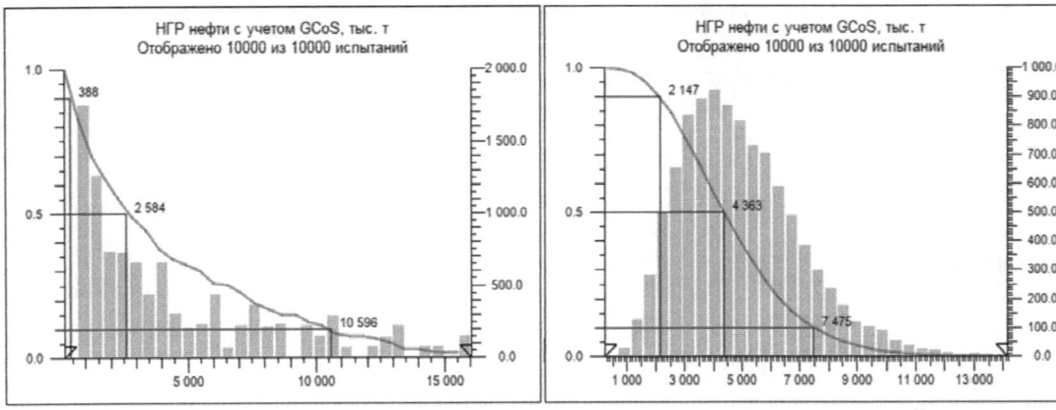


*Рис.6. Распределение ресурсов по вариантам карт: слева – региональной, справа – с детализированной*

## Заключение

Поиск и оценка перспективных ловушек на уровне крупных региональных работ включает в себя два этапа оценки: региональный и локальный. При уточнении структурных карт в пределах отдельных кластеров морфология поверхностей может меняться, что в свою очередь оказывает существенный эффект на ресурсную базу и соответственно на экономическую привлекательность проекта.

**Библиография / References**


1. Sysoev A.P. Technology for constructing volumetric seismogeological models based on data from multiscale seismic survyes, c.Novosibirsk, «Sibneftegeofisika», 2005.
2. Ekimenko A.V. Retrospective assessment of the structural models accuracy. Case study in the fields of "Gazpromneft PROНЕФТЬ. Профессионально о нефти. – 2017 - № 3(5). – С. 19-254.

## Нестандартные решения задач кинематической интерпретации в сложнопостроенных зонах предгорных прогибов

Л.М. Рачева* (ООО «РН-БашНИПИнефть»)

### Введение

Депрессионные зоны предгорных краевых прогибов характеризуются сложным строением, образованным в условиях чередующихся растяжений и сжатий прогибающегося платформенного чехла. Согласно принятой тектонической парадигме, в позднекаменноугольное время на Южном Урале в процессе завершения субдукции пришли в соприкосновение Восточно-Европейская и Казахстанская плиты - жесткая коллизия континент-континент [1], что определило тектонику внутреннего борта Мраковской депрессии Предуральского краевого прогиба (ПКП) в зоне складок, генетически приуроченных к протяженному региональному взбросо-надвигу (Рис. 1).

Геологическими задачами являлось изучение 2-х газоконденсатных месторождений в пределах съемки МОГТ-3D; трассирование и ранжирование разрывных нарушений; реконструкция осадконакопления с построением геолого-геофизической модели, т.е. решение кинематических задач. Цель работы - поделиться опытом нестандартных подходов построения скоростной модели.

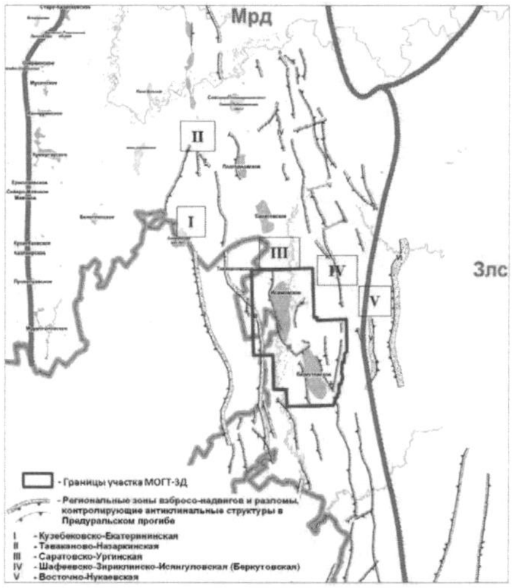


***Рисунок 1.*** *Тектоническая схема строения депрессионных зон ПКП.*

### Метод

Участок характеризуется высокоградиентным рельефом. По сейсмическим материалам выявлены многочисленные элементы разрывной тектоники, разбитые на крупные межблоковые составляющие и мелкие внутриблоковые структурные формы (Рис. 2). Распределение атрибута когерентности служило QC-контролем тектонической модели (Рис. 3). Надвиговые перемещения с востока на запад, с пологими линиями разрыва и значительной крутизной падения слоев ограничивают выбор методики структурных построений. Использование гладких карт средних скоростей не дает верного распределения между тектоническими блоками. Применение интервальных скоростей невозможно - вертикальные разности времен между опорными ОГ часто проходят не по нормали к напластованию и описывают со смещением разные тектонические блоки. В то время как значительная расчлененность глубинного рельефа и наличие бурения на разных гипсометрических уровнях (свод, крылья и мульды складок) дают надежную высококоррелируемую линейную регрессию (Рис. 4). Скоростная модель регрессии распределяет средние скорости в блоках согласно направлениям тектонических напряжений.

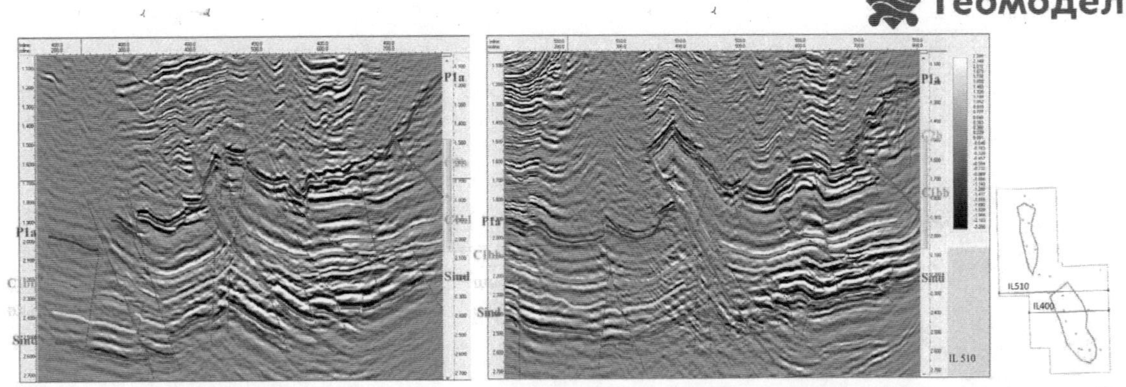


***Рисунок 2.*** *Строение взбросо-надвига на поперечных сечениях по IL400 и IL510, в интервале Sind-P1a по сохранению временных толщин и унаследованному характеру заполнения предполагается господство режима компенсированного осадконакопления со спокойной геодинамикой.*

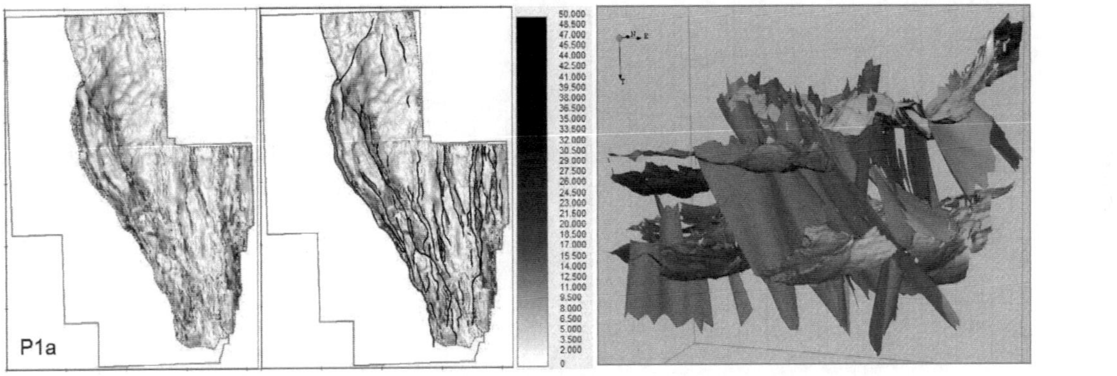


***Рисунок 3.*** *Отображение тектонического строения по ОГ P1a (кровля ассельского горизонта) по атрибуту «Dip of Maximum Similarity», и трехмерная визуализация плоскостей разломов.*

**Примеры**

Структурная карта по кровле P1a (аллохтон) построена с применением линейной регрессии и Ккор=0,977. Градиент изменений глубин 1600 м. Из выборки по 21 скважине исключена 1 скважина, находящаяся в неполнократной части куба, зоне высокой тектонической раздробленности и большого угла наклона рассчитываемой поверхности. Среднее стандартное отклонение от регрессии - 67.8 м, можно считать точностью структурных построений. Распределение скоростей регрессии подчинено тектонической модели с соответствующими направлениями изовел (Рис. 5). В пределах автохтона расположены 2 скважины, вскрывшие ассельские отложения. Одна находится в области разлома на границе двух блоков со значительным амплитудным смещением и не дает однозначных значений T0. В районе второй скважины волновое поле искажено эффектами миграции в неполнократной краевой части, пикировка ОГ P1a в которой некорректна. Поскольку формирование аллохтона и автохтона происходило в единых условиях – окраинных платформенных, и много позднее (в герцинский орогенез) подверглось современным геометрическим изменениям, то регрессию аллохтона допустимо распространить в автохтонную часть, мало охваченную бурением. Различия в скоростях регрессии базируются на разнице времен наблюдения ОГ и не противоречат данным ВСП по скважине 1 (на смежном участке МОГТ-3D, на северном продолжении взбросо-надвига) с повторением разреза (аллохтон–сместитель–автохтон). Согласно годографу средние скорости до одноименных отложений в аллохтонной части меньше, чем в автохтоне ~ на 200 м/с. Таким образом, окончательная структурная карта по кровле ассельского яруса для аллохтона и автохтона выполнена с применением линейной регрессии H(t). Распределение скорости регрессии для авто- и аллохтона приведены на рисунке 5.

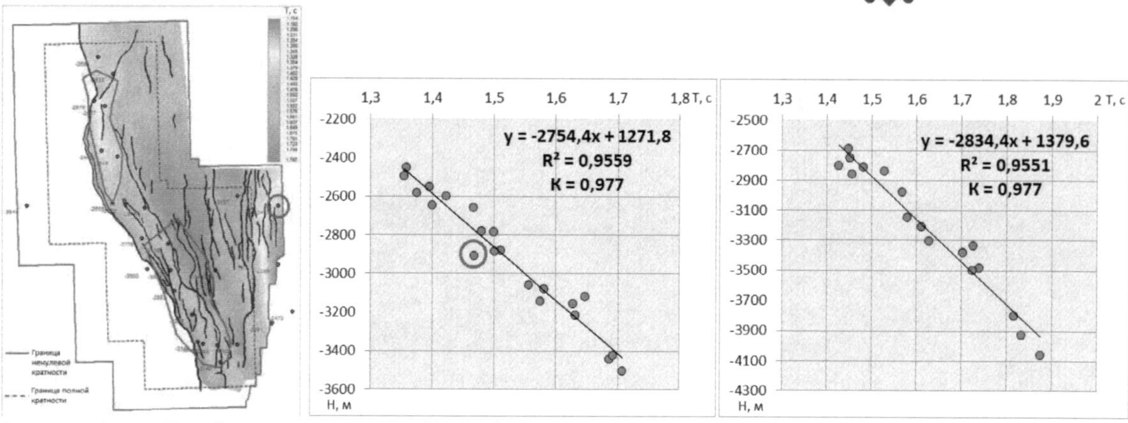


***Рисунок 4.*** *Линейная регрессия H=-2754.4*T+1271.8 для ассельского яруса (аллохтонный блок).*

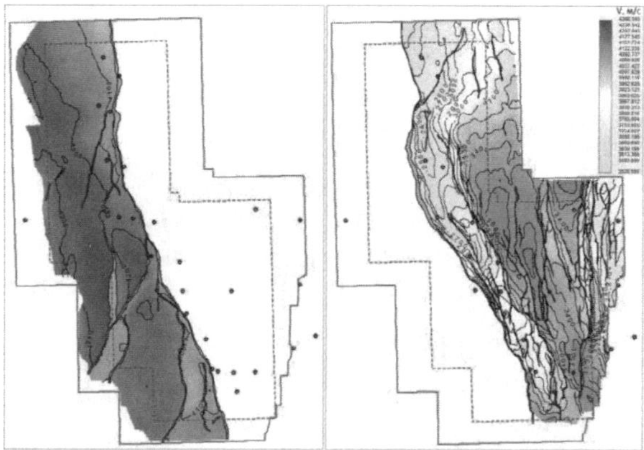


***Рисунок 5.*** *Карты средних скоростей регрессии до кровли ассельского яруса.*

Поверхности C1bb, D3kn из-за разницы в способе построения искажали толщины комплексов с поверхностями P1a, C2b. Для взаимоувязанной модели требовалась альтернативная методика. Анализ толщин двух упомянутых смежных участков МОГТ-3D (Рис. 6), подтверждающих единое строение верхнедевонских – каменноугольных отложений, с сохранением соотношения толщин комплексов. На смежном участке достаточно скважин, вскрывших отложения до венда. По данным ВСП выполнен расчет интервальных скоростей Vint(C2b-C1bb)=6527 м/с, Vint(C2b-D3kn)=6280 м/с. Вопрос использования постоянной интервальной скорости проблемы не решал, так как оценить временную толщину комплексов из-за сложного строения не представляется возможным. Большинство структурных форм не описываются вертикальной временной толщиной (ΔT) из-за больших наклонов ОГ и плоскостей разломов. Было решено для каждой поверхности C1bb, D3kn визуальным перебором создать базу контрольных псевдоскважин, в которых ΔT(C2b-C1bb), ΔT(C2b-D3kn) не искажено на участках с горизонтальным напластованием в одном тектоническом блоке. Для поверхности C1bb заведено в проект 20 псевдоскважин, для D3kn – 32. Важно было иметь контрольные скважины на разных гипсометрических уровнях и достаточно равномерным распределением по площади. Следующий шаг - зная ΔT(C2b-C1bb), ΔT(C2b-D3kn), через известные значения Vint=6527 м/с, Vint=6280 м/с рассчитать величины ΔH для каждой из псевдоскважин. Затем, используя опорную поверхность по кровле башкирского яруса H(C2b) через значения ΔH, по псевдоскважинам сделан переход на пары значений H(t), которые позволили получить псевдорегрессию для каждой из искомых поверхностей (Рис. 7). Коэффициенты регрессии высокие 0,996 и 0.998. Уравнения были использованы для расчета глубинных карт поверхностей по обоим блокам (авто- и аллохтон). Полученная глубинная модель взаимоувязана - соотношение поверхностей не противоречит модели во временном масштабе, лишена артефактов - пересечений поверхностей между собой.

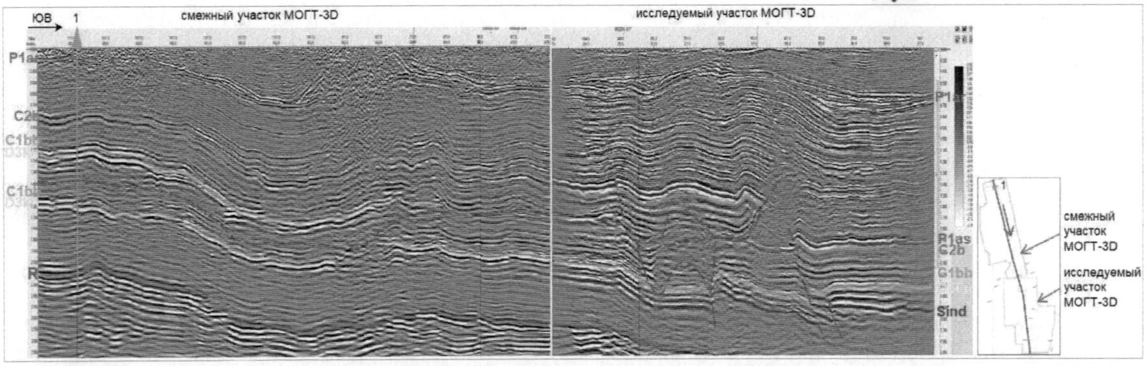


***Рисунок 6.*** *Передача данных с использованием композитного профиля через скважину 1 с ВСП.*

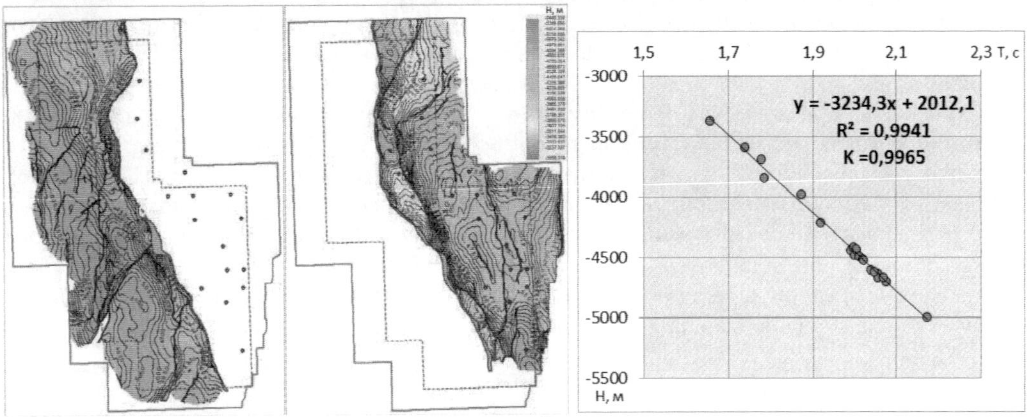


***Рисунок 7.*** *Структурные карты по кровле бобриковского горизонта (автохтон и аллохтон) с использованием линейной «псевдорегрессии» и график зависимости Н(Т).*

## Выводы

Область выполнения сейсмических исследований относится к газонефтеперспективной и довольно сложной для надежного кинематического прогноза. Об этом говорят оцененные величины точности структурных построений. Но как один из возможных для выполнения кинематического прогноза подходов – описанная попытка расчета модели с сохранением интервальных толщин (временных и глубинных) между комплексами и тектоническими блоками.

Библиография

1. В.Н. Пучков, Уфа, Даурия, 2000, Палеогеодинамика Южного и Среднего Урала.

## References

1. V.N. Puchkov, Ufa, Dauriya 2000, Paleogeodynamics of South and Middle Urals.

**Особенности интерпретации высокоразрешённых сейсмических данных**

И.Ю. Хромова* (ИП «Хромова И.Ю»), Г.Ю. Кобзарев (ТП НИЦ «Нефтегаз»), А.А. Архипов (ООО «Геошельф-Сервис»)

**Введение**

Многие годы на все запросы геологов от сейсморазведчиков звучал заученный ответ о невозможности решения геологических задач из-за низкой разрешенности сейсмических данных. Не реже звучат слова о «невидимых сейсмикой разломах» для объяснения различных флюидальных контактов в скважинах. Все эти утверждения абсолютно справедливы для привычных сейсмических данных. Накопленный на сегодня инструментарий стандартных средств для расширения спектра вывел на «плато» все усилия сейсморазведчиков по повышению разрешенности сейсмических разрезов. Тем не менее во всем мире ведутся поиски решения этой насущной задачи, исследования сосредоточены в двух основных направлениях: аппаратурное и алгоритмическое. В первом случае разрабатываются средства возбуждения и регистрации сигнала более широкого спектра. Во втором случае развиваются алгоритмы математической обработки уже зарегистрированных сейсмических данных. В основном привлекаются различные алгоритмы расширения спектра в область высоких частот, не зарегистрированных на поверхности «в явном виде». Среди них есть и машинное обучение [Yongyu Choi et al, 2019], и экстраполяция гармонических рядов [Chen Liang et al, 2017], и детальный анализ волновых пакетов с последующим продолжением спектра [Архипов А.А. и др. 2021].

**Метод**

Машинное обучение требует наличия высокочастотного «эталона», полученного в схожих сейсмогеологических условиях и обработанных по идентичному графу обработки, а результат применения алгоритма будет ограничен полосой спектра «эталона». Технологии экстраполяции гармоник позволяют «заглянуть» за зарегистрированный на поверхности диапазон частот, не требуют эталонирования, но предполагают, что вейвлет достаточно точно известен для любого участка разреза. На практике последнее условие не выполняется.

Технологии продолжения спектра, основанные на анализе волновых пакетов и законов их периодичности в спектре, не предполагают эталонирования и наличия априорной информации о вейвлете. Далее в работе пойдёт речь о интерпретации материалов после применения технологии продолжения спектра.

Особенность интерпретации высокоразрешенных сейсмических данных заключается в кратном повышении сложности и трудоемкости такой работы: возрастает не только количество фаз внутри целевого интервала, но и видимое количество неоднородностей типа малоамплитудных тектонических нарушений или малоразмерных геологических тел. Волновая картина с одной стороны обогащается геологической информацией, а с другой стороны атомизируется до пестроты, затрудняющей визуальное восприятие. Имея насущное желание увидеть на разрезах отражения от более тонких пластов-коллекторов, интерпретаторы не предполагают, что вместе с ростом разрешенности возрастает и количество фаз от пластов-неколлекторов. А значит и возрастают требования к более тщательной привязке сейсмических отражений к скважинным реперам, вплоть до привлечения трасс коридорного суммирования ВСП. На рисунке 1 видно, во-первых, высокую степень коррелируемости трассы коридорного суммирования с трассами высокоразрешенного куба, а во-вторых, то, что отрицательное отражение от кровли приточного пласта – суперколлектора на стандартных сейсмических данных не разрешается, в отличии от высокоразрешеннного куба, и в третьих то, что отражение от кровли суперколлектора неконформно опорному отражающему горизонту ОГ С3 и латерально изменчиво. Соответственно, при использовании высокочастотного куба возможно не только повысить точность структурных построений, но и закартировать границы распространения суперколлекторов.

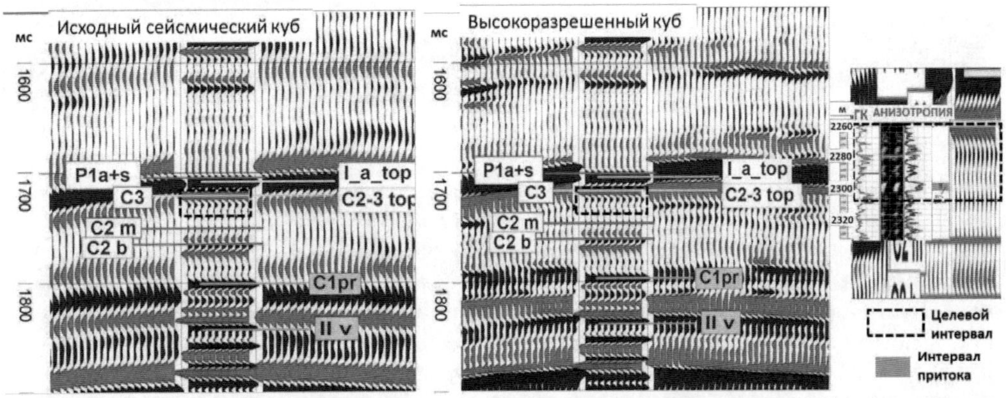


***Рисунок 1.*** *Сравнение привязки трассы коридорного суммирования к сейсмическому разрезу в стандартной полосе частот (слева) и к кубу с расширением спектра (посередине). Справа увеличенный фрагмент целевого пласта с приточным интервалом.*

Повышение детальности волновых разрезов позволяет разобраться со строением сложных резервуаров, становится возможным проследить отражения от кровли локальных покрышек. Так, на рисунке 2 пример прослеживания ОГ Reef, разделяющей считавшийся ранее массивную рифогенную постройку на несколько циклов рифостроения. Десятилетиями на месторождении «А» лучшие умы индустрии пытались построить геологическую модель, объясняющую скачки ВНК в соседних скважинах амплитудой 65-70 м, при том, что стандартные сейсмические данные не давали оснований проводить разломы или разделять единый резервуар на части.

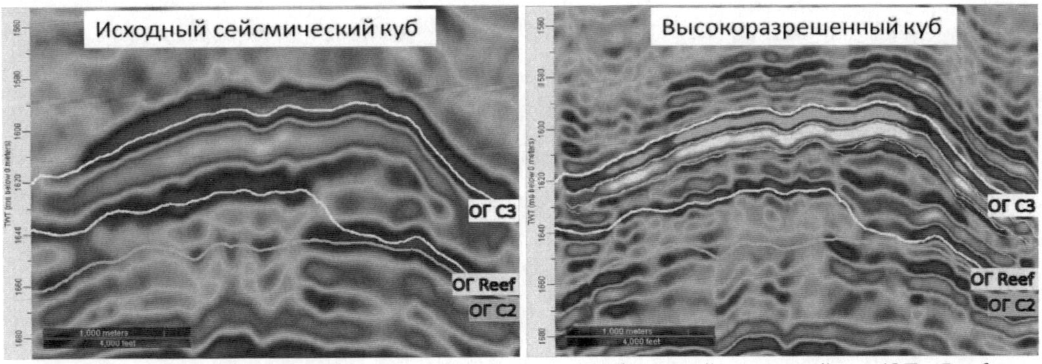


***Рисунок 2.*** *Неоднозначная пикировка кровли рифогенной постройки (ОГ Reef) на стандартных сейсмических данных (слева), бесспорная пикировка кровли рифогенной постройки (ОГ Reef) на высокоразрешенных сейсмических данных (справа).*

В результате детальной корреляции по высокоразрешенную кубу единый резервуар месторождения «А» был непротиворечиво разделен на несколько гидродинамически разобщенных залежей с самостоятельными горизонтальными уровнями ВНК. Месторождение, пережившее модель с «гофрированным» ВНК (рис. 3, слева), модель «блокового строения» (не показано), обрело наконец непротиворечивую модель многослойного резервуара (рис. 3, справа).

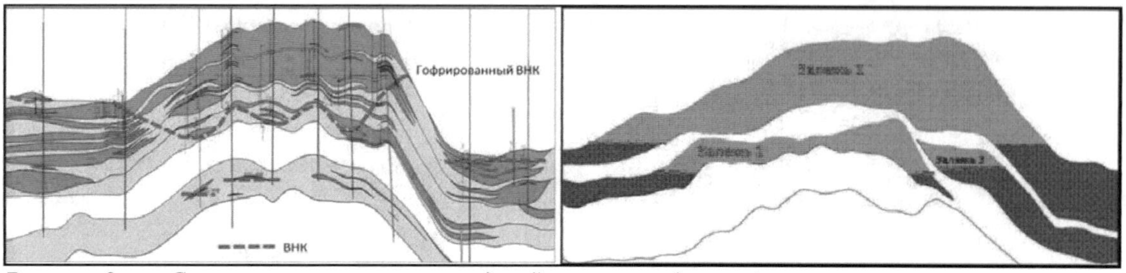


***Рисунок 3.*** *Сравнение геологических моделей месторождения А, построенных на основе стандартных сейсмических данных (слева) и на основе высокоразрешенного куба (справа).*

Неожиданным преимуществом расширения спектра сейсмической записи оказалась различная степень повышения частоты изображения в зависимости от исходного частотного состава, присущего породам разной литологии. Так, волновая картина в интервале высокоскоростных карбонатных пород в результате применения процедуры расширения спектра разрешается меньше, чем сопредельные низкоскоростные терригенные породы. Особенно убедительно это проявляется для рифогенных построек, вмещенных в терригенные толщи. На рисунке 4 показаны примеры таких ситуаций: для одиночного пинакл-рифа (А и Б) и для барьерной постройки (В и Г).

Из наблюдения, сделанного выше, следует, что для терригенных пород процедура расширения спектра существенно эффективней, чем для карбонатных. Хотя точнее было бы сказать, что эффективность процедуры расширения спектра тем более эффективна, чем выше слоистость (или тонкослоистость) изучаемого геологического разреза, вне зависимости от того карбонатными или терригенными породами представлены эти слои.

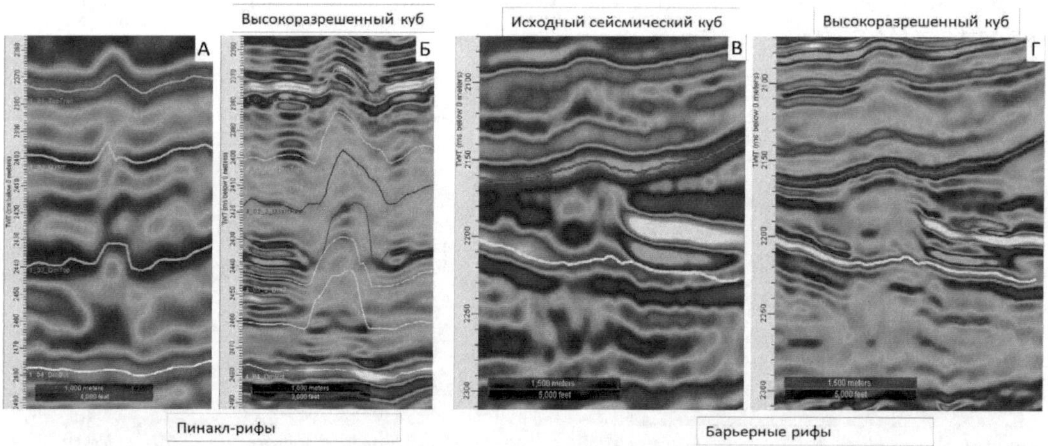


***Рисунок 4.*** *Изображение органогенных построек, замещающихся терригенными породами, на стандартных сейсмических разрезах (пинакл-риф А и барьерный риф В) и на высокоразрешенных сейсмических разрезах (пинакл-риф Б и барьерный риф Г).*

При сопоставлении стандартных и высокоразрешенных сейсмических данных (особенно для терригенных пород) важно понимать, что амплитуды отражения от горизонта, прослеженного по низкоразрешенному кубу, являются интегральной характеристикой всех тонких слоев, которые можно проследить по высокоразрешенному кубу внутри того же временного интервала. Большим заблуждением является мнение, что доверять амплитудам высокоразрешенных кубов нельзя, потому что они не похожи на амплитуды низкоразрешенных данных. Они именно потому не похожи, что являются отражением характеристики только одного тонкого слоя из пачки слоев, неразделяемых на стандартном кубе. Именно возможность анализировать амплитуды тонких слоев по-отдельности – несомненное преимущество высокоразрешенных данных. Ниже на рис. 5 (справа) показано какие четкие границы и выраженные меандрирующие формы геологических тел континентального (руслового, левийного и т.д.) генезиса проявляются на карте мгновенных амплитуд вдоль ОГ C1bb, прослеженного по высокоразрешенному кубу. При том, что на стандартном кубе эти тонкие неоднородности проявлены очень слабо и были пропущены при стандартной интерпретации.

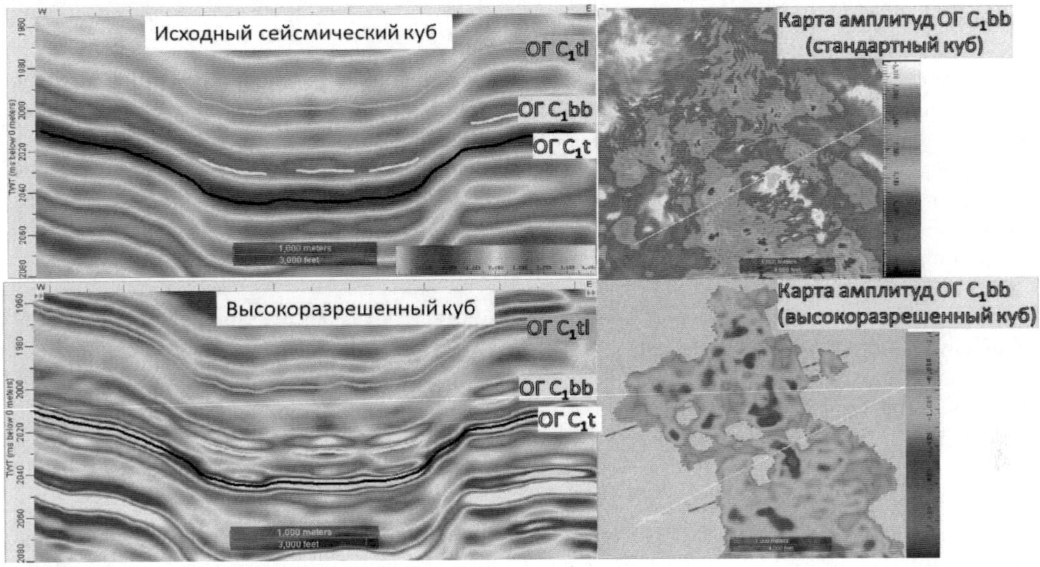


***Рисунок 5.*** *Пропущенная литологически экранированная ловушка в песчаниках континентального (руслового) генезиса бобриковского возраста, закартировать которую стало возможно только на высокоразрешенных сейсмических данных.*

Накопленный опыт работ с высокоразрешенными сейсмическими данными, полученными по результатам их дополнительной спец. обработки, убедительно свидетельствует о новых возможностях детализации сейсмогеологических моделей объектов в целевых интервалах разреза и выхода на построение более обоснованных и достоверных геологических моделей как под цели подсчета запасов, так и для оптимизации разработки.

**Библиография**

1. Yongyu Choi, Soon Jee Seol, and Joongmoo Byun, Young Kim. Vertical resolution enhancement of seismic data with convolutional U-net // SEG Conference 2019 Abstracts
2. Chen Liang, John Castagna, Ricado Zavala. Torres Tutorial: Spectral bandwidth extension - Invention versus harmonic extrapolation // Geophysics, 2017, Vol. 82(4):1-65
3. А.А. Архипов, Г.Ю. Кобзарев, И.Ю. Хромова Теоретические основы и практика применения технологии расширения спектра сейсмической записи нового поколения «nSeis» // Геофизика. 2021. Вып. 4. С. 71–80.

**References**

1. Yongyu Choi, Soon Jee Seol, and Joongmoo Byun, Young Kim. Vertical resolution enhancement of seismic data with convolutional U-net // SEG Conference 2019 Abstracts
2. Chen Liang, John Castagna, Ricado Zavala. Torres Tutorial: Spectral bandwidth extension - Invention versus harmonic extrapolation // Geophysics, 2017, Vol. 82(4):1-65
3. A.A. Arhipov, G.Yu. Kobzarev, I.Yu. Hromova Teoreticheskie osnovy i praktika primeneniya tekhnologii rasshireniya spektra sejsmicheskoj zapisi novogo pokoleniya «nSeis» // Geofizika. 2021. Vyp. 4. S. 71–80.

**Расширение спектра экстраполяцией: применение, проверка, особенности результатов и требования к данным**

М.М. Попов (ООО «Бурсервис»)

**Введение**

В настоящее время все большую популярность набирают методы расширения спектра сейсмической записи экстраполяцией в область незарегистрированных частот (1,2). Данные методы позволяют повысить частоту разреза в 2-3 раза. Результаты - разрезы с экстраполированными частотами, имеют ряд особенностей, не очевидных на первый взгляд, но объяснимых при детальном рассмотрении. Так же, достоверное расширение спектра экстраполяцией накладывает определенные требования и к исходным данным, и на методику проверки и интерпретации результатов.

В статье на синтетических и реальных примерах рассматриваются вопросы применения методов расширения экстраполяцией, методы контроля, проверки и особенности интерпретации результатов. Полученные результаты и рекомендации позволят эффективно использовать расширение спектра экстраполяцией на практике.

**Метод**

Многолетние работы ряда авторов (3) в области изучения и применения эффектов тюнинг зоны (зоны интерференции тонких пластов) позволили на основе характерных особенностей спектра в тюнинг зоне создать методы экстраполяции спектра в незарегистрированную область высоких частот. Эти методы используют эффект появления на спектре в зоне тюнинга гармонических провалов/усилений на частотах пропорциональных временной мощности тонких слоев. Данный эффект хорошо виден на простой модели зоны тюнинга – модели клина (Рис. 1) и давно используется в некоторых методах интерпретации, например - спектральная декомпозиция.

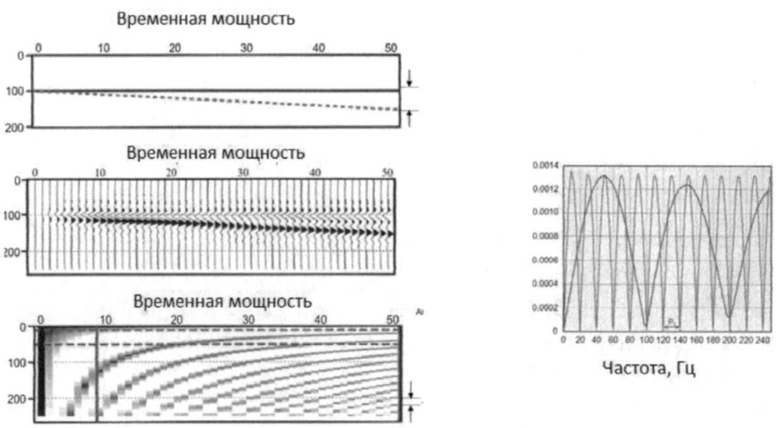


***Рисунок 1.*** *Модель клина и спектры для мощности 10мс (красный) и 50мс(синий).*

Так как в реальном разрезе мы имеем комбинацию тонких слоев и структура тюнинг зоны усложняется то для упрощения используется метод разложения на элементарные тонкие слои ( ), метод инверсии редких слоев. В данном методе сигнал, который является суперпозицией отражений от тонких слоев, представляется суммой отражений от элементарных тонких слоев (парных, непарных) с соответствующими коэффициентами (Рис 2.). Для построения библиотеки функций элементарных тонких слоев используется импульс, извлеченный из данных. Это может быть как статистический, так и детерминистический импульс.

Таким образом, исходя из теории методов экстраполяции можно сказать, что наибольшее влияние на результаты будут оказывать искажения спектра и ошибки в определении импульса.

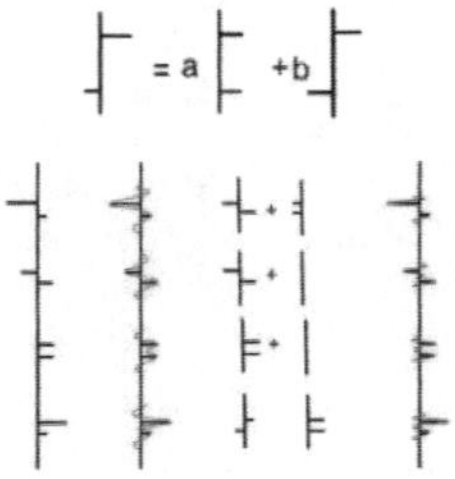


***Рисунок 2.*** *Разложение на элементарные тонкие слои (инверсия редких слоев) и моделирование трассы комбинацией элементарных тонких слоев (четных, нечетных).*

**Примеры влияющих факторов**

Для определения ошибок, связанных с искажениями спектра исходных данных, были выполнены расчеты на модели клина с фильтрацией модельных трасс. Расчёты показали, что жесткая фильтрация исходных данных может так сильно исказить спектр что экстраполяция частот будет не возможна, не сработает так как может сработать на оригинальном спектре. Пример на Рис 3, 4 иллюстрируют данный вывод. Фильтрация 2-8-32-64(?) дает провал на экстраполированном спектре, но в зоне тюнинга частоты еще восстанавливаются, а фильтрация 5-10-30-35 (?) уже делает восстановление практически неудовлетворительным и спектр результата имеет большой глубокий провал, из-за отфильтрованных частот.

Другие искажения спектра, помимо фильтрации, так же могут оказывать влияние на результаты экстраполяции и будут рассмотрены в будущем. При этом можно отметить, что фильтрация будет одним из основных ограничений использования метода.

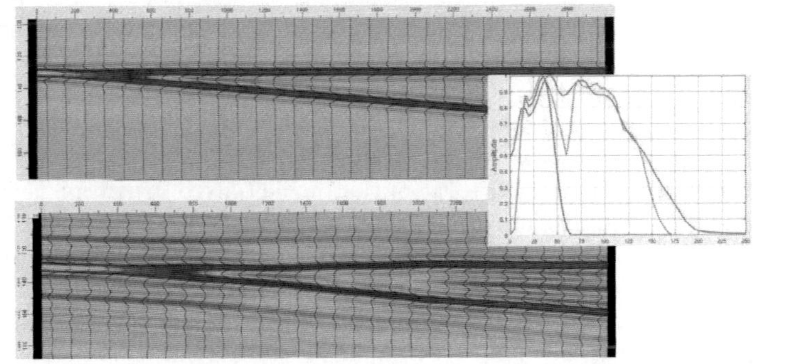

***Рисунок 3.*** *Эффект «мягкой» фильтрации на экстраполяцию спектра. а) модель с импульсом 2-16-96-192, б) – результат экстраполяции спектров после фильтрации модели а) фильтром 2-16-32-64, с) спектры, исходной модели, после фильтрации и после экстраполяции.*

Следующим по важности влияния на результаты экстраполяции будет оценка импульса, который будет использоваться для библиотеки моделей элементарных тонких слоев. При отсутствии скважинной информации импульс будут оцениваться статистически по сейсмическим данным.

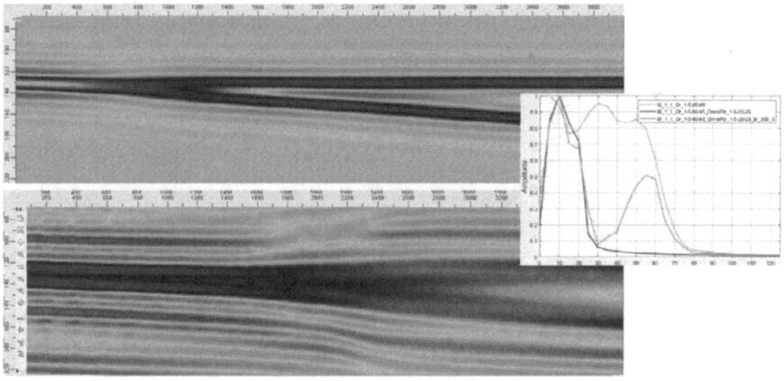

*Рисунок 4. Эффект «жесткой» фильтрации на экстраполяцию спектра. а) – модель с импульсом 1-5-60-65, б) – результат экстраполяции спектров после фильтрации модели а) фильтром 1-5-20-25, с) спектры, исходной модели, после фильтрации и после экстраполяции.*

При такой оценке фаза принимается равной нулю и это не проблема, если импульс нуль фазовый, но если импульс со сдвигом по фазе, то оценка импульса будет неверной и результат будут искаженный. Рис. 5 иллюстрирует влияние сдвига фазы на результат экстраполяции спектра.

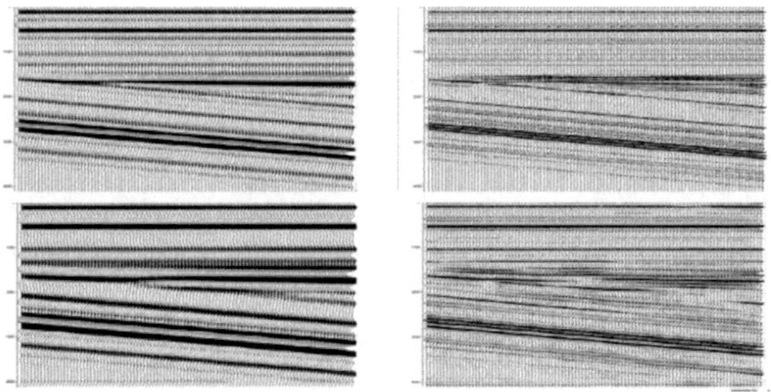

*Рисунок 5. Влияние сдвига фазы на результат экстраполяции (статистическая оценка импульса). (Будет вставлен корректный пример, пока болванка!)*

При повышении частоты практически всегда происходит ухудшение корреляции, расширенной сейсмики с синтетикой. Это очень просто объясняется, если мы примем во внимание, что корреляция исходной сейсмики редко бывает выше 0.9. На элементарном примере можно показать, что сдвиг между импульсами 20Гц всего на 2мс будет давать коэф. корреляции 0.97. Сдвиг 2мс для импульса 60 Гц даст коэф. корреляции уже 0.67, а при 4 мс -0.02, Рис. 6. Таким образом, относительно небольшие сдвиги на оригинальной (низкой) частоте, дающие в среднем приемлемую корреляцию дадут существенно худшую корреляцию на высоких частотах. Коэф. корреляции, которые мы получаем на исходных данных (<0.9) показывают, что по отдельным отражениям сдвиги будут и существенно больше 2 мс. По сути, для высокочастотных данных необходимо перепривязать сейсмику к скважинным данным на основе исходной привязки, что логично с позиций разрешения тюнинг зон и отдельного выделения отражений, которые сливались на исходных данных в одну фазу. Качество каротажных данных будет играть ключевую роль в этом процессе. Некорректная или упрощенная редакция за каверны, пропуски в записи и другие дефекты будет существенно искажать синтетику на высокой частоте и разрушать корреляцию.

Помимо вышеизложенных факторов, критически влияющих на эффективность и результат экстраполяции спектра, ключевым является вопрос проверки результата и его достоверности. Наиболее качественную и достоверную проверку можно выполнить, используя коридорную трассу ВСП, так как эта трасса будет максимально соответствовать реальным отражениям без искажений, привнесенных во время обработки или потерянных отражений.

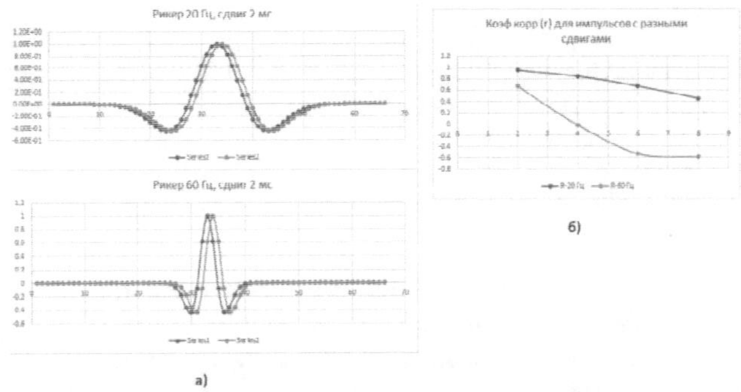


***Рисунок 6.*** *а) корреляция для импульсов со сдвигом 2мс., импульсы 20 Гц (R=0.97) и 60 Гц (R=0.67) б) зависимость коэф. корреляции от сдвига для импульсов 20 Гц и 60 Гц.*

Соответствие коридорной трассы и разреза будет определяющим при интерпретации результатов экстраполяции спектра. Отражения в разрезе отсутствующие на коридорной трассе будут давать ложные фазы после расширения, а удаленные в процессе обработки отражения присутствующие на коридорной трассе не появятся после расширения. Опыт показывает, что на практике встречаются оба варианта, а для корреляции опорных горизонтов по относительно низкочастотному разрезу это не проблема и такие несоответствия часто игнорируются. На высоких частотах мы видим много новых деталей разреза и все нестыковки, дефекты в исходных данных так же усиливаются. Верификация исходных данных по коридорной трассе ВСП наиболее эффективный метод уверенной и достоверной проверки и интерпретации результатов расширения спектра экстраполяцией.

**Выводы**

- Для уверенного использования методов расширения частоты на основе экстраполяции спектра необходимо максимально сохранить спектр и его особенности в зоне тюнинга.
- Искажение и ограничение спектра может существенно загрубить и исказить результат.
- Статистическая оценка импульса, только по сейсмике, будет хорошо работать для нуль фазового сигнала и будет давать погрешность при сигнале со сдвигом фазы.
- Если сигнал не нуль фазовый необходимо использовать скважинную информацию для извлечения импульса.
- Повышение частоты практически будет всегда давать уменьшение корреляции с синтетикой и потребует пересмотра и уточнения привязки.
- Высокочастотные данные очень чувствительны к качеству каротажа и необходима перепривязка к данным с расширенным спектром.
- Наиболее достоверной проверкой результата экстраполяции будет коридорная сумма по ВСП. Различия исходного разреза и коридорной суммы будет указывать на интервалы недостоверной части исходного разреза и соответственно недостоверной экстраполяции спектра.

**Библиография / References**

1. Chen Liang, John Castagna, and Ricardo Zavala Torres, Tutorial: Spectral bandwidth extension — Invention versus harmonic extrapolation 2017, GEOPHYSICS, VOL. 82, NO. 4, P. W1–W16

2. C. I. Puryear, R. Tharimela, D. Ray, V. Egorov, G. Baille, and A. I. Hernandianto, Spectral extrapolation principles and application: Mindoro Island, Philippines, seismic data, The Leading Edge, 2023

3. Zhang, R., and J. Castagna, 2011, Seismic sparse-layer reflectivity inversion using basis pursuit decomposition: Geophysics, 76, no. 6, R147–R158

**Повышение точности синхронной сейсмической инверсии: погрешность и альтернативы**

А.А. Архипов* (1), В.А. Соболевский (1) (1 - ООО НПП «Геошельф»)

**Введение**

Полная система уравнений для коэффициентов отражения и прохождения была получена Ноттом и Цёппритцем в 1919 году. Однако, в силу сложности применения точного решения, связанного с существенной нелинейностью, комплексными корнями и пр., на практике используются его различные аппроксимации.

Подавляющее большинство аппроксимаций основано на предположении о слабых контрастах упругости на границе разделов и, как правило, анализ «применимости» решения проводится на нескольких «классах» литотипов, что, несомненно, является колоссальным упрощением, учитывая возможное разнообразие строения разреза.

В работе рассматриваются наиболее распространённые аппроксимации, оценка их точности и авторская разработка, основанная на точном решении системы уравнений Нотта-Цёппритца.

**Теория**

В различных аппроксимациях применяется перегруппировка членов уравнений относительно функций углов падения волны на границу раздела. При этом, в предположении о слабых контрастах, вычисления проводятся относительно приращения (производных) импедансов, гаммы, плотности и др. (зависит от реализации). Как правило, влияние некоторых априорных параметров на точность решений в публикациях игнорируется.

**Точность аппроксимаций**

На рисунке 1 приведены сопоставления аппроксимаций Шуэ, Конноли, Фатти и Аки-Ричардса (Бортфилда) для моделей шести разделов различных контрастов. На первый взгляд аппроксимации достаточно точно повторяют кривые полного решения, но они получены при априорных соотношениях средней гаммы (Vs/Vp) и скоростей пробега продольной волны вышележащего и подстилающего пласта, которые в случае решения обратной задачи неизвестны.

На рисунке 2 приведены рассматриваемые аппроксимации с известным соотношением средней гаммы и неизвестным скоростей пробега продольной волны вышележащего и подстилающего пласта.

На рисунке 3 приведены рассматриваемые аппроксимации с неизвестными соотношением средней гаммы и скоростей пробега продольной волны вышележащего и подстилающего пласта.

Очевидно, что точность аппроксимаций падает при увеличении контрастов, при увеличении углов и при исключении из выражений априорной информации. Рассмотрим средние ошибки аппроксимации в приближенных к реальным условиям данных упругой модели Marmousi 2 (рисунок 4).

Средняя ошибка аппроксимации без априорной информации про 30-ти градусном падении продольной волны на границу раздела превысила 42%.

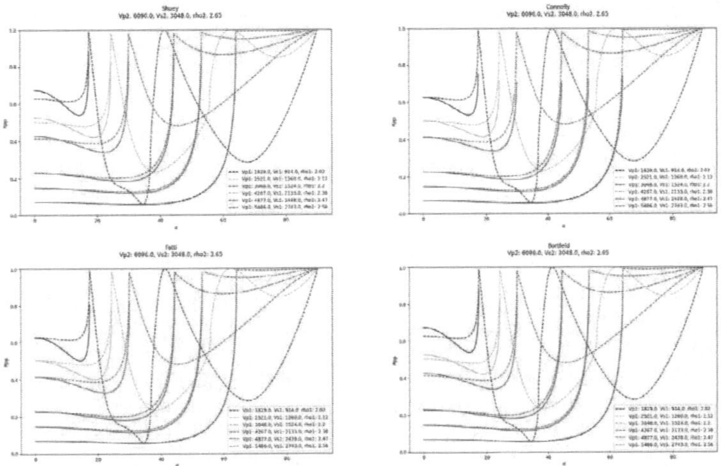


***Рисунок 1.*** *При известных Vs/Vp и Vp вышележащего и подстилающего пласта. Точные решения – пунктир, аппроксимации – сплошные линии.*

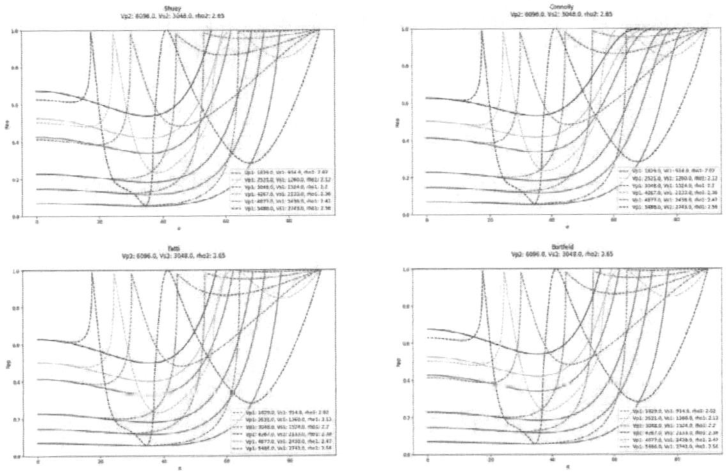


***Рисунок 2.*** *При известных Vs/Vp и неизвестных Vp вышележащего и подстилающего пласта. Точные решения – пунктир, аппроксимации – сплошные линии.*

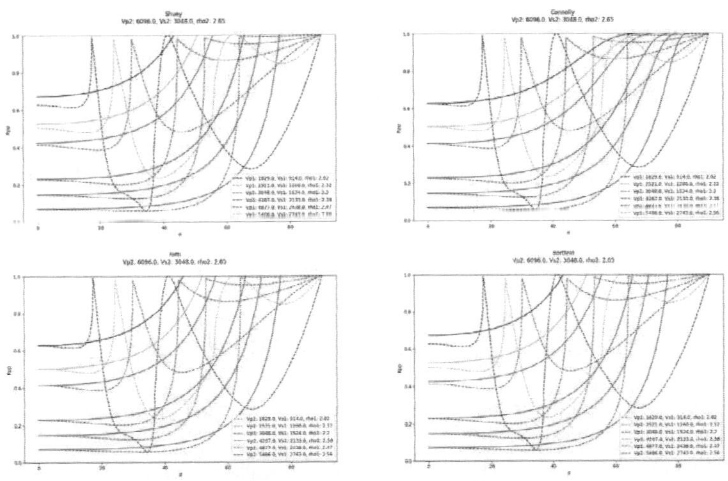


***Рисунок 3.*** *При неизвестных Vs/Vp и неизвестных Vp вышележащего и подстилающего пласта. Точные решения – пунктир, аппроксимации – сплошные линии.*

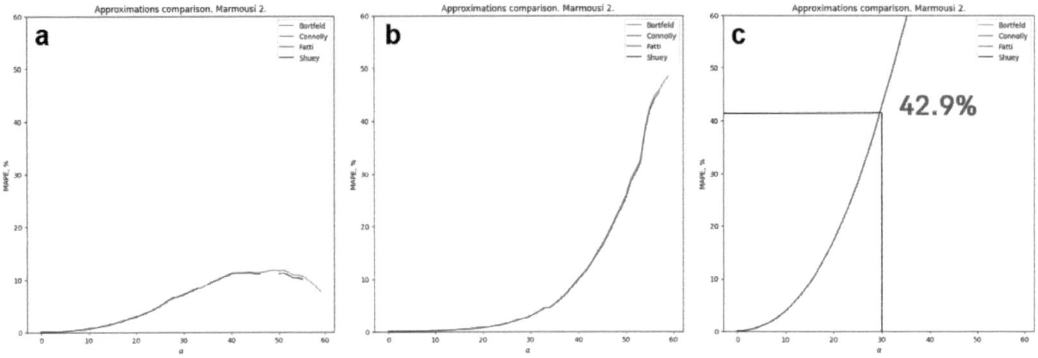


***Рисунок 4.*** *Средние ошибки аппроксимаций по модели Marmousi 2, a - при известных Vs/Vp и Vp, b - при известных Vs/Vp и неизвестных Vp, c - при неизвестных Vs/Vp и Vp.*

**Аппроксимация GAZ и инверсия iGAZ**

Ядро решения прямой задачи GAZ и обратной задачи iGAZ основано на нейросетевой аппроксимации отдельных членов точной системы уравнений Нотта-Цёппритца, основанной на модификации алгоритма Physical Guided Neural Networks с учётом исследований в области физики горных пород.

Результат аппроксимации «GAZ» для модели с шестью разделами и оценка средней ошибки по модели Marmousi 2 в сравнении с рассмотренными выше приведён на рисунке 5.

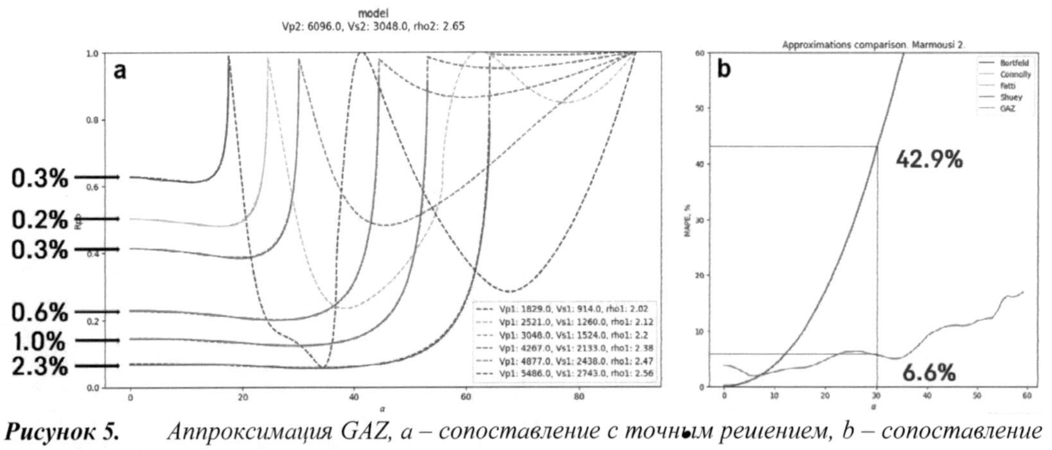


***Рисунок 5.*** *Аппроксимация GAZ, a – сопоставление с точным решением, b – сопоставление с рассмотренными аппроксимациями.*

Средняя ошибка аппроксимации GAZ по модели Marmousi 2 при 30-ти градусном падении продольной волны на границу упругого раздела составляет 6.6% против 42.9% по исследованным аппроксимациям.

Результат инверсии с самостоятельной оценкой скоростей пробега продольной, поперечной волн и плотностей по модели Marmousi 2 приведён на рисунке 6.

Оценка точности инверсии iGAZ по модели Marmousi 2 (без ограничения частотного диапазона) приведена на рисунке 7.

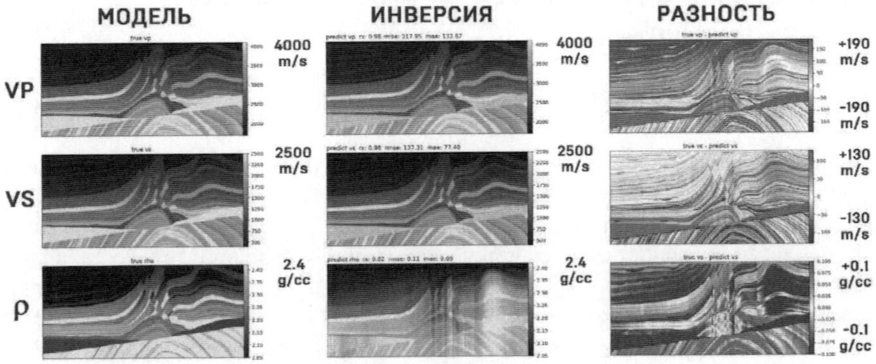


***Рисунок 6.*** *Результат синхронной инверсии «iGAZ» по модели Marmousi 2.*

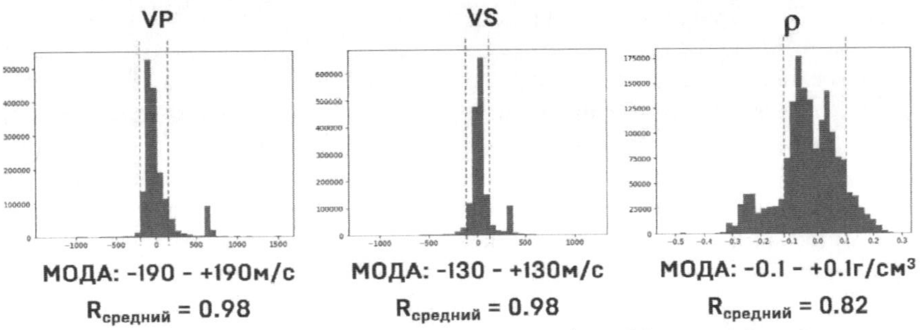


***Рисунок 7.*** *Оценка точности инверсии «iGAZ» по модели Marmousi 2.*

**Выводы**

Даже при 30-ти градусном падении продольной волны при слабых и умеренных контрастах погрешность существующих аппроксимаций по модели составила 42.9% против 6.6% по GAZ.

Помимо рассмотренных решений существуют алгоритмы класса «сейсмофациальной синхронной сейсмической инверсии», такие как Ji-Fi, основанные на стандартных аппроксимациях с ещё большими допущениями и, как следствие, с большими ошибками.

Как ещё одна альтернатива могут быть рассмотрены методы FWI, но в современной практике инверсия полной волновой формы ограничивается до 16-20Гц. Связано это с тем, что сложность FWI зависит от частоты как $O(n^4)$ и использование современных мощностей для полночастотного решения (до 60-80Гц) – нецелесообразно по затрачиваемым ресурсам.

**References**

1. P. Connolly, Elastic impedance. 1999, The Leading Edge, 18, p.438-452
2. G.S. Martin, R. Wiley, K.J. Marfurt, Marmousi2: An elastic upgrade for Marmousi. February 2006, The Leading Edge, p.156-166
3. R. T. Shuey. A simplification of the Zoeppritz equations. 1985, Geophysics, 50, p.609-614
4. A. Fathalian, K. Innanen. AVO modelling of linearized Zoeppritz approximations. CREWES Research Report — Volume 27 (2015)
5. M. Kemper, J. Gunning. Joint Impedance and Facies Inversion – Seismic inversion redefined. First break volume 32, September 2014

**Адаптивный бессеточный алгоритм моделирования разломной тектоники**

А.В. Безруков* (ООО «БашНИПИнефть»)

**Введение**

При построении структурных моделей тектонически-нарушенных пластов одним из первых этапов является построение поверхностей разломов и установление их взаимоотношений: примыканий, пересечений и т.д. Исходными данными для моделирования являются, как правило, результаты интерпретации сейсмических данных, представленных в виде набора полигонов или полилиний или неструктурированных наборов точек. Целью моделирования является построение поверхностей, проходящих точно (или вблизи) через заданные точки. В случае примыканий разломов, границы примыкающих разломов должны лежать на поверхности разломов, к которым они примыкают. Должны быть также описаны примыкания разломов к границам модели. Тектоническая модель должна предоставлять возможность сегментирования области моделирования по отношению к разломам.

Построение поверхностей разломов – интерполяционная задача поиска функций в области моделирования, принимающих заданные значения в заданных точках. Для моделирования таких функций могут быть предложены различные методы, в частности, их можно условно разделить на сеточные и бессеточные. Сеточный способ использует определенную сетку для задания пространственной величины, значения которой задаются в узлах сетки и ищутся в соответствии с той или иной математической моделью. Под бессеточным способом мы понимаем алгоритмы, не зависящие от сеток, по крайней мере, на этапе моделирования.

В сеточном подходе моделируемая величина задается в каждом узле сетки, и вычислительная сложность алгоритма оказывается напрямую связана с числом узлов сетки. Такое число степеней свободы является избыточным для описания гладких поверхностей, какими обычно являются разломы. В качестве примера можно привести плоскость, определяющуюся в пространстве всего тремя параметрами. Однако для моделирования плоского разлома в сеточном алгоритме пришлось бы искать столько неизвестных, сколько узлов в сетке и решать системы линейных алгебраических уравнений соответствующего размера.

В программном комплексе геологического моделирования «РН-ГЕОСИМ», разрабатываемом в ПАО «НК «Роснефть», продолжается развитие модуля тектонического моделирования, и на замену сеточному способу был предложен бессеточный алгоритм, в котором число степеней свободы соответствует сложности моделируемого объекта (разлома). Такой подход повышает эффективность вычислений и снижает требования к оперативной памяти.

В данной работе описывается математическая модель предлагаемого алгоритма, построенного на основе интерполяции Кригинга.

**Представление поверхностей разломов в неявном виде**

Обычно поверхности в пространстве представляют в виде функциональной зависимости вида $z = f(x, y)$. Для субвертикальных поверхностей, какими часто являются разломы, проекция на горизонтальную плоскость может не быть однозначной, из-за чего функциональное представление становится неудобным. Данное затруднение можно было бы преодолеть, задавая для каждого разлома свою локальную систему координат $x', y', z'$, в которой ось $z'$ была бы направлена поперек разлома, а поверхность разлома имела бы однозначную проекцию на плоскость $x', y'$.

Однако на практике не гарантируется, что такая система координат вообще существует, или что её легко будет найти в автоматизированном режиме на основе неструктурированных наборов точек. Кроме того, необходимость моделирования множества разломов в одной модели приведет к необходимости строить множество систем координат и дополнительным трудностям при установлении линий примыканий разломов.

Более удобным является неявный способ моделирования, при котором строится функция $f$ такая, что множество точек, в которых $f(x, y, z) = 0$ является поверхностью разлома [1]. Такой способ позволяет легко решить задачу сегментирования пространства, при котором точки $f(x, y, z) < 0$ и $0 < f(x, y, z)$ автоматически оказываются с разных сторон от разлома. Представление поверхности в неявном виде не выделяет особую роль какой-либо одной координате, и делает построение функции $f$ вообще не зависящим от выбранной системы координат. Тем самым, все разломы одной геологической модели могут строиться в одной общей системе координат.

Для моделирования неявной функции $f$ условиями являются прохождение поверхности через заданные точки: $f(x_i, y_i, z_i) = 0$, а также неравенство градиента $\nabla f$ нулю, по крайней мере, в точках разлома. В идеале функция $f$ должна иметь характер монотонно изменяющегося потенциала, переходящего нулевое значение в точках разлома, и имеющего градиент, направленный перпендикулярно поверхности разлома.

**Построение неявной функции методом Кригинга**

Предлагаемый метод интерполяции функций основывается на интерполяции Кригинга с некоторыми усложнениями (универсальный Кригинг с условиями на градиенты):

$$f(u) = \sum f(u_i)\lambda_i + \sum (\nabla f(v_k), g_k) \cdot \alpha_k,$$

где $u = (x, y, z)$ – точка пространства, $f(u_i)$ – значения интерполируемой функции в точках данных $u_i$ (на самом деле, поскольку в точках данных неявная функция по построению равна нулю, все $f(u_i) = 0$), во второе слагаемое входят проекции градиента функции $\nabla f$ на направления $g_k$ в точках $v_k$. Коэффициенты $\lambda_i$ и $\alpha_k$ зависят от точки пространства $u$. Аналогичная модель рассмотрена в статье [2].

Данная модель предполагает, что скалярное поле $f(u)$ – условное математическое ожидание гауссового случайного поля $\phi(u)$, при условии наблюдений точечных значений $\phi$ в точках $u_i$ и значений проекций градиентов $\phi$ в точках $v_k$ на некоторые направления $g_k$.

Априорное математическое ожидание поля $\phi$ принимается равным линейной комбинации трендовых функций $t_j$ с неизвестными весовыми коэффициентами $\gamma_j$: $E\big(\phi(u)\big) = \sum t_j(u)\gamma_j$. Ковариация случайного поля $cov\big(\phi(u), \phi(v)\big) = c(u - v)$ считается заданной. Модель ковариации $\mathrm{c}(h)$ должна иметь гладкую вторую производную и нулевую производную в нуле. Функции $t_j(u)$ должны иметь гладкую первую производную.

Построение неявной функции $f(u)$ в таком виде является искусственным и не выводится из геостатистических принципов. Исходными точками для моделирования являются только точки $u_i$. Точки $v_k$, направления $g_k$, на которые проецируются градиенты $\nabla f(v_k)$ и значения проекций, выбираются так, чтобы обеспечить нетривиальное решение (тождественно не равное нулю) и монотонный характер функции $f$ в пространстве. Ковариация принимается в виде гауссовой модели $\mathrm{c}(u - v) = \exp(-3 \cdot \|u - v\|^2/r^2)$, масштабный параметр $r$ выбирается исходя из априорного представления о характерных размерах неоднородностей конструируемой поверхности.

Весовые коэффициенты $\lambda$, $\alpha$, $\gamma$ можно получить как для обычного Кригинга из условий несмещенности оценки и минимума вариации ошибки. Опуская выкладки, сразу выпишем конечную формулу:

$$f(u) = \left(F, \nabla F_g, 0\right) \begin{pmatrix} C_{f,f} & C_{f,\nabla f_g} & T \\ C_{\nabla f_g,f} & C_{\nabla f_g,\nabla f_g} & \nabla \mathrm{T} \\ T & \nabla \mathrm{T} & 0 \end{pmatrix}^{-1} \begin{pmatrix} C_{f,u} \\ C_{\nabla f_g,u} \\ T_u \end{pmatrix},$$

где F – строка желаемых значений функции в точках $u_i$, $\nabla F_g$ – строка желаемых значений проекций градиентов. $C_{f,f}$ – ковариационная матрица взаимных значений поля $\phi$ в точках $u_i$, $C_{f,\nabla f_g}$ – ковариационная матрица значений $\phi$ по отношению к градиентам, $C_{\nabla f_g,\nabla f_g}$ – ковариационная матрица проекций градиентов между собой, T и ∇T – значения трендовых функций и их соответствующих градиентов в точках данных. В правой части $C_{f,u}$ – ковариационный столбец $\phi(u_i)$ по отношению к $\phi(u)$, $C_{\nabla f_g.u}$ – ковариационный столбец значений градиентов $(\nabla\phi(v_k), g_k)$ к $\phi(u)$, $T_u$ – значения трендовых функций в точке $u$. В этой формуле от координаты $u$ зависит только третья матрица.

Умножение первых двух матриц представляет собой решение СЛАУ. Таким образом, можно получить итоговое представление функции $f$ в виде

$$f(u) = (\Lambda \quad \mathrm{A} \quad \Gamma) \cdot \left(C_{f,u}^T \quad C_{\nabla f_g.u}^T \quad T_u^T\right)^T,$$

то есть в виде линейной комбинации радиально базисных функций $c(\|u_i - u\|)$, проекций $\nabla c|_{g_k}(v_k - u)$ и трендовых функций $t_j(u)$ с коэффициентами, уже не зависящими от точки $u$, то есть результат представляется в аналитическом виде без привлечения каких либо сеток для расчетов.

Данный формализм в литературе иногда называется как дуальный Кригинг. Он предполагает глобальный учет данных (без отсечения данных, находящихся далеко от интерполируемой точки).

**Фильтрация исходных данных и стабилизация решения**

Размерность решаемой СЛАУ равна количеству условий в точках, условий на градиенты и трендовых функций. При очень большом количестве исходных данных, а также при наличии точек данных $u_i$, находящихся на малых расстояниях друг от друга по отношению к масштабному параметру r, решение системы линейных уравнений может быть затруднено из-за большой размерности или плохой обусловленности матрицы.

Однако на практике, ослабляя требования точного выполнения условий интерполяции, можно значительно снизить размерность решаемой СЛАУ и повысить её обусловленность. Дадим без доказательства утверждение: для интерполяции Кригинга $f(u|f(u_i) = f_i)$ с учетом набора данных $f(u_i) = f_i$: (для краткости будем также обозначать просто $f(u|u_i)$), добавление в множество исходных данных дополнительных точек $w_j$ со значениями, вычисленными по тем же исходным данным: $g_j = f(w_j|u_i)$ не меняет результата интерполяции: $f(u|u_i, w_j) \equiv f(u|u_i)$.

Разделим исходное множество точек $u_i$ на две группы: $\{u_i\} = \{p_l\} + \{q_m\}$. Построим интерполяционную модель Кригинга $f(u|p_l)$, учитывая только точки $p_l$ (включая и те же условия на градиенты $v_j$). Рассчитаем значения модели в оставшихся точках $q_m$: $f(q_m|p_l)$. Если проинтерполированные значения $f(q_m|p_l)$ близки к целевым значениям $f(q_m)$ (в смысле малости по отношению к погрешности измерения) и если на этом основании заменить целевые значения $f(q_m)$ на проинтерполированные значения $f(q_m|p_l)$, то точки $\{q_m\}$ вообще можно исключить из множества исходных данных, и модель $f(u|p_l)$ будет давать тот же результат. Размерность этой модели может быть существенно меньше исходной задачи.

Точки $p_l$ из исходного множество данных $u_i$ выбираются простым итерационным алгоритмом: пока максимальная погрешность выше порога ошибки $max|f(q_m|p_l) - f(q_m)| > \epsilon$, точка с максимальной ошибкой переносится из набора $\{q_m\}$ в набор $\{p_l\}$.

На каждом шаге алгоритм добавляет одну степень свободы, и итоговое количество итераций зависит от «шероховатости» поверхности. Если поверхность гладкая и данные не зашумлены, алгоритм быстро достигает достаточной точности, при этом близко расположенные точки автоматически окажутся разделенными между множествами $p$ и $q$, что гарантирует хорошую обусловленность матрицы и её небольшую размерность. Зашумленные данные напротив приводят к плохой сходимости, но в любом случае гладкие поверхности описываются небольшим числом параметров или базисных радиальных функций, что соответствует небольшому числу итераций.

Для примера на рисунке 1 приведен график сходимости и результат построения поверхности. Из большого регулярного набора исходных данных были подобраны 80 точек, обеспечивающих достаточную точность решения.

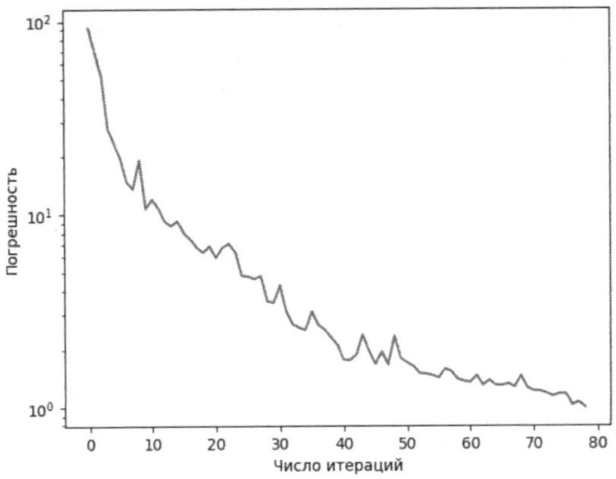

***Рисунок 1.*** *График сходимости (слева) и результирующая поверхность (справа). Красным отмечены точки, взятые в расчет. Черными – все точки разлома.*

**Выводы**

Предложенный алгоритм обеспечивает удобство интерполяции, устойчивость и скорость вычислений. Независимость от сетки позволяет учитывать данные, не входящие в будущую область построения. Результат интерполяции может быть рассчитан в произвольных точках.

**Библиография / References**

1. Zakrevsky, K. E., Bezrukov, A. V., Zakharova, E. A., and T. S. Akhmerov. "Structural modelling algorithms with faults in RN-GEOSIM software (Russian)." OIJ 2022 (2022): 121–125. doi: https://doi.org/10.24887/0028-2448-2022-8-121-125

2. de la Varga, M., Schaaf, A., and Wellmann, F.: GemPy 1.0: open-source stochastic geological modeling and inversion, Geosci. Model Dev., 12, 1–32, https://doi.org/10.5194/gmd-12-1-2019, 2019.

# Уточнение классических законов физики применительно к задачам грави- и магнито- разведки в геофизике (продолжение доклада на «Геомодели-2019»).

**А.С. Горшков***

## Введение

Материал настоящего доклада содержит углубленное продолжение решения задач, ранее представленных в предыдущем докладе на «Геомодели-2019» [7]. Ключевое принципиальное научное достижение на тот момент заключалось в выявлении принципиального асимптотического характера базовых «классических» законов взаимодействий в физике (т.е. верны, но лишь как удаленное взаимодействие), следственно, ближнее взаимодействие распределенных (уже не точечных) масс, зарядов, токов и полей оставалось до сих пор фактически не учтенным, что и породило исторически временный эффект «сингулярности» (бесконечность в нуле вместо очевидного физического нуля). Для устранения такого возникшего противоречия в известные формулы была введена поправка, уже предоставившая возможность его исключить, а также получить более точное представление о действии гравитации и магнитосферы в земных недрах. Однако введенная поправка оказалась все еще довольно упрощенной, что потребовало дальнейших углубленных исследований данной проблемы.

Последующие научно-прикладные работы, включая численное моделирование и более точные на их основе аналитические аппроксимации, дали возможность получить более последовательные математические представления.

Как в итоге выяснилось, при сближении (и тем более совмещении) взаимодействующих объектов характер асимптотики принципиально меняется на:

- линейный для шаровых распределений;
- нелинейный (в основном квадратичный) для сплющенных дисковых.

(в любом случае, при нулевом расстоянии имеет место нулевое взаимодействие.)

Это позволило обобщить теорию гравитации, в том числе применительно к геофизическим задачам, распространить полученный результат на область магнитосферы и далее, а также объяснить структуру галактик, исключающую циркулирующие в научных кругах необоснованные представления о так называемых «темной материи, темной энергии».

Предполагается, что полученные выводы, будучи принципиально важны теоретически, также являются и все более актуальными для задач грави-, магнито- и электро- разведки природных ископаемых.

## Теория метода

В материале предыдущего доклада была представлена возможность устранения явно нефизичных «сингулярностей» (бесконечности при нулевом расстоянии) в ключевых физических законах, начиная с базового закона гравитации И.Ньютона, путем введения фиктивного “4D расстояния” взамен обычного 3D:

$$r = \sqrt{(\vec{r}, \vec{r}) + \delta(R)^2}$$

с дополнительной девиацией $\delta(R)$ в качестве псевдо- 4-й координаты, зависящей от радиуса притягивающего (более массивного) тела (Рис.1 – верхний график).

Последующее исследование показало необходимость более детального применения такой поправки при интегрировании гравитационного взаимодействия с распределенными массами для доминирующих в природе шарового и дискового типов (Рис.1 – черным – численное интегрирование, красным – аналитические аппроксимации).

Поскольку для $|\vec{r}| >> R$ (дальняя асимптотика) все обновленные формулы совпадают с известными “классическими”, больший интерес для геофизических наук в плане исследования земных недр представляет анализ области $|\vec{r}| < R$:

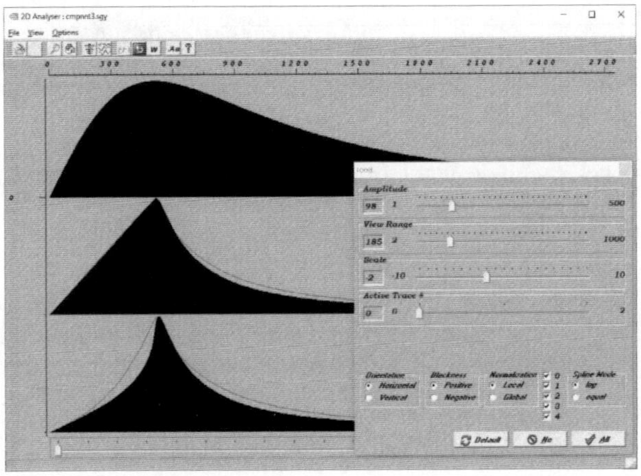

***Рисунок 1.*** *Уточненные законы гравитации, магнитосферы и др. законов физики.*

- во всех случаях $\vec{F}(\vec{0}) = \vec{0}$,

- для шарового распределения имеет место линейный характер $\vec{F}(\vec{r}) \sim \vec{r}$ (Рис.1 – средний график), аналитическое приближение:

$$|\vec{F}(\vec{r})| \sim \rho\left[1 + \frac{3}{\rho^2 - 9}\left(1 + \frac{2}{\rho^2 - 9}\right)\right] \sim \rho,$$

где $\rho = r/R$ (нормированное расстояние).

- для дискового распределения квадратичный характер $\vec{F}(\vec{r}) \sim (1 + \varepsilon|\vec{r}|)\,\vec{r}$ (Рис.1 – нижний график), аналитическое приближение:

$$|\vec{F}(\vec{r})| \sim \rho(1 - 1.7 * 10^{-4}\rho)$$

В плане решения типичных геофизических задач дальнейшее уточнение предполагается провести более детально в области $|\vec{r}| \sim R$ – недра вблизи поверхности Земли.

Проведенный далее динамический анализ привел к общей классификации уравнений движения взаимодействующих объектов (на основе II закона Ньютона) в условиях действия гравитации как функции расстояния до центра масс доминирующего объекта:

$$\frac{\partial^2}{\partial t^2}\vec{r} = f(r)\vec{r},$$

где модулирующая функция расстояния $f(r)$ может быть сведена к основным трем случаям.

1. Удаленное взаимодействие – обратный квадрат («классический» закон гравитации Ньютона для точечных масс, а также их аналоги – закон Кулона и т.д.):

$$f(r) = \frac{\gamma M}{r^3}$$

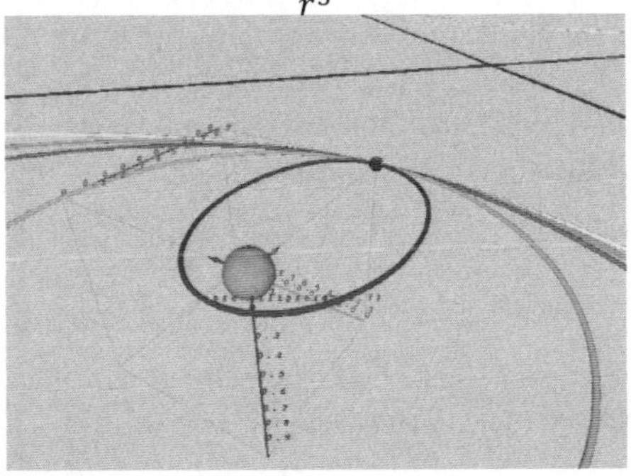

***Рисунок 2.*** *Орбиты планет и спутников.*

Известное решение И.Ньютона имеет, как известно, вид кривых II порядка (Рис.2):

$$\vec{r} = \frac{1+q}{1+q\cos(\varphi)}Re^{j\varphi},$$

где $q = \frac{v^3 R}{\gamma M} - 1$, v,R – начальные позиция и скорость в перигее.

(тригонометрическая форма представления в комплексных числах вследствие плоского движения в так называемой «эклиптике»).

Средняя скорость, как следствие, - обратная корню от расстояния.

2. Внутришаровое распределение (шахты, скважины внутри Земли) – линейно (R – радиус границы шара):

$$f(r) = \frac{\gamma M}{R^3} = const$$

Решением является обычный эллипс, центрованный по своему центру.

3. Внутридисковое распределение (упрощенная модель галактик спирального типа) – нелинейное, может быть аппроксимировано квадратично:

$$f(r) = \frac{\gamma M}{R^3}(1 + \varepsilon \frac{r}{R})$$

Решением является также обычный эллипс, но вращающийся с постоянной угловой скоростью, что обуславливает типичную спиралевидную форму большинства галактик. Скорости звезд при этом от расстояния практически не зависят.

**Заключение**

В материале настоящего доклада в продолжение предыдущего по данной проблематике представлены более точные математические модели гравитации в условиях распределенных масс (что уже типично для Земли), а также (в силу известных аналогий) и других фундаментальных физических законов, из которых, в первую очередь, наибольший интерес, видимо, представляет магнитодинамика, оперделяющая магнитосферу Земли.

Представленный динамический анализ на основе составления и решения уравнений движения на базе II закона Ньютона дает возможность глубже уяснить устройство Вселенной, в частности, структуру и стабильность галактик, не прибегая к искусственным приемам типа так называемых «темной материи, темной энергии». Так, на математических моделях и аналитической аппороксимации выяснено, что движение звезд в галактиках (типичного спиралевидного характера) имеет вид вращающихся вокруг общего галактического центра центрованных эллипсов (уже не в фокусах, как для планет и спутников), что совпадает с данными наблюдений. Это позволяет, в том числе, исключить необоснованные вненаучные рассуждения о «темной материи» в силу понимания распределения и динамики эволюции материи во Вселенной на основе все также классических представлений, обладающих нераскрытым все еще в полной мере потенциалом.

Применительно к геофизической отрасли проведенные исследования дают возможность построения более точных моделей структуры земных недр с учетом, по крайней мере, обновленных гравитационных и магнитодинамических представлений. Продолжение данной работы предполагает ввести учет локальных аномалий в силу неоднородной плотности структуры Земли, а также моделей источников магнитосферы.

Другим важным следствием может быть возможность уточнения гравитационной постоянной, которая, как известно, недостаточно точно известна, вероятно, в силу асимптотического характера известных «классических» законов, по которым ее до сих пор измеряли и вычисляли.

**Библиография**


1. **Горшков А.С**. Цифровая обработка сигналов: атомарные функции и теория чисел. Москва: Машиностроение., 1994 г. - 224 с.
2. Универсальный метод обработки и визуализации сейсмического куба данных на основе фурье-сплайн декомпозиции. / **Горшков А.С.** // Тезисы к докладу на конф. «Геомодель-2008». 22-25/9-2008
3. Универсальная система синтеза изоповерхностей сейсмического куба. / **Горшков А.С.** // Тезисы к докладу на конф. «Геомодель-2009». 7-10/9-2009.

4. Универсальный алгоритм параметрического синтеза геофизических карт с нарушениями на основе фурье-сплайнов. / **Горшков А.С.** // Тезисы к докладу на конф. «Геомодель-2016». 11-15/9-2016.
5. Универсальный математический аппарат аппроксимации геофизических объектов на основе нового класса фукций «фурье-сплайны». / **Горшков А.С.** // Тезисы к докладу на конф. «Геомодель-2017». 11-14/9-2017.
6. Метод деконволюционного преобразования геофизических объектов с компрессией на основе фурье-сплайнов. / **Горшков А.С.** // Тезисы к докладу на конф. «Геомодель-2018». 10-14/9-2018.
7. Уточнение классических законов физики применительно к задачам электро-, магнито- и гравиразведки в геофизике. / **Горшков А.С.** // Тезисы к докладу на конф. «Геомодель-2019». 9-13/9-2019.
8. Автоматический поиск и 3D-синтез нарушений в сейсмических данных на основе нового математического аппарата фурье-сплайн функций. / **Горшков А.С.** // Тезисы к докладу на конф. «Геомодель-2020». 7-11/9-2020.
9. Обобщенный математический аппарат представления и обработки геофизических объектов на основе комбинированного преобразования Фурье-Хартли и нового конволюционного базиса «Фурье-сплайны» . / **Горшков А.С.** // Тезисы к докладу на конф. «Геомодель-2021». 6-10/9-2021.
10. Универсальный алгоритм синтеза 3D геофизических объемов – «3D кубов» с компрессией на нерегулярных сейсмических данных на базисе «Фурье-сплайны» («куб без куба»). / **Горшков А.С.** // Тезисы к докладу на конф. «Геомодель-2022». 5-8/9-2022.

**References**

1. Digital Signal Processing: Atomic Functions and Number Theory. Monograph. / **Gorshkov A.S.** // Moscow: Mashinostroeniye.-1994. - 224 pp.
2. The Universal Method of Seismic Cube Visualization and Processing Based on Fourier-Spline Decomposition. / **Gorshkov A.S.** // Abstracts for «Geomodel-2008». 22-25/9-2008
3. The Universal System for Seismic Cube Isosurfaces Synthesis. / **Gorshkov A.S.** // Abstracts for «Geomodel -2009». 7-10/9-2009.
4. The Universal Algorithm for Parametric Maps with Faults Synthesis Based on Fourier-Splines. / **Gorshkov A.S.** // Abstracts for «Geomodel-2016». 11-15/9-2016.
5. The Universal Mathematical Modelling Technique for Geophysical Objects Approximation Based on the New Functions Class "Fourier-Splines". / **Gorshkov A.S.** // Abstracts for «Geomodel-2017». 11-14/9-2017.
6. The Method of Geophysical Objects' Deconvolutional Transform with Comression Based on Fourier-Splines. / **Gorshkov A.S.** // Abstracts for «Geomodel-2018». 10-14/9-2018.
7. Classical Physical Laws Refinement and Generalization based on Fourier Splines Relatively Electro-Magnetic-Gravitational-Seismic Prospection in Geophysics. / **Gorshkov A.S.** // Abstracts for «Geomodel-2019». 9-13/9-2019.
8. Automatic Searching and Synthesis of 3D Faults in Seismic Data Based on the New Functions Class "Fourier-Splines". / **Gorshkov A.S.** // Abstracts for «Geomodel-2020». 7-11/9-2020.
9. The Generalized Mathematical Approach of the Geophysical Objects Representation and Processing Based on the Combined Fourier-Hartley Transform and the New Convolutional Basis "Fourier-Splines". / **Gorshkov A.S.** // Abstracts for «Geomodel-2021». 6-10/9-2021.
10. The Universal Algorithm for 3D Geophysical Volumes ("3D Cubes") Synthesis with Compression from Non-regular Seismic Data Based on "Fourier-Splines" ("Cube without Cube"). / **Gorshkov A.S.** // Abstracts for «Geomodel-2022». 5-8/9-2022.

**Машинное обучение при комплексировании результатов детальных литологических исследований с данными ГИС и петрофизики**

В.Ю. Руденко* (ЗАО «МиМГО»), Д.Е. Гуренцов (ЗАО «МиМГО»)

**Введение**

При работе с данными в любой области наук, в том числе и в геологических, возникает необходимость их классифицирования для последующего анализа. Основными элементами классификации являются классификационные признаки, то есть свойства эмпирических данных, на основе которых происходит их разбиение на однородные множества. Следует учитывать, что эти признаки могут быть абсолютно разные при классификации одного и того же массива данных и зависят непосредственно от целеполагания при ее создании.

На первых этапах работы с любым месторождением проводится комплексный анализ кернового материала, начинающийся с послойного описания керна специалистами седиментологами. Присвоенные слоям породы «ярлыки» используются в дальнейшем большинством специалистов как априорная информация при комплексной интерпретации геолого-геофизических данных.

Однако перед принятием решения об использовании результатов такой классификации для интерпретации ГИС следует понимать и учитывать различные цели и решаемые задачи седиментологии и петрофизики. При петрофизической интерпретации ГИС целью является расчет фильтрационно-емкостных свойств коллекторов с учетом геологического контекста. В большинстве случаев целью послойного описания керна является восстановление генезиса породы.

Определенную долю субъективизма в описание керна вносит отсутствие четких стандартов детальности описания керна. Так, один специалист может до мельчайших подробностей описать все включения, зернистость породы, трещинноватость, вторичные изменения и т.д., в то время как второй специалист ограничится только структурой и текстурой породы. Также отсутствует четкий регламент мощности интервала описания. Зачастую в описании керна встречаются слои мощностью менее 10 сантиметров, но также в аналогичных отложениях встречаются слои мощностью более 10 метров, в описании которых встречается огромное разнообразие структур, текстур и др. особенностей, хотя описание было выполнено специалистами одной организации.

Также стоит отметить, что даже если ограничиться решением задачи типизации разреза, то в скважинах без керна литотипы необходимо восстанавливать по данным каротажа. Таким образом, наиболее оптимальным подходом классификации пород видится совместное равнозначное использование данных керна и ГИС.

В настоящей работе решение задачи типизации разреза проводилось на основе комплексного анализа данных описаний керна, ФЕС на цилиндрических образцах и данных ГИС с применением методов машинного обучения.

**Метод**

Для решения поставленной задачи применялись следующие методы машинного обучения:

- *Метод главных компонент* - один из основных способов уменьшить размерность данных, потеряв наименьшее количество информации. Визуализация данных является одним из наиболее широко используемых приложений метода главных компонент и его нелинейных обобщений. Применение данного метода позволяет провести ортогональное проецирование на плоскость первых двух главных компонент.

Математически общая формула каждой главной компоненты определяется следующим выражением:

Если все переменные центрированы, $\overline{x}_j = 0$, то: $pc_j = X \cdot v_j$ и $|pc_j|^2 = \lambda_j$,

$$sCorr(pc_j, pc_m) = 0$$

$$sVar(x_1) + sVar(x_2) + \cdots + sVar(x_k) == sVar(pc_1) + sVar(pc_2) + \cdots + sVar(pc_k)$$

где $\lambda_j -$ собственные числа, $v_j -$ собственные вектора матрицы $X'X$

- *Иерархическая кластеризация* - совокупность алгоритмов упорядочивания данных, направленных на создание иерархии (дерева) вложенных кластеров. Визуализация обычно проводится с помощью дендрограммы. Под дендрограммой обычно понимается дерево, построенное по матрице мер близости. Для создания дендрограммы требуется матрица сходства (или различия), которая определяет уровень сходства между парами кластеров.

Для построения матрицы сходства (различия) необходимо задать меру расстояния между двумя кластерами. Одним из наиболее часто использующихся методов является метод средней связи, для которого расстояние между двумя кластерами полагается равным среднему расстоянию между элементами этих кластеров [1]:

$$d(u,v) = \sum_{ij} \frac{d(u[i],v[j])}{(|u|*|v|)},$$

где $d(u,v)$— расстояние между элементами i и j, принадлежащими кластерам u и v, а |u| и |v|— мощности кластеров соответственно.

- *Случайный лес*. В основе этого алгоритма машинного обучения лежит использование ансамбля решающих деревьев. Структура дерева представляет собой «листья» и «ветки». На рёбрах («ветках») дерева решения записаны признаки, от которых зависит целевая функция, в «листьях» записаны значения целевой функции, а в остальных узлах — признаки, по которым различаются случаи. Критерием принятия решения каждого отдельного дерева является энтропия, минимизация которой при переборе каждого узла служит критерием выбора оптимальных границ:

$$H = \log \overline{N} = -\Sigma_{i=1}^{N} p_i \log p_i$$

где H – энтропия, $\overline{N}$ - эффективное количество состояний, p – вероятность прогноза по i-му признаку. В результате, использование большого ансамбля решающих деревьев делает решение корректным и устойчивым, снижая опасность переобучения и попадания в локальные минимумы, отсекая неизбежный шум [1, 2].

**Решение**

На первом этапе проводится анализ всего массива данных описания кернового материала и фильтрация интервалов с неоднозначной привязкой к данным ГИС. Также необходимо провести фильтр слоев со смешанным и неоднозначным описанием. Анализируя граничное значение расстояния векторов, подбираются граничные значения максимальной и минимальной мощности слоев, по которым фильтруются толщины.
Далее по отфильтрованным данным строится дендрограмма и график главных компонент средних показаний методов ГИС для однородных слоев описания керна, пример на рисунках 1 - 2.

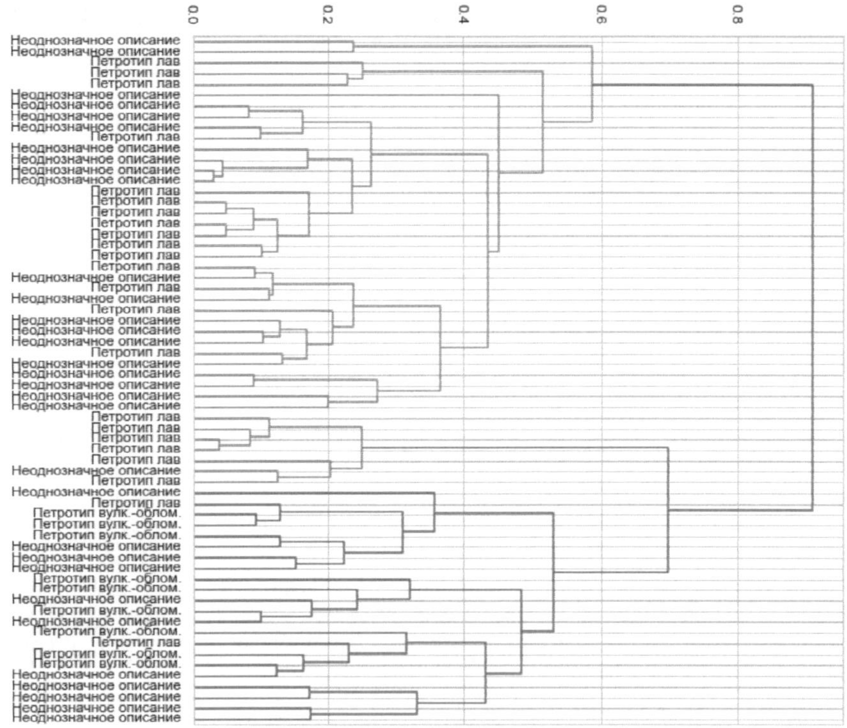


**Рисунок 1.** *Дендрограмма слоев описания керна*

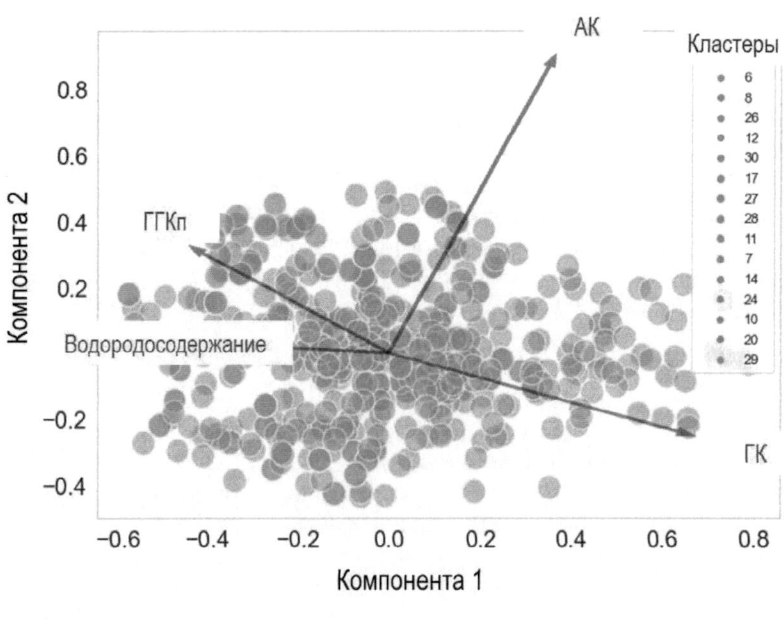


**Рисунок 2.** *График главных компонент средних показаний методов ГИС, где компонента 1 – максимальная неоднородность вектора параметров, компонента 2 – оставшаяся неоднородность вектора параметров*

По построенным графикам проводится предварительный анализ возможности дифференциации пород различного генезиса в полях методов ГИС.

Далее, на усмотрение интерпретатора данные для анализа могут быть дополнены ранее отфильтрованными слоями. Как пример, мощные слои могут быть «нарезаны» на более мелкие и добавлены на графики главных компонент и дендрограмму.

В результате итеративной работы на предыдущих этапах и анализа полученных результатов делается вывод о возможности сохранения общего генезиса породы при дифференциации данных по вектору параметров ГИС.

Применяя метод средней связи обосновывается граничное значение векторного расстояния для определения финального пространства классов для дальнейшей работы по петрофизической интерпретации данных ГИС.

Для определения выделенных классов по данным ГИС применяется метод машинного обучения «случайный лес». При реализации алгоритма выборка делится на тренировочную (70% данных) и тестовую (30% данных). Для оценки точности обучения по алгоритму случайный лес используется мультиклассовая F1-мера. Контроль точности определения классов по данным ГИС проводится с помощью построения нормализованной матрицы запутанности отдельно для тренировочной и тестовой выборки.

Выделенные по данным ГИС классы (литотипы) в дальнейшем могут быть использованы при определении эффективных толщин и ФЕС коллекторов.

**Выводы**

1. При оценке и принятии решения об использовании в работе той или иной классификации необходимо понимать и учитывать ее основу и цели создания;

2. При создании классификации пород по данным керна необходимо равнозначно учитывать и каротажные данные;

3. Применение методов машинного обучения, входными данными для которых являются данные керна и ГИС, позволяет провести определение оптимального пространства классов пород для последующей интерпретации данных ГИС;

**Библиография / References**

1. Rudenko V.J., Gurentsov D.E., Smirnova M.E., Kulikov P.J., Gavrilov S.S. PhD / Application of methods of hierarchical classification in the formation of class space in the problem of determining rock types by methods of well logging // OIL INDUSTRY. - 2022. - No. 4. - P. 20-25.
2. Rudenko V.J. / Integration of machine learning technologies in petrophysics // Karotazhnik - 2022. - № 3. - P. 70-85.

**Вопросы построения структурных моделей и работы интерполяционных алгоритмов для пластов с наклонными разломами**

Б.А. Феоктистов* (ООО «БашНИПИнефть»), А.В. Безруков (ООО «БашНИПИнефть»), Е.А. Захарова (ООО «БашНИПИнефть»)

**Введение**

При геологическом моделировании используются трехмерные геологические сетки с индексами $IJK$, в которых производится интерполяция петрофизических свойств. Каркасом для построения геологических сеток является структурная модель, содержащая геологические горизонты и разломы. Горизонтальные сечения (по индексу $K$) сетки считаются геологически изохронными. Работа интерполяционных алгоритмов обычно осуществляется в пространстве $IJK$ индексов. Геологическая сетка, таким образом, выполняет роль отображения современного тектонически-нарушенного и деформированного пласта в условное палео-состояние, соответствующее процессу осадконакопления, в котором уже производится интерполяция петрофизических свойств.

Обычная трехмерная $IJK$ сетка учитывает только вертикальные перемещения точек пласта. Однако наличие в структуре невертикальных разломов неизбежно приводит к горизонтальным перемещениям, которые трудно учесть в таком подходе. Ошибки особенно проявляются в непосредственной близости к наклонным разломам, поскольку стандартная геологическая трехмерная сетка неспособна правильно индексировать слои в области надвигов и сбросов. Дополнительные неточности возникают за счет некорректного учета горизонтальных смещений, которые невозможно описать горизонтальными индексами ячеек $I, J$.

Для корректного учета горизонтальных перемещений в структурах с невертикальными разломами предлагается интерполировать трехмерное векторное поле перемещений, переводящее современное деформированное состояние пласта к условному палео-состоянию, соответствующему моменту осадконакопления. Данное преобразование строится так, что бы изохронные горизонты переходили в горизонтальные плоскости, разломы при этом исчезли.

Геометрическое преобразование пласта к палео-состоянию часто называют $UV$-преобразованием [1]. В программном комплексе геологического моделирования «РН-ГЕОСИМ», разрабатываемом ПАО «НК «Роснефть», была реализована структурная реконструкция, основанная на интерполяции криволинейных координат $u(x, y, z)$, $v(x, y, z)$, $t(x, y, z)$, согласованных на разломах, учитывающих вертикальные и горизонтальные компоненты перемещений. Стандартная $IJK$ сетка снабжается дополнительной информацией, позволяющей проводить корректные расчеты в интерполяционных алгоритмах. В данной работе показаны основные идеи, использованные при построении палео-координат и соответствующие модификации стандартных интерполяционных алгоритмов.

**Построение системы палеогеографических координат**

Переход к условному палео-состоянию пласта осуществляется за счет введения криволинейных координат $u(\bar{u})$, $v(\bar{u})$, $t(\bar{u})$, $\bar{u} = (x, y, z)$. Координата $t$ соответствует условному геологическому возрасту, так что изоповерхности $\{\bar{u}: t(\bar{u}) = c\}$ являются геологически-изохронными [2]. Интерполяция поля $t$ основывается на минимизации функционала гладкости [2, 3] в области построений $D \subset \mathbb{R}^3$

$$\mathcal{F}(t) = \int_D \left(\Delta t(\bar{u})\right)^2 d\bar{u} \to min \qquad (1)$$

при ограничениях вида $t(\bar{u}_{ki}) = c_i$, где $\bar{u}_{ki}$ – точки пространства, принадлежащих геологическому горизонту $i$, $c_i$ – некоторые константы, $\Delta$ – дифференциальный оператор

Лапласа. Благодаря квадратичному виду функционала (1) и линейности ограничений, поиск условного экстремума относится к классу задач квадратичного программирования.

Границы области $D$ и внутренние границы разломов являются свободными. Результат решения вариационной задачи (1) позволяет построить структурные поверхности в неявном виде $\{\bar{u}: t(\bar{u}) = c_i\}$, а также рассчитать скачок $\delta t = t^- - t^+$ в точках разлома. Обозначим вектор единичной длины в направлении смещения на разломе как $P_n$ (например, для нормальной обстановки разломообразования направление $P_n$ совпадает с проекцией вертикального вектора $\vec{k}$ на плоскость разлома). Тогда для амплитуды смещения разлома $|P|$ вдоль вектора $P_n$ будет верно соотношение

$$\delta t = |P| \cdot (P_n, \nabla t), \tag{2}$$

где $\nabla$ – градиент. Аналогичное соотношение можно выписать для палео-координат $u$ и $v$:

$$\delta u = |P|(P_n,\ \nabla u), \delta v = |P|(P_n,\ \nabla v). \tag{3}$$

Поскольку, по построению мы полагаем $\nabla u \approx \vec{i}$, $\nabla v \approx \vec{j}$, из соотношений (2), (3) можно получить условия для скачка координат $\delta u = \delta t \frac{(P_n, \vec{i})}{(P_n, \nabla t)}$, $\delta v = \delta t \frac{(P_n, \vec{j})}{(P_n, \nabla t)}$ на разломе. Последние условия необходимы для восстановления дизъюнктивных нарушений в палео-пространстве.

На Рисунок 1 представлен пример построенных значений $u$, $v$, $t$ для модельного примера с двумя разломами. Градиенты функций $u, v, t$ ортогональны между собой.

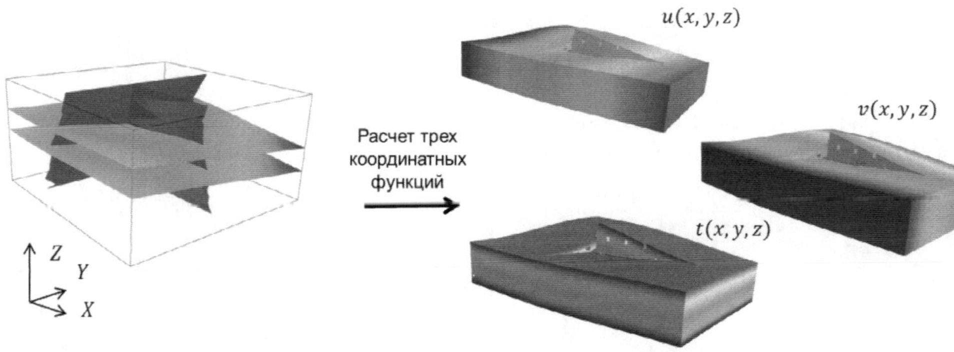


***Рисунок 1.*** *Визуализация значений координатных функций u, v, t в объеме сетки, построенной на модельном примере с двумя разломами*

На основе структурной модели создается сетка с вертикальными направляющими S-Grid, которая представляет разломы в «лесенкообразном» виде. В пространстве *UVT* геологическая сетка перестает быть равномерной, горизонты являются горизонтальными плоскостями и разломы отсутствуют (Рисунок 2).

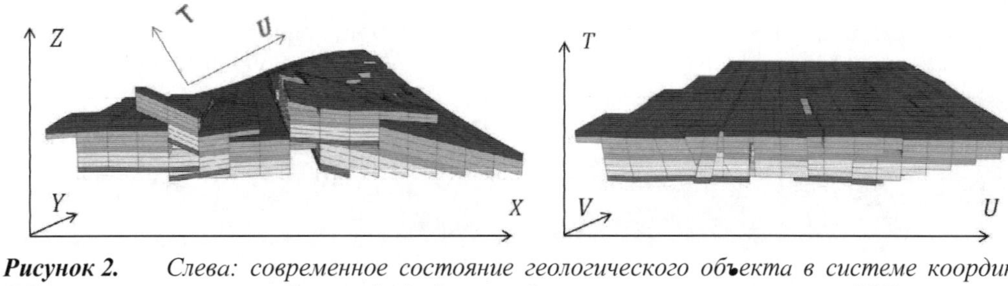


***Рисунок 2.*** *Слева: современное состояние геологического объекта в системе координат XYZ, справа: состояние объекта до деформаций и разломов в пространстве UVT.*

**Алгоритмы фациального и петрофизического моделирования в палео-координатах UVT**

Методы интерполяции, такие как интерполяция Кригинга (в том числе и методы стохастического моделирования) определяются интерполяционным оператором вида $X^*(\bar{u}) = I(\bar{u}, \bar{u}_s, X_s, R_{xyz})$, где $\bar{u}$ – координаты интерполируемой точки, $\bar{u}_s$ – координаты точек, в которых заданы данные $X_s$, $R_{xyz} = (R_x, R_y, R_z)$ – масштабные параметры. Интерполяционный оператор обычно является трансляционно-инвариантным, таким образом можно записать $X^*(\bar{u}) = I(\bar{0}, \bar{u}_s - \bar{u}, X_s, R_{xyz})$.

Имея в каждой точке модели $D$ значения палео-координат $u, v, t$, обозначим $\bar{w}(\bar{u}) = (u(\bar{u}), v(\bar{u}), t(\bar{u}))$. Интерполяция в *UVT* координатах будет иметь вид $X^*(\bar{u}) = I(\bar{0}, \bar{w}(\bar{u}_s) - \bar{w}(\bar{u}), X_s, R_{uvt})$. Необходимо установить связь масштабных параметров $R_{uvt}$ с $R_{xyz}$.

Поскольку координаты $u$, $v$ строились таким образом, чтобы $\nabla u \approx \vec{i}$, $\nabla v \approx \vec{j}$, параметры по горизонтальным осям принимаются $R_u = R_x$, $R_v = R_y$. Для вертикального направления $R_t = R_z \cdot |\nabla t|$.

Для интерполяционных алгоритмов, как правило, используются данные в некоторой окрестности моделируемой точки, для поиска которых эффективно используется *IJK* нумерация сетки: ищутся ячейки сетки в *IJK*-окрестности точки. Поскольку сетка в *UVT* координатах перестает быть регулярной, нумерация ячеек перестает отражать реальное «соседство» данных. В *UVT* пространстве для поиска данных в окрестности моделируемой точки используется расширенная *IJK* окрестность, необходимый размер увеличения области поиска определяется предварительно перед процедурой интерполяции.

**Примеры моделирования свойств с учетом UVT**

Для демонстрации работы алгоритма приведем пример, в котором ячейки исходных данных находятся по разные стороны от наклонного разлома (Рисунок 3).

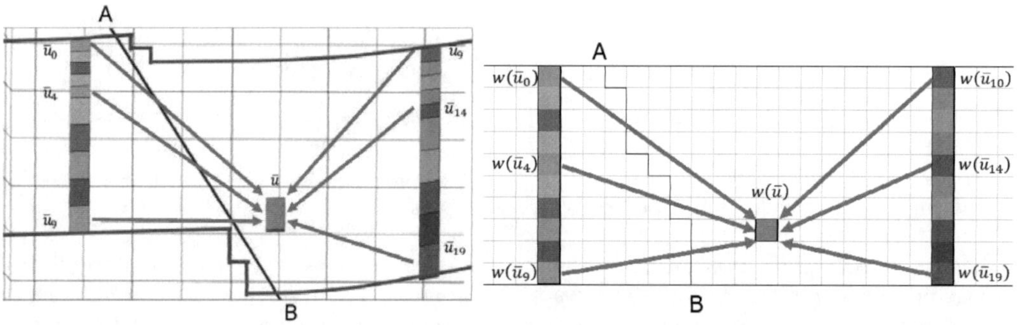


***Рисунок 3.*** *Пример исходных данных и моделируемой точки в области разлома со сбросом в пространстве XYZ (слева) и в пространстве UVT (справа). AB – линия наклонного разлома.*

На рисунке 4 представлен результат моделирования в области наклонного разлома со сбросом обычным способом (без учета *UVT* координат, используя *IJK* нумерацию ячеек) и способом, который учитывает *UVT* координаты.

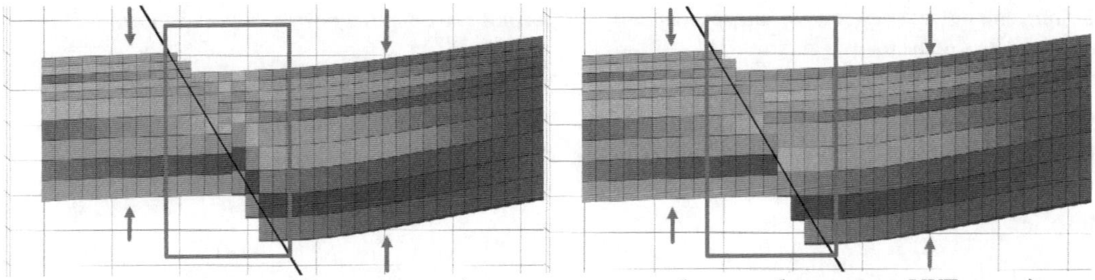

*Рисунок 4.* *Пример интерполяции для разлома со сбросом без учета UVT координат (слева) и с учетом UVT координат (справа). Стрелками отмечены области с ячейками исходных данных.*

На рисунке 5 представлен пример интерполяции для разлома с надвигом.

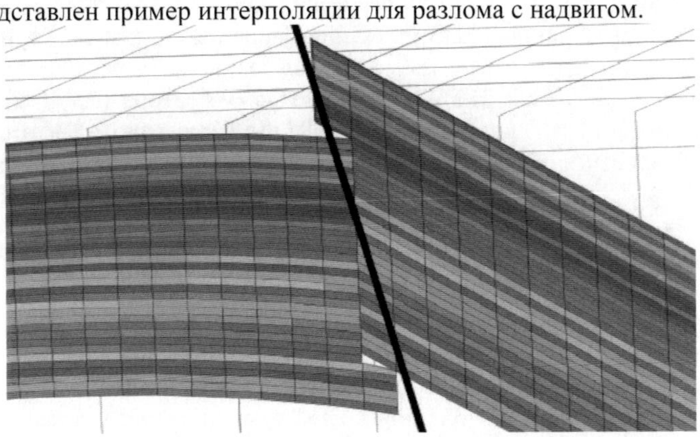

*Рисунок 5.* *Пример интерполяции для разлома с надвигом.*

**Выводы**

Интерполяция палео-координат в структурной модели и использование их на этапе интерполяции геологических параметров в пространстве позволяет получить логичные и непротиворечивые распределения вблизи сбросов и надвигов.

**Библиография / References**


1. Mallet J.-L. Space-time mathematical framework for sedimentary geology. Mathematical Geology, 36 (1) :1-32, january 2004.
2. Zakrevsky, K. E., Bezrukov, A. V., Zakharova, E. A., and T. S. Akhmerov. "Structural modelling algorithms with faults in RN-GEOSIM software (Russian)." OIJ 2022 (2022): 121–125. doi: https://doi.org/10.24887/0028-2448-2022-8-121-125
3. Mallet, J.-L. Geomodelling / J.-L. Mallet. – New York: Oxford University Press, 2002. – 624 p.

Геомодель

# Использование современного инструментария проверки статистической стационарности на примере месторождения Гронинген

А.Ю. Дегтерёв* (ООО «Рок Флоу Динамикс»), А.В. Бондарев (ООО «Рок Флоу Динамикс», РГУ нефти и газа им. И.М. Губкина), М.С. Топчий (ООО «Рок Флоу Динамикс»)

## Введение

В конце 2020 года был открыто опубликован набор данных по месторождению Гронинген в северной части Нидерландов [1], включающий исходные геолого-геофизические данные и построенную на их основе геологическую модель. Данный набор представляет интерес по нескольким причинам. Во-первых, на сегодняшний день он является наиболее обширным и качественным общедоступным набором геологических данных, характеризующих нефтегазовое месторождение. Во-вторых, данное месторождение является одним из крупнейших газовых месторождений мира. Начальные извлекаемые запасы газа, по разным данным, составляют 2,8–2,9 трлн м$^3$, что ставит его в первые 15 крупнейших газовых месторождений мира [2]; по нашим расчетам, площадь газоносности составляет около 986 км$^2$ (примерно 2,5% от площади страны). В-третьих, опубликованный набор данных представляет интерес с точки зрения изучения техногенной сейсмичности, связанной с разработкой месторождения. Пространственно связанные с месторождением сейсмические события непрерывно фиксируются станциями наземного сейсмического мониторинга. Самое мощное на данный момент землетрясение магнитудой 3.6 балла произошло в августе 2012 года в районе города Huizinge, когда были повреждены постройки, а некоторые люди получили ранения. В связи с возрастающими рисками для хозяйственной деятельности, жизни и здоровья людей, проживающих в густонаселённых районах над этим месторождением, темпы добычи газа непрерывно снижаются, так как очевидно, что дальнейшее понижение пластового давления приведёт к ещё большим просадкам и сейсмическим событиям большей магнитуды. По тем же причинам была отвергнута идея создания на базе этого месторождения подземного хранилища газа, так как циклические, неравномерные по тектоническим блокам и резкие изменения пластового давления могут привести к непредсказуемым последствиям. В случае, если в будущем на основе опубликованного набора данных удастся построить геомеханическую модель региона, обладающую достаточной прогнозной силой, на её основе можно будет принимать взвешенные решения по дальнейшей безопасной эксплуатации пластов месторождения.

Представленный набор данных содержит 1102 скважины, входящие в более чем 30 кустов. Выделено 26 маркеров, те или иные из которых присутствуют в 963 скважинах. Скважинные маркеры разделяют продуктивную часть отложений на несколько зон. Помимо скважинных данных, набор содержит также сейсмический куб, полученный методом миграции до суммирования, 14 горизонтов и 665 разломов. Скважинные маркеры, горизонты и сейсмика представлены не только для продуктивной части разреза, но и для всех вышележащих стратиграфических отбивок, что делает возможным будущее построение на основе этих данных геомеханической модели. Данные каротажа присутствуют в 475 скважинах. Данные РИГИС представлены результатами фациальной интерпретации (351 скважин), прогнозной проницаемости (371 скважин) и прогнозной пористости (376 скважин).

3D-сетка модели включает 14 горизонтов и 665 разломов, содержит 77,2 млн ячеек со средним размером 100*100 м, что является довольно хорошим разрешением. Интерполяция пористости выполнялась методом GRFS, независимо по каждому из пластов месторождения. Интерполяция проходила без разделения на фации, т.е. параметры интерполяции не отличались для различных фаций и в пределах одной зоны использовались все значения пористости из всех фаций. Для различных пластов были заданы различающиеся ранги вариограмм, плато и эффект самородка, а также азимут анизотропии.

Проведённая экспертная оценка соответствия скважинных отбивок, сейсмической интерпретации и кривых ГИС не выявила проблем в исходных данных или несоответствия между исходными данными и построенной на их основе моделью. Вся имеющаяся геологическая информация согласована, качественна, не противоречит региональным геологическим представлениям и, на наш взгляд, может быть использована без дополнительной обработки и увязки. Структурный каркас модели хорошо обоснован сейсмическими данными [3], что наблюдается и при экспертном анализе модели. Вопросы вызывает исключительно процесс распространения свойств в межскважинном пространстве, по-видимому представляющий главный фактор неопределённости данного месторождения.

**Теория**

Использованный для построения модели стохастический алгоритм GRFS относится к обширному семейству геостатистических алгоритмов, активно применяемых в течении последних десятилетий для решения широкого круга задач пространственного моделирования. В рамках геостатистического подхода моделируемый пространственный параметр рассматривается как случайная функция, все реализации которой проходят через точки исходных данных. Чтобы обеспечить возможность построения такой функции по имеющимся наблюдениям, вводится так называемая «гипотеза стационарности», то есть априорное утверждение, что моделируемая среда является статистически стационарной. В своей самой мягкой форме, то есть в случае «стационарности приращений», это требует, чтобы моделируемая среда во всём моделируемом объёме имела постоянное среднее значение и постоянный закон приращений, описываемый вариограммой. Это позволяет изучить среднее значение и закон приращений на имеющихся образцах и задать такую модель случайной функции, чтобы все её реализации обладали такими же характеристиками изменчивости, как у исходных данных. Справедливость выдвинутого предположения о стационарности моделируемого параметра должна подтверждаться как всеми имеющимися исходными данными, так и всеми новыми данными, поступающими при дальнейшем доизучении моделируемого объекта. Красота геостатистической концепции заключается в том, что помимо возможности извлечения информации об изменчивости параметра из имеющихся исходных данных, предположение о статистической стационарности рассматриваемого параметра также может быть проверено непосредственно по этим же исходным данным, причём ещё до начала моделирования. Исходя из требований гипотезы стационарности может быть построен рациональный граф проверок, которые необходимо успешно пройти, чтобы можно было переходить непосредственно к геостатистическому моделированию [4, 5]. До недавнего времени в коммерческих пакетах геологического моделирования необходимая функциональность отсутствовала. В 2022 году полный комплекс необходимых проверок был впервые реализован в пакете тНавигатор Дизайнер Геологии, в связи с чем возник интерес к проведению этих проверок на различных наборах реальных данных. Набор данных по месторождению Гронинген оказался одним из наилучших кандидатов на эту роль из-за своего объёма и качества данных, что позволяло без каких-либо ограничений применить на нём все виды проверок [6].

**Примеры**

Для каждого из пластов была последовательно выполнена проверка стационарности. Сначала выполнялась проверка гомоскедастичности, затем визуальный тест стационарности локального среднего и дисперсии, а также автоматизированный тест стационарности в 1D, 2D и 3D постановке. Для пластов пласту TBS3, TBS2, USS.2het и Carboniferous нестационарность проявляется ещё на этапе анализа гомоскедастичности, где был зафиксирован высокий уровень связи локального среднего и локальной дисперсии (Рисунок 1). Для других пластов нестационарность была выявлена на следующем шаге при автоматизированных тестах 1D, 2D и 3D стационарности. Результаты, полученные с помощью автоматизированных тестов, были также подтверждены с помощью визуального анализа пространственного распределения отклонений локального среднего и локальной дисперсии. Результаты выполненной проверки показали, что все пласты месторождения характеризуются теми или иными видами статистической нестационарности (Таблица 1).

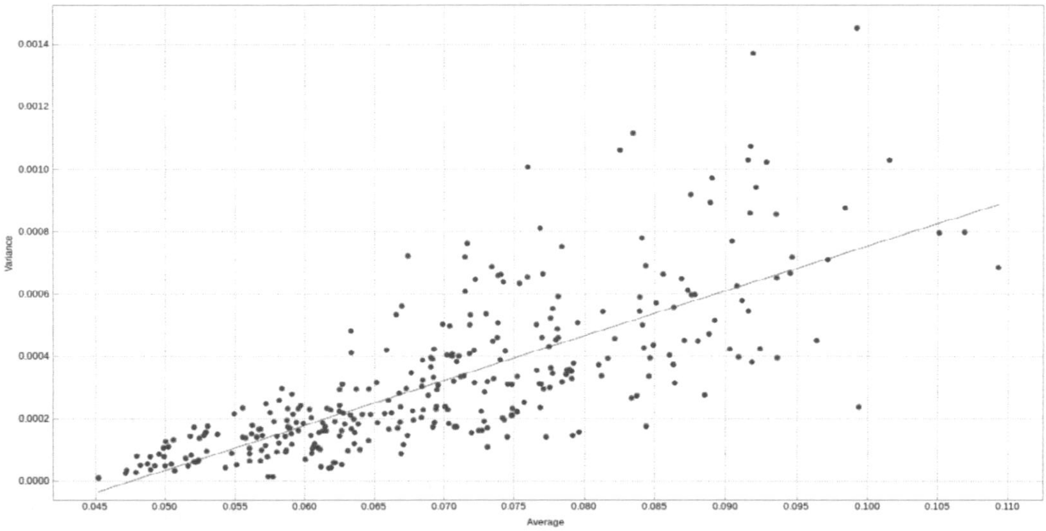


***Рисунок 1.*** *Результат анализа гомоскедастичности для пласта TBS3 всей площади месторождения. Наблюдается связь между локальным средним и локальной дисперсией.*

| Пласт | Тест гомоскедастичности | Тест стационарности 1D (вертикальной) | Тест стационарности 2D (латеральной) | Тест стационарности 3D |
|---|---|---|---|---|
| TBS3 | 0,76 | 0,63 | 0,05 | 0,35 |
| TBS2 | 0,50 | 0,58 | 0,06 | 0,38 |
| TBS1 | 0,46 | 0,37 | 0,03 | 0,22 |
| USS.3res | 0,44 | 0,68 | <0,01 | 0,08 |
| USS.2het | 0,61 | 0,98 | <0,01 | 0,17 |
| USS.2res | 0,37 | 0,47 | <0,01 | 0,07 |
| USS.1het | 0,36 | 0,97 | <0,01 | 0,17 |
| USS.1res | 0,20 | 0,09 | <0,01 | 0,10 |
| LSS.2het | 0,10 | 0,88 | <0,01 | 0,13 |
| LSS.2res | 0,05 | <0.01 | <0,01 | 0,07 |
| LSS.1het | 0,40 | 0,98 | 0,01 | 0,07 |
| LSS.1res | 0,04 | <0.01 | 0,06 | 0,08 |
| Carboniferous | 0,59 | 0,33 | 0,10 | 0,25 |

***Таблица 1.*** *Результаты тестов гомоскедастичности и стационарности по всей площади месторождения.*

Невыполнение гипотезы стационарности говорит о том, что рассматриваемые данные нельзя рассматривать как принадлежащие стационарной случайной функции, то есть применение геостатистического аппарата для данного месторождения некорректно. Выполненная для этих же данных интерполяция параметра робастным методом Amazonas показала, что «зашумлённый» характер изменчивости свойств, присутствовавший в модели, не обоснован данными и по всей видимости является артефактом применения геостатистического подхода (рисунок 2).

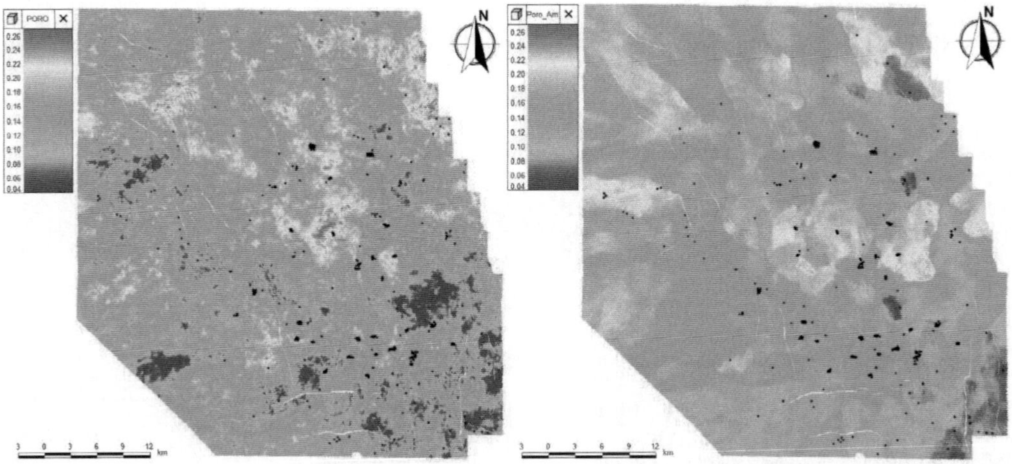

*Рисунок 2.* *Результат интерполяции пористости в слое k 42 (верхняя часть пласта USS.3res) из исходной модели методом GRFS (слева) и Amazonas (справа).*

**Выводы**

Игнорирование лежащей в основе геостатистического подхода гипотезы стационарности может приводить к существенному искажению модели и внесению в результаты моделирования систематической ошибки. Без должных средств контроля применимости геостатистики её использование является достаточно рискованным и может приводить к неконтролируемым ошибкам. Выполненная работа продемонстрировала, что данные риски не являются лишь умозрительными, а могут в полной мере проявиться даже на, казалось бы, хорошо изученном месторождении с качественными данными, для которого традиционно применялся геостатистический подход.

**Библиография**


1. Aardolie Maatschappij (NAM) [2020] Petrel geological model of the Groningen gas field, the Netherlands. Open access through EPOS-NL. Yoda data publication platform Utrecht University. DOI 10.24416/UU01-1QH0MW

2. Богоявленский В.И., Богоявленский И.В. [2018] Проблемы газовой отрасли Нидерландов: рекордный рост сейсмической активности на месторождении Гронинген. *Газовая промышленность*, **4**, 767.

3. Kortekaas M & Jaarsma B [2017] Improved definition of faults in the Groningen field using seismic attributes. *Netherlands Journal of Geosciences — Geologie en Mijnbouw* **96 (5)**, 71–85, DOI 10.1017/njg.2017.24.

4. Degterev A.Y. [2021] The Hypothesis of Stationarity in Geostatistics and Its Influence on The Reliability of The Created Models. *EAGE Geomodel 2021*, Conference Proceedings, 1-6 DOI 10.3997/2214-4609.202157092

5. Дегтерёв А. [2022] Защита от некорректного использования геостатистических инструментов интерполяции свойств в тНавигатор (на примере нескольких месторождений). *ГРИМО-2022*

6. Degterev A., Bondarev A., Topchii M. [2023] Improvement Possibilities for The Open Geological Model of The Groningen Field. *SPE Reservoir Characterisation and Simulation Conference and Exhibition*, 24–26 January 2023, Abu Dhabi, UAE. SPE-212591-MS

**References**


1. Aardolie Maatschappij (NAM) [2020] Petrel geological model of the Groningen gas field, the Netherlands. Open access through EPOS-NL. Yoda data publication platform Utrecht University. DOI 10.24416/UU01-1QH0MW
2. Bogoyavlenskiy V.I, Bogoyavlenskiy I.V. [2018] Problems of the Netherland gas production: record-breaking seismic activity at the Groningen field. *Gaz industry*, **4**
3. Kortekaas M & Jaarsma B [2017] Improved definition of faults in the Groningen field using seismic attributes. *Netherlands Journal of Geosciences — Geologie en Mijnbouw* **96 (5)**, 71–85, DOI 10.1017/njg.2017.24.
4. Degterev A.Y. [2021] The Hypothesis of Stationarity in Geostatistics and Its Influence on The Reliability of The Created Models. *EAGE Geomodel 2021*, Conference Proceedings, 1-6 DOI 10.3997/2214-4609.202157092
5. Degterev A. [2-2022] Protection against incorrect use of geostatistical tools for interpolation of properties in tNavigator (on the example of several fields). *GRIMO-2022*
6. Degterev A., Bondarev A., Topchii M. [2023] Improvement Possibilities for The Open Geological Model of The Groningen Field. *SPE Reservoir Characterisation and Simulation Conference and Exhibition*, 24–26 January 2023, Abu Dhabi, UAE. SPE-212591-MS

**Геолого-физические факторы, предопределяющие величину коэффициента остаточной нефтенасыщенности при вытеснении нефти водой по месторождениям Урало-Поволжья**

Р.В. Казаков* (ООО «Лукойл-Инжиниринг»)

**Введение**

Коэффициент остаточной нефтенасыщенности - принципиальный по значимости фактор как при формировании геологической модели и подсчёте геологических запасов продуктивных пластов, так и при гидродинамическом моделировании в рамках проектных документов на разработку месторождений, обоснования конечного коэффициента извлечения нефти (КИН).

Величина коэффициента остаточной нефтенасыщенности определяет наличие в коллекторе подвижной нефти. Для продуктивных пластов Западносибирского региона, где имеются переходные зоны, коэффициент остаточной нефтенасыщенности востребован при обосновании водонефтяного контакта (ВНК), а значит, он определяет включение или не включения в подсчёт геологических запасов тех или иных интервалов и зон.

Основой для определения коэффициента остаточной нефтенасыщенности являются результаты керновых исследований, проводимые в соответствии с отраслевым стандартом - ОСТ 39-195-86 «Нефть. Метод определения коэффициента вытеснения нефти водой в лабораторных условиях». Но чётких методических подходов к обработке и дальнейшему использованию результатов этих исследований при построении 3Д геолого-гидродинамических моделей, а также при обосновании коэффициентов остаточной нефтенасыщенности и вытеснения для продуктивных пластов, к настоящему времени нет.

Обычно строятся зависимости полученного на образцах керна коэффициента вытеснения от проницаемости или начальной нефтенасыщенности [4]. Для объектов Урало-Поволжья также строятся зависимости от подвижности (отношения проницаемости к вязкости нефти или к относительной вязкости – частному от деления вязкости нефти к вязкости воды) [3]. При этом коэффициент остаточной нефтенасыщенности рассчитывается обратным счётом через коэффициент вытеснения и принятую при подсчёте запасов начальную нефтенасыщенность.

Имеются прецеденты, когда в проектных технологических документах на разработку месторождений строятся несколько описанных выше зависимостей коэффициента вытеснения и коэффициента остаточной нефтенасыщенности от перечисленных выше геолого-физических параметров, при этом используется та зависимость, которая характеризуется наибольшим коэффициентом корреляции. Как правило, это зависимость коэффициента вытеснения от начальной нефтенасыщенности, хотя такая зависимость может давать $R^2$ на уровне более 0.2-0.3 даже на абсолютно случайных данных, поскольку коэффициент вытеснения и начальная нефтенасыщенность – это функционально связанные параметры (начальная нефтенасыщенность входит в формулу коэффициента вытеснения).

Описанные выше методические подходы, основанные на парных связях, не дают понимания, какие геолого-физические параметры оказывают определяющее (доминирующее) влияние на коэффициент остаточной нефтенасыщенности, в какой степени, и в какую сторону.

Кроме того, на месторождениях на ранней стадии освоения может быть недостаточным охват исследованиями керна, чтобы иметь возможность построить надежную статистическую зависимость. Привлечения керновых исследований с пластов соседних месторождений может решить проблему недостатка данных. Однако зачастую свойства пластов соседних месторождений могут быть различными, и построение парных зависимостей не сможет в полной мере учесть это различие свойств.

**Метод**

Проблема заключается в том, что на коэффициент остаточной нефтенасыщенности могут одновременно и разнонаправленно влиять сразу несколько параметров, в т.ч. корреляционно связанных между собой, и использование парных зависимостей – это ненадёжный подход. Например, имеются прецеденты, когда в одних случаях с ростом проницаемости коэффициент остаточной нефтенасыщенности имеет тенденцию к уменьшению, а в других – к увеличению. В то же время проницаемость корреляционно связана с начальной нефтенасыщенностью, которая также в свою очередь способна влиять на коэффициент остаточной нефтенасыщенности. Именно по причине одновременного и разнонаправленного влияния на коэффициент остаточной нефтенасыщенности сразу нескольких геолого-физических параметров парные зависимости коэффициента остаточной нефтенасыщенности от проницаемости или начальной нефтенасыщенности часто представляют из себя облако точек. При этом по месторождениям Урало-Поволжья, характеризующихся широким диапазоном вязкости нефтей, на коэффициент остаточной нефтенасыщенности может влиять также вязкость, если при выведении зависимостей привлекается выборка исследованный керна по нескольким месторождениям с разной моделируемой вязкостью вытесняемого агента.

Наиболее приемлемым является использование аппарата многофакторного корреляционно-регрессионного анализа, который позволяет дать количественную оценку и знак влияния на коэффициент остаточной нефтенасыщенности отдельно каждого изучаемого параметра. Кроме того, данный метод позволяет вывести многофакторные корреляционно-регрессионные уравнения, которые могут быть использованы для расчёта коэффициента остаточной нефтенасыщенности применительно к конкретной группе пластов рассматриваемого региона.

В качестве анализируемых факторов, способных влиять на коэффициент остаточной нефтенасыщенности – Кно, д.ед, рассмотрены пористость Кп, д.ед, начальная нефтенасыщенность Кнн, д.ед, вязкость нефти μн, мПа*с. Помимо коэффициента остаточной нефтенасыщенности, также проведено исследование перечисленных выше геолого-физических параметров на коэффициент вытеснения (Квыт, д.ед).

**Примеры**

В качестве объектов для анализа были выбраны месторождения Урало-Поволжского региона – Татарстана и Башкортостана, где имеются наиболее представительные керновые исследования по вытеснению нефти водой. Были выделены пять групп пластов: кашир-верейские (выборка из 67 образцов по 8-ми месторождениям), башкирские (выборка из 123 образца по 9-ти месторождениям), тульско-бобриковские (выборка из 48 образцов по 10 месторождениям), турнейские (выборка из 228-ми образцов по 18-ти месторождениям), тимано-пашийские (выборка из 74-х образцов по 3-м месторождениям).

В качестве факторов-аргументов, способных влиять на коэффициент остаточной нефтенасыщенности (Кно) и коэффициент вытеснения (Квыт), являющиеся факторами-функциями, были выбраны начальная нефтенасыщенгсть (Кнн), коэффициент пористости (Кп), который корреляционно связан с проницаемостью, поэтому проницаемость, как фактор, не рассмоатривалась, а также вязкость нефти в пластовых условиях.

Поскольку вязкость воды по привлечённым к анализу месторождениям во всех случаях меняется крайне слабо – варьирует в диапазоне 1.4-1.5 сПз, в качестве анализируемого фактора используется не соотношение вязкости нефти и воды, а прямое значение вязкости нефти.

Для каждой выделенной группы пластов выведены корреляционно регрессионные уравнения.

Ниже приведен пример анализа по Башкирскому ярусу.

Выведенные регрессионные уравнение имеют следующий вид:

Кно = 0.45646 + 0.08338*Кнн – 0.56744*Кп + 0.0008358*μн
Квадрат коэффициента множественной корреляции (R2) – 0.5565
Квыт = -0.2459 + 0.72985*Кнн + 0.71639*Кп – 0,0010134*μн
Квадрат коэффициента множественной корреляции (R2) – 0,7634

Диапазон изменения, средние значения и степень влияния на Кно и Квыт анализируемых геолого-физических параметров по башкирскому ярусу представлены в таблице 1. Сравнение расчётных значений с фактическими по выборке показано на рисунке 1.

Таблица 1. Башкирский ярус. Диапазон изменения, средние значения и степень влияния на Кно и Квыт (вклад,%) анализируемых параметров

| Параметры | Ед. измер. | Диапазон измен. | | Средн. знач. | Вклад в: | |
|---|---|---|---|---|---|---|
| | | мин | макс | | Кно | Квыт |
| Кно | д.ед. | 0.34 | 0.602 | 0.486 | | |
| Квыт | д.ед. | 0.142 | 0.679 | 0.394 | | |
| Кнн | д.ед. | 0.595 | 0.979 | 0.806 | +14% | +54% |
| Кп | д.ед. | 0.06 | 0.291 | 0.16 | -59% | +32% |
| μн | мПа с | 35 | 107 | 74.9 | +27% | -14% |
| | | | | | 100% | 100% |

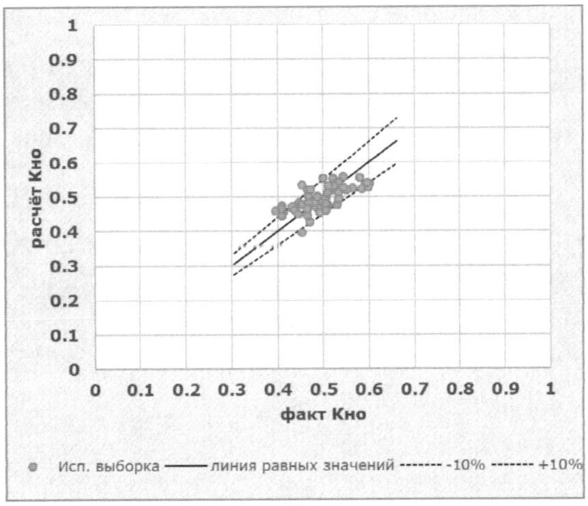


а) Фактические и расчётные значения для остаточной нефтенасыщенности

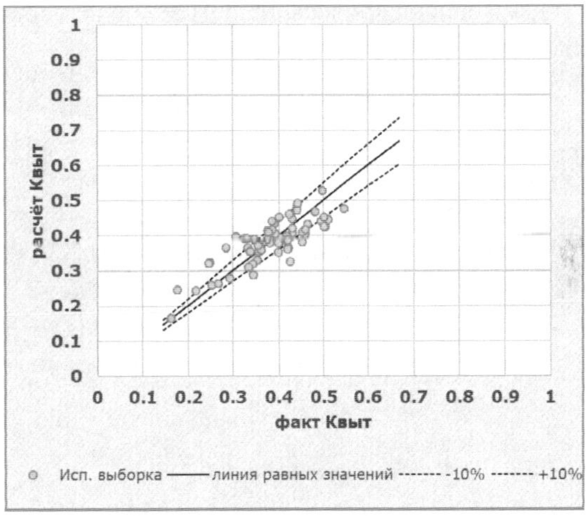


б) Фактические и расчётные значения для коэффициента вытеснения

Рисунок 1 – Кросс-плот сопоставления фактических экспериментальных и расчётных значений коэффициента вытеснения и остаточной нефтенасыщенности для башкирского яруса

Как следует из представленных данных, выведенные по башкирскому ярусу многофакторные уравнения, определяющие величины коэффициента остаточной нефтенасыщенности и коэффициента вытеснения, достаточно надёжны. Их можно использовать для определения коэффициента остаточной нефтенасыщенности и коэффициента вытеснения.

Что касается степени влияния анализируемых параметров на коэффициент остаточной нефтенасыщенности, то в рассматриваемых диапазонах изменения наибольший вклад оказывает пористость – 59%. Вязкость и начальная нефтенасыщенность также имеют ощутимое влияние –

соответственно 27% и 14%, но с обратным знаком – чем выше начальная нефтенасыщенность и вязкость, тем выше и Кно.

Что касается коэффициента вытеснения, то в рассматриваемых диапазонах изменения наибольший вклад в его величину вносит начальная нефтенасыщенность – 54%, что логично, тем более, что этот параметр входит в формулу коэффициента вытеснения. Вторым и близким по значимости является вклад пористости – 32%. Вклад вязкости – 14%, но с обратным знаком – чем выше вязкость, тем ниже коэффициент вытеснения.

**Выводы**

Проведённый многофакторный корреляционно-регрессионный анализ результатов керновых исследований по вытеснению нефти водой свидетельствует об одновременном значимом влиянии, как на коэффициент остаточной нефтенасыщенности, так и на коэффициент вытеснения, нескольких факторов: начальной нефтенасыщенности, пористости, вязкости нефти. Это говорит о том, что определение коэффициента вытеснения или остаточной нефтенасыщенности только на основе парных зависимостей чревато получением некорректных результатов. Необходим комплексный учёт одновременного влияния указанных геолого-физических параметров.

Достаточно высокие коэффициентами множественной корреляции выведенных уравнений свидетельствуют об их надёжности при практическом использовании для оценки величины коэффициента остаточной нефтенасыщенности и/или коэффициента вытеснения. Выведенные формулы могут быть использованы для покоэффициентного счёта при определении коэффициента извлечения нефти, при формировании геолого-гидродинамических моделей фильтрации для задания Кно для каждой ячейки, в проектных документах на разработку месторождений и т.д.

В практической деятельности предпочтение следует отдавать многофакторным уравнениям, определяющим коэффициент остаточной нефтнасыщенности, коэффициент вытеснения же рассчитывать через полученный коэффициент остаточной нефтенасыщенности и принятую при подсчёте запасов того или иного объекта начальную нефтенасыщенность.

Что же касается многофакторных уравнений, определяющих коэффициент вытеснения, то, несмотря на более высокие коэффициенты множественной корреляции, как сказано выше, в большинстве случаев доминирующе влияние на этот параметр оказывает начальная нефтенасыщенность, которая входит в формулу коэффициента вытеснения. Получается, что эти параметры функционально связаны, поэтому не исключена возможность получения недостаточно корректных результатов.

**Библиография**


1. Гладких Е.А., Галкин В.И., Хижняк Г.П., Об оценке коэффициента вытеснения нефти визейских терригенных отложений // Современные тенденции развития науки и технологий. 2017. №3-2. С. 62-66.

2. Е.С. Азаров, Е.С. Тарачева, Анализ применяемых методов обоснования коэффициента остаточной нефтенасыщенности объектов с трудноизвлекаемыми запасами нефти // Геология, геофизика и разработка нефтяных и газовых месторождений. 2021. № 1 (349). С. 44-48.

3. Ефимов А.А., Хижняк Г.П., Методические подходы при обосновании коэффициента вытеснения нефти турне-фаменских отложений Сибирского месторождения // Научные исследования и инновации. 2010. №1. С.21-26.

4. А.Н. Янин, Оценка коэффициента вытеснения нефти водой по обобщенным зависимостям (на примере пластов группы Ю1 Нижневартовского свода) // Бурение и нефть. 2014. №7-8. С. 34-38.

**Использование методов машинного обучения в картопостроении. Методики выбора архитектуры и параметров, анализ неопределённости, заложенной в обучающую выборку.**

И.Л. Терентьев* (ООО «Бурсервис)

**Введение**

Методы машинного обучения стремительно проникают во все сферы человеческой жизни. Подчас готовые, обученные модели с непрозрачной архитектурой, преподносятся как универсальные решения всех задач. Однако любой метод работает лишь в рамках заложенных в него неопределённостей и в пределах значений, использованных при обучении модели. Неполнота обучающей выборки, неподходящая к конкретному случаю архитектура сети, неправильно выбранная функция активации, несоответствие обучающей выборки реальным значениям — вот лишь некоторые из причин неудовлетворительных результатов при применении методов машинного обучения.

В докладе предлагается разобрать воздействие этих параметров на результат предсказания, с использованием простых задач картопостроения – взяв элементарную задачу и интуитивно представляя ожидаемый результат, можно получить диапазон решений одной и той же задачи но с разными алгоритмами машинного обучения; с перебором параметров нейронной сети (разное количество нейронов в скрытом слое и разное количество самих скрытых слоев); с различными функциями активации, параметрами регуляризации и др.

**Метод (и/или Теория)**

Возьмем простейшую задачу картопостроения, как задачу для использования методов машинного обучения. Возьмем набор данных, состоящий из четырех точек с известными координатами x,y,z и который необходимо проинтерполировать на некоторой площади. Вокруг исходных четырех точек, создадим регулярную сетку из сотен «пустых» точек – это узлы сетки, по которой будем предсказывать значения. С точки зрения "Data Science" – четыре исходные точки, которые имеют значения X, Y, Z – это обучающая выборка, а в пустых узлах сетки грида, с известными только X, Y, будем предсказывать Z опираясь на два атрибута – X и Y. Фактически, мы рассматриваем задачу картопостроения как нахождение функции z = f(x,y). Такой подход используют многие алгоритмы гридинга, в том числе и методы машинного обучения. Рассматривая карту как функцию от двух переменных и сравнивая с классической постановкой задачи поиска линии регрессии на кросс-плоте, очевидно сходство этих задач – построение карты, это та же задача поиска регрессии, но не линии, как при поиске функции y=f(x), а плоскости z = f(x,y). Таким образом, мы можем рассмотреть работу алгоритмов и действие параметров на нескольких усложняющихся примерах

1) Подбор функции по известным точкам на кросс-плоте (рис 1, вверху слева). Поскольку кросс-плот — это двумерное пространство, назовем это двумерным случаем - поиском линии регрессии по одному параметру y=f(x) 2) Построение карты (двумерного отображения трехмерного пространства) путем интерполяции, по нескольким хаотично разбросанным входным точкам с известным x,y,z. Поскольку в каждой точке после построения карты будет известно три координаты, будем называть это трехмерным случаем. (рис. 1, вверху справа). 3) Многомерный случай – на основе скважинных данных, найти зависимость средней пористости пласта от набора карт сейсмических атрибутов, предсказать карту средней пористости, на основе многомерной регрессии (рис. 1, внизу).

Прежде чем переходить к методам машинного обучения, воспользуемся методом линейной регрессии (рис. 2). Для двумерного случая, это будет прямая линия регрессии (рис. 2, вверху слева) - анализируя результаты предсказаний и оценивая качество результатов мы, как правило, прибегаем к линейным регрессиям, с последующим поиском коэффициента корреляции. При отсутствии априорной информации о форме зависимости, прямая линия является своеобразной реализацией принципа Оккама - «не усложняй без нужды». В трехмерном случае (рис. 2, вверху справа), с построением карты, мы получим плоскость (моноклиналь). Многомерный случай (рис. 2, внизу) даст понятные, легко интерпретируемые результаты, но, во многих случаях, корреляция с исходными данными будет недостаточной, в данном конкретном случае, удается построить карту, дающую с исходными данными коэффициент корреляции=0.82 (R2=0.67).

В случае, если линейная регрессия не дает удовлетворительных результатов, можно задуматься о методах машинного облучения. На рис. 3 показаны результаты использования алгоритма нейронных сетей (Multi-layer Perceptron, MLP). Для двумерного случая можно получить функцию, точно лежащую на точках (рис. 3, верхний левый), при построении карт этим методом, результатом будет сглаженная поверхность, проходящая сквозь точки (рис 3 верхний правый). В случае поиска многомерной регрессии (рис. 3 нижний левый), можно получить предсказание, имеющее единичную корреляцию с обучающими точками (рис 3, нижний правый). Такая чрезмерно высокая корреляция может свидетельствовать о переобученности модели. Для ее упрощения можно или применить более простую функцию активации, или увеличить параметры регуляризации. На рис. 4 показаны результаты моделирования алгоритмом нейронных сетей, с теми же параметрами, что и на рис. 2, но с увеличенными параметрами регуляризации. Видно, что с увеличением параметров регуляризации, результаты моделирования становятся идентичными полученным методом линейной регрессии - карта стала «грубее», а найденная линия регрессии стала проще, (аппроксимируется более простой функцией опасность переобучения снижается). Кросс-плот результатов предсказания с исходными данными, показывает корреляцию, как при использовании линейной регрессии. На рис. 5 показаны результаты многомерного моделирования, с подобранными параметрами регуляризации - результат предсказания коррелирует с обучающим свойством лучше, чем при линейной регрессии, но и не показывает чрезмерной корреляции с обучающим свойством.

На рис. 6 использован метод AdaBoost. На двумерном и трехмерном примере видно, что алгоритм работает дискретно, не предсказывает значений отсутствующих в обучающей выборке, но при достаточной представительности в значениях обучающего свойства, вполне может работать наравне с методами, дающими сглаженную картину.

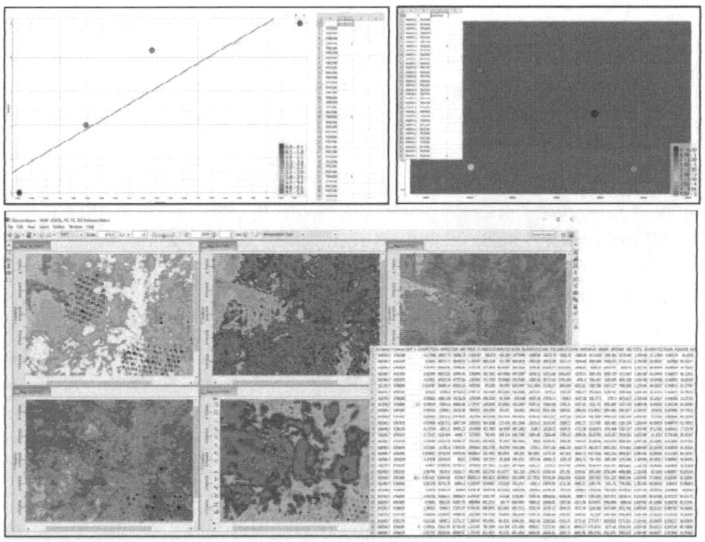

**Рисунок 1.** *Исходные данные для поиска регрессии методом машинного обучения: слева вверху – двумерный пример, поиск линии регрессии на основе 4-х точек на кросс-плоте; справа вверху – 4 исходные точки с известным x,y,z, для построения простой карты путем интерполяции, - трехмерный случай); Внизу – многомерный случай, набор карт сейсмических атрибутов требуется преобразовать в карту средней пористости.*

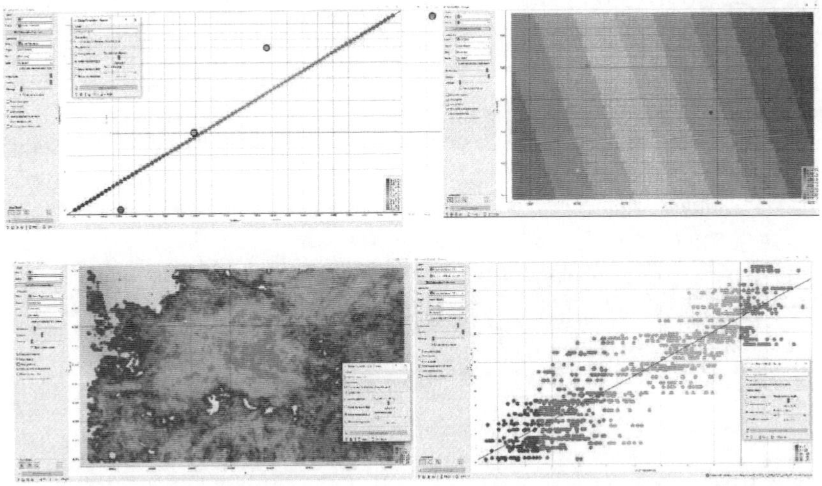

***Рисунок 2.*** *Использование метода линейной регрессии*

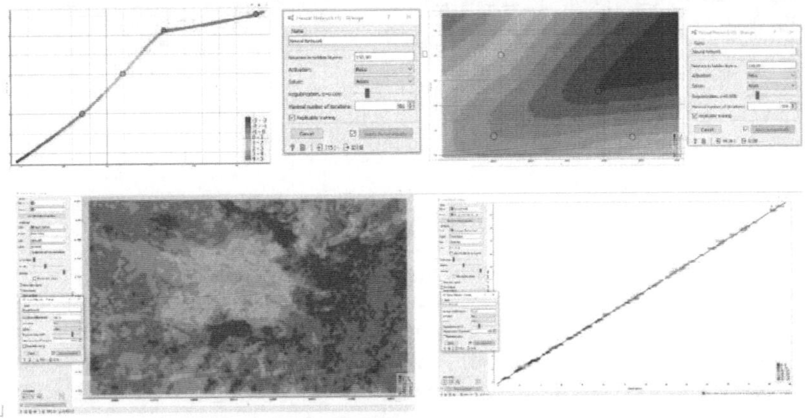

***Рисунок 3.*** *Использование алгоритма искусственных нейронных сетей – фактически поиск полинома, наилучшим образом аппроксимирующего точки. Корреляция с исходными точками подозрительно высокая, так может выражаться эффект переобучения.*

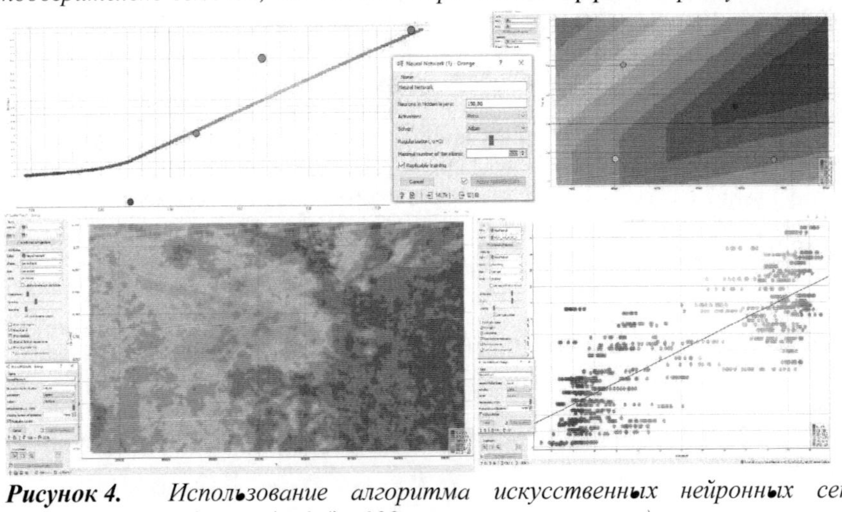

***Рисунок 4.*** *Использование алгоритма искусственных нейронных сетей. Параметры регуляризации подняты до 2 (до 100 в многомерном случае).*

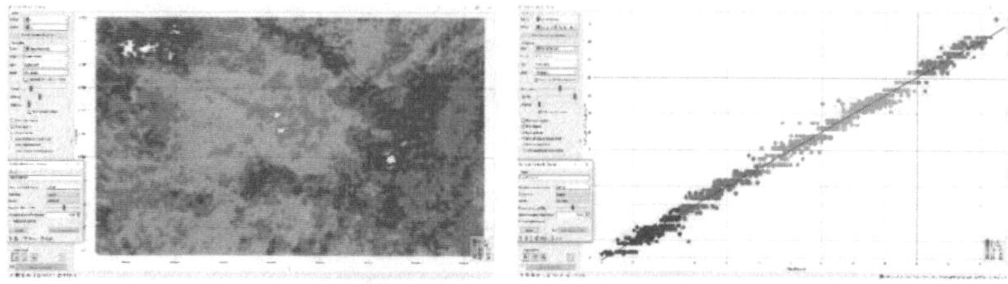

***Рисунок 5.*** *Предсказание карты эффективным толщин алгоритмом нейронных сетей, регуляризация снижена со 100 до 20.*

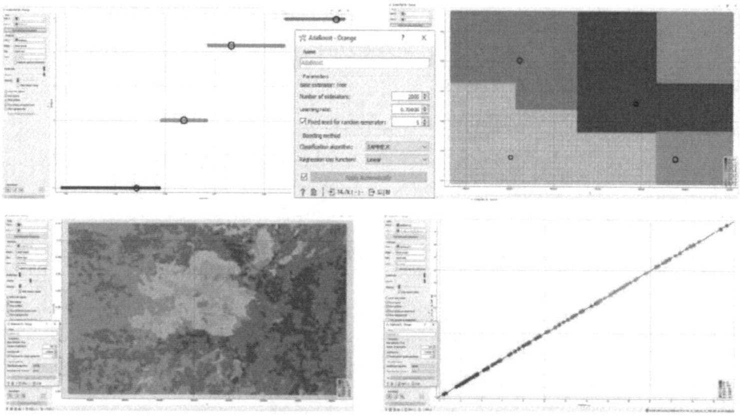

***Рисунок 6.*** *Использование метода AdaBoost.*

**Выводы**

Использование методов ИИ дает новые возможности в сложных случаях, но с ростом возможностей, возрастают и требования к проверке и оценке результата и его неопределенностей. И просто применив методы линейной регрессии можно получить хорошую отправную точку для дальнейших оценок и сравнений. Каждый случай уникален, и тут не может быть универсальных подходов (моделей). В зависимости от представительности и непротиворечивости обучающей выборки, методы будут давать некоторый диапазон предсказаний, аналогично реализациям в стохастическом моделировании. И аналогично стохастическому моделированию, методы машинного обучения невозможно использовать без оценки неопределённости. Получив набор предсказаний, нужно воспользоваться стандартным инструментарием статистики для оценки неопределённости моделирования: посчитать среднее по всем вариантам, а также стандартное отклонение – его можно использовать как «карту доверия», для оценки стабильности предсказаний по площади.

Традиционным методом оценки качества предсказания является проверка корреляции предсказанного свойства с исходными данными. Однако высокая корреляция, в случае с методами машинного обучения, может свидетельствовать скорее о переобученности модели, нежели об успешности предсказания. Тестирование моделей с разными параметрами регуляризации, а также метод выколотой точки, может помочь в определении переобученных моделей.

Перспективным методом подбора параметров является автоматизированное нахождение ошибки предсказания методом выколотой скважины по каждой точке обучающей выборки. Далее, в автоматическом режиме перебирая алгоритмы и их параметры, можно минимизировать среднеквадратическую ошибку предсказания по всем точкам, и тем самым найти оптимальные параметры.

Геомодель

**Прямой нейросетевой прогноз коллекторских свойств пласта по данным сейсморазведки**

Приезжев И.И. (ООО «Лаборатория Приезжева»), Горбач Д.А. (ООО «Газпромнефть НТЦ»), Мирошкин В.Г. (ООО «Газпромнефть НТЦ»), Овечкина В.Ю. (ООО «Газпромнефть НТЦ») Тайкулаков Е. (Satbayev University))

**Введение**

В докладе предлагается использование прямого прогноза коллекторских свойств по данным сейсморазведки с помощью технологии, основанной на применении нейронных сетей Колмогорова (Priezzhev, 2020). Собственно прогноз выполняется по данным в глубинном масштабе и может включать несколько кубов на входе, включая кубы - результаты сейсмической инверсии и скоростной куб, полученный в процессе обработки. Предполагается выполнять прогноз вероятности коллектора по скважинным кривым вида «коллектор - не коллектор» или по другим прямым параметрам качества резервуара. Так как прогноз выполняется в глубинном масштабе то для обучения возможно использование горизонтальных скважин. Это существенно увеличивает базу для обучения и соответственно качество прогноза. Также предлагается использовать стохастическую технологию многократных прогнозов с удалением части скважин, для каждого отдельного прогноза, с целью анализа разброса полученных оценок вероятности коллектора и получения кубов вида P10, P50, P90, среднего и стандартного отклонения. Полученные кубы в глубинном масштабе могут напрямую использоваться в процессе трёхмерного моделирования свойств коллектора в качестве объёмного тренда и оценки возможных вариаций трёхмерной модели.

**Метод**

Прямой прогноз коллекторских свойств резервуара предлагается выполнять с помощью нейронных сетей нового поколения на основе полнофункциональных нейронов Колмогорова (Kolmogorov, 1957; Priezzhev, 2020). Чтобы объяснить разницу между классическими нейронами, которые традиционно используются в нейронных сетях и полнофункциональными нейронами Колмогорова, используемыми в данной методике, приведём следующее сравнительное описание. Классическая нейронная сеть использует нейроны, которые являются взвешенной суммой входного вектора, с последующим использованием активационной функции сигмоидного вида. Нейронные сети Колмогорова (Priezzhev, 2020) используют в нейронах полнофункциональные активационные функции на основе теоремы Колмогорова (Kolmogorov, 1957). Схема сравнения нейронов в классических нейронных сетях и нейронных сетях Колмогорова показаны на рисунке 1.

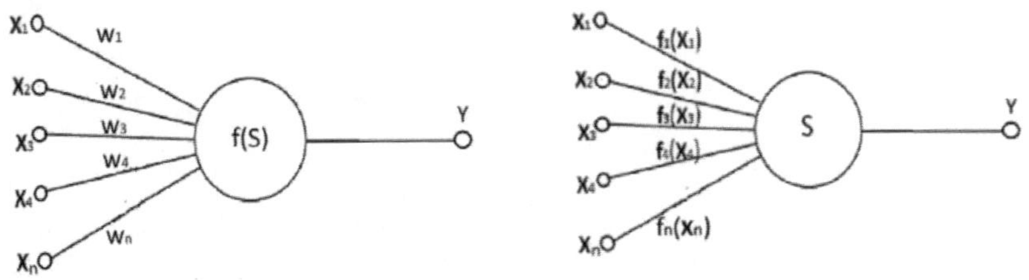


***Рисунок 1.*** Слева схема нейрона классических нейронных сетей, справа схема полнофункционального нейрона Колмогорова.

Если сравнить схемы классических и полнофункциональных нейронов (рисунок 1), то очевидно, что использование функционального преобразования для каждого входа нейрона дает гораздо большую степень свободы для таких нейронов по сравнению с классическими нейронами. Это позволяет нейронным сетям с использованием полнофункциональных нейронов Колмогорова адаптивно приспосабливаться к различным типам распределений входных параметров. С другой стороны, количество неизвестных в нейронных сетях с использованием нейронов Колмогорова возрастает многократно, так как эти функции преобразования могут быть заданы только в табличном виде, как показано на рисунке 3. Обучение таких нейронных сетей предлагается на основе ранее представленных нами гибридных схемах (Priezzhev и др., 2008; Kobrunov и Priezzhev, 2016) со стабилизацией по А.Н. Тихонову (Tikhonov и Arsenin,1977).

Технология нейросетевого прогноза может быть использована как во временном, так и в глубинном масштабе. Использование прогнозных построений в глубинном масштабе дает существенные преимущества, так как при этом можно использовать для обучения не только вертикальные скважины, но и горизонтальные скважины. Это существенно расширяет базу для обучения, особенно в случае решения мониторинговых задач в процессе эксплуатации месторождений.

Другим преимуществом является возможность прямого прогноза коллекторских свойств резервуара, без использования традиционных сложных многостадийных технологий (сейсмическая инверсия + петроупругое моделирование).

Перечисленные преимущества позволяют быстро выполнить прогноз коллектора по данным сейсморазведки после получения данных очередной горизонтальной скважины и использовать этот прогноз для оперативного обновления модели коллектора.

**Пример**

Приведенный пример иллюстрируют участок крупного нефтяного месторождения в центральном части Западной Сибири, которое находится на этапе эксплуатации. Технология нейросетевого прогноза применялась при построении секторных геологических моделей участков залежей для принятия оперативных решений при планировании бурения горизонтальных и наклонно-направленных эксплуатационных скважин в условиях больших геологических неопределенностей при проводке скважин.

В приведенном примере показана эффективность использования технологии прямого нейросетевого прогноза нефтенасыщенных толщин на участке месторождения, ранее не рассматриваемом для бурения ~~скважин~~ согласно полученных данных о толщинах трех соседних скважин (Well 1, Well 2, Well3) (Рисунок 2).

На данном участке изучаемый пласт морфологически находится в зоне предполагаемого склона шельфа, что делает практически невозможным прогноз распространения песчаных разностей в разрезе стандартными алгоритмами моделирования.

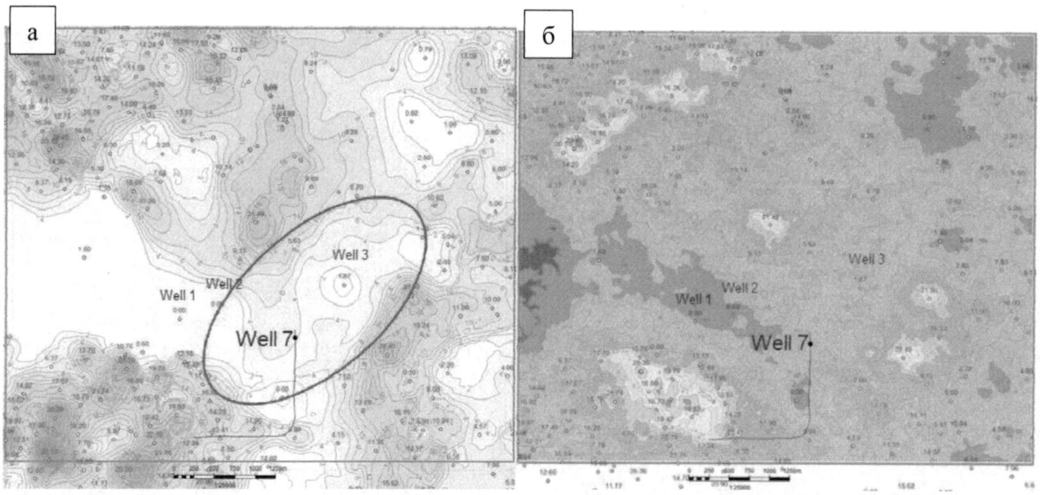


***Рисунок 2.*** *а) Карта эффективных нефтенасыщенных толщин, построенная с учётом скважин Well 1, Well 2, Well 3. Well 7 – проектная скважина с черной точкой входа в пласт. б) Карта прогнозных эффективных нефтенасыщенных толщин на основе 3Д моделирования с применением методики нейросетевого прогноза коллектора, без учета Well 7*

При использовании куба вероятности коллектора, полученного по результатам применения машинного обучения, были установлены предпосылки для концентрации эффективных толщин к одному стратиграфическому уровню, что позволило запланировать пилотную программу для расширения зоны поиска коллектора (Рисунок 2,3б)

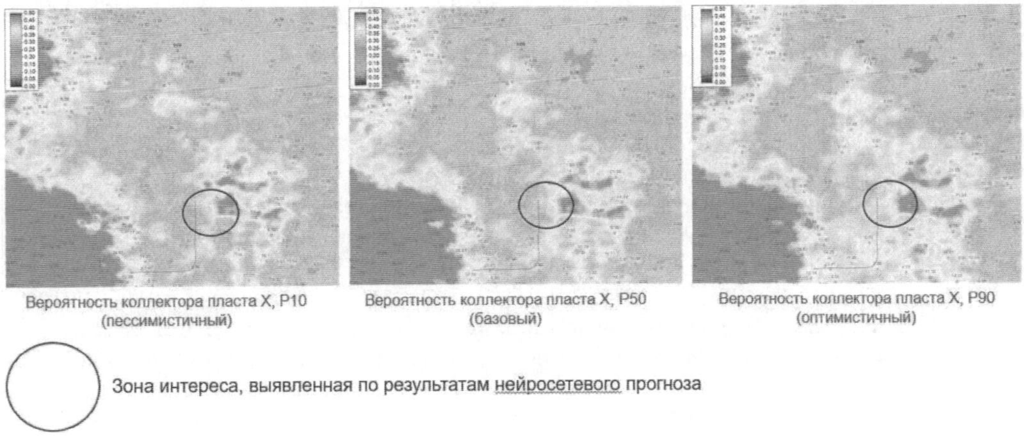


***Рисунок 3**. Интегральные карты вероятности коллектора, снятые по кубу вероятности, полученные на входе нейросетевого прогноза*

Как видно на **рисунке 4** после проходки скважины Well 7, прогнозная модель распространения коллектора в верхней части пласта подтвердилась (эффективные толщины составили 15,6м, при прогнозных 7м) что позволило расширить зону прогноза коллектора в 3Д модели и запланировать дополнительное бурение горизонтальных скважин и увеличить экономическую эффективность всего проекта.

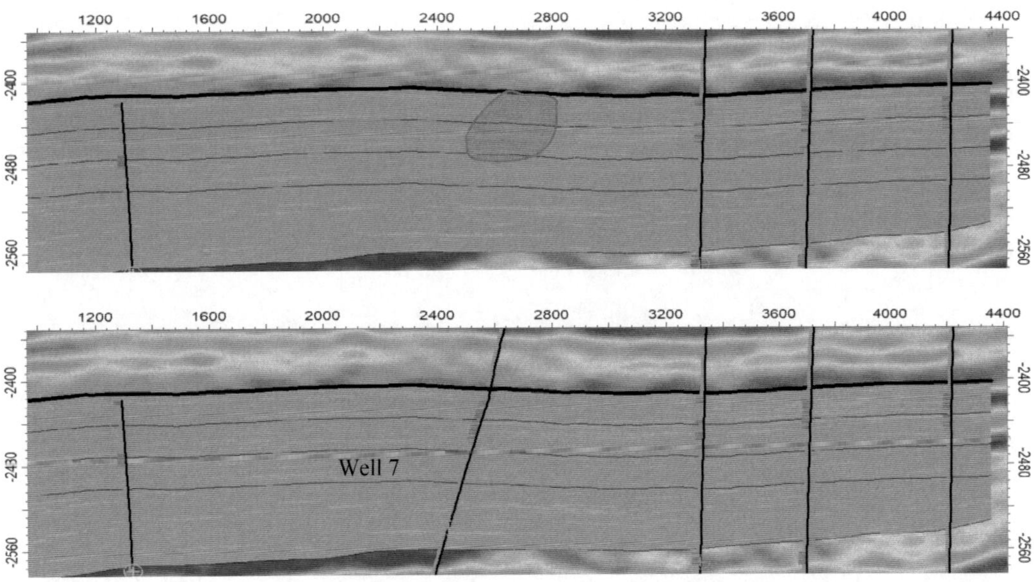


***Рисунок 3**. Разрез трёхмерной модели коллектора с применением методики нейросетевого прогноза до бурения Well 7 (разрез вверху) и обновлённая модель после бурения Well 7 (разрез внизу). Консолидированный коллектор, выделенный с помощью нейросетевого прогноза (подсвеченный контур на верхнем разрезе) подтвердился новой скважиной Well 7.*

В дополнение хотелось отметить факт использования нейросетевого прогноза для выявления некорректных данных. В районе скважины Well 3 северо-восточнее зоны исследуемого участка, которая, казалось бы, вскрыла минимальные толщины по результатам нейросетевого прогноза была получена высокая вероятность наличия коллектора. После детального анализа данных в скважине было выявлено занижение ФЕС по причине недостаточного комплекса исследований и, несмотря на наличие этой скважины в обучающей выборке, куб вероятности характеризует эту зону как перспективную.

**Выводы**

Комплексная работа по интегрированию машинного обучения в процессы геологического моделирования позволяют сделать следующие выводы:

•Нейросетевой прогноз показал высокий потенциал для уточнения геологического строения в зоне уплотняющего бурения, а также для задач доизучения краевых зон, ранее не затронутых бурением.

•Использование машинного обучения позволило отойти от необходимости работы со скважинными данными во временной области, это дало возможность задействовать весь доступный скважинный фонд для работы с сейсмическими атрибутами, что впоследствии вылилось в реализацию альтернативного сценария геологического развития региона

•Алгоритмы машинного обучения способны самостоятельно и корректно моделировать геологические процессы без использования субъективного мнения геолога-интерпретатора.

**Библиография / References**


1. Kobrunov, A. and Priezzhev, I. [2016] Hybrid combination genetic algorithm and controlled gradient method to train a neural network, Geophysics, 81, no. 4, 1–9.

2. Kolmogorov A.N. On the representation of continuous functions of several variables by superpositions of continuous functions of a smaller number of variables. Reports of the USSR Academy of Sciences. 1957; 14(5):953 – 956.

3. Priezzhev, I., Shmaryan, L. and Bejarano, G. [2008] Non-linear multi trace seismic inversion using neural network and genetic algorithm - "Genetic Inversion": Annual Meeting St Petersburg, EAGE, Extended Abstracts

4. Tikhonov, A. N. and Arsenin V. Y. [1977] Solutions of ill-posed problems, V H Winston and Sons, Washington D.C.

5. Priezzhev,I.I., 2020, New age, Kolmogorov full functional neural network usage for nonlinear predictive seismic inversion, EAGE, Saint Petersburg 2020. Geosciences: Converting Knowledge into Resources. Saint Petersburg, Russia, 6-9 April 2020

# Оптимизация нагнетания для повышения добычи нефти по итогам количественной оценки межскважинной интерференции на основе долговременного мониторинга давления и дебита

А.Н. Никонорова* (РГУ нефти и газа (НИУ) имени И.М. Губкина), В.Ю. Ким (ООО "ИНК"), А.С. Наумов (РГУ нефти и газа (НИУ) имени И.М. Губкина), Д.Н. Гуляев (ООО "Софойл"), А. Аюпов (ООО "Софойл"), Р.А. Мингараев (ООО "Поликод")

## Введение

Любое разрабатываемое месторождение представляет собой сложную гидродинамически связанную систему. Для того, чтобы оптимизировать режимы работы скважин, в первую очередь нагнетательных, необходимо иметь полное представление о гидродинамической связности объекта и количественном влиянии работы нагнетательных скважин на добывающее окружение. Подобные оценки возможно выполнить на основе исторических данных об изменении забойного давления и дебита скважин благодаря использованию математического алгоритма мультискваженной деконволюции. Данный математический инструмент позволяет выявить интегральное влияние скважин друг на друга за всю историю работы, а также единичные влияния, выражающиеся в том, насколько работы скважины с единичным дебитом или приёмистостью изменяет давление в центральной скважине исследования (на которую и оценивается межскважинное взаимодействие). Помимо оценки взаимовлияния алгоритм позволяет восстановить историю пластового давления в области дренирования тестовой скважины, а также спрогнозировать его изменение при запуске или остановке скважин, находящихся в области дренирования тестовой скважины. Данный сервис носит название мультискважинного ретроспективного теста (МРТ) и не требует остановки скважин для получения значений пластового давления, что делает данный инструмент исследований крайне полезным с экономической точки зрения за счет отсутствия потерь добычи из-за остановки скважин при разработке месторождений. Итогом использования информации, полученной при помощи МРТ, могут быть рекомендации по оптимизации работы системы поддержания пластового давления (ППД), режимов работы скважин добывающего фонда, а также рекомендации по проведению различных геолого-технических мероприятий (ГТМ) с целью увеличения объёмов добычи углеводородов.

## Метод

Реализация технологии МРТ завязана на применении математической модели деконволюции. В качестве входных данных используются исторические данные дебитов и давлений. Общий вид математической модели представлен уравнением 1.

$$P_n(t) = P_{i,n} + \sum_{k=1}^{N} \sum_{\alpha=1}^{N_k} (q_k^{\alpha} - q_k^{\alpha-1}) \cdot p_{nk}^{u} \cdot (t - t_{\alpha}) \qquad (1)$$

, где $P_n(t)$ – давление на n-ой скважине на произвольный момент времени, $P_{i,n}$ – начальное давление на n-ой скважине, $q_k^{\alpha}$ – дебит -режима на n-ой скважине, переходная характеристика в интервале между k-ой и n-ой скважинами, $t_{\alpha}$ момент времени начала а-режима на k-ой скважине, N – число скважин в тесте, $N_k$ – число режимов у k-ой скважины.

Уравнение 1 называется уравнением многоскважинной свертки для забойного давления и означает, что если доступны все единичные влияния и единичное самовлияние, то отклик давления в каждой скважине может быть представлен как линейную сумму начального пластового давления, свертки единичного самовлияния с историей дебита $n$-й скважины и суммы всех сверток единичных влияний с историями изменения дебита соответствующих окружающих скважин. Подбирая единичные влияния алгоритм минимизирует расхождение фактического и расчетного забойного давления и работает тем надежнее, чем больше несинхронных изменений дебитов скважин произошло за анализируемый период времени.

**Примеры**

Примером успешной реализации технологии МРТ с полезным приобщением результатов полученных в ходе анализа исторических данных может послужить кейс, выполненный на одном из месторождений Восточной Сибири. Анализируемый участок изображен на рисунке 1. Анализируемая группа скважин, состоящая из 9 скважин, образуют ячейку исследования.

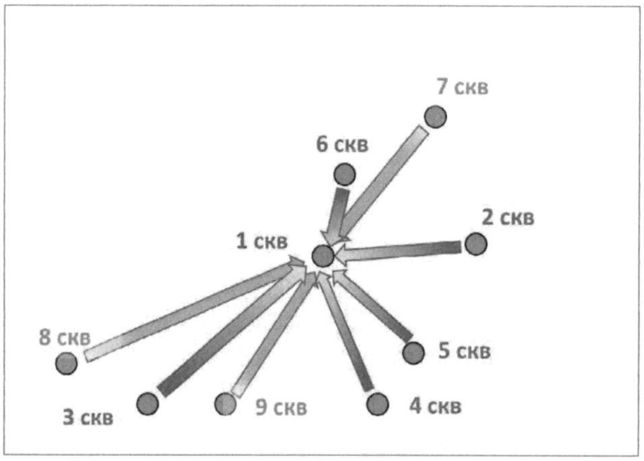


***Рисунок 1.*** *Анализируемый участок месторождения. Скважина 1 – тестовая.*

Исходные исторические данные дебитов и давлений представлены на рисунке 2.

***Рисунок 2.*** *Общий график дебитов и давлений в анализируемой ячейке.*

Тестовая скважина ячейки характеризуется падением добычи нефти и ростом обводненности, также наблюдается падение пластового давления.

В ходе анализа данных при помощи алгоритма мультискважинной деконволюции была восстановлена история пластового давления, результат представлен на рисунке 3.

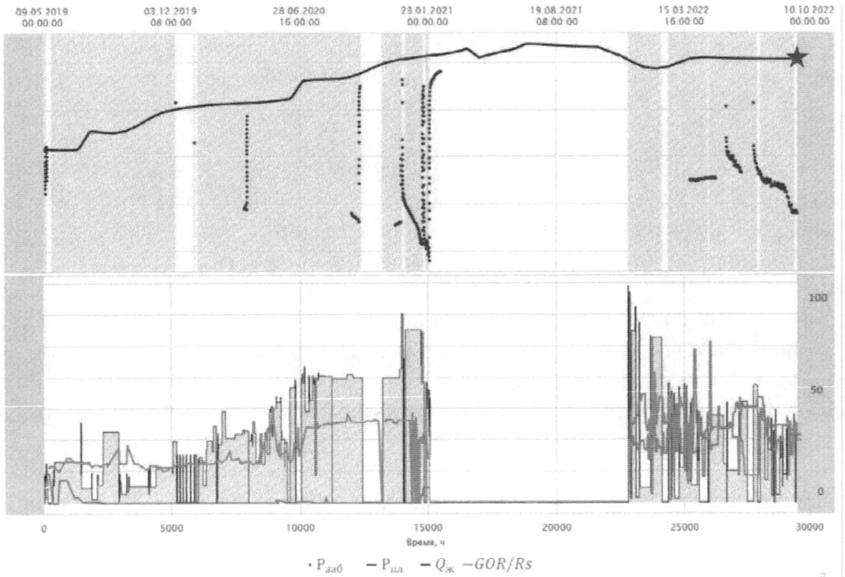


***Рисунок 3.*** *Восстановленная история пластового давления в области дренирования скв. 1.*

Анализ исторических данных позволил количественно установить взаимосвязь между скважинами. На рисунке 4 представлены анализируемый регион с нанесёнными подписями к скважинам ячейки, где указаны накопленные влияния скважин на тестовую (слева) и единичные влияния скважин окружения на тестовую (справа).

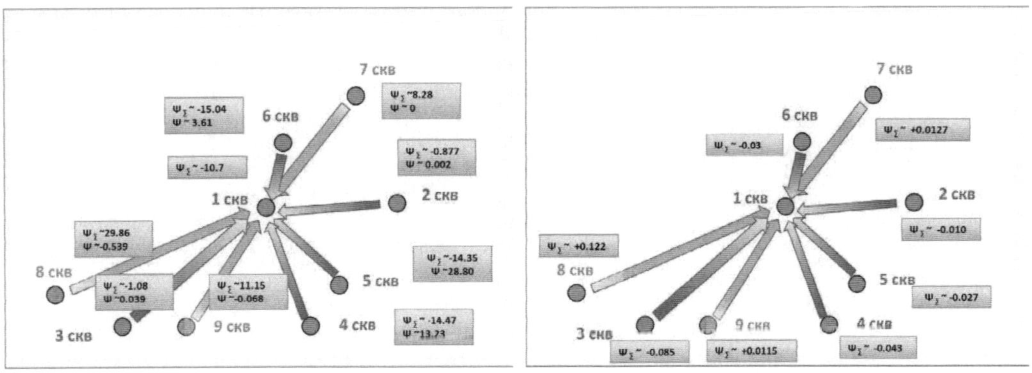


***Рисунок 4.*** *Накопленные влияния скважин окружения (слева) и единичные влияния (справа).*

По результатам анализа было рекомендовано увеличить приемистость скважины 8 в 1.5 раза и скважины 9 в 2.68 раза, что приведет к росту давления и должно увеличить добычу в тестовой скважине 1.

Заказчиком были выполнены рекомендации по оптимизации системы ППД, что привело к двукратному увеличению добычи нефти при сохранении стабильного уровня обводненности.

**Выводы**

Использование мультискваженной деконволюции в качестве инструмента анализа промысловых исторических данных работы скважины упрощает контроль за состоянием объекта:

- В руках разработчика имеется возможность без остановки работы скважины получить величину пластового давления, а также воспроизвести его историю, что многократно удешевляет затраты на получение полезной информации об энергетическом состоянии пласта.

- Имеется возможность оценить количественное влияние каждой из скважин ближайшего окружения на тестовую скважину, что позволяет прогнозировать эффект от изменения режимов работы скважины без обращения к затратному исследованию методом гидропрослушивания

- Использование математического алгоритма деконволюции позволяет в кратчайшие сроки провести комплексный анализ работы участка месторождения, и принять оптимальные решения по изменению режимов работы скважин, которые в свою очередь принесут дополнительную добычу углеводородов без сопутствующих затрат на дополнительные исследования.

- На исследованном участке по результатам оптимизации нагнетания произошло двукратное увеличение добычи нефти

**Библиография**

1. Беляков А.А., Гуляев Д.Н., Кричевский В.М., Никонорова А.Н., Искибаев Р.Э. Эффективность новой технологии восстановления пластового давления без остановки скважин и потерь добычи // Российская конференция по нефтяным технологиям SPE, октябрь 2021 года, SPE-206490-MS

**References**

1. Belyakov A.A., Gulyaev D.N., Krichevsky V.M., Nikonorova A.N., Iskibaev R.E. The Efficiency of the Novel Technology Reservoir Pressure Reconstruction Without Well Shut-in and without Production Losses // SPE Russian Oil Technology Conference, October 2021, SPE-206490-MS.

Геомодель

**Применение глубокого обучения для акустической инверсии на примере газового месторождения Гронинген**

Д.А. Богоедов * (ООО «ГридПоинт Дайнамикс»), Р.Ф. Мифтахов (ООО «ГридПоинт Дайнамикс»), А. А. Тархов (ООО «ГридПоинт Дайнамикс»), А.К. Базанов (ООО «ГридПоинт Дайнамикс»), И.И. Ефремов (ООО «ГридПоинт Дайнамикс»)

**Введение**

По сей день инверсия сейсмической амплитуды остается фундаментальным инструментом количественной интерпретации сейсмических данных, позволяя преобразовать амплитуды волнового поля в распределение упругих свойств слоистой среды.

Однако инверсия сейсмического импеданса обычно является сложной, нелинейной и не однозначной из-за многих факторов: неизвестный сейсмический вейвлет, ограниченный частотный диапазон наблюденных данных, различные шумы, высокая зависимость от качества исходной модели и т.д. Для решения этих проблем необходимо регуляризировать результаты, накладывая некоторые ограничения на пространство решений или включая априорные знания в пространство моделей, чтобы корректно сформулировать обратную задачу. Кроме того, классическая инверсия требует наличия прямого оператора, который характеризует физическую связь между измеренными данными и параметрами модели. Например, волновые уравнения или сверточная модель. Задача сейсмической инверсии традиционно может быть решена двумя классическими подходами: детерминистическим и стохастическим методами с помощью оптимизации. За многие годы развития технологий традиционными для инверсии стали различные методы AVO, полноволновой инверсии и методы оптимизации функций.

Между тем, последние достижения в области машинного обучения и его применения в различных областях способствовали новой волне исследований и разработок в области геофизических исследований. Многие работы демонстрируют применимость различных алгоритмов машинного обучения для инверсии сейсмического импеданса, в частности линейной и нелинейной регрессии [Russel, 2019]. Особенно следует отметить методы глубокого обучения, которые показали большой потенциал в различных задачах интерпретации и инверсии сейсмических данных.

Глубокое обучение (DL) - это одна из стратегий машинного обучения, основанная на глубокой нейронной сети (DNN). Эта технология происходит от обычных нейронных сетей, но значительно превосходит своих предшественников. Самые последние технологии DL позволили получить выдающиеся результаты в различных приложениях, включая обработку звука и речи, обработку визуальных данных, обработку естественного языка и многое другое. Методы DL делятся на категории в зависимости от привлечения размеченных данных (учителя) [Alzubaidi, 2021].

Метод обучения с частичным привлечением учителя - один из таких методов. Этот подход позволяет использовать для обучения модели небольшой набор размеченных данных (для инверсии это точки сейсмического куба, совпадающие с априорными скважинными данными) и большое количество не размеченных (остальной куб сейсмики). Основным представителем этого метода является генеративная состязательные нейронные сети (GAN) [Wu et al., 2021]. В таких архитектурах одновременно обучаются две модели – генератор (G) и дискриминатор (D). Цель G - получить распределение целевых данных, D проверяет данные, которые получил от генератора, на "реальных" данных и тем самым помогает G обучиться распределению, которое лежит в основе реальных данных [Alfarraj and AlRegib, 2019].

**Метод**

Мы использовали эту архитектуру для создания нейронной сети глубокого обучения для акустической инверсии сейсмических данных. Этот подход концептуально похож на инверсию на основе модели и сохраняет традиционный подход решения акустической инверсии на основе модели. Мы использовали "учителя", а именно скважинные данные, то есть априорные значения импеданса из скважин, в качестве размеченных входных данных модели, на которых происходит обучение.

В традиционной инверсии на основе модели алгоритм оптимизации находит наилучшее решение, которое удовлетворяет как низкочастотным модельным скважинным данным, так и сейсмическим данным путем сравнения с синтетическими кривыми. В нашем случае мы используем дополнительный сверточный слой в нейронной сети в качестве форвард модели, этот слой является по сути эквивалентом свертки с вейвлетом в классической инверсии. Использование такой дополнительной форвардной модели позволяет нам приблизиться к физическому решению проблемы инверсии с помощью нейронных сетей.

Полученные синтетические сейсмограммы сравниваются с исходными сейсмическими данными, и разница учитывается в функции потерь модели. Это позволяет сохранить связь с наблюдаемыми сейсмическими данными, а преимущество использования такой прямой модели заключается в том, что она автоматически извлекает вейвлет из данных. Блок-схема алгоритма инверсии сейсмических данных DL показана на рисунке ниже (Рисунок 1).

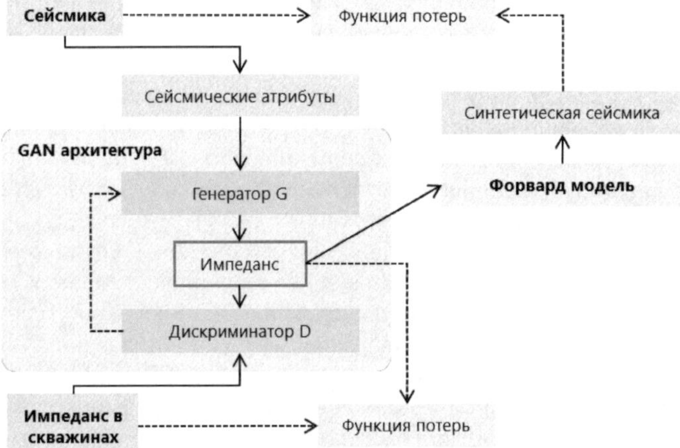


***Рисунок 1.*** *Блок-схема акустической инверсии на основе DL. Слева представлена архитектура GAN, состоящая из генератора G и дискриминатора D.*

нашей методологии акустической инверсии является набор входных данных. Поскольку использование только кривых импеданса скважины вместе с сейсмическими трассами недостаточно для обучения модели и прогнозирования распределения импеданса по всей площади, это обусловлено тем, что обратная динамическая сейсмическая задача поставлена некорректно [Hadamard, 1902]. Мы использовали кубы сейсмических атрибутов для описания геометрических, кинематических, динамических и статистических характеристик сейсмических данных. Таким образом, мы не используем низкочастотную исходную модель, которая является проблемным местом инверсии на основе модели, а вместо этого получаем только расчет сейсмических атрибутов. Различные производные сейсмической записи позволяют нам многократно увеличить пространство описательных характеристик исходных данных, которые важны для алгоритмов глубокого обучения. Мы рассчитали полный набор сейсмических атрибутов, включая атрибуты, отвечающие за стратиграфические и структурные разломы, разломные несоответствия, тонкослойные коллекторы, яркие/теневые пятна и литологическое оконтуривание коллекторов. Такой подход позволяет максимально использовать объем доступной информации из сейсмической записи.

**Примеры**

Для проверки разработанного алгоритма инверсии мы использовали данные месторождения Гронинген в Южно-Пермском бассейне, Нидерланды.

Гигантское газовое месторождение Гронинген представляет собой сложную геологическую структуру с длительной историей сейсмических исследований и открытыми данными, что делает его идеальным объектом для применения методов машинного обучения. Исходными данными для инверсии были акустический импеданс в скважинах и сейсмические атрибуты. Для этого результата мы не использовали ни исходную модель, ни сейсмический импульс.

Результат инверсии приведён на рисунке ниже (Рисунок 2) в сравнении с результатом классического алгоритма инверсии [Abubakar A. Et al., 2022]. Можно отметить, что результат инверсии гораздо более разрешен, чем при классическом подходе. Помимо этого, геологическое строение месторождения характеризуется яркими соляными телами с прослоями ангидрита, которые легкоразличимы на результате инверсии на основе глубокого обучения и практически не прослеживаются в классической инверсии, это обусловлено неточностью исходной модели, построить надежную начальную модель для такого сложного геологического строения достаточно сложно.

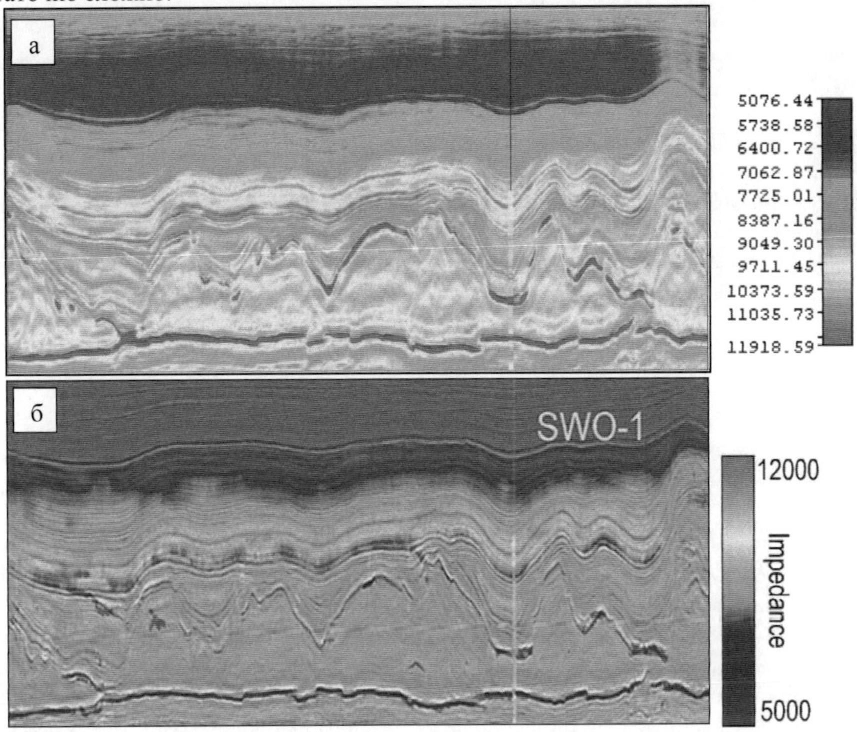


***Рисунок 2.*** *а) Результат инверсии на основе глубокого обучения. б) Результат инверсии классическим методом, основанным на начальной модели [Abubakar A. Et al., 2022].*

Кроме того, мы выполнили контроль качества инверсии на слепых скважинах, которые не участвовали в обучении. Сравним полученные инвертированные кривые импеданса и кривые скважин в сейсмическом масштабе (Рисунок 3), результаты анализа коэффициента корреляции для всех 22 скважин проекта по всей длине представлены ниже в виде бокс-плота (Рисунок 4). Боксплоты - это стандартизированный способ отображения распределения данных, основанный на суммарном показателе из пяти чисел ("минимум", первый квартиль [Q1], медиана, третий квартиль [Q3] и "максимум"). Следует отметить, что коэффициент корреляции со скважинными данными результата предложенного алгоритма инверсии в среднем составляет 0,77. Точки вне усов графика - это аномальные минимумы; в нашем случае они связаны со скважинами, выпадающими из интервала исследования.

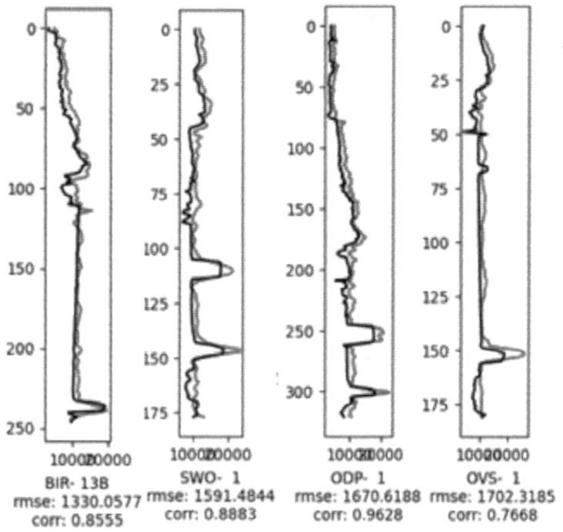


***Рисунок 3.*** *Сравнительный анализ по 4 скважинам: BIR-13B, SWO-1, ODP-1, OVS-1. Красным показан результат инверсии на основе DL, черным - исходный импеданс в скважине в сейсмическом масштабе. Оценка RMSE и коэффициенты корреляции показаны ниже.*

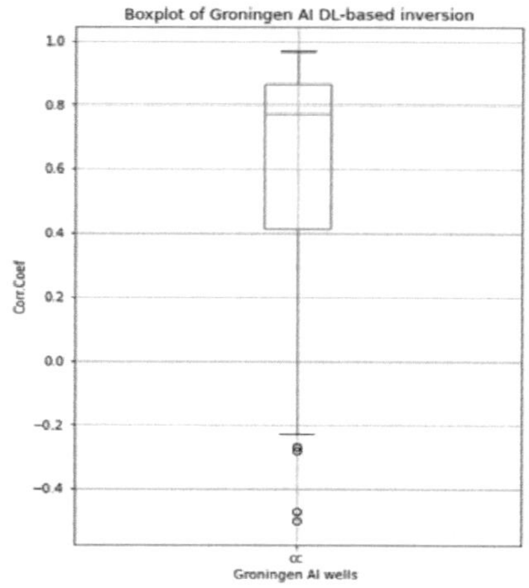


***Рисунок 4.*** *Бокс-плот распределения коэффициентов корреляции результатов акустической инверсии на основе DL в точках скважин со скважинными данными на месторождении Гроннинген.*

**Выводы**

Разработанный метод акустической инверсии на основе нейронной сети глубокого обучения имеет ряд преимуществ перед классическими методами акустической инверсии. Предлагаемый подход позволяет обойти большое количество проблематичных моментов в классическом процессе инверсии: наш подход не использует извлеченный сейсмический вейвлет и начальную низкочастотную модель, что значительно упрощает процесс получения первичного распределения акустического импеданса в наборе сейсмических данных. Разработанный метод акустической инверсии на основе нейронной сети глубокого обучения имеет ряд преимуществ перед классическими методами акустической инверсии. Предлагаемый подход позволяет обойти большое количество проблематичных моментов в классическом процессе инверсии: наш подход не использует извлеченный сейсмический вейвлет и начальную низкочастотную модель, что значительно упрощает процесс получения первичного распределения акустического импеданса в наборе сейсмических данных.

**Библиография / References**

1. Russell, Brian. (2019). Machine learning and geophysical inversion — A numerical study. The Leading Edge. 38. 512-519. 10.1190/tle38070512.1.
2. Alzubaidi, L., Zhang, J., Humaidi, A.J. et al. Review of deep learning: concepts, CNN architectures, challenges, applications, future directions. J Big Data 8, 53 (2021).
3. B. Wu, D. Meng, и H. Zhao, «Semi-Supervised Learning for Seismic Impedance Inversion Using Generative Adversarial Networks», *Remote Sensing*, т. 13, вып. 5, с. 909, фев. 2021, doi: 10.3390/rs13050909.
4. M. Alfarraj и G. AlRegib, «Semi-supervised Learning for Acoustic Impedance Inversion». arXiv, 31 май 2019 г.
5. Hadamard, Jacques (1902). Sur les problèmes aux dérivées partielles et leur signification physique. Princeton University Bulletin. pp. 49–52.
6. Aria Abubakar, Haibin Di, Anisha Kaul, Cen Li, Zhun Li, Vanessa Simoes, Leigh Truelove, Tao Zhao; Deep learning for end-to-end subsurface modeling and interpretation: An example from the Groningen gas field. The Leading Edge 2022;; 41 (4): 259–267. doi: https://doi.org/10.1190/tle41040259.1

**Аэроэлектроразведка – современный инструмент для детального изучения скоростных характеристик верхней части разреза**

Ю.Г. Подмогов*(ООО «Геотехнологии», Е.В. Мойланен (ИПУ РАН)

**Введение**

Современная нефтегазопоисковая сейсморазведка, ввиду особенностей параметров приема и возбуждения сигнала, не всегда способна восстановить достоверную информацию о скоростных характеристиках верхней части разреза (ВЧР). Данный факт оказывает прямое влияние на качество итоговых геологических моделей месторождений, находящихся в сложных поверхностных условиях. В рамках данной проблемы остро стоит необходимость в привлечении сторонних источников информации о ВЧР в местах, где построение скоростной модели ВЧР по данным сейсморазведки проблематично. Недоучет влияния реальной скоростной модели на форму отражающих горизонтов может привести к значительным ошибкам в структурных построениях, ухудшению волновой картины во всем временном диапазоне, а также повлечет за собой большие неопределенности при решении обратной кинематической задачи сейсморазведки. Эта проблема особо актуальна для регионов Западной и Восточной Сибири.

Оперативным и не дорогим источником информации о неоднородностях ВЧР может оказаться современный аэрогеофизический комплекс ЭКВАТОР, содержащий каналы электромагнитных зондирований и высокоточной магнитной съемки.

**Опыт применения данных электроразведки для восстановления скоростных характеристик ВЧР**

Опыт применения данных электроразведки для прогноза скоростной модели ВЧР насчитывает ряд как отечественных, так и зарубежных работ. Остановимся только на одном примере из работы [1]. Авторы обоснованно используют методику перехода от УЭС к Vp, на основе использования эмпирической формулы Фауста (рис. 1), при этом эмпирические зависимости (тренды) определяются для отдельных литологических разностей ВЧР по данным ВСП скважин и УЭС по данным электроразведки мЗСБ послс инверсии (рис 2).

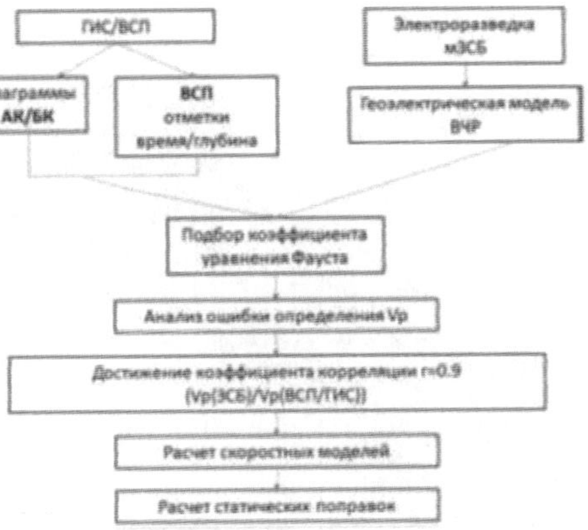


*Рисунок.1 Схема расчета скоростной модели ВЧР на основе данных мЗСБ.*

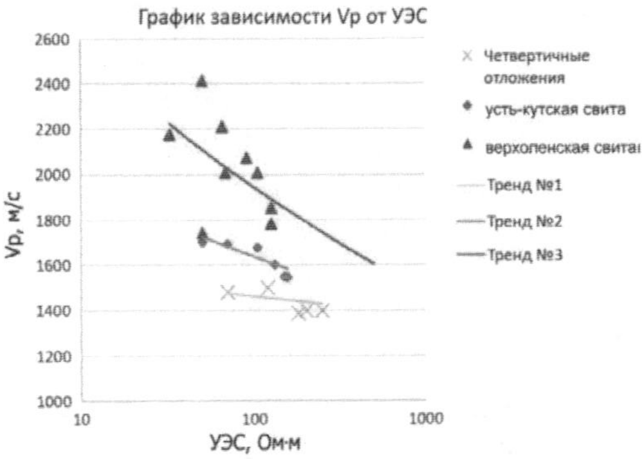


*Рисунок.2 Тренды для расчета скоростной модели*

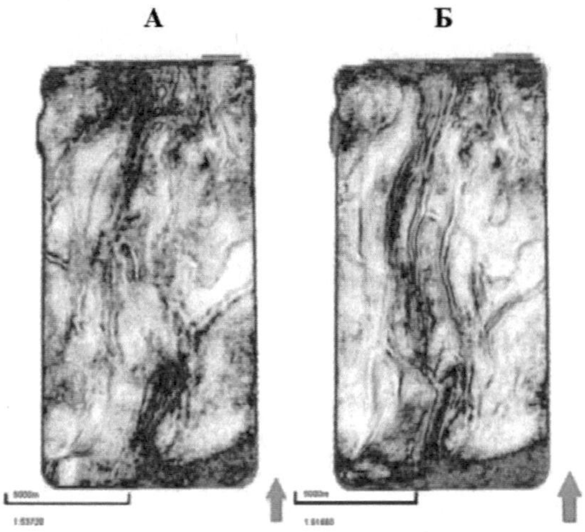


**Рисунок 3.** *Срез атрибута «когерентность» в интервале – 650 мс: А – по данным первых вступлений, Б – по данным мЗСБ*

Наиболее наглядно улучшение качества сейсмической информации демонстрируют карты когерентности (рис. 3). Анализируя эти карты, можно отметить, что по данным модели мЗСБ выделяются аномалии, отражающие характерную для данного участка шарьяжно-надвиговую тектонику. На левом срезе динамический интервал слабо выражен, отражения осложнены интерференционными зонами. На правом срезе наблюдается заметное улучшение качества прослеживания сейсмических отражений. Отражения динамически более выражены за счет наличия контрастных акустических границ. Ярко выражена морфология валовых структур. Картируются складки гравитационного скольжения.

Таким образом, можно сделать вывод, что использование электроразведки мЗСБ при обработке данных 3D МОГТ позволяет улучшить прослеживаемость горизонтов и динамические характеристики сейсмической записи как на этапе до учета высокочастотной статики, так и на финальной стадии обработки.

В качестве положительного примера изучения строения резко дифференцированной ВЧР с использованием комплекса не сейсмических методов, также можно рассмотреть результат детальных площадных геофизических работ на территории борта Тунгусской синеклизы. В состав комплекса входили наземная высокоточная гравиразведка и аэроэлектроразведка методом дипольного индуктивного профилирования (наша аппаратура ЕМ-4Н), масштаб исследований 1:5 000. Геологическое строение участка работ является в целом типичным для Тунгусской синеклизы. На нижнепалеозойском карбонатном цоколе залегают терригенные отложения карбона-перми, перемежающиеся с субпластовыми интрузиями долеритов. Сверху, на дневной поверхности, расположены редкие маломощные линзы туфов, в этом разрез отличается от центральной части синеклизы, где мощность туфов и долеритов триасового возраста может составлять несколько сотен метров. Результаты съемки показаны на рис. 4.

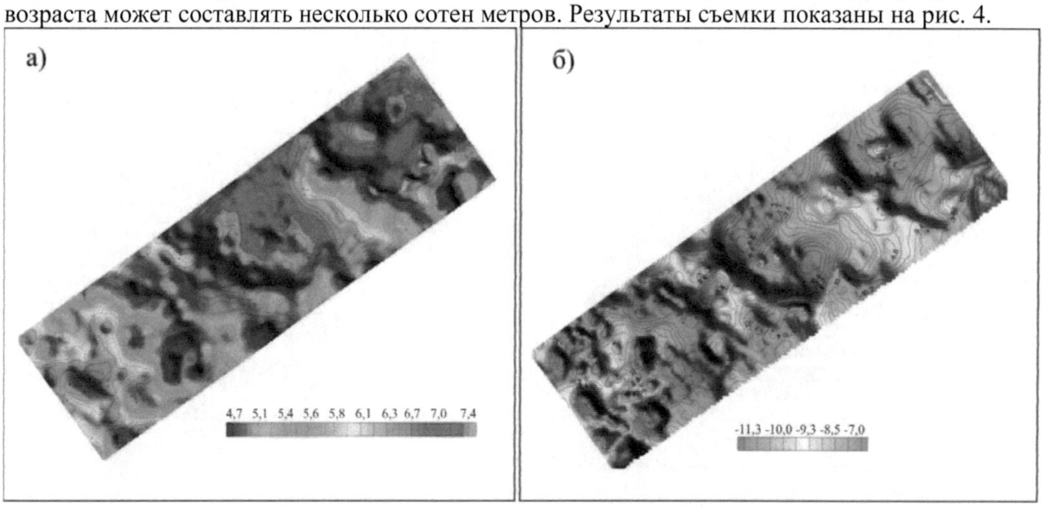


**Рисунок 4.** *Карта логарифма $R_{эфф}$ на частоте 2080 Гц (а) и карта поля силы тяжести (б)*

Значительная дифференциация как плотностных, так и электрических свойств пород, слагающих разрез, в первую очередь, долеритов, с одной стороны и терригенных отложений (песчаников, алевролитов) с другой, обусловила весьма контрастную картину геофизических полей. Поскольку плотность и удельное электрическое сопротивление горных пород находятся в тесной и прямой статистической зависимости, подобие полей достаточно очевидно даже на визуальном уровне. Линейный коэффициент корреляции аномального поля силы тяжести и логарифма $R_{эфф}$ превышает 0.9, т.е. статистическая связь между геофизическими полями весьма тесная.

В пределах участка пробурено большое количество поисковых скважин, и вычисленный коэффициент корреляции между аномальным полем силы тяжести и мощностью долеритовых интрузий составил порядка 0.7. При этом степень тесноты корреляционной связи растет с повышением мощности интрузий.

Весьма тесная корреляция удельного электрического сопротивления и поля силы тяжести (соответственно, плотности) позволяет оценивать мощность трапповых тел по результатам электроразведки. Современная аэроэлектроразведка (комплекс ЭКВАТОР) позволяет осуществлять электромагнитные зондирования как во временной, так и частотной области, изучать распределение удельных сопротивлений в широком динамическом диапазоне и высоким пространственным разрешением как в плане, так и по глубине.

**Технологические возможности аэрогеофизического комплекса ЭКВАТОР**

Комплекс является средством геофизических измерений, в его состав входят: аэроэлектроразведочная система ЭКВАТОР, аэромагнитометр ГТ-МАГ, аэрогамма-спектрометр McPhar, устройства-источники геопозиционной информации, система регистрации аэрогеофизической информации NAVDAT.

*Электроразведочная система комплекса ЭКВАТОР* предназначена для определения параметров распределения свойств электропроводности в верхних слоях горных пород. В системе использован принцип представления результатов зондирования одновременно в двух формах – временной и частотной. Это позволяет проводить измерения сопротивлений в диапазоне от 0.1 до 10 000 Ом·м, детально изучая верхнюю часть разреза и получать информацию о сопротивлении пород на глубинах до 400 м. Частотные каналы системы менее подвержены влиянию интенсивных промышленных помех и процессов индуцированной (быстрой) вызванной поляризации. Шаг кривых зондирований вдоль линии полета, при скорости 150 км/ч составляет 7 м.

*Магниторазведка* выполняется с частотой 926 измерений в секунду, что позволяет выполнять кондиционные измерения в условиях присутствия мощного электромагнитного импульса и интенсивных промышленных помех. Магнитная съемка дает распределение магнитных масс, как в плане, так и по глубине.

Съемка выполняется на легком вертолете Еврокоптер AS-350. Вычисления удельных сопротивлений выполняются с учетом реальной формы импульса и эволюций геометрии электроразведочной системы. На рис. 5 приводится сопоставление информативности ЭМ зондирований в аэро и наземном варианте.

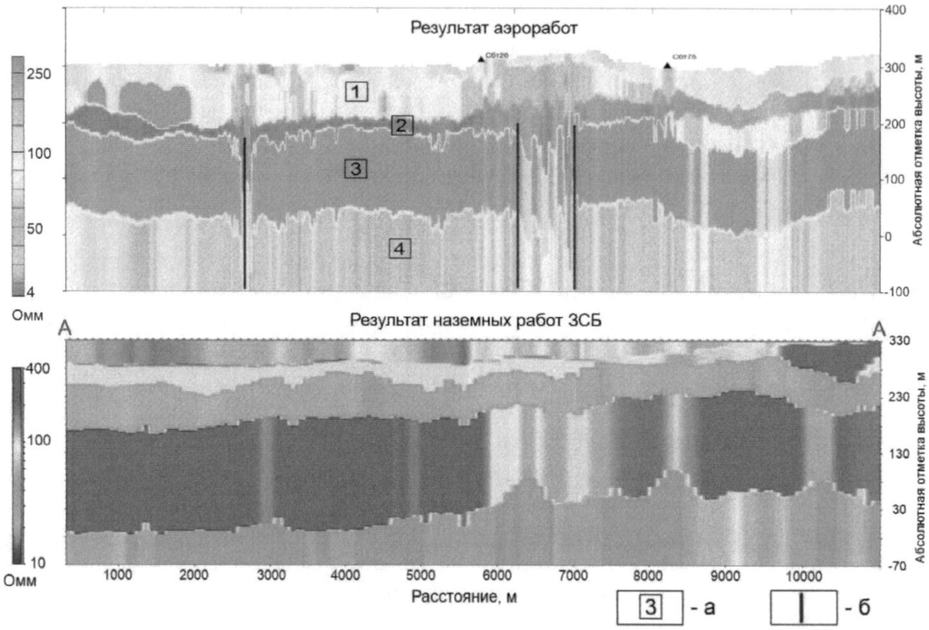


***Рисунок 5.*** *Сопоставление результатов аэроработ с аппаратурой ЭКВАТОР и наземных работ ЗСБ с выделением аномальных зон в метегеро-ичерском горизонте. (а – номер геоэлектрического горизонта, б – зоны, перспективные для бурения на воду).*

**Выводы**

- Разработанные и опробованные подходы к использованию данных мЗСБ для уточнения скоростной модели ВЧР и последующего ее учета при обработке данных сейсморазведки в целом дают хороший результат.
- Использование аэрогеофизического комплекса ЭКВАТОР для комплексирования с 2D и 3D сейсморазведкой при детальном картирования неоднородностей ВЧР за счет более высокого пространственного разрешения и широкого диапазона измеряемых сопротивлений, при незначительных затратах, может заметно повысить качество итоговой сейсмогеологической модели.
- Для повышения качества и статистической значимости регрессионных зависимостей УЭС – Vp, кроме данных ВСП, необходимо более широкое использование данных МСК.
- Абсолютно оправданным является включение в общий комплекс исследований аэромагниторазведки, она позволит: локализовать магнитоактивные интрузии в ВЧР и осадочном чехле, картировать тектонические нарушения, карстовые образования, в ряде случаев, привязать скважины, содержащие обсадные колонны.

**Библиография**

1. Шелохов И.А., Буддо И.В., Смирнов А.С., Пьянков А.А., Татьянин Н.В. (2021). Уточнение скоростной модели верхней части разреза по данным нестационарных электромагнитных зондирований: результаты применения в Восточной и Западной Сибири. *Георесурсы*, 23(3), с. 60–72. DOI: https://doi.org/10.18599/grs.2021.3.9

**References**

1. I.A. Shelokhov, I.V. Buddo, A.S. Smirnov, A.A. Piyankov, N.V. Shallow velocity model from the transient electromagnetic method data: results of application in Eastern and Western Siberia

**Аэромагнитные съёмки с использованием беспилотных авиационных систем самолётного типа.**

А.Е. Симаков* (АО «НПП «Радар-ммс»), Ф.Г. Гуторов (АО «НПП «Радар ммс»), В.Г. Анцев (АО «НПП «Радар ммс»), В.С. Цирель (АО «НПП «Радар ммс»), Е.Ю. Ермолин (ООО «ДЖИ М»), А.Н. Драненков (ООО «Диам АЭРО»)

**Введение**

Бурное развитие беспилотных авиационных систем (БАС), наблюдающееся последние 10-15 лет повлекло за собой их активное применение в различных отраслях [3], в том числе разнообразные методики беспилотной съёмки успешно внедряются в геологоразведку сразу по нескольким направлениям, которые раньше закрывались работами с привлечением пилотируемой авиации или наземными методами.

Своего рода прорыв был достигнут в последние годы в области аэромагниторазведки [4]. Данное обстоятельство обусловлено, в первую очередь тем, что была разработана и стала массово доступна лёгкая и компактная магнитометрическая аппаратура, в которой применяются различные модификации скоростных цезиевых, калиевых и рубидиевых датчиков.

Чаще всего, маловысотные аэромагнитные съёмки с использованием БАС осуществляются с помощью магнитометров, смонтированных в специальных гондолах, подвешиваемых в качестве полезной нагрузки к носителям мультроторного или вертолётного типов (**Error! Reference source not found.**). Подобная методика позволяет проводить съёмку на высотах 20-40 м с детальным обтеканием рельефа, выигрывая по производительности у классической наземной съёмки и в разрешающей способности и себестоимости у пилотируемой авиации. Основным недостатком данной методики является относительно небольшое время полёта (20-50 мин) и, вследствие этого, ограниченный радиус действия, не превышающий нескольких километров от точки старта.

Для решения геологических задач, решаемых с помощью среднемасштабных съёмок (М 1:10 000 – М 1: 100 000) далеко не всегда требуется точно удерживать фиксированную высоту над земной поверхностью и можно проводить аэромагниторазведочные работы с генеральным обтеканием форм рельефа, и тут хотелось бы вспомнить о самолётном носителе. Существующие БВС самолётного типа, в силу своих лётных характеристик, не способны детально обтекать сложный рельеф, однако отличаются продолжительным временем полёта (до 12 часов) и большим, по сравнению с мультироторными и вертолётными носителями, радиусом действия, который может легко превышать 100 км при производительности до 1000 пог.км за один вылет.

Поскольку использование подвесной немагнитной гондолы с носителем самолётного типа, особенно с беспилотным, сопряжено с очевидными трудностями, логичным ходом является жёсткое крепление датчика магнитометра к корпусу самолёта. Как правило, датчик устанавливается на выносной штанге на максимально-возможном удалении от магнитных частей конструкции. Несмотря на это, носитель всё равно создаёт определённую магнитную помеху, которую необходимо скомпенсировать, чтобы избежать появления ложных аномалий и соблюсти требования к качеству аэромагнитной съёмки. Наработки по компенсации магнитной помехи носителя, созданные для пилотируемой авиации, в равной степени применимы и для авиации беспилотной. Таким образом магнитометрическая система на базе беспилотного самолёта может успешно применяться для аэрогеофизических съёмок, пример одной из которых приведён в данных тезисах.

**Описание технологии**

До недавнего времени, съёмки с беспилотными носителями самолётного типа, по крайней мере в Российской Федерации, не были распространены, пока в 2019г. не началась разработка магнитометрической системы в основе которой лежит цезиевый магнитометр типа ДМ (АО «НПП «Радар ммс», Санкт-Петербург) с системой компенсации на основе трёхкомпонентного феррозондового магнитометра. Система адаптируется под установку на БВС самолётного типа (Рисунок 1).

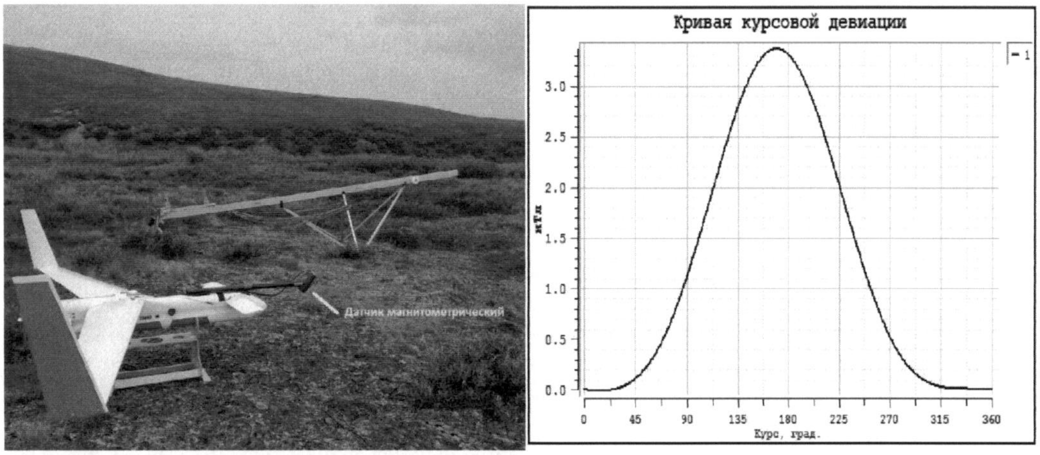


***Рисунок 1** Беспилотный магнитометрический комплекс с системой компенсации помехи носителя смонтированный на беспилотном самолёте ДИАМ-20 (слева). Кривая курсовой девиации ММС на БВС СТ (справа)*

**Пример применения**

Аэромагнитная съёмка с использованием ММС на базе беспилотного самолёта впервые в России была реализована в 2020г. на одном из лицензионных участков ПАО «Газпром нефть» в рамках опытно-методических работ. Съёмка проводилась на двух высотных уровнях, при этом общий объём составил около 500 пог.км, а уже в 2021-2022гг., объём выполненных работ в интересах ряда крупных золотодобывающих компаний превысил 10 000 пог.км.

В тезисах приведён пример применения магнитометрической системы на базе БВС самолётного типа при проведении аэрогеофизической съёмки масштаба 1: 10 000 в одном из удалённых регионов России (Дальний Восток) площадью 65 км$^2$. Стоит отметить, что работы, в том регионе, проводились на нескольких участках площадью от 60 до 600 км$^2$ из одной точки старта БВС. При этом плечо подлёта до участков работ достигало 120 км. При проведении съёмки на участках, удалённых от точки старта БВС более, чем на 50 км организовывался пункт регистрации вариаций вблизи места работ. Расстояние до участка, описываемого здесь, не превышало 40 км и учёт вариаций магнитного поля производился в базовом лагере вблизи точки старта.

Съёмка проводилась с генеральным обтеканием рельефа на базовой высоте 70м по 134 рядовым маршрутам (РМ) длиной 4 000 - 7000 м по азимутам: 90 и 270$^0$ с межмаршрутным расстоянием 100 м. Для увязки данных по рядовым маршрутам, ортогонально им были проложены шесть опорных маршрутов (ОМ) длиной 3 000 – 13 400 м (азимут 0 и 180$^0$). Расстояние между опорными маршрутами составляло 1000 метров. На участке также были проложены два секущих диагональных маршрута (СМ) длиной 14 000 м, которые пересекали все РМ. Азимуты СМ составили 150 и 210$^0$. В начале и в конце каждого вылета проводилась съёмка в прямом и обратном направлениях на контрольном маршруте (КМ) протяженностью 3 км. Продолжительность съёмки составила два дня (14 самолёто-часов).

Съёмка проводилась в сложных условиях полярного нагорья с перепадами высот до 200 м на километр маршрута. Общий перепад высот в пределах участка достигал 600 м (Рисунок 2).

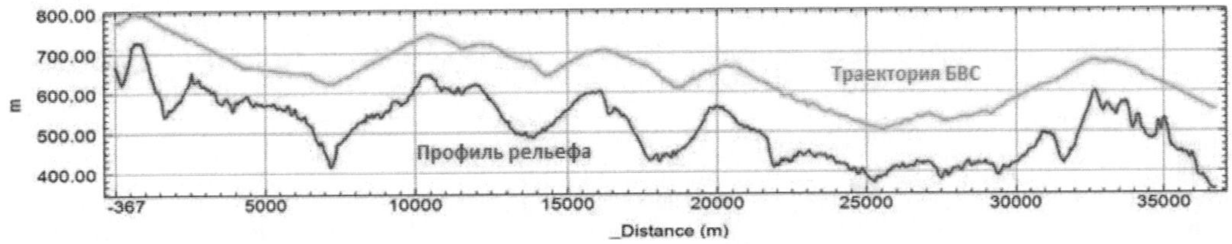


***Рисунок 2*** *Пример траектории БВС СТ (зелёный) при генеральном обтекании гористого рельефа (красный). Перепады высот по профилю – до 400 м.*

Оценка качества съёмки проводилась в несколько этапов в соответствии с требованиями [1] и [2]. Первичный контроль качества работы магнитометра оценивался по величине четвертой разности. Также в каждом вылете производилось прохождение контрольного маршрута в прямом и обратном направлении. Во время камеральной обработки данных, оценка погрешности аэромагнитной съемки проводилась согласно нормативным требованиям по точкам пересечения рядовых и секущих маршрутов, на участках, где значения горизонтального градиента не превышали 50- нТл/км.)

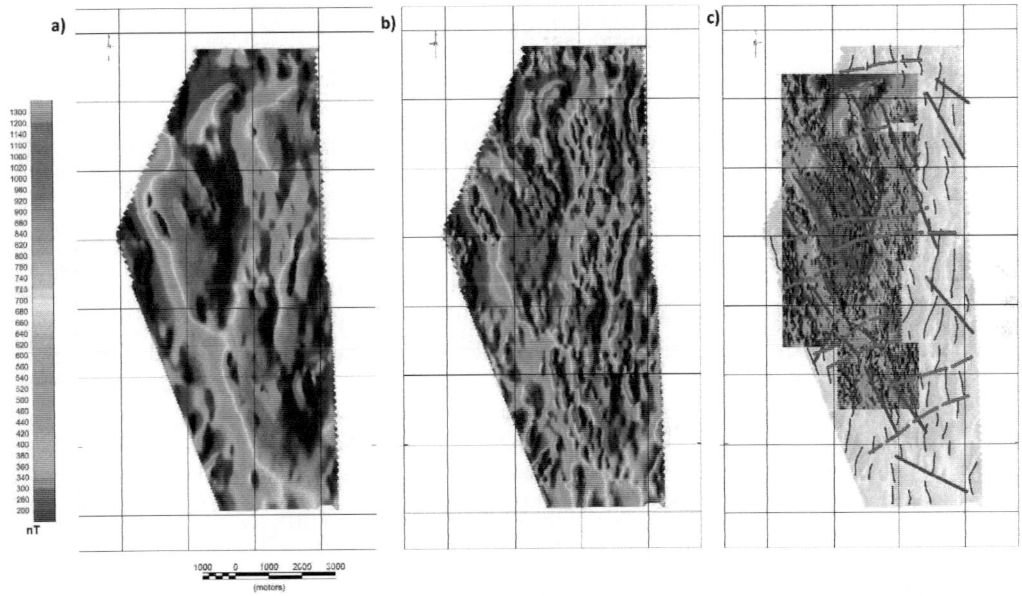


***Рисунок 3*** *Карты аномального магнитного поля (a), его вертикальной производной (b), полученные по результатам аэромагнитной съёмки м 1:10 000 на участке площадью 65 км2, а также карта dTa по результатам наземных съёмок масштабов 1:5 000 и 1: 10 000 с линеаментами, выделенными по результатам анализа данных аэросъёмки (c).*

По результатам съёмки были подготовлены электронные базы данных и комплект карт аномального магнитного поля и его трансформант (Рисунок 3). Камеральная обработка результатов съёмки включала в себя первичный линеаментный анализ, в ходе которого были выделены основные геологические границы и тектонические нарушения. Были последовательно выделены линеаменты, связанные с осями положительных линейных аномалий, затем с осями отрицательных линейных аномалий. Положительные и отрицательные линеаменты в основном имеют субмеридианальное направление (Рисунок 3-c). Также были выделены зоны высокого градиента наблюденного поля, и границы, связанные с сменой характера наблюденного поля, которые могут быть приурочены к границам крупных блоков глубинного заложения После анализа уже построенных линеаментов было замечено, что некоторые из их окончаний тоже выстраиваются в линию. Таким образом были выделены линеаменты второго порядка, имеющие субширотное – северовосточное простирание. Они могут быть связаны с неотектонической активностью и тектоническими нарушениями, по которым могли проходить перемещения блоков в вертикальном направлении. Такие разломы не связаны напрямую с магматизмом, или метасоматозом, сопровождающимися привносом и выносом магнитного материала и тем не менее могут быть выделены по результатам магнитной съемки с БВС.

Поскольку в распоряжении исполнителей имелись результаты наземных магнитных съёмок масштаба 1: 5 000 и 1: 10 000, выполненных на части исследуемой площади в сезоне 2007г., закономерным шагом было провести сравнение результатов двух съёмок.

Разумеется, наземная съёмка отличается более высокой разрешающей способностью, по сравнению с той, что была сделана помощью беспилотного самолёта, однако, практически все структурные элементы, границы и тектонические нарушения, выделяемые по данным наземной съёмки, проявлены также в аэроданных. При этом, данные наземной съёмки, по понятным причинам, в большей степени подвержены влиянию геологических шумов, вызванных приповерхностными малоразмерными объектами.

На Рисунок 3-с представлена карта аномального магнитного поля, полученная по результатам наземной съёмки 2007г, с нанесёнными на неё границами, выделенными до этого по данным аэромагнитной съёмки. В качестве полупрозрачной подложки на Рисунок 3-с использована карта вертикальной компоненты dTa, построенная по данным аэромагнитной съёмки 2022г.

Конечно, на данном участке аномальное поле отличается значительными градиентами, однако, с помощью аэросъёмки были выделены объекты амплитудой от 10 нТл и размером от 20-30м, что более чем удовлетворяло требованиям Технического задания на работы.

**Выводы**

Аппаратура и методика аэромагнитных съёмок с использованием беспилотных воздушных самолётного типа зарекомендовала себя положительно и может успешно применяться для выполнения аэромагнитных съёмок, масштаба 1: 10 000 и мельче, что позволит существенно расширить область применения беспилотных воздушных систем при проведении геолого-разведочных работ, частично заняв нишу пилотируемой авиации, при этом производительность съемки на БВС самолетного типа, дальность полета до площади работ, устойчивость в воздухе при повышенном ветре существенно превышает возможности съемки на мультикоптерах и БВС вертолётного типа.

В приведённом в тезисах примере показано, что все основные геологические особенности участка работ, выделенные при наземной съёмке масштабов 1:5 000 и 1: 10 000, также проявлены в данных аэросъёмки масштаба 1: 10 000, выполненной с помощью БВС самолётного типа. Таким образом, беспилотные самолёты можно с уверенностью рекомендовать в качестве носителя для проведения аэромагнитной съёмки.

**Библиография / References**


1. Инструкция по магниторазведке //Л. Недра, 1981, 263 с.
2. Паршин А.В., Цирель В.С., Ржевская А.К., Методические рекомендации по выполнению маловысотной аэромагнитной съемки с применением БПЛА // Изд-во ВИМС, М. 2018, 32 стр.
3. Drone geophysics and remote sensing, ed. by Ron Bell // FastTimes Vol 25. #3, 2020, 172 pages.

4. Michael Cunningham, Aeromagnetic surveying with unmanned aircraft systems //Master thesis, Carleton University, Ottawa, Ontario 2016. 156 pages.

**Результаты испытаний отечественного высокоточного относительного гравиметра «ПЕШЕХОД»**

С.Б. Акпанбетов (1), В.Ф. Фатеев (1), Д.С. Бобров (1), Р.А. Давлатов* (1), (1 - ФГУП «ВНИИФТРИ»)

**Введение**

В настоящее время высокоточные относительные гравиметры необходимы:

– для обеспечения поиска и разведки месторождений полезных ископаемых;

– для топо-геодезического обеспечения территорий России, в том числе Северного морского пути и зоны Арктики;

– при разработке перспективной комплексной системы навигации по гравитационному полю Земли.

В настоящее время существуют только две компании, выпускающие 100% от всего рынка наземных высокоточных относительных гравиметров:

1. Micro-g LaCoste, США. Эта американская компания преимущественно сосредоточена на выпуске абсолютных баллистических гравиметров. Единственный вариант высокоточного относительного гравиметра g-PhoneX является гравиметром лабораторного стационарного применения.

2. Scintrex Ltd, Канада. Канадская компания является монополистом по изготовлению и распространению носимых высокоточных относительных гравиметров. До недавнего времени основным продуктом являлся гравиметр CG-5 Autograv. Гравиметр выпускался с начала 2000-х, доля этого гравиметра на мировом рынке 90%. В последнее время гравиметр CG-5 Autograv был модернизирован в части уменьшения габаритов и с 2018 г. называется CG-6 Autograv. К настоящему моменту времени его доля на мировом рынке – 10%. По мере вывода из обращения гравиметров CG-5 Autograv они заменяются новыми гравиметрами CG-6 Autograv.

Использование иностранных носимых гравиметров на территории РФ имеет следующие ограничения:

– ограничения на поставку в Россию (в первую очередь из США и Канады) в условиях экономических санкций;

– зарубежные гравиметры имеют незадекларированные возможности аппаратуры и программного обеспечения и связанные с этим проблемы допуска к применению;

– высокая стоимость ремонта, а при существующих логистических международных ограничениях их техническое обслуживание практически невозможно.

В части отечественных разработок следует отметить перебазируемые высокоточные гравиметры ГНШ-МА, ГНУ-КВ и др. По мере увеличения доли иностранных гравиметров, применяемых в гравиметрии и других областях промышленности, отечественные средства измерений выводились из обращения. В настоящее время производство отечественных гравиметров прекращено, технологии изготовления утеряны. Таким образом возникает необходимость в разработке отечественного высокоточного относительного гравиметра, не уступающего по точности зарубежным аналогам.

**Требования к отечественному высокоточному относительному гравиметру**

Для формирования требований к перспективному отечественному гравиметру выполнен анализ основных технических характеристик, рассмотренных ранее гравиметров (таблица 1).

Таблица 1 – Технические характеристики гравиметров

| Параметр | ГНУ-КВ | ГНШ-МА | CG-5 | CG-6 |
|---|---|---|---|---|
| Чувствительность, мкГал | 1-10 | 1 | 1 | 1 |
| Погрешность измерений разности УСП, мкГал | ±30 | ±20 | ±5 | ±5 |
| Диапазон измерений, мГал | 80 (без перестройки) 6000 (с перестройкой) | 6000 | ±300 (без перестройки) 8000 (с перестройкой) | ±400 (без перестройки) 8000 (с перестройкой) |
| Остаточный дрейф, мкГал/сут. | 2000 | 100 | 20 | 20 |
| Вес прибора, кг | 5,0 | 11,0 | 8 | 5,2 |

На основе указанных в таблице 1 технических характеристик гравиметров можно сформировать следующие требования:

– чувствительность при измерениях ускорения свободного падения (УСП): не хуже 1 мкГал;

– погрешность измерений разности УСП: не хуже 5 мкГал;

– диапазон измерений разности значений ускорения свободного падения: ±400 мГал;

– остаточный дрейф: не более 20 мкГал за 24 ч.;

– вес прибора: не более 4,9 кг.

При этом должны быть обеспечены следующие свойства:

– возможность дистанционного управления гравиметров по радиоканалу типа Bluetooth, Wi-Fi;

– возможность длительной работы в полевых условиях (не менее 12 ч.) при значительных диапазонах изменения температуры окружающего воздуха (от минус 40°С до 40°С);

– возможность поддержания вертикального положения гравиметра с высокой точностью;

– автоматическая компенсация воздействия внешних факторов (изменения температуры, атмосферного давления, лунно-солнечных приливов, дрейфа нуль-пункта и др.);

– наличие широкой сети сервисного обслуживания на территории РФ.

**Состояние разработки отечественного гравиметра**

В настоящее время в научно-техническом центре ФГУП «ВНИИФТРИ» ведутся исследования по созданию действующего образца гравиметра «Пешеход», принцип действия которого основан на использовании прецизионных пружинных весов. Изменение силы тяжести определяется путем измерения величины растяжения металлической пружины. При этом используется емкостной съем для оценки значения перемещения пружины. Система съема представляет собой конденсатор с тремя пластинами. При этом между двух стационарных пластин располагается подвижная (она же – чувствительный элемент).

Можно выделить следующие основные преимущества гравиметра «Пешеход» относительно канадского гравиметра Scintrex CG-6 Autograv:

1. Более высокая ударостойкость в полевых условиях, поскольку используется металлический чувствительных элемент (Sintrex оснащен хрупким кварцевым чувствительным элементом).

2. Возможность серийного конвейерного изготовления всех элементов прибора, включая чувствительный элемент (кварцевый чувствительный элемент Sintrex изготавливается вручную).

3. Низкая стоимость серийного изготовления.
4. Отсутствует потребность в аккумуляторных батареях большой емкости (в Sintrex требуется постоянный подогрев кварцевого чувствительного элемента до 75ºС при любой внешней температуре).

Разрабатываемый гравиметр имеет кассетную сборку типа «матрешка» и включает (рисунок 1):

– вакуумированный корпус с размещенным внутри него датчиком (чувствительным элементом), оснащенный термодатчиками первого контура термостабилизации;

– запирающий кожух;

– корпуса с контуром внутреннего термостата, обклеенные нагревательными элементами, с температурой стабилизации 50°С;

– корпуса с контуром внешнего термостата, обклеенные нагревательными элементами, с температурой стабилизации 45°С.

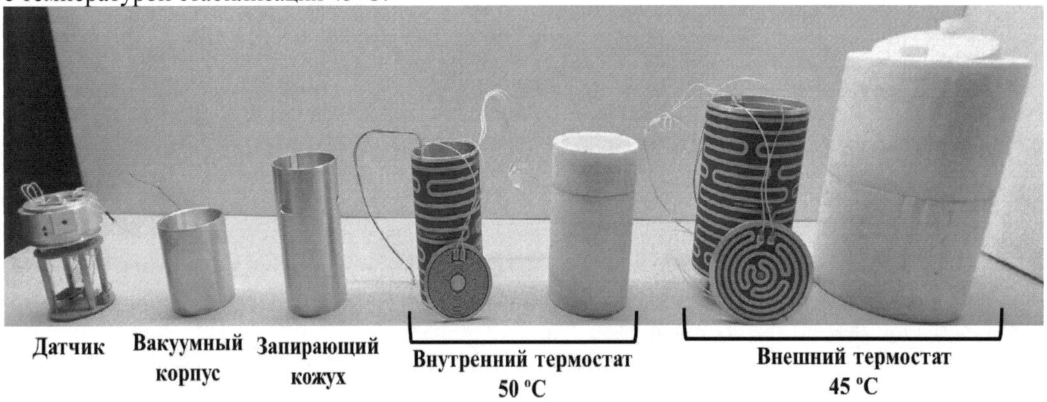


***Рисунок 1.*** *Схема кассетной сборки типа «матрешка»*

**Результаты испытаний**

В период с конца 2022 по начало 2023 года выполнены испытания макетного экземпляра гравиметра «Пешеход» для подтверждения правильности схемо-технических решений и оценки точностных характеристик. При этом использовались метод наклонов и метод перемещений. В результате получены следующие оценки:

– чувствительность - 8 мкГал;

– погрешность - 37 мкГал.

Отдельно следует отметить, что выполнена оценка погрешности высокоточной емкостной системы гравиметра. Для этого использовалась платформа для наноперемещений и высокоточный лазерный интерферометр. В итоге погрешность системы составила не более 0,8 нм.

В 2023 года в рамках инициативной работы выполняется разработка трех образцов гравиметра «Пешеход», которые можно будет испытывать в полевых условиях:

– рабочая температура: от - 40 °С до +45 °С;

– влажность, при температуре 20 °С – (20…90) %.

**Выводы**

Отечественный высокоточный гравиметр «Пешеход», разрабатываемый во ФГУП «ВНИИФТРИ», будет аналогом зарубежного гравиметра Scintrex CG-6 Autograv как по точности, так и по эксплуатационным свойствам.

При этом гравиметр «Пешеход» будет обладать следующими преимуществами:
1. Более высокая ударостойкость в полевых условиях.
2. Возможность серийного конвейерного изготовления всех элементов прибора.
3. Низкая стоимость серийного изготовления.
4. Пониженное энергопотребление.

Ожидаемый срок окончания разработки - 2025 год.

# 3D-ЗСБ: многоразносные зондирования

Г.М. Тригубович («ЕМ-Разведка»), А. А. Белая («ЕМ- Разведка»), А.В. Чернышев («ЕМ-Разведка»), М.В. Абрамов («ЕМ- Разведка»), А.В. Куклин* («ЕМ- Разведка»), М.Г.Персова («НГТУ»), А.В. Мамаева («Сибгеотех»)

## Введение

Известно, что площадные зондирования становлением поля (ЗС) в импульсной индуктивной электроразведке могут быть получены как при помощи системы наблюдений с закрепленным источником, так и при помощи системы, использующей соосную установку. Система наблюдений с закрепленным источником позволяет с минимальными затратами обеспечить большое количество измерений. Однако не всегда очевидно, что система, использующая удаленные от источника измерения, обладает достаточной разрешающей способностью по сравнению с соосным расположением источника и приемника.

## Из теории ЗС

Проанализируем частные решения при рассмотрении типичных поисковых моделей залежи углеводородов (УВ) с использованием многоразносных зондирований ЗСБ. Сразу договоримся, что аббревиатура ЗСБ – это бренд, как дань уважения ученым (Сидоров, Тикшаев, 1969) и технологам (Захаркин, 1981 и др.), которые внедряли в практику и применяли электроразведку ЗСБ с использованием малых разносов [1-5].

Однако при малых разносах, если мы вспомним условия дальней зоны $r/\tau >> 1$, где: r – разнос, $\tau = \sqrt{2\pi 10^7 \rho t}$ - параметр становления, ρ – сопротивление, на ранних временах мы попадаем в условно выделенные, дальнюю и промежуточную зоны. Что это значит? Это значит, что в пределах одного временного зондирования мы можем последовательно находиться во всех этих зонах (рисунок 1). Напомним, что зондирование было введено ранее для упрощения анализа уравнений Максвелла, но имеет прямое отношение к применяемым сейчас трансформациям, построенным этим по зональным асимптотикам.

***Рисунок 1.*** *Сигнал в центре ГП 1200x1200, ρ=100 Омм*

На рисунке 2а приведены сигналы в центре ГП 1200×1200 м$^2$, а на рисунке 2б – сигнал на выносе 1000 м для разных значений сопротивления однородного полупространства. Как видно, дальняя и промежуточная зона расширяются, а ближняя зона уменьшается с разносом и с уменьшением сопротивления среды.

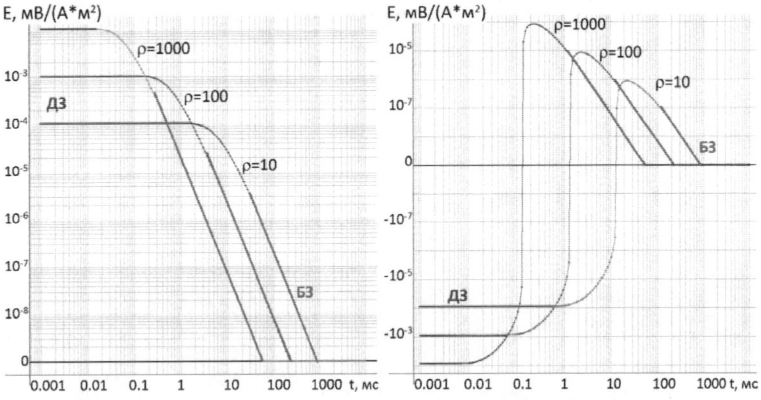


а) б)

***Рисунок 2.*** *а) сигнал в центре ГП 1200х1200 м², б) сигнал на выносе 1000 м, ГП 1200х1200 м²*

На рисунке 3а приведены графики трансформации S(t), рассчитанной по сигналам в центре ГП 1200×1200 м², а на рисунке 3б – S(t), рассчитанной по сигналам на выносе 1000 м, для разных значений сопротивления среды. Как видно, в дальней и промежуточной зонах трансформация не работает, а поскольку ближняя зона уменьшается с разносом и с уменьшением сопротивления среды, трансформация также начинает показывать правдоподобные результаты тем позже, чем больше разнос и меньше сопротивление.

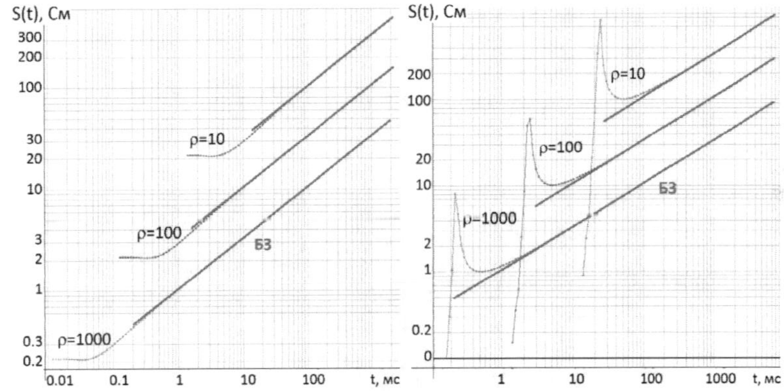


*а) б)*

***Рисунок 3.*** *S(t) по сигналам в центре ГП 1200х1200 м²(а) и по сигналам на выносе 1000 м (б)*

Таким образом, на больших разносах в условиях существенного уменьшения ближней зоны мы вынуждены для сохранения разрешающей способности исследований работать с дальней зоной, что можно и нужно делать при правильном учете формы спада тока и других параметров измерительной установки.

**Решение практических задач**

Рассмотрим упрощенную модель залежи УВ в геоэлектрических условиях Восточной Сибири (рисунок 4). Вмещающая среда – горизонтально-слоистая. В третьем слое сопротивлением 2 Ом*м находится поисковый объект с повышенным сопротивлением $\rho^a = 20\ \text{Ом}\cdot\text{м}$. Разнос "центр излучателя – залежь" составляет 5000 м. В верхней части разреза (ВЧР) находятся три неоднородности сопротивлением 200, 2 и 5 Ом*м (рисунок 4). Исследуем возможность локализации поискового объекта [6]. Анализ результатов проводился с использованием аномальных сигналов $E^a(t)$, которые получены с использованием референтной слоистой модели среды. На рисунке 5 показаны аномальные сигналы $E^a(t)$ от закрепленного источника для десятикилометрового профиля, который отработан от одного источника, на рисунке 6 – аномальные сигналы $E^a(t)$ при профилировании с соосной установкой.

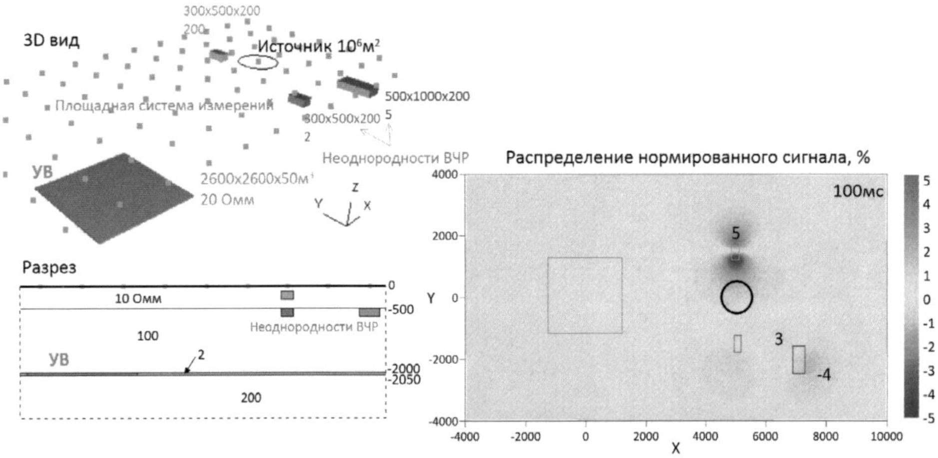


***Рисунок 4.*** *Модель углеводородной залежи в геоэлектрических условиях Восточной Сибири*

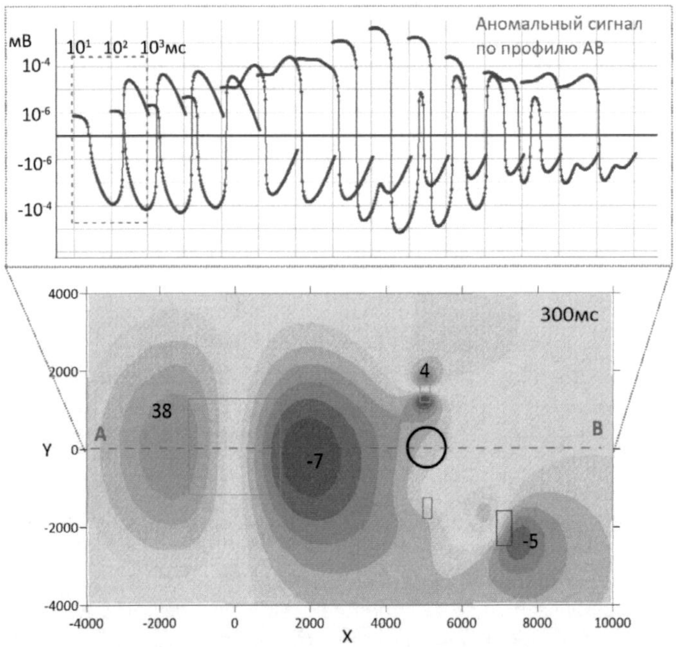


***Рисунок 5.*** *Аномальные сигналы $E^a(t)$ по профилю (ЗС с закрепленным источником)*

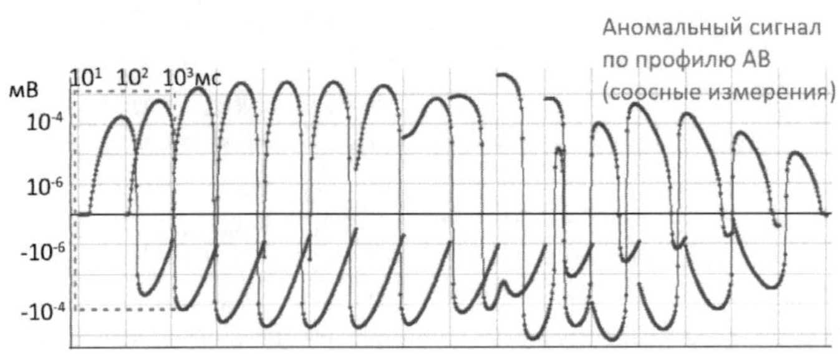


***Рисунок 6.*** *Аномальные сигналы $E^a(t)$ при профилировании с соосной установкой*

Из анализа представленных результатов следует, что аномальная составляющая переходного процесса от системы с закрепленным источником сопоставима или превышает величину аномальной составляющей от системы наблюдений с соосной приемно-генераторной конструкцией.

**Выводы**

1) Многоразносные зондирования от закрепленного источника обладают высокой разрешающей способностью по глубинным целевым объектам. Однако детальность реконструкции ВЧР заметно снижается.

2) Для решения задач по УВС - целесообразно кратно увеличивать разнос до значений H/2, где H - глубина исследований.

3) Увеличение разноса значительно увеличит производительность исследований по сравнению с достигнутым уровнем.

**Библиография**

1. Сидоров В. А., Тикшаев В. В. Электроразведка становлением поля в ближней зоне // Саратов: Изд-во НВНИИГГ, 1969- 58 с.
2. Захаркин А.К. Методические рекомендации по электроразведочным работам методом ЗСБ с аппаратурой «Цикл». - Новосибирск: СНИИГГиМС, 1981-95с.
3. Сидоров В.А. Импульсная индуктивная электроразведка. - М.: Недра, 1985- 192 с.
4. Zhdanov M.S. Geophysical electromagnetic theory and methods, Elsevier, Amsterdam - New York - Tokyo, 2009, 848.
5. Kamenetsky, F. M., Stettler, E. H., Trigubovich, G. M., Transient Geo-Electromagnetics // Munich, Ludwig-Maximilian University, Vela Verlag, 2010, p. 304.
6. Тригубович Г.М., Персова М.Г., Соловейчик Ю.Г. 3D-электроразведка становлением поля. Новосибирск: Наука, 2009. С. 314.

**References**

1. Sidorov V.A., Tikshaev V.V. Transient geoelectromagnetics in the near zone // Saratov: NVNIIGG, 1969- p.58.
2. Zakharkin A.K. Methodological recommendations for surveying by transient geoelectromagnetics with the "Cycle" equipment. - Novosibirsk: SNIIGGIMS, 1981- p.95.
3. Sidorov V.A. Impulse inductive transient geoelectromagnetics. - M.: Nedra, 1985- p.192.
4. Zhdanov M.S. Geophysical electromagnetic theory and methods, Elsevier, Amsterdam - New York - Tokyo, 2009, 848.
5. Kamenetsky, F. M., Stettler, E. H., Trigubovich, G. M., Transient Geo-Electromagnetics // Munich, Ludwig-Maximilian University, Vela Verlag, 2010, p. 304.

Trigubovich G.M., Persova M.G., Soloveichik Yu.G. 3D transient electromagnetics Novosibirsk: Nauka, 2009. p. 314.

**Структурно-групповой анализ и оценка содержания органического вещества в породах баженовской свиты методом ИК-спектроскопии**

Е.С. Чудова* (Сургутский государственный университет), С.М. Болотская (Сургутский государственный университет), Н.Г. Таныкова (Сургутский государственный университет), Ю.Ю. Петрова (Сургутский государственный университет)

**Введение**

Истощение традиционных источников углеводородов (УВ) в последнее десятилетие сместило интерес ученых от традиционных месторождений высокой пористости и проницаемости к трудноизвлекаемым запасам, в том числе и нетрадиционным коллекторам [Петрова и др., 2022]. В геохимических исследованиях используемые валовые методы: программируемый пиролиз по методике Рок-Эвал, CHNSO-элементный анализ, ЯМР, показатель отражения витринита, рентгеноструктурный анализ (РСА), двойная газовая хроматография с масс-детектированием (ГХxГХ-МС) и др. – наряду с неоспоримыми преимуществами, имеют ряд недостатков, среди которых трудоемкая пробоподготовка, длительность анализа, термическое разложение образца, сложность интерпретации результатов, дорогостоящее оборудование. ИК-спектроскопия – метод, который широко используется для структурно-группового анализа нефтяных фракций, масел, битумоидов и выделенного керогена [Kozlova et al., 2015]. Режимы диффузного отражения и нарушенного полного внутреннего отражения (НПВО) в ИК-спектроскопии позволяют сохранить образец для дальнейших исследований, минимизировать пробоподготовку и время анализа, а доступность оборудования уменьшить финансовые затраты. В то же время количественные определения требуют тщательно проработанной методики анализа. Методом нормирования ИК-спектров возможно оценить содержание органического вещества (ОВ) в нефтематеринских породах, но для повышения точности определения необходимо учитывать поправочные коэффициенты для интенсивностей полос поглощения отдельных органических и минеральных компонентов породы [Tanykova et al., 2021].

**Структурно-групповой анализ пород методом ИК-спектроскопии**

Исследовали образцы глинисто-карбонатно-кремнистых пород баженовской свиты с глубины отбора ~2800 м методом ИК-Фурье-спектроскопии на пропускание в таблетках бромида калия. Образец породы измельчали и гомогенизировали с бромидом калия в соотношении 1:100, затем навеску смеси ~200 мг прессовали при давлении 5 т с откачкой воздуха. ИК-спектр регистрировали в средней инфракрасной области 4000-400 $см^{-1}$ с разрешением 2 $см^{-1}$.

С использованием программного обеспечения LabSolutions IR ИК-спектрометра IRAffinity-1S (Shimadzu, Япония) проводили структурно-групповой анализ образцов пород, который показал наличие следующих полос поглощений (рис. 1) [Chen et al., 2014]: 470 $см^{-1}$ – деформационные колебания связей Si-O кремнистых минералов; 777, 797 $см^{-1}$ – валентные колебания $SiO_2$ кварца; в области 1100-1000 $см^{-1}$ – валентные колебания связей Si-O-Si глинистых минералов; область 1400 $см^{-1}$ – валентные колебания карбонат-иона $CO_3^{2-}$ карбонатных минералов; органическое вещество характеризуется валентными колебаниями $CH_x$ алифатических фрагментов (AL) в области 3000-2800 $см^{-1}$ и C=C ароматических фрагментов (AR) в области 1700-1600 $см^{-1}$.

**Оценка содержания и степени зрелости органического вещества**

Метод нормирования ИК-спектров позволяет оценить содержание ОВ, а также некоторых минеральных компонентов (глинистых, карбонатных и кремнистых минералов) по интенсивностям соответствующих полос поглощения. Так, например, содержание алифатических фрагментов (AL) ОВ находили как отношение интенсивности полосы поглощения при 2925 см$^{-1}$ к сумме интенсивностей полос поглощения всех компонентов: алифатических фрагментов ОВ (2925 см$^{-1}$), ароматических фрагментов ОВ (1630 см$^{-1}$), карбонатных минералов (1450 см$^{-1}$), глинистых минералов (1030 см$^{-1}$), кварца (797 см$^{-1}$) и кремнистых минералов (470 см$^{-1}$). Содержание общего ОВ (AL+AR) рассчитывается как сумма алифатических и ароматических фрагментов. Степень зрелости ОВ (AL/AR) находили как отношение интенсивностей полос поглощения алифатических фрагментов (2925 см$^{-1}$) к ароматическим (1630 см$^{-1}$).

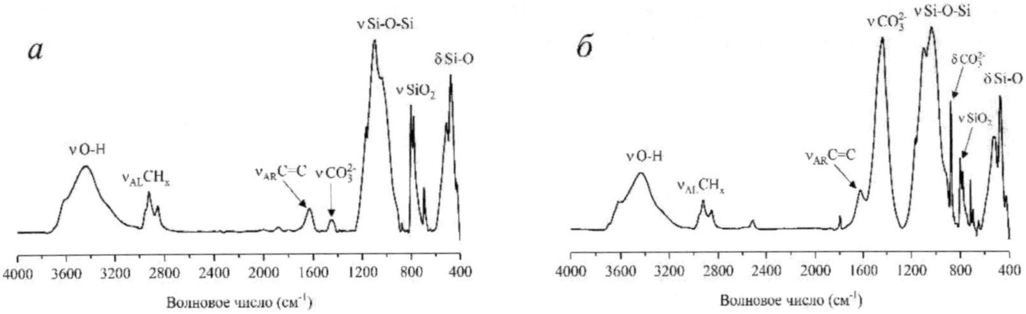


***Рисунок 1.*** *Структурно-групповой анализ глинисто-кремнистой (а) и глинисто-карбонатно-кремнистой (б) породы баженовской свиты.*

Содержание ОВ в породах, найденное методом ИК-Фурье-спектроскопии, хорошо коррелирует с пиролитическими параметрами TOC и $S_2$ (рис. 2). Содержание ОВ (AL+AR) варьирует от 4.7 до 13.9 масс.%, а TOC – от 2.4 до 13.8 масс.%, $S_2$ – от 3.5 до 56.0 мг УВ/г породы. Все исследованные породы содержат зрелое органическое вещество (главная зона нефтеобразования, $T_{max}$ от 440-450°C), а по данным ИК-спектроскопии значение AL/AR варьирует от 1.3 до 3.0.

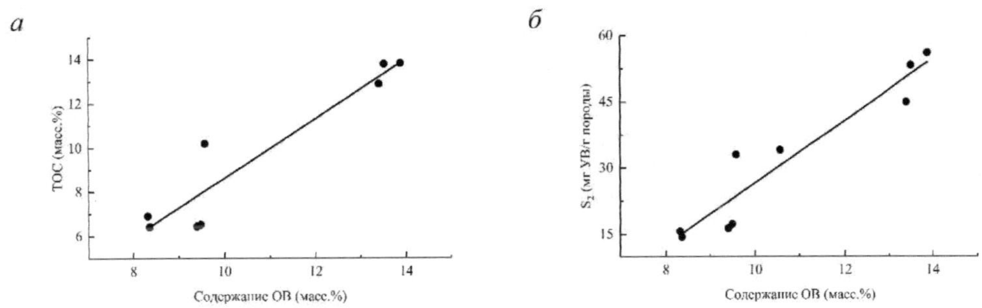


***Рисунок 2.*** *Графики зависимости пиролитических показателей TOC (а) и $S_2$ (б) от содержания ОВ в образцах породы, найденное методом нормирования ИК-спектров.*

**Разработка методики определения органического вещества в породах**

Для разработки методики определения ОВ в породах исследовали монокомпонентные смеси бромида калия с модельными веществами в интервале содержаний от 0.1 до 1.5%. В качестве модельных соединений были выбраны D-глюкоза, как представитель алифатического класса соединений, и нафталин, как представитель ароматического класса органических веществ. Навеску смеси (~200 мг) прессовали в таблетку при давлении 5 т в течение 5 мин с откачкой воздуха и регистрировали ИК-спектр пропускания в спектральном диапазоне 4000-400 $см^{-1}$ с разрешением 2 $см^{-1}$.

Аналитическим сигналом служили оптические плотности (А) полос поглощения валентных и деформационных колебаний С-Н-связей D-глюкозы (рис. 3*а*) в спектральных диапазонах 3000-2800 $см^{-1}$ и 1500-1300 $см^{-1}$ соответственно, а также валентных колебаний связей С=С и деформационных колебаний связей С-Н нафталина (рис. 3*б*) в областях 1600-1500 $см^{-1}$ и 800-700 $см^{-1}$ соответственно [Chen et al., 2014]. Градуировочные зависимости оптической плотности (А) от содержания (масса, мг) модельного вещества в таблетке использовали для определения коэффициентов поглощения.

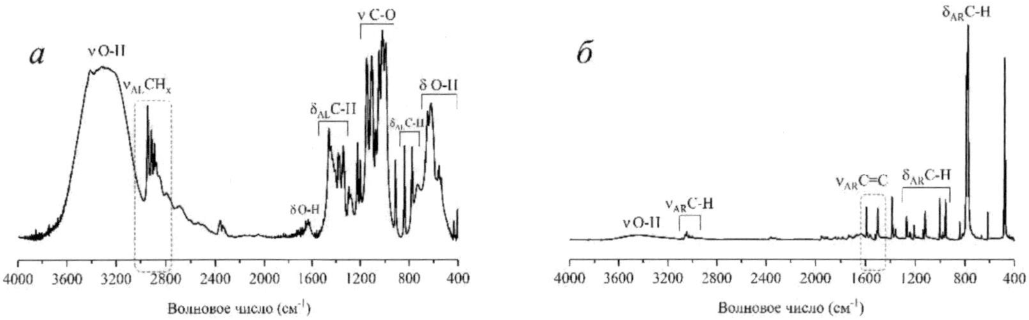


***Рисунок 3.*** *ИК-спектры D-глюкозы (а) и нафталина (б).*

Для полос поглощения валентных (3000-2800 $см^{-1}$) и деформационных (1500-1300 $см^{-1}$) колебаний С-Н связей алифатических фрагментов линейная зависимость наблюдается в области содержаний от 0.1 до 2.5 мг D-глюкозы; для полос поглощения валентных С=С колебаний ароматического кольца (1600-1500 $см^{-1}$) – в области от 0.5 до 3.0 мг нафталина в таблетке. Были выбраны полосы 2944 и 1593 $см^{-1}$ с максимальными коэффициентами поглощения 0.72±0.04 и 0.66±0.04 $мм^{-1}\cdot мг^{-1}$ (n=15, P=0.95) для D-глюкозы и для нафталина соответственно.

Следующим этапом исследовали двухкомпонентные смеси с содержанием D-глюкозы и нафталина от 0.5 до 2.0 мг в таблетке (рис. 4). Найденные коэффициенты поглощения позволили рассчитать содержание D-глюкозы при совместном присутствии с нафталином с погрешностью определения менее 10% и пределом обнаружения 0.2 мг в таблетке (0.1% в смеси).

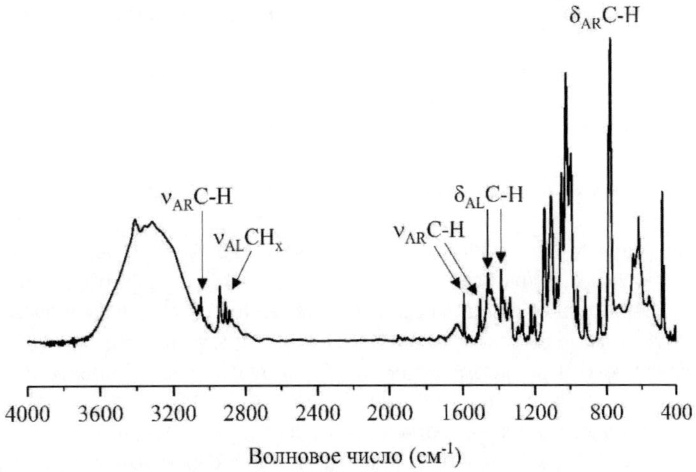


***Рисунок 4.*** *ИК-спектр двухкомпонентной смеси (0.5 мг D-глюкозы и 0.5 мг нафталина).*

**Выводы**

Комплексное исследование нефтематеринских пород нетрадиционных коллекторов методами ИК-Фурье-спектроскопии и программируемого пиролиза по методике Рок-Эвал предоставляет возможность получить информацию о структурно-групповом составе и содержании ОВ, его термической зрелости и оценить нефтегенерационный потенциал породы. На модельных стандартных смесях было показано, что коэффициенты поглощения полос 2944 и 1593 см$^{-1}$ можно использовать для определения содержания алифатических и ароматических фрагментов органического вещества в нефтематеринских породах.

**Благодарности**

Исследования провсдены при финансовой поддержке Правительства Ханты-Мансийского автономного округа – Югры (приказ от 04.09.2020 г. №10-П-1308).

**Библиография / References**

1. Chen Y., Mastalerz M., Schimmelmann A. // Int. J. Coal Geol. 2014. № 256. P.177-189.
2. Kozlova E.V., Fadeeva N.P., Kalmykov G.A. et al. // Moscow University Geology Bulletin. 2015. V. 70. № 6. P. 409-418.
3. Петрова Ю.Ю., Таныкова Н.Г. Спасенных М.Ю. и др. // Вести газовой науки. 2022. Т. 52. № 2. С. 109-116.
4. Tanykova N.G., Petrova Y.Y., Kostina J.V. et al. // Geosciences (Switzerland). 2021. №7. P. 1-21.

**References**

1. Chen Y., Mastalerz M., Schimmelmann A. // Int. J. Coal Geol. 2014. № 256. P.177-189.
2. Kozlova E.V., Fadeeva N.P., Kalmykov G.A. et al. // Moscow University Geology Bulletin. 2015. V. 70. № 6. P. 409-418.
3. Petrova Y.Y., Tanykova N.G., Spasennykh M.Y. et al. // Vesti Gazovoy Nauki. 2022. V. 52. № 2. P. 109-116.
4. Tanykova N.G., Petrova Y.Y., Kostina J.V. et al. // Geosciences (Switzerland). 2021. №7. P. 1-21.

**Проблемы оценки емкостных свойств пород баженовской свиты**

М.Ю. Зубков* (ООО «Западно Сибирский Геологический Центр»)

**Введение**

Чтобы правильно провести оценку емкостных свойств различных типов пород баженовской свиты (БС), необходимо разобраться с механизмом формирования коллекторов в этих отложениях. Существуют два основных представления о формировании коллекторов в БС. Первое, предложенное Ф.Г. Гурари [1] – это листоватый коллектор, образующийся по мнению автора в результате флюидоразрыва микрослоистых осадков БС, нафтидами, генерируемыми исходным органическим веществом (ОВ), объем которых превышает его первоначальный объем. Второе впервые было сформулировано в работе М.Ю. Зубкова с соавторами, в 1999 году. Оно было основано на обширном фактическом литолого-петрофизическом, геофизическом и промысловом материалах, а также на результатах тектонофизического моделирования. Второе представление основано на том, что в прочных, но хрупких разновидностях пород, входящих в состав БС, в результате тектоно-гидротермального воздействия на них формируются вторичные коллекторы трещинного (в силицитах) и трещинно-кавернозного (в карбонатах) типов [2, 3].

**Результаты исследований**

Главным недостатком первой модели формирования коллекторов в БС является тот факт, что БС на большей части, занимаемой ею территории, за исключением периферийных районов находится в главной зоне нефтегенерации поэтому, исходя из первой модели, она должна быть нефтеносной на большей части площади ее распространения. Однако продуктивными её отложения являются лишь на небольших участках, характеризующихся повышенными и аномально высокими пластовыми температурами ($T_{пл}$), а керн, поднятый из продуктивных скважин, обычно интенсивно раздроблен с многочисленными трещинами (силициты) или помимо трещин содержит еще и каверны (карбонаты) (рис. 1).

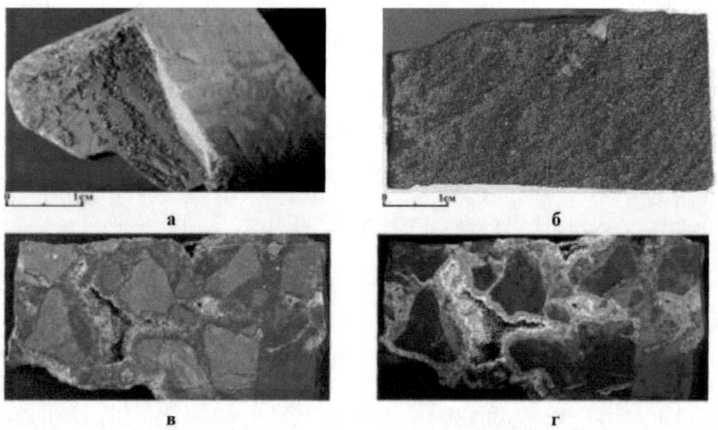

***Рисунок 1.*** *Фотографии трещиноватых образцов силицитов (а, б) и трещинно-кавернозного образца карбоната, снятого в «белом» (в) и ультрафиолетовом (г) свете*

В БС присутствует еще один тип коллекторов – это радиоляриты, часто частично или полностью замещенные карбонатами. Они характеризуются псевдогранулярным типом пористости, емкостное пространство в которых представлено пустотами между раковинками радиолярий (рис. 2а). Многочисленные исследования коллекторских свойств образцов БС показали, что в подавляющем большинстве их пористость не превышает 1-2%, а проницаемость меньше 0,1 мД (1мД = 0,001 мкм$^2$) [2, 3].

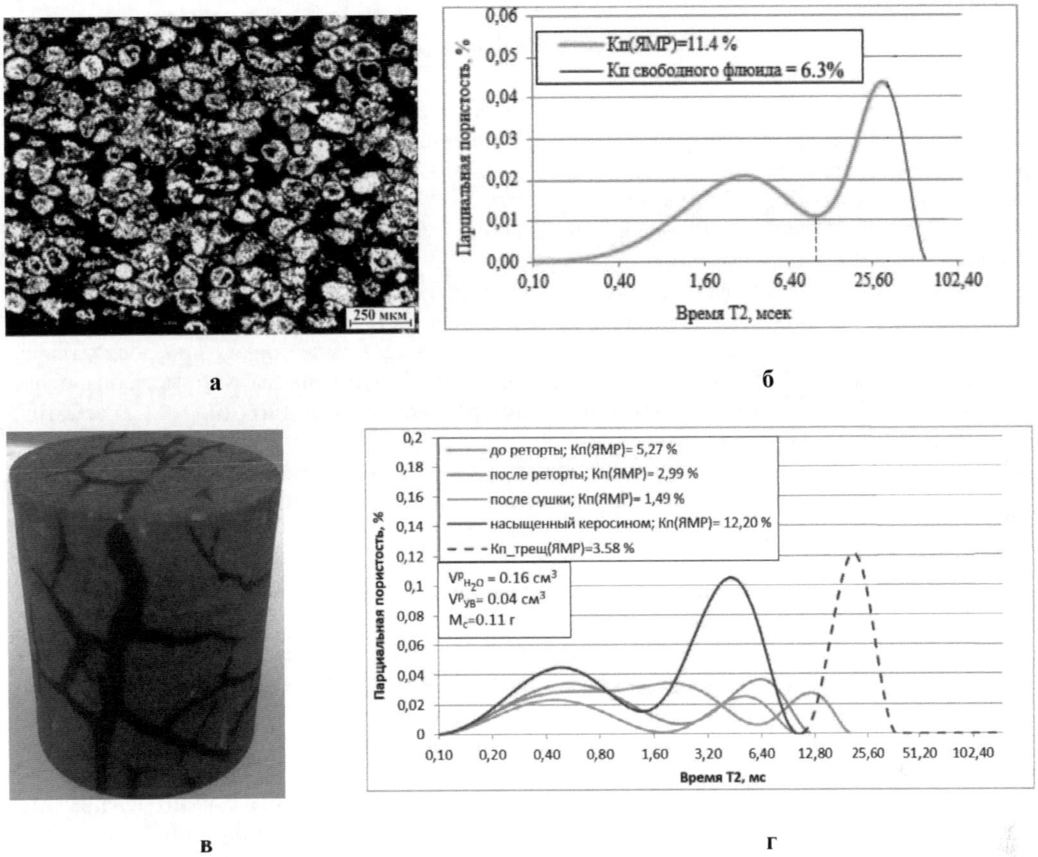


***Рисунок 2.*** *Фотография петрографического шлифа радиолярита (а) и его спектр ЯМР (б), фотография стандартного образца трещиноватого силицита (в) и его спектр ЯМР (г).*

Используя формулу Дюпюи можно оценить дебит скважины, вскрывшей БС, приняв проницаемость пород, равной 0,1 мД, её мощность, равной, например, 25 м, радиус дренирования – 250 м и депрессию - 10 МПа. Для этих условий, исключая скин-фактор, максимальный дебит такой скважины составит всего около 2 м$^3$/сут. Однако, на самом деле, дебиты нефти из скважин, вскрывших БС, нередко достигают десятков и даже первых сотен м$^3$/сут. Очевидно, что коллектора, из которых получают такие притоки, должны иметь гораздо более высокие фильтрационно-емкостные свойства (ФЕС). Отмеченные ранее ФЕС, скорее всего, главным образом, относятся к так называемым баженовитам, то есть преимущественно к генераторам нафтидов, а не к коллекторам. Коллекторами являются именно кремнистые и карбонатные прослои, о которых шла речь ранее, причем подвергшиеся вторичному (тектоно-гидротермальному) воздействию, так как в исходном состоянии они не обладают ФЕС. Эти прослои достаточно надежно выделяются по данным ГИС и в среднем их суммарная мощность, например, на Красноленинском своде, составляет около 10 м [3]. Используя ту же формулу Дюпюи несложно рассчитать, что при выбранной суммарной мощности пород-коллекторов, чтобы получить приток около 100 м$^3$/сут, необходимо, чтобы средняя проницаемость этих коллекторов составляла порядка 10 мД. Понятно, что принятая десятиметровая суммарная мощность коллекторов не является однородной и в ней могут быть коллектора с разительно отличными друг от друга ФЕС. Например, карбонатный пласт КС$_1$, вскрытый скв. 554 на Салымском месторождении, имеет толщину всего 2,5 м, а из него получен приток нефте-конденсата с дебитом 350 м$^3$/сут. Воспользовавшись очередной раз формулой Дюпюи, сохраняя прежние принятые условия, несложно определить, что средняя проницаемость этого пласта составляет около 145 мД!

Таким образом, породы, входящие в состав БС, можно условно разделить на два типа: породы-коллекторы и породы-нефтегенераторы. Первые – это кремнистые и карбонатные типы, а генераторы – это остальные литотипы, содержащие в своем составе большое количество ОВ. В первых, как правило, присутствует небольшое количество ОВ (обычно не более 2-4%), причем практически все это ОВ представлено аллохтонными УВ и битумом, заполнившими их поровое пространство [2, 3]. Следует особо отметить, что продуктивные скважины находятся в участках, подвергшихся тектоно-гидротермальному воздействию, то есть они имеют вторичное (тектоно-гидротермальное) происхождение [2, 3]. При этом в породах-генераторах под действием высокоэнтальпийных флюидов происходила интенсивная генерация нафтидов, которые заполняли возникающую в них вторичную пористость за счет превращения исходного ОВ в нафтиды. Более того, «избытки» нафтидов выделялись в виде тонких прослоев битума. Эти процессы приводили к превращению БС в этих участках в битуминозные отложения, о чем писали классики [1]. Именно эти отложения характеризуются крайне низкими ФЕС, несмотря, на, казалось бы, возникающую вторичную пористость, поскольку их поровое пространство практически полностью оказалось заполненным битумом с небольшой примесью УВ, которые находятся в нем в виде истинных, а чаще «твердых» растворов (Зубков, Потапов; 2015). Эти породы не являются продуктивными, а потому нет смысла определять их коллекторские свойства, особенно с применением экстракции органическими растворителями, которые частично растворяют битум, формируя «эфемерную» пористость. Часто экстракция этого типа пород приводит к их разрушению, так как битум является в них цементом. Вышесказанное свидетельствует о больших трудностях, возникающих при определении ёмкостных свойств образцов БС и в частности решения вопроса о необходимости «исчерпывающей» экстракции образцов перед определением их пористости. Если породы-генераторы экстрагировать бессмысленно, то есть ли необходимость экстрагировать породы-коллекторы? Рассмотрим этот вопрос по отношению к простейшему их типу - радиоляритам. Радиоляриты, в отличие от обычных силицитов часто люминесцируют в ультрафиолетовом (УФ) свете, что свидетельствует о присутствии в них «подвижных» УВ. Рассмотрим образец такого радиолярита. По результатам анализа петрографического шлифа пористость этого образца составляет около 27%. Однако в шлифе хорошо видно, что все поровое пространство заполнено битумом (рис. 2а), содержание остаточной воды (реторта) равно 3%, а по данным ЯМР доля свободных УВ в этом образце составляет всего 6,3% (рис. 2б). Следовательно, основная часть порового пространства образца занята битумом, в котором в виде истинного раствора присутствуют УВ, составляя всего около 25% от всего порового пространства образца. Именно эти УВ и люминесцируют в УФ свете. Экстракция такого образца приведет к растворению не только УВ, но и битума, который не будет добываться из радиолярита, то есть произойдет искусственное увеличение его эффективной пористости, а значит и содержащихся в нем запасов свободных УВ. Горячая спиртобензольная экстракция может привести к увеличению первоначальной пористости (до экстракции) от 0,34 до 4,5%, при среднем значении равном около 1,6%. Рассмотрим теперь способ определения трещинной пустотности в трещиноватых силицитах (рис. 2в). Для этого при эффективном давлении определяется его пористость газоволюметрическим способом (ГС). Затем он насыщается водородсодержащей жидкостью и снимается его спектр ЯМР, на котором пик, расположенный при максимальных значениях времени релаксации будет отвечать объему трещинной пустотности, так как трещины представляют собой крупные «двумерные» поры (рис. 2г). Полученный в результате этого объем пор в идеале должен совпасть с определенным ГС, но в отличие от ГС, ЯМР проводится в атмосферных условиях, поэтому полученное этим методом значение трещинной пористости может оказаться немного выше, чем по данным ГС. Содержание в образце «свободных» УВ можно также оценить, используя данные пиролиза (пик $S_1$). Однако предварительно следует построить зависимость $УВ_{своб.}^{ЯМР}$-$УВ_{своб.}^{S1}$ и учитывать масштабный эффект. Определять величину трещинно-кавернозной пористости (пустотности) в карбонатных образцах лучше всего на полноразмерном керне газоволюметрическим методом, так как при изготовлении из такого керна образцов стандартного размера они в большинстве своем разрушаются, а на сохранившихся образцах можно замерить преимущественно лишь пористость матрицы.

**Выводы**

1. В составе БС при подсчете запасов следует выделять два главных типа пород: генераторы и коллекторы нафтидов, первые – это породы, обогащенные ОВ, а вторые имеют кремнистый и карбонатный составы.

2. В продуктивных участках верхнеюрские отложения подвергались тектоно-гидротермальному воздействию в результате чего происходило их интенсивное дробление и образование трещиноватых (силициты) и трещинно-кавернозных (карбонаты) типов коллекторов, а также активная генерация нафтидов, которые заполнили возникшую вторичную ёмкость в кремнистых и карбонатных породах.

3. Не следует экстрагировать породы-генераторы, так как содержащийся в них битум не добывается, и экстракция приводит лишь к появлению «эфемерной» ёмкости, в которой нет свободных УВ.

4. При определении пористости пород-коллекторов, помимо традиционных методов, следует использовать также комплекс более современных способов: ЯМР, пиролиз и ГС.

5. Остается не решенным до конца вопрос о необходимости экстракции пород-коллекторов до определения их емкостного пространства, так как на поверхности их пор, каверн и трещин помимо «подвижных» УВ всегда присутствует битум, который не добывается при разработке БС, но может быть растворен активными экстрагентами, что приведет к возникновению «эфемерной» дополнительной ёмкости.

**Библиография**

1. Гурари Ф.Г., Гурари И.Ф. Формирование залежей нефти в аргиллитах баженовской свиты Западной Сибири // – Геология нефти и газа. – 1974. - № 5. – С. 36-40.

2. Зубков М.Ю. Коллекторы в бажено-абалакском комплексе Западной Сибири и способы их прогноза // Геология нефти и газа. - 2014. - № 5. - С. 58-72.

3. Зубков М.Ю. Подсчет запасов нефти в бажено-абалакском комплексе. Проблемы и пути их решения // Геология и недропользование. – 2021. - № 2(2). - С. 106-141.

**References**

1. Gurari F.G., Gurari I.F. Formation of oil deposits in mudstones of the Bazhenov formation of Western Siberia // Geology of Oil and Gas. - 1974. - No. 5. - S. 36-40.

2. Zubkov M.Yu. Reservoirs in the Bazheno-Abalaksky complex of Western Siberia and methods for their prediction // Geology of Oil and Gas. - 2014. - No. 5. - S. 58-72.

3. Zubkov M.Yu. Calculation of oil reserves in the Bazheno-Abalaksky complex. Problems and ways of their solution // Geology and subsoil use. - 2021. - No. 2(2). - S. 106-141.

**Опыт прогноза повышенного содержания органического вещества в доманиковой формации на территории Оренбургской области**

А.Л. Анисимова*, Ж.К. Добровольская, А.В. Семенова (ООО «ТНГ-ГРУПП»)

## Введение

Нетрадиционные залежи нефти в доманиковых продуктивных отложениях характеризуются тем, что породы, содержащие нефть, одновременно являются нефтепроизводящими и не являются коллектором в традиционном понимании. Они характеризуются практически нулевой проницаемостью и при испытании этих пород из них притока флюидов обычно не получают. При исследовании керна проницаемость образцов, если они не были подвержены техногенным изменениям, составляет обычно десятые и сотые доли милли-дарси.

Промышленные притоки нефти из доманиковых продуктивных отложений получают обычно после проведения гидроразрыва с закреплением трещин пропантом, т.е. эти притоки получают уже из другой, искусственно сформированной среды, свойства которой по данным исследования керна, ГИС и испытаниям, выполненным до проведения ГРП, определить нельзя. Указанные особенности являются основными, отличающими доманиковые продуктивные отложения, и определяющими необходимость разработки особых подходов.

Объектом исследований являлись доманиковые продуктивные отложения, представленные высокоуглеродистыми карбонатно-кремнистыми и кремнисто-карбонатными породами со сланцеватой текстурой, а также углеродистыми брекчиями, известняками и доломитами, содержащими органическое вещество ОВ в количестве более 0,5%. Выделение в разрезе пород доманикового типа по указанному критерию реализуется по результатам прямых геохимических исследований керна и по данным ГИС.

Несмотря на то, что вопросом изучения ДФ занимаются уже много лет, до сих пор отсутствует единая методика выделения перспективных объектов. В рамках рассматриваемой работы для прогнозирования перспективных областей был проведен комплексный анализа как в масштабе данных ГИС, так и в масштабе сейсмических данных с привлечением нескольких методик.

## Метод

Выделение объектов исследования по скважинным данным выполнено на основе геолого-геофизической информации, в рамках которого, для выполнения прогноза содержания органического вещества и ФЕС проведен анализ распределения модельных упругих свойств в разрезе доманиковых отложений. По результатам анализа трех интервалов (T3 – D3zv, D3zv – D3ev-lv, D3ev-lv – D3tm) выявлено, что потенциально-продуктивные интервалы (ППИ) характеризуются Кп_гр>4,5 %. С целью возможности прогноза в межскважинном пространстве повышенного содержания Сорг проанализированы распределения упругих свойств, полученных при построении петроупругой модели в разрешающей способности ГИС и сейсморазведки. На рисунках 1-2 продемонстрированы кросс-плоты сопоставления упругих свойств в раскраске по содержанию Сорг с обозначенными ориентировочными значениями RHOB, AI, SI, по которым могут быть выделены зоны с повышенным содержанием Сорг.

Дополнительным инструментом для выделения интервалов с повышенным содержанием Сорг являлась экспресс-методика, предложенная в работе [2], где в основу предлагаемого расчёта оценочных средневзвешенных значений содержания в породах Сорг принята корреляционная связь между естественной радиоактивностью (гамма-каротажа) и содержанием Сорг в породах по лабораторным данным [2]. В расчёт принимаются интервалы глубин на каротажных диаграммах с высокой и средней радиоактивностью по ГК при высоких значениях кривой сопротивления КС, Омм.

К высокой радиоактивности относятся интервалы со значениями от 10 до 16 мкр/час, в среднем 13 мкр/час, которые обеспечивают примерно 8% Сорг в породах. К средней относятся интервалы от 6 до 10 мкр/час, в среднем 8 мкр/час, которые обеспечивают примерно 4% Сорг в породах. Низкие значения радиоактивности (от 2 до 6 мкр/час) показывают менее 2% Сорг, что, однако соответствует хорошей и удовлетворительной продуктивности по Сорг.

Интервалы с высокой и средней радиоактивностью принимаются в качестве эффективных по Сорг толщин для построения соответствующих карт по доманиковому горизонту и по вышележащей верхнефранско-фаменско-турнейской битуминозной карбонатной толще. Средневзвешенные значения содержания Сорг % определяются по формуле [2]:

$$\text{Сорг., ср.взв.} = \frac{Hср.б \cdot 4\% + Hв.б \cdot 8\%}{Hср.б + Hв.б}, \qquad (1)$$

где Нср.б - суммарная толщина пород, м, со средним содержанием битума (4%);
Нв.б - суммарная толщина пород, м, с высоким содержанием битума (8%).

В качестве еще одного варианта оценки влияния содержания Сорг на упругие характеристики пород реализовано решение прямой задачи путем исключения органического вещества из минералогической модели. В результате были получены две пары теоретических кривых объемной плотности, интервального времени пробега продольной волны и акустического импеданса (Рисунок 3). После исключения ОВ при построении минералогической модели, объемная плотность пород незначительно увеличивается. В данной реализации интервальное время пробега продольной волны и, соответственно, акустический импеданс практически не изменяются, что, возможно, связано с малым содержанием ОВ в породе.

Таким образом можно сделать вывод о том, что само присутствие органического вещества слабо влияет на упруго-плотностные свойства, что при установленной низкой пористости доманиковых отложений вполне закономерно. В то же время приведенные кросс-плоты сопоставления с раскраской по Сорг дают основания предполагать о различии свойств вмещающей толщи доманиковых отложений, что позволяет использовать упруго-плотностные свойства и данные сейсморазведки для поиска потенциально-продуктивных интервалов.

В рамках данной работы в толще пород от евлано-ливенского до тиманского горизонтов получена прогнозная карта, отображающая распределение параметра Сорг (Рисунок 4).

## Примеры

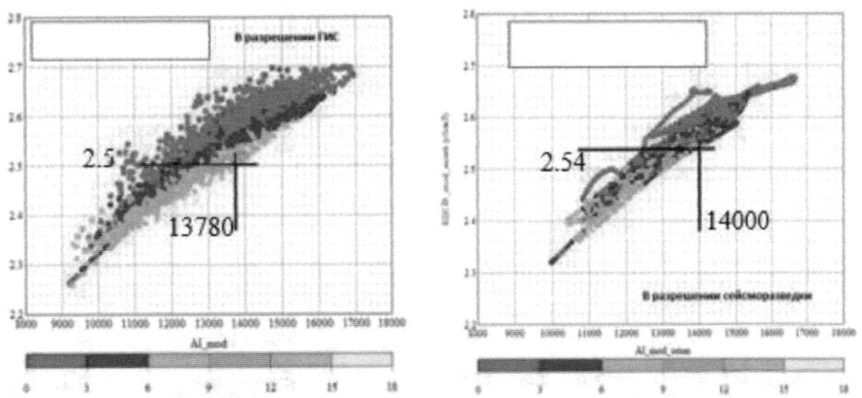


***Рисунок 1.*** *Кросс-плоты AI_mod-RHOB_mod в раскраске по Сорг, построенные в разрешающей способности ГИС и сейсморазведки, интервал Т3 – D3tm*

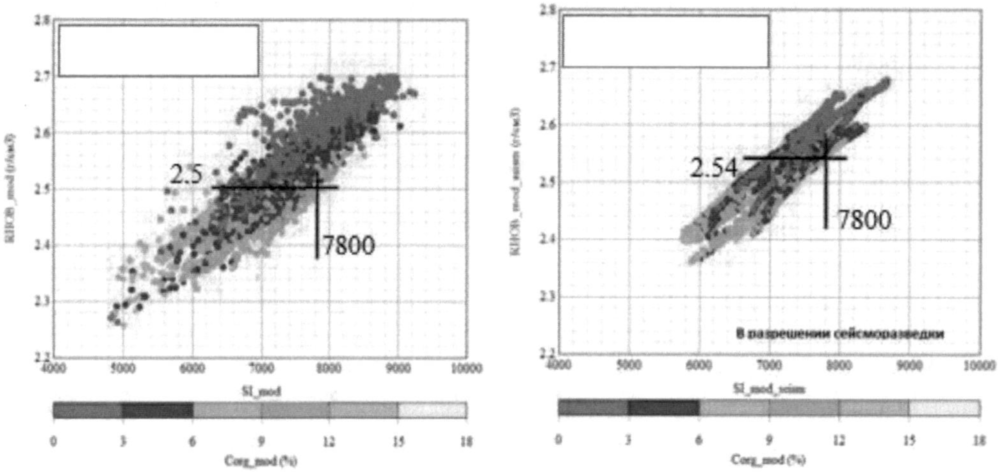


***Рисунок 2.*** *Кросс-плоты SI_mod-RHOB_mod в раскраске по Сорг, построенные в разрешающей способности ГИС и сейсморазведки, интервал Т3 – D3tm*

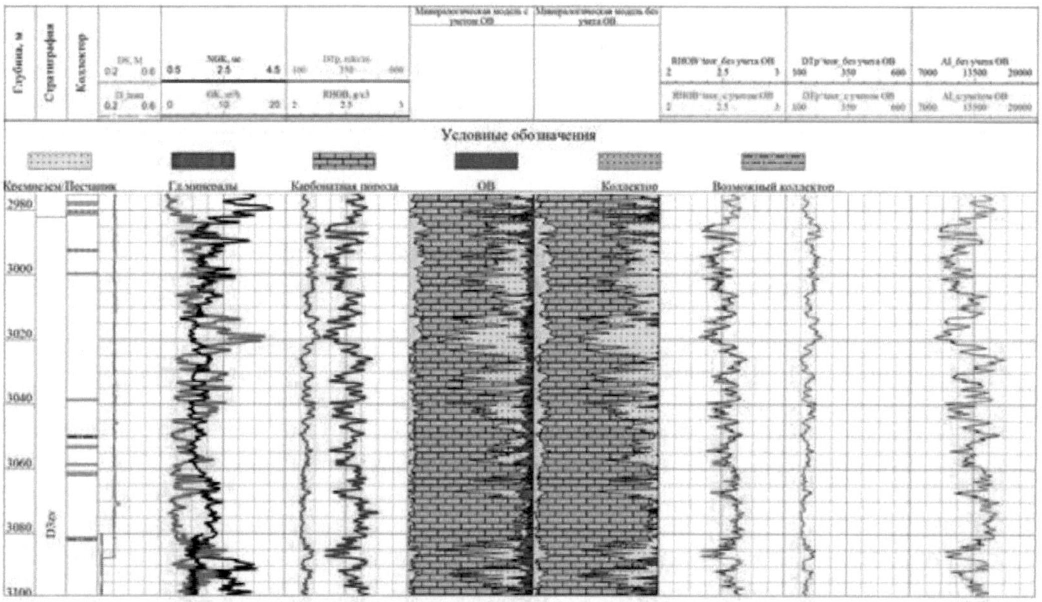


***Рисунок 3.*** *Сопоставление плотности пород, интервального времени пробега продольной волны и акустического импеданса, полученных в результате построения минералогической модели с наличием в ней ОВ и в случае его отсутствия*

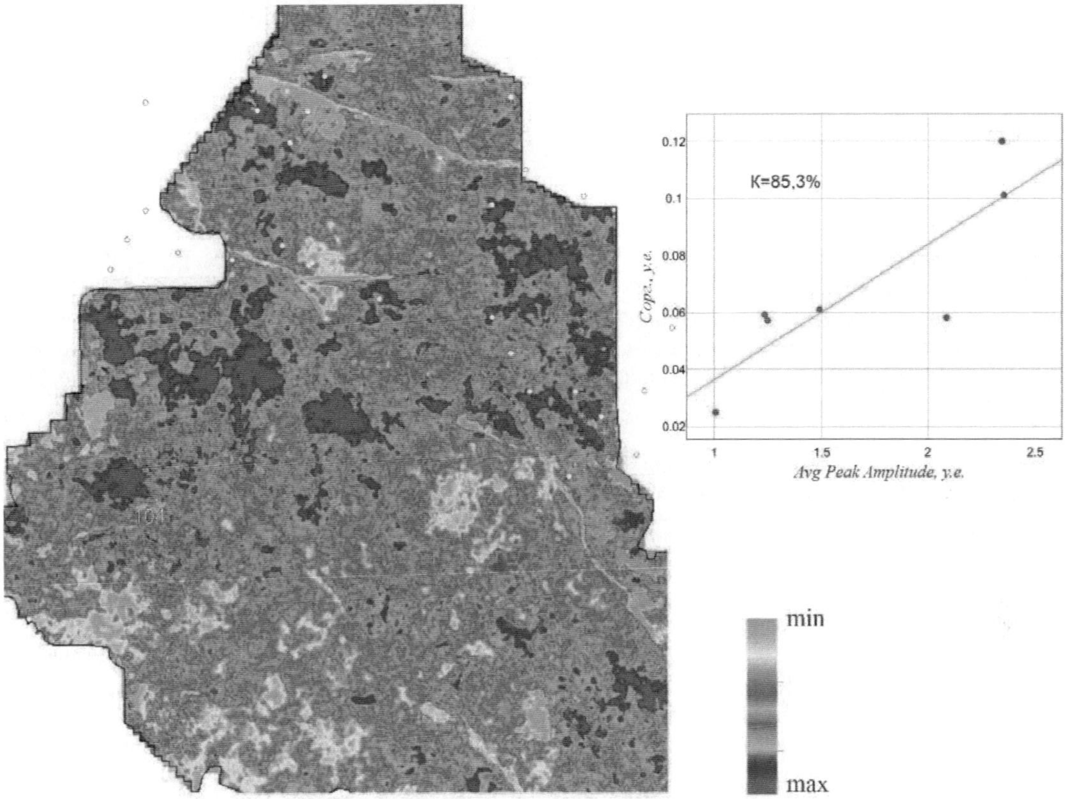


***Рисунок 4.*** *Прогнозная карта распределения Сорг по сейсмическим данным*

## Выводы

- В отложениях доманиковой формации, являющейся резервуаром для нетрадиционных коллекторов, сегодня отсутствует единая методика выделения проницаемых прослоев.
- Рассмотрено несколько методик прогноза повышенных содержаний органического вещества, результаты характеризуются хорошей сходимостью.
- Само присутствие органического вещества слабо влияет на упруго-плотностные свойства, что при установленной низкой пористости доманиковых отложений вполне закономерно.
- Сделано предположение о том, что наблюдаемые на кросс-плотах изменения упруго-плотностных свойств обусловлены различием свойств вмещающей толщи доманиковых отложений, что позволяет использовать их с привлечением сейсморазведки для поиска потенциально-продуктивных интервалов.
- В настоящее время работы в данном направлении продолжаются.

## References

1. Darling T. Prakticheskie aspekty` geofizicheskikh issledovanij skvazhin. Perevod s anglijskogo. – Moskva: OOO "Premium Inzhiniring", 2008.
2. Tyurin V.I. Oczenka perspektiv osvoeniya slanczevoj nefti v domanikovy`kh otlozheniyakh fransko-turnejskogo vozrasta. – Samara: OAO "Giprovostokneft`",2014.

**Технологическая трансформация сейсморазведочной партии**

Р.Р. Камалтдинов (ООО «ТСГК»), В.А. Зозуля (ООО «ТСГК»), И.И. Шевченко (ООО «ТСГК»), Д.Ю. Митрофанов (ООО «ТСГК»).

**Введение**

В последнее время тенденции рынка нефтесервиса направлены в сторону экологичности и безопасности работ. Такой рискоориентированный подход позволяет учесть максимальное количество и качество рисков любого проекта, как финансовых и операционных, так и рисков причинения вреда человеку и экологии. Ну и конечно же диктует свои условия по разработке и выполнению мероприятий, исключающих вероятность возникновения возможных опасностей на превентивной основе.

Каким образом добиться решения одновременно всех поставленных задач? Одно из комплексных решений – это развитие зелёных технологий при сейсморазведке на проверенном принципе комплексирования.

**Метод**

Техническая трансформация в отрасли сейсморазведки назрела уже давно, а за ней неотъемлемо следует трансформация самой технологии и методологии выполнения сейсморазведочных работ, необходимо объединить опыт всех нестандартных проектов, создав одну экосистему – «цифровая зеленая сейсмика», где будут учтены все условия сокращение веса сейсморазведочной партии, сокращение численности персонала, повышение уровня безопасности, минимизация ущерба окружающей среде, оптимизация затрат на производство, и конечно интенсивное развитие за счет цифровизации операционных процессов.

В этом направлении уже несколько лет мы активно сотрудничаем с партнерами из компании «Газпром нефть» в рамках развития технологий под брендом «Зеленая сейсмика» («Зеленая сейсмика» — это словесный товарный знак официально зарегистрирован в РФ и принадлежит ПАО «Газпром нефть»).

По нашему мнению, для перехода к современным зеленым технологиям это не только слаломпрофилирование и легкая вездеходная техника, необходимо объединение всех наработанных годами результатов исследований и испытаний нового оборудования и технологий.

Техническая трансформация требует создания одной экосистемы – «цифровая зеленая сейсмика», где будут учтены все условия: сокращение веса сейсморазведочной партии, сокращение численности персонала, повышение уровня безопасности, минимизация ущерба окружающей среде, оптимизация затрат на производство, и конечно интенсивное развитие за счет цифровизации операционных процессов.

С этой целью в 2019 г в нашей компании была разработана программа технологического развития, которая включает работы по совершенствованию техники и оборудования совместно с цифровизацией производственных процессов (рис. 1).

Работы по созданию цифровой партии планировались нами в несколько этапов. Первый этап завершен в 2020 г, на этом этапе внедрена система мониторинга транспорта и персонала с помощью цифровой радиосвязи, что позволило максимально оптимизировать время реагирования на любые ситуации, происходящие на профилях. Параллельно шло испытание нового оборудования и технологических приемов его применения. Начались испытания малогабаритных буровых станков, испытана технология расстановки бескабельного

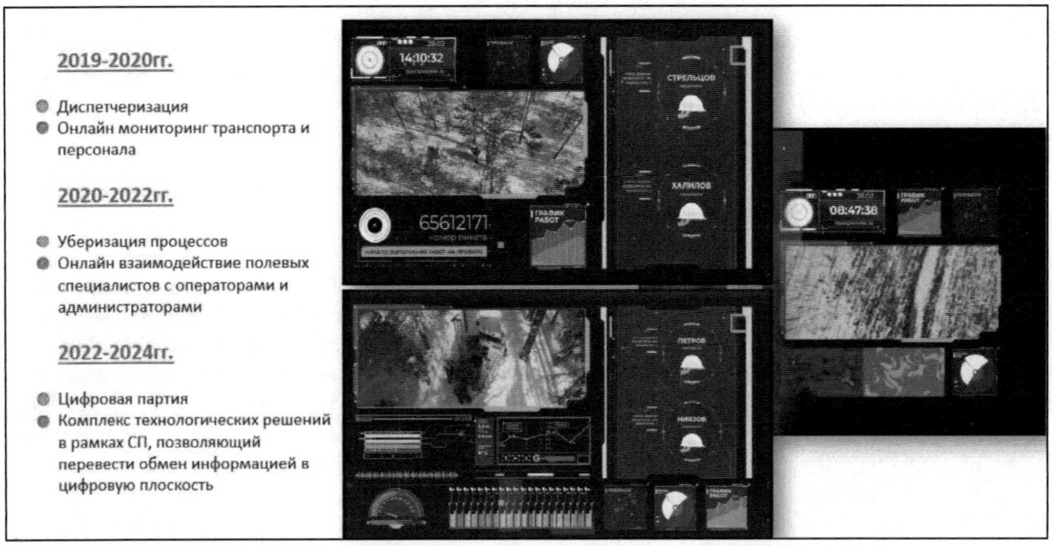


***Рисунок 1.*** *Программа технологического развития ООО «ТСГК»*

геофизического оборудования на снегоходах с нарт по визирным профилям, испытаны погружатели геофонов заводского изготовления собственной разработки.

В этом сезоне начата реализация следующего этапа — уберизации. Использование кроссплатформенного ПО и планшетов, которые позволяют трансформировать и ряд классических организационных задач в цифровую плоскость, как например: выдача и корректировка полевого задания, обратная связь от работника, мониторинг выполнения работ в течение рабочей смены, контроль длительности рабочей смены, мониторинг состояния работника, трекинг движения техники и персонала, исключение входа персонала и техники в опасные зоны.

Еще одним из аспектов создания цифровой партии является использование ГИС-систем. В одной из партий в этом сезоне была создана полная цифровая база проекта на основе программы QGIS, в которой можно было получить любую информацию о планировании и выполнении всех видов работ, а также качестве первичных полевых материалов (рис. 2). В дальнейшем мы планируем создать единую интерактивную базу данных для всех подразделений Компании.

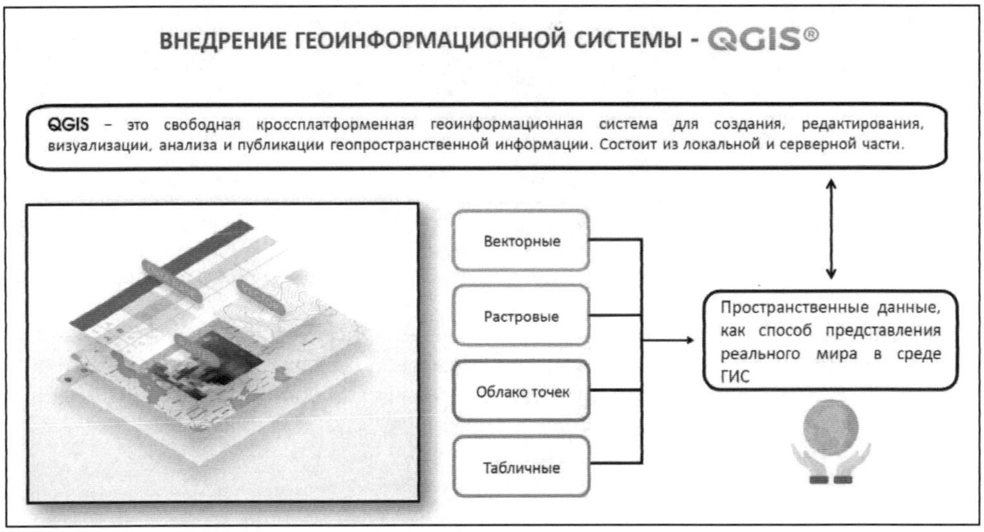


***Рисунок 2.*** *Возможности применения ГИС-системы QGIS*

Третий этап мы планируем завершить в 2024 г. формированием одной цифровой сейсмической партии с полностью или максимально уберизированными производственными процессами, которые позволяют вести обмен информацией в цифровой плоскости.

Уберизация – в данном контексте это цифровизация и объединение в одну экосистему всех процессов, взаимодействующих между собой в течение длительности всего проекта. Происходит замена «посредников» в организационном процессе, в частности в данном случае это работа с картой, расчет расстояний, радиопереговоры и т. д. на работу с цифровыми платформами. Использование кроссплатформенного ПО на базе сейсмопартии и планшетов бригадирами работ в поле, позволяет трансформировать и ряд классических организационных задач в цифровую плоскость, как например: выдача и корректировка полевого задания, обратная связь от работника при выполнении работ, мониторинг выполнения работ в течение рабочей смены, контроль длительности рабочей смены, мониторинг состояния работника – наблюдение за работниками группы риска по медицинским показателям, трекинг движения техники и персонала, исключение входа в эксклюзивные зоны ограничений.

**Примеры**

На первом этапе реализации технологий под брендом «Зеленая сейсмика» в 2018-2022 гг. было осуществлено применение комплекса из 3-х видов сейсмических источников в сочетании с применением кабельного и бескабельного оборудования, при этом 4 из 5 приемных профилей были шириной 1,5 м.

На втором этапе в прошедшем полевом сезоне 2022-2023 гг. проведены производственные работы по технологии «Зеленая сейсмика 2.0» с применением слалом профилирования и легкой вездеходной техники при проведении буровзрывных работ на лесном участке одной из отработанных площадей (рис. 3).

***Рисунок 3.*** *Пример слаломпрофилирования при производстве сейсморазведочных работ*

Были опробованы в работе новые малогабаритные буровые установки УБГМ-1М (рис.4) и проведены опытные-производственные работы по тестированию бескабельных регистраторов «Геотом» (рис.5). Важно заметить, что все вышеперечисленное оборудование производится компаниями группы «Геосервис 360», в которую входит ООО «ТСГК» в России.

***Рисунок 4.*** *Малогабаритная буровая установка УБГМ-1М на базе ШС 0.6.*

***Рисунок 5.*** *Сейсморегистрирующие модули «Геотом»*

**Выводы**

Применение новых технологических решений и цифровых технологий позволяет существенно повысить безопасность проведения сейсморазведочных, а так же их эффективность.

**Благодарности**

Компания ООО «ТСГК» выражает огромную благодарность Компании ПАО «Газпром нефть» за возможность совместной работы по внедрению новых технологий и оборудования при выполнении полевых сейсморазведочных работ.

**Библиография / References**

1. Kamaltdinov R.R., Schevchenko I.I. orazvitii «zelenyx tehnologiy v OOO «TSGK». Zhurnal «Pribory i sistemy razvedochnoy geofiziki». 2022. №5. S.25-30.

**Снижение вертикальной неопределенности при расчете траекторий наклонно-направленных и горизонтальных скважин**

В.А. Атабекян (АО «ИГиРГИ»), Е.В. Баякин* (АО «ИГиРГИ»)

**Введение**

Повышение эффективности наклонно направленного и горизонтального бурения и повышение эффективности разработки нефтяных и газовых месторождений в целом зависит от оптимизации технологических процессов, обеспечивающих проводку скважин с максимальной скоростью в заданный «круг допуска» или в продуктивный пласт, при этом первостепенное и наиважнейшее значение имеет контроль комплекса параметров искривления скважин, обеспечивающий проходку по требуемой траектории в соответствии с проектным профилем. Данную задачу решают с помощью инклинометрических систем, позволяющих измерять азимут, зенитный угол, встраиваемые в компоновку буровой колонны и обеспечивающие контроль угловых параметров пространственной ориентации бурового инструмента непосредственно в процессе бурения, получившие название забойных инклинометрических систем или телесистем [2].

Каждый инклинометр имеет определенные погрешности измерений, большое число внутренних и внешних факторов оказывают влияние на процесс измерений. Учет данных погрешностей осуществляется на основании модели ошибок, которая учитывает, в т.ч. аппаратную ошибку прибора, прогиб прибора в скважине, а также ошибки глубины по стволу. В условиях бурения в маломощных коллекторах скважин с большим отходом, и в непосредственной близости к флюидальным контактам, суммарная накопленная ошибка в траектории может привести к большой погрешности в определении абсолютных отметок пластов, и как следствие, неверной интерпретации геолого-геофизических материалов. В данных условиях, с целью снижения вертикальной неопределенности и более точного позиционирования скважины в пространстве, целесообразно применять дополнительные коррекции к зенитным углам, использовать методики по уточнению траектории скважины с привлечением динамических измерений инклинометра, получаемых в процессе бурения.

**Метод Sag – коррекции зенитных углов**

В стандартную модель ошибок, которая используется для построения эллипсоидов неопределенности заложена погрешность, связанная с тем, что инклинометр в момент проведения измерений зенитного угла может быть расположен несоосно по отношению к бурящейся скважине. Такое положение прибора обусловлено наличием центрирующих и стабилизирующих элементов в составе КНБК, влиянием силы гравитации, вызывающей прогиб КНБК, определенным положением угла перекоса винтового забойного двигателя (ВЗД) по отношению к верхней стенке скважины. Учесть данную погрешность позволяет метод SAG – коррекции, который с помощью специальных алгоритмов коррекции математически устраняет эффект прогиба КНБК в скважине (рис 1).

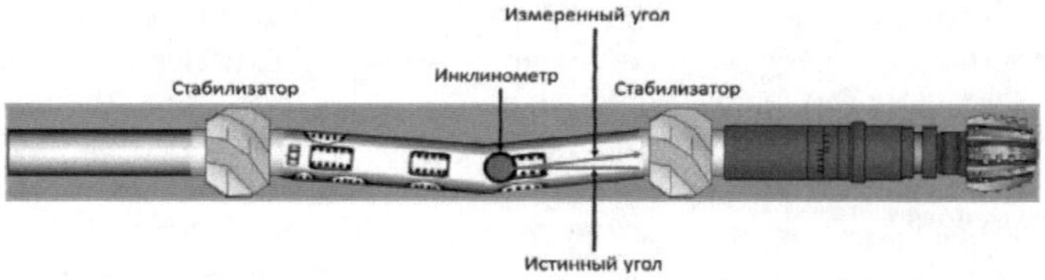


***Рисунок 1.*** *Положение инклинометра в скважине при наличии прогиба КНБК.*

Величина угла прогиба зависит от типа КНБК, жесткости, геометрии, положения и диаметров стабилизаторов, расположения датчиков, удельного веса бурового раствора и значения угла перекоса ВЗД.

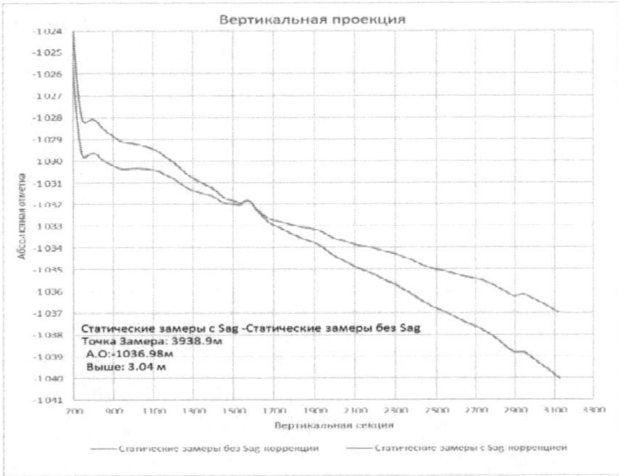


***Рисунок 2.*** *Визуализация статических замеров с применением Sag-коррекции и исходных замеров на вертикальной проекции скважины 001.*

Из Рисунка 2 видно, что в результате применения Sag – коррекции значение абсолютной отметки по вертикали на последнюю точку замера сместилось вверх на 3.04 м. Также следует отметить то, что до глубины 2474 м MD (А.О. 1031.87 м) скорректированная траектория была ниже исходной, далее по стволу – выше. Это связано с тем, что до глубины 926 м MD применялась отрицательная поправка на прогиб, в последующих рейсах – положительная.

**Dual Inclination**

Последняя ревизия модели ошибок, используемая для расчетов эллипсоидов неопределенности, подразумевает то, что снятие статических замеров инклинометрии производится не реже, чем 1 замер каждые 30 м. Однако, данная частота снятия замеров не позволяет учесть микроинтенсивности в изменении параметров кривизны между точками замеров. В результате этого, суммарная накопленная ошибка при изменении параметров кривизны скважины может привести к значительной погрешности в определении абсолютных отметок по вертикали [3]. Методика Dual Inctination позволяет сократить неопределенность по вертикали путем вовлечения в расчет траектории скважины динамических значений зенитных углов, получаемых в процессе бурения с наддолотного инклинометра. Суть методики заключается в том, что для анализа точности измерений используются данные с двух инклинометров, замеры одного инклинометра перепроверяются другим. Статические замеры рассчитываются из исходных значений акселерометров и магнитометров с основного инклинометра. Динамические данные анализируются с наддолотного инклинометра, входящего в состав роторно – управлямой системы (РУС), либо дополнительного инклинометра, установленного над ВЗД.

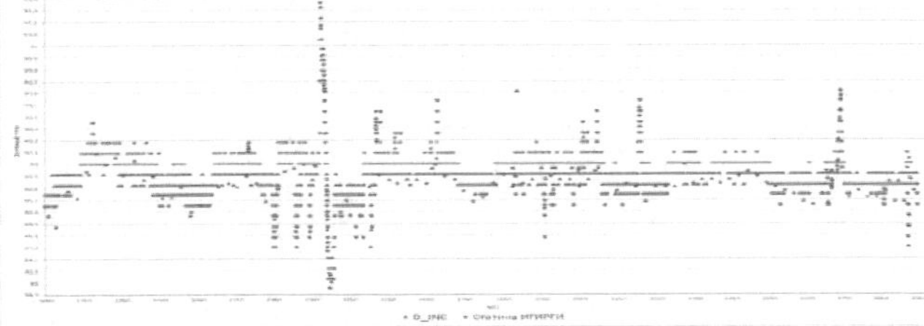

***Рисунок 3.*** *Визуализация статических и динамических замеров по скважине №001.*

Из Рисунка 3 видно, что статические замеры находятся в облаке точек динамических данных, при этом линия тренда динамических данных немного выше статических замеров. Подход методики Dual Inc базируется на том, что статические замеры имеют более высокую точность чем динамические, для оценки качества статических замеров используются общепринятые в отрасли критерии, применяется метод Sag – коррекции. Соответственно, линия тренда “сшитых” динамических и статических замеров должна стремиться к статическим данным.

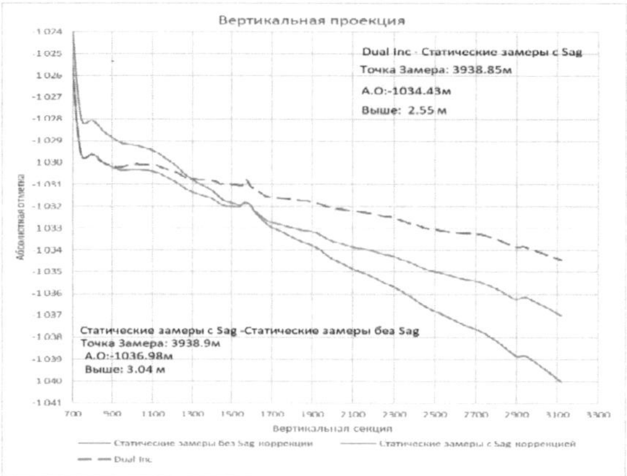


***Рисунок 4.*** *Визуализация статических и динамических замеров, полученных с помощью методики Dual Inc по скважине №001 на вертикальной проекции.*

На Рисунке 4 динамическая траектория, полученная с помощью методики Dual Inc визуализированы на вертикальной проекции. Динамическая траектория, рассчитанная по методике Dual Inc на 2.55 м выше траектории, рассчитанной по статическим замерам с применением Sag-коррекции. Недостатком данного метода является то, что должна наблюдаться хорошая сходимость динамических и статических данных, важным фактором получения достоверных данных является проведение своевременной калибровки наддолотного инклинометра. В случае, если значения статических и динамических зенитных углов отличаются более чем на 0.3 - 0.4° (среднюю погрешность наддолотных инклинометров, применяемых в отрасли), принятие в работу траектории, рассчитанной по методике Dual Inc может привести к еще большей неопределенности положения ствола скважины в пространстве, использовать данную методику в таком случае не рекомендуется.

**HDS**

Как правило, статические измерения инклинометрии, на основании которых производится расчет траектории скважины, проводятся после добуривания трубки/свечи бурового инструмента каждые 14-28 м. Однако, современные инклинометры, используемые в процессе бурения, имеют возможность проводить измерения в динамике каждые 90 секунд [1]. Вовлечение этих данных в анализ траектории позволяет учесть микроинтенсивности в изменении ствола скважины, тем самым повысить точность определения абсолютных отметок по глубине. В отличии от методики Dual Inc, в методе расчета динамической траектории HDS используются данные с одного инклинометра, который производит измерения статических замеров в процессе бурения. В состав инклинометра входят три акселерометра, один осевой, расположенный по оси прибора (Gz) и два кросс – осевых, расположенных в плоскости, перпендикулярной направлению оси прибора (Gx и Gy). На основании измерений трех акселерометров производится расчет статических зенитных углов. Подход к расчету динамической траектории в методике HDS заключается в том, что в процессе бурения на поверхность передаются значения осевого акселерометра Gz, полученного в динамике. При этом, для каждого динамического значения осевого акселерометра Gz для расчета динамических зенитных углов используются значения кросс – осевых акселерометров Gx и Gy, полученные из ранее снятого статического замера. Контроль качества рассчитанных динамических зенитных углов осуществляется аналогично контролю качества статических замеров. Рассчитанное значение напряженности гравитационного поля сравнивается с опорным значением напряженности гравитационного поля, взятым из гравитационной модели GARM для заданных координат устья скважины.

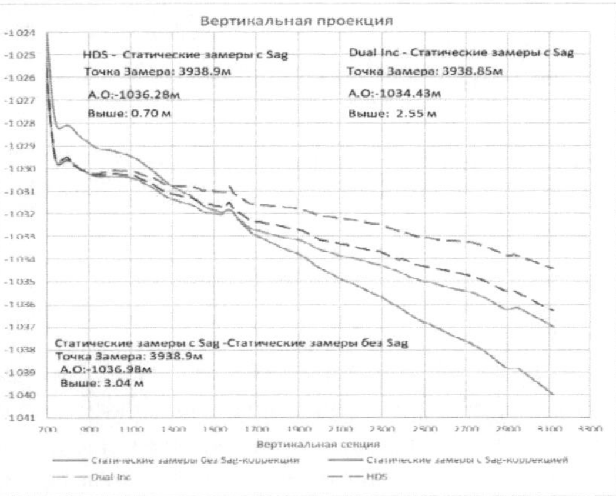


***Рисунок 5.*** *Визуализация статических и динамических замеров, полученных с помощью методики HDS скважины №001 на вертикальной проекции.*

На Рисунке 5 динамическая траектория, полученная с помощью методики HDS визуализированы на вертикальной проекции. Динамическая траектория, рассчитанная по методике HDS на 0.70 м выше траектории, рассчитанной по статическим замерам с применением Sag-коррекции. Разница по абсолютным отметкам между траекторией HDS и траекторией Dual Inc составляет 1.85 м. Обе методики демонстрируют тренд на смещение траектории вверх по вертикали. Методика HDS является хорошей альтернативой методике Dual Inc, когда в составе КНБК нет дополнительного наддолотного инклинометра. Комплексный анализ двух методик позволяет определить тренд смещения статической траектории по вертикали, провести сравнительный анализ двух методов. Недостатком методики HDS является то, что, в случае получения некачественных статических замеров акселерометров (выход значений измеренной напряженности гравитационного поля за границы контроля качества, перепады в напряженности гравитационного поля более 2.5 mg между статическими замерами), полученная траектория может не отражать реальную траекторию скважины, в данном случае применение методики HDS не рекомендуется.

**Выводы**

В условиях уплотнения сетки разбуривания месторождений, бурения в маломощных коллекторах скважин с большим отходом, в непосредственной близости к флюидальным контактам, рассмотренные методы позволяют уточнить абсолютные отметки по глубине в процессе бурения, тем самым снизить вертикальную неопределенность траектории скважин. Использование совокупности методов в анализе статических и динамических замеров, сравнение результатов различных методик позволяет получить дополнительную информацию о возможном положении скважины в пространстве, но использование данных методик возможно только при наличии исходных данных хорошего качества. Применение некачественных и недостоверных данных в анализе может привести к увеличению неопределенности фактической траектории скважины.

**References**

1. William G. Lesso, Jr., Iain M. Rezmer-Cooper, Minh Chau, Continuous Direction and Inclination Measurements Revolutionize Real-Time Directional Drilling Decision-Making, SPE/IADC Drilling Conference, Amsterdam, 2001.

2. D.G. Milovzorov, Information and measurement systems for monitoring the complex of angular parameters of the spatial orientation of wells and well targets, IzhGTU, Izhevsk, 2005.

3. E.J. Stockhausen, W.G. Lesso, Continuous direction and inclination measurements lead to an improvement in wellbore positioning, SPE/IADC Drilling Conference, Amsterdam, 2003.

**О возможности прогноза нефтенасыщенности терригенного коллектора по сейсмическим данным**

А.В. Шубин* (РГУ нефти и газа им. Губкина), Д.В. Кляжников (ООО «Инджиникс Груп»), В.И. Рыжков (РГУ нефти и газа им. Губкина)

**Введение**

Объектом исследования являются терригенные отложения викуловской свиты одного из месторождений, расположенного в пределах Красноленинского свода Западной Сибири. Викуловская свита относится к верхнеаптским-нижнеальбским отложениям нижнего мела, которые формировались в прибрежно-морских условиях. Глубины залегания пород составляют 1400-1600 м. В составе викуловской свиты выделяются пласты ВК1, ВК2-3. Изучаемые отложения представлены алевро-песчаными, песчано-алевритовыми разностями, неравномерно чередующимися и переслаивающимися по разрезу. Объемное содержание глинистых минералов невелико и практически постоянно как по разрезу, так и по латерали. Покрышкой служат вышезалегающие глинистые породы ханты-мансийской свиты, являющиеся региональным флюидоупором [1].

На территории Красноленинского свода пробурены тысячи скважин, выполнен обширный комплекс геолого-геофизических и лабораторных исследований. Однако, примеров успешного использования динамической интерпретации сейсмических данных не так много [2].

В работе рассмотрено два вопроса, имеющих важное значение для интерпретации данных сейсморазведки: возможность прогноза флюидонасыщения и количественное обоснование эффективности прогноза.

**Объемная литологическая модель**

Объемная литологическая модель по данным ГИС рассчитывалась с применением детерминистического подхода и включала следующие компоненты: объемные содержания глинистых минералов (Vcl), породообразующих минералов, представленных смесью кварца и полевых шпатов (Vsnd), и поровое пространство, насыщенное флюидом. В интервалах уплотненных прослоев, представленных карбонатизированными мелкозернистыми алевролитами, в модель дополнительно включался кальцит. Одним из необходимых условий для построения объемной литологической модели терригенных отложений является наличие в комплексе ГИС качественных замеров плотностного гамма-гамма каротажа (ГГК-П). В изучаемом терригенном разрезе метод ГГК-П является основным для расчета общей пористости пород ($\phi$). Верификация объемной модели проводилась с привлечением результатов лабораторных исследований керна (гранулометрический анализ, РСА, определения ФЕС и др.), а также путем сравнения измеренных и модельных кривых упругих свойств, рассчитанных с использованием объемных литологических моделей, на основе обоснованной модели физики горных пород.

**Анализ петрофизических и упругих свойств**

Петроупругое моделирование играет ключевую роль при прогнозе коллекторских свойств по сейсмическим данным, поскольку дает количественные связи между упругими и петрофизическими свойствами горных пород. Для алевро-песчаных пород викуловской свиты была выбрана одна из моделей контактов. Модели контактов учитывают гранулярную структуру терригенных пород, а также их седиментологические и диагенетические особенности. Согласно таким моделям, горная порода аппроксимируется упаковкой шаров с некоторой пористостью, которая находится под эффективным давлением. Упругие свойства такой упаковки определяются жесткостью межзерновых контактов, а также наличием цемента и сортировкой зерен.

Нефтенасыщенность коллекторов в интервале пластов ВК1-3, как правило, не превышает 60%. Но на измерения АК и ГГК-П оказывает влияние промытая зона, поэтому в качестве порового флюида для моделирования была выбран фильтрат пресного бурового раствора с постоянными свойствами.

Модельные скорости продольных и поперечных волн были рассчитаны в 20 скважинах площади, что позволило количественно оценить успех прогноза коллекторов по упругим атрибутам AI и Vp/Vs. Для оценки результатов классификации упругих атрибутов на коллектор и неколлектор мы использовали матрицы ошибок (confusion matrix). В этой матрице строки соответствуют истинным литотипам, столбцы – прогнозным. Ячейки по диагонали показывают процент успешного определения литотипов, недиагональные ячейки показывают вероятность ошибочной классификации. Из Таблица 1 (а) видно, что существует высокая вероятность перепутать неколлектор с коллектором. Это приводит к важному выводу: прогноз коллекторов (эффективных толщин) для викуловской свиты затруднен по упругим свойствам, а значит и по сейсмическим данным.

а)

| | | Прогноз | | |
|---|---|---|---|---|
| | | 1 | 2 | 3 |
| Истина | 1 Коллектор | **85.6** | 14.4 | 0 |
| | 2 Неколлектор | 51.4 | **48** | 0.6 |
| | 3 Плотный | 2.9 | 6.3 | **90.8** |

б)

| | | Прогноз | | | |
|---|---|---|---|---|---|
| | | 1 | 2 | 3 | 4 |
| Истина | 1 Коллектор-нефть | **99.9** | 0 | 0.1 | 0 |
| | 2 Коллектор-вода | 23.1 | **57.5** | 19.4 | 0 |
| | 3 Неколлектор | 0.8 | 50.6 | **48.5** | 0.1 |
| | 4 Плотный | 0 | 0 | 10.3 | **89.7** |

***Таблица 1.*** *Матрицы ошибок классификации: 3 литотипа (а), 4 литотипа (б)*

**Флюидозамещение**

Мы выполнили приведение модельных скоростей Vp, Vs и плотности к пластовому насыщению и проанализировали его влияние на упругие атрибуты AI и Vp/Vs. Песчаники-коллекторы викуловской свиты характеризуются средней-высокой пористостью (15-29%) и невысокой глинистостью (около 7-15%), что соответствует условиям использования модели Гассмана. Анализ сжимаемости порового пространства указывает на высокую чувствительность упругих свойств к смене порового флюида [3].

Схема применения уравнения Гассмана двухэтапная: на первом этапе от исходных данных (водонасыщенные) переходят к свойствам сухой породы ($K_{dry}$, $\mu_{dry}$), затем от свойств сухой породы к скоростям и плотности при пластовом насыщении.

Нефтенасыщение понижает отношение скоростей Vp/Vs на 5-10% и акустический импеданс до 15%. Контраст в значениях упругих атрибутов между неколлекторами и нефтенасыщенными коллекторами увеличивается.

Вероятность успешной классификации нефтенасыщенных коллекторов значительно выше (Таблица 1 (б)). Возможность прогноза нефтенасыщенных песчаников подтвердилась и после выполнения апскейлинга упругих свойств.

**Сейсмическое моделирование**

Для оценки влияния нефтенасыщения на амплитуды сейсмических данных было проведено сейсмическое моделирование (Рисунок 1). Для расчета сейсмограмм использовались два варианта модельных скоростей продольных, поперечных волн и плотности: 1) с пластовым насыщением; 2) 100% водонасыщенные. Из модельных сейсмограмм хорошо видно, что нефтенасыщение приводит к увеличению абсолютных значений амплитуд отражений в целевом интервале на дальних углах падения ($>40^0$).

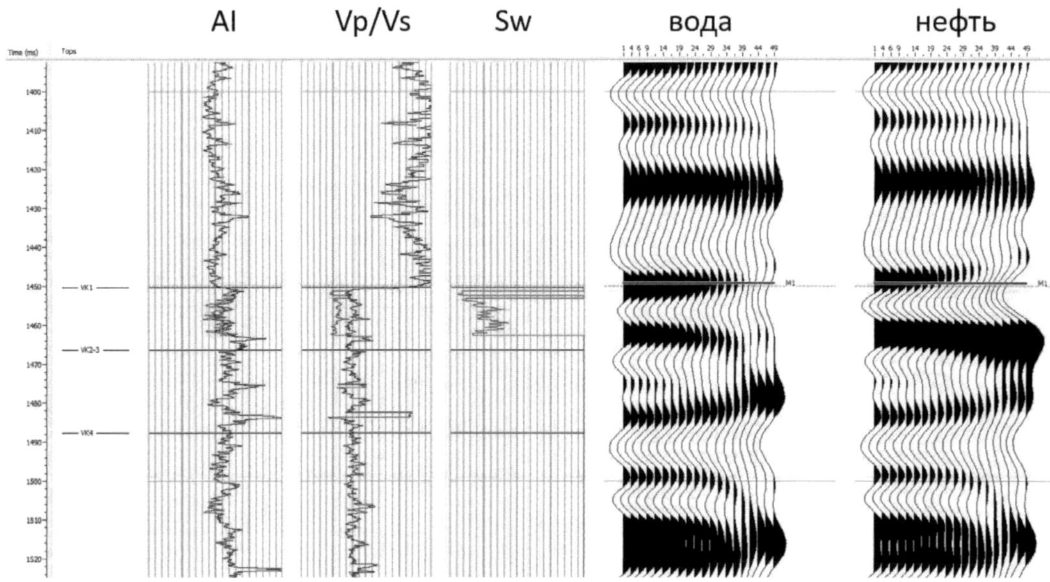


***Рисунок 1.*** *Акустический импеданс, отношение Vp/Vs (синим - 100% водонасыщение, красным – пластовое насыщение), Sw – пластовое водонасыщение, угловые сейсмограммы для водонасыщенного случая и пластового насыщения*

**Прогноз нефтенасыщенных толщин по сейсмическим данным**

Эффект, наблюдаемый на модельных данных, подтвердился по реальным сейсмограммам. Для карты RMS амплитуд дальнего угла падения ($44^0$) получена тесная связь с нефтенасыщенными толщинами викуловской свиты (Рисунок 2). Коэффициент корреляции составил 0.595, использовано 290 скважин. Связь нефтенасыщенных толщин с RMS амплитудами ближнего угла падения отсутствует.

**Выводы**

Влияние УВ насыщения на упругие свойства горных пород зависит от пористости, сжимаемости порового пространства, свойств флюидов, а также внешних условий (температура, давление, глубина). Влияние этих факторов может быть изучено до начала работ с сейсмическим данными.

Алевро-песчаные породы викуловской свиты обладают уникальными свойствами. При достаточно выдержанном литологическом составе и пористости они характеризуются высокой чувствительностью к смене порового флюида.

В работе нами установлено, что прогноз эффективных толщин для пластов викуловской свиты невозможен, при этом контраст в упругих свойствах нефтенасыщенных песчаников выше, что делает возможным прогноз нефтенасыщенности по сейсмическим данным. Эффективность прогноза нефтенасыщенных песчаников изучена количественно с помощью матрицы ошибок классификации. Результаты работ подтверждены сейсмическим моделированием и обработкой реальных сейсмических данных.

а) б)

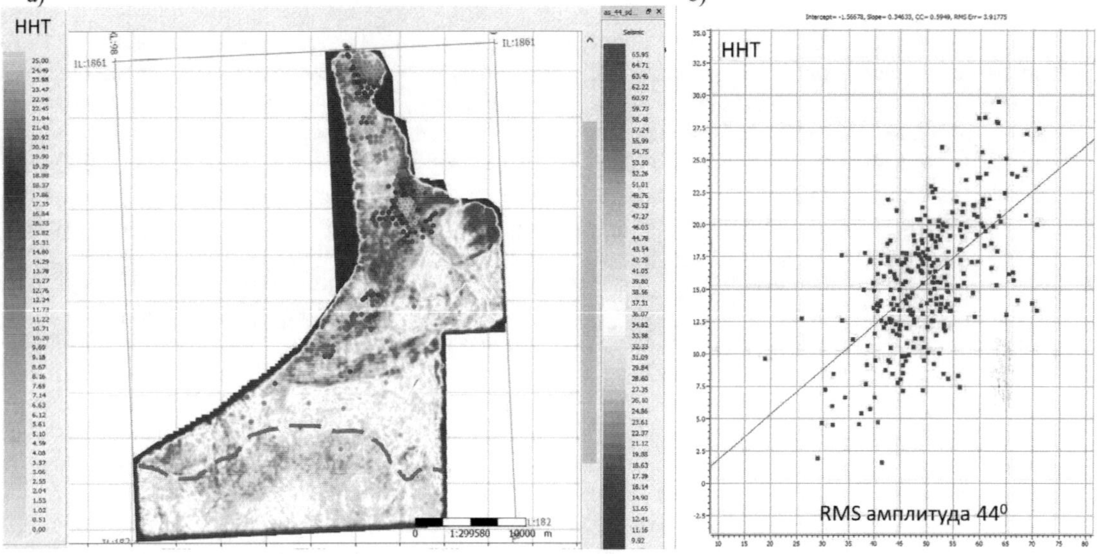


***Рисунок 2.*** *Карта RMS амплитуд в интервале викуловской свиты для угловой суммы $44^0$ (а), график между значениями нефтенасыщенных толщин викуловской свиты (ННТ) и значениями амплитуд в точках скважин (б); пунктирной линией отмечена линия ВНК*

**Библиография / References**


1. Isakova T.G., Dyakonova T.F., Nosikova A.D., Savchenko D.S., Korobova N.I., Sautkin R.S., Kalmykov A.G., Kalmykov G.A. Reservoir models of the Vikulovskaya suite of the Krasnoleninskoye field (Western Siberia) // Vestnik Moscow University. Ser. 4. Geology. 2020. N. 3. p. 66-74.

2. Romanenko M. Yu. Et al. Evaluation of the effectiveness of the simultaneous inversion of seismic data in relation to models of low-contrast reservoirs // Seismic technologies. - 2010. - N. 02. - p. 55-61.

3. Shubin A.V., Klyazhnikov D.V., Ryzhkov V.I. Inverse rock physics: predicting porosity and fluid saturation of the Vikulov formation //Geofizika. – 2020. – №. 6. – C. 31-41.

**Изучение взаимосвязей проницаемости и смачиваемости отложений баженовской свиты с содержанием породообразующих минералов**

А.Г. Борисов*, Е.В. Козлова, С. Маркович, Е.В. Фомичев, А.Д. Казаков, А.Д. Рябухин (АНОО ВО«Сколковский институт науки и технологий»), А.Е. Гаврилов (ООО «Газпромнефть – НТЦ»)

**Введение**

Прогнозирование фильтрационно – емкостных свойств (ФЕС) баженовской свиты (БС), как и других сланцевых пород по методам ГИС представляет собой весьма сложную методическую задачу не имеющую, на текущий момент, однозначного экономически приемлемого решения. При этом сложность представляет не только поиск математических алгоритмов, позволяющих связать показания геофизических методов с ФЕС пород, но и само определение ФЕС на образцах керна. На текущем этапе развития петрофизической техники одно измерение газопроницаемости кондиционного образца сланцевой породы может занимать от нескольких часов до нескольких суток. При том для получения достоверного результата необходимо выполнить серию измерений на 3-5 образцах-дублерах с каждой точки отбора. В связи с вышеизложенным, особую ценность обретают литолого – петрофизические эмпирические зависимости, которые позволяют сделать приблизительную оценку ФЕС, основываясь на результатах относительно быстрых и недорогих исследований, которые можно выполнить на шламе, не прибегая к отбору керна. Одними из наиболее перспективных, в данном контексте, являются геохимические исследования, которые можно оперативно выполнять на автоматизированных приборах. Ранее выполненная работа [1] показала, что объемную и минералогическую плотность сланцев можно достаточно точно рассчитывать по результатам геохимических исследований. Это создает предпосылки для поиска алгоритмов, позволяющих аналогичным образом рассчитывать ФЕС. В настоящей работе изучаются взаимосвязи ФЕС (газопроницаемость, смачиваемость) с геохимическими параметрами, определяемыми рентгеновскими и пиролитическими методами.

**Методы исследований**

Комплекс исследований включал в себя изучение смачиваемости, газопроницаемости и геохимических характеристик, определяемых путем пиролиза по методу Bulk Rock. Часть образцов была предварительно изучена методом рентгеноструктурного анализа (РСА). Основные параметры использованных методик приведены в таблице 1. Изучение смачиваемости выполнялось на коллекции из 17 образцов, равномерно распределенных по разрезу баженовской и абаканской свит, отобранных кернов скважины одного из месторождений Западной Сибири.

Измерение проницаемости выполнялось по газу на коллекции из 55 образцов, также равномерно отобранных из того же интервала. Выбор методик измерения газопроницаемости осуществлялся исходя из накопленного ранее опыта. Так в результате работы [2] было установлено разрушительное влияние экстракции на образцы БС, поэтому в настоящей работе экстракция не применялась. В ходе дальнейших методических разработок [3] была установлена целесообразность отказа от изготовления образцов круглого сечения из-за высокого риска развития техногенной трещиноватости и низкого выхода кондиционных образцов. Поэтому в настоящей работе использовались образцы, имеющие форму неправильных цилиндров, полученных путем плоскопараллельной нарезки пластинок керна. Пластинки, в свою очередь, отбирались путем расслоения полноразмерного керна по естественным микротрещинам. Измерения выполнялись согласно нормативно-методической документации, разработанной в ходе работы [3] со следующим дополнением: разрезание компаундированного образца выполнялось с использованием этилового спирта (70 %) в качестве смазывающе-охлаждающей жидкости (СОЖ). Данный подход позволил избежать техногенного расслоения и увлажнения образцов, которое имеет место при использовании воды в качестве СОЖ. В то же время охлаждение спиртом позволило исключить перегрев и оплавление эпоксидного компаунда.

Для измерения смачиваемости поверхность образцов шлифовалась, и обдувалась азотом. На образец наносилась капля деионизированной воды объемом 4 мкл. С помощью анализатора формы (см. таблицу 1), в течении 1 с, выполнялась серия снимков капли с интервалом 2 мс. По сделанным снимкам ПО анализатора описывало форму капли аналитической функцией и вычисляло краевые углы по обеим сторонам. На каждом образце эксперимент повторялся не менее 5 раз. Пиролитические исследованная выполнялись методом Bulk Rock на измельченных образцах на автоматическом пиролитическом анализаторе (см. таблицу 1). Всего в разрезе БС и абаканской свит было отобрано и исследовано 148 образцов.

***Таблица 1.*** *Технико - методическое обеспечение работ*

| Вид работ | Параметр | Описание |
|---|---|---|
| **Изготовление образцов** | НД на методику | ПИ-ЛПНК-005, ПИ-ЛПНК-006 |
| | Метод(ы) | Компаундирование, нарезка плоскопараллельная прецизионная с вращением образца и использованием этилового спирта в качестве СОЖ |
| | Оборудование и материалы | Отрезной станок, для плоскопараллельной резки Accutom-100. Смола эпоксидная SeaLine. |
| **Пиролитические исследования** | НД на методику | КОСТ СТ 1012 – 2021[5] |
| | Метод(ы) | Совмещенный(пиролиз-окисление) Bulk Rock тест |
| | Оборудование | Пиролитический анализатор WildCat HAWK |
| **Измерение смачиваемости** | НД на методику | Руководство по эксплуатации анализатора DSA-30S |
| | Метод(ы) | Сидячей капли (измерение краевого угла смачивания) |
| | Оборудование | Анализатор формы сидячей капли Kruss DSA-30S |
| **Измерение газопроницаемости** | НД на методику | КОСТ СТ 1002 – 2020[4] |
| | Метод(ы) | Pulse Decay, Pseudo Steady-State, Build-Up |
| | Оборудование | Сланцевый пермеаметр Cydarex DarcyPress |

**Результаты**

Результаты всех выполненных исследований показали высокую неоднородность распределения свойств и отсутствие единых корреляций, действующих по всему разрезу БС. В связи с этим разрез свиты был разделен на пачки по результатам пиролитических исследований. Всего в разрезе БС было выделено 5 пачек +одна переходная пачка между БС и абалакской свитой(АС) (Рисунок 1).

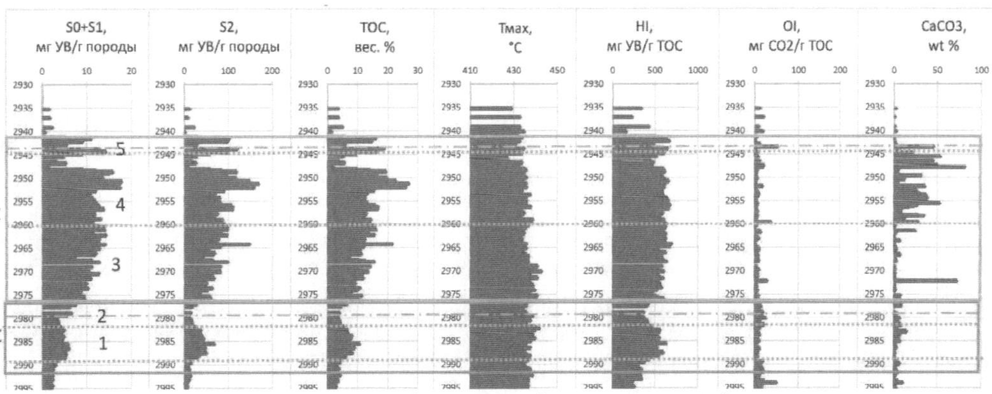


***Рисунок 1.*** *Выделение пачек в баженовской свите по данным пиролитических исследований*

Попачечный анализ данных позволил выделить ряд локальных корелляций в разрезе. Для краевого угла смачивания наиболее явные связи прослеживаются с содержанием кремнезёма Csi (Рисунок 2а) и содержанием органического вещества TOC (Рисунок 2б). При этом корреляции для верхней (пачки 3-5 БС) и нижней группы(пачка 1 БС+ АС) объектов различаются.

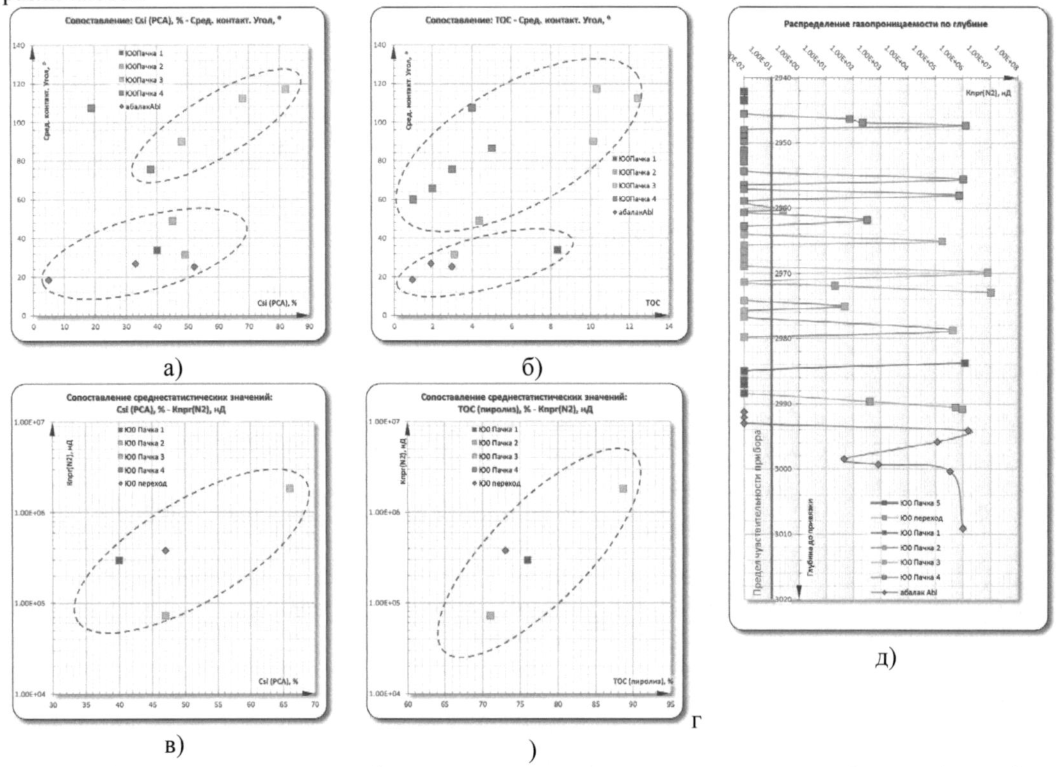


***Рисунок 2.*** *Литолого – петрофизические закономерности, выявленные ходе исследований*

Измерения газопроницаемости также показали высокую неравномерность распределения этого параметра в разрезе БС (Рисунок 2д). В теле пачек встречаются слойки, с газопроницаемостью до единиц мД, но основной массив характеризуется газопроницаемостью менее 0,1 нД (ниже предела чувствительности пермеаметра). Последнее существенно затруднило выявление корреляций даже на уровне пачек. В связи с этим было решено прибегнуть к следующим приемам: 1) построить корреляции не для отдельных образцов, а для пачек в целом (по средним значениям); 2) всем образцам, с газопроницаемостью менее 0,1 нД присвоить условную газопроницаемость 0,01 нД. Таким образом каждый образец с газопроницаемостью менее 0,1 нД снижал среднее значение проницаемости в своей пачке. С помощью данных приемов были получены сопоставления условной средней газопроницаемости со средними геохимическими показателями. Наиболее явные корреляции были получены с содержанием кремнезёма Csi (Рисунок 2в) и содержанием органического вещества TOC (Рисунок 2г). Такие корреляции нельзя использовать для получения точных значений, однако они позволяют выявить факторы, которые в целом и среднем оказывают влияние на ФЕС изучаемых объектов.

**Выводы**

По результатам проведенных исследований в изученном разрезе выделяется 2 группы объектов: верхняя (пачки 3-5 БС) и нижняя (1 пачка БС+ АС). Пачка 2 БС, по свойствам, занимает промежуточное положение между верхней и нижней группой. В каждой группе наблюдаются свои локальные корелляции свойств.

Отложения БС характеризуются смешанным характером смачиваемости. В них встречаются как преимущественно гидрофобные, так и преимущественно гидрофильные слойки. В целом же наблюдается гидрофобизация БС от подошвы к кровле. В связи с этим пачки верхней группы преимущественно гидрофобны а пачки нижней – гидрофильны.

Основным фактором, определяющим характер смачиваемости в баженовской свите, является содержание органического вещества (TOC).

Основной фактор, снижающий газопроницаемость баженовских отложений – содержание глинистых минералов, что предположительно связано с высокой пластичностью глин.

Основные факторы, повышающие газопроницаемость баженовских отложений – содержание органического вещества (TOC) и кремнезема. Предположительно это связано с хрупкостью органического кремензема и пористым строением керогена – основного органического вещества в баженовских отложениях.

Поиск взаимосвязей между геохимическими и петрофизическими параметрами является перспективным направлением в изучении сланцевых пород. Ожидается, что исследования в данном направлении позволят разработать алгоритмы, позволяющие прогнозировать их физические свойства по результатам оперативных геохимических исследований на шламе.

**Благодарности**

Работа поддержана Министерством науки и высшего образования Российской Федерации по соглашению № 075-10-2022-011 в рамках программы развития НЦМУ. Авторы выражают благодарность ведомству за оказанную поддержку.

**Библиография / References**

1. Алексеев А.Д., Гаврилов А.Е. Методические основы построения объемных петрофизических Моделей нетрадиционных и сложнопостроенных коллекторов по результатам специальных исследований керна. DOI: 10.24887/2587-7399-2019-3-25-34.
2. Борисов А.Г., Денисенко Ф.Ю., Черемисин А.Н. Определение фильтрационных свойств низкопроницаемых пород баженовской свиты. Сборник трудов конференции EAGE/SPE 2019: Наука о сланцах — Москва, Россия, 8–9 апреля 2019.
3. Борисов А.Г., Казаков А.Д., Рябухин А.Д. Развитие методического обеспечения измерений проницаемости доманиковых отложений // Нефть, газ, новации. 2022, №12.
4. КОСТ СТ 1002 - 2020 Породы горные. Методика измерений общей газопроницаемости сланцевых пород
5. КОСТ СТ 1012 – 2021 КОСТ СТ 1012 - 2021 Породы горные. Методика измерений пиролитических параметров пород на анализаторе HAWK RW

**Библиография / References**

1. Alekseev A.D., Gavrilov A.E.. Methodological foundations for the construction of volumetric petrophysical models of unconventional and complex reservoirs based on the results of special core studies. DOI: 10.24887/2587-7399-2019-3-25-34.
2. Borisov A.G., Denisenko F.Yu., Cheremisin A.N. Determination of filtration properties of low-permeable rocks of the Bazhenov formation. Proceedings of the EAGE/SPE 2019 Conference: The Science of Shale — Moscow, Russia, April 8-9, 2019
3. Borisov A.G., Kazakov A.D., Ryabukhin A.D. Development of methodological support for measurements of permeability of domanic deposits // Oil, gas, innovations. 2022, №12.

4. COST ST 1002 - 2020 Rocks. Methods of measuring the total gas permeability of shale rocks
5. COST ST 1012 - 2021 Rocks. Methods of measuring pyrolytic parameters of rocks on the HAWK RW analyzer

**Некоторые числовые закономерности и примеры прогноза параметров элементов русловых систем**

Т.В. Ольнева (ООО «Газпромнефть НТЦ»), М.Ю. Орешкова (ООО «Газпромнефть НТЦ»)

**Введение**

Локальный геологический объект можно рассматривать как результат воздействия совокупности сил/напряжений/энергий на участок геологической среды. Анализ процесса формирования изучаемого объекта, как правило, позволяет разложить финальное результирующее усилие на серию предшествующих событий, каждое из которых вносит определенный вклад в его облик и строение. Серия геологических тел, сформированных в идентичных условиях, с высокой долей вероятности будет обладать сопоставимыми друг с другом размерами и, возможно, похожими свойствами. Например, размеры оползней, сформировавшихся в результате тектонических процессов в пределах берегового склона, имеющего неизменное строение на определенном протяжении, будут иметь небольшой разброс в геометрических параметрах. Это в первую очередь касается размеров оползневого цирка, длины, ширины, мощности оползневого тела и расстояния, на которое он переместился. Следовательно, собрав репрезентативную статистическую выборку, и установив зависимости между отдельными элементами системы, можно спрогнозировать параметры объекта, не наблюдаемые непосредственно в исследуемом материале в каждом конкретном случае. Отдельно стоит акцентировать внимание, что речь идет об единичном элементе системы, или сопоставимой серии элементов. Например, о размере единичной лопасти, как элементе целостной системы конуса выноса. В данной работе представлен подход прогноза параметров элементов русловой системы на отдельных примерах.

**Метод (и/или Теория)**

Подход изложен в патенте Ольневой Т.В., Жуковской Е.А. [2018] и заключается в применении численных зависимостей, установленных для современных рек к аналогичным палеосистемам /1, 2/. Комплексирование *подходов* сейсмофациального и литофациального анализа позволяет в процессе интерпретации данных определиться с типом палеоречной системы, однако одно из преимуществ обозначенного подхода заключается в осуществлении прогноза численных характеристик палеорусла по косвенным признакам. Например, если русло нечетко проявлено в сейсмических данных, то достаточно интерпретации на амплитудном слайсе пояса руслоформирования и определения его ширины, чтобы по зависимости Collinson (1978) для объектов свободного меандрирования рассчитать вероятную мощность отложений. При уверенной интерпретации палеоканала по сейсмическим данным существует возможность рассчитать коэффициент извилистости на основе измерений длины русла, длины долины и вычисления их отношения. Коэффициент извилистости позволяет дополнительно обосновать морфологический тип речной системы. Представляет интерес форма меандр, которая отображает пространственное урегулирование в общей системе палеодолины глубины канала, скорости течения, величины уклона и др. Длина волны (шага) меандра связана зависимостью с шириной русла и с радиусом кривизны меандра. Таким образом, измерение (оцифровка) высоты (амплитуды) излучины, длины излучины, радиуса кривизны открывает возможности для привлечения дополнительного ряда зависимостей, которыми можно перекрестно перепроверить измеренные характеристики и расчётные данные.

**Пример #1**

Отложения позднего понта и плиоценового возраста Паннонского бассейна сформированы в условиях обширной озерно-аллювиальной равнины /3/. В пределах этой толщи в регионе разведаны и разрабатываются небольшие газовые залежи. Разрез представлен переслаиванием песчаников, алевролитов, мергелей, глинистых отложений, а также угольных пластов и прослоев. На основе сейсмофациального анализа, выполненного в интервале, сопоставимом с отложениями понт-плиоценового возраста, установлено наличие разнообразных форм речных систем.

Можно предположить развитие разветвленных рек, где многочисленные русла разделены намывными островами, сложенными в основном песчаным материалом. По сейсмическим данным определено доминирующее субмеридиональное направление русел, что отражает положение геоструктурных элементов и направленность региональных тектонических движений. В отдельных временных интервалах широко развиты меандрирующие русла, отмечаются локальные участки ограниченного меандрирования, которые могут быть связаны как со стабилизацией тектонического режима, так и с процессами воздымания территории. В последнем случае меандрирование подпадает под определение «вынужденное». Фрагментарно присутствуют и спрямленные участки русел.

Такое многообразие форм миграционно-многоярусных речных систем отвечает общим представлениям о геологической истории данного региона. В течение верхнего понта и плиоцена в регионе продолжалась активная тектоническая деятельность как в центральной части бассейна, так и на его периферии. В совокупности с глобальными вариациями климата тектонические процессы повлияли на питание рек и густоту речной сети (особенно для горных районов), на эрозионные процессы (донная эрозия при воздымании блоков), на морфологию речных долин и их эволюцию.

В данном исследовании определение численных параметров меандрирования выполнялось с использованием данных по 5 сейсмическим съемкам, общей площадью около 2000 кв.км. В интервале понт-плиоценовых отложений были проинтерпретированы палеоизохронные поверхности и выбраны для изучения отдельные слайсы с наиболее четко выраженными меандрирующими палеоканалами. Всего - 11 объектов. По каждому из выбранных русловых объектов были выполнены замеры амплитуды, полупериода, периода, ширины пояса руслоформирования (меандрирования).

Для тестовой выборки по трендам изменения соотношения полупериода к амплитуде излучины объекты были сгруппированы по принадлежности к определенным типам речных систем. Учитывая соотношение радиуса (в нашем допущении - амплитуды) излучины к ширине русла для свободно меандриующих рек как А= 7…8d, расчётная ширина русла будет составлять 80…275 м, в среднем 165 м. Ширина русел рек с вынужденным меандрированием характеризуется иным соотношением А= 4…5d, и в тестовой выборке варьирует от 100 до 625 м, среднее значение - 320 м. При стабилизации рельефообразующих процессов и неизменной, либо слабо падающей скорости потока, будет наблюдаться увеличение амплитуды, а шаг меандр будет постоянен. Такие реки имеют промежуточное значение ширины русла в среднем 182 м, вариации в интервале 90-330 м.

Опираясь на закономерность, установленную Collinson (1978 г.) для расчета пояса меандрирования по средней мощности меандровой отмели (аккреционного комплекса), можно решить обратную задачу – вычислить предполагаемую толщину песчаных тел. Расчеты показали, что толщина песчаных тел может варьировать в пределах 6.4 – 16.6 м, наиболее распространены величины в 8.4 – 11.2 м.

**Пример #2**

Отложения бат-келловейского возраста тюменской свиты ЗСБ представлены частым незакономерным переслаиванием песчаников, алевролитов, глин, углей, горизонтов палеопочв (переслаиванием уплотнённых серых и темно-серых глин, глинистых песчаников и алевролитов, часто с буроватым оттенком и остатками корневых систем). Характерно присутствие значительного количества растительного детрита, прослоев углей, отмечаются биотурбированные прослои, пирит. Толщина подсвиты составляет в одной из скважин около 150 м, прогнозируется по площади в 170-200 м /1/. Пласты песчаников индексируются $Ю_2$-$Ю_4$. По результатам атрибутного анализа сейсмических данных в целевом интервале, ассоциированным с пластом $Ю_4$, выделяется система каналов меандрирующего типа, формирующих многочисленные меандровые косы. Эффективные мощности изменяются от 2 до 28,5 м. Комплекс отложений прибрежной равнины (переслаивание аргиллитов, алевролитов, песчаников с прослоями углей) охарактеризован керном в одной из скважин рассматриваемой площади в интервале 4035-4050,5 м. Отложения предположительно меандровой косы вскрыты в скважине «X» в интервале 4059-4099 м, в скважине «Y» в интервале 4038-4056 м. Керном интервалы не охарактеризованы, по интерпретации кривой ГК представлены песчаными пачками с уменьшением зернистости вверх по разрезу. Палеоканал на сейсмических слайсах проявляется фрагментарно и не контрастно. Однако на амплитудном слайсе фрагментарные линии возможно заключить в некоторую полосу, отличную по амплитудным характеристикам от окружающего поля, шириной около 5000 метров. Таким образам, обозначив пояс руслоформирования без детальной интерпретации палеоканала, опираясь на закономерность, установленную Collinson (1978) можно вычислить предполагаемую толщину песчаных тел (отмелей и русла). В данном примере средняя мощность отложений в пределах пояса меандрирования составила 16.8 метров. Из зависимостей, установленных Г. Хэем, следует, что колебания максимальных глубин на участке излучины более значительны, чем средние по сечению и составляют 18 %. Это может служить оценкой погрешности определения расчетной толщины русловых тел.

Более детальный морфометрический анализ палеоканала, выделенного по результатам интерпретации сейсмических данных в целевом интервале пласта $Ю_4$ позволил сделать следующие выводы: относительно классификации современных русел по степени извилистости палеоканал можно охарактеризовать как сильноизвилистый объект ($К_{изв}$ 1.81–2.00) или чрезвычайно извилистый (>2); по морфогенетическому типу системы – свободно меандрирующее русло ($К_{изв} > 2$); по типу извилистости - свободно меандрирующее русло с разнообразной формой излучин; расчетная ширина одиночного канала в поясе руслоформирования составляет 500-560 метров; расчётная мощность русловых отложений в поясе руслоформирования – от 12 до 20 метров, что сопоставляется с данными по скважинам; тестовый расчет ширины пояса руслоформирования через зафиксированную кривизну русла сопоставим с измеренными значениями в 4.5 – 5.0 км. Рассчитанные параметры были учтены при оценке ресурсов выделенных перспективных объектов /1/.

**Пример #3**

По сейсмическим данным (на одном из месторождений, расположенных в ХМАО) в интервале, соотносимом с тюменской свитой, были закартированы палеоканалы. Тюменская свита в регионе представлена тонким чередованием аргиллитов, алевролитов и песчаников, которые развиты практически повсеместно: либо согласно залегают на аргиллитах радомской пачки, либо с перерывом в осадконакоплении перекрывают денудированные породы доюрского основания. Максимальная мощность тюменской свиты достигает 320 м.

Для наиболее контрастно проявленного объекта авторами выполнена оценка его морфометрических характеристик, таких как ширина пояса руслоформирования, длина излучины, радиус кривизны. В данном примере предполагаемая средняя мощность русловых отложений, рассчитанная по зависимости Collinson (1987), прогнозируется в 14.6 ±3 м, ширина русла – около 450 м.

**Выводы**

Параметрическое описание геологического события имеет важное значение не только для понимания его масштабов, но и возможности палеореконструкций. Численные характеристики, подтвержденные представительной выборкой по аналогам, позволяют более обоснованно использовать алгоритмы объектного моделирования и, как следствие, более уверенно оценивать ресурсный потенциал изучаемой территории.

Значения параметров палеорусел, полученные в результате проведенных исследований сопоставимы с современными аналогами (рис.1), что в очередной раз подтверждает правомерность использования последних для общего анализа геологических процессов и явлений более ранних геологических периодов (кайнозойского).

*1. Современный аналог изучаемых меандрирующих палеорусел. Снимок сделан на подлете к плато Путорана (Ольнева Т.В., 2021)*

**Библиография**

1. Ольнева Т. В., Жуковская Е. А., Орешкова М.Ю., Д.А. Кузьмин (2022). Диагностика морфометрических типов палеоканалов на основе параметризации сейсмообразов. Геофизика, №2. стр.17-25

2. Патент № 2672766 C1 Российская Федерация, МПК G01V 1/28, G01V 9/00. Способ прогнозирования морфометрических параметров русловых тел (палеоканалов): № 2018104929: заявл. 08.02.2018: опубл. 19.11.2018 / Т. В. Ольнева, Е. А. Жуковская; заявитель ООО "Газпромнефть НТЦ".

3. Ольнева Т. В., Жуковская Е. А. (2017). Параметризация синусоидальности палеоканалов для фациальных реконструкций и объектного моделирования. Геофизика, №4. С.41-46.

**References**

1. Olneva T. V., Zhukovskaya E. A., Oreshkova M. Yu., Kuzmin D. A. Diagnostics of morphogenetic types of paleochannels based on parametrization of seismic images // Journal "Geophysics". – 2022. – No. 2. – pp. 17-25.

2. Patent No. 2672766 C1 Russian Federation, IPC G01V 1/28, G01V 9/00. Method of forecasting morphometric parameters of channel bodies (paleocannels): No. 2018104929: application 08.02.2018: publ. 19.11.2018 / T.V. Olneva, E.A. Zhukovskaya; applicant LLC Gazpromneft STC.

3. Olneva T. V., Zhukovskaya E. A. Parametrization of sine-shaped paleo-channels for facies reconstruction and object modelling // Journal "Geophysics". – 2017. – No. 4. – pp. 41-46.

**Сейсмостратиграфия, тектоника и нефтегазоносность арктических регионов Западной Сибири и шельфа Карского моря**

В.А. Конторович (ИНГГ СО РАН, НГУ)

**Арктические регионы Западной Сибири**

В северных и Арктических регионах Западной Сибири в разрезе мезозойско-кайнозойских отложений выделяется 7 регионально-развитых осадочных и сейсмогеологических мегакомплексов, которые по объему совпадают с основными нефтегазоперпективными комплексами: триасовый, юрский, неокомский (берриас-нижнеаптский), апт-альб-сеноманский (средне-верхнеаптский и альб-сеноманский), турон-маастрихтский и кайнозойский (рис. 1). В кровлях осадочных комплексов залегают регионально развитые глинистые пачки – региональные флюидоупоры, к которым приурочены сейсмогеологические реперы.

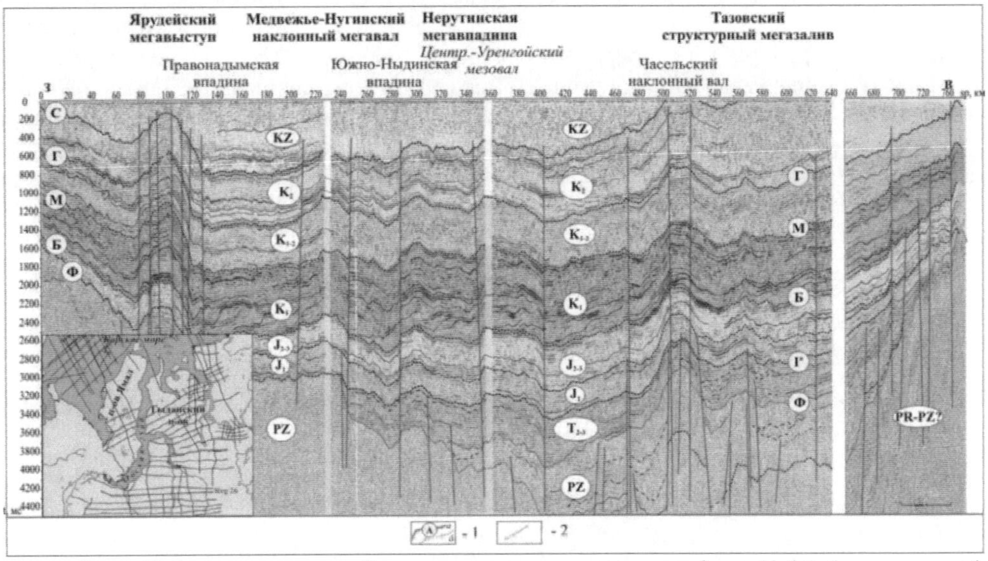


*Рисунок 1.* *Сейсмогеологический разрез по региональному профилю № 26: 1 - основные (а) и дополнительные (б) отражающие горизонты, 2 - разрывные нарушения*

Мезозойско-кайнозойский осадочный чехол залегает на палеозойском основании. На большей части Западной Сибири палеозойские отложения претерпели процессы герцинской складчатости и раннетриасового рифтогенеза. В этих регионах дислоцированные и метаморфизованные палеозойские породы выполняют роль фундамента. На востоке Западно-Сибирского бассейна, на полуострове Гыданский и в Енисей-Хатангском региональном прогибе под мезозойско-кайнозойскими отложениями залегают неопротерозойско-палеозойские платформенные отложения, аналогичные комплексам Сибирской платформы.

Северные и арктические регионы Западной Сибири являются преимущественно газоносными, однако распределение углеводородов по комплексам в этих регионах существенно отличается. Анализ геолого-геофизических материалов показал, что в конце позднего мела и в кайнозое на севере Западно-Сибирского бассейна произошла серия принципиально важных геологических процессов, предопределивших формирование уникальной газоносной провинции:

- интенсификация вертикальных тектонических движений и формирование в рельефе кузнецовской свиты и нижележащих меловых и юрских горизонтов крупных высокоамплитудных антиклинальных структур – ловушек;
- литификация глин кузнецовской свиты и формирование туронского мегарегионального флюидоупора;

- интенсивная генерация газообразных углеводородов нижнеаптскими угленосными формациями (метана, верхняя зона газообразования) и юрскими глинисто-углистыми толщами (жирный газ, глубинная зона газообразования).

Основные уникальные газовые месторождения – Медвежье, Уренгойское, Ямсовейское, Ямбургское, Юбилейное и др., разрабатываемые с 70-х годов прошлого столетия, расположены в Надым-Тазовском междуречье. В этом регионе основные запасы и ресурсы газа сконцентрированы в сеноманских песчаных платах, перекрытых туронским региональным флюидоупором и контролируются высокоамплитудными (более 100-150 м) антиклинальными ловушками. Так, в Надым-Пурской НГО на Медвежьем, Юбилейном и Ямсовейском месторождениях на долю свободного газа приходится 99.6% суммарных запасов углеводородов; при этом запасы сухого газа, сконцентрированного в сеноманских резервуарах, составляют 94.8% от общих запасов газа и 94.4% запасов углеводородов на этих месторождениях. Расположенные к северу Ямальская и Гыданская НГО также являются преимущественно газоносными. В этих регионах на долю свободного газа приходится 95.2% суммарных запасов углеводородов (УУВ). В этих регионах основные запасы УУВ сконцентрированы в нижнемеловых берриас-альбских отложениях (69.4%), запасы сеномана в 3 раза меньше и составляют 22.8%; залежи нефти, газа и конденсата также открыты в юрском комплексе пород (7.4%); из палеозоя промышленные притоки газа получены на Новопортовском месторождении. В отличие от сеноманских, апт-альбские залежи являются не массивными, а пластовыми, чаще всего многопластовыми и локализованы в близкорасположенных песчаных пластах, в первую очередь, в пластах группы ТП.

Такое перераспределение углеводородов между комплексами связано, как с тектоническими, так и с литологическими факторами:

- в Надым-Пурском междуречье в разрезе апт-альб-сеномана отсутствуют регионально развитые флюидоупоры, что обеспечило полное заполнение ловушек и максимальную концентрацию газа в сеноманских песчаных пластах, залегающих под кузнецовским региональным флюидоупором.

- в Ямальской и Гыданской НГО хорошими экранирующими свойствами обладает раннеаптский нейтинский флюидоупор и залегающие в верхней части танопчинской свиты аптские пласты группы ТП перекрыты регионально развитой яронгской глинистой пачкой, которая является надежным флюидоупором. Наличие яронгского флюидоупора и зонально-развитых глинистых пачек, разделяющих пласты группы ТП танопчинской свиты, предопределили формирование многопластовых месторождений в средне-верхнеаптском мегакомплексе.

- к северу от Мессояхской гряды в Ямальской и особенно Гыданской НГО кайнозойские вертикальные тектонические движения происходили менее интенсивно, и в этих регионах выделяемые в рельефе кровли сеномана структуры, как правило, обладают существенно меньшими амплитудами и площадями, чем поднятия Надым-Пурского междуречья.

**Шельф Карского моря**

На шельфе Карского моря выделяется два осадочных бассейна, разделенных Северо-Сибирским порогом (рис.2). Южная часть Карского моря в тектоническом плане охватывает Южно-Карскую региональную депрессию, которая является северным окончанием Западно-Сибирской геосинеклизы. В нефтегазоносном отношении эта часть акватории выделена в составе Южно-Карской нефтегазоносной области, в пределах которой наибольший интерес в отношении газоносности представляет апт-альб-сеноманский комплекс пород, в отношении жидких углеводородов – неокомские и юрские отложения. Северная часть Карского моря представляет собой самостоятельную Северо-Карскую провинцию, на большей части которой перспективы нефтегазоносности связаны с палеозойскими осадочными комплексами.

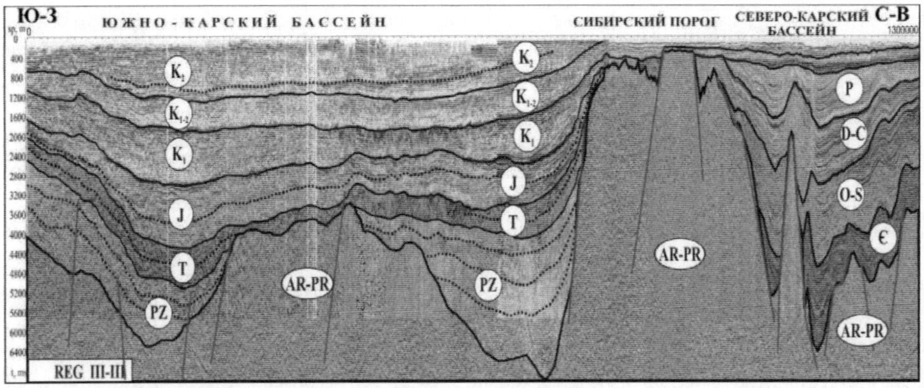


***Рисунок 2.*** *Сейсмогеологические разрезы по профилям, проходящим по линии Южно-Карский бассейн - Сибирский порог - Северо-Карский бассейн*

**Южно-Карский суббассейн** является северным окончанием Западно-Сибирского осадочного бассейна, геологическое строение этой части акватории аналогично строению Ямальской и Гыданской нефтегазоносных областей (НГО), расположенных на крайнем севере Западной Сибири (Супруненко и др., 2011, Конторович В.А., 2017, 2018). В акватории южной части Карского моря также выделяются триас-юрский, неокомский (берриас-нижнеаптский), апт-альб-сеноманский, турон-маастрихтский и кайнозойский комплексы, которые залегают на палеозойском основании (Конторович, 2017, 2018). Анализ сейсмических материалов позволил выделить в южной части Карского моря два крупных погруженных массива, в пределах которых палеозой представлен слабодислоцированными платформенными отложениями (см. рис. 1). С позиций нефтегазогеологического районирования южная часть акватории Карского моря выделена в качестве одноименной нефтегазоносной области (НГО), входящей в состав Западно-Сибирской нефтегазоносной провинции (НГП). В Южно-Карской НГО наиболее перспективным в отношении нефтегазоносности также являются меловые отложения, в первую очередь апт-альб-сеноманский комплекс пород, с которым связаны уникальные залежи Ленинградского и Русановского месторождений, месторождений Победа, маршала Жукова и маршала Рокосовского.

По результатам выполненных в ИНГГ исследований в южной части Карского моря, площадь которой составляет 180 км$^2$, выделено 45 замкнутых положительных структур III-IV порядка, в том числе в рельефе кровли юры – 32; в рельефе кровли сеномана – 28; из них 15 поднятий являются сквозными – выделяются в структурных планах кровле юры и сеномана. Согласно выполненной в ИНГГ СО РАН количественной оценке ресурсы УВ Южно-Карской НГО составляют 39 млрд. т., в том числе локализованных ресурсов, сконцентрированных в выявленных поднятиях – 13.5 млрд. т (Конторович, 2013).

**Северо-Карский бассейн** бурением не изучен и выделен в качестве Северо-Карской перспективной нефтегазоносной провинции (ПНГП). На большей части Северо-Карского бассейна на временных разрезах четко фиксируется эрозионная поверхность, разделяющая палеозойские и маломощные мезозойские отложения, с которой в этом регионе связан крупный перерыв в осадконакоплении. Анализ сейсмических материалов позволяет выделить в палеозое Северо-Карской ПНГП 4-5 согласно залегающих сейсмогеологических комплексов, контролируемых энергетически-выраженными отражающими горизонтами. Сводные разрезы палеозоя на архипелагах Новая Земля и Северная Земля и п-ве Таймыр включают полную последовательность палеозойских отложений от кембрия до перми. Мощность палеозойской осадочной толщи составляет 10-12 км. Учитывая, что в наиболее погруженных частях Северо-Карского бассейна оцененная по сейсмическим данным мощность палеозойских осадков достигает 13000-15000 м, можно полагать, что в этих зонах разрез представлен отложениями всех систем палеозоя.

Анализ структурных карт по кровлям палеозоя и фундамента показал, что в Южно-Карской региональной депрессии эти поверхности в значительной мере подобны. В западной части выделяется крупная депрессионная зона – Южно-Карская мегасинеклиза, на востоке - крупная вытянутая в широтном направлении полузамкнутая положительная структура – Северный мегавыступ, осложненный более мелкими замкнутыми поднятиями. В Северо-Карском бассейне структурные планы кровли палеозоя и фундамента различаются кардинально. В этой части акватории в рельефе кровли палеозоя выделяется погружающаяся в северо-западном направлении моноклиналь, практически не осложненная положительными и отрицательными структурами. Структурные планы внутрипалеозойских комплексов и рельеф кровли фундамента, напротив, сильно расчленены и здесь выделяется серия крупных положительных и отрицательных структур, осложненных более мелкими поднятиями и впадинами. С сейсмостратиграфических и структурно-тектонических позиций Северо-Карский бассейн безусловно является перспективным в отношении нефтегазоносности. В этом бассейне в различных осадочных комплексах выделяются крупные поднятия и депрессия – зоны нефтегазообразования и нефгазонакопления; антиклинальные, структурно-тектонические, структурно-стратиграфические, структурно-литологические и тектонически-экранированные ловушки. По результатам сейсмофациального анализа в бассейне выделены рифовые постройки и соляные купола (Долгунов, 2011).

**Библиография / References**


1. Долгунов К.А., Мартиросян В.Н., Васильева Е.А., Сапожников Б.Г Структурно-тектонические особенности строения и перспективы нефтегазоносности северной части Баренцево-Карского региона // Геология нефти и газа, 2011, №6, с. 70-83.
2. Казаненков В.А., Ершов С.В., Рыжкова С.И., Борисов Е.В, Пономарева Е.В., Попова Н.И., Шапорина М.Н. Геологическое строение и нефтегазоносность региональных резервуаров юры и мела в Карско-Ямальском регионе и прогноз распределения в них углеводородов // Геология нефти и газа, 2014, №1, с. 27-49.
3. Конторович А.Э., Бурштейн Л.М., Малышев Н.А., Сафронов П.И., Гуськов С.А., Ершов С.В.,. Казаненков В.А, Ким Н.С., Костырева Е.А., Меленевский В.Н., Лившиц В.Р., Поляков А.А., Скворцов М.Б. Историко-геологическое моделирование процессов нафтидогенеза в мезозойско-кайнозойском осадочном бассейне Карского моря (бассейновое моделирование) // Геология и геофизика, 2013, т. 54, №8, с. 1179-1226.
4. Конторович В.А., Аюнова Д.В., Губин И.А., Калинин А.Ю., Калинина Л.М., Конторович А.Э., Малышев Н.А., Скворцов М.Б., Соловьев М.В., Сурикова Е.С. История тектонического развития арктических территорий и акваторий Западно-Сибирской нефтегазоносной провинции // Геология и геофизика, 2017, т. 58, № 3-4, с. 423-444.
5. Конторович В.А. Нефтегазоносность Карского моря // Деловой журнал Neftegaz.RU, 2018, №11, с. 34-43.
6. Супруненко О.И., Устрицкий В.И., Зуйков О.Н. Геолого-геофизическое районирование севера Баренцево-Карского шельфа по данным сейсморазведки // Геология нефти и газа, 2009, № 4, с. 17-25.

1. .Dolgunov K.A., Martirosyan V.N., Vasil'eva E.A., Sapozhnikov B.G Strukturno-tektonicheskie osobennosti stroeniya i perspektivy neftegazonosnosti severnoj chasti Barencevo-Karskogo regiona // Geologiya nefti i gaza, 2011, №6, p. 70-83.
2. Kazanenkov V.A., Ershov S.V., Ryzhkova S.I., Borisov E.V, Ponomareva E.V., Popova N.I., SHaporina M.N. Geologicheskoe stroenie i neftegazonosnost' regional'nyh rezervuarov yury i mela v Karsko-YAmal'skom regione i prognoz raspredeleniya v nih uglevodorodov // Geologiya nefti i gaza, 2014, №1, p. 27-49.
3. Kontorovich A.E., Burshtein L.M., Safronov P.I., Gus'kov S.A., Ershov S.V., Kazanenkov V.A., Kim N.S., Kontorovich V.A., Kostyreva E.A., Melenevskiy V.N., Livshits V.R., Malyshev N.A., Polyakov A.A., Skvortsov M.B. Historical-geological modeling of hydrocarbon generation in the Mesozoic-Cenozoic sedimentary basin of the Kara Sea (basin modeling) // Russian Geology and Geophysics, 2013, v. 54, № 8, p. 917-957.
4. Kontorovich V.A., Ayunova D.V., Gubin I.A., Kalinin A.Y., Kalinina L.M., Kontorovich A.E., Malyshev N.A., Skvortsov M.B., Solovev M.V., Surikova E.S. Tectonic evolution of the Arctic onshore and offshore regions of the West Siberian petroleum province // Russian Geology and Geophysics, 2017, v. 58, № 3-4, p. 343-361.
5. Kontorovich V.A. Neftegazonosnost' Karskogo morya // Delovoj zhurnal Neftegaz.RU, 2018, №11, p. 34-43.

Suprunenko O.I., Ustrickij V.I., Zujkov O.N. Geologo-geofizicheskoe rajonirovanie severa Barencevo-Karskogo shel'fa po dannym sejsmorazvedki // Geologiya nefti i gaza, 2009, № 4, **p**. 17-25.

**Возможности полноволнового сейсмического моделирования на основе цифровой геологической модели с использованием метода спектральных элементов**

Ампилов Ю.П.* (МГУ имени М.В. Ломоносова), Вершинин А.В. (ИФЗ РАН имени О. Ю. Шмидта, МГУ имени М.В. Ломоносова), Левин В.А. (МГУ имени М.В. Ломоносова), Петровский К.А. (ООО “Фидесис”), Приезжев И.И. (РГУ нефти и газа имени И. М. Губкина), Штейн Я.И. (ООО «Арктический научный центр)

## Введение

Рассмотрена постановка трехмерных динамических задач теории упругости применительно к полноволновому моделированию сейсморазведки в геологических средах. Алгоритм основан на методе спектральных элементов (МСЭ) для численного решения задач в неоднородных трехмерных средах с резко изменяющимися свойствами пород. Представлены основные преимущества и особенности МСЭ (высокий порядок дискретизации по пространству, явная схема интегрирования по времени) в сравнении с классическим подходом, основанном на методе конечных элементов (МКЭ) [1, 2, 3]. Рассматриваются технические особенности массивно-параллельной реализации данного алгоритма на графических процессорах с использованием технологии CUDA. Анализируется эффективность распараллеливания на гибридных системах при различных порядках МСЭ и параметрах численной схемы интегрирования по времени.

Приведены результаты решения трехмерной задачи моделирования распространения сейсмических волн в неоднородной геологической среде с разломами и резко изменяющимися свойствами пропластков. Проводится анализ полученных сейсмограмм и волновых полей.

## Методы моделирования и результаты

Решается задача о распространении трехмерных сейсмических волн в неоднородной тонкослоистой среде с произвольными границами раздела и разрывными нарушениями сплошности пород. Для расчетов волнового поля использовалась геологическая модель, построенная на основе данных по реальному участку недр Российской Арктики, достаточно хорошо изученному 3D сейсморазведкой и глубоким бурением. По вертикали модель (Рис. 1) охватывает разрез осадочного чехла от поверхности рельефа до кровли складчатого основания платформы. В нижнем интервале присутствуют разрывные нарушения с изменяющимися по латерали и вертикали смещениями, ориентация структурной сетки выбрана в соответствии с простиранием тектонических швов. Размеры моделируемой области в плане выбраны таким образом, чтобы получить на выходе пригодный для полноценной обработки объем сейсмических данных 3D (16×12 км по латерали и от 0 до -4100 м по вертикали).

Пространственная сетка и модель свойств построена в специализированном программном комплексе геологического моделирования с выполнением вертикального ремасштабирования на заключительном этапе. Зоны и подзоны модели разделены на слои ячеек в соответствии с принятой региональной концепцией осадконакопления. Итоговая расчлененность разреза позволяет отразить все наиболее значимые детали строения разреза и сохранить баланс между детальностью, скоростью и самой возможностью выполнения дальнейших расчетов. 3D grid построенной модели содержит 144 слоя по 39 961 значимых ячеек в каждом слое (среднее разрешение сетки по латерали 70×70 м). Среднее вертикальное разрешение сетки составляет от 13-15 м в УВ продуктивной зоне разреза до 25-60 метров в остальных частях. Всего сетка содержит 5 754 384 значимые ячейки.

Смоделированный разрез включает в себя несколько нефтегазоносных комплексов с доказанной продуктивностью и региональных экранов. Участок моделирования выбран таким образом, чтобы включать в себя как части открытых залежей УВС, так и водоносные области. Моделирование литологии разреза основано на результатах глубокого бурения – материалах интерпретации ГИС и лабораторных исследованиях кернового материала. В верхней части смоделирована зона распространения многолетнемерзлых горных пород с изменяющейся мощностью. Итоговая модель содержит данные о продольных и поперечных скоростях упругих волн, плотности пород, модуле Юнга и коэффициенте Пуассона, а также декременте поглощения среды.

Построения выполнены с соблюдением всех основных отраслевых требований, предъявляемых к геологическим моделям, используемым для подсчета запасов УВС и проектирования разработки. Контроль качества выполненных геологических построений осуществлен с использованием сравнительного анализа ранее полученных карт изохрон по основным ОГ и карт, рассчитанных на построенной модели.

Математическая постановка задачи состоит из уравнений линейной динамической теории упругости в перемещениях [4, 5], записанных в трехмерной декартовой системе координат [10], граничных условий (приближенные неотражающие условия на внешней границе области и свободной поверхности с заданным массовым источником, зависящим от времени, на ней) и нулевых начальных условий. Предусмотрено и задание частотнозависимого поглощения в породах.

Для численного решения уравнений в неоднородной трехмерной среде использовался метод спектральных элементов (МСЭ) [6, 7, 11], обладающий высоким (спектральным) порядком аппроксимации решения по пространству и полностью явной схемой интегрирования по времени ввиду диагональной матрицы масс. Для случая рассмотренной в данной работе геологической модели (Рис. 1) решение искалось на гексаэдральной сетке, состоящей из 5634343 спектральных элементов 5-го порядка с общим числом интерполяционных спектральноэлементных узлов порядка 1,2 млрд. Важной особенностью является адаптация сетки под слоистую геометрию задачи, позволяющей точно моделировать разрывы в параметрах материала при переходе волны из слоя в слой. В качестве приближенных неотражающих граничных условий на внешней границе области в данном случае использовалась комбинация локальных характеристических условий [7] и поглощающего слоя с нарастающей степенью поглощения при приближении к границам области [9].

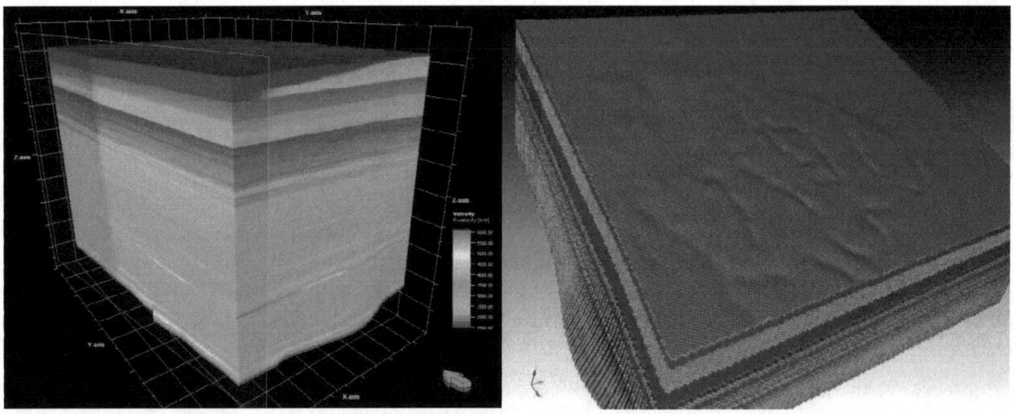

***Рисунок. 1.*** *Геологическая модель (слева) и гексаэдральная сетка (справа) для дискретизации по пространству.*

Использование спектральных элементов высокого порядка и явной схемы интегрирования по времени позволило, с одной стороны, сократить общее число степеней свободы в дискретной модели (в сравнении с классическим методом конечных элементов [2, 3], достаточно 1-2х спектральных элементов на минимальную длину волны), а с другой – повысить шаг интегрирования по времени (определяемый из условия Куранта [1, 9, 13]) за счет использования более крупных элементов.

Для проведения численных расчетов волновых полей (Рис. 2) использовались расчетные ядра в составе пакета CAE Fidesys [15] на базе технологии CUDA [8], позволяющей задействовать вычислительные возможности массивно- параллельных вычислительных устройств – для проведения расчетов использовалась рабочая станция HPE Mercury на базе 4x графических ускорителей NVIDIA Tesla A100, установленная на кафедре вычислительной механики механико-математического факультета МГУ имени М.В. Ломоносова.

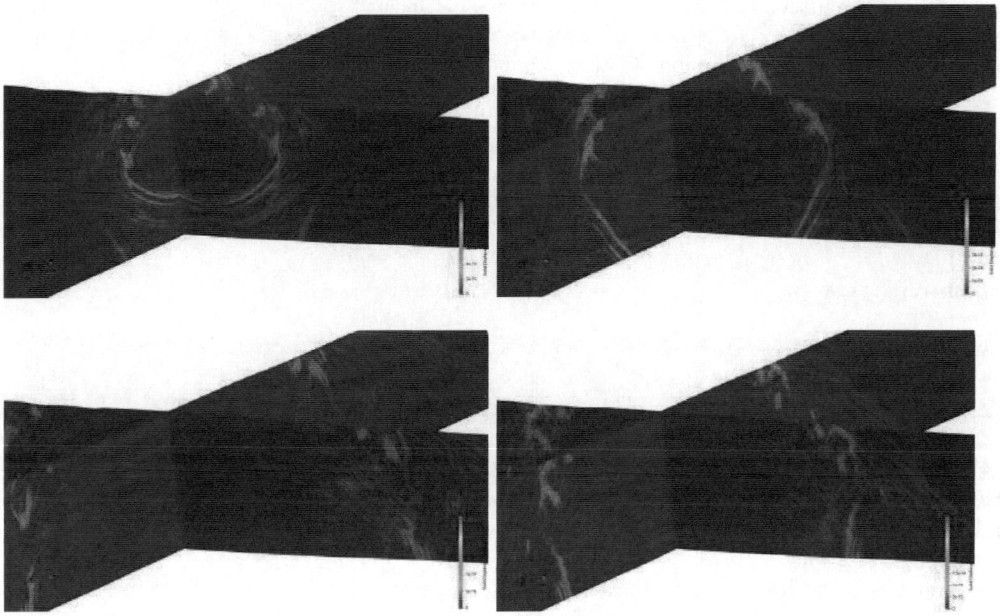

***Рисунок. 2.*** *Волновые поля в различные моменты времени (слева направо, сверху вниз).*

Реализован безматричный алгоритм [14] интегрирования по пространству (ассемблирование вектора внутренних и внешних усилий [2, 12, 13]) с явной схемой интегрирования по времени на многоуровневой архитектуре графического процессора. В рамках данной реализации спектральноэлементная сетка естественным образом отображается на сетку (grid) из мультипроцессоров графической карты, а соответственно каждый спектральный элемент отображается на потоковый блок (block), в рамках которого отдельные узлы внутри элемента обрабатываются соответствующими им потоками внутри блока. Данный подход позволяет эффективно задействовать возможности разделяемой памяти для кэширования данных внутри спектрального элемента при формировании вектора внутренних усилий на нем, что значительно увеличивает пропускную способность параллельной версии алгоритма, производительность которой ограничена именно скоростью доступа к глобальной графической памяти (memory bounded), а не вычислительной скоростью ядер графического процессора (compute bounded). Кроме того, использование графов (CUDA graphs) позволило объединить последовательные выполнения операций ассемблирования и интегрирования по времени (шаг схемы Ньюмарка [2, 9]) в единый граф операций на CUDA, осуществляющий несколько шагов интегрирования по времени за один вызов. За счет применения данных подходов получен итоговый прирост производительности порядка 100 раз в сравнении с реализацией МСЭ с помощью OpenMP на центральном процессоре Intel Xeon. Полученные результаты свидетельствуют об эффективности применения технологии CUDA к поставленной задаче.

**Выводы**

До настоящего времени основные виды прикладного моделирования в сейсмике осуществляются упрощенным лучевым методом, причем, как правило, для монотипных волн. Волновое моделирование применяется крайне редко и, в основном, для упрощенных однороднослоистых моделей сред с большими толщинами слоев [16,17]. Такие модели не могут адекватно отражать свойства реальной геологической среды.

В данной работе впервые осуществлено полноволновое моделирование методом спектральных элементов для детальной модели, содержащей более 5 миллионов ячеек и 1 миллиарда расчетных МСЭ-узлов. Причем рассчитаны как поверхностные волны Рэлея, так и полный набор объемных отраженных, преломленных и рефрагированных волн, продольных, поперечных и обменных. Учитываются всевозможные факты дифракции и многократных отражений – словом всё то, что происходит в реальной среде.

Такое полноценное волновое моделирование весьма важно для исследования возможностей современных методов обработки и интерпретации данных сейсморазведки, которые исходят из упрощенных предположений о строении среды. Мы предполагаем, что предстоит широкое внедрение данной технологии в повседневную практику сейсморазведочных работ.

**Список литературы**


1. Марчук Г.И., Агошков В.И. Введение в проекционно-сеточные методы. М. Наука 1981г. 416с.
2. Zienkiewicz O.C., Taylor R.L. - Vol. 1. The finite element method. The basis, 2000. 707p.
3. Zienkiewicz O.C., Taylor R.L. - Vol. 2. The finite element method. Solid mechanics, 2000. 479p.
4. Седов Л.И. Механика сплошной среды. Т. 2. М.: Наука, 1994. 560 с.
5. Ильюшин А.А., Победря Б.Е. Основы математической теории термовязкоупругости. М.: Наука. 1970. 280 с.
6. D. Komatitsch and Jeroen Tromp Introduction to the spectral element method for three-dimensional seismic wave propagation. Geophysics, 1999, 139, 806-822.
7. D. Komatitsch, C. Barnes, and J. Tromp. Wave propagation near a fluid-solid interface: A spectral-element approach. Geophysics, 65(2):623-631, 2000.
8. CUDA textbook by David Kirk from NVIDIA and Prof. Wen-mei Hwu from UIUC
9. Левин В. А., Вершинин А. В. Численные методы. Параллельные вычисления на ЭВМ Т.2 (Нелинейная вычислительная механика прочности. Цикл монографий в 5 томах под. ред. В.А. Левина). — ФИЗМАТЛИТ Москва, 2015. — 544 с.
10. Jose M. Carcione, Dan Kosloff, Alfred Behle, and Geza Serianis "A spectral scheme for wave propagation simulation in 3D elastic-anisotropic media" GEOPHYSICS, VOL. 57, NO. 12 (DECEMBER 1992); P. 1593- 1607
11. Konovalov D., Vershinin A., Zingerman K., Levin V. The implementation of spectral element method in a CAE system for the solution of elasticity problems on hybrid curvilinear meshes // Modelling and Simulation in Engineering. 2017. V. 2017. Article ID 1797561. P. 1–7.
12. Charara M, Vershinin A, Deger E, Sabitov D and Pekar G, 3D spectral element method simulation of sonic logging in anisotropic viscoelastic media SEG Expanded Abstracts 30 pp 432–437, 2011.
13. Charara M, Vershinin A, Sabitov D and Pekar G, SEM wave propagation in complex media with tetrahedral to hexahedral mesh 73rd European Association of Geoscientists and Engineers Conference and Exhibition pp 41–45, 2011.
14. Г. В. Сабинин, А. К. Мокин, А. В. Вершинин, Т. И. Чичинина, Полноволновое моделирование в средах с мезоскопическими трещинами безматричным методом конечных элементов на графических процессорах / Физическая мезомеханика материалов. Физические принципы формирования многоуровневой структуры и механизмы нелинейного поведения: Тез. докл. Междунар. конф., 5-8 сентября 2022 г., Томск, Россия. — ИПЦ НГУ Новосибирск, 2022. — С. 359–360.
15. www.cae-fidesys.com
16. Ампилов Ю.П. Поглощение и рассеяние сейсмических волн в неоднородных средах/ М., «Недра», 1992 г., 160 с.
17. Ампилов Ю.П. От сейсмической интерпретации к моделированию и оценке месторождений нефти и газа/ М., ООО «Центральное издательство геофизической литературы» - «Спектр», 2008, 384 с.

**Сейсмический 4D мониторинг «Когда и как часто?»**

А.Ю. Барков (CGG), С.Н. Ильин (CGG), П.П. Гальона* (CGG), А.А. Богатырев (CGG), А.И. Захаров (ГДШ-ЮС), С.Ю. Марков (ГДШ-ЮС)

**Введение**

Термином сейсмического мониторинга называют 4D сейсморазведку, она же, покадровая сейсморазведка, или, другими словами, серия 3D сейсмических съемок на одной и той же площади. Цель этих съемок - фиксация изменений в разрабатываемом пласте, вызванных процессами истощения залежи УВ. Разница между предыдущей и текущей съемками должна показать 4D сейсмический эффект от разработки. Логично, что, для успеха наблюдений должно быть обеспечено два фактора. Во-первых, процессы разработки пласта должны иметь этот самый сейсмический отклик, то есть обнаруживаемость в сейсмическом поле (4D эффект), а во-вторых, этот 4D эффект должен быть различим на уровне шумов, которые неизбежно будут иметь место при проведении повторных наблюдений и последующей обратки. А 4D шумы, это та разница сейсмических съемок, которая не связана непосредственно с воздействием на пласт в процессе разработки. Ну и самое главное, ценность мониторинга не в том, чтобы увидеть некий эффект от разработки, а в том, чтобы суметь качественно и количественно проинтерпретировать этот эффект и внести необходимые изменения в геолого-фильтрационную модель.

**Что какое 4Д эффект и можно ли его оценить**

4D сейсмический эффект основан на том, что замещения в пласте, которые происходят в процессе разработки залежи (изменение давления и флюидонасыщения) изменяют отражательную способность от пласта, что сказывается как на амплитудах регистрируемого сейсмического сигнала, так и на временах пробега сейсмической волны.

Изменения таких физических свойств, как насыщение и давление, приводят к изменениям упругих свойств, которые при благоприятных условиях можно обнаружить по сейсмическим данным. А что такое благоприятные условия? Ответ на этот вопрос зависит от двух факторов: есть ли сейсмическая реакция от разработки в принципе и какова величина этой реакции, и при каком уровне шумов эту реакцию можно надежно выделить и проинтерпретировать.

Ответ на первую часть вопроса может дать рок-физика. Построив петроупругую модель по скважине ничто не мешает выполнить замещение флюида и изменение давления, имитирующие процесс истощения. Значения обводненности и падения давления можно взять из проекта разработки. Таким образом, только по скважинным данным можно понять, будет ли конкретный коллектор реагировать на разработку на уровне изменения таких упругих параметров как скорости продольной и поперечной волн и плотность. Посчитав импеданс, трассу отражений и свернув с сейсмическим импульсом можно оценить влияние разработки на сейсмический отклик. Этот нехитрый эксперимент позволяет рассчитать такой важный для сейсмического мониторинга параметр как обнаруживаемость. При планировании мониторинга величиной этого параметра можно управлять, поскольку он зависит от степени истощения пласта, а степень истощения пласта зависит от года разработки. Чем дольше разрабатывается залежь, тем сильнее изменения в пласте и выше значение обнаруживаемости.

Вторая часть вопроса – это уровень шумов на уровне которого 4D отклик можно надежно выделить. Что это за шумы? Если с обычным уровнем сигнал/помеха для сейсмических данных все понятно, то в случае разнесенных по годам сейсмических съемках у нас появится новый вид шума – тоже 4D.

Под 4D шумом будем подразумевать те сейсмические события, которые появляются на кубе разницы базовой и мониторной съемок, и не связаны с изменениями от процессов разработки в целевом пласте. Причиной таких событий, в основном служит невозможность в идеальной точности воспроизведения геометрии базой и мониторной съемок из-за чего сейсмические волны проходят к целевому объекту по различным траекториям проходя через различные геологические неоднородности перекрывающей толщи пород. Этот эффект наглядно был продемонстрирован в 1999 году в ходе полевого эксперимента в северном море при проведении работ 3D+ВСП. В скважине неподвижно находилось регистрирующее оборудование, а вокруг скважины по концентрическим траекториям двигалось судно с источником возбуждения. Казалось бы, при движении по кругу судна -источника вокруг приемника геометрическое расстояние между ПП и ПВ остается неизменным. Как показал эксперимент, для обнаружения видимой разницы между полученными трассами достаточно 5 метров. Природа этих различий, в основном, обусловлена неоднородностями верхней части разреза.

В качестве основного параметра уровня 4D шума принято использовать NRMS (формула представлена на рис. 1, где b – базовая съемка, m – мониторная). Конечно, это далеко не единственная величина оценки повторяемости сейсмических полей, существуют и другие. Но этот основной. Рассчитывается этот параметр в широком временном окне над целевым интервалом, чтобы не учитывать изменения, связанные с разработкой.

$$NRMS = 2\frac{RMS(b-m)}{RMS(b)+RMS(m)}$$

***Рисунок 1.*** *Формула расчета параметра повторяемости NRMS*

Конечно, в действительности, все гораздо сложнее, но при решении обратных геофизических задач учесть абсолютно все факторы невозможно – природа всегда хитрее нас. Но как показывает практика и статистика проведения 4D наблюдений за 40 лет своего существования, формализовать уровень 4D шумов наилучшим образом удается за счет формализации точности воспроизведения параметров наблюдений съемок разных лет. Таким образом, устоявшимся в отрасли параметром контроля уровня шумов является параметр повторяемости. Чем выше повторяемость сейсмических съемок базы и монитора, тем ниже уровень 4D шума. Под геометрической повторяемостью можно формализовать разницу координат приёмников и источников на плоскости. Конечно, это справедливо только для случаев, когда величины заглубления приемников и источников для различных съемок совпадают. В противном же случае этот фактор заглубления будет также в значительной степени влиять на величину NRMS. На рис. 2 приведены статистические данные по различным типам съемок, основанные на опыте обработки и анализу открытых источников по данной тематике.

| База | Монитор | NRMS |
|---|---|---|
| OBN | OBN | **От 0.044** |
| Коса | Коса | **От 0.12** |
| OBN | Коса | **От 0.26** |

***Рисунок 2.*** *Статистические данные по различным типам съемок*

Как видим, наибольшие значения шума остаются у комбинации съемок буксируемая коса-донная станция. Такая величина как раз и обусловлена разностью в глубинах приемников. Это хорошо можно проиллюстрировать схемой, представленной на рис. 3, которая демонстрирует разницу хода луча при одинаковых координатах ПП-ПВ на плоскости и различиях только в их заглублениях. При этом, рассматривая однотипные комбинации полевого оборудования, получаем достаточно приемлемые уровни шумов.

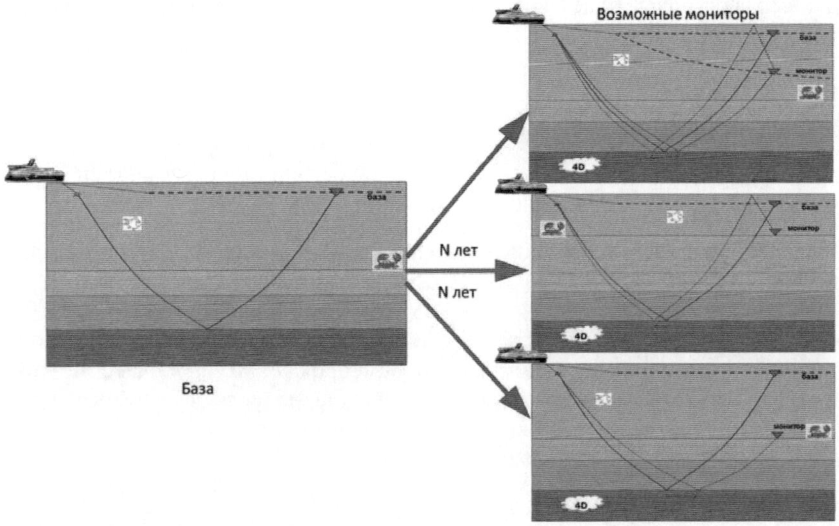


*Рисунок 3.* *Схема прохода луча при различных заглублениях источника*

Таким образом, оперируя всего двумя параметрами 4D съемки можно попытаться подойти к вопросам планирования и таких съемок. Рассмотрим график, представленный на рис. 4. Под уровнем успеха на графике будем понимать сложность геологических задач, которые необходимо решать посредством мониторных наблюдений. Чем выше уровень параметра обнаруживаемости сигнала 4D от разработки залежи, тем ниже уровень требований к повторяемости съемки и сложности алгоритмов обработки и интерпретации. И наоборот, с уменьшением эффекта обнаруживаемости эффекта 4D больше сил и средств необходимо потратить на его фиксацию. Выбор же конкретных параметров обнаруживаемости и затрат на их фиксацию диктуется ценностью получаемой геологической информации, влияющей на управленческие решения за разработкой залежи.

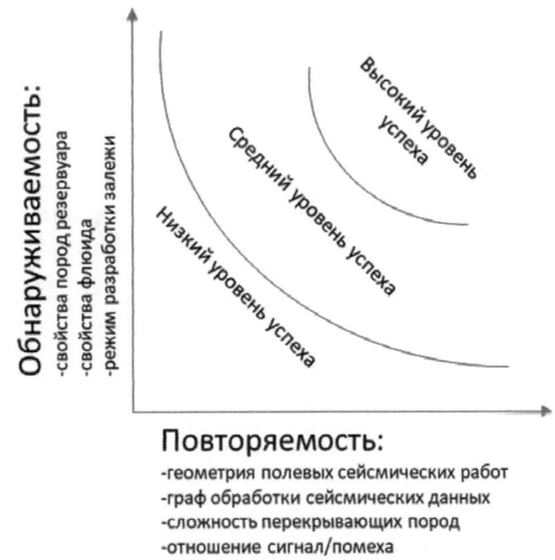


*Рисунок 4.* *Зависимость результатов 4D исследований от основных факторов: обнаруживаемость эффекта и повторяемость сейсморазведки*

Какие геологические задачи могут остаться нерешенными после того, как месторождение было поставлено на Госбаланс и переведено в стадию разработки? Конечно, для каждого месторождения набор задач будет индивидуальным. Наиболее типичными для терригенных резервуаров могут быть следующие:

- Блоковое строение с различными уровнями контактов
- Распределение нефтяной оторочки по блокам
- Наличие\отсутствие непроницаемых перемычек между продуктивными пропластками, либо внутри основного коллектора
- Наличие\отсутствие зон улучшенного\ухудшенного коллектора внутри резервуара и его локализация

Эти вопросы практически всегда остаются не решенными полностью на этапе разведки, поскольку существующая система постановки месторождений на баланс не предполагает вариативности, то ответы на вышестоящие геологические вопросы всегда носят субъективный характер. Как раз для решения оставшихся неоднозначностей в геологическом понимании резервуара и был придуман сейсмический мониторинг.

**Выводы**

Озвученные выше вопросы были успешно посчитаны на примере объекта на шельфе о. Сахалин. В ходе проведения работ по проектированию сейсмического мониторинга были получены ответы на вопросы о пригодности существующей съемки для наблюдения за разработкой залежи, получены величины обнаруживаемости 4D отклика, построена модель, соответствующая текущей съемке, выполнен анализ устойчивости 4D отклика для различного уровня шумов. В докладе будут продемонстрированы примеры выполненных расчетов на реальном примере.

**Благодарности**

Авторы выражают искреннюю признательность специалистам ООО «Газпром добыча шельф Южно-Сахалинск» и АО «МАГЭ» за плодотворную совместную работу.

**Библиография**

1. Ампилов Ю.П. Новейшие технологии сейсмического мониторинга 4D при разработке морских месторождений нефти и газа, 2013
2. Разин А.Ю, Разин Ю.А. 4D сейсмический мониторинг нефтегазовых морских месторождений акваторий северных морей с помощью донных регистрирующих систем. М, 2003 г
3. Фомин Е.Л. Сейсмические исследования в задачах анализа разработки месторождений. ВНИИГАЗ, 2003 г.

**References**

1. Ampilov Y.P. The latest technologies for 4D seismic monitoring in the development of offshore oil and gas fields. M, 2013
2. Razin A.Y., Razin Y.A. 4D seismic monitoring of offshore oil and gas fields in the waters of the northern seas using bottom recording systems, 2003
3. Fomin E.L. Seismic research in the problems of field development analysis. VNIIGAZ, 2003
4. David H. Johnston, Practical Applications of Time-lapse Seismic Data, Distinguished Instructor Short Course, Distinguished Instructor Series, No. 16, SEG Library, 2013
5. Ball, V., J.P. Blangy, C. Schiøtt, and A. Chaveste. Relative Rock Physics: The Leading Edge, 33, no. 3, p 276-286, 2014

***Об эффекте искажения динамики сигнала при f-x деконволюции***

М.С. Денисов * (ООО «ГЕОЛАБ»), А.А. Федина (ООО «ГЕОЛАБ»)

**Введение**

Алгоритм *f-x* деконволюции широко применяется при решении практических задач обработки данных сейсморазведки. Его целью является подавление случайных помех при сохранении сигнала. Метод имеет ряд известных преимуществ перед аналогичными процедурами и завоевал большую популярность. Идея, лежащая в основании алгоритма, заключается в седеющем. Регулярная компонента волнового поля может быть предсказана по латеральной координате, в то время некогерентный шум непредсказуем. Поэтому реализуется прогнозирование трасс при помощи оператора, действующего по латеральной координате *x*, а на выход поступают предсказанные трассы. Алгоритм обладает рядом свойств, которые можно считать парадоксальными [Денисов, Фиников, 2009]. Например, известна его тенденция ослаблять в присутствии шума или при использовании регуляризации слабые регулярные волны на фоне более сильных волн. В рамках настоящего исследования мы изучаем именно этот эффект.

**Модельный пример**

На рис. 1, *а* показано исходное волновое поле, содержащее две плоских волны. Амплитуда импульса, принадлежащего горизонтальной волне, равна условной единице, в то время как амплитуда импульса наклонной волны равна 0.2. Результаты обработки, полученные с использованием малого и большого значений параметра регуляризации показаны соответственно на рис. 1, *б* и *в*. Как видно из рисунка, при выборе большого уровня регуляризации слабая волна претерпевает более выраженное затухание по сравнению с сильной волной. Аналогичное поведение алгоритма наблюдается в условиях присутствия аддитивной случайной помехи.

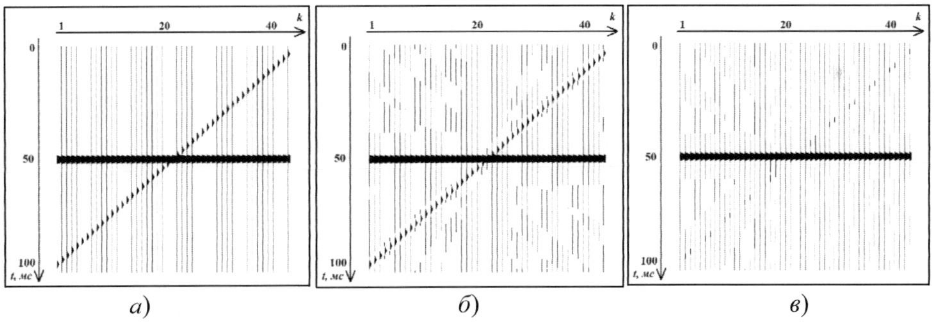


*а*) *б*) *в*)

**Рисунок. 1.** Волновое поле: *а* – исходные данные, *б* – результат деконволюции с малым уровнем регуляризации, *в* – результат деконволюции с большим уровнем регуляризации.

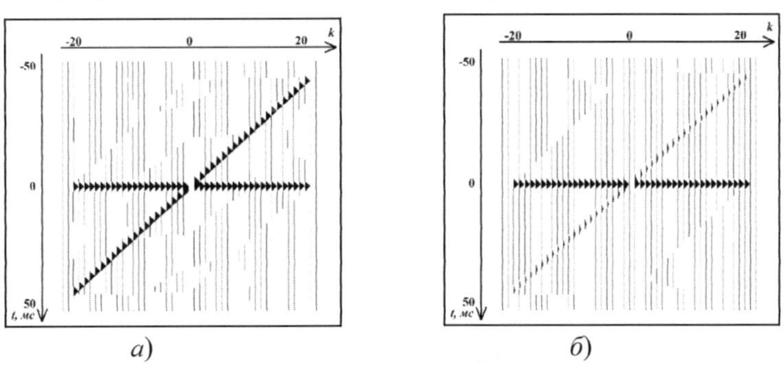


*а*) *б*)

**Рисунок. 2.** Операторы деконволюции, переведенные в пространственно-временную область: *а* – оператор, при помощи которого был получен результат на рис. 1, *б*, *б* – оператор, при помощи которого был получен результат на рис. 1, *в*.

На рис. 2 показаны операторы деконволюции, пересчитанные из пространственно-частотной в пространственно-временную область. Независимо от уровня аддитивной помехи фильтры выглядят как фрагменты плоских волн, наклоны которых совпадают с наклонами волн в обрабатываемом поле. Если при выборе близкого к нулю уровня регуляризации оба смесителя имеют одинаковую амплитуду, то при увеличении регуляризации смеситель менее интенсивной наклонной волны теряет свою амплитуду, и это приводит к ее ослаблению в волновом поле, полученном в результате обработки.

Модель волнового поля для одной изолированной волны в частотно-пространственной (*f-x*) области имеет вид

$$x_k(f) = a\exp(j2\pi f\alpha k) + \xi_k(f), \quad (1)$$

где $k$ – номер канала, $a$ – амплитуда, $\xi_k(f)$ - помеха, обладающая свойствами некоррелированности и центрированности. Так как алгоритм производит обработку данных независимо на каждой частоте, мы опустим аргумент *f*. Кроме того, из рис. 2 мы видим, что оператор настраивается так, что прогнозирование реализуется вдоль направления каждой волны путем синфазного накапливания сигналов, поэтому результат накапливания не зависит от конкретного наклона волны, и мы для простоты можем принять его равным нулю. Тогда от (1) переходим к модели

$$x_k = a + \xi_k. \quad (2)$$

Из рис. 2 также следует, что фильтры прогнозирования имеют вид фрагментов плоских волн: форма оператора на каждом канале не зависит от номера канала. Тогда результат прогнозирования $\tilde{x}_k$ записывается как

$$\tilde{x}_k = g\sum_{i=1}^{n} x_{k-i},$$

а дисперсия ошибки прогнозирования принимает вид функционала

$$J(g) = E\left\{\left(x_k - g\sum_{i=1}^{n} x_{k-i}\right)\left(x_k - g\sum_{i=1}^{n} x_{k-i}\right)^*\right\}, \quad (3)$$

где звездочка в верхнем индексе означает комплексное сопряжение, а $E$ – символ математического ожидания. Минимизируем (3), для чего продифференцируем это выражение по $g$ и приравняем производную к нулю:

$$\mathrm{Re}\left(E\left\{x_k\left(\sum_{i=1}^{n} x_{k-i}\right)^* - g\left(\sum_{i=1}^{n} x_{k-i}\right)\left(\sum_{i=1}^{n} x_{k-i}\right)^*\right\}\right) = 0.$$

Внося знак математического ожидания под фигурную скобку и с учетом (2), после несложных, но достаточно громоздких выкладок получаем

$$g(\sigma_\xi^2, a) = (n + \sigma_\xi^2 / a^2)^{-1}. \quad (4)$$

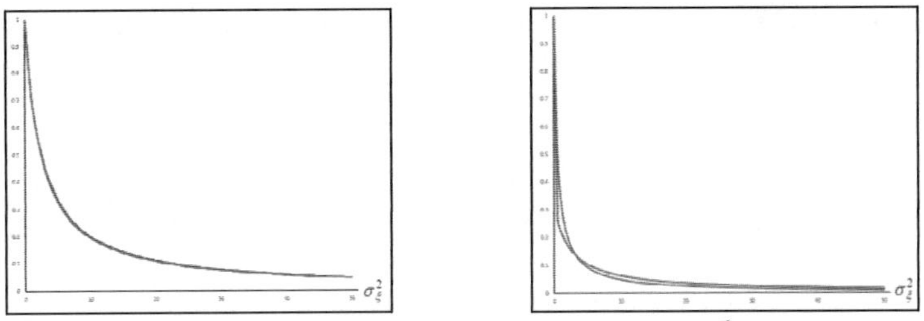

*а)* *б)*

**Рисунок. 3.** Сравнение кривых, полученных в результате обработки модельных данных (показаны красным цветом) и посчитанных теоретически по формуле (4) (показаны синим цветом). *а* – для плоской волны с амплитудой 1, *б* – для плоской волны с амплитудой 0.2.

На рис. 3 сравниваются теоретические функции относительного затухания амплитуд с кривыми, измеренными непосредственно по обработанному волновому полю. Теоретические графики почти идеально совпали с графиками, построенными по экспериментальным данным. Это свидетельствует о том, что сделанные нами допущения оказались корректными, и мы объяснили наблюдаемый на практике эффект.

Теперь нам предстоит понять причины такого поведения алгоритма, объяснив полученные выше результаты с позиций теории предсказания. Подставим в формулу для дисперсии ошибки (3) выражение (2) и получим минимизируемый функционал в виде:

$$J(g)=E\left\{\left(a+\xi_k-g\sum_{i=1}^{n}(a+\xi_{k-i})\right)\left(a+\xi_k-g\sum_{i=1}^{n}(a+\xi_{k-i})\right)^*\right\}.$$

Раскрыв скобки, и действуя оператором математического ожидания на все члены суммы, имеем

$$J(g)=a^2(1-ng)^2+\sigma_\xi^2(1+ng^2).$$

Оба слагаемых в этом выражении являются параболами как функциями от $g$. Коэффициент перед первой параболой равен $a^2$, поэтому она зависит только от детерминированной компоненты волнового поля и является квадратом ошибки прогнозирования плоской волны. От случайной компоненты она не зависит, и эту параболу будем условно называть детерминированной. Коэффициент перед второй параболой равен $\sigma_\xi^2$, поэтому она зависит только от случайной компоненты исходного волнового поля и является дисперсией ошибки прогнозирования помехи. От детерминированной компоненты она не зависит. Эту параболу будем условно называть случайной.

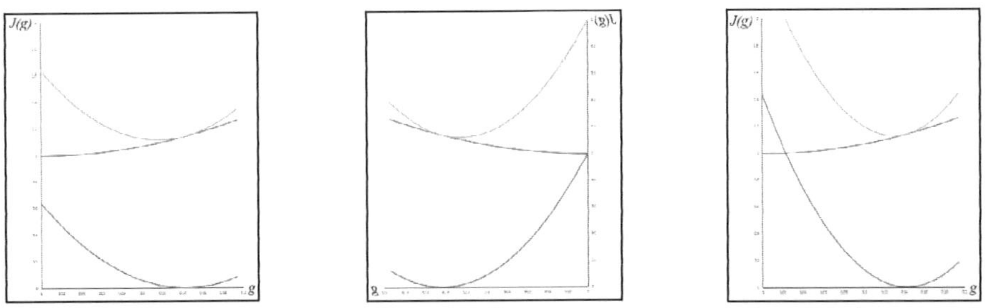

а) б) в)

**Рисунок. 4.** График функционала дисперсии ошибки предсказания как функции от переменной *g*. Красным цветом показан случайная парабола, синим – детерминированная парабола. Зеленым цветом показана их сумма, т. е. функционал. Во всех случаях дисперсия помехи равна 1. Амплитуда плоской волны: *а* – 0.8, *б* – 1, *в* – 1.2.

На рис. 4 показаны детерминированная и случайная параболы, а также их сумма Как и следовало ожидать, при $g = 0$, когда прогнозирование производится с нулевыми весами, вследствие чего дисперсия измеряется только по самой прогнозируемой трассе, случайная парабола достигает своего минимума. Прогнозирование с любыми другими весами только увеличит ошибку предсказания, соответствующую случайной компоненте поля. В самом деле, дисперсия суммы независимых случайных величин всегда больше дисперсии одной случайной величины, входящей в эту сумму. Добавление к помехе, имеющейся на прогнозируемой трассе, $n$ некоррелированных с ней помех, каждая их которых умножена на $g$, увеличит дисперсию на величину $\sigma_\xi^2 n g^2$. Итак, с увеличением $g$ случайная парабола всегда возрастает.

Напротив, детерминированная парабола с увеличением $g$ убывает. Если выбрано $g = 0$, то прогнозное значение плоской волны равно нулю, а квадрат ошибки прогнозирования равен $a^2$. По мере увеличения $g$ амплитуда прогноза постепенно увеличивается, достигая при $g = 1/n$ значения $a$. Тогда ошибка прогнозирования детерминированной компоненты становится равной нулю. Оптимизационный алгоритм обеспечивает компромисс между параболами, минимизируя их сумму.

**Выводы**

Мы увидели, что ослабление амплитуды волны вызвано стремлением оптимизационного алгоритма обеспечить компромисс между точностью прогнозирования регулярной компоненты волнового поля и эффектом возрастания уровня помехи, обусловленного суммированием случайных величин с ненулевыми весами. Мы также показали, что в традиционной реализации алгоритма деконволюции требование сохранения динамики сигнала приносится в жертву альтернативному требованию повышения отношения сигнал/шум на выходе оператора. Баланс между случайной и детерминированной параболами означает баланс между усилением помехи и точностью прогнозирования сигнала, которая отвечает за сохранение его динамики. Поиск минимума суммы двух парабол обеспечивает компромисс между двумя требованиями.

Изученная нами особенность оказывается недостатком алгоритма, от которого свободна, например, веерная фильтрация, решающая аналогичные задачи выделения регулярных сигналов на фоне некогерентных помех. Причиной этого является свойство адаптивности алгоритма деконволюции, оператор которой настраивается по волновому полю, подлежащему обработке, в то время как оператор веерной фильтрации не зависит от обрабатываемых данных. В англоязычной литературе такие методы принято называть data-driven. В качестве аналогии приведем два одноканальных алгоритма: предсказывающую деконволюцию и полосовую фильтрацию. В первом оператор обработки специальным образом вычисляется из поступающего на вход набора данных, который затем этим же оператором и обрабатывается. Оператор второго не зависит от данных, а вычисляется только на основании заранее назначенных пользователем граничных частот полосы пропускания. Как мы уже говорили выше, *f-x* деконволюция аналогична предсказывающей деконволюции, но применяется на каждой фиксированной частоте и вдоль латеральной координаты. Так и веерная фильтрация в этом смысле аналогична полосовой фильтрации.

**Библиография**

Денисов М.С., Фиников Д.Б. Парадоксы F-X деконволюции // Научно-практическая конференция «Геомодель». 2009. Сборник тезисов.

**References**

Denisov M.S., Finikov D.B. Paradoxes of F-X deconvolution // Geophysical conference GEOMODEL. 2009. Expanded abstracts.

# Сейсмическая инверсия полной вариации и глубинная миграция для восстановления глубинно-скоростной модели среды

М.И. Протасов*(ИНГГ СО РАН), Д.К. Дмитрачков (ИНГГ СО РАН)

## Введение

Основным результатом стандартного использования сейсмической инверсии является детальная модель упругих свойств геологической среды по результатам временной обработки, позволяющая прогнозировать свойства резервуаров [Russel, 1988; Ampilov et al., 2009]. Т. е. инверсия нацелена на восстановление высокочастотной составляющей модели во временной области. При этом сейсмическая инверсия в глубинной области практически не используется, а низкочастотная компонента «остается в тени», хотя логика работы инверсии указывает, что эта часть модели тоже должна уточняться. Поэтому в рамках данной работы разрабатывается и исследуется алгоритм совместной сейсмической инверсии и глубинной миграции для уточнения глубинно-скоростной модели. Численные эксперименты проведены с использованием синтетических данных и реалистичной модели из Восточной Сибири, а также для модели Marmousi.

## Совместная миграция инверсия

Рассматриваемый алгоритм совместной сейсмической инверсии и глубинной миграции состоит из нескольких шагов и является итерационным. На каждой итерации алгоритма реализована следующая последовательность шагов: для текущей модели применяется глубинная миграция в истинных амплитудах [Protasov, Tcheverda, 2011], затем результат пересчитывается во временную область [Robein, 2010] также с использованием текущей модели, далее применяется сейсмическая инверсия, модель обновляется, далее она сглаживается, и на последнем шаге результат пересчитывается обратно в глубинную область. Уточнение модели происходит за счёт инверсии, а миграция служит как процедура создания входных данных для инверсии в текущей скоростной модели. При этом важно, чтобы результат миграции был в истинных амплитудах, поскольку это необходимое условия корректной работы сейсмической инверсии.

## Сейсмическая инверсия полной вариации

В основе реализованного алгоритма акустической сейсмической инверсии лежит одномерная свёрточная модель сейсмической трассы. Задача инверсии является некорректной, поскольку одно и то же волновое поле может быть порождено разными моделями, что приводит к необходимости применения регуляризации. Принимая предположение о том, что среда состоит из конечного числа пластов со свойствами, близкими к однородным, более предпочтительными оказываются трассы коэффициентов отражения с наименьшим числом ненулевых компонент. Таким образом, появляется целевой функционал, состоящий из нормы невязки синтетической и наблюдённой сейсмических трасс, а также из двух стабилизаторов, накладывающих штраф на полную вариацию решения.

В сейсмических трассах отсутствует информация о низкочастотной составляющей модели. Для учёта миграционной скоростной модели в решении в целевой функционал был добавлен ещё один стабилизатор. В рамках слабоконтрастного приближения для коэффициентов отражения интегрируется трасса коэффициентов отражения и осуществляется переход к логарифмам относительных акустических импедансов, что позволяет учесть миграционную скоростную модель. Так как инверсия формулируется в рамках одномерной модели, важно помнить о пространственной связности модели. Чтобы обеспечить плавное изменение коллекторских свойств внутри слоёв модели, был введён ещё один стабилизатор, связывающий решение для рассматриваемой трассы с решением для соседней трассы с точки зрения слабоконтрастного приближения.

Таким образом, целевой функционал инверсии полной вариации с ограничениями имеет вид

$$f(r;\alpha_i) = \|w * r - s\|_1 + \alpha_1\|r\|_1 + \alpha_2\|Tr\|_1 + \alpha_3\|Cr - \xi\|_1 + \alpha_4\|C(r - \tilde{r})\|_1, \qquad (1)$$

где $w$ — зондирующий импульс, $s$ — наблюдённая сейсмическая трасса, $r$ — искомая трасса коэффициентов отражения, $T$ — матрица дифференцирования, $C$ — матрица интегрирования, $\xi$ — вектор из логарифмов относительных акустических импедансов, $\tilde{r}$ — соседняя трасса коэффициентов отражения, $\alpha_i > 0$ —параметры регуляризации. Выбор $L_1$-нормы обеспечивает в решении наименьшее количество ненулевых компонент. Чтобы минимизировать представленный функционал, применяется метод наименьших квадратов с итеративным пересчётом весов (iteratively reweighted least squares, IRLS). Когда определены коэффициенты отражения, по ним затем восстанавливаются значения импедансов и соответствующих скоростей, пользуясь рекуррентным соотношением.

**Численные примеры**

Предложенный алгоритм был протестирован на реалистичной модели из Восточной Сибири (Рисунок 1а). При этом в качестве начальной модели была взята однородная со значениями из верхней части (Рисунок 1б), и при проведении численных экспериментов эти значения в верхнем слое считаются известными. В результате уже после трёх итераций применения алгоритма миграции-инверсии получились удовлетворительные результаты: восстановлена с приемлемой точностью и глубинно-скоростная модель (Рисунок 1г), и глубинное изображение (Рисунок 1в). Уточнение модели и результат миграции после каждой итерации показывают, что решение становится ближе к истинной модели при увеличении числа итераций (Рисунок 2), несмотря на то факт, что начальная модели далека от истинной.

Разработанный алгоритм сейсмической инверсии применяется к синтетическим данным, полученным по реалистичной модели Marmousi (Рисунок 3а). Инверсия была применена ко всему исследуемому фрагменту модели Marmousi, при этом начальная модель существенно отличается от исходной модели Marmousi (Рисунок 3б). Полученный результат демонстрирует удовлетворительную точность восстановления детальной глубинно-скоростной модели, включая её высокочастотную составляющую (Рисунок 3г).

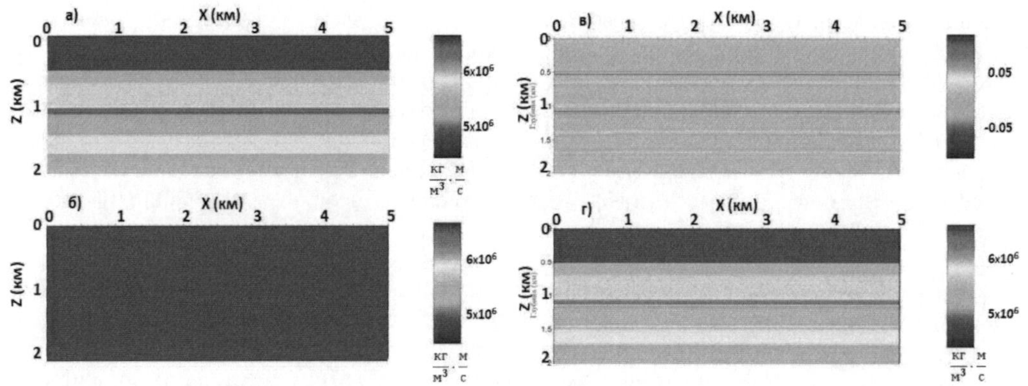


*Рисунок 1.* *а) Исходная реалистичная модель из Восточной Сибири. б) Начальная модель для алгоритма совместной миграции-инверсии. в) Результат глубинной миграции после трёх итерации миграции-инверсии. г) Сглаженный результат инверсии после трёх итераций миграции-инверсии.*

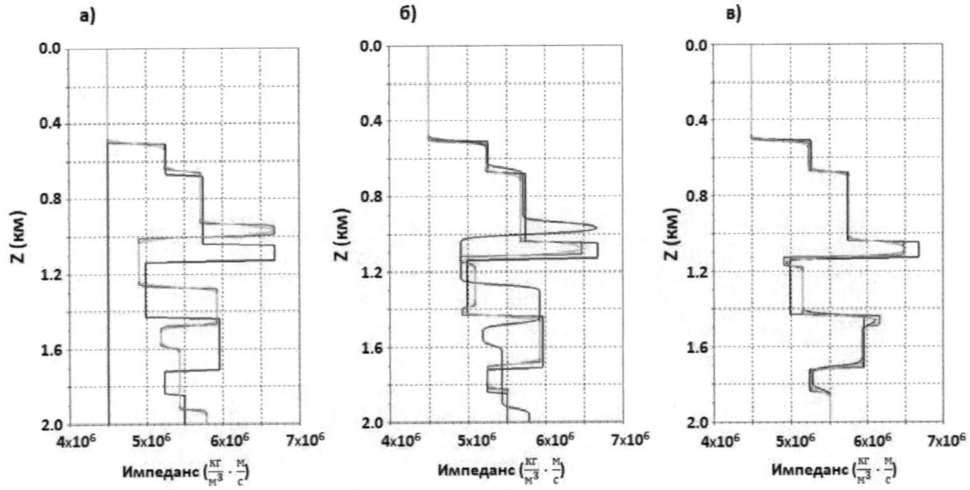


***Рисунок 2.*** *Модели при x=2,5 км, черным цветом – исходная реалистичная модель из Восточной Сибири, синим – начальная модель для текущей интеракции, красным – обновленная модель на текущей итерации после миграции-инверсии, желтым – обновленная сглаженная модель на текущей итерации: а) итерация 1; б) итерация 2; в) итерация 6.*

**Выводы**

В работе реализован алгоритм инверсии сейсмических трасс после глубинной миграции. Показано, что сейсмическая инверсия полной вариации с ограничениями позволяет восстановить высокочастотную составляющую модели при приемлемом качестве результата глубинной сейсмической миграции, что согласуется со стандартным применением инверсии к результатам временной обработки. Также в работе исследован итерационный алгоритм инверсии сейсмических трасс после глубинной миграции, ориентированный на уточнение макро-скоростной модели. Обновление модели на каждой итерации происходит за счёт сейсмический инверсии, тогда как миграция даёт входные данные для инверсии в текущей скоростной модели. Предложенный алгоритм протестирован на реалистичной синтетической модели и данных, рассчитанных для этой модели с использованием конечно-разностного моделирования. Показано, что разработанный алгоритм позволяет восстанавливать глубинно-скоростную модели в условиях, когда начальная модель далека от истинной. Такие результаты создают предпосылки для использования итерационного алгоритма миграции-инверсии в качестве инструмента для уточнения глубинно-скоростной модели.

**Благодарности**

Данное исследование выполнено при финансовой поддержке РФФИ и ЧНФ в рамках научного проекта №20-55-26003. Acknowledgments: The reported study was funded by RFBR and GACR, project number 20-55-26003.

**Библиография / References**

1. Ampilov Yu.P., Barkov A.Yu., Yakovlev I.V., Filippova K.E., Priezzhev I.I. Almost everything is about seismic inversion. Part 1 : Seismic technologies. – 2009. – 4. – P. 3–16. (in Russian)

2. Protasov M., Tcheverda V. True amplitude imaging by inverse generalized Radon transform based on Gaussian beam decomposition of the acoustic Green's function : Geophysical Prospecting. – 2011. – v.59. – p.197–209.

3. Robein, E. Seismic Imaging: EAGE Publications. – 2010.

4. Russell B. H. Introduction to Seismic Inversion Methods: Course Notes Series, Society of Exploration Geophysicists. – 1988. – p. 80–10.


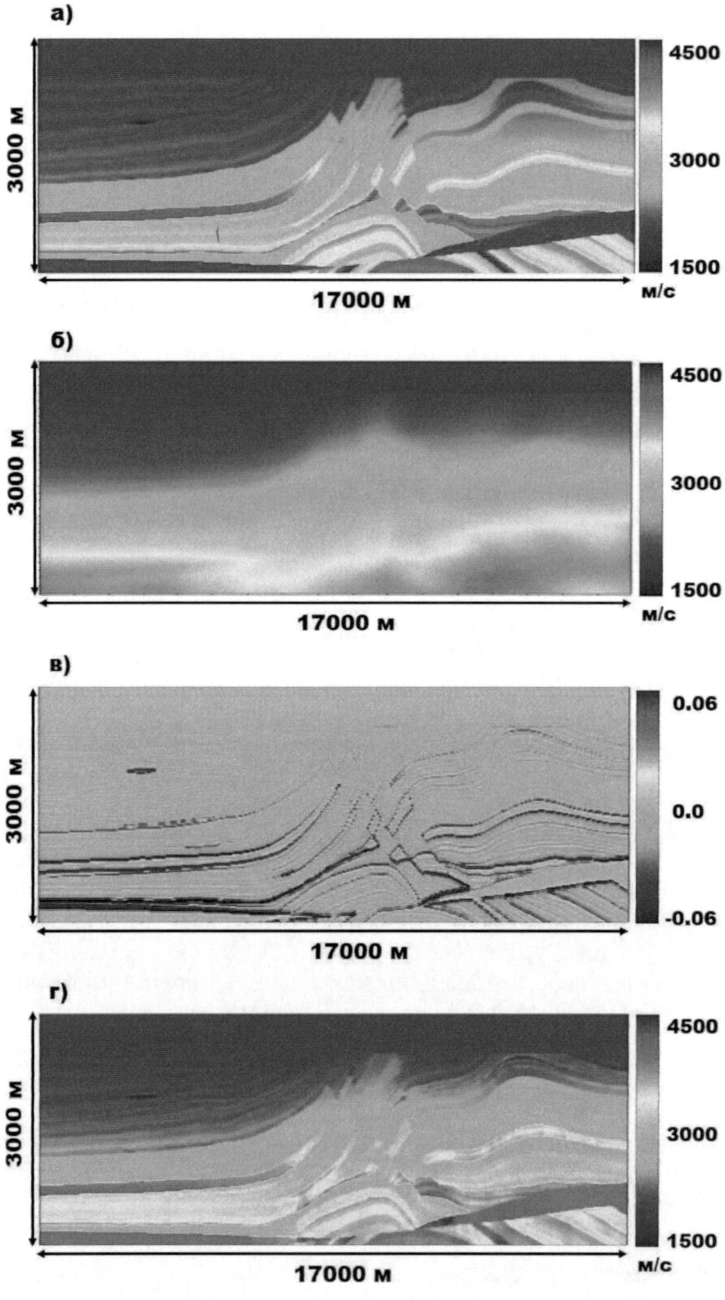


***Рисунок 3.*** *а) Фрагмент исходной модели Marmousi. б) Соответствующий фрагмент миграционной модели Marmousi в глубинном масштабе. в) Сейсмическое изображение в миграционной модели Marmousi. г) Соответствующий результат сейсмической инверсии.*

Геомодель

**Когерентная инверсия по дифрагированным волнам**

Н.А.Голярчук (ООО «Клауднет»).

**Введение**

Построение корректной глубинно-скоростной модели (ГСМ) является важнейшим фактором, влияющим на точность сейсмических изображений, полученных в результате глубинной миграции. Чем сложнее конфигурация среды, тем выше требования к точности ГСМ.

Во всех алгоритмах глубинной миграции (прямая задача) предполагается, что обратная задача определения пластовых скоростей уже решена. В настоящее время пластовые модели скоростей преимущественно определяются томографическими алгоритмами. Определению пластовых скоростей когерентной инверсией уделяется недостаточное внимание.

В классическом варианте алгоритмы определения пластовых скоростей разработаны для отраженных волн. В сложных сейсмогеологических условиях при наличии на временных разрезах «петель» эти алгоритмы трудно реализовать, поскольку невозможно однозначное прослеживание отражающих горизонтов. Предлагается решение задачи по дифрагированным волнам. Для прослеживания горизонтов используются предварительно мигрированные разрезы.

Поскольку в предлагаемом методе лучи трассируются не от источника к приемнику, а от точек дифракции на вертикали до приемника и источника, задача выглядит проще, чем в классическом методе, то становится более трудоемкой из-за размеров апертуры.

**Метод**

В когерентной инверсии скорости определяются по максимумам погоризонтных энергетических спектров. В каждой точке СМР для каждого горизонта вычисляются глубины границ для заданного набора пластовых скоростей (рис.1).

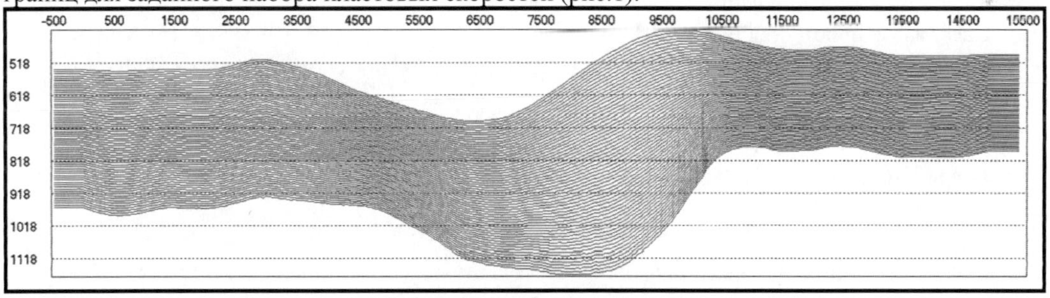


**Рисунок 1.** *Набор границ для текущего горизонта.*

В **когерентной инверсии по отраженным волнам** [1,2] лучи определяются нормалью к текущей границе. По первому горизонту суммирование значений отсчетов сейсмотрасс осуществляется по набору гипербол Vогт.

$$t(x,l) = \sqrt{t_0^2(x) + \frac{l^2}{V^2}} \qquad [1]$$

где $x$ - пикет ОГТ, $l$ - удаление ПП от ПВ, $V$ - значение скорости из набора.

По всем остальным горизонтам суммирование отсчетов сейсмотрасс осуществляется по набору годографов, определяемых набором пластовых скоростей в текущем слое. Для каждой из такого набора границ рассчитываются годографы отраженных волн в каждой ОГТ.

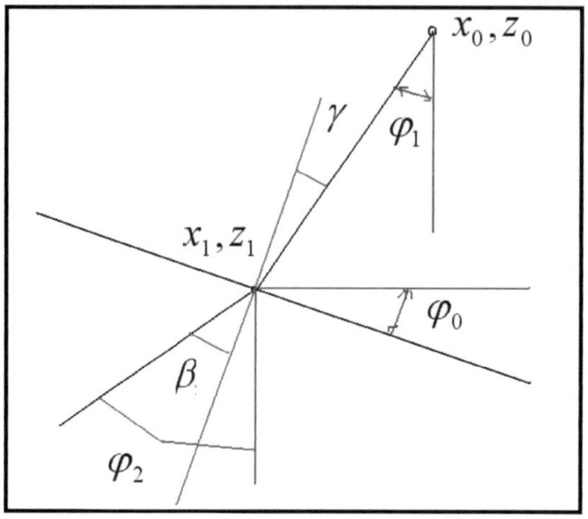


**Рисунок 2.** *Схема лучей отраженных волн на границе.*

$x_0, z_0$ - координаты точки выхода центрового луча от предпоследней границы.

$x_1, z_1$ - координаты точки прихода центрового луча на последнюю из ранее определенных границ.

$\varphi_0$ - угол наклона последней границы. $\varphi_1$ - угол центрового луча с вертикалью при выходе из предпоследней границы. $\varphi_2$ - угол центрового луча с вертикалью после преломления на последней границе.

$\gamma$ - угол падения центрового луча на последнюю границу.

$\beta$ - угол преломления центрового луча при выходе из последней границы.

$t_1$ - двойное время пробега центрового луча до последней границы. Определяется по значениям прослеженного немигрированного горизонта.

$t_2$ - двойное время пробега центрового луча до текущей границы. Определяется по значениям прослеженного немигрированного горизонта.

$v_0$ - пластовая скорость над последней границей.

$v$ - пластовая скорость в текущем слое, определяемая из набора скоростей.

$$\varphi_1 = \arctan\frac{x_1 - x_0}{z_1 - z_0}\ ;\ \gamma = \varphi_0 + \varphi_1\ ;\ \ \beta = \arcsin\left(\frac{v}{v_0}\cdot\sin(\gamma)\right)\ ;\ \varphi_2 = \beta - \varphi_0$$

Длина луча в текущем слое для заданного V определяется как

$$dr = \frac{(t_2 - t_1)\cdot v}{2} \qquad [2]$$

Координаты точки прихода центрового луча на текущую границу определяются как

$$x_2 = x_1 + dr\cdot\sin(\varphi_2)\,.\ z_2 = z_1 + dr\cdot\cos(\varphi_2)$$

Сложность процедуры трассирования лучей для набора постоянных скоростей состоит в определении начального угла выхода $\varphi_1$ луча с вертикалью от дневной поверхности. С этой целью определяется начальное приближение угла $\varphi_1$ по наклону последней (самой глубокой) уже построенной границы. Для этого просто трассируется центровой луч от последней построенной границы до поверхности. Затем понемногу расширяется диапазон углов $\varphi_1$ и решается прямая задача до поверхности новой границы с Vconst до тех пор, пока при некоторых углах выхода $\varphi_1$ в диапазоне углов $\varphi_{мин}$-$\varphi_{макс}$, функционал ($\varphi_2$ - $\varphi$) не принимает разные знаки на концах отрезка. Тут $\varphi_2$ – угол выхода с вертикалью в новом слое с Vconst, $\varphi$ - наклон новой границы под этим слоем. Для центрового луча эти углы должны быть равными. Затем ищется ноль методом Ньютона. С погрешностью 0.00001 радиан метод сходится за 5-6 итераций. Наклон новой границы определяется как

$$\varphi = \varphi_N + Arctn\left(\frac{d\Delta Z}{dx}\right) \qquad [3]$$

Тут $\varphi_N$ - наклон последней отслеженной границы.

В свою очередь, приращение мощности новой границы определяется приращениями времен на последней отстроенной границе и приращениями вертикальных времен по новому горизонту как

$$\frac{d\Delta Z}{dx} = \left(\frac{dt_0}{dx} - \frac{dt_N}{dx}\right) \cdot V \qquad [4]$$

Тут $t_N$ - время прихода центрового луча, бегущего к новой границе, на последнюю отслеженную границу, $t_0$ - вертикальное время новой границы, $V$ - пластовая постоянная скорость, с которой эта граница строится.

По этим годографам и проводится суммирование отсчетов сейсмотрасс. В результате для всех границ, кроме первой, мы получаем энергетические спектры не скоростей ОГТ, а пластовых скоростей.

В отраженных волнах в текущем (последнем) слое лучи от источника до точки отражения и от точки отражения до приемника симметричны относительно нормали к отражающей границе (рис.2). В дифрагированных волнах все лучи от источника и до приемника вычисляются от вертикали (рис.4).

При погоризонтном анализе **скоростей дифрагированных волн** предварительно должна быть определена априорная пластовая модель среды. Надо выполнить анализ скоростей временной миграции, применить временную миграцию, проследить мигрированные горизонты и по ним рассчитать априорную слоистую модель (рис.3).

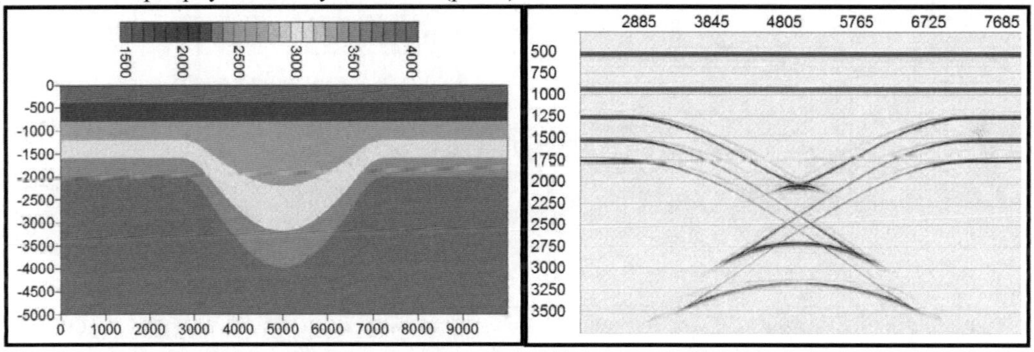


**Рисунок 3.** *Модель среды и сумма ОГТ модельных сеймотрасс.*

В каждой точке ОГТ для заданного набора постоянных скоростей вычисляются годографы дифрагированных волн для всех трасс, попадающих в апертуру.

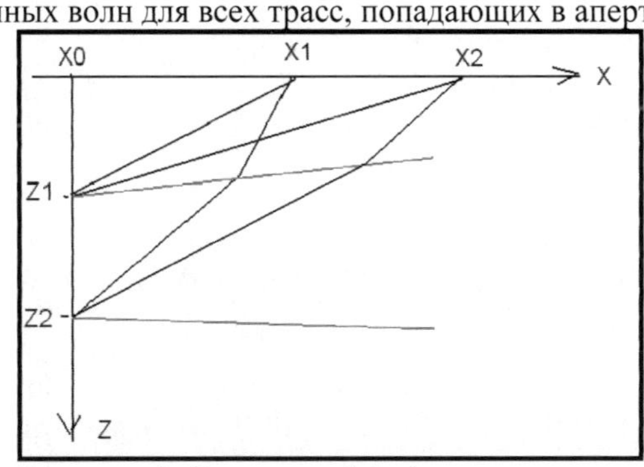


**Рисунок 4.** *Схема лучей дифрагированных волн.*

Тут X0 – координата трассы-результата (точка дифракции). X1 – координата источника в пределах апертуры, X2 – координата приемника в пределах апертуры.

Времена $T_1$ и $T_2$ прихода дифрагированной волны из точек Z1, Z2,… определяются по таблице трассирования лучей.

Полное время дифрагированной волны из точки X1 в точку X2 через точку дифракции Z будет суммой значений

$$T = T_1 + T_{2v}$$

При этом каждой пластовой скорости V соответствуют свои глубины Z, рассчитанные таким образом, чтобы вертикальное время в точке X0 оставалось неизменным. Отсчеты сейсмических трасс в окрестности T суммируются по алгоритму Semblance.

$$\Omega(v) = \frac{\int\limits_{-\Delta T}^{\Delta T} \left[ \sum\limits_{i=1}^{N} a_i(v) \right]^2 - \int\limits_{-\Delta T}^{\Delta T} \sum\limits_{i=1}^{N} \left[ a_i(v) \right]^2}{(N-1) \cdot \int\limits_{-\Delta T}^{\Delta T} \sum\limits_{i=1}^{N} \left[ a_i(v) \right]^2} \qquad [5]$$

где a – амплитуда сейсмической трассы, v – скорость, N – общее количество трасс в апертуре, ΔT – половина окна сглаживания.

Таким образом получаются энергетические спектры $\Omega(v)$ скоростей дифрагированных волн. По спектрам вычисляются пластовые скорости. С полученными пластовыми скоростями выполняется глубинная миграция до суммирования (рис.5).

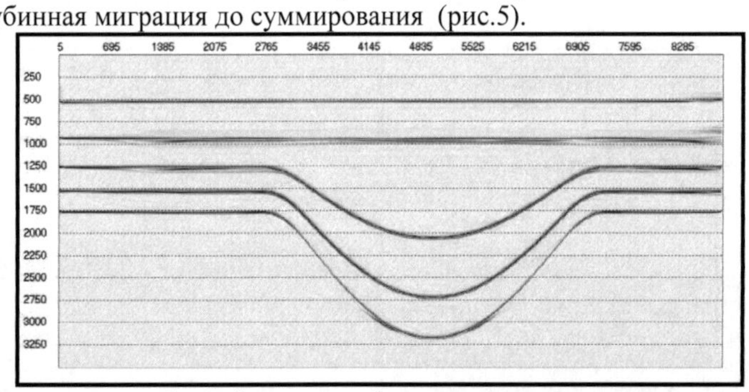


**Рисунок 5.** *Результат глубинной миграции до суммирования с пластовыми скоростями, полученными когерентной инверсией по дифрагированным волнам.*

**Вывод**

Предлагаемый способ позволяет выполнять анализ пластовых скоростей в сложных сейсмогеологических условиях.

**Благодарности**

Все разработки осуществлены автором под руководством и при содействии Валентина Иосифовича Мешбея, которому автор выражает искреннюю благодарность и признательность.

**Библиография / References**

1. Мешбей В.И. Сейсморазведка методом общей глубинной точки. Москва, 1973, 152 стр.
2. Мешбей В.И. Методика многократных перекрытий в сейсморазведке. Недра, Москва, 1985, . 264 с..,

# Опыт выполнения обработки сейсмических данных в отечественном ПО на облачных вычислительных ресурсах

Е.В. Шестакова* (Филиал ООО «ЛУКОЙЛ-Инжиниринг» «ПермНИПИнефть» в г. Пермь), Ю.М. Захаров (ООО «ЛУКОЙЛ-Инжиниринг» «ПермНИПИнефть»), Ж.А. Хакимова (ООО «ЛУКОЙЛ-ПЕРМЬ»), О.А. Силаенков (ООО «Сейсмотек»).

## Введение

Существующие санкционные риски и уже реализованные ограничения требуют скорейшего осваивания отечественных программных продуктов. Из имеющихся на рынке российских программных продуктов нами был выбран комплекс, являющийся одним из наиболее полных на сегодняшний день пакетов обработки сейсмических данных отечественной разработки. [1,2,4] Особенностью данного комплекса является то, что вся обработка организована вокруг построения обобщённой пластовой глубинно-скоростной модели среды (GLVM), благодаря чему реализуется интерпретационный подход, позволяющий с самых ранних этапов включать в работу интерпретаторов, ориентированный на геологически-осмысленное решение обратной кинематической задачи и построение глубинно-скоростной модели среды. Данное ПО может быть развёрнуто не только на стационарном кластере, но и на облачных вычислительных ресурсах, что актуально в эпоху активной цифровизации нефтяной отрасли.

С целью углублённого изучения функционала ПО и объективной оценки возможностей обработки сейсмических данных на облачных вычислительных ресурсах, был инициирован трёхсторонний пилотный проект с участием специалистов филиала ООО «ЛУКОЙЛ-Инжиниринг» «ПермНИПИнефть» в г.Перми, компании-разработчика данного ПО и крупнейшей российской IT-компании. В рамках проекта выполнена обработка данных МОГТ 3D в объёме 50.2 км$^2$ силами специалистов Управления сейсмических исследований (УСИ) «ПермНИПИнефть» с консультационной поддержкой со стороны специалистов компании-разработчика ПО. Обработка выполнена полностью на облачных вычислительных ресурсах. Со стороны IT-компании начислен грант для выполнения проекта.

## Метод (и/или Теория)

Следует сказать несколько слов об используемом программном комплексе и реализованных в нём подходах к обработке сейсмических данных. [2,3]

В основе данного ПО лежат как общепринятые в отрасли средства обработки, так и уникальные авторские алгоритмы, направленные на решение широкого круга сейсмогеологических задач. Ядром обрабатывающей системы является глубинно-скоростная модель среды (ГСМ), поэтому в ней имеется развитый функционал решения обратной кинематической задачи, отвечающий современным требованиям. Обрабатывающий комплекс принципиально отличается от имеющихся на рынке аналогов тем, что вся обработка организована вокруг построения обобщённой пластовой глубинно-скоростной модели среды (GLVM). В дополнение к развитому комплексу программ для решения обратной задачи в рассматриваемом пакете развит важный функционал, состоящий из программ для решения прямых задач. Они используются в самых разнообразных целях, начиная от проектирования сейсмических съёмок, разработки и проверки различных методик обработки и заканчивая контролем и коррекцией динамических особенностей данных. Тестируемое ПО содержит широкий спектр стандартных процедур обработки сейсмических данных. Плотное взаимодействие с обобщённой пластовой моделью позволяет выстроить всю технологию обработки с опорой на геологически содержательное разбиение записей на области, в которых подбираются параметры обрабатывающих процедур.

Компания-разработчик ПО реализует в своей работе интерпретационный подход, позволяющий с самых ранних этапов включать в работу интерпретаторов и ориентированный на решение обратной кинематической задачи и построение глубинно-скоростной модели среды. Это позволяет значительно сократить сроки выполнения работ и одновременно повысить их качество.

Проводить вычисления в данном ПО возможно либо с использованием собственного оборудования, либо арендуя физическое оборудование, либо арендуя виртуальное оборудование. Основными критериями оценки эффективности каждого пути является производительность вычислений и их стоимость. Рассмотрим плюсы и минусы каждого варианта:

- использование собственного вычислительного кластера позволяет достичь максимальной производительности, но данный путь предполагает высокие начальные затраты на приобретение оборудования, его содержание, обновление и ремонт. Кроме того, существенным минусом является невозможность получения дополнительных ресурсов для пиковых нагрузок и вынужденный простой мощностей при выполнении рутинных операций;

- аренда физического оборудования позволяет исключить обозначенные сложности: начальные затраты на приобретение отсутствуют, используется посекундная тарификация аренды, тем самым исключается простой счетных ресурсов. Однако этот вариант несет в себе такие недостатки, как разделение времени с большим количеством посторонних пользователей и фиксированная конфигурация вычислительных узлов;

- использование облачных вычислительных ресурсов выглядит финансово рентабельней покупки и поддержки собственного вычислительного кластера. Отсутствуют затраты на приобретение оборудования. Произвольная, гибкая во времени конфигурация мощностей позволяет снять ограничения на объем вычислительных ресурсов для пиковых нагрузок. Постоянная техническая поддержка гарантирует стабильную работу. Потенциально, использование облачных технологий может позволить НГДО обходиться без субподрядчиков и выполнять обработку сейсмических данных своими силами, не разворачивая при этом собственный вычислительный кластер достаточной для обработки мощности. Кроме финансовой стороны это и более оправданно с позиции геологии, так как разрыв обработки и интерпретации может негативно влиять на финальные результаты, а, как известно, интерпретацию данных многие добывающие компании выполняют самостоятельно.

**Примеры**

Пилотный проект выполнялся полностью на облачных вычислительных ресурсах. Управление проектом производилось с клиентского интерфейса, развёрнутого на рабочем месте специалиста УСИ «ПермНИПИнефть». Следует отметить, что из соображений информационной безопасности рабочее место было выведено из цифрового периметра Общества. Доступ к сети интернет осуществлялся непосредственно через отдельный роутер. Для выполнения проекта были предоставлены: сервер для работы с интерактивными приложениями (12 vCPU Intel Ice Lake, RAM 48GB), сервер базы данных (4 vCPU Intel Ice Lake, RAM 8GB), а также сетевая система хранения данных объемом 1TB. Для выполнения каждого расчета создавался вычислительных кластер требуемой конфигурации. Например, для выполнения миграции использовался кластер, состоящий из 880 vCPU Intel Ice Lake и RAM 1760GB. Выделенных ресурсов оказалось вполне достаточно для оперативного выполнения процедур обработки. Гибкость и масштабируемость виртуального сервера позволила выбирать требуемое количество ресурсов для каждой операции в зависимости от ее сложности. Стоимость потраченных ресурсов визуализируется для каждой процедуры, что удобно для понимания финансовой эффективности проекта. Следует отметить, что итоговая стоимость выполнения операции не зависит от количества задействованных счетных ядер, поскольку увеличение счетных ресурсов уменьшает время пользования ими, а оплата начисляется за фактическое время пользования. Это является достаточно важным преимуществом, позволяющим сократить время на выполнение счетных операций, не увеличивая при этом их стоимости.

На первых этапах обработки была введена геометрия наблюдений, рассчитаны и введены статические поправки, проведено лёгкое шумоподавление без применения многоканальных процедур, что позволило повысить отношение сигнал/помеха, не искажая исходную кинематику. Также было выполнено несколько итераций SCAC и деконволюция. Следующим шагом стало построение исходной ГСМ и переход в глубинную область, в этом и заключается особенность интерпретационной методики обработки. Малый спектр процедур сигнальной обработки позволил сохранить исходную форму годографа для более детального скоростного анализа и построения корректной, геологически осмысленной ГСМ. Данный подход – одно из ключевых отличий от общепринятых методик обработки, когда данные подвергаются максимальной «очистке» до процедуры глубинной миграции. Для построения исходной ГСМ было выбрано 7 опорных горизонтов: $S(P_1s)$, $I^К(C_2vr)$, $I^П(C_2b)$, $II^К(C_1tl)$, $II^П(C_1t)$, III ($D_3tm$), V ($R_1$). Скоростной анализ проводился по горизонтальным спектрам скоростей. Модель отстраивали и уточняли послойно сверху вниз, постоянно контролируя невязки положения ОГ с отбивками в скважинах и непрерывно анализируя корректность распределения скоростей и мощностей в каждом интервале. Отметим, что рассматриваемое ПО имеет множество инструментов для построения, корректировки и уточнения ГСМ, что позволяет гибко подходить к её получению, используя сейсмические данные, скважинную информацию, геологические представления о строении территории.

С построенной ГСМ выполнена глубинная миграция Кирхгофа до суммирования с последующим применением минимального набора процедур постпроцессинга. Полученные результаты демонстрируют хорошее качество, высокую детальность разреза, соответствуют геологическим представлениям о строении региона. Данный сейсмический куб сопоставим по качеству с результатами обработки тех же самых данных в известном зарубежном комплексе, и даже превосходит их в детальности и динамической выразительности (рисунок 1). При этом, следует отметить, что все процедуры выполнены в санкционно-независимом, отечественном программном комплексе.

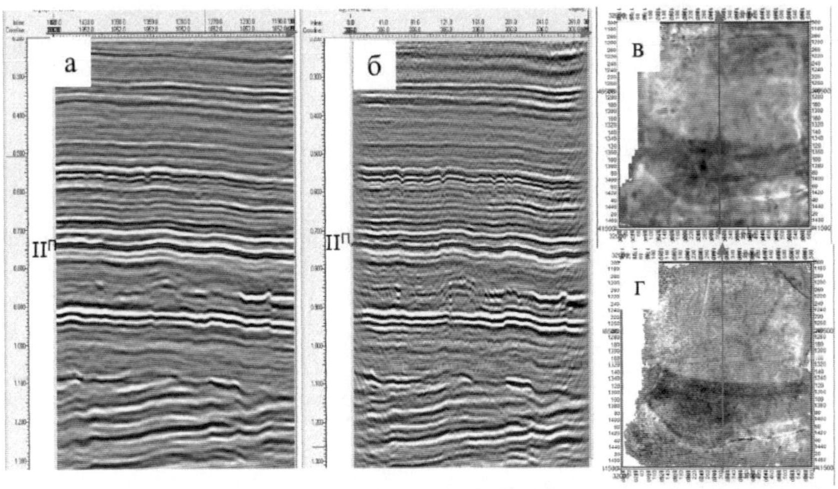


***Рисунок 1.*** *Вертикальный временной срез куба предыдущей обработки (а), обработки в российском ПО (б). Срез амплитуд вдоль горизонта $II^П$-18 мс по кубу предыдущей обработки (в) и обработки в российском ПО (г)*

Следующим шагом является новая итерация обработки с использованием имеющейся ГСМ и ее производных для получения данных более высокого качества, начиная с сигнальной обработки и заканчивая финальной миграцией.

**Выводы**

В результате выполненного пилотного проекта получен практический навык работы в облачной среде, оценена возможность и целесообразность миграции вычислительных ресурсов на облако, освоена методика интерпретационной обработки, реализуемая компанией – разработчиком ПО. Отметим некоторые подтверждённые преимущества интерпретационной обработки в данном пакете:

1. Предлагаемый подход к построению ГСМ позволяет относительно быстро и геологически-непротиворечиво описать реальные среды с необходимой степенью детальности.

2. Ранний переход в глубинную область позволяет подключать к процессу обработки специалистов-интерпретаторов на первых фазах жизни проекта. Таким образом, модель может анализироваться и уточнятся более долгий срок относительно стандартного подхода, когда модель появляется в последней трети цикла обработки. Данный подход позволяет минимизировать риски получения некорректной ГСМ и искажённого структурного плана.

3. Очевидным преимуществом является возможность смещения начала работ по структурной интерпретации влево, сразу после получения финальной ГСМ. Дальнейшие манипуляции с сигнальной частью не повлияют на общие структурные построения.

К минусам можно отнести отсутствие модуля моделирования поверхностных волн-помех с целью их адаптивного вычитания и отсутствие инструмента для построения модели ВЧР по преломленным волнам.

Работа в облачной среде произвела на авторов положительное впечатление. Вычислительные мощности легко масштабируются под каждую конкретную задачу. Рассматриваемое ПО работает на облачных ресурсах без нареканий. Стоит отметить, что адаптированность данного ПО к развёртыванию в кратчайшие сроки на облачных ресурсах позволяет воспользоваться им когда угодно. Данный факт особенно важен в санкционных реалиях, когда западный софт, используемый большинством сервисных компаний, может прекратить свою работу в любой момент. По средневзвешенной оценке, стоимость выполненной обработки оказалась ниже стоимости субподрядного договора.

**Библиография**

1. Akulenko A.S. Rezul'taty testirovaniya otechestvennogo programmnogo kompleksa interpretatsionnoi obrabotki seismicheskikh dannykh Prime //Geofizika. – 2019. – №. 3. – S. 27-33.

2. Anisimov R.G., Mosyakov D.E., Shalashnikov A.V., Finikov D.B. Povyshenie effektivnosti obrabotki bol'shikh ob"emov seismicheskikh dannykh //Geologiya nefti i gaza. – 2021. – №. 3. – S. 95-109.

3. Anisimov R.G., Davletkhanov R.T. Nekotorye tekhnologicheskie priemy, ispol'zuemye pri postroenii plastovoi glubinno-skorostnoi modeli sredy //Geofizika. – 2017. – №. 1. – S. 2-7.

4. Volkov G.V., Didenko I.V., Kuznetsov I.K. Innovatsii v obrabotke dannykh seismorazvedki. Opyt prakticheskoi raboty OAO «Gazprom neft'» i Yandeks.Terry // Oil&Gas Journal Russia. – 2015. - №5. – C. 29-31

**Робастное шумоподавление на основе реконструкции волнового поля на примере наземных сейсмических данных МОГТ-3D для сложных сейсмогеологических условий Правобережья Волгоградской области**

И.И. Хабибуллин (ООО «Технологическая компания Шлюмберже»), В.С. Эсаулов*(ООО «Технологическая компания Шлюмберже»), И.Р. Шамсутдинов(ООО «Технологическая компания Шлюмберже»), Д.М. Федорова(ООО «Технологическая компания Шлюмберже»), Е.А. Кучканов (ООО «РИТЭК»), В.В. Тупицын (ООО «РИТЭК»), О.В. Гаврилова (ООО «ЛУКОЙЛ-Инжиниринг», филиал «ПермНИПИнефть» в г. Волгоград), А.Ю. Андреев (ПАО «ЛУКОЙЛ»), Р.Ш. Сайфутдинов (ПАО «ЛУКОЙЛ»)

**Введение**

В докладе представлена высокотехнологичная методика шумоподавления, состоящая из современных процедур обработки, основанных на восстановлении волнового поля, искаженного аномалиями верхней части разреза (ВЧР) и нерегулярностью систем наблюдения.

В процессе выполнения опытно-промышленных работ (ОПР) на примере наземных сейсмических данных МОГТ-3D для сложных сейсмогеологических условий Правобережья Волгоградской области особое внимание было уделено современным процедурам шумоподавления.

Требования к качеству обработки постоянно растут, в том числе основной упор делается на максимально возможное восстановление истинного соотношения амплитудно-частотных характеристик на исследуемом участке. Для этого в обработке все чаще применяются новые высокотехнологичные процедуры шумоподавления, в том числе в различных 3D сортировках. Успех применения такого рода процедур напрямую зависит от качества подготовки входных данных.

Так, для корректной работы процедур шумоподавления в режиме 3D, данные необходимо разбить в отдельные 3D подборки, чаще это кросс-спред, панели общих удалений или OVT/COV.

В таком случае мы сталкиваемся с первой проблемой – нерегулярность сейсмических данных. Большое количество пропусков и нерегулярность заполнения трасс в 3D подборках приводит не только к неэффективной работе алгоритмов шумоподавления, но и порождает множество артефактов.

Вторая проблема еще более существенная и не зависит от наблюдателя – это искажающее влияние среды. Так, для наземных данных основным искажающим фактором является ВЧР, особенно в регионах со сложными поверхностными условиями. На таких участках каждое физическое наблюдение (ФН) становится уникальным, а сейсмическое волновое поле – неоднородным.

Для того чтобы учесть описанные выше проблемы и была разработана методика робастного шумоподавления на основе реконструкции волнового поля. Данная методика была протестирована в различных модификациях и успешно применена в производственном режиме на наземных сейсмических данных МОГТ-3D.

**Концептуальные подходы к шумоподавлению**

Шумоподавление всегда было одной из ключевых процедур обработки сигнала. Успех работы большинства современных процедур шумоподавления зависит от качества подготовки входных данных.

Для минимизации негативного влияния среды на амплитудно-частотные характеристики (АЧХ) и форму сигнала, как правило, применяются поверхностно согласованные процедуры коррекции амплитуд и деконволюции. Результат работы таких процедур напрямую зависит от качества входных данных, в том числе от соотношения S/N.

Таким образом мы получаем замкнутый круг: чтобы выполнить качественные поверхностно-согласованные процедуры нам нужны данные с высоким соотношением S/N; чтобы выполнить качественное шумоподавление нам необходимо иметь однородное волновое поле со схожими АЧХ и формой сигнала.

Дополнительным отягчающим обстоятельством часто бывает нерегулярность сейсмических данных. Которую особенно нельзя игнорировать при работе с 3D подборками/сортировками.

Ниже на рисунке 1 в виде блок-схем мы попытались представить Стандартный, Современный и, предлагаемый нами, Робастный граф шумоподавления.

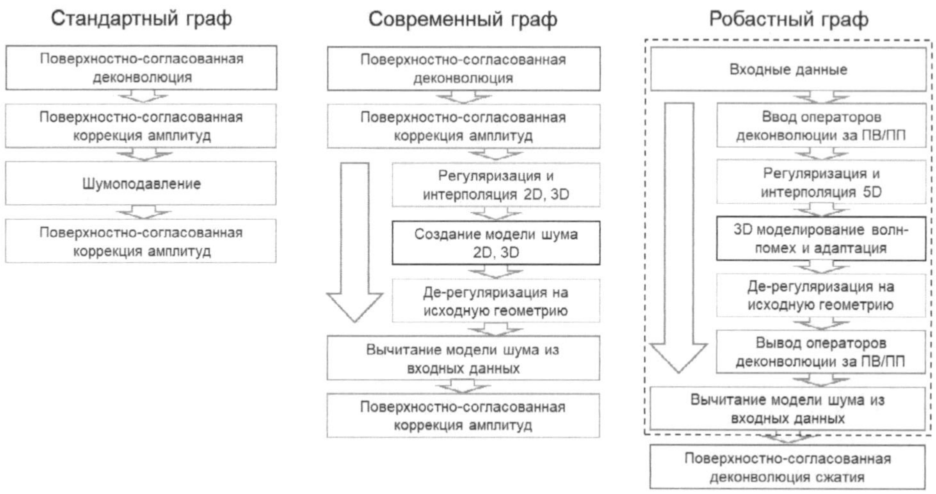


***Рисунок 1.*** *Блок-схема различных вариантов шумоподавления.*

Стандартный граф шумоподавления допускает, что входные данные имеют выдержанные по площади АЧХ и форму сигнала. Для этого перед шумоподавлением применяются поверхностно-согласованные процедуры коррекции амплитуд и деконволюции. Само шумоподавление представляет из себя линейный процесс, состоящий из одного или нескольких алгоритмов, выходом из которого являются «чистые» данные.

Как правило, после такого шумоподавления выполняется одна или более итераций поверхностно-согласованной коррекции амплитуд, так как низкое соотношение S/N на предыдущих этапах обработки не позволяет минимизировать негативное влияние среды. Другими словам поверхностно-согласованные процедуры деконволюции и коррекции амплитуд в данном случае оказываются неоптимальными. Очевидно, что чем сложнее среда, тем хуже результат Стандартного графа обработки.

Если к данной проблеме мы добавим нерегулярность систем наблюдения, которая часто связана все с теми же аномалиями ВЧР, то Стандартный граф становится наименее эффективным и в большинстве случаев не решает задачи динамической обработки.

Для решения проблемы с нерегулярностью данных на практике часто используется Современный граф. Его ключевое отличие от предыдущего заключается в наличии процедур регуляризации и интерполяции данных для создания устойчивых моделей шума в 2D/3D режимах с последующим возвратом на исходную геометрию и вычитанием из входных данных, как на представленной блок-схеме на рисунке 1.

Как и в случае со Стандартным графом, недостатком Современного графа является допущение, что входные данные имеют выдержанные по площади АЧХ и форму сигнала.

Таким образом усложнение графа процедурами регуляризации и интерполяции не решает проблему негативного влияния среды на качество полученных данных.

В попытках учесть негативное влияние среды и нерегулярность системы наблюдения и была разработана методика Робастного шумоподавления.

**Робастное шумоподавление на основе реконструкции волнового поля**

В основе Робастного шумоподавления лежит инвариантность современных технологий обработки.

Благодаря данной методике мы получили возможность делать несколько шагов вперед для улучшения качества сейсмических данных, после чего выполнить устойчивое моделирование и адаптацию различного типа волн-помех и вернуться назад к входным данным с надежной моделью накопленного шума в исходной геометрии и с исходными АЧХ и формой сигнала.

Ниже представлена пошаговая реализация одного из вариантов робастного шумоподавления, успешно примененного на проекте:

1. По Входным данным рассчитываются операторы поверхностно-согласованной деконволюции.
2. По результатам анализа принимается решении о вводе операторов за пункты взрыва и приема, и оператора сжатия. В представленных результатах (Рис.2) оператор сжатия не вводился.
3. Полученные данные подаются на 5D регуляризацию и интерполяцию. В представленных результатах (Рис.3) было выполнено уплотнение, как пикетов, так и линий взрыва и приема.
4. По уплотненным данным в 3D сортировках (кросс-спред и OVT/COV) были применены современные процедуры шумоподавления. В представленных результатах были применены следующие процедуры шумоподавления: в сортировке OVT/COV – частотно-зависимая медианная фильтрация, CURVELET фильтрация, когерентная фильтрация в KxKy-области; в сортировке кросс-спред – 3D-FK фильтрация.
5. Накопленная шумовая компонента представляет собой единую Модель шума.
6. Данная Модель шума была де-регуляризирована на исходную геометрию. Процедура, обратная шагу 3.
7. Из полученной на исходной геометрии Модели шума были выведены операторы поверхностно-согласованной деконволюции. Процедура, обратная шагу 2.
8. Полученная Модель шума вычитается из Входных данных.

Данные, полученные после Робастного шумоподавления, отличаются высоким соотношением S/N и идеально подходят для дальнейших процедур обработки. Результаты поверхностно-согласованной деконволюции, полученные по данным после Робастного шумоподавления, позволяют выйти на качественно новый уровень обработки сигнала (Рис.4).

**Заключение**

Разработанная в ходе выполнения ОПР методика Робастного шумоподавления доказала свою эффективность. Все результаты прошли качественную и количественную проверку на основе интерпретационного сопровождения обработки и WDS анализа.

Благодаря инвариантности применяемых алгоритмов, разработанная методика может иметь различные модификации, учитывающие совокупность ключевых производственных факторов: цена-сроки-качество. А универсальность и устойчивость современных процедур делают данную методику реализуемой и эффективной в самых разнообразных сейсмогеологических условиях.

**Благодарности**

Авторы выражают благодарность Заказчику за возможность выполнения ОПР по тестированию и внедрению современных технологий обработки и разрешение на публикацию полученных материалов.

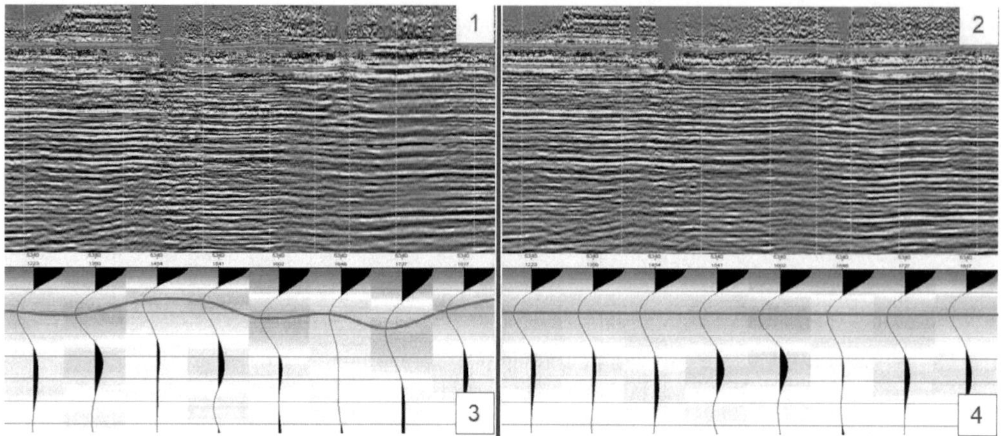


***Рисунок 2.*** *1,2 – фрагмент суммарного временного разреза; 3,4 – статистические импульсы, рассчитанные по разрезу, до и после ввода операторов поверхностного согласованной деконволюции за ПВ и ПП.*

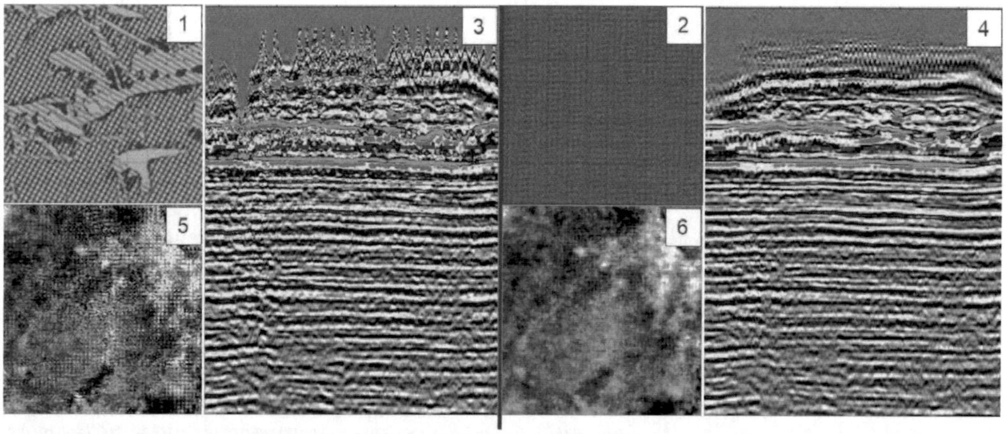


***Рисунок 3.*** *1,2 – фрагмент положения ПВ и ПП; 3,4 – фрагмент суммарного разреза; 5,6 – фрагмент горизонтального временного среза до и после 5D регуляризации и интерполяции.*

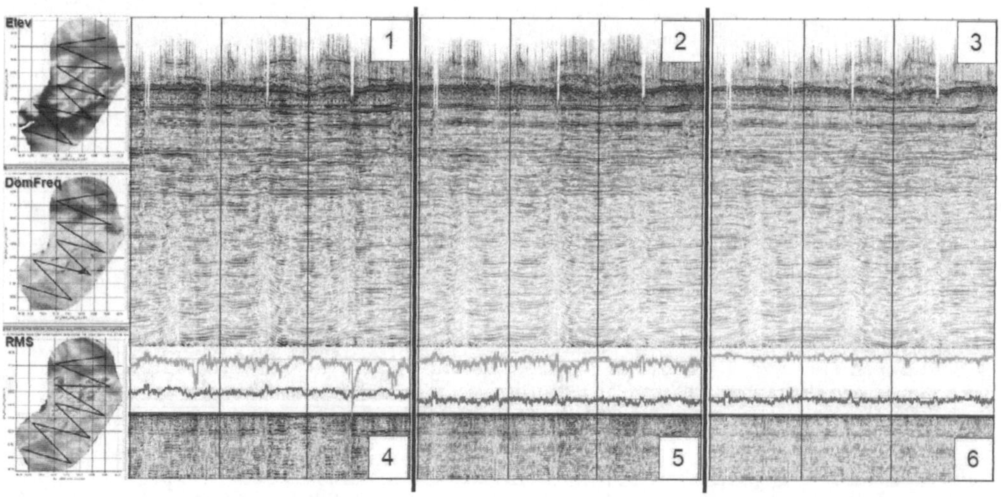


***Рисунок 4.*** *1,2,3 – фрагмент композитного профиля до и после поверхностно-согласованной деконволюции со старыми и новыми операторами; 4,5,6 – АКФ; зеленая кривая – RMS амплитуды; красная кривая – Доминантные частоты.*

**Сейсмические волновые поля несимметричного формирования - возможный резерв повышения эффективности сейсморазведки**

В.И. Бондарев* (УГГУ), С.М. Крылатков (УГГУ), Н.А. Крылаткова (УГГУ), А.Н. Крылевская (УГГУ)

## Введение

Основными объектами изучения сейсморазведки в геологическом разрезе являются акустические границы, которые на итоговом сейсмическом изображении проявляются как линии или поверхности, разделяющие отдельные однородные упругие слои. Очевидными характеристиками этих объектов являются количество таких границ, глубины до каждой границы по профилю или площади, углы наклона, а в пространственном случае и азимуты линий падения границ.

В течение ряда лет авторами были выполнены разработки способов изучения угловых характеристик границ по сейсмическим данным. Исследования показали возможности применение полученных параметров границ для получения сейсмических изображений геологической среды несколько иных, чем в существующих способах миграции. Результаты исследований защищены несколькими патентами Российской федерации [1].

Решение задачи определения угловых параметров отражающих границ выполняется в рамках **эффективной скоростной модели среды** на основе геометрических лучевых схем с учетом значений амплитуд на сейсмических трассах. Анализ возможных способов решения задачи определения углов и азимутов границ показал, что эти способы могут быть построены на основе применения сейсмограмм асимметричного принципа сборки ($a$-сейсмограмм) или на основе сейсмограмм фиксированных точек отражения (сейсмограммы ФТО).

Первые исследования авторов по рассмотрению элементов технологии определения угловых характеристик сейсмических границ относится к началу 2000-х гг. По результатам исследованиям в 2006 г. была написана научная монография [2]. В ней впервые введено понятие ***а- сейсмограммы*** и рассмотрены многие теоретические вопросы получения сейсмических изображений среды. Рассмотрим способы определения угловых параметров сейсмических границ, базирующиеся на применении $a$-сейсмограмм.

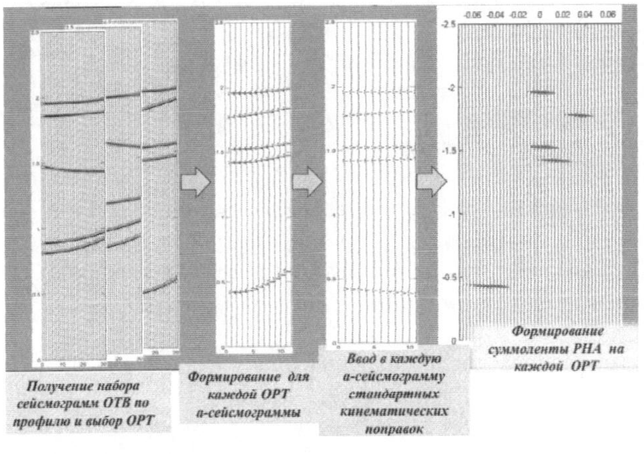


***Рисунок 1.*** *Основные этапы способа определения углов падения границ в 2D варианте*

$a$-сейсмограммы могут быть сформированы из трасс сейсмограмм ОТВ (общей точки возбуждения) с постоянным или переменным соотношением удалений пункта возбуждения ($l_1$) и пункта приема ($l_2$) от ОРТ. Параметр ***a***, равный отношению этих удалений $a = \frac{l_2}{l_1}$, получил название коэффициент асимметрии системы наблюдений. Частными случаями ***а****-сейсмограмм* являются сейсмограммы ОТВ (***а***=∞) и ОГТ (***а***=1). На рисунке 1 показана рекомендуемая последовательность шагов, которая приводит к решению задачи определения угловых параметров границ.

Это – формирование *a*- сейсмограмм; ввод в сейсмограммы стандартных кинематических поправок; формирование суммолент по принципу РНА.

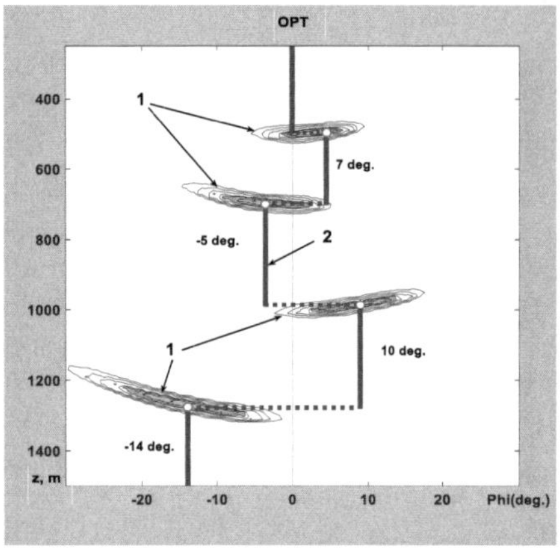


***Рисунок** 2. Вертикальный спектр углов падения элементов отражающих границ (2D)*

Суммоленты представляют собой двухмерную функцию, которая изображается графиками в осях время отражения - наклон осей синфазности. Экстремумы этой функции проявляются на графиках как разрастания и позволяют определить как глубины до границ, так и углы наклонов границ и построить так называемые вертикальные спектры углов падения границ.

Вертикальные спектры углов падения границ изображаются графиками в осях глубина до границы по нормали - наклон границы. Именно они и позволяют получать по профилю итоговый мигрированный глубинный сейсмический разрез.

В случае сейсмических наблюдений по методике 3D формирование *a*-сейсмограмм проводится несколько иначе, чем в варианте 2D, что поясняется рисунками 3,4.

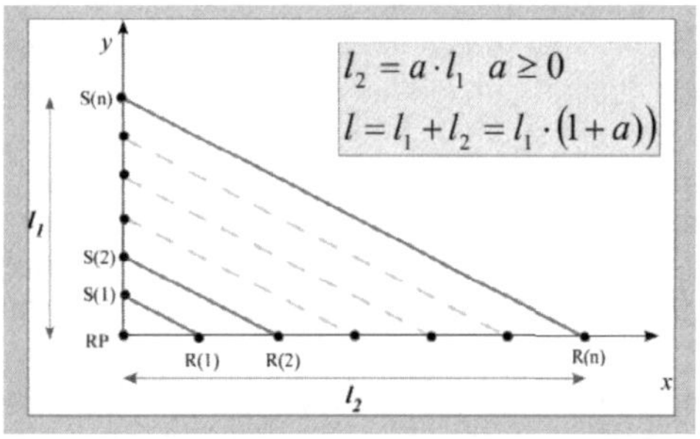


***Рисунок 3.** Схема формирования a-сейсмограммы для ОРТ из трасс сейсмограммы 3D при использовании системы наблюдений типа «крест»*

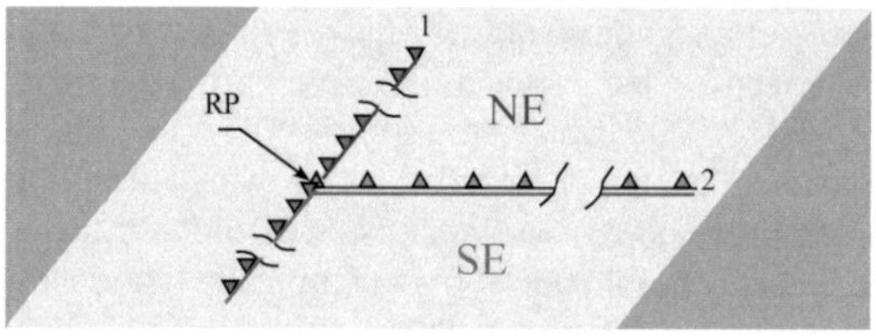


***Рисунок** 4. Схема расположения источников приемников и расчетной точки на площади. 1 – линия источников; 2 – линия приемников; RP - общая расчетная точка для формирования сейсмограмм в секторах NE- «северо-восток», и SE - «юго-восток»*

Для схемы на рисунках 3 и 4 собранные *a*-сейсмограммы будут иметь различия в 1-й и 4-й четвертях, т.е. в секторах NE и SE. Именно благодаря этим различиям удается определить угловые параметры (углы падения и азимуты падения) отражающих элементов границ. Это делается на основе угловых коэффициентов, определяемых по суммолентам РНА (рисунки 5, 6).

Результаты РНА по собранным *a*-сейсмограммам после введения кинематических поправок позволяют найти угловые параметры *K* и время $t_0$ для границ.

Второй путь получения угловых параметров границ связан с идеей формирования сейсмограмм фиксированной точки отражения (ФТО)

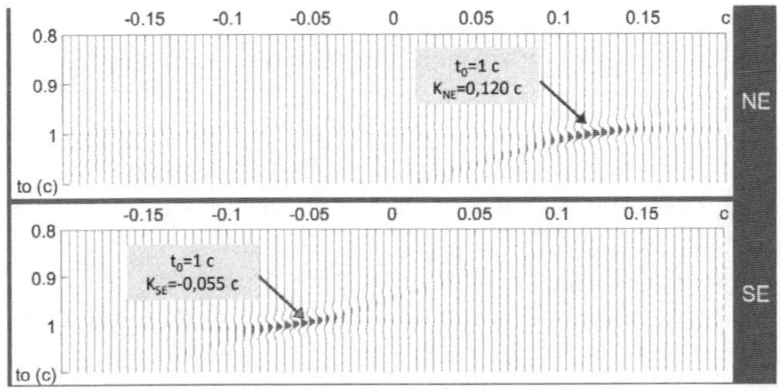


***Рисунок 5.*** *На рисунке показаны суммоленты РНА и численные значения определенных по разрастаниям на суммоленте угловых коэффициентов и времен отражения $t_0$ для модели среды с одной плоской отражающей границей*

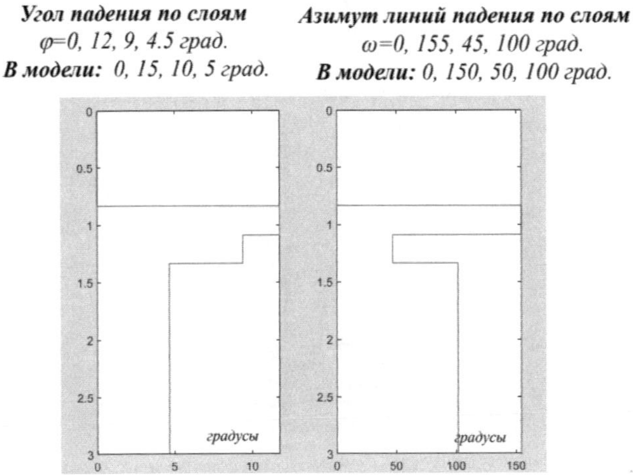


***Рисунок 6.*** *Результаты расчетов спектров углов падения и спектров азимутов линий падения для модели среды с несколькими отражающими границами в варианте 3D*

Годограф фиксированной точки отражения (ФТО) - понятие, которое ввел в сейсмическую теорию Н. Н. Пузырев. Годограф ФТО формируется из времен отражений, регистрируемых на таких парах точек источник-приемник, для которых точка отражения волны на сейсмической границе является определенным образом зафиксированной точкой.

Нами рассмотрены способы определения угловых параметров границ как с ФТО первого, так и второго типа. В первом случае ФТО являются основаниями нормалей, проведенных из ОРТ к границе (ФТО1). Во втором случае фиксированная точка отражения лежит на границе в основании вертикали, опущенной на границу из точки отнесения результата (ФТО2).

Определенные соотношения между координатами источника, ФТО и приемника, полученные авторами, позволяют выполнять необходимую сортировку трасс и формировать сейсмограммы ФТО. Для ФТО первого типа в варианте 2D эти соотношения такие:

$$l_2 = \frac{l_1 \cdot h_{\text{ОРТ}}}{h_{\text{ОРТ}} - 2 \cdot l_1 \cdot \sin\varphi}$$

Для ФТО1 в варианте 3D - более сложные (ПП - точка приема, ПВ – точка источника):

$$x_{\text{ПП}} = -\frac{x_{\text{ПВ}} \cdot h_{\text{ОРТ}}}{h_{\text{ОРТ}} + 2 \cdot (x_{\text{ПВ}} \cdot \sin\varphi \cdot cos\omega + y_{\text{ПВ}} \cdot \sin\varphi \cdot sin\omega)}\ ;\ y_{\text{ПП}} = -\frac{y_{\text{ПВ}} \cdot h_{\text{ОРТ}}}{h_{\text{ОРТ}} + 2 \cdot (x_{\text{ПВ}} \cdot \sin\varphi \cdot cos\omega + y_{\text{ПВ}} \cdot \sin\varphi \cdot sin\omega)}\ .$$

Сформулируем основные принципы, которые позволяют решать задачи определения угловых параметров границ по сейсмограммам ФТО.

- *Волновые поля ФТО существенным образом зависят от угла и азимута падения отражающей границы*
- *В результате интерференционного накопления амплитуд в сумматоре для каждой точки ФТО можно сформировать численные значения некоторой функции цели (ФЦ) – индикатора отражательной способности той точки среды, где находится конкретная ФТО*

- *Это позволяет определять угловые параметры изучаемых сейсмических границ и строить сейсмические изображения границ либо в 2D, либо в 3D варианте*

**Общие черты способов**

- Каждый из представленных способов включает в себя выполнение процедуры сортировки стандартных сейсмических трасс в *a*-сейсмограмму или в сейсмограмму ФТО
- После сортировки при использовании *a*-сейсмограмм требуется ввести в эти сейсмограммы стандартные кинематические поправки. При использовании сейсмограмм ФТО введение таких поправок не требуется
- В каждом из описанных способов формируется и вычисляется своя функция цели, значения которой находятся по исходным сейсмограммам или по сейсмограммам, отсортированным по какому-то признаку
- Определение угловых параметров границ в каждом способе выполняется путем локализации экстремальных значений функции цели

**Применение**

- 1. Могут быть получены новые (угловые) атрибуты непосредственно по сейсмическим записям ОТВ
- 2. Могут быть построены новые типы сейсмических изображений среды (разрезы и кубы угловых атрибутов)
- 3. Получаемые значения углов, азимутов и глубин до границ могут использоваться для построения мигрированных разрезов и кубов (рисунок 7). В варианте 3D этот путь может быть более простым и экономичным в сравнении с другими существующими методами миграции

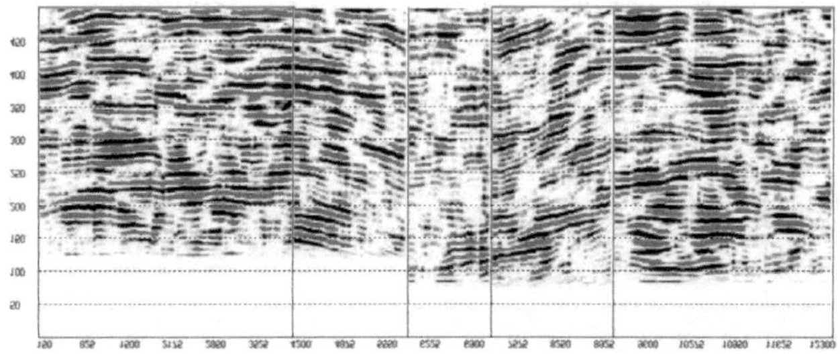

***Рисунок 7.*** *Фрагмент временного мигрированного разреза, полученного по полевым материалам на основе значений угловых параметров, определенных по вертикальным спектрам углов*

**Библиография**

1. Бондарев В. И., Крылатков С. М. Способ определения углов наклона отражающих границ в геологической среде по данным профильной сейсморазведки 2D// Патент РФ 2692001. Опубликовано:19.06.2019. Бюл. № 17

2. Бондарев В. И., Крылатков С. М. Новые технологии анализа данных сейсморазведки. - Екатеринбург, Изд-во УГГУ, 2006. 116 с.)

**References**

1. Bondarev V. I., Krylatkov S. M. Sposob opredeleniya uglov naklona otrazhayushchih granic v geologicheskoj srede po dannym profil'noj sejsmorazvedki 2D// Patent RF 2692001. Opublikovano:19.06.2019. Byul. № 17

2. Bondarev V. I., Krylatkov S. M. Novye tekhnologii analiza dannyh sejsmorazvedki. - Ekaterinburg, Izd-vo UGGU, 2006. 116 s.)

**«Компенсация кинематических особенностей разреза посредством построения модели ВЧР и учёта длиннопериодного тренда статических поправок»**

В.В. Стулов* (ООО «РН-БашНИПИнефть»)

**Введение**

Проблема учёта неоднородностей разреза при обработке сейсмических данных общеизвестна и всегда является актуальной. В сейсморазведке времена прихода первых вступлений, зафиксированные на волновом поле, зачастую искажены скоростными аномалиями в среде, через которые проходили лучи. Компенсация неоднородного строения разреза в какой-то мере достигается путём расчёта и ввода статических поправок [1]. В современной обработке сейсмических данных задействуются различные методы учёта аномалий верхней части разреза (ВЧР). В качестве основных используется расчёт статических поправок по преломленным волнам, а так же учёт длиннопериодного тренда статических поправок с использованием горизонтальных спектров скоростей и замещением изменчивого слоя разреза, слоем с постоянной или градиентной скоростями.

Цель данного доклада - поделиться опытом компенсации скоростных аномалий ВЧР при кинематической обработке сейсмических данных, продемонстрировать полученные результаты на участках где ВЧР осложнена карстовыми полостями, врезами, зонами многолетнемерзлых пород и т.п.

К новизне описанных в данной работе практических приёмов можно отнести использование комплексного подхода при расчёте статических поправок, анализ корректности статики с точки зрения геологии, нестандартный подход при выборе способа замещения слоя.

**Метод**

1. Построение модели верхней части разреза по рефрагированым волнам и вычисление статических поправок.

При вычислении статических поправок по рефрагированым волнам придерживаемся определенного плана: по сейсмограммам пикируем первые вступления преломленных волн, строим модели верхней части разреза, расчитываем и вводим статические поправок за влияние ВЧР, уточняем скорости, считаем остаточные короткопериодные статические поправки. Из-за связанности проявления влияния статики и скорости на данных до суммирования, для правильного решения требуется итерационный подход при вычислении статики и анализе скоростей. Только он обеспечивает сходимость процесса вычисления статических поправок и скоростей к наиболее правильному решению для получения корректных статических поправок и реального поля скоростей.

Анализ корректности полученных статических поправок основывается на визуальной оценке изменения волнового поля после учёта ВЧР (Рисунок 1), а так же выполняется при помощи построения зависимостей время-глубина между картами изохрон и отбивками горизонтов в точках скважин.

Однако вышеописанные способы коррекции статических поправок не гарантируют правильности определения их длиннопериодных компонент – возникающие ошибки приводят к гладкому и значимому искажению кинематических параметров отраженных волн. Ввиду сложного строения многолетнемерзлых пород и их мозаичного чередования с зонами растепления в сейсмическом поле формируются помехи в виде аномалий кинематических, амплитудных и частотных характеристик отраженных волн.

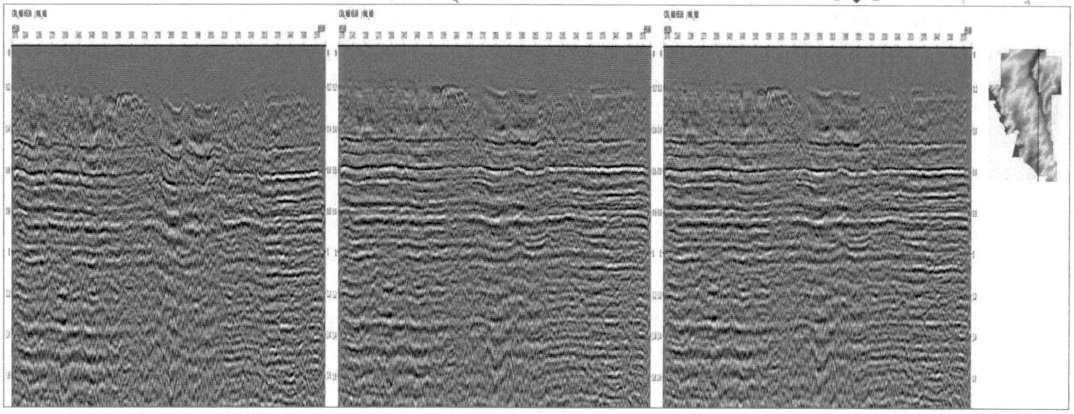

*Рисунок 1.* *Суммарный временной разрез ОГТ вдоль кросслинии, слева с применением статики за рельеф, в центре – после введения статики по преломленным волнам (томографическое уточнение модели), справа – после введения статики по преломленным волнам (инверсия пластовой модели)*

2. Учет длиннопериодного тренда статических поправок

Модель ВЧР рассчитанная по преломленным волнам имеет ограничения по глубинности. Используя только статику за ВЧР, мы можем пропустить скоростные неоднородности разреза находящиеся в толще под ВЧР и над верхним отражающим горизонтом (ВОГ). Необходим дополнительный учет статики, который поможет более точно восстановить времена прихода волн. Компенсация оставшихся кинематических особенностей важна также с точки зрения восстановления гиперболической формы годографа, для последующего корректного построения модели средних скоростей.

Для получения исправленного волнового поля выполняется учёт длиннопериодного тренда статических поправок с использованием интервальных скоростей вдоль ВОГ методом «замещения слоя», совместно с этим выполняется калибровка горизонта на отбивки геологического репера. Для калибровки поверхности на геологический репер используется структурная карта построенная по скважинным данным в исследуемом регионе. Целесообразно для предания положениям Т0 именно глобального регионального геологического тренда использовать для калибровки глубинную поверхность по всему региону (если такая возможность есть), а не ограничиваться площадью в рамках отчётного куба.

Замещение слоя во временной области подразумевает вертикальное прохождение лучей, не учитывая преломленные волны. Структурные искажения, вызванные протяженными скоростными неоднородностями в ВЧР, исправляются замещением скорости самого верхнего горизонта путём перевода структурной поверхности в поле времен с использованием уравнения годографа ВСП (при наличии на площади скважин с ВСП), либо альтернативным способом. Статические поправки рассчитываются как разница наблюденных и исправленных времен.

Условиями для выделения длиннопериодных искажений являются: наличие горизонта в верхней части разреза, имеющего как регулярную прослеживаемость по всей площади, так и качественный горизонтальный спектр интервальных скоростей; наличие скважинных данных для структурной привязки горизонта.

По используемому сейсмическому кубу для повышения надежности корреляции предварительно выполняются регуляризация и миграция после суммирования.

Расчет горизонтальных спектров выполняется от плавающего уровня рельефа вдоль верхней опорной границы, строится карта латерального распространения скоростей (Рисунок 2), с этой картой скоростей производится миграция (перевод) карты вертикальных времен по верхнему опорному горизонту в глубинный масштаб.

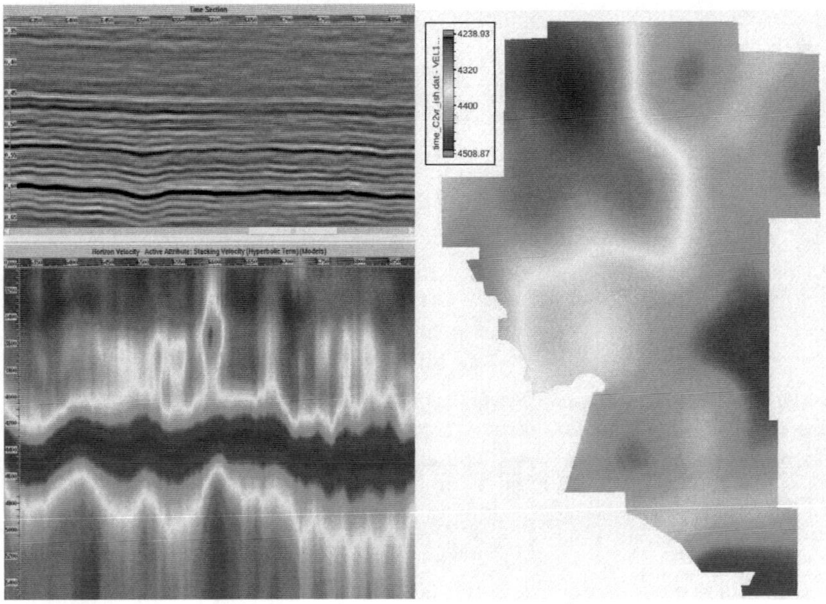


***Рисунок 2.*** *Пример горизонтального спектра скоростей от плавающего уровня рельефа вдоль ВОГ (слева), схема интервальных скоростей (справа)*

Для оценки корректности расчитаной карты скоростей, строятся зависимости между исходной картой изохрон по используемому верхнему опорному горизонту и отбивками в точках скважин, а так же зависимость между структурной поверхностью, полученной при миграции из поля времён с интервальными скоростями и отбивками в точках скважин (Рисунок 3). Увеличение коэффициента корреляции говорит о корректности используемых интервальных скоростей. Помимо этого целесообразно по изменению значения КК подбирать и размер базы сглаживания карты интервальных скоростей.

Трансформация глубинной карты по ОГ во временную область (Т геол) производится с помощью зависимости, полученной по данным сводного годографа ВСП по скважинам. Карта статических поправок расчитывается, как сглаженная разность значений $T_0$ и Тгеол.

Для контроля эффективности ввода длиннопериодного тренда в сейсмические данные, строятся зависимости времени Т0 с учетом ввода статических поправок и абсолютных отметок в скважинах по горизонтам выше (по возможности) и ниже опорной границы до и после учёта длиннопериодного тренда статических поправок.

В большинстве случаев после ввода расчитаных поправок происходит увеличение значения КК по всем горизонтам. Однако, возможна ситуация, когда корреляционная зависимость ухудшается для определенного интервала.

Волновое поле может быть осложнено наличием рифогенных построек, либо карстовыми телами и т.п. в средней части разреза. Данные геологические объекты служат причинами возникновения аномалий скоростей. Подобные зоны на разрезе можно идентифицировать путем визуального анализа суммарного временного поля, а так же при помощи построения схем dH и dT. Учесть данное обстоятельство посредством замещения слоя разреза над ВОГ в полной мере мы не можем. Возможно, целесообразно для решения данной задачи выполнить построение ГСМ и глубинную миграцию.

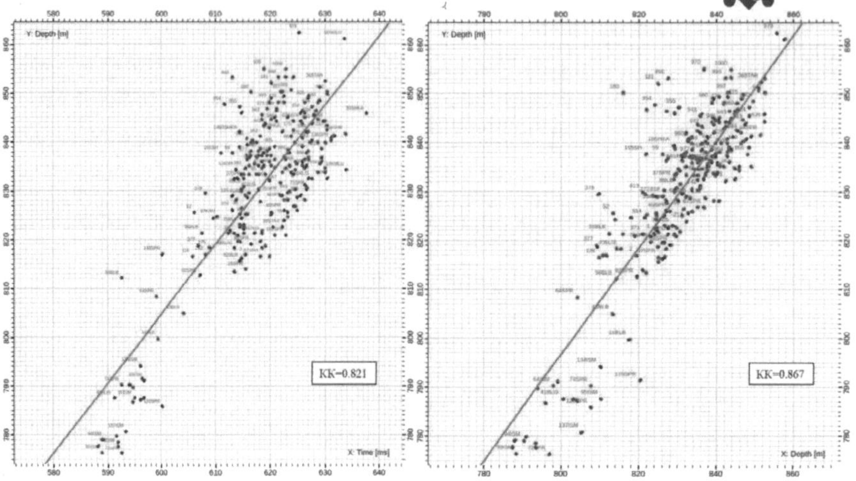


***Рисунок 3.*** *Зависимость скважинных отбивок по ВОГ и схемы времен, полученной по корреляции горизонта C2vr (слева), Зависимость скважинных отбивок горизонта C2vr и схемы глубин, полученной путём перехода из области времён с использованием интервальных скоростей (справа)*

**Выводы**

Компенсация неоднородного строения ВЧР достаточно эффективно выполняется с использование статических поправок расчитаных по преломленным волнам. Итерационность процессов уточнения статики и кинематики есть необходимое условие получения оптимального результата при получении статического решения. Достоверность получаемых поправок можно обосновать с помощью зависимостей время-глубина между картами изохрон и глубинными отбивками по исследуемым горизонтам.

Расчет длиннопериодного тренда статических поправок через интервальные скорости и замещение слоя позволяет учесть региональную статику исследуемой площади и компенсировать скоростные аномалии разреза не учтённые предыдущими инструментами. После ввода длиннопериодной статики закономерно улучшение сходимости T0 и глубинных поверхностей.

Комплексирование различных подходов при решении описанных задач, целесообразно и оправдано. Однако не всегда описанные методы учета особенностей строения ВЧР способны в достаточной степени скомпенсировать имеющиеся неоднородности, в сложно построенных средах зачастую требуется проведение дополнительных исследований.

**Библиография**

1. В.С. Козырев, А.П. Жуков, И.П. Коротков, А.А. Жуков, М.Б. Шнеерсон, Москва НЕДРА 2003, Учет неоднородностей верхней части разреза в сейсморазведке. Современные технологии.

**References**

1. V.S. Kozyrev, A.P. Zhukov, I.P. Korotkov, A.A. Zhukov, M.B. Shneerson, Moscow NEDRA 2003,Compensation for near-surface heterogeneities in seismic prospecting. Modern Technologies.

**Ранжирование сейсмогеологических условий для различных методик регуляризации.**

И.А. Чистяков* (ЗАО «МиМГО»), Н.В. Ляпин (ЗАО «МиМГО»), Н.А. Токарь (ЗАО «МиМГО»), Литвиченко Д.А. (ООО «ГАЗПРОМНЕФТЬ НТЦ»)

**Введение**

Сейсмические данные чаще всего являются нерегулярными. Причины нерегулярности данных могут быть разными. Например, наличие эксклюзивных зон на площади проведения сейсморазведочных работ, объединение съемок с разными параметрами системы наблюдения и др. Многие процедуры обработки, например, миграция, требовательны к регулярности исходных данных, плотности системы наблюдения. Существуют и активно используются различные методы регуляризации, позволяющие привести данные к регулярной сетке, отличающиеся сортировкой данных, алгоритмом интерполяции, ресурсоемкостью.

Выбор оптимального способа регуляризации обычно решается путем тестирования различных методик и сопоставления результатов на тестовом участке и зависит от конкретных задач на проекте. Нами выполнен сравнительный анализ применения регуляризации 3D с сохранением азимутов и 5D для разных регионов и сделаны выводы относительно преимуществ и ограничений обоих методов.

**Теория**

Регуляризация 3D и 5D основана на работе алгоритма, известного как преобразование Фурье против утечки, он же antileakage Fourier transform (ALFT). Выполняется временное быстрое преобразование Фурье (БПФ), за которым следует пространственное нерегулярное БПФ. Обратное преобразование применяется для восстановления трасс либо в центрах бинов (регуляризация), либо в определенных координатах (картирование), а обратное временное БПФ восстанавливает все требуемые дискреты для каждой трассы.

Неортогональность базисных функций Фурье на нерегулярной сетке приводит к явлению, известному как спектральная утечка. В результате которой энергия от одного коэффициента Фурье просачивается на другие. Алгоритм ALFT исправляет данную проблему при помощи неоднородного дискретного преобразования Фурье.

Этапы алгоритма следующие:

1. При помощи неоднородного прямого дискретного преобразования Фурье вычисляются коэффициенты Фурье:

$$\hat{f}(w_k) = \frac{1}{\Delta x}\sum_{l=1}^{n} \Delta x_l f(x_l) e^{-2\pi i k x_l} \quad (1)$$

2. Выбирается коэффициент с максимальной энергией.
3. При помощи обратного преобразования Фурье получаем сигнал, соответствующий данной гармоники:

$$f^k(x_l) = \hat{f}(w_k) e^{2\pi i k x_l} \quad (2)$$

4. Вычитается вклад данной гармоники из исходного сигнала:

$$f^n(x_l) = f(x_l) - f^k(x_l) \quad (3)$$

5. Остаточный сигнал подаётся снова на прямое неоднородное дискретное преобразование Фурье и все этапы повторяются аналогично до достижения оптимального уровня утечки спектра.

На рисунке 1 схематически представлена работа алгоритма на модельных данных для случая 1D. Рисунок 2 иллюстрирует падение уровня утечки в результате 3-х итераций выполнения алгоритма. В результате достижения оптимального уровня утечки, проводится обратное дискретное преобразование Фурье восстановленного спектра на регулярную сетку. Рисунок 3 показывает результаты восстановления модельных данных.

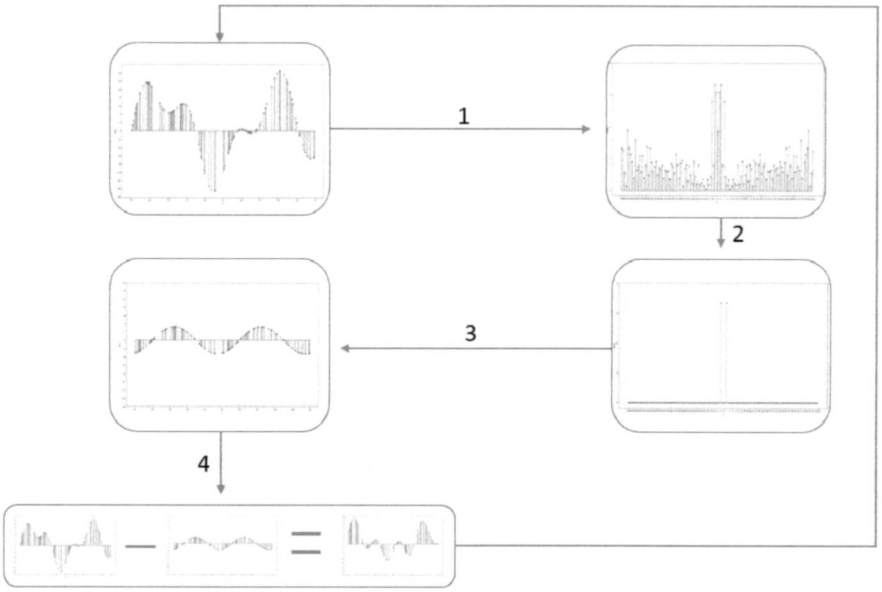


***Рисунок 1.*** *Схема работы алгоритма ALFT*

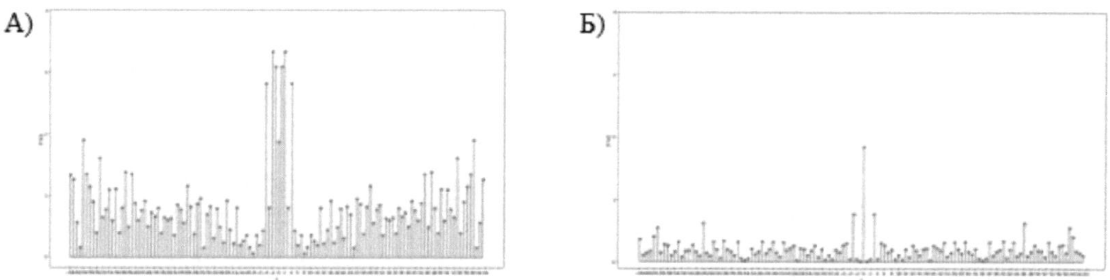


***Рисунок 2.*** *А) – спектр смоделированного нерегулярного сигнала до выполнения алгоритма, Б) – остаточный спектр сигнала после 3-х итераций цикла*

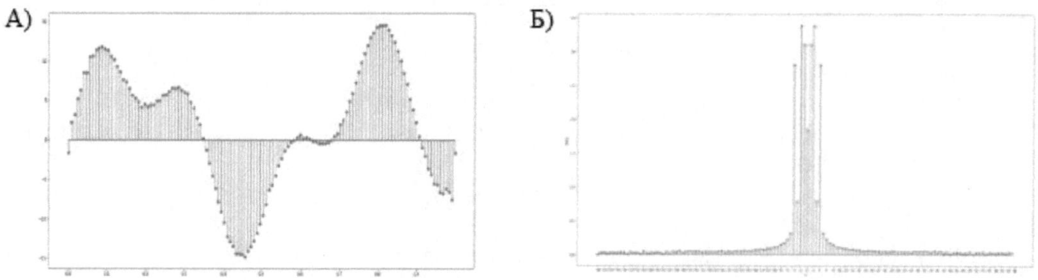


***Рисунок 3.*** *А) – восстановленный сигнал, Б) – спектр восстановленного сигнала*

**Примеры**

В настоящий момент выбор оптимальной методики регуляризации проводится в первую очередь путем тестирования, порой необходимого, а порой избыточного. Предварительный анализ факторов, оказывающих существенное влияние на результат регуляризации позволит в некоторых случаях сократить объем тестов и заранее предположить варианты наиболее эффективных решений. Наличие большого количества пропусков, различие в максимальных удалениях, при совместной обработке разных съемок, необходимость сохранения азимутов, изменчивость скорости по латерали, последующие процедуры обработки, – все это сказывается на выборе методики регуляризации.

Из общих соображений ясно, что регуляризация 5D имеет преимущество от 3D, так как оценивает спектр волнового поля, опираясь на информацию из пяти измерений (inline (offset_x) – crossline (offset_y) – offset – azimuth – время). В то время как регуляризация 3D работает в 3-х измерениях (inline (offset_x) – crossline (offset_y) – время). Однако учитывая ресурсоемкость и стоимость регуляризации 5D, во всех ли случаях она необходима? Или результаты регуляризации 3D с сохранением азимутов позволяют решить поставленную задачу? Каковы ограничения метода регуляризации 5D? Приведенные тесты регуляризации для разных регионов выполнены с целью накопления опыта, сбора статистики и в конечном счете формирования критериев и выводов относительно предпочтительного метода регуляризации в зависимости от региона, решаемых задач и исходных условий.

В одном из примеров, которые будут представлены в докладе, было выполнено тестирование регуляризаций 3D с сохранением азимутов и 5D. Данный ЛУ расположен в Волго-Уральском регионе и представляет собой объединение двух съемок с различными максимальными удалениями (3000м и 4000м) и кратностью. Площадь исследования осложнена различными техногенными сооружениями (транспортная сеть, нефтегазопроводы, населённые пункты), а также наличием большей эксклюзивной зоны – реки. На рисунках 4, 5 представлены временные разрезы до и после выполнения процедуры регуляризации 3D и 5D. Сравнение результата в области отсутствия пропусков демонстрирует сопоставимые результаты по сейсмическим разрезам, сейсмограммам огт, распределению удалений и азимутов внутри огт, притом что в местах отсутствия данных регуляризация 5D показала лучший результат, чем 3D. Также регуляризация 5D позволила сохранить дальние удаления (3000-4000м) при выравнивании общей кратности, в то время как использованием 3D регуляризации вынуждает ограничивать обе съемки удалением 3000м. По данному примеру можно сделать выводы о предпочтительном использовании регуляризации 5D из-за большого количества пропусков и необходимости объединения двух съемок. Подобное тестирование было проведено на ряде других площадей с подтверждением сделанных выводов.

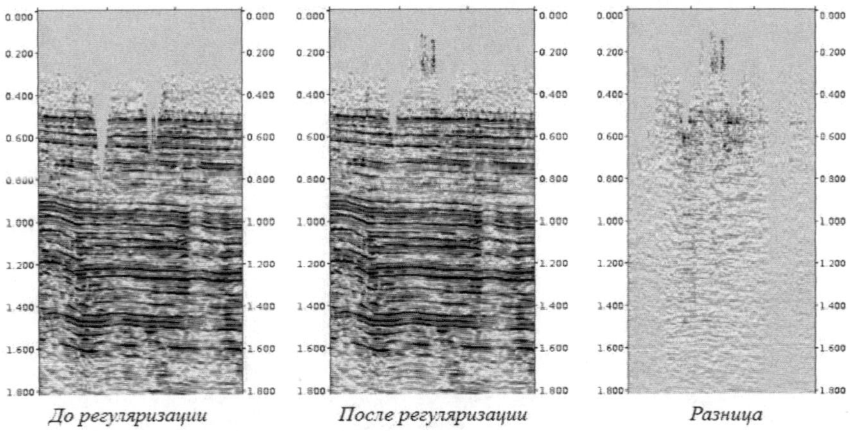


***Рисунок 4.*** *Результаты 3D регуляризации*

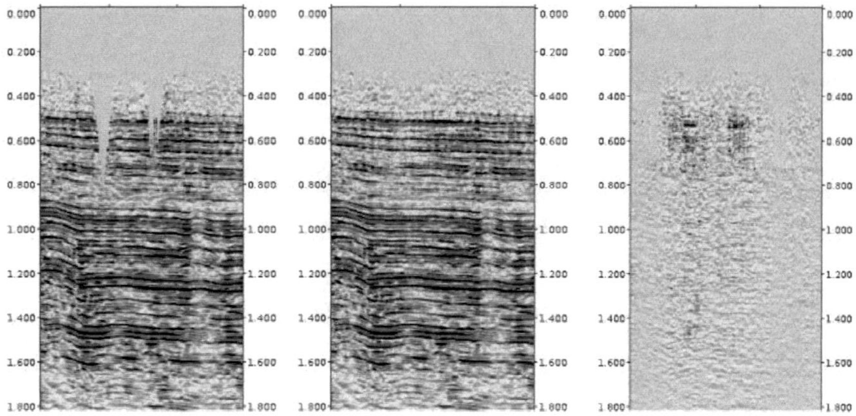


*До регуляризации* *После регуляризации* *Разница*

***Рисунок 5.*** *Результаты 5D регуляризации*

**Вывод**

5D регуляризация эффективнее работает в местах пропусков и в случае комплексирования съемок. При наличии регулярной системы наблюдения и минимального количества техногенных условий, результаты 3D, как правило, сопоставимы с результатами 5D регуляризации. В таком случае, преимущественно использовать регуляризацию 3D из-за её скорости вычисления.

**Благодарность**

Выражаем благодарность Литвиченко Дмитрию Александровичу за ряд консультаций по различным видам регуляризации ( 2D, 3D, 4D, 5D).

Выражаем благорадность ООО «ЛУКОЙЛ-Инжиниринг» и Алине Оболенской за проведение серии тематических семинаров по супервизированию и интерпретационному сопровождению обработки.

**Библиография / References**

1. Yuri Shalom de Freitas Bezerra, German Garabito and Liacir dos Santos Lucena. Seismic regularization using Matching Pursuit and ALFT, 2017.

**Результаты применения адаптивной методики построения ГСМ и миграции в обращенном времени (RTM) в условиях солянокупольной тектоники**

С.В. Акчурина*(ООО НПЦ «Геостра»), Н.С. Журавко (ООО НПЦ «Геостра»), Е.А. Кучканов (ООО «РИТЭК»)

**Введение**

Глубинная миграция до суммирования является на данный момент отраслевым стандартом для получения сейсмического изображения. Критериями эффективного выполнения данной процедуры является: точность глубинно-скоростной модели (ГСМ) и качество мигрированного волнового поля, что в свою очередь является взаимозависимыми факторами. Так скоростная модель необходима для получения мигрированных данных, а результаты миграции, в свою очередь, используются для уточнения ГСМ.

И чем сложнее геологическое строение среды, тем меньше вероятность того, что применение стандартных подходов позволит достичь качественного результата.

В настоящей работе представлен успешный опыт создания глубинно-скоростной модели с применением адаптивной методики в условиях солянокупольной тектоники. С целью точного определения положения стенок солей и отражающих границ подсолевых горизонтов при получении сейсмического изображения даже на промежуточных этапах построения ГСМ использовалось несколько алгоритмов миграции, в том числе глубинная миграция в обращенном времени (RTM).

**Теория**

Традиционно при построении сейсмического изображения в регионах с солянокупольной тектоникой используются лучевые методы построения сейсмического изображения, в частности миграция Кирхгофа. Главным недостатком миграции Кирхгофа в данном случае является предположение о единственности траектории, связывающей источник и приемник сейсмического сигнала. В условиях солянокупольной тектоники сложность распределения скоростей и наличие сильных скоростных контрастов будет приводить к сложным множественным траекториям лучей и возникновению многократно отраженных и поворачивающих волн.

Алгоритм RTM предполагает прямое моделирование нисходящего волнового поля от источника и восстановление восходящего волнового поля из зарегистрированных данных в обращенном времени. Итоговое изображение формируется корреляцией этих волновых полей в каждой точке моделируемого пространства. Такой подход позволяет корректно моделировать распространение волнового поля через ГСМ любой сложности и получать качественное сейсмическое изображение с использованием всех типов волн (потенциально включая кратные) в тех случаях, где традиционные методы не справляются: крутопадающие границы, соляные карнизы. В мировой геофизической практике миграция в обращенном времени имеет доказанную репутацию инструмента для построения финального глубинного изображения и активно используется для уточнения положения отражающих границ при построении ГСМ [1], потому что данный тип миграции позволяет точно моделировать сложные волновые эффекты как поворачивающие и многократно отраженные волны [2].

**Геологическое строение**

Рассматриваемый участок недр пространственно расположен в Волгоградской области. В тектоническом отношении участок находится в пределах внутренней прибортовой зоны Прикаспийской синеклизы, в районе, характеризующемся развитием солянокупольной тектоники.

Осадочная толща района работ представлена отложениями надсолевого, соленосного и подсолевого комплексов. Стратиграфическая мощность надсолевого комплекса, преимущественно терригенного, не является выдержанной по площади, в межкупольных зонах мощность значительно увеличивается, по сравнению с зонами над соляными куполами и грядами. Соленосный комплекс представлен чередованием соляных куполов и разделяющих их мульд, которые заполнены терригенными отложениями пермской и триасовой систем. Границы соляных куполов имеют геометрически сложную конфигурацию, нередко являются субвертикальными. Подсолевой комплекс состоит из толщи пород между кровлей фундамента и подошвой отложений раннепермского возраста.

Так же одной из отличительных особенностей исследуемой площади является большой объем соляных тел по сравнению с мульдами. Фактически можно сказать, что скоростные аномалии возникают под мульдами и на их границах, тогда как волновая картина под соляными телами преимущественно выдержанная. И именно построение ГСМ в соленосном комплексе с учетом его особенностей привело к необходимости применения нестандартных подходов.

**Концепция построения ГСМ в соленосном комплексе**

Традиционный подход к построению ГСМ при работе со средами, спецификой которых является наличие соляных тел, предполагает следующие этапы:

1. корреляция поверхности соли и миграция с априорной скоростью соли;
2. корреляция подошвы соли и построение модели подсолевых отложений.

Данный подход построения ГСМ был не эффективен на исследуемой площади из-за сложных конфигураций стенок солей, которые не интерпретируются однозначно по волновому полю.

Неопределенность корреляции границ мульда-соль дополнялась отсутствием априорной информации о скоростях и анизотропии в разрезе: отсутствие глубоких скважин в мульдах не позволяло использовать каротаж для построения и контроля уточнения скоростной модели, а отсутствие отбивок глубоких горизонтов заметно затрудняло контроль баланса скорость-анизотропия при томографическом уточнении ГСМ.

По этим причинам на этапе построения ГСМ в соленосном комплексе был использован адаптивный подход, заключающийся в итерационном процессе уточнения геометрии соляных тел и скоростей миграции.

На начальном этапе формирования структурного каркаса скоростной модели соленосного комплекса выполнили начальную, во многом условную, интерпретацию поверхности соли и назначили априорные скорости отстраиваемых формаций, значения которых были рассчитаны по имеющимся скважинным данным. Корреляция поверхности соли выполнялась с использованием Multi-Z поверхности, так как на изучаемой площади работ присутствуют такие морфологические особенности соляных тел, как нависания, козырьки и др.

Далее, используя алгоритм миграции в обращённом времени на ограниченных участках площади и с разряженной сеткой ПВ, итеративно уточнялась конфигурация поверхности соли. При этом, сейсмическое изображение после миграции в обращенном времени использовалось как для корреляции стенок соляных тел, так и для контроля качества изображения подсолевых горизонтов под соляными карнизами и стенками мульд, недоступных для миграции Кирхгофа (Рис. 1).

Использование графических процессоров, миграция на низких частотах (до 30 Гц) с разрядкой ПВ на ограниченных объемах сейсмического куба, представляющих наибольший интерес, позволили получить промежуточные глубинные изображения высокого качества за время сопоставимое с полной миграцией Кирхгофа.

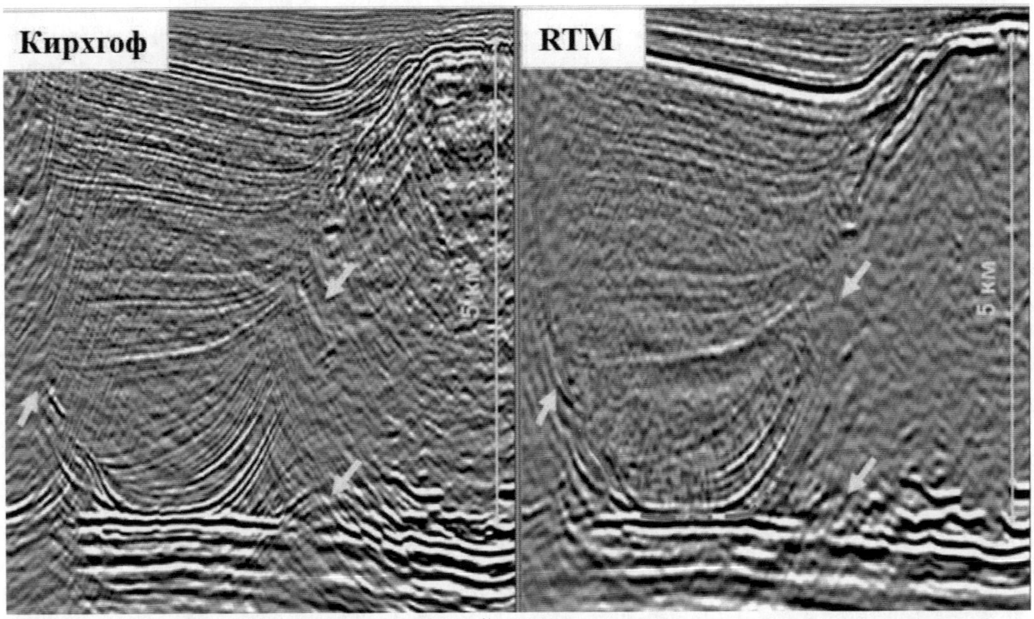


***Рисунок 1.*** *Пример вертикальных сечений мигрированного волнового поля, полученных в результате применения глубинной миграции до суммирования по алгоритмам Кирхгофа и RTM, для уточнения корреляции стенок соляных тел*

Корректность построения контролировалась по критерию успешности фокусировки как стенок соляных тел, так и нижележащих отражающих границ подсолевого комплекса (Рис. 2).

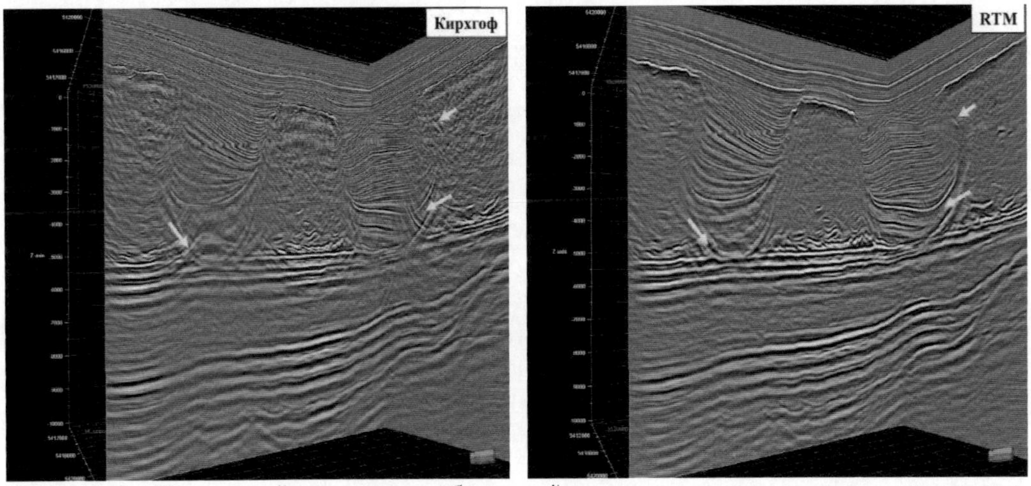


***Рисунок 2.*** *Пример сейсмических изображений, полученных в результате применения глубинной миграции до суммирования по алгоритмам Кирхгофа и RTM, для контроля качества изображения подсолевых горизонтов под соляными карнизами и стенками мульд*

На завершающем этапе работ проведено томографическое уточнение скоростей в подсолевом комплексе, расчёт параметров анизотропии для соленосного и подсолевого комплексов и финальное глобальное уточнение кинематических параметров всех формаций ГСМ.

По итогам реализации представленной концепции была получена глубинно-скоростная модель требуемой точности, представляющая собой геологически непротиворечивую аппроксимацию изучаемой среды (Рис. 3).

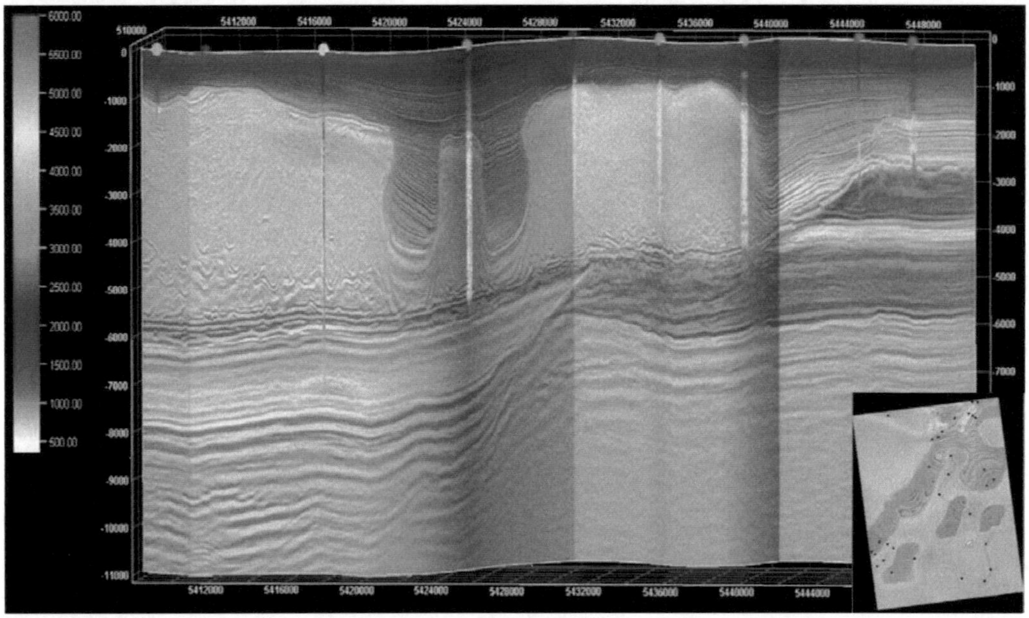


***Рисунок 3.*** *Пример модели интервальных скоростей с наложением данных акустического каротажа по скорости, полученной на финальном этапе построения ГСМ, и траектория траверс-линии, по которой визуализирована модель*

**Выводы**

Применение адаптивной методики построения ГСМ и миграции в обращенном времени при выполнении производственного проекта с солянокупольной тектоникой позволило получить волновое поле наилучшим образом подходящее для решения задач последующей интерпретации сейсмических данных, для корреляции опорных и целевых отражающих границ соленосного и подсолевого комплексов, а также решения иных структурных и динамических задач.

**Библиография / References**

1. Baysal E., Kosloff D. D., Sherwood J. W. C. Reverse time migration //Geophysics. Soc. of Expl. Geophys. 1983. № 48. P.1514-1524.
2. Farmer P.A. Jones I.F. Zhou H., Bloor R.I., Goodwin M.C. Application of reverse time migration to complex imaging problems // First Break. Vol. 24. Is. 9. P. 65–73.

**Улучшение качества результатов временной обработки данных сейсморазведки с применением технологии CRS обработки на примере сложного месторождения из Башкирии**

Т.Р. Шамсутдинов* (ООО «ПетроТрейс Сервисиз»), А.З. Недоступов (ООО «ПетроТрейс Сервисиз»), Т.Р. Шарафутдинов (ООО «ПетроТрейс Сервисиз»), Р.А.Хафизов (ООО «ПетроТрейс Сервисиз»)

**Введение**

Задача обработки сложных сейсмических данных на сегодняшний день стала нормой как для стороны заказчика, так и для команд исполнителей обработки. Материал становится всё сложнее, сроки короче, а привычные методы обработки сейсморазведочных данных, которые зачастую используются и предлагаются, не всегда позволяют получить качественные результаты, что приводит к дообработке уже имеющихся результатов, пересмотру графа обработки, поиску новых решений уже непосредственно в процессе обработки, а это – смещение, либо срыв сроков проекта.

Особенно, такая картина проявляется в районах со сложным структурно – тектоническим строением месторождений. В таких ситуациях сложно угадать, дадут ли стандартные подходы в обработке достаточно достоверный результат для дальнейшей интерпретации, который будет отражать наиболее приближенную к реальной геологии волновую картину.

Одним из вариантов решения данной проблемы, является использование более продвинутых технологий обработки, таких как многомерная параметризация CRS по методу общей отражающей поверхности. Особенностью этой технологии является учёт произвольных наклонов и искривления отражающих горизонтов за счёт многомерной параметризации волнового поля (в зависимости от конкретной реализации метода). Технология CRS также позволяет проводить многомерную регуляризацию в 5+ доменах, а именно: время, инлайн, кросслайн, удаления, азимут и учёт кривизны годографа. Эта особенность может стать ключевой в пользу выбора специальной обработки CRS в случае, когда полевые данные получены с неравномерной сеткой, изобилуют пропусками, выносами из-за рельефа или техногенных проблем, а также в областях со сложным структурно – тектоническим строением месторождений.

**Постановка проблемы проекта**

В ходе обработки сейсморазведочных данных специалистам приходится сталкиваться с различными вызовами, которые требуют от обработчика не только умения и многолетнего опыта, но и неординарности в выборе подхода в обработке.

В рамках работ на площади в Башкирии, перед специалистами была поставлена задача обработать материал, который имел целый ряд осложняющих факторов, таких как:

- Сложность бурения глубоких взрывных скважин из-за твердых плотных пород, наличия гравия и сложных поверхностных условий. Скважины бурились на глубину 1,5 метров
- Невозможность работы больших бурстанков из-за сложных поверхностных условий. Крутизна склонов достигает 45 градусов и более, что влечёт за собой выносы и изменение сетки наблюдений
- Сильно изменчивые сейсмогеологические условия в верхней части разреза. Проблема расчета статических поправок
- Сильный фон помех. Большая часть отношения сигнал/помеха менее значений 1-3
- Наличие горст-грабенных структур и разломов

**Примеры результатов обработки**

Граф обработки базового технического задания не решал геологические задачи, поставленные геологическим заданием. Только путём использования всех возможностей CRS обработки, учитывая все осложняющие факторы геологии, специалистам удалось получить кондиционные результаты, демонстрирующие высокое соотношение сигнал/помеха, отличную прослеживаемость отражающих горизонтов с сохранением истинных характеристик полезного сигнала.

Некоторые из примеров полученных результатов представлены на рисунках 1 – 3.

В рамках этих примеров приведены фрагменты временных разрезов до и после применения специальной обработки CRS.

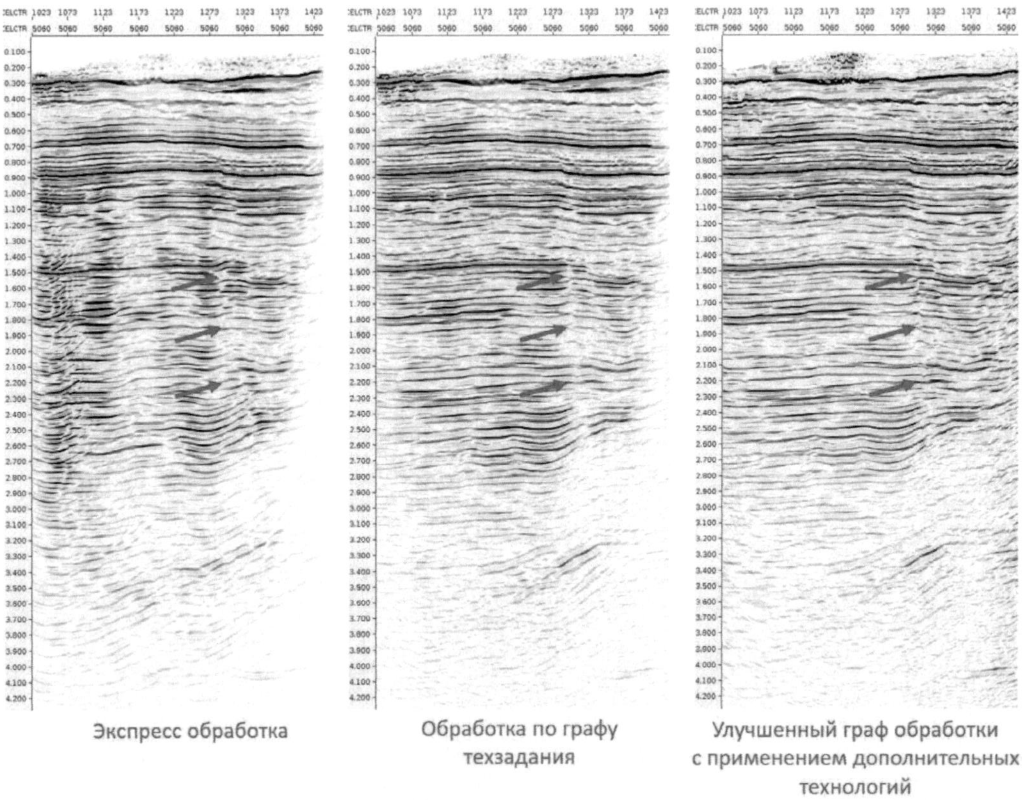


***Рисунок 1.*** *Пример результатов после экспресс-обработки, обработки по техзаданию и обработки после применения процедур по технологии CRS*

Проблематика участка работ заключалась в том, что стандартная обработка позволяла лишь увидеть отголоски грабена в волновом поле. Что не позволяло полноценно решить поставленную задачу детализации строения месторождения (рисунок 1 в центре). В результате применения алгоритмов многомерной параметризации технологии CRS удалось существенно повысить детальность отображения малых и сложных структур, особенно интересуемого грабена. А именно, выполнена детализация внутреннего строения грабена, заключавшаяся в выявлении второй ступени внутри основного грабена. Это позволило построить более точную сейсмогеологическую модель месторождения и решить поставленные геологические задачи. Данные результаты получены в тесной кооперации со специалистами отдела интерпретации заказчика, знакомыми с территориями работ.

***Рисунок 2.*** *Пример пересечения 2D сейсмических профилей до применения процедур CRS*

***Рисунок 3.*** *Пример пересечения 2D сейсмических профилей после применения процедур CRS*

**Выводы**

Выполненные работы с применением технологии CRS обработки позволили значительно улучшить изображения сейсмического материала, особенно в местах сложных геологических структур. Полученный сейсморазведочный материал позволил выявить двухступенчатую структуру грабена, выделить все тектонические нарушения различного масштаба в волновом поле и построить достоверную геологическую модель месторождения. Как правило, более качественная обработка материалов сейсморазведки приводит к уточнению ранее построенной геологической модели месторождения и получить ответы на возникающие в процессе эксплуатации месторождения вопросы.

Данный проект и его результаты стали примером того, что сложные геолого-геофизические условия требуют более глубокого изучения волнового поля на этапе обработки данных. Для сейсморазведочного материала, который был получен в неблагоприятных условиях (таких как утёсы, болота и др.), изобилующего сложными геологическими структурами (горсты, грабены, разломы) стандартный подход к обработке не всегда позволяет достичь хороших результатов. Даже при условии добросовестного выполнения стандартного графа обработки, доработка сложных моментов будет требовать дополнительных усилий команды обработки и интерпретаторов, из чего могут складываться задержки во времени, а также увеличение расходов на работы. Таким образом в случаях, когда имеется первичное понимание о сложности исходных данных, принимая во внимание геологические особенности района, требуется заранее выбрать методику, которая позволит получить качественный результат без временных потерь, дополнительных затрат на обработку, усложнения рабочего процесса. Для нужд обработки сложных данных требуется подбирать инструмент, способный справиться с подобными задачами.

Один из таких инструментов, который отлично себя зарекомендовал, является специальная обработка по технологии CRS – метод многомерной параметризации волнового поля, учитывающий произвольные наклоны и искривления отражающих горизонтов, что позволяет более точно описывать малые и сложные структуры, неподвластные стандартным методикам и технологиям обработки.

**References**

1. A. Svetlichny, G. Wittmann and A. Kovács, 2012, 3D Land Seismic Multisurveys Merge, 2nd EAGE International Conference KazGeo, Oct 2012, cp-315-00050
2. Schonewille, M., Klaedtke, A., Vigner, A., Brittan, J., Martin, T., 2009, Seismic data regularization with the anti-alias anti-leakage Fourier transform: First Break Issue 9, vol. 27
3. Xu, S., Zhang, Y., and Lambaré, G., 2010, Antileakage Fourier transform for seismic data regularization in higher dimensions: Geophysics 75, 113-120 (2010)

**Контроль качества и неоднозначность 4Д бинирования**

К.Р.Старков (ООО «ПетроТрейс»), С.А. Полянов (ООО «ПетроТрейс»), А.Е.Королев (ООО «ПетроТрейс»), А.А.Шевченко (ООО «ПетроТрейс»)

**Введение**

Основной геологической задачей при проведение повторных сейсмических наблюдений на разрабатываемом месторождении является изучение различий, обусловленных выработкой нефтяного или газового пласта. Изменение физических свойств пластов, за счет выработки пласта, может быть не большой и соизмеримой по величине с сейсмическими шумами. Поэтому технология 4Д или сравнительный анализ двух сейсмических наблюдений задача сложная и требует аккуратного контроля качества в процессе обработке данных. Оценки качества съемок 3Д такие как, распределения удалений и азимутов в бине ОГТ подходят и для, выполняемых при повторных наблюдениях 4Д. Дополнительный контроль качества при повторных наблюдениях требуется из-за того, что системы сбора данных могут различаться. Сравнение одного и того же бина ОГТ, наблюденного при базовой и контрольной съемках, предполагает сравнение положения трасс из различных съемок и поиск таких пар трасс, которые наиболее близки друг к другу. Из возможных мер близости трасс обычно используется самая простая, оценка отклонения источников и приемников двух систем наблюдений (Шевченко и др. 2017). Настоящая работа предполагает рассмотрение однозначности выбора наилучшего совпадения наблюдений при 4Д бинировании. Предлагается мера оценки FNRMS, позволяющая формализовать понятие близости сейсмического отклика при отражении от исследуемой границы (Шевченко и др. 2021).

**Изучение однозначности оценки меры расстояния для двух наблюдений**

С точки зрения системы наблюдения и полевых работ очень важно, чтобы повторная сейсмическая съемка проводилась по той же системе наблюдений, что и первая съемка. Или если повторная съемка выполняется большим количеством оборудования, то желательно, чтобы старая система наблюдений была бы частью новой системы. Такое требование для систем наблюдения связано с тем, что для получения количественно похожих суммарных или мигрированных данных нужно обрабатывать максимально близкие наборы данных. Для создания таких наборов данных выполняется специальная процедура 4Д бинирования. Задачей бинирования является сохранение в обеих съемках только «близких» сейсмических трасс. Под «близкой» парой сейсмических трасс, принадлежащих двум различным съемкам, понимается две трассы, у которых некоторая «мера близости» не превышает выбранный порог. Наиболее распространенная оценка расстояния между парой наблюденных сейсмических трасс определяется через евклидово расстояние по формуле:

$$SRD = \sqrt{(X_{02} - X_{01})^2 + (Y_{02} - Y_{01})^2 + (X_{12} - X_{11})^2 + (Y_{12} - Y_{11})^2} \quad , \qquad (1)$$

где X и Y координаты источника и приемника в 1-ой и 2-ой съемках. Первый индекс различают источник (0) и приемник (1). Второй индекс различает первую и вторую съемки.

Если работы 4Д проводятся на море, то повторяемость систем наблюдения во многом зависит от того насколько хорошо совпадали курсы движения судов. Если курсы движения судна различаются, то среднеквадратическое расстояние между трассами (1) определяет пару «ближайших» трасс в бине ОГТ, но такой выбор может не быть однозначным.

На рисунке 1 приведен теоретический пример системы наблюдений на море в которой рассматривается один бин ОГТ. На фрагменте Рис.1А приведены положения Пунктов Взрыва (ПВ) (голубые точки) и Пунктов Приема (ПП) (желтые точки), относящиеся к одному бину ОГТ. Серые точки на фрагменте Рис.1Б соответствуют различным положениям средних точек, попадающих в бин размером 25*25 м. Данный бин получен при наблюдении базовой съемки. Если предположить, что при проведении мониторинговой съемки курс движения судна отличался от курса базовой съемки, то все трассы новой съемки получат некоторое приращение координат ПВ и ПП относительно, приведенной на Рис.1А базовой системы наблюдения. Для всех трасс указанного бина трассы мониторинговой съемки были искусственно сдвинуты на расстояния ΔX=50м и ΔY=10м относительно базовой съемки. Для анализа была выбрана трасса базовой съемки (SHTREC_0), обозначенная на рисунке 1А красным квадратным маркером. Эта трасса сравнивалась со всеми трассами мониторинговой съемки (сдвинутыми на ΔX и ΔY). Найденная ближайшая трасса по критерию SDR показана на рисунке фиолетовым треугольным маркером (SHTREC_S). С точки зрения системы наблюдения эта трасса отличается по своему положению в расстановке (ПВ, ПП, ОГТ) от аналогичной не сдвинутой трассы (SHTREC_0). Таким образом получается, что не всегда оценка SDR достигает своего минимума на трассе, имеющей одинаковое положение в шаблоне систем наблюдений для базовой и мониторинговой съемок. Конечно, различия в мере SDR для различных пар трасс могут быть не большими и в целом итоговые наборы трасс могут совпадать, но хотелось бы избежать неоднозначности в работе процедуры бинирования.

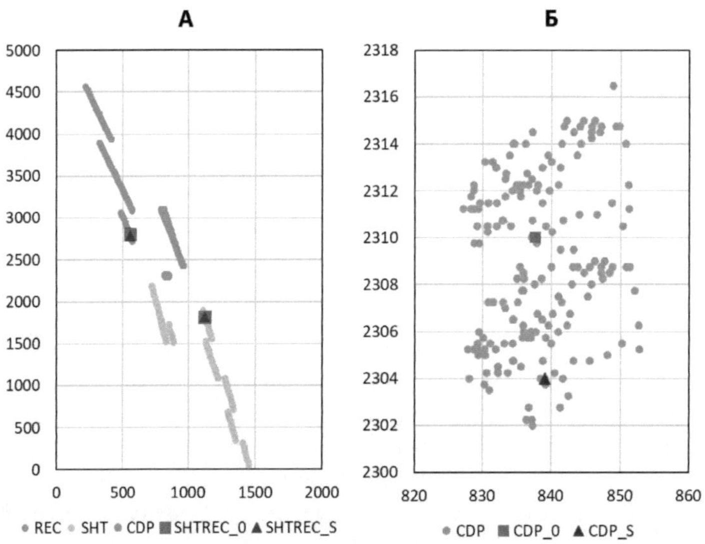


***Рисунок 1.*** *Неоднозначность оценки SRD. Распределение источников и приемников для одного бина ОГТ. А – положение приемников (REC); положение источников (SHT); положение точек ОГТ (CDP); пара источник приемник без сдвига (SHTREC_0); пара источник-приемник со сдвигом относительно базовой съемки (SHTREC_S). Б – положение средних точек (CDP) в одном бине. Средняя точка без сдвига относительно базовой съемки (CDP_0); средняя точка со сдвигом (CDP_S)*

Рассмотрим, как формируется оценка SDR в формуле (1). При проведении мониторинговой съемки каждая трасса из шаблона базовой съемки сдвигается на расстояния ΔX и ΔY, определяемые различием курсов судна. Пусть $\Delta X_0$ и $\Delta Y_0$ изменение координат ПВ и $\Delta X_1$ и $\Delta Y_1$ изменение координат ПП при сравнении по формуле (1). Выберем одну трассу из базовой съемки и сравним её со всеми трассами из мониторинговой съемки. Если сравниваемые трассы базовой и мониторинговой имеют одинаковое положение в шаблоне системы наблюдения, то

$\Delta X=\Delta X_0=\Delta X_1$ и $\Delta Y=\Delta Y_0=\Delta Y_1$, то есть смещение ПВ и ПП определяется изменение положения шаблона системы наблюдений.

$$SRD^2 = (\Delta X)^2 + (\Delta Y)^2 + (\Delta X)^2 + (\Delta Y)^2 \ . \tag{2}$$

Для всех остальных сравниваемых трасс:

$$SRD_i^2 = (\Delta X)^2 + (\Delta Y)^2 + (\Delta X_1)^2 + (\Delta Y_1)^2 \ , \tag{3}$$

где индекс i – определяет индекс трассы в шаблоне наблюдения.

Из сопоставления формул (2) и (3) видно, что множество трасс могут иметь значение меры SRD, меньшее чем для базовой трассы. Условием для этого будет:

$$(\Delta X)^2 + (\Delta Y)^2 > (\Delta X_1)^2 + (\Delta Y_1)^2 \ . \tag{4}$$

Таким образом, для того чтобы убрать неоднозначность при выборе ближайшей трассы, с использованием меры SDR (1) необходимо ввести дополнительные критерии отбора «ближайших» трасс. При выполнении 4Д бинирования требуется анализировать положение сейсмической трассы в шаблоне системы наблюдений, выбирая те трассы, для которых бы соблюдался минимум в азимуте и величине выноса для различных съемок.

**Применение меры FNRMS и однозначный выбор наилучшего совпадения двух наблюдений**

В работе (Шевченко и др. 2017) предложена оценка меры близости пары сейсмических трасс *FNRMS*, основанная на расчете области пересечения зон Френеля отраженных сигналов:

$$FNRMS = \frac{200*(S_a)\Delta(S_b)}{S_a+S_b} \ , \tag{2}$$

Здесь $S_a$ и $S_b$ площади зон Френеля двух соответствующих наблюдений и $(S_a)\Lambda(S_b)$ площадь непересекающейся части зон Френеля (рис. 2). Такая мера различия двух сейсмических трасс зависит как от расстояния (ПП-ПВ), так и от различий в азимутах расположения ПВ-ПП для пары сейсмических трасс. На рис. 2 показаны две эллиптические зоны Френеля, имеющие различные площади. Оси эллипсов пересекаются под углом $\Psi$, причем визуально видно, что область пересечения достаточно существенно зависит от угла. Угол $\Psi$ – для однородной модели среды и плоской границы совпадает с углом пересечения линий, соединяющих точки ПВ и ПП для двух различных наблюдений.

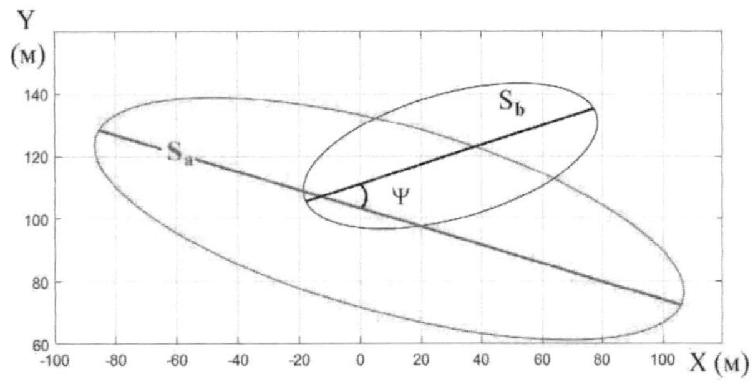


***Рисунок 2.*** *Иллюстрация возможного расположения зон Френеля двух сейсмических отражений. К определению оценки различия двух наблюдений с различными положениями ПВ и ПП.*

Физический смысл FNRMS – это отношение неперекрывающейся части зон Френеля к полу сумме площадей, выраженный в процентах. Оценки достигает своего минимума (значение 0) в том случае если две области Френеля совпадают. Равенство нулю достигается при одинаковом положении ПВ и ПП.

**Выводы**

В работе рассмотрен вопрос неоднозначности оценки бинирования 4Д данных на основе меры близости SDR (1). Неоднозначность определения ближайших трасс при 4Д бинировании может не привести к существенному снижения качества обработки данных, так как при не больших отклонениях курса корабля в повторной съемке, количество пар трасс в выходных наборах может сохраниться. Использование меры FNRMS дает возможность полностью избежать конфликтных ситуаций при бинировании. Задание модели среды для расчета меры FNRMS не является существенным, так как при 4Д бинировании точная оценка FNRMS не является принципиально важной.

**Библиография**

1. А.А.Шевченко, Б.С. Есинов, А.Е. Бронский, 2017.Сравнение геометрии двух систем наблюдений при выполнении бинирования 4д данных. Геофизика с.30-36
2. А.А,Шевченко, Д.А.Литвиченко, Ю.В.Павловский, 2021 Способ определения минимально достаточного размера бина для размещения источников и приемников при проведении сейсмической съемки. Патент на изобретение № 2779518

**References**

1. А.А.Шевченко, Б.С.Есинов, А.Е.Бронский, 2017.Сравнение геометрии двух систем наблюдений при выполнении бинирования 4д данных. Геофизика с.30-36
2. А.А,Шевченко, Д.А.Литвиченко, Ю.В.Павловский, 2021 Способ определения минимально достаточного размера бина для размещения источников и приемников при проведении сейсмической съемки. Патент на изобретение № 2779518

**Методические вопросы предсказания и подавления частичнократных волн на суммарных разрезах**

А.В.Масюков (ООО «ПетроТрейс»), Н.Н.Кушнеров (ООО «ПетроТрейс»), К.Р.Старков (ООО «ПетроТрейс»), А.Е.Королев (ООО «ПетроТрейс»), А.А.Шевченко (ООО «ПетроТрейс»)

**Введение**

Подавление частично-кратных волн на суммарных разрезах относится к интерпретационной процедуре и выполняется в графе обработки в том случае, когда по каким-то причинам кратные волны не были подавлены по сейсмограммам. Публикации по данной теме в основном касаются вопросов различных алгоритмов реализации подавления (Ross, Yu, Gasparotto - 1999; Verschuur - 1991). С точки зрения практического вопроса о подавлении той или иной волны решение принимается по результатам интерпретации, с учетом возможного моделирования волновых полей. Данная работа посвящена попытке предсказания частично-кратной волны по результатам серии 1D моделирований. Использование одномерного моделирование предполагает, что полученная модель кратной волны не будет идеально точной. Для подавления выделенной волны потребуется дополнительная адаптация к наблюденным данным.

**Подавление кратных волн по суммарным данным**

Подавление кратных волн обычно осуществляется по сейсмограммам до суммирования или миграции. В качестве определяющего признака кратной волны используется различие в эффективных скоростях однократных и кратных волн. Однако при образовании частично-кратных волн помех не наблюдается существенного различия в эффективных скоростях и такие волны, как правило, сложно подавить на сейсмограммах до суммирования. Один из возможных подходов к подавлению сложных неполнократных волн основан на моделировании и последующем их адаптивном вычитании. Алгоритм 1D моделирования кратной волны использует в качестве исходной информации трассы суммарного куба данных. Модель частично кратной волны получается путем перемножения 3-х коэффициентов отражения в кратнообразующем слое. Моделирование реализуется с помощью свертки и ковариации одной трассы разреза в специально выбранном временном окне.

Рассмотрим сейсмическую трассу как трассу пропорциональную коэффициентам отражения. Будем считать, что значение амплитуды трассы $p(t)$ – коэффициент отражения на времени $t$. Пусть частично-кратная волна от отражения на времени $t$ образуется отражением вниз на времени $t_D$ и вверх на времени $t_U$. Тогда на времени $t+(t_U-t_D)$ амплитуда этой кратной равна

$$m(t+t_U-t_D)=-p(t)p(t_D)p(t_U).$$

Знак минус в правой части обусловлен тем, что в ходе формирование кратной волны ее амплитуда умножается на отрицательный коэффициент отражения (при отражении «снизу - вверх»). Условия образования частично-кратной волны накладывает ограничение на момент ее вступления $t_U>t_D$, $t>t_D$. Используем в качестве переменной значение времени прихода частично-кратной волны $t'=t+t_U-t_D$.

$$m(t')=-p(t'-t_U+t_D)p(t_D)p(t_U),$$

где ограничение на время вступления частично-кратной волны изменяются на $t_U>t_D$, $t'>t_U$. Используя символы суммирования можно записать формулу расчета всех частично-кратных волн как:

$$m(t') = -\sum_{t'<t_U} p(t_U) \sum_{t_D<t_U} p(t_D)p(t'-t_U+t_D) \qquad (1)$$

Это формула свертка трассы *p(t)* с ее автоковариацией, в которой введены ограничения на пределы суммирования. В формуле используется переменная $t'$, для обозначения момента вступления частично-кратной волны и $t$ для обозначения времени на исходной сейсмической трассе.

На рисунке 1 приведен пример моделирования кратных волн по формуле (1). На левом фрагменте заданы три импульса, моделирующие однократные отражения от трех границ. На правом фрагменте показаны импульсы различных кратных волн, образующихся в выбранной модели. Около каждого кратного отражения подписаны номера границ, от которых происходило образование кратных импульсов.

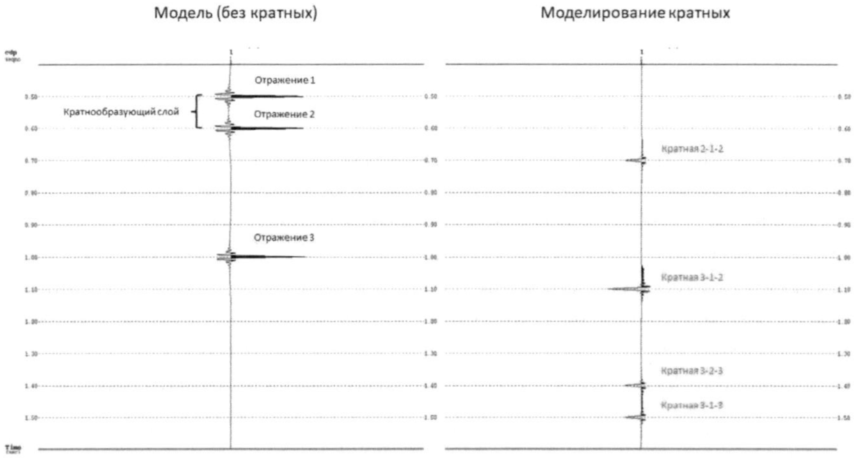


***Рисунок 1.*** *Пример моделирование частично-кратных волн с использованием свертки (1).*

В приведенном примере видно, что количество кратных волн, образующихся даже на идеальной трехслойной модели большое и их амплитуда существенно зависит от величины коэффициентов отражения границ исходной модели. Формула (1) позволяет рассчитывать частично-кратные волны, образующиеся на заданных границах. Так как обычно коэффициенты отражения меньше единицы, то амплитуда кратной волны, испытывающая более двух кратных отражений, имеет малую амплитуду и достаточно редко встречается на сейсмических данных. Поэтому в большинстве практических случаев можно пользоваться формулой (1) для моделирования частично-кратных волн, с целью их подавления. Так как амплитуда и форма кратной волны при моделировании не могут быть рассчитаны корректно, при вычитании требуется адаптация модели кратной волны к сейсмическим данным.

Когда на суммарных разрезах присутствует много границ, сложно разобраться в модели среды и определить какие из отражающих границ являются кратнообразующими. Понятно, что в таком случае надо использовать моделирование, и на его основе выделять те отражающие границы, которые могут создавать кратные волны. Однако методическая проблема моделирования полно-кратных и частично-кратных волн заключается в том, что мы не имеем точной информации о распределении скорости и плотности в исследуемой среде. Следовательно мы не можем рассчитать корректные значения коэффициентов отражения и прохождения для отражающих горизонтов, которые мы наблюдаем на сейсмических разрезах. Поэтому выбор отражающих границ для формирования модели частично-кратной волны помехи требует дополнительного анализа.

Рассмотрим применение 1D моделирования по методу Баранова-Кюнеца (М.Б.Рапопорт 1993), в котором по трассе коэффициентов отражения моделируется полное волновое поле с учетом всех возможных отражений внутри каждого слоя модели. Так как мы хотим изучить зависимость образования кратных волн от коэффициентов отражения и прохождения, то создадим модель с тремя одинаковыми, равными 1 по абсолютной величине коэффициентами отражения. Знак коэффициентов отражения для первой и третьей границ положительный, у второй границы отрицательный. Для того чтобы отраженные и кратные волны приходили на одних и тех же временах мы не будем изменять скоростную модель, будем считать, что отражения находятся на временах (0.5с; 0.8с, 1.1с). Для изменения абсолютного уровня коэффициентов отражения создадим 4-е модели, нормируя исходную единичную модель, так чтобы коэффициенты отражения были равны (0.5; 0.3; 0.1; 0.01). На рисунке 2А показаны три отраженных волновых поля, для каждого поля дублировано по 10 трасс для удобства сопоставления различных событий. Для первой модели коэффициенты отражения границ большие 0.5, а коэффициенты прохождения двойного прохождения 0.75. Таким образом амплитуда первого отражения равна 0.5, амплитуда второго отражения равна -0.375, амплитуда третьего отражения 0.28125. Логично, что при больших коэффициентах отражения на волновых полях амплитуда сильно убывает с глубиной и для нашей модели различие в отраженной волне между первой и третьей границей почти в два раза. Если рассчитать амплитуду отражений для четвертой модели, то получится, что коэффициенты прохождения велики и амплитуды отраженных волн (0.01; -0.009999; 0.009998) почти точно совпадают с коэффициентами отражения.

На рисунке 2Б показан результат расчета полного волнового поля с учетом кратных волн по методу Баранова-Кюнеца. Из рисунка видно, что для входной модели с сильными отражающими границами на волновом поле в основном доминируют полнократные волны, образующиеся от первых сильных отражающих горизонтов. Для модели с маленькими коэффициентами отражения на волновом поле в основном присутствуют отраженные волны. Для средних по амплитуде коэффициентов отражения в волновом поле наблюдаются как полнкократные, так и частичнократные волны помехи.

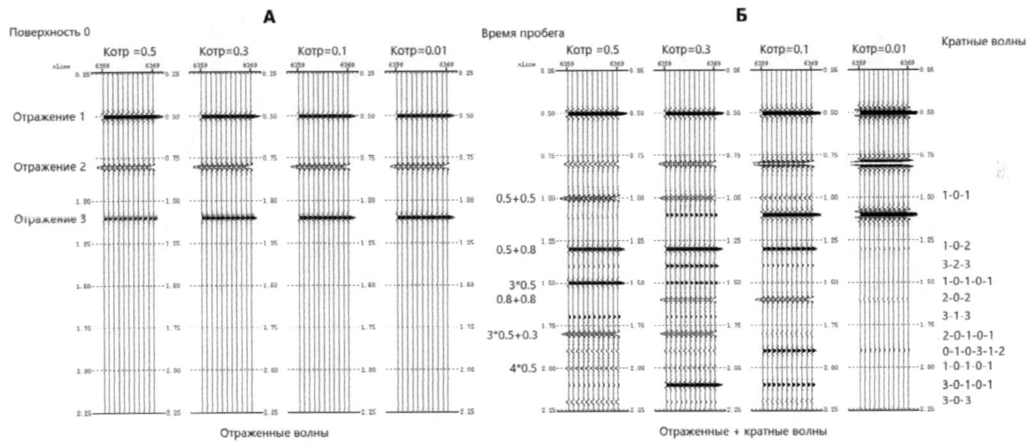


***Рисунок 2.*** *Моделирование методом Баранова-Кюнеца кратных волн при различных значениях коэффициентов отражения. Исходные модели с различными значениями коэффициентов отражения (А), используемые для расчета полного волнового поля с кратными волнами (Б). Слева от фрагмента (Б) подписаны времена вступления кратных волн, составленные из времен запаздывания прихода однократных волн. Справа от фрагмента (Б) подписаны коды отражающих границ, формирующие кратную волну. Нормировка на рисунках различная.*

При практическом подходе к подавлению частично кратных волн использование моделирования сталкивается с проблемой неопределённости модели среды по суммарным данным. Однако в том случае, когда не требуется точное инверсионное решение задачи можно использовать перебор нормировок суммарных разрезов в трассы коэффициенты отражения. Используя несколько результатов моделирования с различными нормировками можно подобрать интервал задания кратнообразующих границ для алгоритмов адаптавного подавления частично-кратных волн помех.

**Пример подавления частично-кратных волн**

Процедура вычитания частично-кратных волн выполняется по суммарным и мигрированным данным, для которых построение модели может быть выполнено неоднозначно. Полученная модель может иметь некоторые отличия от кратной волны. Поэтому адаптация вычитаемой волны всегда выполняется как интерпретационная процедура, для которой важно правильно подобрать окно анализа, в которое входят кратно образующие границы. Полученная модель волны помехи адаптивно вычитается из данных. Контроль качества через одномерное моделирование и привязку сейсмических данных, требует необходимую проверку после применения процедуры. В отличие от широко известных алгоритмов подавления кратных SRME (Verschuur, Berkhout, Wapenaar - 1992), данный подход является объектно-ориентированным и может быть применён на выбранный интервал разреза, где проявляются кратные. На рисунке 3 кратные волны отчётливо выделялись ниже поверхности несогласия. Для выбора окна анализа была выбрана верхняя часть разреза, определяющая структуру частично-кратных волн. Смоделированные кратные волны были адаптивно удалены из данных после миграции.

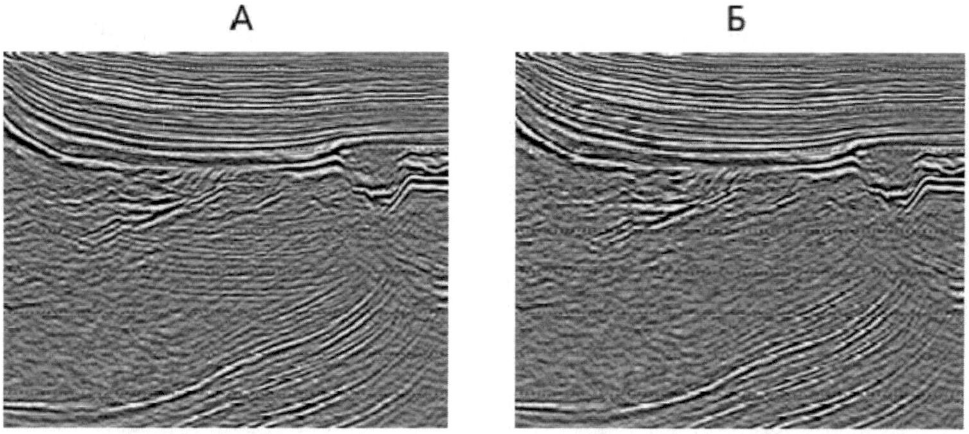


***Рисунок 3.*** *Подавление частично-кратных волн после миграции кратных волн: разрез до подавления частично-кратных волн (А), разрез после применения процедуры подавления частично-кратных волн (Б).*

**Выводы**

В работе рассмотрены методические подходы применения программы построения модели частично-кратных волн с целью ее адаптивного вычитания на суммарных данных. Предложено использование моделирования по алгоритму Баранова-Кюнеца для моделирования полей и выбора диапазона кратнообразующих границ. Показано, что использование различных нормировок суммарной трассы с целью ее использования в качестве модели коэффициентов отражения может помочь решению задачи.

**Библиография**

1. М.Б.Рапопорт Вычислительная техника в полевой геофизике. М. «Недра» 1993
2. Verschuur, D. J., Berkhout, A. J., Wapenaar, C. P. A., 1992, Adaptive surface-related multiple elimination. Geophysics, 57, 1166–1177
3. Warren S. Ross, Yang Yu, and Fernanda A. Gasparotto, 1999, Traveltime prediction and suppression of 3-D multiples. Geophysics, 64, 261–277.
4. Verschuur, D. J., 1991, Surface-related multiple elimination, an inversion approach: Ph.D. thesis, Delft Univ. of Technology.

**References**

M.B.Rapoport, Vychislitelnaya teknika v polevoy geophyzike. M. «Nedra» 1993
Verschuur, D. J., Berkhout, A. J., Wapenaar, C. P. A., 1992, Adaptive surface-related multiple elimination. Geophysics, 57, 1166–1177
Warren S. Ross, Yang Yu, and Fernanda A. Gasparotto, 1999, Traveltime prediction and suppression of 3-D multiples. Geophysics, 64, 261–277.
Verschuur, D. J., 1991, Surface-related multiple elimination, an inversion approach: Ph.D. thesis, Delft Univ. of Technology.

**Использование данных свободных от помех для расчет оператора поверхностно-согласованной деконволюции для эффективного шумоподавления**

А.М. Ханнанов* (ООО «РН-БашНИПИнефть»), Д.К. Арсланов (ООО «РН-БашНИПИнефть»)

**Введение**

Важнейшей геологической задачей обработки сейсмических данных является восстановление истинной динамики отраженных волн, при максимальном соотношении сигнал/шум и высоком разрешающей способности. Один из основных методов для решения задачи является использование поверхностно-согласованных коррекции амплитуд (SCAC) и деконволюции (SCD). В современной обработке сейсмических данных они являются неотъемлемой частью графа обработки. Поэтому эффективное применение этих методов позволяет максимально устранить изменчивое влияние поверхностных условий и поглощение геологической среды.

Помехи, такие как высокоамплитудные шумы различной природы или когерентный шум, например поверхностная волна, могут значительно влиять на результат SCAC и SCD, так как они влияют на оценку поверхностных факторов при оценке спектров трасс и их дальнейшую поверхностно-согласованную декомпозицию. Для минимизации искажающего влияния помех перед оценкой спектров трасс они фильтруются или ослабляются различными средствами обработки.

Также в последнее время используется технология робастной деконволюции (RSCD), которая позволяет обрабатывать данные в условиях наличия шумов и амплитудных выбросов, используя статистические методы и функции потерь для минимизации влияния шумов, вследствие чего обеспечивается более точный результат. Однако, если шумы и выбросы не являются существенными, то можно добиться результатов робастной деконволюции, используя обычную деконволюцию.

В данной работе представлена технология выполнения поверхностно-согласованных коррекции амплитуд и деконволюции для улучшения динамической выраженности волновой картины и минимизации ослабления сигнальной части при подавлении помех в сейсмических данных.

**Теория**

Рассмотрим некоторые предположения и основные факты, касающиеся обобщённой сверхточной модели.

*Поверхностно-согласованная деконволюция*

При стандартном подходе к решению задач динамики в современной практике обработки применяется метод поверхностно-согласованной коррекции, заключающийся в представлении амплитуд и частот трасс сейсмической записи в следующей модели:

$$\ln T_{ij}(\omega) = \ln S_i(\omega) + \ln R_j(\omega) + \ln CDP_{i+j}(\omega) + \ln OFF_{i-j}(\omega), \quad (2)$$

где T – спектр трассы; S – фактор источника; R-фактор приемника; CDP – структурный фактор (общая глубинная точка ОГТ); OFF – фактор удаления.

$$\ln T_{ij}(\omega) = \ln S_i(\omega) + \ln R_j(\omega), \quad (3)$$

Более распространенная модель в сейсморазведке учитывает статистические помехи для пунктов возбуждения (ПВ) и пунктов приема (ПП), но не учитывает хаотическое распределение помех, влияющих на результат деконволюции.

Недостатком такого подхода в первую очередь является пренебрежение вкладом шумовой компоненты, которая практически в условиях любой сейсмической съемки вносит существенный вклад в формирование общей энергии записи.

*Робастная поверхностно-согласованная деконволюция*

$$\ln T_{ij}(\omega) = \ln S_i(\omega) + \ln R_j(\omega) + \ln CDP_{i+j}(\omega) + \ln OFF_{i-j}(\omega) + \ln G(\omega), \qquad (4)$$

где G – фактор весовых коэффициентов. Весовые коэффициенты присваиваются трассам на основе оценки аномальных спектров.

Из приведенных формул можно понять, что в результате декомпозиции факторов ПВ и ПП результирующий оператор деконволюции лучше подходит «полезному» сигналу при использовании робастной поверхностно-согласованной деконволюции. Поэтому, при использовании робастной деконволюции можно пренебречь наличием помех, если подавление таковых затрагивает полезную часть сигнала.

Однако, как уже отмечалось выше, если в данных шумы и амплитудные выбросы не являются существенными, то можно добиться результатов робастной деконволюции, используя стандартную деконволюцию, т.е. в формуле (4) фактор весовых коэффициентов будет приближаться к нулю. Как мы знаем, разность амплитудно-частотных характеристик (АЧХ) вследствие изменчивости поверхностных условий неблагоприятно влияет на качество ослабления разного рода помех, где выполняется эталонное сравнение с соседними трассами, например медианные фильтры, которые используются для ослабления высокоамплитудных помех. Поэтому добиться эффективного результата ослабления помех зачастую до деконволюции не удается, они окончательно ослабляются после деконволюции, зачастую с теми же процедурами обработки.

Также, после применения оператора деконволюции в данных начинают проявляться помехи из таких частотных диапазонов, которые находились в «тени» от доминирующей частоты (обычно области высоких частот), которые необходимо подавить дополнительно. Такие помехи уже могли претерпеть некоторое частичное подавление до деконволюции из-за разницы АЧХ на разных ПВ и ПП вследствие поверхностных условий.

**Метод**

Для того чтобы эффективно выполнять ослабления помех до деконволюции и деконволюцию предлагается следующий подход в графе обработки:

- SCAC (1 итерация). При оценке спектров трасс необходимо подавить высокоамплитудные выбросы, а также мьютингом обрезать поверхностную волну.
- Максимально подавить высокоамплитудные шумы различной природы, поверхностную волну, линейные помехи, если их проявление в данных превалирует полезную часть сигнала. Часть полезного сигнала может утекать.
- SCD и SCAC (2 итерацию) по нему.
- Полученные амплитудные поправки (SCAC 1, 2) и оператор деконволюции применить к данным до подавления помех.
- Повторить подавление помех.

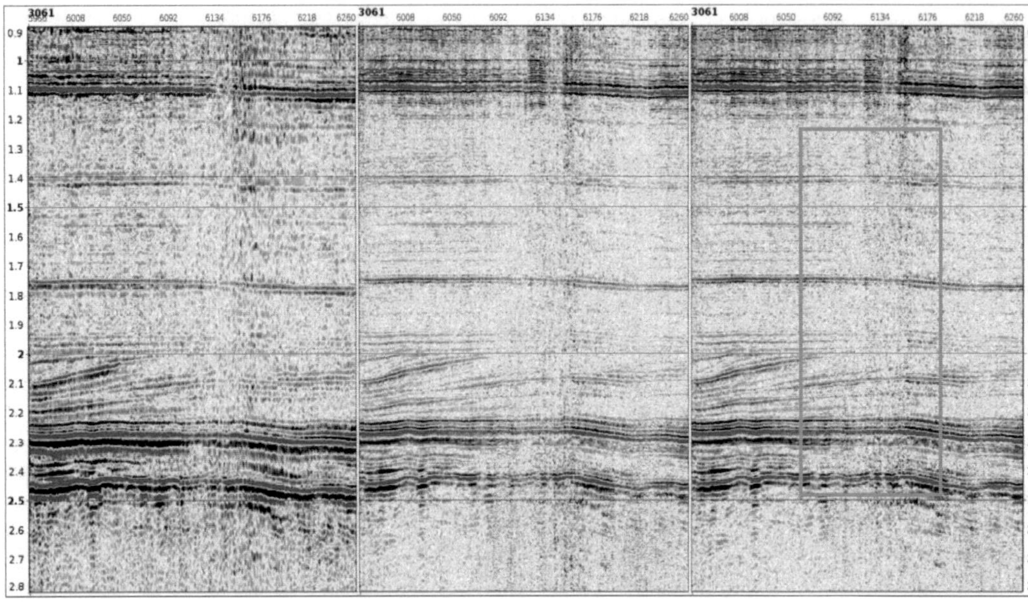


Рис.1. Временные разрезы, слева направо: а) до деконволюции; б) после поверхностно-согласованной стандартной деконволюции; в) после поверхностно-согласованной деконволюции по предложенной методике

В результате, мы максимально избавились от помех для расчёта оператора деконволюции, рассчитали его, выровняли амплитуды и применили к изначальным данным со всеми амплитудными поправками. При таком подходе у нас создаются благоприятные условия для ослабления помех многоканальными фильтрами, т.к. в данных устранено влияние поверхностных условий, АЧХ трасс выровнена. После повторного подавления помех по таким данным медианные фильтры работают эффективнее, меньше утекает полезная часть сигнала.

## Примеры

На рис. 1-2 представлены временные разрезы, сейсмограммы ОГТ после стандартной и робастной деконволюции. В результате выполнения робастной поверхностно-согласованной деконволюции, по идентичному графу обработки удалось добиться более эффективного результата ослабления помех.

## Библиография / References

1. Boganik G.N., Gurvich I.I. Seismic exploration. - Tver: AIS Publishing House, 2006. - 744 p.
2. Busygin G.V., Denisov M.S. Improving the temporal resolution of seismic records using robust deconvolution based on two-sided autoregression // Geophysics. - 1994. - No. 8.
3. Yilmaz Öz. Seismic Data Analysis: Processing, Inversion, and Interpretation of Seismic Data. – Tulsa: Socicty of Exploration Geophysicists, 2001. – 2065 p.
4. Denisov M.S. Methods of Robust Estimation in Seismic Exploration: Abstract of the thesis. … Dr. phys.-math. Sciences: Special: 04.00.12. - Moscow. state geological exploration academy. - M, 1994.

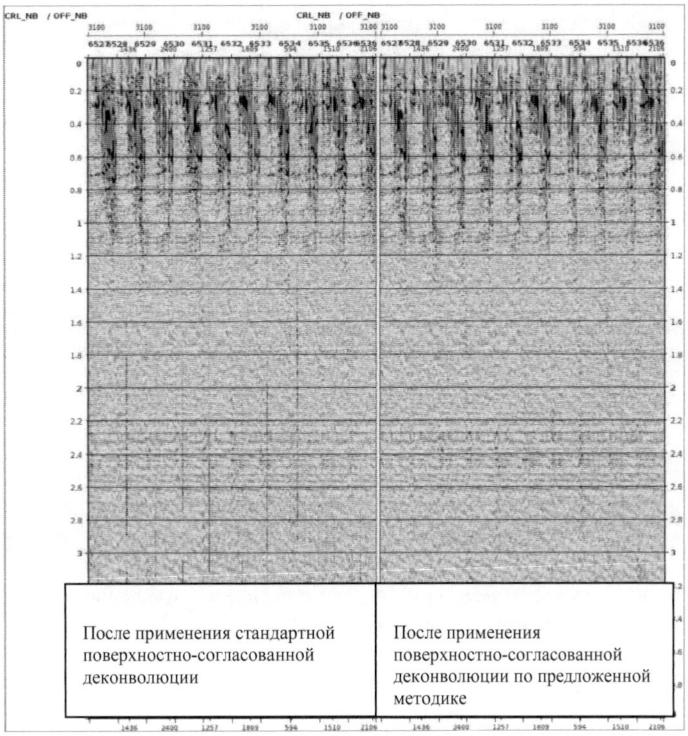


Рис.2. Пример сейсмограмм ОГТ после деконволюции слева направо: стандартная и по предложенной методике

**Выводы**

Применение современных подходов к деконволюции, как важному шагу по восстановлению динамики, необходимо и оправданно на материалах с такими сложными поверхностными условиями. Динамические параметры восстановлены, но не полностью. По ходу выполнения графа обработки необходимо применять дополнительные поверхностно-согласованные коррекции амплитуд для улучшения динамической картины, причем использовать эти процедуры в робастных вариантах.

Существуют и другие подходы к восстановлению истинной картины динамических атрибутов сейсмической записи. Такие подходы могут включать в себя, в простейшем случае, использование предварительных процедур подавления помех с последующим расчетом динамических поправок по «очищенным данным» с применением этих поправок к исходным материалам до шумоподавления. Такой подход позволяет повысить контрастность помех на фоне полезного сигнала и улучшить эффективность их подавления на повторном этапе. Недостатком такого подхода является необходимость в некоторых случаях производить большое количество итераций «подавление – расчет – применение».

Наш опыт показывает, что результаты применения предложенных подходов к деконволюции и коррекции амплитуд сейсмических записей свидетельствуют о возможности повышения временной разрешенности, улучшения динамической выраженности волновой картины, дает возможность получения более надежной геологической информации из динамических атрибутов. Однако нередки случаи, когда применение даже всего возможного арсенала технических средств и алгоритмов обработки сейсмических данных не позволяет полностью избавиться от влияния поверхностных условий и помех на динамические атрибуты записи. Во избежание таких случаев еще на этапе полевых работ должны быть приложены все усилия по обеспечению максимально однородного возбуждения и приема.

**Преломляющие границы в верхах коры в осадочных и складчатых областях по результатам когерентной обработки P- и S- волн**

П.О. Полянский* (Алтае-Саянский филиал ФИЦ «Единая геофизическая служба РАН»), А.Ф. Еманов (Алтае-Саянский филиал ФИЦ «Единая геофизическая служба РАН»), А.С. Сальников (АО «Сибирский НИИ геологии, геофизики и минерального сырья»)

## Введение

Опорный региональной геофизический профиль 3-ДВ, длина которого составляет 2650 км, пересекает зоны сочленения ряда крупных тектонических структур: Алдано-Станового щита, Сибирской платформы, Предверхоянского краевого прогиба и Верхояно-Колымской складчатой области, а также множество структур меньшей протяженности [7].

Для определения сейсмического строения земной коры на опорном профиле 3-ДВ использованы сейсмические методы ГСЗ, КМПВ и МОВ-ОГТ, основанные на регистрации отраженных и преломленных волн. Наибольшая детальность исследований - по данным отраженных волн ОГТ. Но в этих данных, помимо отраженных, присутствуют и записи преломленных волн, которые дают уникальную возможность детально определить скоростное строение верхней части земной коры (до глубин ~ 3 км). При этом обработка данных преломленных волн, методами лучевого трассирования и сейсмической томографии, зарегистрированных системой ОГТ, затруднительна вследствие значительной плотности наблюдений. В нашем исследовании для обработки этих данных использованы методы цифровой обработки преломленных волн [1, 5].

## Метод исследования

Для обработки данных используется метод динамического пересчета преломленных волн [Еманов, Селезнев, Коршик, 2008]. Преломленные волны когерентны по пространству, это проявляется в параллельности их нагоняющих годографов. Из волнового поля с использованием когерентного суммирования выделяются сигналы преломленных волн и подавляются прочие типы волн (поверхностные, отраженные и т.д.) и помехи. Иными словами, выполняется цифровая фильтрация сигналов, входящих в область прослеживания опорной волны. Области прослеживания опорных волн определяются вдоль профиля с использованием алгоритма, [2].

Динамический пересчет выполняется в сейсмограммы ОПВ, ОПП или во временные разрезы с фиксированным удалением источник-сейсмоприемник (*L=const*). Варьируя области прослеживания волн и значения *L*, в которые выполняем пересчет, получаем разрезы по преломленным волнам, соответствующим разным преломляющим границам. Принципиальное отличие временных разрезов по преломленным волнам от результирующих временных разрезов метода ОСТ в том, что в нашем случае извлекается информация о линейных преобразованиях сигналов в среде вдоль лучей головной волны, а в методе ОСТ извлекается информация об элементах отражающей границы. Как и метод общей средней точки, динамический пересчёт позволяет выполнять цифровую автоматизированную обработку данных систем наблюдений с многократными перекрытиями. Примеры временных разрезов, секущих разные геологические структуры вдоль линии опорного профиля 3-ДВ, представлены на рис.1. Анализируя такие разрезы, можно оценить изменение по латерали частотного спектра преломленных волн, вычислить значения их граничной скорости и значения $t_0$, [6].

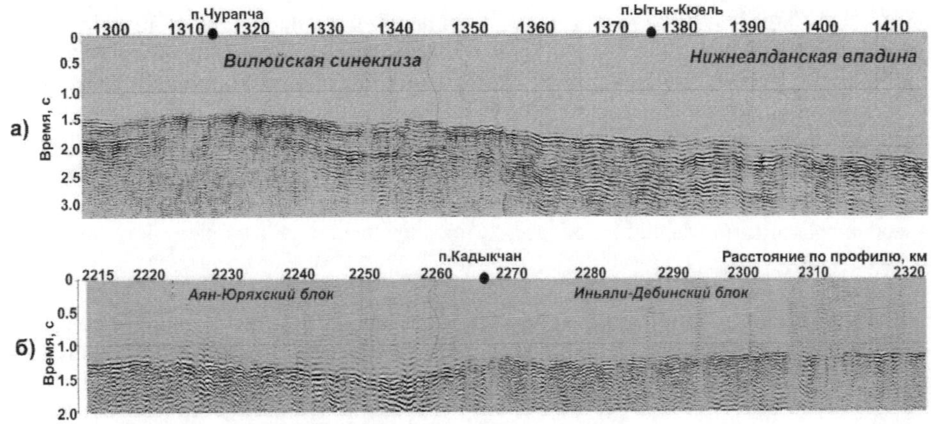


***Рисунок 1.*** *Примеры результатов динамического пересчета во временные разрезы вдоль Центрального (а) и Северо-Восточного (б) участков опорного профиля 3-ДВ.*

**Интерпретация результатов**

На рисунке 2 показан построенный скоростной разрез верхней части коры зоны сочленения Сибирской платформы и Верхояно-Колымской складчатой области, [2].

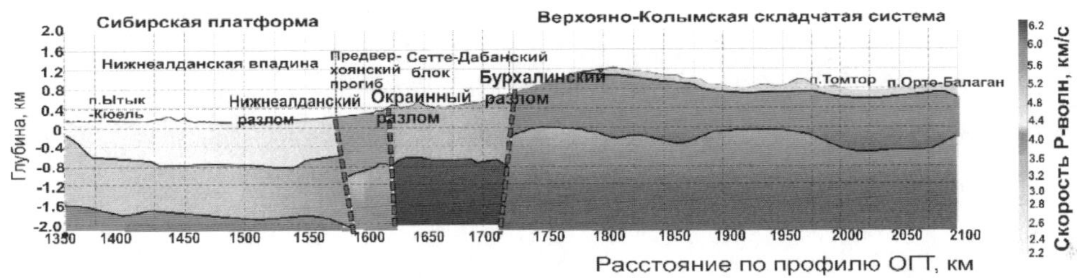


***Рисунок 2.*** *Скоростная модель (по данным продольных преломленных волн) верхней части коры зоны сочленения Сибирской платформы и Верхояно-Колымской складчатой области.*

Представленное скоростное строение верхней коры в интервале профиля 1400-1600 км (пересекающем часть Сибирской платформы) – два слоя и подстилающее полупространство. Первый слой со скоростью продольных волн 2.2÷2.6 км/с залегает на глубинах до -0.8 км от уровня моря. Зафиксированные значения скорости свойственны менее плотным осадочным породам молодого возраста, которыми сложена Нижнеалданская впадина [9], поэтому первая преломляющая граница трактуется как основание этой впадины. В промежуточном слое скорость *P*-волн составляет 3.8÷4.2 км/с при коэффициенте рефракции $\gamma \sim 0.03$ км$^{-1}$. Подошва второго слоя прослежена на глубине ~2 км от уровня моря, граничная скорость продольных волн на ней ~5.9 км/с. Эта граница интерпретируется как кровля фундамента Сибирской платформы под Нижнеалданской впадиной. В верхней коре в области Предверхоянского прогиба при скорости продольных волн в покрывающей толще 4.0 км/с прослежена одна преломляющая граница на глубине ~1.0 км, со значением граничной скорости продольных волн ~5.5 км/с. Вычисленные значения скорости в покрывающей толще свойственны осадочным породам, граничная скорость продольных волн также недостаточно велика для кристаллических пород фундамента. Кроме того, из публикаций [8] известно, что общая мощность осадочного чехла в зоне Предверхоянского краевого прогиба превышает 8 км. Поэтому преломляющая граница является литологическим разделом в осадочном чехле. Сетте-Дабанский блок характеризуется повышенными значениями скоростей *P*- и *S*-волн в верхней коре. На построенном скоростном разрезе на глубине ~1.0 км фиксируется преломляющая граница со скачком скорости продольных волн от 4.8 км/с до 6.4 км/с и сильной рефракцией волн ($\gamma$~0.09 км$^{-1}$). На геологическом разрезе земной коры Сетте-Дабанского блока [7], на глубине ~1.2 км фиксируется стратиграфическое несогласие между карбонатными осадочными и толщей вулканогенных пород с интрузиями ультраосновных пород. Зафиксированные выше и ниже преломляющей границы значения скорости *P*-волн дают возможность интерпретировать прослеженную границу в створе профиля 3-ДВ как поверхность данного стратиграфического несогласия. Следует отметить, что ранее подобные пологозалегающие преломляющие границы, секущие геологические границы в складчатых областях, прослеживались в глубокозалегающих толщах коры, [4].

На рисунке 3 показаны построенный скоростной разрез верхней части коры вдоль Северо-Восточного участка профиля 3-ДВ (рис. 3 а) и графики значений отношения скоростей *P*- и *S*-волн (рис. 3 б).

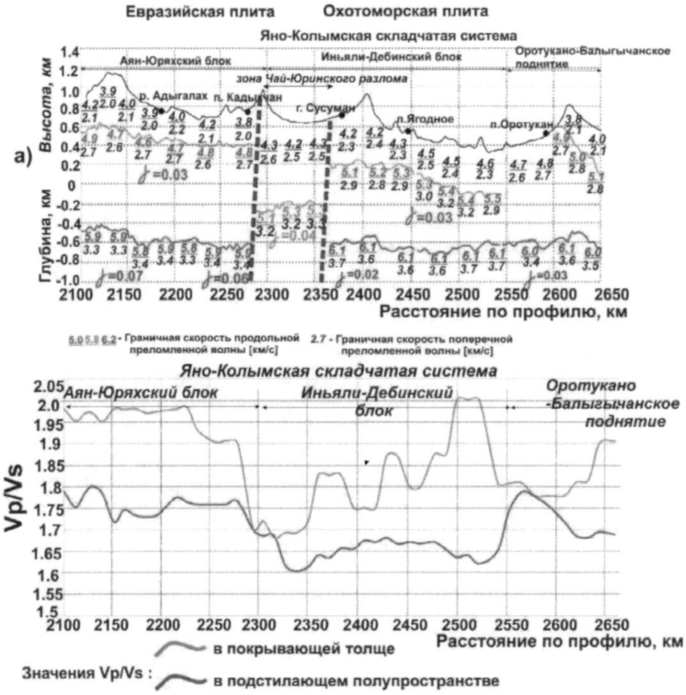


***Рисунок 3.*** *Скоростная модель верхней части коры (а) и графики значений Vp/Vs в верхней коре вдоль Северо-Восточного участка профиля 3-ДВ (б).*

На интервале построенного разреза 2100-2270 км в верхней части земной коры Аян-Юряхского блока выделено два слоя с подстилающим их полупространством. В верхнем слое зафиксированы $V_P$~3.8-4.2 км/с, $V_S$~2.0-2.1 км/с. В слое под первой преломляющей границей скорость продольных волн составляет 4.6-4.8 км/с, $V_S$~2.6-2.7 км/с. Значения скоростей и повышенные значения отношения *Vp/Vs*, изменяющиеся в диапазоне 1.90-2.0, свойственны породам осадочного чехла [3]. Вторая преломляющая граница характеризуется достаточно высокими для осадочных пород значениями граничной скорости продольных волн и поперечных волн (5.8-5.9 км/с и 3.3-3.4 км/с. Под этой преломляющей границей зафиксирована рефракция волн ($\gamma$~0.06 км$^{-1}$). На отрезке 2270-2350 км Северо-Восточный участок 3-ДВ простирается в зоне Чай-Юринского разлома, разделяющего Иньяли-Дебинский и Аян-Юряхский блоки. При этом отрезок профиля параллелен плоскости разлома. Верхняя часть земной коры в плоскости разреза между отметками профиля 2270 км и 2350 км представлена двумя толщами, граница между которыми расположена на глубине минус 0.2 км от уровня моря. Скорость *P*-волн в верхней толще меняется в пределах 4.2-4.3 км/с, скорость *S*-волн – в пределах

2.5-2.6 км/с. В нижней толще зафиксированы скорости продольных волн от 5.1 до 5.3 км/с и скорости поперечных волн от 3.2 до 3.3 км/с. Приразломная зона характеризуется пониженными значениями отношения скоростей *Vp/Vs*: в верхней толще они составляют 1.68-1.72 (коэффициент Пуассона составляет ~0.22-0.24), а под преломляющей границей - изменяются от 1.61 до 1.65 (значения коэффициента Пуассона составляют ~0.19-0.21). Вычисленные значения отношения скоростей продольных и поперечных волн и в верхней и нижней толщах, вероятно, связаны с раздробленностью пород в зоне Чай-Юринского разлома.

**Заключение**

Разработанные алгоритмы цифровой обработки данных преломленных волн и реализованное автоматизированное программное обеспечение существенно повысили производительность обработки данных на опорном профиле 3-ДВ длиной ~2650 км. Для построения временных и глубинных разрезов требуется 3-4 недели, при плотности данных свыше десяти миллионов сейсмических трасс на всю длину профиля.

Волновые поля продольных и поперечных преломленных волн, полученные как результат динамического пересчета, отражают особенности строения земной коры до глубин 3 км вдоль профиля 3-ДВ: в областях Нижнеалданской впадины и Предверхоянского прогиба зафиксированы преломляющие границы в осадочном чехле и частично поверхность фундамента Сибирской платформы; в Сетте-Дабанской и Верхояно-Колымской складчатых областях прослежены пологозалегающие преломляющие границы с наличием рефракции волн.

**Библиография / References**


1. Emanov A. F, Celeznev V.C, Kopshik N.A. Dinamicheskij pereschet golovnyh voln pri obrabotke dannyh sejsmorazvedki // Geologija i geofizika. – 2008. – T. 49, – № 10. – S. 1031–1045.
2. Emanov A.F., Poljanskij P.O., Sal'nikov A.S. Sejsmicheskaja model' verhnej chasti zemnoj kory Jugo–Vostochnoj granicy Sibirskoj platformy // Fizika Zemli. – 2021. – №3. – S.130–146.
3. Kashubin S.N., Sakulina T.S., Pavlenkova N.I., Lukashin Ju.P. Osobennosti volnovyh polej prodol'nyh i poperechnyh voln pri glubinnyh sejsmicheskih issledovanijah na akvatorijah // Tehnologii sejsmorazvedki. – 2011. – №4. – S. 88–102.
4. Krylov S.V. O prirode sejsmicheskih razdelov zemnoj kory. // Regional'nye geofizicheskie issledovanija v Sibiri. – Novosibirsk: Nauka. Sib. Otd–nie, 1967. – S. 105–122.
5. Krylov S.V., Sergeev V.N. Svojstva golovnyh voln i novye vozmozhnosti avtomatizacii ih obrabotki // Geologija i geofizika. – 1985. – №4. – S. 92–102.
6. Poljanskij P.O., Emanov A.F., Sal'nikov A.S. Postroenie skorostnoj modeli verhnej chasti zemnoj kory zony sochlenenija Evrazijskoj i Ohotomorskoj plit vdol' Severo-Vostochnogo uchastka profilja 3-DV po rezul'tatam cifrovoj obrabotki dannyh prodol'nyh i poperechnyh prelomlennyh voln // Geologija i mineral'no-syr'evye resursy Sibiri. - 2023. - №1. - S. 21-35.
7. Prokop'ev A.V. Verhojano-Cherskij kolizionnyj orogen // Tihookeanskaja geologija. – 1998. – T.17 – №5. – S. 3–10.
8. Pushharovskij Ju.M. Kraevye progiby, ih tektonicheskoe stroenie i razvitie. – M.: Izd–vo AN SSSR, 1959. – 154 s.
9. Cherkasov N.G., Sal'nikov A.S., Goshko E.Ju. Innovacionnyj prognoz neftenosnosti Juzhnogo Priverhojan'ja i Sette–Dabana // Geologija i mineral'no–syr'evye resursy Sibiri. – 2013. – № 4. – S. 25–33.

**Современные методы ИСО руками обработчика: быстро, эффективно, наглядно**

А.Р. Латыпова*, В.С. Коробкин (ООО «СЖЖ-Восток»)

**Введение**

Интерпретационное сопровождение обработки (ИСО) сегодня является отраслевым стандартом. Хотя еще несколько лет назад этому вопросу не уделяли должного внимания, положительный опыт убедил сомневавшихся в его важности. Оперативное ИСО позволяет избежать накопленных ошибок и минимизирует вероятность возвращения на ранние этапы обработки, а значит экономит ресурсы компаний.

С каждым годом задачи обработки становятся все сложнее, а сроки их выполнения - короче. И, к сожалению, не всегда есть возможность привлечь отдельного специалиста для интерпретационного сопровождения. В связи с чем возникает вопрос: есть ли возможность оптимизировать подход к ИСО без потери качества на выходе?

В рамках работы представлены новые методы, позволяющие специалистам-обработчикам самостоятельно выполнять значительную часть ИСО. Описываемые методы не заменяют инструментов, которыми обычно пользуются интерпретаторы, но дополняют их и позволяют быстро и эффективно контролировать многие параметры, которые будут крайне важны при последующем динамическом анализе.

**Методы оценки качества подавления помех**

Хорошим способом оценки качества подавления помех является расчет так называемых корреляционных сейсмограмм. Идея проста: чем выше «схожесть» каждой трассы в сейсмограмме с суммарной пилотной трассой, тем меньше на ней помех (Рисунок 1).

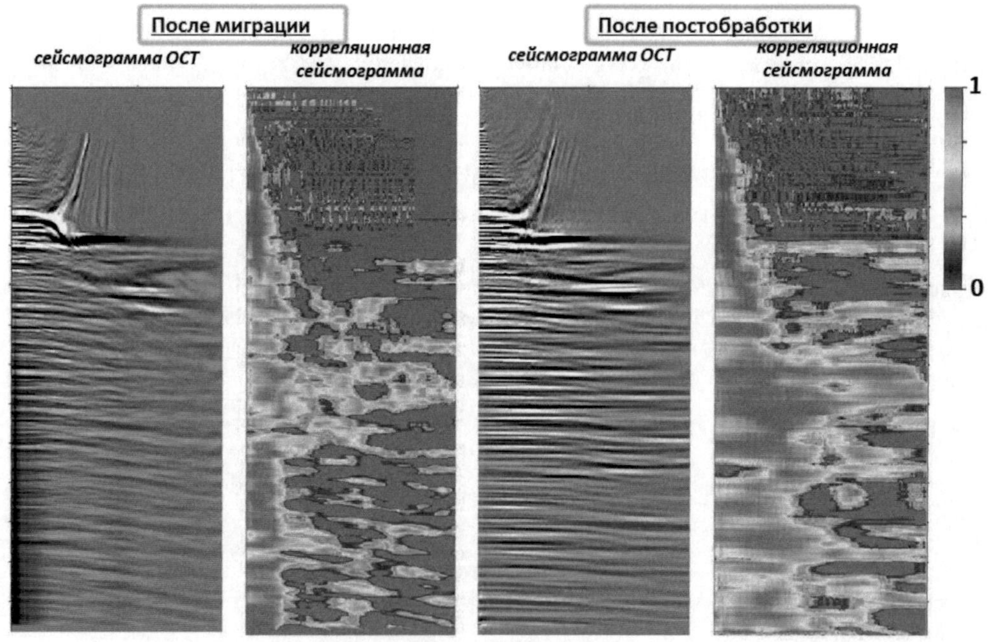


***Рисунок 1.*** *Контроль качества шумоподавления с помощью корреляционных сейсмограмм*

Ограничения такого подхода вполне очевидны. Тем не менее он позволяет быстро и наглядно получить количественную оценку эффективности таких этапов как шумоподавление, уточнение скоростей и статики, подавления кратных волн и других.

Корреляционные сейсмограммы можно использовать не только для целей QC, но и для повышения качества подготовки данных для AVO/AVA анализа [1,2]. Хорошо известно, что шумовая составляющая отрицательно влияет на результаты AVO/AVA анализа, что, в свою очередь, может приводить к ошибкам интерпретации. Используя корреляционные сейсмограммы, можно проводить отбраковку зашумленных трасс: на Рисунке 2 показано, что отбраковка в интервале 30-45 градусов позволяет повысить коэффициент корреляции с 0.3 до 0.6.

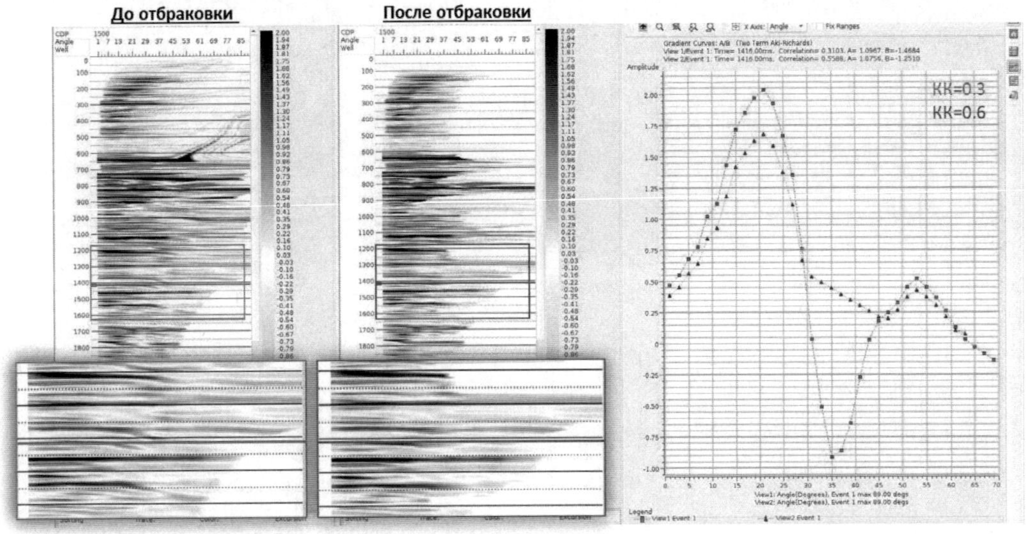


***Рисунок 2.*** *Анализ AVA-откликов до и после отбраковки данных при помощи корреляционных сейсмограмм*

**Методы оценки качества восстановления AVO распределений**

Данную группу методов QC можно отнести к продвинутому уровню, позволяющему оценивать качество обработки через призму атрибутов для AVO-анализа [3]. Алгоритм заключается в следующем:

1) после определенных этапов обработки по сейсмограммам рассчитываются AVO-атрибуты (Intercept, Gradient, Product и др.)

2) на основе полученных атрибутов рассчитываются модельные сейсмограммы

3) модельные и реальные сейсмограммы сопоставляются, количественно оценивается степень сходства: чем она выше, тем выше качество обработки рассматриваемых данных

Значимым преимуществом такого подхода является то, что его очень легко визуализировать, а значит и наглядно оценить результат. Это можно сделать как по сейсмограммам (Рисунок 3), так и по суммарным разрезам (Рисунок 4). При этом мы ожидаем, что от этапа к этапу результат будет улучшаться, что на данных до суммирования будет выражаться в более чистых разностных сейсмограммах, а на суммарных разрезах – в уменьшении количественного атрибута несоответствия (на представленном примере – красный цвет – минимальное несоответствие, фиолетовый – максимальное).

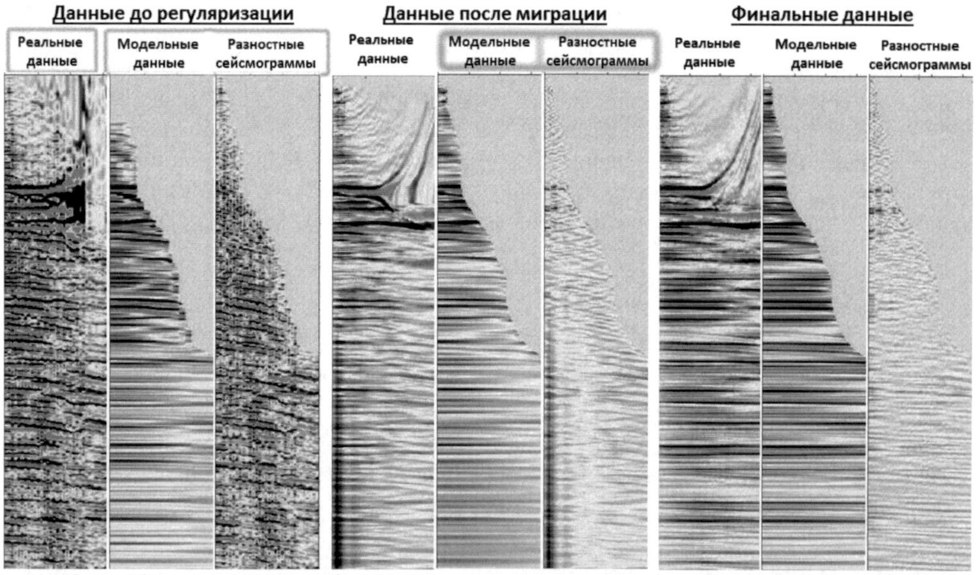


***Рисунок 3.*** *Сопоставление модельных и реальных сейсмограмм на разных этапах обработки*

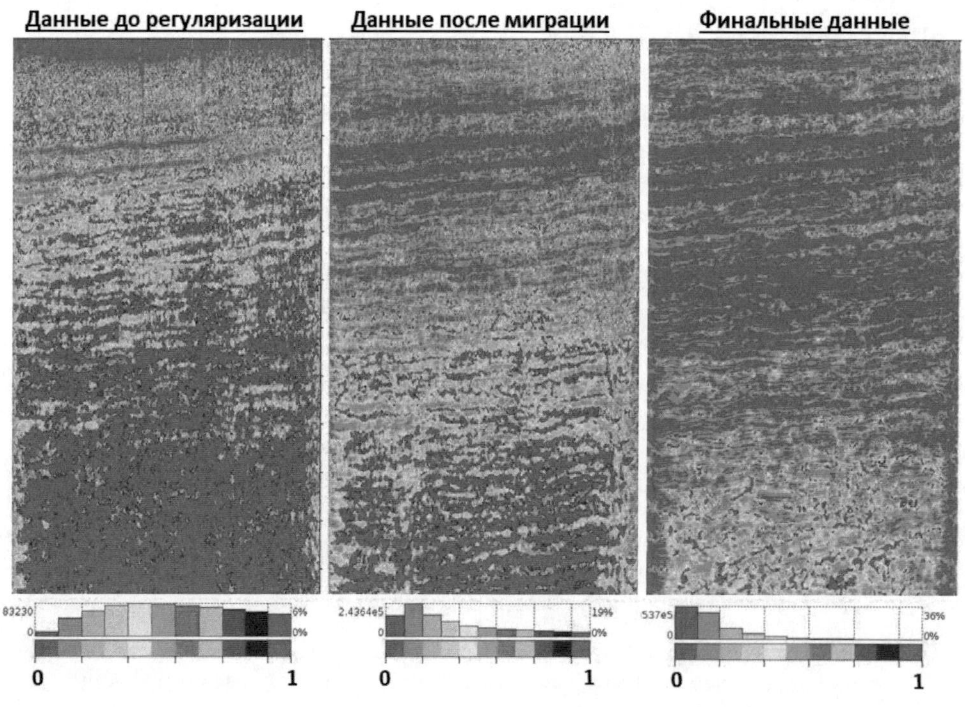


***Рисунок 4.*** *Сравнение атрибута несоответствия реальных и модельных данных на разных этапах обработки*

Другим важным атрибутом, который мы можем оценивать в процессе обработки, является стационарность импульса по площади и по угловым суммам. На Рисунке 5 представлен пример такой оценки на разных этапах обработки (А - данные после миграции, Б - финальные данные). На данных после миграции наблюдается большое расхождение на всех диапазонах углов, в то время как на финальных данных фазовый поворот между ближними и средними удалениями практически отсутствует.

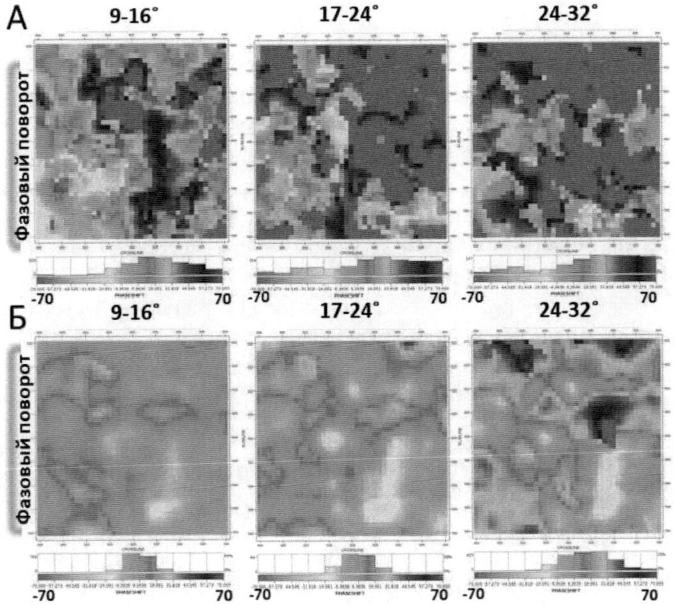


***Рисунок 5.*** *Оценка фазового поворота на фрагменте площади: А- данные после миграции, Б- финальные данные*

**Выводы**

Предлагаемые в работе методы расширяют возможности в области контроля качества данных обработки, позволяя выполнять быструю и эффективную оценку на разных этапах, что помогает избежать накопления ошибок, улучшить качество выходного материала и его пригодность для последующей динамической интерпретации.

**Библиография / References**


1. Popova O.I., Matshenko G. M. The effectiveness of applying AVO-analysis at studing the petrophysical characteristies of collectors in West Siberia // Conference Proceedings, Geophysics of the 21st Century - The Leap into the Future, Sep 200.
2. Braga I.L.S. Franco L. Preconditioning of Brazilian Land Seismic Data for Avo Analysis // Conference Proceedings, 11th International Congress of the Brazilian Geophysical Society, Aug 2009.
3. Coleou T., Coulon J.P., Carotti D., Dépré P., Robinson G., Hudgens E. AVO QC During Processing // Conference Proceedings, 75th EAGE Conference & Exhibition incorporating SPE EUROPEC 2013, Jun 2013.

**Влияние нелинейных искажений на качество полевых данных в вибрационной сейсморазведке**

И.Р. Ягудин*, Р.М. Гафаров, А.С. Жужель (АО «Башнефтегеофизика»)

**Введение**

В процессе проведения полевых сейсморазведочных работ производится постоянный мониторинг качества излучения сейсмических вибраторов по нескольким показателям, одним из которых является distortion (нелинейные искажения), и к уровню которого заказчиками уделяется пристальное внимание. Однако некоторые специалисты не в полной мере представляют, что нелинейные искажения также подразделяются на гармоники и субгармоники, которые оказывают различное влияние на волновое поле коррелограммы. В статье изложены их главные отличия и проиллюстрированы на примере конкретных сейсмограмм.

**Что такое нелинейные искажения – «Distortion»**

Distortion - эффект искажающий сигнал и характеризующий степень отличия формы реального сигнала (выходного) от проектного сигнала (входного).

При разложении проектного и реального свип-сигнала в частотно-временной области, очень хорошо видно наличие и интенсивность гармонических искажений на реальном свип-сигнале (рис.1).

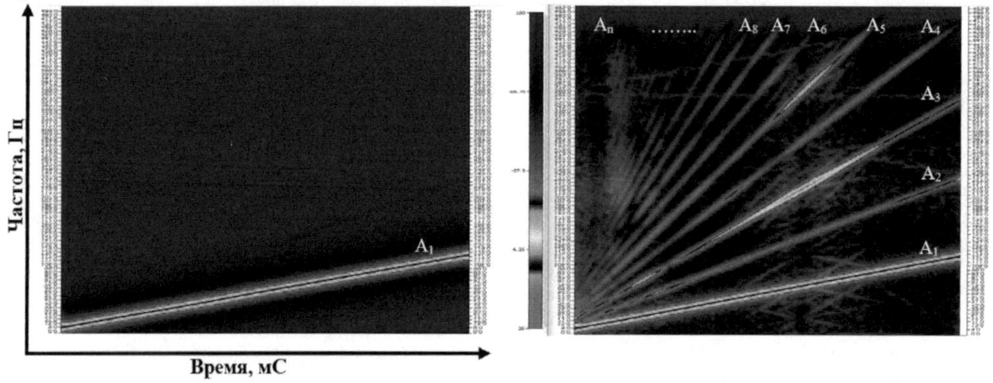


*Рис. 1. Разложение проектного (слева) и реального (справа) свип-сигналов на гармоники в области время-частота*

Основной причиной, приводящей к появлению в сигнале четных гармоник $A_2, A_4, A_6, \dots A_{2n}$, является несимметричность процесса возбуждения на контакте плита-грунт, а именно отрыв излучающей плиты от грунта при повышенных амплитудах воздействий. Появление же нечетных гармоник $A_3, A_5, A_7, \dots A_{2n-1}$, обусловлено нелинейностью передаточной характеристики дроссельного привода возбудителя вибраций [3].

Исходя из этого следует, что на определенных временах, помимо основной частоты, будут замешаны сигналы со значениями частоты в 2, 3 и т.д. большими, чем частота проектного свип-сигнала (рис.1).

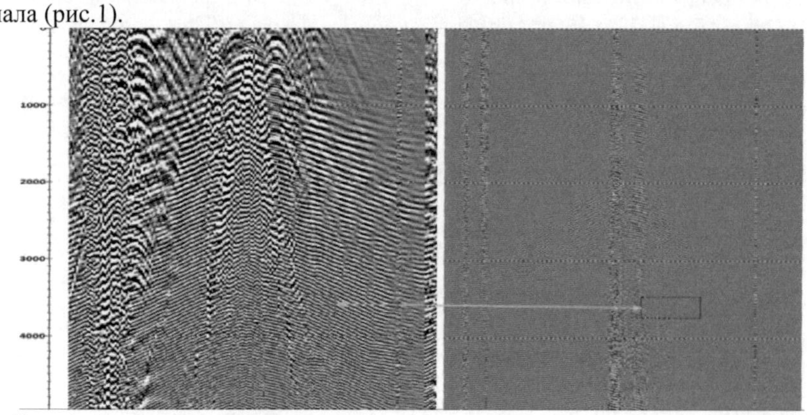


*Рис. 2. Фрагмент виброграммы без фильтрации и с применением ФВЧ 30/35 Гц*

Амплитудно-частотная характеристика (АЧХ), полученная во временном интервале виброграммы 3.5-3.7сек (рис.2) показывает, что максимальная частота сигнала здесь составляет 22Гц (рис.3, синий цвет), что соответствует частоте проектного свип-сигнала на данном времени излучения. Если к данной виброграмме применить фильтр-высоких частот 30/35Гц для удаления максимальной частоты проектного свип сигнала на этом отрезке времени, то получим АЧХ с максимумами на частотах, соответствующих кратным частотам максимальной частоты 44Гц, 66Гц и 88Гц (рис.3, коричневый цвет). Данный эффект проявляется на всех реальных полевых данных и, для каждой проектной частоты свип-сигнала имеются сигналы с частотой в 2, 3, 4 и т.д. раза превышающую проектную.

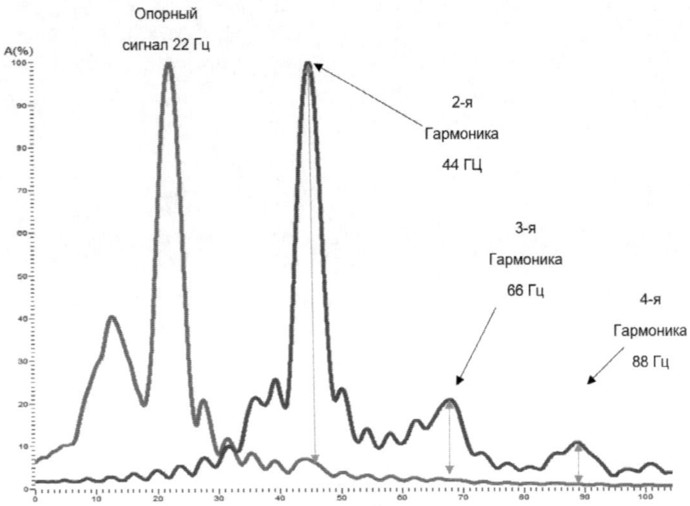


*Рис. 3. Нормированный спектр АЧХ с побочными максимумами по частоте: синий график показывает АЧХ, соответствующую проектной частоте свип-сигнала; коричневый график показывает побочные максимумы АЧХ после удаления из сигнала проектной частоты свип-сигнала*

Причина возникновения данных кратных частот — «излучатель» этих сигналов. В данном случае это вибрационный источник, так как любая система, преобразующая идеальный сигнал в реальный физический, будет иметь ограничения, как в работе своих систем, так и при передаче данного сигнала в реальную среду, тем самым искажая исходный сигнал.

Чтобы показать влияние кратных гармоник применим скользящий фильтр [1] (рис.4) к реальному свип-сигналу, оставляя только частоты проектного свип-сигнала, выполним операцию корреляции и сравним полученные коррелограммы.

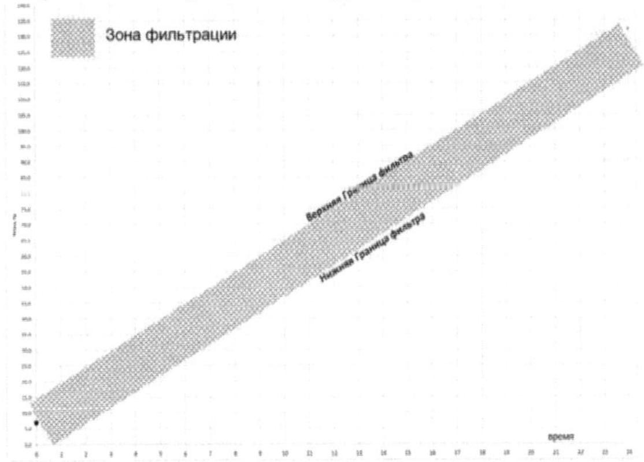


*Рис. 4. Параметры скользящего фильтра. Закрашенная зона – зона фильтрации*

Представим полученные результаты в частотно-временной области, после применения скользящего фильтра к реальному свип-сигналу (рис.5). При помощи данного скользящего фильтра удалось удалить с волнового поля все «паразитные» частоты.

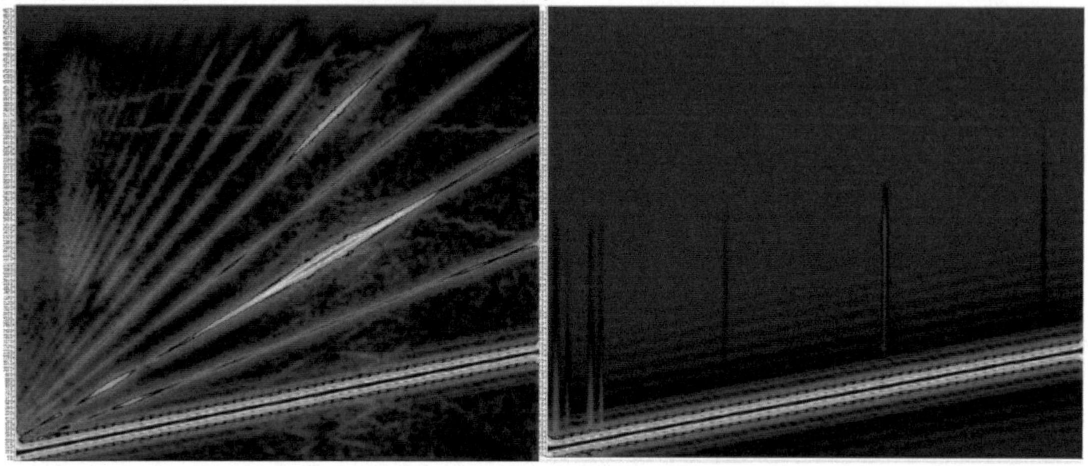

*Рис. 5. Представление реального свип-сигнала в частотно-временной области до и после скользящей фильтрации*

Применим указанный скользящий фильтр к реальной виброграмме и выполним операцию корреляции (рис. 6). Спектры, взятые в указанных окнах коррелограммы идентичны, из чего следует, что наличие на виброграмме кратных гармоник не влияет на волновое поле коррелограммы.

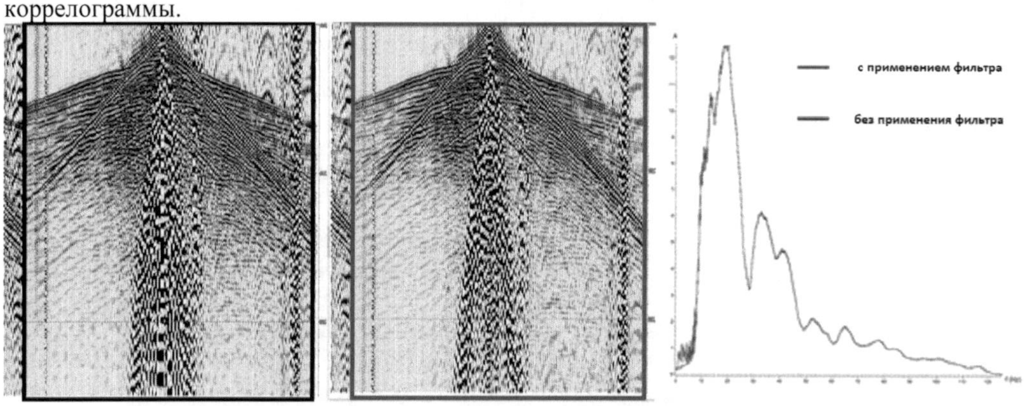


*Рис. 6. Коррелограммы и спектры до и после фильтрации виброграммы скользящим фильтром*

**Гармонические искажения низшего порядка (субгармоники)**

При работах с вибрационными источниками в излучаемом реальном свип-сигнале всегда будет доля гармонических искажений. В редких случаях неисправности вибрационного источника, либо при работах на влажных грунтах, наблюдается наличие субгармонических составляющих в излучаемом свип-сигнале.

При наличии в сигнале субгармоник после операции корреляции, на волновое поле коррелограммы будет накладываться помеха (рис.7,а). На волновом поле отчетливо видно наложение сигнала, связанного с наличием субгармоник в излучаемом реальном свип-сигнале. Спектр АЧХ помехи в 10 раз отличается от основного волнового поля в диапазоне частот 15-25 Гц для данного случая (рис.7,б).

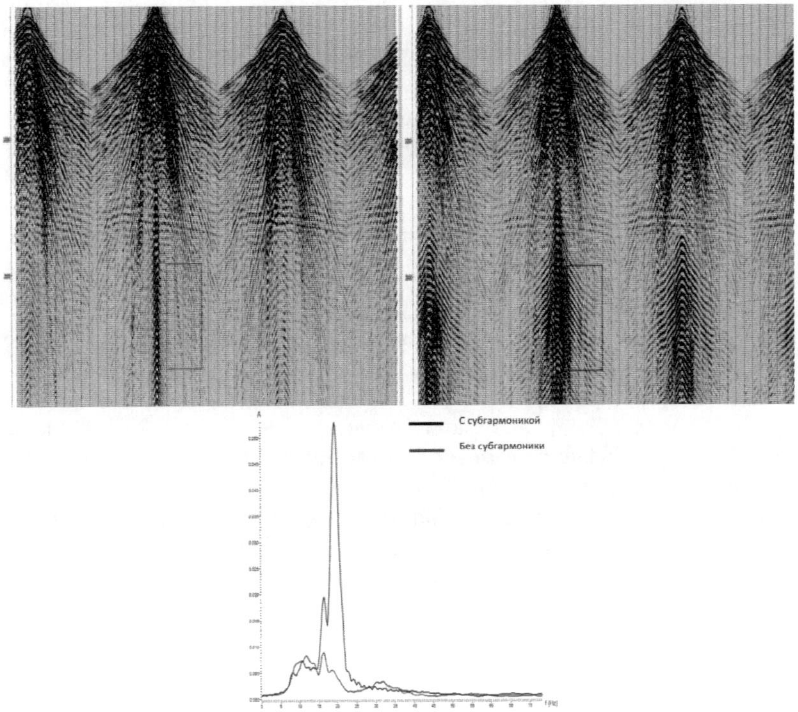


а б

*Рис. 7. Проявление субгармоники на волновом поле коррелограммы полученных в процессе производсвеный СРР и спектры в указанных окнах:*
*а – (слева) работа сейсмовибратора происходила на сухом грунте, (справа) отработка происходила на влажном грунте*

Независимо от уровня энергии субгармоники, при ее наличии, волновое поле коррелограмы будет искажено наложением гармонической помехи.

Даже при условии, что вибрационный источник работает в допуске по величине distortion, нельзя точно сказать, что субгармоника отсутствует. Наличие субгармоник в реальном свип-сигнале можно определить только по ФВК при сверке вибрационных сигналов перед началом работ или разложении реального свип-сигнала в обсласти время-частота.

## Заключение

При любом уровне значения distortion в излучаемом свип-сигнале все паразитные гармоники высшего порядка будут удалены из основного волнового поля коррелограммы после операции корреляции виброграммы с проектным свип-сигналом.

Значительные помехи, искажающие волновое поле коррелограммы могут быть вызваны наличием на волновом поле виброграммы гармонических искажений низшего порядка (субгармоники), с которыми необходимо бороться путём контроля и тестирования настроек параметров сейсмовибратора.

## References


1. Zhukov A. P., Kolesov S. V., Shekhtman G. A., Shneerson M. B., 2011, Seismic exploration with vibration sources: Tver, Publishing house GERS.
2. Gafarov R.M. Primenenie sledyashchej fil'tracii pri obrabotke dannyh Slip sweep // Geofizika. 2012. № 4. S. 47-53.
3. Spravochnik po radioelektronnym ustrojstvam. V 2 t. / Pod red. D. P. Linde — M.: Energiya, 1978
4. Sejsmorazvedka na slozhnyh signalah / YU.P. Kostrygin. - Tver' : GERS, 2002\

**Опыт проведения сейсморазведочных работ высокопроизводительным методом slip-sweep в Арктическом регионе**

Р.Х. Идиятов* (АО «Башнефтегеофизика»), И.А. Сираев (АО «Башнефтегеофизика»), А.С. Жужель (АО «Башнефтегеофизика»), Р.М. Гафаров (АО «Башнефтегеофизика»)

**Введение**

Потребность в увеличении объемов, выполняемых сейсморазведочных работ и получаемой геологической и геофизической информации, требует применения новых более эффективных технологий при регистрации сейсмических данных. В статье изложены опыт и достижения в области высокопроизводительной методики вибрационной сейсморазведки slip-sweep АО «Башнефтегеофизика». Приводятся достигнутые параметры производительности за три полевых сезона в сложных природно-климатических условиях Арктического региона. Рассказывается о новых модифицированных виброисточниках «Батыр», выпускаемых нашей компанией в рамках импортозамещения. Опыт применения данных источников позволяет сделать вывод о надежности и работоспособности в любых климатических условиях, а также возможность использовать их для работ по любым методикам включая высокопроизводительную slip-sweep. Делается заключение о том, что выполнение за один сезон значительных объемов сейсморазведочных работ возможно в условиях Арктического региона.

**Метод (и/или Теория)**

В последние годы количество партий, работающих вибрационными источниками в арктическом регионе, планомерно увеличивается. Рост востребованности вибрационной сейсморазведки обусловлен особенностями метода, связанными с возможностью управления спектральным составом возбуждаемых волн, применения корреляционных методов сжатия сигналов и их выделения на фоне помех. Сейсморазведочные работы проводимые вибрационным метод практически не наносят вреда окружающей среде, что очень важно для исследований в арктической зоне.

Разведочная геофизика является одним из основных направлений деятельности АО «Башнефтегеофизика», которая сегодня занимает лидирующие позиции на рынке сейсморазведочных услуг [1].

Сейсмическая разведка как один из наиболее прогрессивных методов нефтегазовой геологии, остается востребованной. Мы сталкиваемся с такими реалиями как необходимость обеспечения прироста запасов за счет широкомасштабных ГРР на неосвоенных территориях в сложных природно-климатических и геологических условиях, с одновременным повышением качества получаемых геофизических данных, достоверности и детализации геологической информации.

В настоящее время среди компаний недропользователей все большую актуальность и востребованность при выполнении сейсморазведочных работ вибрационным источником получает высокопроизводительная технология возбуждения и регистрации колебаний – slip-sweep («скользящий свип»). Данный метод позволяет, за относительно короткий промежуток времени (полевой сезон), выполнить значительный объем геофизических работ. Сезонность полевых работ предусматривает с одной стороны тщательное планирование, и с другой - тотальный контроль в реальном времени всего процесса регистрации данных.

АО «Башнефтегеофизика» с 2018 года успешно проводит сейсморазведочные работы по методике slip-sweep в арктической зоне. С каждым полевым сезоном объём выполняемых работ увеличивается: 1 000 км$^2$ в первый год, 1 705 км$^2$ во-второй. На данный момент, наибольший объем выполненных работ составляет 2 100 км$^2$ за полевой сезон одной сейсмопартией. Общий объем 14 300 км$^2$.

Участки работ расположены в Тазовском районе ЯНАО и на Таймыре, рисунок 1. Местность - всхолмлённая тундровая равнина с многочисленными озерами. Характерно сплошное промерзание ВЧР, за исключением низменных участков, а также в близи озер и пойм рек, где могут встречаться зоны растепления.

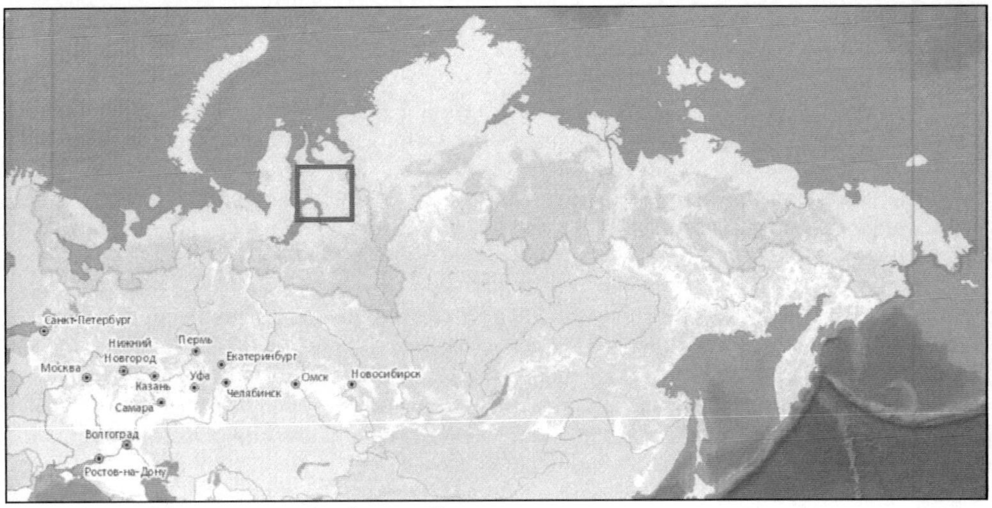


***Рисунок 1.*** *Обзорная схема района работ.*

За зимний полевой сезон 2022 – 2023 гг. был выполнен рекордный объём - 2100 км$^2$ [2], методика работ: полевые наблюдения проводились по центрально-симметричной схеме с использованием телеметрической регистрирующей аппаратуры Sercel 428XL, активная расстановка – 180 каналов на 30 ЛПП, кратность наблюдений – 225, длина записи – 8 с. Шаг пунктов возбуждения и приема 50 метров. Интервал между линиями возбуждения и приема 300 м. Длина свип-сигнала 40 с, slip-time – 14 с. Возбуждение упругих колебаний осуществлялось вибрационными источниками «Батыр» (рисунок 2), производства АО «Башнефтегеофизика» и Nomad 65T.

***Рисунок 2.*** *Установки СВ 30/150МТ «Батыр».*

АО «Башнефтегеофизика» в 2017 г. поставило перед собой задачу создания отечественного вибрационного источника возбуждения, который по своим характеристикам не уступает зарубежным аналогам. Технические возможности компании позволили разработать и запустить в производство собственные вибрационные установки - «Батыр». Проведенные тестирования показали результаты, соответствующие поставленной задаче.

Последние модификации источников «Батыр» (СВ-30/150М и СВ-30/150МТ, рисунок 2) выходят на полную мощность с 4,6 Гц, что является неоспоримым преимуществом данных установок, поскольку среди Заказчиков работ наметилась тенденция расширения излучаемого сигнала в низкочастотную область. На сегодняшний день в работе находятся 15 комплектов виброустановок «Батыр» по 5 единиц в каждом. Имеется несколько вариантов исполнения, включая гусеничный (для работы в арктической зоне).

Проведено сравнение технических характеристик излучаемого сигнала виброисточников Nomad 65T и «Батыр» (рисунок 3), выполнен анализ первичного полевого материала.

Амплитудно-частотный спектр (рисунок 3.А). Различий в мощности у Nomad 65T (красный график) и у БАТЫРа (черный график) не наблюдается. Получены стабильные поведения АЧХ.

Нелинейные искажения (рисунок 3.Б). По нелинейным искажениям оба вибратора излучают сигнал, в среднем, не превышая 20%. Это хороший показатель. Батыр на низких частотах ведет себя стабильнее.

Фазово-частотная характеристика (рисунок 3.В). Оба источника показывают стабильную ФЧХ во всём диапазоне частот с отклонением не более 10.

Функция взаимной корреляции (рисунок 3.Г). ФВК обоих вибраторов показывает, что уровень паразитных гармоник находится на низком уровне («хвосты» ФВК обоих графиков не превышают уровня -40 дБ).

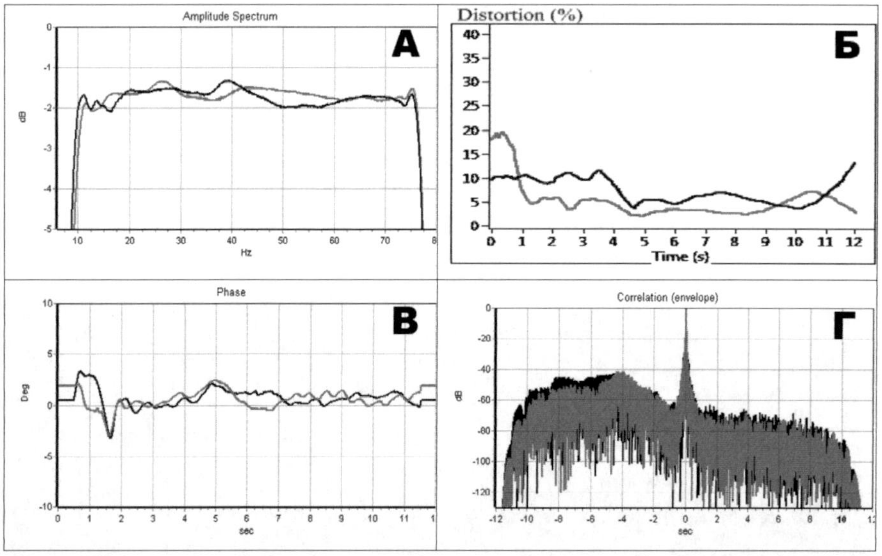


***Рисунок 3.*** *Характеристики излучаемого сигнала.*

При производстве работ по методике slip-sweep было задействовано от 4 до 7 групп вибрационных установок, которые работали последовательно одна за другой с частичным перекрытием излучаемых свип-сигналов. Группа состояла из 3 виброисточников. Время от начала излучения одной группы вибраторов до начала излучения следующей группы («slip-time») было сопоставимо с длительностью полезного интервала сейсмической записи. Тем самым значительно повысилась производительность работ, сократились сроки их выполнения.

Регистрация данных производилась в круглосуточном режиме. Операторы сейсмостанции, операторы УВСС и техники-геофизики работали посменно. Для достижения и поддержания производительности выполнялось тщательное планирование всех этапов сейсморазведочных работ, например, перемещение сейсмостанции, заправка и техническое обслуживание сейсмических вибраторов осуществлялось одновременно. Подобная организация работ позволила минимизировать непроизводительные затраты времени. Для уверенного управления виброисточниками и получения надежных данных текущего положения источников, сейсмостанция, как правило, размещалась на возвышенностях.

Наибольшая производительность за время полевого сезона составила 2900 ФН/сут. средняя 1300 ФН/сутки. Среднее время регистрации в сутки 11 ч., максимальная – 21 ч.

Работы были выполнены на достаточно высоком техническом уровне. При производстве работ применялось: надежное регистрирующее оборудование Sercel 428XL, современные виброисточники «Батыр» и Nomad 65T, одна из лучших программ для контроля качества и полевой обработки SeisPro, производительные компьютеры, соответствующие решаемым задачам и многое другое.

**Выводы**

Таким образом, выполнение значительных объемов сейсморазведки с использованием высокопроизводительного метода slip-sweep возможно в условиях Арктического региона, при четком, спланированном подходе к каждому этапу предстоящих работ.

В зимнем полевом сезоне 2022-2023 гг. в Дирекции разведочной геофизики АО «Башнефтегеофизика» сейсморазведочные работы методом slip-sweep проводились на 3 объектах: один в ЯНАО, два на Таймыре. Все проекты были сложные, но интересные и требовали профессионализма на каждом уровне их реализации. Работы выполнены с опережением плана. Не вызывает сомнений, что и в дальнейшем компания сможет обновить свои рекордно-достигнутые показатели.

**Библиография / References**

1. Ахметшин И.Н., Сираев И.А., Гафаров Р.М. Сейсморазведка. Испытание временем. Геофизика №3 – 2017.

2. Идиятов Р.Х. Отчет по объекту: Полевые сейсморазведочные работы МОГТ-3D, 2023

3. Шнеерсон М.Б., Жуков А.П. Современные технологии возбуждения сейсмических волн. Приборы и системы разведочной геофизики – 2013

**Перспективы применения малогабаритного импульсного порохового источника при сейсморазведочных работах МОГТ**

Н.В. Денисенко *, А. С. Акуленко, Гафаров Р.М. АО «Башнефтегеофизика»

**Введение**

В процессе проведения полевых сейсморазведочных работ, вопрос отработки пунктов возбуждения в эксклюзивных зонах, является одним из наиболее актуальных на сегодняшний день. Данные зоны, обусловленные наличием развитой наземной инфраструктуры, невозможностью проезда крупногабаритной техники к точке инициации возбуждения упругих колебаний, охранными периметрами объектов орогидрографической сети и лесных массивов и т.д., присутствуют в том или иной масштабе практически на любом отрабатываемом участке. Отсутствие возможности возбуждения упругих колебаний в эксклюзивных зонах приводит к возникновению значительных по масштабу и нерегулярных по расположению участков пропусков пунктов возбуждения и, как следствие, к отсутствию сейсмической информации в верхней части волнового поля по причине дефицита ближних удалений.

Для целей минимизации рисков, связанных с пропусками пунктов возбуждения в зонах данного типа, в мировой практике применяются комбинированные методики возбуждения упругих колебаний, в рамках которых, осуществляется ситуационный переход от крупногабаритных бурстанков к малогабаритным с уменьшением глубины заложения и веса заряда источника, переход на импульсные и т.п.

В рамках реализации программы по оптимизации процессов полевых сейсморазведочных работ, компанией АО «Башнефтегеофизика» в 2019-2020 гг. были проведены опытные работы, направленные на анализ эффективности и определение ограничений использования импульсного порохового источника (ИПИ) под охолощенный патрон двенадцатого калибра с максимально возможным весом пороха в патроне 5.2 гр., при проведении работ в эксклюзивных зонах.

Несмотря на некоторые технологические недостатки, связанные прежде всего с невозможностью использования традиционных систем синхронизации возбуждений, применение ИПИ имеет и серию значимых потенциально перспективных факторов, а именно: отсутствие необходимости подготовки разрешительной документации (не относится к классу «Огнестрельного оружия»), простота конструкции, лёгкость перемещения, дешевизна реализации.

**Характеристики и описание ИПИ**

ИПИ выпускается серийно и прошел сертификацию (№ РОСС RU.SA02.B11988), согласно которой соответствует ТУ4314-004-04538067-2007 и удовлетворяет требованиям ГОСТ Р 50529-93 и ТУ4314-004-04538067-2007 по прочности и безопасности. Для возбуждения использовались специально снаряженные холостые патроны (Рис. 1).

Устройство, для возбуждения колебаний, необходимо погружать в предварительно подготовленную скважину диаметром $\geq$60 мм, глубиной от 0.35 м до 1 м. Масса устройства 7.5 кг, габаритные размеры в собранном виде 1320 х 370 х 165 мм. В устройстве используется энергия пороховых газов, выделяющихся при сгорании заряда дымного или бездымного охотничьего пороха в замкнутом объеме, образуемого между патронником устройства и дном скважины. Тип используемого патрона - пластиковая гильза охотничьего патрона 12 калибра (12 х 70) с холостым зарядом [3].

Патент РФ № 2439620 на изобретение "Импульсный пороховой источник упругих колебаний", авторы Санфиров И.А. и др. Правообладатель ГИ УрО РАН.

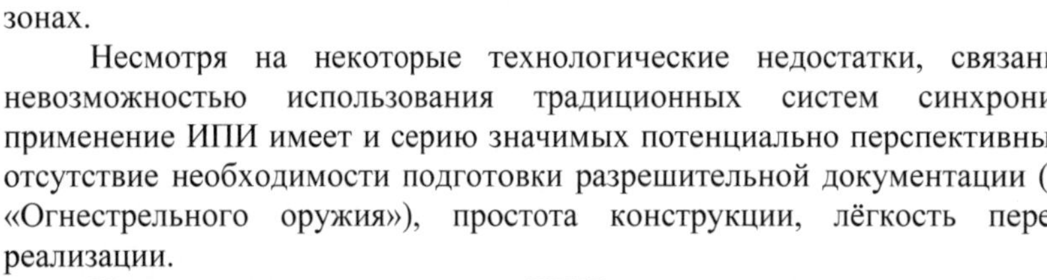


Рис. 1. Импульсный пороховой источник упругих колебаний (слева) и охолощённые патроны 12 калибра (справа)

*Описание элементов импульсного порохового источника*: Головка (Рис.1. - 1) состоит из ресивера, патронника с защитной скобой, переходной муфты и корпуса ударника. В ресивере и корпусе ударника расположены боек, возвратные пружины, упорные шайбы и фторопластовая направляющая втулка ударного механизма. Уплотнитель (Рис.1. - 2) предназначен для уплотнения устья скважины. Предотвращает выброс газов и грунта из скважины и увеличивает мощность сейсмического импульса. Защитный диск (Рис.1. - 3) резиновый или пластиковый. Защитный диск свободно перемещается по штанге (Рис.1. - 4). Штанга предназначена для погружения устройства в скважину. Внутри штанги находится шток ударного механизма. Крестовина (Рис.1. - 5) с двумя резиновыми рукоятками обеспечивает удержание устройства во время работы [3].

**Методика проведения опытных работ**

Опытные работы были проведены на одном из участков сейсморазведочных работ Западной Сибири, в Урайском регионе. В рамках проекта, был отработан профиль МОГТ-2D (Рис.2) длинной 10 км, с наличием дифференцированных поверхностных условий (пойма реки, залесенная возвышенность, верховые болота) и мощностью ЗМС по профилю от 0 до 14м.

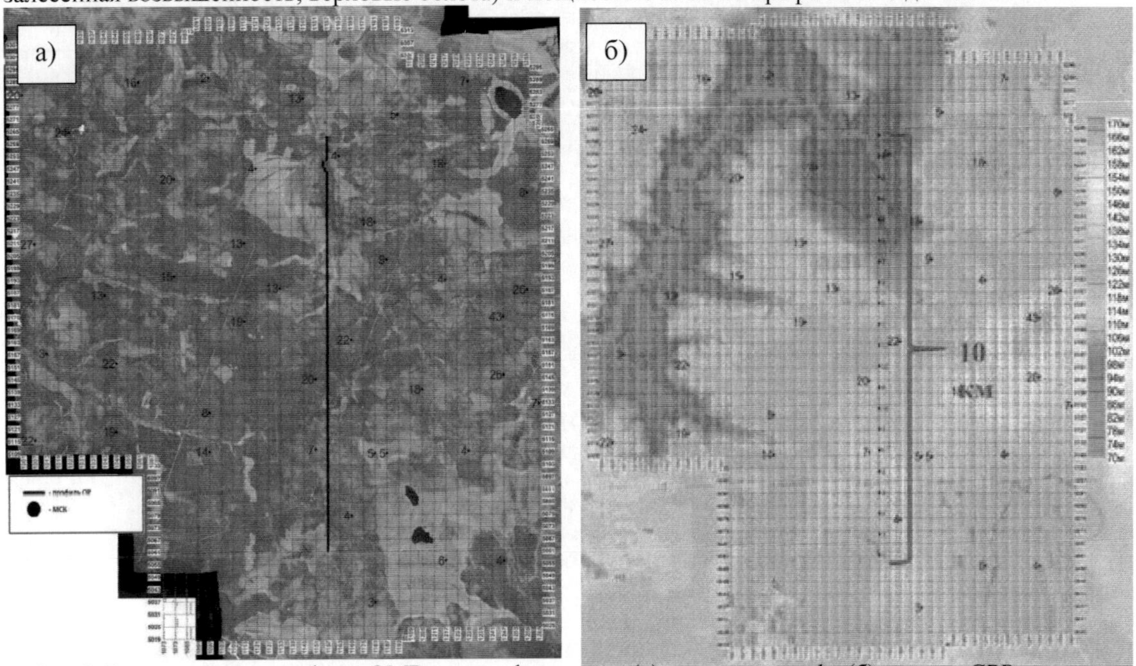


Рис.2. Расположение профиля ОМР на ортофотоплане (а) и схеме рельефа (б) участка СРР

На первом этапе полевых опытных работ для инициации упругих колебаний был применён взрывной источник (заряд БТП-250 массой 0.25 кг) с глубиной заложения заряда 5 метров. Шаг пунктов возбуждения (ПВ) и пунктов приёма (ПП) по профилю совпадал и составлял 6.25 м. Всего было размотано и отработано 1601 ПП и ПВ. На втором этапе полевых опытных работ, часть пунктов возбуждения (808 ПВ) профиля была переотработана с применением ИПИ с сохранением шага ПВ и ПП.

**Оценка качества полученных полевых данных**

После завершения обоих этапов полевых опытных работ, было проведено оперативное сопоставление сейсмических данных, полученных с применением взрывного источника и ИПИ на одних и тех же пикетах и последующая оценка качества сейсмограмм.

На основе выполненного анализа, установлено, что в сравнении с данными, полученными взрывным источником, сейсмограммы, отработанные с применением ИПИ, характеризуются следующими отличиями:

- Уровень энергии сигнальной составляющей волнового поля примерно в 10 раз ниже. Как следствие, параметр «отношение сигнал/микросейсм» так же существенно ниже, примерно в 10-15 раз;

- Значение доминантной частоты сигнала ниже в 2-2,5 раза;
- Значения амплитуды поверхностной волны в 40-50 раз выше;

Важно отметить, что для количественной оценки качества сейсмических данных, полученных с применением ИПИ, стандартные критерии не применимы т.к. энергия источника является крайне низкой. По данной причине, оценка материала проводилась визуально, по пятибалльной шкале, на основе критериев прослеживания отражений по удалениям и длине записи. По итогам анализа, 69% полученного материал классифицировано как «материал приемлемого качества» (оценка от 3 до 5 баллов), 22% классифицировано как «материал неудовлетворительного качества» (оценка от 0 до 2 баллов).

Материал с наиболее высоким качеством получен в пойменной зоне реки с мощностью ЗМС 0-4 метра (по данным МСК). Также, положительно, на качества материала, повлияла укупорка (заливка) жидким шламом или водой скважины для погружения ИПИ в момент отстрела. Материал неудовлетворительного качества был получен в основном на возвышенной части профиля, которая характеризовалась «сухим разрезом» в ВЧР, с зонами ЗМС от 5 метров и более (по данным МСК). Характерные сейсмограммы, полученные с применением ИПИ, с различными оценками балльной шкалы представлены на рисунке 3.

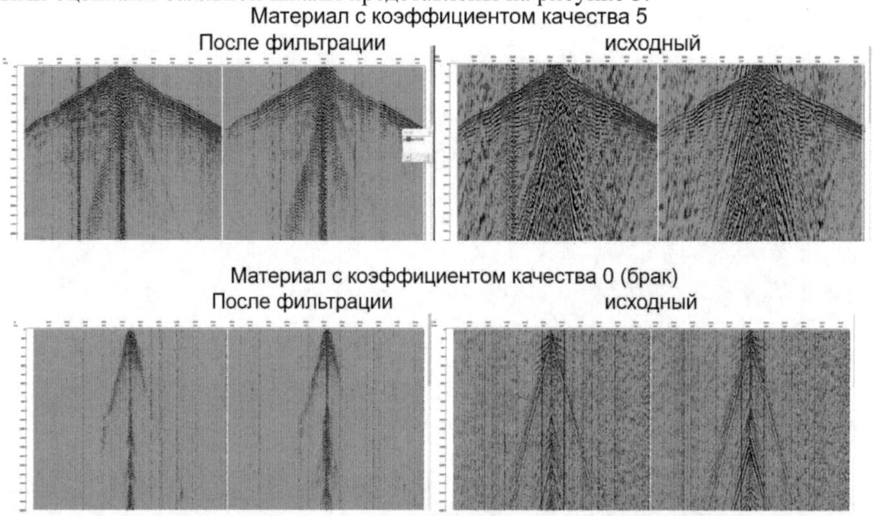


Рис. 3. Пример типовых сейсмограмм, полученных с применением ИПИ, с различными оценками балльной шкалы. Слева: сейсмограммы после фильтрации BandPass фильтром 20-50HZ; справа: исходные сейсмограммы

**Анализ перспектив использования ИПИ методом имитации пропуска данных**

На следующем этапе опытных работ, была проведена имитация масштабного пропуска данных (5 000 метров), регистрируемых с применением взрывного источника (Рис.4) и последующая компенсации пропущенных пунктов возбуждения сейсмограммами, зарегистрированными с применением ИПИ.

Рис. 4. Суммированное волновое поле, сформированное из сейсмограмм, полученных с применением взрывного источника

Перед выполнением амплитудной обработки данных, был рассмотрен вопрос о перспективах использования материалов, полученных с использованием ИПИ для целей пикирования первых вступлений преломленной волны и построения скоростной модели ВЧР с последующим расчётом, на основе данной модели, статических поправок.

Сигнальная обработка, амплитудная обработка данных после деконволюции, регуляризация и миграция до суммирования во временной области (PreSTM), выполнялись по объединенному массиву данных до суммирования по единому технологическому графу. Обработка данных, полученных взрывным источником, была выполнена предварительно и параметры графа, применённые при обработке интегрального профиля, были наследованы, для обеспечения возможности корректного сопоставления получаемых результатов (Рис.5).

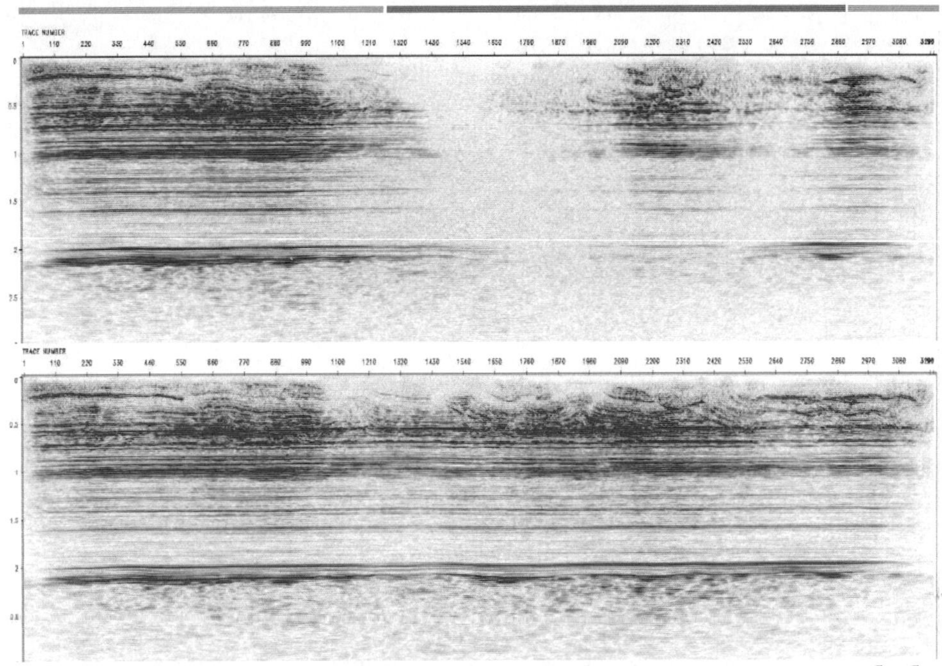

Рис. 5. Сверху: суммированное волновое поле, полученное в результате обработки интегрального профиля. Снизу: суммированное волновое поле, полученное в результате обработки профиля до разуплотнения (сейсмограммы получены взрывным источником). Красным цветом маркирована зона имитации пропуска и интеграции сейсмограмм, полученных с помощью ИПИ.

**Заключение**

Выполненные опытные работы, позволили в полной мере оценить перспективы применения импульсного порохового источника для целей компенсации пропусков пунктов возбуждения в эксклюзивных зонах. Несмотря на то, что сейсмограммы полученные с помощью ИПИ не могут являться прямой альтернативой данным, получаемым в процессе применения классических технологий возбуждения, что накладывает ограничения в отношении их использования для решения задач последующей интерпретации, регистрация сейсмограмм с применением ИПИ имеет значительные перспективы для решения задач расчёта статических поправок.

**References**

1. I.A. Siraev, R.M. Gafarov. Patent for invention No. 2690068 "Method for determining the boundaries of the near surface by the direct MSC method in combination with the refracted wave method." May 30, 2019

2. Gafarov R.M. Dagaev I.L. Kramarenko S.Yu. Methodical methods for studying the near-surface zone by the method of direct and inverted MSC // Instruments and systems of prospecting geophysics. 2017. No. 1. S. 69-78.

**Морфотипы клиноформных образований неокома Ямало-Карского региона Западной Сибири в связи с особенностями седиментационных процессов**

*В.Н. Бородкин (Тюменский индустриальный университет), О.А. Смирнов (ООО «ИНГЕОСЕРВИС»), А.В. Лукашов (ООО «ИНГЕОСЕРВИС»), А.Г. Плавник (ЗСФ ИНГГ СО РАН), М.В. Комгорт (Тюменский индустриальный университет)

Район исследований включает Южно-Карскую синеклизу акватории Карского моря и примыкающего к ней полуострова Ямал.

Клиноформные образования неокома Западной Сибири связаны с относительно глубоководными отложениями ачимовской толщи [1, 2].

Более ранняя модель, отображающая субгоризонтальное строение неокома (ачимовской толщи) и мелководно-морские, либо континентальные условия седиментации, существовала продолжительное время и была отражена в стратиграфической схеме мезозойских отложений, утверждённой Межведомственным стратиграфически комитетом в 1978 г. Принципиально новая регионально-косослоистая модель строения нижнемеловых отложений в 70-х прошлого столетия была разработана А.Л. Наумовым [3] и утверждена на VI стратиграфическом совещании, проходившем в г. Новосибирске в 2003 г. Согласно данной модели, по материалам сейсморазведки в пределах района исследований наблюдаются клиноформы встречных падений, отвечающих различным источникам сноса терригенного материала.

В работе, с целью удобства изложения материала, для клиноформ, отвечающих восточному источнику сноса обломочного материала, присвоено наименование НВ (н-неоком). Клиноформы, связные с западным источником сноса, объединены в крупный сейсмокомплекс НЗ, включающий более мелкие клиноформные образования. Сужение в северном направлении ширины бассейна седиментации и формирование крутого восточного склона западной клиноформы (НЗ) происходило одновременно с накоплением восточных клиноформ по схеме, приведенной на рис. 1.

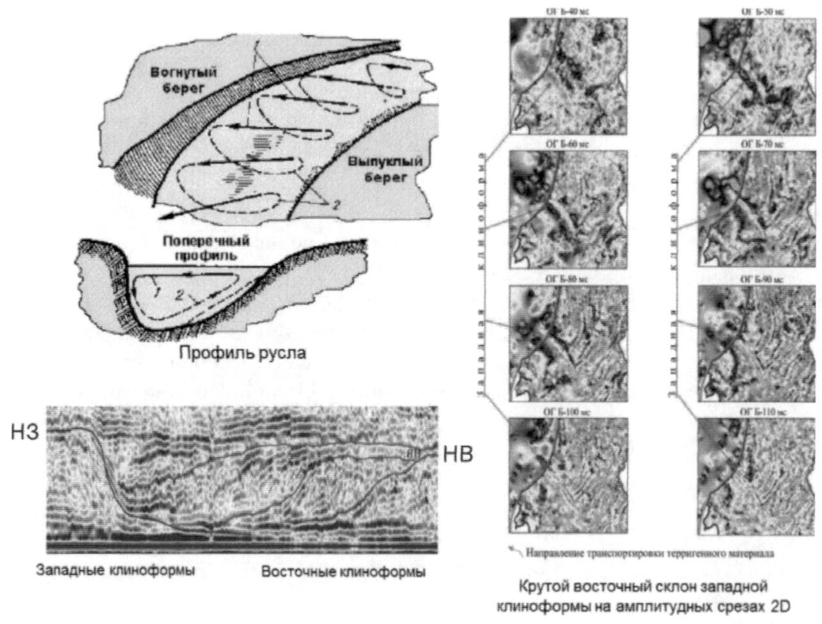


Рис. 1 Сопоставление схемы фазы аллювиальной аккумуляции и модели накопления восточных клиноформ

Можно провести некоторую аналогию – на реках, продольные профили которых находятся в состоянии динамического равновесия, один берег русловых ложбин всегда является эрозионным, второй – аккумулятивным. Выпуклый берег наращивается, как бы наступая на русло, которое смещается, в целом, в сторону вогнутого берега, сохраняя почти неизменным свою ширину и форму поперечного сечения (см. рис. 1). Следует отметить особенности морфологии границ западных клиноформ: более пологие - на юге и крутые – на севере (см. рис. 1), что свидетельствует об увеличении глубин седиментационного бассейна в северном направлении и согласуется с результатами палеогеографических реконструкций [4]. Зона встречных клиноформ надёжно протрассирована по данным сейсморазведки и прослежена вдоль Урала от Красноленинского района до юго-западной части Ямала и в акватории Карского моря. Миграция осевой части бассейна обуславливает перекрытие клиноформ западного и восточного падения на различных стратиграфических уровнях. Развитие в пределах этой зоны на южном Ямале мощной толщи песчаных образований в составе склоновых отложений (новопортовская толща) объяснялось А.Л. Наумовым влиянием на седиментационный процесс приближения встречного склона (НЗ) по отношению к направлению переноса терригенного материала с востока (см. рис. 1).

По материалам площадных сейсморазведочных работ выявлены ловушки углеводородов (УВ) в осевой части неокомского палеобассейна – зона встречных клиноформ западного и восточного падения – это Западно-Арктическая, Ясавейская, Сядорская и Побережная. На рис. 2 приведены сейсмические образы ловушек УВ в осевой части неокомского бассейна. Данный тип ловушек УВ, по-видимому, следует выделить в отдельный класс – А.Л. Наумов их назвал ***подпорный тип***, другое название - ***ловушки встречных клиноформ***.

В заключении следует остановиться еще на одном морфотипе клиноформных образований неокома, связанных с особенностями седиментационных процессов.

Исходя из турбодитной модели седиментационных отложений ачимовской толщи [1, 2], установлено разнообразие текстурных особенностей пород клиноформ. Наблюдаются оползневые текстуры, текстуры внедрения, пламенные текстуры, текстуры оплывания и т.д. В керне рассматриваются микроструктурные особенности пород ачимовской толщи, по материалам сейсморазведки 3D на одной из площадей полуострова Ямал наблюдаются подобные макроструктуры (рис. 3) [5].

Механизм формирования в осадке текстур деформации, по-видимому, связан с воздействием турбодитов на нелитифицированные подачимовские глины с последующим формированием “аномальных” разрезов баженовской свиты (АРБ), отвечающих процессу формирования клиноформ ачимовской толщи [1, 2] и могут быть отнесены к “сейсмотурбидитам” по Р. Мутт и др. [6]. Все элементы структурных деформаций наклонены в сторону вниз по падению поверхности клиноформных тел. Аналогичные морфотипы клиноформных образований, по материалам сейсморазведки 3D, установлены и в акватории Карского моря.

**Выводы**

Таким образом, на основе анализа седиментологических процессов и материалов сейсморазведки 3D в разрезе нижнего неокома выделены различные морфотипы клиноформных образований, характеризующихся разнообразием типов ловушек УВ.

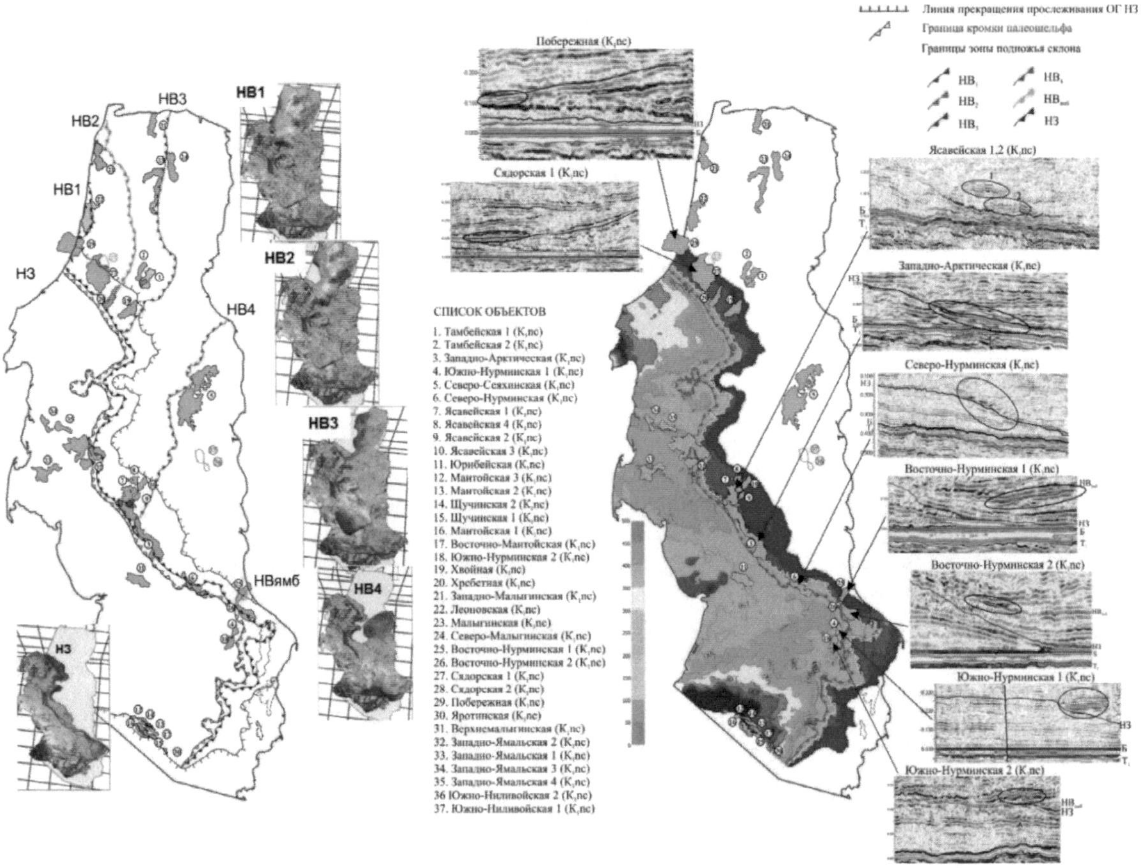


Рис. 2 Сейсмические образы ловушек УВ в осевой части неокомского бассейна

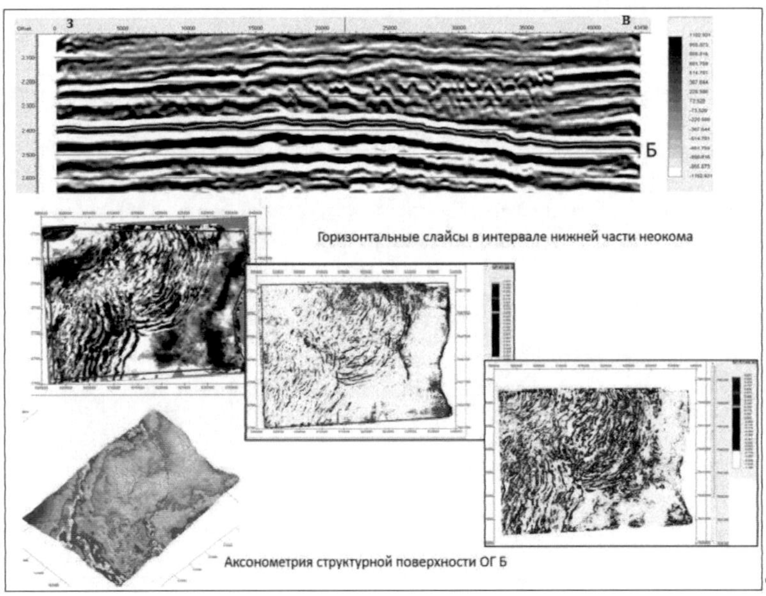


Рис. 3 Волновая картина в интервале нижней части неокома полуострова Ямал

**Библиография**

1. Геология и нефтегазоносность ачимовской толщи Западной Сибири / А.А. Нежданов, В.А. Пономарев, Н.А. Туренков [и др.]. – М.: Изд-во Академии горных наук, 2000. - 246 с.
2. Бородкин В.Н., Курчиков А.Р. Характеристика геологического строения и нефтегазоносности ачимовского нефтегазоносного комплекса Западной Сибири. Новосибирск, Изд-во СО РАН, 2015. – 300 с.
3. О литологических залежах углеводородов на севере Западной Сибири / А.Л. Наумов, Т.М. Онищук, Н.П. Дедюк [и др.]. // Геология нефти и газа. – 1979. – № 8. – С. 15-20.
4. Курчиков А.Р., Бородкин В.Н. Характеристика геологического строения и нефтегазоносности неокомского нефтегазоносного комплекса Западной Сибири. - Новосибирск, Изд-во СО РАН, 2016. – 201 с.
5. Новые элементы седиментологической модели клиноформного разреза ачимовской толщи севера Западной Сибири по данным сейсморазведки 3D / В.Н. Бородкин, А.Р. Курчиков, О.А. Смирнов [и др.] // Геология, геофизика и разработка нефтяных и газовых месторождений. - М.: 2018. - № 11. - С. 4-12.
6. Seismoturbidites: a new group of resedimented deposition / E. Mutt [et al.] // Marine Geology. 1984. – Vol. 55. - № 1-2.

**References**

1. Geology and oil and gas potential of the Achimov formation of Western Siberia / A.A. Nezhdanov, V.A. Ponomarev, N.A. Turenkov [et al.]. - M.: Publishing House of the Academy of Mining Sciences, 2000. - 246 p.
2. Borodkin V.N., Kurchikov A.R. Characteristics of the geological structure and oil and gas content of the Achimov oil and gas complex of Western Siberia. Novosibirsk, Publishing House of the Siberian Branch of the Russian Academy of Sciences, 2015. - 300 p.
3. Lithological deposits of hydrocarbons in the north of Western Siberia / A.L. Naumov, T.M. Onischuk, N.P. Dedyuk[et al.]. // Geology of oil and gas. – 1979. - No. 8. - p. 15-20.
4. Kurchikov A.R., Borodkin V.N. Characteristics of the geological structure and oil and gas content of the Neocomian oil and gas complex of Western Siberia. - Novosibirsk, Publishing House of the Siberian Branch of the Russian Academy of Sciences, 2016. - 201 p.
5. New elements of the sedimentological model of the clinoform section of the Achimov strata in the north of Western Siberia according to 3D seismic data / V.N. Borodkin, A.R. Kurchikov, O.A. Smirnov [et al.] // Geology, geophysics and development of oil and gas fields. - M.: 2018. - No. 11. - p. 4-12.
6. Seismoturbidites: a new group of resedimented deposition / E. Mutt [et al.] // Marine Geology. 1984. – Vol. 55. - № 1-2.

**О механизмах формирования складок и грязевых вулканов в прогибе Сорокина**

С.К. Шельтинг (АО «Южморгеология»), А.А. Шейков*(АО «Южморгеология»)

Прогиб Сорокина, расположенный в пределах современной глубоководной впадины Черного моря, простирается на 150 км вдоль берегов Крыма от меридиана мыса Чауда до меридиана Ялты. Ширина прогиба достигает 50 км.

Складки прогиба Сорокина были впервые описаны по профилям МОВ отработанным в 1964 г ОМГР «ВНИИ Геофизика», в 1967 г. А.П. Милашин назвал их криптодиапирами. Предложенная А.П. Милашиным интерпретация природы складок в прогибе была принята в публикациях Д. Д. Туголесова и др. исследователей, занимавшихся интерпретацией материалов региональных работ МОГТ выполненных ПГО «Южморгеология» в глубоководной впадине Черного моря [10]. Предполагая что зона развития диапировых складок в прогибе Сорокина по простиранию продолжается в Керченско-Таманский прогиб, авторы [2, 10] пришли к выводу о соединении прогиба Сорокина с Керченско-Таманским прогибом.

При значительном расхождении оценок природы прогиба Сорокина, большинство авторов [1, 4, 6, 9 и др.] разделяют сформулированное в работах Дж. Вудсайда, А.Ф. Лимонова, М.К. Иванова и С. Крастеля [5, 12] мнение, что образование диапировых складок и связанное с ними развитие грязевого вулканизма в прогибе является результатом латерального сжатия со стороны вала Шатского. Особенностью работ 1996 г на НИС «Геленджик» [11] и 2002 года на НИС «Meteor» [5], материалы которых легли в основу представлений упомянутых авторов, была относительно небольшая (до 1-2 с. TWT) глубинность сейсмических разрезов, отработанных в зоне развития складчатости. Выполненные работы позволили существенно уточнить представления о геологии прогиба Сорокина, однако, из-за того, что обследована только верхняя часть геологического разреза, при выполнении интерпретации материалов, за основу принимались представления о природе складчатости из публикаций Ю.Г. Моргунова, Д.А. Туголесова. Было принято, что складки в майкопских отложениях имеют диапировую природу; у них нет корней, а структура майкопских отложений отличается от структуры нижележащих пород мела-эоцена [11].

Сохранились указанные представления о природе складчатости прогиба и в более поздних работах, основанных на анализе новейших данных сейсморазведки [4, 9]. Так в работе П.Ф. Гожика 2010 г., сказано, что «кайнозойские отложения образуют систему складок различного генезиса, преимущественно диапиров», складчатость прогиба рассматривается как «результат мощного латерального сжатия на северо-северо-запад со стороны вала Андрусова и поднятия Тетяева, а также вала Шатского, которое повлекло аномально высокие пластовые давления в разрезе майкопа, вытеснение флюидонасыщенных породных комплексов на поверхность дна» [4].

Материалы сейсмического профилирования ОГТ, полученные при выполнении геологосъемочных работ на листах L-36-XXXV, XXXVI, позволили определить гравитационную природу складчатости прогиба Сорокина [3]. На сейсмопрофилях, выше горизонта Iа в подошве миоцена, удалось оконтурить выделяемые В. В. Юдиным [13] Южнокрымский и Южнокерченский олистостромы, проследить поверхности (зоны) скольжения в подошве оползневых тел.

Анализ уклонов в рельефе горизонта IIа (кровли отложений палеоцена-эоцена) (рис. 1) позволяет выполнить увязку направления смещений крупных оползневых блоков-олистолитов, расположенных в основании материкового склона, в детрузивной части олистостромов. Было показано, что рельеф поверхности отложений палеоцена-эоцена определяет описанный в работе Дж. Вудсайда и др. [11] разворот осей зон складчатости во фронтальной части Южно-Крымского и Южно-Керченского олистостромов от ССВ в западной части прогиба, к субширотному на траверзе Ялты и к СВ-ЮЗ к востоку от меридиана 35°30' ВД. К числу структур, контролируемых уклонами рельефа горизонта IIa, относится и серия субмеридиональных листрических сбросов описанных Дж. Вудсайдом в восточной части прогиба [11].

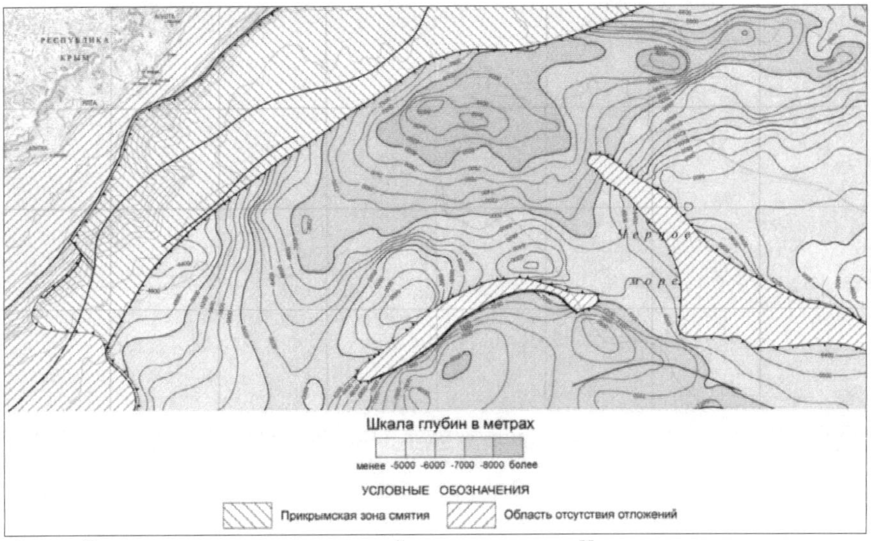


***Рисунок 1.*** *Структурная схема по сейсмогоризонту IIa в кровле палеоцен-эоценовых отложений..*

На опубликованных сейсмических разрезах газонасыщенные осадки в ядрах складок обычно выглядят как изолированные поднятия с хаотической\прозрачной записью, которые «пронизывают» вышележащие отложения, иногда почти достигая морского дна, они традиционно интерпретировались в прогибе как диапировые складки [5, 10, 11 и др.]. Представления о структуре гравитационных складок, положении поверхностей надвигов, распределении скоплений газа удалось получить, работая с сейсмическими профилями при нормальном (1:1) соотношении вертикального и горизонтального масштабов (рис. 2).

Данные сейсморазведки высокого разрешения позволили авторам установить единство природы дислокаций растяжения, развитых в деляпсивной (соскальзывающей) части олистостромов, и дислокаций выжимания или принудительного скольжения в детрузивной (выталкивающей) части олистостромов. В толще майкопа, в детрузивной части оползней, под действием давления их верхней (деляпсивной) части, развиваются пластические деформации сжатия, формируются надвиговые системы связанные со срывом и гравитационным скольжением пачек наиболее жестких пластов (олистоплак) по какому-либо пластичному слою. Во фронтальной части оползневых пластин протяженные участки надвигов субпараллельные слоистости (flat) переходят в надвиги, секущие слоистость (ramp), развиваются пликативные деформации, формируются складки срыва, взбросо-складки (рис.2).

Рост гравитационных складок начался в конце олигоцена – миоцене, после начала движения Южно-Крымского и Южно-Керченского олистостромов, и продолжался в плиоцене, эоплейстоцене. Одновременно с развитием гравитационных складок происходило формирование чехла синхронных осадков, мощность которых на сводах и передовых крыльях антиклиналей многократно меньше, чем в соседних синклиналях.

К расположенным над растущими гравитационными складками локальным поднятиям рельефа кровли майкопских глин приурочены зоны газонасыщения осадков, связанные с латеральной миграцией газов в толще. Аккумуляция газа в мини-ловушках, расположенных в сводах складок на периферии секущих слоистость надвигов-рампов, обуславливает образование зон АВПД. Покрышками зон АВПД могут быть экраны образованные газогидратами, присутствие которых подтверждается обнаружением в разрезах ярких пятен, указывающих на скопление свободного газа ниже основания зоны стабильности газогидратов [5].

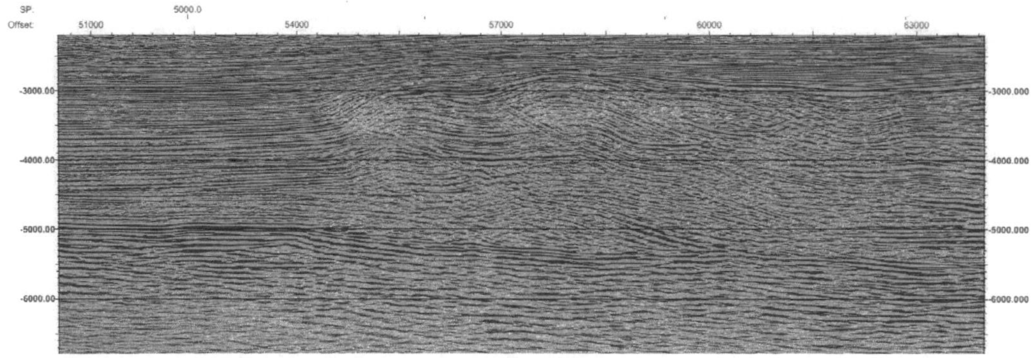


***Рисунок 2.*** *Чешуи – надвиги гравитационных складок. Пр. 1120т12.*

Образование над надвигами гравитационных складок скоплений флюидов и зон АВПД, обуславливает развитие грязевого вулканизма: образование подводящих каналов, зон миграции флюидов, грязевулканических построек, кальдер и др. [5]. Камеры грязевых вулканов располагаются в кровле майкопа, вблизи подошвы плиоцен-плейстоценовых отложений, поэтому основным материалом матрикса грязевулканических брекчий являются серые плейстоценовые кремнистые глины, а в составе обломочного материала преобладают обломки известняков плиоцен-плейстоценового возраста, реже – аргиллитов майкопа [1, 3, 7].

Учитывая, что образование диапиров и грязевулканическая деятельность используются в качестве индикаторов нефтегазоносности, полученные новые данные о природе складчатости прогиба Сорокина следует принимать во внимание оценивая нефте-газовый потенциал акватории. Важным представляется оценить в свете полученных данных существующие представления о взаимоотношениях структурных элементов складчатости прогибов Сорокина и Керченско-Таманского.

Работа выполнялась в рамках контракта с ФГБУ «ВСЕГЕИ» № 15-3/20-2.

**Библиография / References**

1. Aloisi G., Drews M., Wallmann K., Bohrmann G. Fluid expulsion from Dvurechenskii mud volcano (Black Sea) Part I: fluid sources and relevance to Li, B, Sr and dissolved inorganic nitrogen cycles. Earth and Planetary Science Letters. 2004. P. 347—363

2. Andreev V.M. Kraevye progiby Kryma i Kavkaza v Chernom more Izv. AN SSSR, ser. geol. 1976. № 11. S. 123-126.

3. Bohrmann, G., Ivanov M., Foucher J.CP., Spiess V., Bialas J., Greinert J., Weinrebe W., Abegg F., Aloisi G., Artemov Y., Blinova V., Drews M., Heidersdorf F., Krabbenhoft A., Klaucke I., Krastel S., Leder T., Polikarpov I., Saburova M., Schmale O., Seifert R., Volkonskaya A., Zillmer M. Mud volcanoes and gas hydrates in the Black SeaCNew data from Dvurechenskii and Odessa mud volcanoes. Geo Mar. Lett. 2003. 23. P. 239—249.

4. Gozhik P.F., Maslun N.V., Voitsitsky Z.Ya., Ivanik M.M., Klushina G.V. Stratigraphic structure of Cenozoic deposits of the Kerch shelf and the East Black Sea basin. Geol. Journal. 2010. No. 1. pp. 7-41 [in Ukrainian].

5. Krastel S., Spiess V., Ivanov M., Weinrebe W., Bohrmann G., Shashkin P., Heidersdorf F. Acoustic investigations of mud volcanoes in the Sorokin Trough, Black Sea. Geo Mar. Lett. 2003. 23. P. 230— 238.

6. Limonov A.F., Ivanov M.K., Meisner L.B. and others. New data on the structure of the sedimentary cover in the Sorokin trough (Black Sea) // Bulletin of Moscow State University. Ser. 4. geol. 1997. No. 3. pp. 36-49 [in Russian].

7. Sahling H., Bohrmann G., Artemov et al. "Vodyanitskii mud volcano Sorokin trough Black Sea: Geological characterization and quantification of gas bubble streams [J]" Marine and Petroleum Geology vol. 26 no. 9 pp. 0-1811 2009.

8. Shelting S. K., Shejkov A.A. Gravitacionnaya skladchatost' kajnozojskih otlozhenij progiba Sorokina (Chernoe more) po dannym geologicheskoj s"emki// Geonauki: Vremya peremen, vremya perspektiv, 10-ya yubilejnaya nauchno-prakticheskaya konferenciya. Sb. materialov konf, EAGE Geomodel' SPb, tezisy, s. 408-411 Moscow [in Russian].

9. Sydorenko G., Stephenson R., Yegorova T., Starostenko V., Tolkunov A., Janik T., Majdanski M., Voitsitskiy Z., Rusakov O., & Omelchenko V.. Geological structure of the northern part of the Eastern Black Sea from regional seismic reflection data including the DOBRE-2 CDP profile, Special Publication - Geological Society of London, 2017, Vol. 428 , pp. 307-321.

10. Tugolesov, D.A., Gorshkov A.S., Meisner L.B., Soloviev V. and Khakhalev E.M. (1985), Tectonics of the Mesozoic-Cenozoic Deposits of the Black Sea (in Russian), Nedra, Moscow [in Russian].

11. Woodside J, Ivanov M.K., Limonov A.F. (1997) Neotectonics and fluid flow through seafloor sediments in the Eastern Mediterranean and Black Seas, part II: Black Sea. Intergovernmental Oceanographic Commission Technical Series, UNESCO

12. Wagner-Friedrichs M., Krastel S., Spiess V., Ivanov M., Bohrmann G., Meisner L. (2008), Three-dimensional seismic investigations of the Sevastopol mud volcano in correlation to gas/fluid migration pathways and indications for gas hydrate occurrences in the Sorokin Trough (Black Sea), Geochem. Geophys. Geosyst., Vol. 9, Nb. 5. P. 1-22.

13. Yudin V.V. The foldedthrust zone adjacent to the Crimea. In the proceedings of the I International Conference «Crimea-2001»: Geodynamics and oil and gas systems of the Black Sea-Caspian region. Simferopol, «Tavria-Plus», 2001. pp. 183-191.

# Геохимические критерии нефтегазоносности осадочного чехла Вычегодского прогиба Волго-Уральского нефтегазоносного бассейна

А.Н. Боталов* (ПНИПУ), С.Н. Кривощеков (ПНИПУ)

## Введение

История изучения Волго-Уральского нефтегазоносного бассейна (ВУНГБ) насчитывает более 100 лет. За это время были открыты уникальные объемы ресурсов и запасов углеводородов (УВ). Однако на сегодняшний день некоторые районы ВУНГБ остаются слабоизученными и нуждаются в более системном подходе при прогнозировании их нефтегазоносности.

В частности, к таким малоизученным районам относится Вычегодский прогиб, занимающий северное окончание ВУНГБ. По своей природе происхождения Вычегодский прогиб является древним протерозойским грабеном (Оловянишников, 1998), в строении которого принимают участие глубоко метаморфизованный и кристаллический карельский фундамент, а также осадочной чехол, выполненный карбонатно-терригенными отложениями рифея (RF) ~ 7000 м, терригенными – венда (V) ~ 2500 м и терригенно-карбонатными – верхнего палеозоя ($PZ_2$) ~ 1500 м. За всю историю исследования данной территории, которая насчитывает чуть более 80 лет, были проведены многократные попытки установления промышленной нефтегазоносности региона, однако успехом они не увенчались. Тем не менее были выявлены многочисленные битумо-, нефте- и газопроявления в отложениях рифея, верхнего девона, среднего карбона и нижней-средней перми (Ваханин, 2016).

В связи со слабой изученностью Вычегодского прогиба существует ряд проблемных вопросов. Во-первых, какие нефтегазоматеринские породы внесли свой вклад в формирование нефтегазоносности региона. Во-вторых, каким генетическим типом органического вещества (ОВ) обогащены породы, степень преобразованности ОВ и выработанности потенциала.

В связи с этим была поставлена задача проанализировать геохимические критерии нефтегазоносности осадочного чехла исследуемого региона.

## Материалы и методы

В качестве исходных материалов использованы результаты геохимических исследований горных пород Вычегодского прогиба и сопредельных территорий, собранные авторами исследования в единую базу. В работе были интерпретированы результаты пиролитических исследований методом Rock-Eval (Peters, 1994) рифейских, вендских, девонских, каменноугольных и пермских отложений.

## Результаты

Результаты интерпретации пиролитических исследований рифейских отложений представлены на рисунке 1. Зависимость свободных УВ ($S_1$, мг УВ/г породы) от содержания органического углерода (TOC, %) свидетельствует о том, в породах сконцентрированы УВ как автохтонной природы, так и аллохтонной (рис. 1а). Согласно зависимости генерационного потенциала ($S_1+S_2$, мг УВ/г породы) от TOC и водородного индекса (HI, мг УВ/г TOC) от TOC (рис. 1б, в) породы обладают в целом удовлетворительным остаточным потенциалом. Зависимость индекса продуктивности (PI) от температуры крекинга керогена (Tmax, °С) показывает, что ОВ отложений «зрелое» и «перезрелое», т.е. соответствует области от «нефтяного окна» до зоны генерации сухого газа включительно (рис. 1г). Значения HI для большинства образцов выше 100 мг УВ/г TOC, что для данных стадий катагенеза с учетом существовавших процессов нефтегазогенерации соответствует сапропелевому типу ОВ.

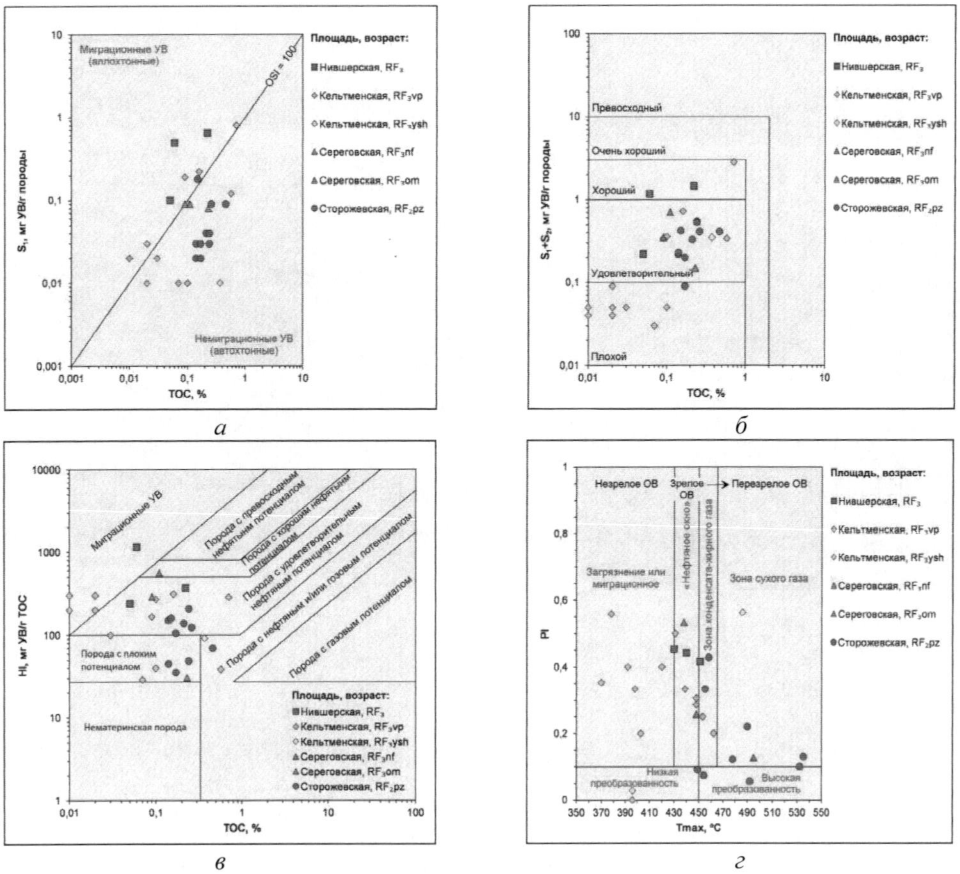


***Рисунок 1.*** *Результаты интерпретации пиролитических исследований рифейских отложений: а – зависимость свободных УВ ($S_1$) от содержания органического углерода (TOC); б – генерационный потенциал пород ($S_1+S_2$); в – зависимость водородного индекса (HI) от содержания органического углерода (TOC); г – зависимость индекса продуктивности (PI) от температуры крекинга керогена (Tmax). Названия свит: $RF_3vp$ – вапольская, $RF_3ysh$ – ышкмесская, $RF_3nf$ – няфтинская, $RF_3om$ – оменская, $RF_2pz$ – пезская.*

На рисунке 2 представлены результаты анализа пиролитических исследований вендских отложений. Построенная схема зависимости $S_1$ от TOC (рис. 2а) указывает на наличие в породах автохтонных и аллохтонных УВ. В целом одна половина образцов характеризуются плохим остаточным генерационным потенциалом – не способны генерировать УВ, а другая – удовлетворительным-хорошим, что подтверждают диаграммы зависимости $S_1+S_2$ от TOC и HI от TOC (рис. 2б, в). По степени катагенетической преобразованности ОВ, в основном, находится в «нефтяном окне», и наблюдаются миграционные признаки (рис. 2г). Породы, обладающие удовлетворительным-хорошим нефтяным потенциалом, имеют в среднем величину HI, равную 365 мг УВ/г TOC, что свойственно сапропелевому типу ОВ.

Палеозойская толща по сравнению с нижележащим рифей-вендским комплексом характеризуется более высокой изученностью. Результаты интерпретации пиролитических исследований представлены на рисунке 3. Палеозойские отложения характеризуются наличием как миграционных УВ, так и немиграционных (рис. 3а). Зависимости $S_1+S_2$ от TOC и HI от TOC (рис. 3б, в) свидетельствуют о широком распространении пород различных по генерационному потенциалу (в целом от удовлетворительного до превосходного) и составу исходного ОВ (гумусовый, сапропелевый и смешанный). Зависимость PI от Tmax указывает на то, что ОВ девонских-каменноугольных отложений в юго-восточной части Вычегодского прогиба «зрелое»

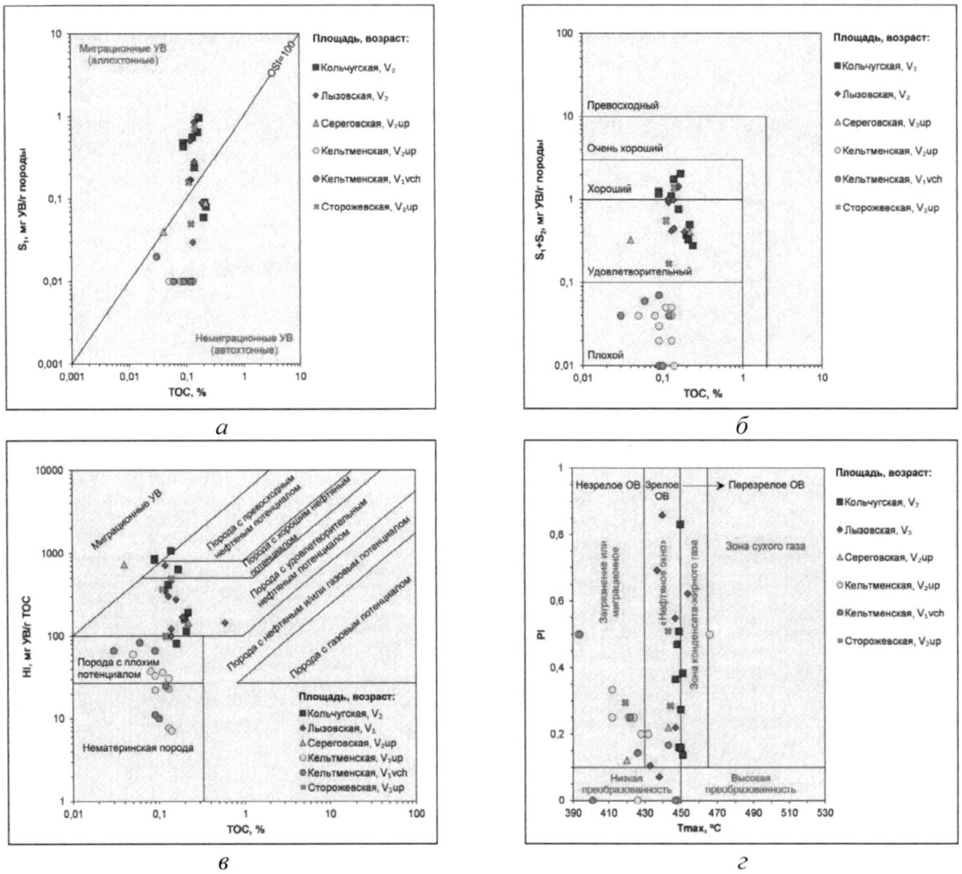


***Рисунок 2.*** *Результаты интерпретации пиролитических исследований вендских отложений: названия схем см. на рисунке 1. Названия свит: $V_2up$ – усть-пинежская, $V_1vch$ – вычегодская.*

и расположено в «нефтяном окне», а на большей части изучаемого района ОВ находится на «незрелой» стадии (рис. 3г).

**Выводы**

Таким образом, из анализа критериев нефтегазоносности осадочного чехла Вычегодского прогиба следуют следующие выводы: 1) в рифей-вендском комплексе прослеживаются нефтематеринские породы (пезская, ышкмесская/няфтинская, усть-пинежская свиты), обладающие в большинстве случаев удовлетворительным и хорошим остаточным генерационным потенциалом; 2) исходный тип ОВ рифей-вендских материнских пород сапропелевого типа и преобразовано в целом до стадий «нефтяного окна», конденсатообразования и генерации сухого газа; 3) в отложениях палеозоя (девон-карбон) прослеживается широкое распространение нефтегазоматеринских толщ различных по генерационному потенциалу и составу исходного ОВ. Палеозойский комплекс Вычегодского прогиба не вышел из зоны протокатагенеза («незрелая» стадия). Исключением являются юго-восточные районы, где девонские и каменноугольные отложения расположены в «нефтяном окне».

**Благодарности**

Исследование выполнено в рамках гранта Президента РФ для государственной поддержки ведущих научных школ РФ (номер гранта НШ-1010.2022.1.5).

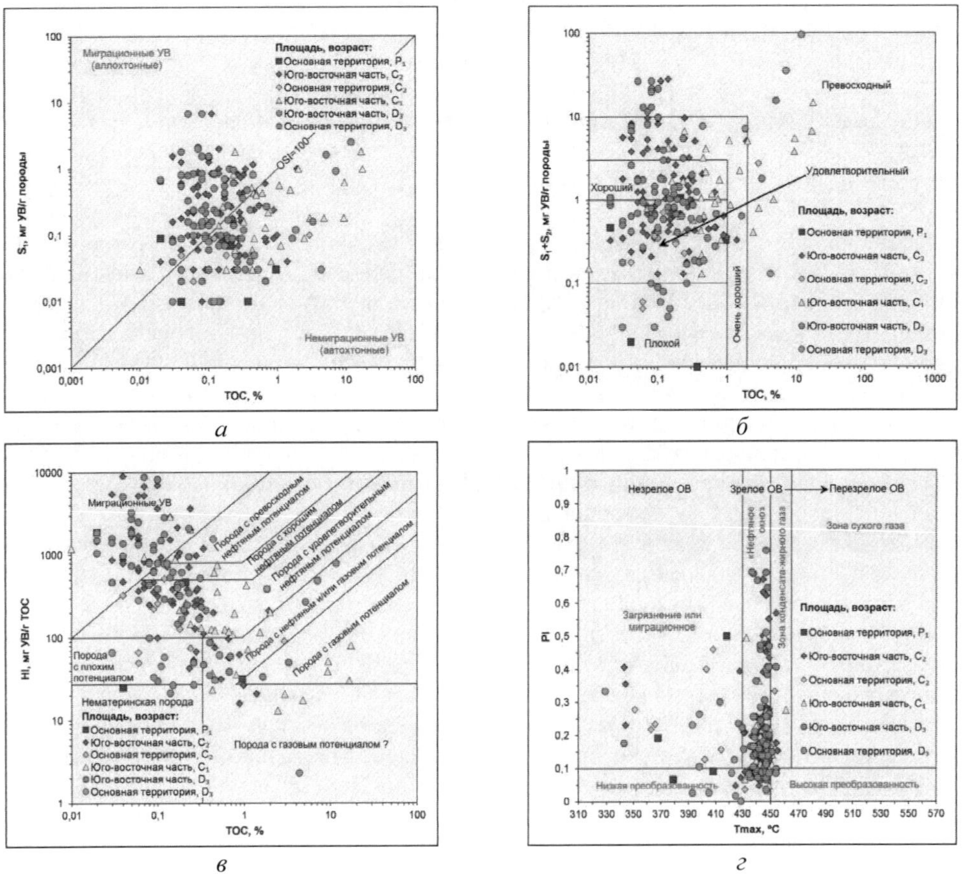

*Рисунок 3. Результаты интерпретации пиролитических исследований палеозойских отложений: названия схем см. на рисунке 1.*

**Библиография**


1. Ваханин М.Г. Вычегодский прогиб – потенциально нефтегазоносный район Мезенской синеклизы // XXI Губкинские чтения: тезисы докладов конференции. – Москва: РГУ нефти и газа имени И.М. Губкина, 2016. – С. 36-41.
2. Оловянишников В.Г. Верхний докембрий Тимана и полуострова Канин. – Екатеринбург: УрО РАН, 1998. – 194 с.
3. Peters K.E., Cassa M.R. Applied source rock geochemistry // AAPG Memoir. – 1994. – Vol. 60. – P. 93-117.


**References**


1. Vakhanin M.G. Vychegodsky trough - potential oil and gas region of Mezen syneclise // XXI Gubkin readings: abstracts of conference reports. – Moscow: Gubkin Russian State University of Oil and Gas, 2016. – pp. 36-41.
2. Olovyanishnikov V.G. Upper Precambrian of the Timan and Kanin Peninsula. – Yekaterinburg: UB RAS, 1998. – 194 p.
3. Peters K.E., Cassa M.R. Applied source rock geochemistry // AAPG Memoir. – 1994. – Vol. 60. – P. 93-117.

# Создание комплексной концептуальной модели рифовых отложений для повышения достоверности оценки запасов и ресурсов на территории Тимано-Печорской провинции

Т.А. Жемчугова* (Филиал ООО «ЛУКОЙЛ-Инжиниринг» «ПермНИПИнефть»),
С.В. Ладейщиков (Филиал ООО «ЛУКОЙЛ-Инжиниринг» «ПермНИПИнефть»),
Н.В. Дорофеев (ООО «ЛУКОЙЛ-Коми»)

Изученность Тимано-Печорской провинции определяется изученностью ее комплексом геолого-геофизических работ, прежде всего методами сейсморазведки и глубоким бурением. Не смотря на проведенный значительный объем буровых работ и геофизических исследований, данная территория является неравномерно и низко изученной. Тимано-Печорская провинция, к тому же является территорией со сложным геологическим строением за счет высокой разломной тектоники, с высокой литолого-фациальной неоднородностью, что приводит к значительным рискам разбуривания месторождений и не подтверждения ресурсного потенциала перспективных структур. Понимание геологической истории развития территории и условий формирования отложений и последующих преобразований позволяет учесть столь выраженную геологическую неоднородность продуктивных отложений. Основным инструментом для учета условий осадконакопления и формирования более достоверной геологической модели является комплексный подход с учетом концептуального представления. Данный подход позволяет повысить достоверность оценки запасов и ресурсов, что очень важно для более эффективной разработки месторождений и прогнозирования опоисковываемых структур. Представленная в работе и реализованная новая концепция геологического строения задонских отложений на основе комплексного фациального 3D моделирования на примере месторождений и объектов Южно-Хорейверского участка позволила уточнить конфигурацию залежей и распределение фильтрационного-емкостных свойств по площади и разрезу, повысить достоверность оценки запасов и ресурсов, отказаться от неэффективного бурения, снизить риски не подтверждения ресурсного потенциала перспективных рифогенных структур и адаптировать геологическую модель под историю разработки месторождения и текущее состояние разработки, что является подтверждением более высокой достоверности геологической модели, созданной на основе комплексного концептуального подхода [4].

Полный цикл работ по созданию комплексных фациальных трехмерных геологических моделей, реализуемый в Филиале ООО «ЛУКОЙЛ-Инжиниринг» «ПермНИПИнефть», позволяет в полной мере учесть неоднородность геологического строения с использованием существующего набора геолого-геофизических и промысловых данных [2]. Цикл работ включает:

- петрографические исследования и литолого-фациальный анализ кернового материала;
- сиквенс-стратиграфический анализ и детальную корреляцию разрезов скважин;
- комплексную структурную и динамическую интерпретацию сейсмических данных;
- создание новой единой петрофизической модели и комплексную интерпретацию данных ГИС;
- геолого-промысловый анализ, анализ разработки и оценку влияния фациальных условий на работу скважин;
- построение концептуальной и детальной литолого-фациальной 3D геологической модели;
- оценку геологических запасов и ресурсов углеводородного сырья;
- оптимизация размещения поисково-оценочных и эксплуатационных скважин.

Практическая реализация полного цикла работ комплексного подхода с учетом концептуального представления продемонстрирована на месторождениях и объектах Южно-Хорейверского участка. Район работ включает как открытые месторождения, так и перспективные структуры. В административном отношении он расположен в Усинском районе республики Коми, в 35 км севернее г. Усинск. В тектоническом плане - находится в области сочленения Сандивейского поднятия, Сынянырдской депрессии и Макариха-Салюкинской антиклинальной зоны Хорейверской впадины. В пределах участка работ расположены 4 месторождения: Восточно-Мастеръельское и 3 месторождения Мичаельской группы, а также перспективные структуры. В разные годы на площади проведены 4 съемки сейсморазведки 3D. Для создания единой концептуальной геологической модели изучаемой территории выполнено объединение съемок 3D, а также обработка и интерпретация единого массива сейсмических данных. Суммарная площадь нового сейсмического суперкуба составила 1052 км$^2$.

**Новое представление о строении задонских отложений района работ**

Во франско-фаменское время Южно-Хорейверский участок в рамках предшествующих работ рассматривался, как органогенный массив или карбонатная банка, с окаймляющими периферийными рифовыми постройками, которые формировались в мелководно-шельфовой обстановке (рисунок 1, а). В настоящей работе предложена концепция о том, что задонские отложения имеют более сложное атолловое строение. Современным аналогом может выступать Мальдивский архипелаг (рисунок 1, б). Согласно новой концептуальной гипотезе, атолловая постройка представляет собой архипелаг, имеющий вид разорванного кольца, окружающего внутриатолловую лагуну [1, 3]. Более сложное атолловое строение подразумевает наличие отдельных периферийных островов, внутриостровных лагун и межрифовых проливов. Каждый остров может быть полностью заполнен нефтью и не иметь гидродинамической связи с соседними островами.

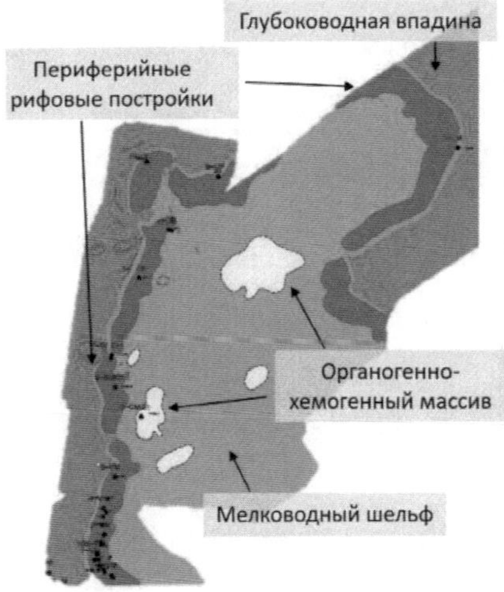


а

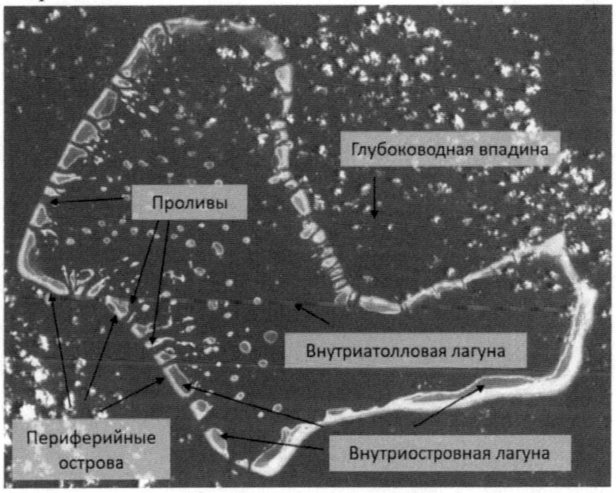


б

***Рисунок 1.*** *Предшествующая геологическая концепция (а) и новая геологическая концепция (б) строения задонских отложений Южно-Хорейверского участка*

**Реализация новой концепции геологического строения рифовых отложений**

Для подтверждения концептуальной гипотезы об атолловом строении были проанализированы керновые данные, на основании результатов которых было выделено 5 фациальных групп. Фациальная диагностика сформировала понимание о пространственном распределении фаций, а, соответственно, позволила построить опорную концептуальную модель задонских рифовых отложений.

В дальнейшем на основе результатов сиквенс-стратиграфического анализа была выполнена детальная корреляция разрезов более 30 скважин в интервале верхнефаменских отложений, детализировав продуктивные отложения с учетом условий осадконакопления.

Геомодель

Комплексный подход позволил обнаружить схожие фациальные условия всех месторождений, что стало основой для создания единой петрофизической модели для всех месторождений и структур, которая легла в основу переинтерпретации каротажного материала скважин.

Для детализации геологического строения были выполнены анализ и доинтерпретация данных сейсморазведки 3D. На этапе структурной интерпретации при корреляции целевых отражающих горизонтов особое внимание уделялось детальной «прорисовке» локальных структурных неоднородностей, связанных с фациями межрифовых проливов и внутриостровных лагун. На этапе динамической интерпретации с учетом представлений об атолловом строении района работ для выделения фациальных неоднородностей были рассчитаны и проанализированы различные сейсмические атрибуты. Выполнив комплексирование результатов керновых исследований, интерпретации данных ГИС, структурной и динамической интерпретации была получена итоговая новая сейсмофациальная модель территории.

Далее для подтверждения новой геологической концепции гидродинамической разобщенности куполов был выполнен геолого-промысловый анализ в скважинах, проанализированы трассерные исследования и текущее состояние разработки, единственного находящегося в эксплуатации, Восточно-Мастеръельского месторождения. Трассерные исследования, гидропроводности и начальные пластовые исследования подтверждают отсутствие гидродинамической связи между куполами, разобщенными межрифовыми проливами.

Новая геологическая концепция и весь обновленный набор геолого-геофизической и промысловой информации легли в основу создания единой детальной литолого-фациальной 3D геологической модели Южно-Хорейверского участка (рисунок 2).

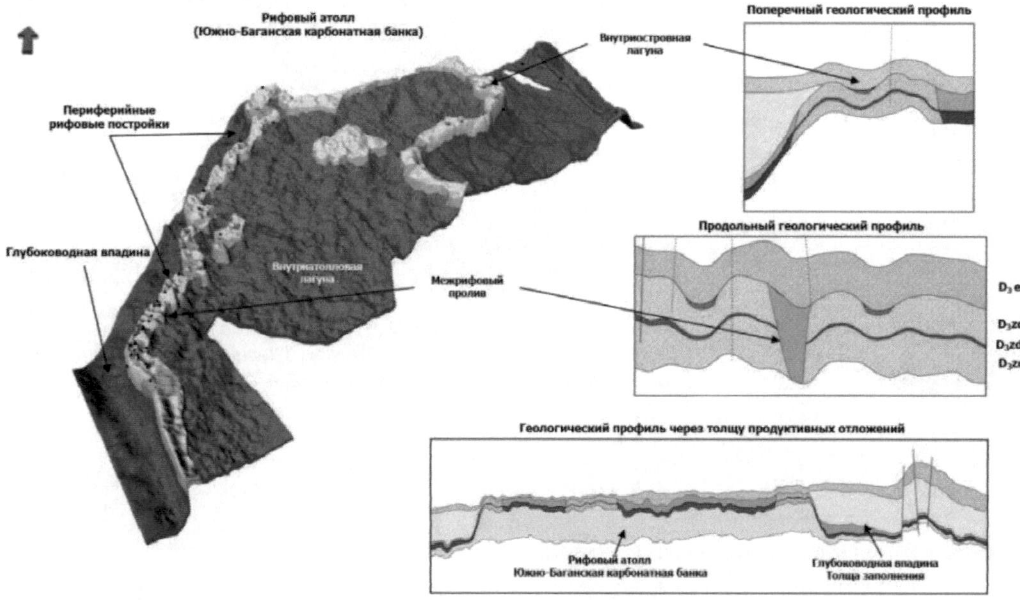


***Рисунок 2.*** *Новая концептуальная фациальная 3D геологическая модель*

Далее были оценены запасы по залежам открытых месторождений и ресурсный потенциал прогнозных структур. В целом, по открытым месторождениям начальные геологические и извлекаемые запасы нефти уменьшились на **29 %**. По перспективным структурам предварительные геологические и извлекаемые ресурсы нефти увеличились на **141 %**.

На основе новой детальной литолого-фациальной 3D геологической модели задонских отложений создана и адаптирована новая гидродинамическая модель (ГДМ) Восточно-

Мастеръельского месторождения, была выполнена оптимизация размещения эксплуатационных и нагнетательных скважин с отказом от неэффективного бурения.

**Выводы**

Для построения более достоверной геологической модели, учитывающей всю имеющуюся геолого-геофизическую информацию, неоднородности продуктивных отложений, а также повышения достоверности оценки запасов и ресурсов важны концептуальные представления и комплексный подход в изучении. Данный подход продемонстрирован на примере месторождений и перспективных структур Южно-Хорейверского участка. Для повышения достоверности оценки запасов и ресурсов задонских отложений на месторождениях и перспективных структурах Южно-Хорейверского участка была предложена и реализована новая концепция геологического строения. Новая концептуальная и построенная на ее основе детальная литолого-фациальная 3D геологическая модель позволили уточнить конфигурации залежей, повысить достоверность оценки запасов и ресурсов, предложить решения проблем с разным энергетическим состоянием залежей, отказаться от неэффективного бурения на участках с неподтвержденными запасами, оптимизировать размещение эксплуатационных и нагнетательных скважин. Данная научная работа является примером полноценного комплексного подхода при геологическом сопровождении разведки и разработки месторождений нефти и газа.

**Библиография**


1. *Жемчугова, В. А.* Природные резервуары в карбонатных формациях Печорского нефтегазоносного бассейна. – М. : Изд-во Московского государственного горного университета – 2002, 243 с.

2. *Жемчугова Т. А., Ладейщиков С. В., Дорофеев Н. В.,* Создание новой концептуальной 3D модели рифовых отложений месторождений и перспективных структур Южно-Хорейверского участка // В сборнике: Россохинские чтения. Материалы международной конференции. Под редакцией Р.В. Агиней. Ухта – 2023, 24-28 с.

3. *Закревский, К. Е.* Геологическое 3D-моделирование. М. : ООО «ИПЦ Маска» – 2009, 376 с.

4. *Ладейщиков С.В., Фадеев А.П., Дорофеев Н.В., Сабельников И.С., Т.А. Жемчугова Т.А., Южаков А.П.* Комплексный подход к созданию трехмерных геологических моделей на примере месторождений Тимано-Печорского региона // Бурение и нефть. – 2022, №12, 14-21 с.


**References**


1. *Zhemchugova V.A.* Prirodnyerezervuary v karbonatnyh formaciyah Pechorskogo neftegazonosnogo bassejna. – M. :Izd-vo Moskovskogo gosudarstvennogo gornogo universiteta – 2002, 243 s.

2. *ZHemchugova T. A., Ladejshchikov S. V., Dorofeev N. V.,* Sozdanie novoj konceptual'noj 3D modeli rifovyh otlozhenij mestorozhdenij i perspektivnyh struktur YUzhno-Horejverskogo uchastka // V sbornike: Rossohinskie chteniya. Materialy mezhdunarodnoj konferencii. Pod redakciej R.V. Aginej. Uhta – 2023, 24-28 s.

3. *Zakrevskii K. E.* Geologicheskoe 3D-modelirovanie. M. : OOO «IPC Maska» – 2009, 376 s.

4. *Ladeyshchikov S.V., Fadeev A.P., Dorofeev N.V., Sabelnikov I.S., T.A. Zhemchugova T.A., Yuzhakov A.P.,* Kompleksnyj podhod k sozdaniyu trekhmernyh geologicheskih modelej na primere mestorozhdenij Timano-Pechorskogo regiona // Burenie i neft'. – 2022, №12, 14-21 s.

# Выделение геологических критериев поиска нижнепермских рифов в пределах Башкирского сегмента Предуральского краевого прогиба

П.А. Ахмерова* (ООО «РН-БашНИПИнефть»), Р.Д. Бакиров (ООО «РН-БашНИПИнефть»)

## Введение

По мнению российских геологов, Предуральский краевой прогиб (ПКП) является последним регионом европейской части России (за исключением арктического шельфа), где еще возможны открытия крупных скоплений нефти и газа [1, 2, 3]. В пределах ПКП уже открыты многие месторождения углеводородов (УВ), при этом диапазон промышленной продуктивности стратиграфически очень широк – от ордовика до нижней перми. В последние годы открытия новых месторождений осуществляются даже на площадях с отрицательными результатами бурения, что, вероятно, говорит об эффективности новых подходов при поисках. Поэтому исследования, направленные на систематизацию и обобщение имеющейся геолого-геофизической информации, с целью выявления закономерностей распределения скоплений УВ в Предуральском прогибе являются актуальными.

Одним из наиболее перспективных направлений поисков УВ на территории Южного сегмента Предуральского краевого прогиба являются рифовые постройки нижнепермского возраста. Почти все открытые залежи, связанные с нижнепермскими рифами, сосредоточены на территории Башкирского сегмента ПКП (Мраковская депрессия, Шихано-Ишимбайская седловина и Бельская депрессия), что составляет лишь 9% от общего количества запасов УВ Предуральского прогиба. Однако в пределах Республики Башкортостан (РБ) данное направление является одним из наиболее значимых (за период 1932-1988 годов открыто 28 месторождений УВ). Благоприятным экономическим фактором ведения геологоразведочных работ является небольшие глубины залегания объектов – 300-1500 м. Предполагается, что перспективы открытия новых залежей нефти, приуроченных к рифовым массивам на рассматриваемой территории, а также в смежных регионах не исчерпаны. На основании чего рассмотрены и обоснованы критерии для выделения перспективных зон по данному направлению в пределах Башкирского сегмента Предуральского краевого прогиба.

## Критерии перспективности нижнепермских рифов

Основные сложности при поисках залежей УВ на рассматриваемой территории связаны с неопределенностями геологического строения, которые проявлены на разных уровнях. В региональном отношении наблюдается частое несоответствие структурных планов, интенсивная дислоцированность. На зональном уровне проявлена резкая фациальная изменчивость палеозойских отложений, влияние соляной тектоники и ухудшение экранирующих свойств флюидоупоров. На локальном уровне стоит обратить внимание на особенности строения коллектора, условия развития конкретного объекта, глубину залегания объектов, возможности применения методик поисков. Перечисленные особенности имеют разный масштаб и требуют поэтапного рассмотрения. Для этого сформулированы и систематизированы основные диагностические признаки, выявленные на основании уже открытых объектов. Их систематизация произведена по принципу «от общего – к частному»: прослеживание общих трендов развития геологических объектов на региональном уровне, выделение перспективных зон нефтегазонакопления с учётом зональных критериев, и наконец, детализация и ранжирование объектов на локальном уровне. Каждый этап анализа сопровождается вероятностной оценкой, что позволяет исключить из дальнейшего более детального анализа зоны повышенного риска.

Предлагаемые ниже критерии актуальны для поисков нижнепермских органогенных построек Южного Урала и могут быть модифицированы в соответствии со спецификой рассматриваемого региона. Они основаны на палеотектонических и палеогеографических особенностях территории, а также на характере осадконакопления и вторичных преобразований потенциальных коллекторов и флюидоупоров.

**Региональный критерий** – палеогеоморфологический – выражен наличием седиментационного уступа раннепермского возраста. Нижнепермские рифовые массивы располагаются по западной окраине ПКП в узкой субмеридионально ориентированной полосе шириной от 2 до 12 км. Вероятное развитие краевых шельфовых биогермов, потенциально перспективных на поиски углеводородов, приурочено к артинскому седиментационному уступу. Рифы развивались по западной окраине депрессии в области соприкосновения мелководной и глубоководной частей бассейна. Седиментационный уступ обеспечивал благоприятные условия для широкого развития рифостроителей (открытое море нормальной солености с карбонатным осадконакоплением в субтропических зонах с температурой воды не ниже 20 градусов, прозрачная вода, глубина не более 20-40 м, без терригенных взвесей).

Пространственное положение западного борта ПКП по артинским отложениям уточнялось по материалам сейсморазведки МОГТ-2D, 3D, по данным бурения. В северной части Бельской депрессии уступ выделен по данным детальной гравиразведки ввиду отсутствия профилей МОГТ-2D, пересекающих западную границу ПКП. Примеры выделения артинского седиментационного уступа представлены на рисунке 1. По скважинным данным уступ выделяется разницей абсолютных отметок артинского горизонта (Рис. 1 – А). По данным сейсморазведочных работ (СРР) уступ выражен 1) резким изменением угла наклона осей синфазности, 2) флексуроподобным погружением ОГ с запада на восток при моноклинальном погружении в том же направлении более глубоких ОГ, 3) тектоническим нарушением (Рис. 1 – Б, В). На структурных картах уступ проявлен сгущением изолиний (Рис. 1 – Г).

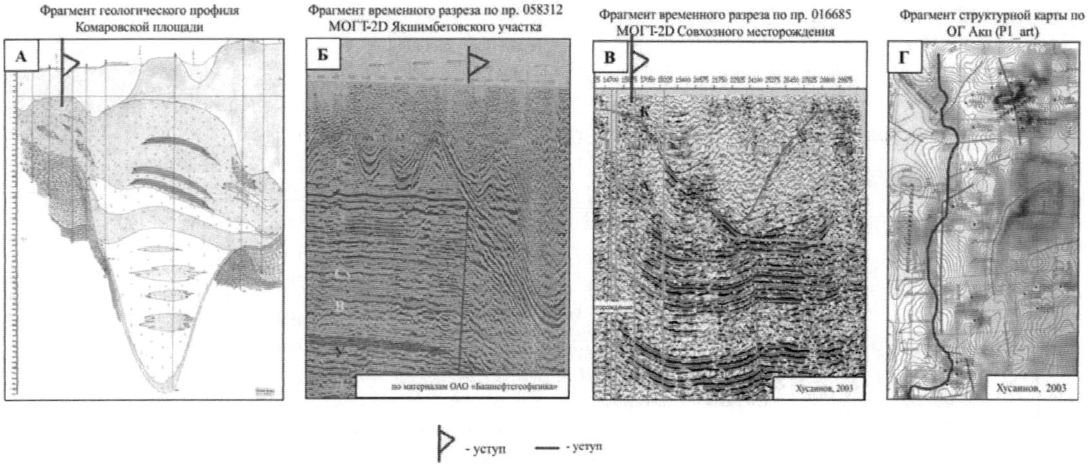


***Рисунок 1.*** *Способы выделения артинского седиментационного уступа: А – по данным бурения, Б, В, Г – по данным СРР МОГТ-2D [5]*

**Зональные критерии.** 1. На зональном уровне палеогеоморфологический критерий проявляется как ширина седиментационной ступени, являвшейся пьедесталом для образования рифовых тел. Шамов Д.Ф. [6] отмечал, что рифовые массивы формировались в тех участках Предуральской депрессии, где на достаточно широком пространстве и в течение длительного времени существовали благоприятные условия. Ширина ступени определяет величину такого пространства, следовательно, величину рифового тела. Предполагается, что чем больше ширина ступени, тем перспективнее зона по данному критерию. Данное предположение подтверждается на примере открытых месторождений

2. Интенсивность прогибания дна бассейна влияет на рост органогенных построек. Основным фактором, определяющим благоприятные условия для рифообразования, по мнению Шамова Д.ф. [6], являлись колебательные движения соответствующего участка Предуральской депрессии. Оценить данный параметр представляется возможным по мощности компенсирующих осадков флишоидной толщи раннепермского возраста. Выделено четыре типовых варианта прогибания дна бассейна:

А – При отсутствии прогибания дна бассейна в артинское время, риф, начавший рост в более раннее время (P1a-s), прекращал своё развитие. Подобный вариант не характерен для рассматриваемой территории.

Б – Слабое прогибание бассейна (амплитуда прогибания 0-400 м), в результате которого развивались малоамплитудные рифы. Такому варианту развития событий отвечает северная часть территории Бельской депрессии.

В – Интенсивное прогибание бассейна (амплитуда прогибания 400-1000 м), при котором развивались амплитудные рифы. Этому случаю отвечает центральная часть территории (Шихано-Ишимбайская седловина и северная часть Мраковской депрессии), которая является наиболее перспективной по данному критерию.

Г – Интенсивное прогибание дна бассейна (амплитуда прогибания более 1000 м), при котором рифы прекращали рост и были погребены под осадками депрессионного типа. Такой вариант событий характерен для южной части территории. В данном случае поисковым признаком подобных рифовых тел являются депрессионные и уплотненные осадки в кровельной части рифа, что зачастую интерпретируется как отсутствие коллектора. Для подобных случаев рекомендуется полное вскрытие отложений предполагаемого рифа.

3. Наличие депрессионной зоны, обеспечивающей условия развития рифостроителей. Депрессионная зона в осевой части Предуральского прогиба предположительно служила барьером на пути сноса терригенного материала с востока, который мог пагубно влиять на развитие рифа (Рис. 4). По данным фациальных реконструкций территории и литолого-фациальным картам, вдоль всей восточной границы предполагаемой рифовой полосы существует депрессионная зона.

4. Мощность и надёжность флюидоупора. Ассельско-артинские продуктивные рифы погребены под сульфатно-галогенными осадками кунгурского яруса, представленными гипсами, ангидритами и каменной солью. Изолирующие свойства этих пород, а также мощности кунгурских образований, которые варьируют от десятков метров до 2000-2238 м, делают данную толщу надежной покрышкой. Практически полная непроницаемость данного флюидоупора обусловлена однородным строением, пластичностью и способностью к залечиванию трещин.

Изолирующие свойства покрышки ухудшаются в зоне развития неогеновых палеодолин. В результате эрозионной деятельности палеорек зонально размыты отложения уфимского и частично кунгурского яруса. Врезы, образованные палеодолинами, заполненны рыхлыми терригенными отложениями неогеновой системы (до 200 м). Между неразмытой частью кунгура и неогеном нет надежного водоупора, поэтому инфильтрационные воды, проникая через всю толщу неогеновых пород, уходят в многочисленные полости и карсты кунгурского яруса и способствуют превращению ангидритов в гипсы. Кроме того, вода проникает и в рифовые массивы, опресняя пластовые воды и разрушая залежи нефти. Таким образом, отсутствие залежей УВ в зонах развития неогеновых палеодолин связано с негерметичностью покрышек, представленных в основном кунгурскими гипсами небольшой мощности. Подтверждающим фактом расформирования залежей являются многочисленные признаки остаточной нефтенасыщенности по данным кернового материала из рифогенных известняков. Зона может быть перспективной лишь при слабом влиянии неогеновых палеоврезов. Кроме того, существуют области, где рифы выходят на дневную поверхность.

**Локальные критерии.** Оценка перспективности на локальном уровне производится в пределах каждой зоны путем оценки соответствующих локальных критериев

1. Расстояние между органогенными постройками. При анализе открытых объектов замечено, что расстояние между выявленными рифовыми массивами в наиболее изученной бурением территории составляет в среднем 1-5 км. Зоны, где расстояние достигает 8-15 км, являются потенциально перспективными для открытия новых рифов. Примером открытия новых рифов между уже известными является связка малоразмерных органогенных построек Шамовского месторождения.

2. Тип пористости. Коллекторами нефти в условиях погребенных рифовых массивов являются в основном кавернозные и пористые известняки и доломиты, реже – трещиноватые известняки. Пористость в рассматриваемых объектах представлена двумя типами: 1 – приуроченная к относительно «чистым» разностям известняков; 2 – приуроченная к сильно сульфатизированным доломитам.

– Первый тип пористости развит почти повсеместно по всей толще продуктивных известняков. Поры развиты за счет выщелачивания части перекристаллизованных участков известняка или представляют собой не заполненные породой промежутки между органическими остатками. Размеры пор от 0,1 до 3-4 мм. Пористость данного типа обычно незначительна, однако нефтяносность некоторых скважин связана исключительно с этим типом пористости.

– Второй тип пористости является основным в характеристике коллекторов большинства известняковых массивов. Карбонатные породы с таким типом пористости настолько изменены вторичными процессами, что утрачивают характерный облик, превращаясь губчатую, иногда рыхлую массу. Такие породы получили название «губчатые» доломиты и «ситчатые» известняки и отличаются особенно высокой емкостью. По данным А.А. Трофимука [4] эти породы формировались в очень мелководных лагунообразных заливах на поверхности рифа, при быстром повышении минерализации морской воды, под влиянием которой могли протекать процессы доломитизации замещения, сопровождавшиеся повышением пористости органогенно-детритового остатка. Пористость губчатых доломитов обычно очень высокая (достигает 70%). С данным типом пористости связаны основные продуктивные зоны Ишимбаевских месторождений. Стоит отметить, что частично поры, образованные в процессе выщелачивания органических остатков, заполнены ангидритом, что нередко сильно уменьшает пористость породы.

**Заключение**

На территории Предуральского краевого прогиба в пределах Республики Башкортостан открыто 48 месторождений УВ, из которых 25 связаны с развитием рифовых массивов ассельско-сакмарского возраста. Благодаря имеющейся базе геолого-геофизической информации удалось систематизировать основные диагностические признаки данных объектов и выделить критерии для их поисков. При помощи представленных критериев производится вероятностная оценка рисков территории путем построения карт вероятностей по каждому из критериев, и соответственно выделяются участки с перспективными объектами. Применив трехуровневый подход, удалось сначала проследить региональный тренд развития нижнепермских рифов Южного Урала, затем выделить наиболее перспективные зоны нефтегазонакопления, в пределах которых произвести ранжирование определенных участков на локальном уровне. По итогам работы представляется возможным картирование новых органогенных построек между известными рифовыми месторождениями и на участках, слабо изученных современными методами геологоразведочных работ в пределах РБ, а также на смежных территориях (Оренбургская область, Пермский край).

**Библиография**


1. Александрова Т.В., Шибанова А.М., Жарков А.М. Складчато-надвиговая зона Урала как один из крупнейших нефтегазоперспективных объектв Европейской части России // Нефтегазовая геология. Теория и практика. 2014. Т. 9. №

2. Волож Ю.А., Антипов М.П. и др. Оренбургский тектонический узел: геологическое строение и нефтегазоносность. М.: Научный мир, 2013. 264 с.

3. Никонов Н.И., Куранов А.В. Перспективные направления геолого-разведочных работ на нефть и газ в Предуральском прогибе // Актуальные проблемы нефти и газа. Вып. 4(19). 2017.

4. Трофимук А.А., Нефтеносность палеозоя Башкирии, Гостоптехиздат, 1950.

5. Хусаинов Ш. З. Отчёт по теме: «Переобработка и переинтерпретация материалов сейсморазведки МОГТ на Совхозно-Чулошниковском участке западной прибортовой зоны Предуральского прогиба», ООО «ОренбургГеофизика», г. Оренбург, 2003.

6. Шамов Д.Ф. Отчёт по теме: «Условия формирования нефтяных месторождений в сакмаро-артинских отложениях Предуральской депрессии», «УфНИИ», 1955.


**References**


1. Aleksandrova T.V., Shibanova A.M., Zharkov A.M. Skladchato-nadvigovaya zona Urala kak odin iz krupnejshix neftegazoperspektivny`x ob``ektv Evropejskoj chasti Rossii // Neftegazovaya geologiya. Teoriya i praktika. 2014. T. 9. №

2. Volozh Yu.A., Antipov M.P. i dr. Orenburgskij tektonicheskij uzel: geologicheskoe stroenie i neftegazonosnost`. M.: Nauchny`j mir, 2013. 264 s.

3. Nikonov N.I., Kuranov A.V. Perspektivny`e napravleniya geologo-razvedochny`x rabot na neft` i gaz v Predural`skom progibe // Aktual`ny`e problemy` nefti i gaza. Vy`p. 4(19). 2017.

4. Trofimuk A.A., Neftenosnost' paleozoya Bashkirii, Gostoptekhizdat, 1950.

5. Xusainov Sh. Z. Otchyot po teme: «Pereobrabotka i pereinterpretaciya materialov sejsmorazvedki MOGT na Sovxozno-Chuloshnikovskom uchastke zapadnoj pribortovoj zony` Predural`skogo progiba», OOO «ORENBURGGEOFIZIKA», g. Orenburg, 2003.

6. SHamov D.F. Otchyot po teme: «Usloviya formirovaniya neftyanyh mestorozhdenij v sakmaro-artinskih otlozheniyah Predural'skoj depressii», «UfNII», 1955.

# Тектоническое строение архей-протерозойского комплекса Камовского свода Байкитской антеклизы

К.О. Матросов (ООО «РН-КрасноярскНИПИнефть), А.С. Ковалевская (ООО «РН-КрасноярскНИПИнефть), Т.В. Феськова (ООО «РН-КрасноярскНИПИнефть)

## Введение

В пределах Камовского свода Байкитской Антеклизы (Байкитская НГО Лено-Тунгусская НГП) расположено два месторождения – Куюмбинское нефтегазоконденсатное месторождение, и Юрубчено-Тохомское нефтегазоконденсатное месторождение. Коллектор здесь представлен преимущественно рифейскими (хотя присутствует также залежи и вендской части разреза) кавернозно-трещиноватыми карбонатными породами низкой ёмкости (Кпор – 1-1,5%). Рифейский комплекс дислоцирован, и являет собой чередование карбонатных и терригенных глинистых толщ, сверху рифейский комплекс перекрывают вендские отложения с угловым несогласием. Залежи тектонически и стратиграфически экранированы.

Архей-протерозойский интервал Камовского свода Байкитской антеклизы имеет сложное тектоническое строение, что не удивительно, если принимать во внимание, насыщенную тектоническими событиями историю региона, охватывающую собой ≈2.5 млрд. лет, однако, многие исследователи не оставляли попыток описать её.

## Теория

Стоит отметить, что на сегодняшний день не существует какой-то единой общепринятой геодинамической модели Юрубчено-Тохомской зоны нефтегазонакопления (ЮТЗ). За десятки лет изучения региона выдвигалось множество гипотез тектонического развития территории, однако отсутствие полноты информации о строении архей-протерозойского комплекса, как в виде результата бурения глубоких скважин, так и качественных сейсмических данных, не позволяло научному сообществу остановить свой выбор на одной из них.

На текущий момент можно представить, как минимум пять крупных актуальных работ, которые описывают тектоническое развитие региона вплоть до наших дней. [1, 2, 3]. Часть этих работ была выполнена в рамках производственных проектов недропользователей.

Несмотря на некоторые имеющиеся различия, все авторы единогласно сходились в одном, что первым этапом в тектоническом развитии региона являлись консолидация Сибирского кратона, а затем, последовавший за этим рифтинг вследствие термического прогибания.

Данные выводы сделаны, преимущественно, по результатам бурения скважин и сейсмическим материалам, сначала 2D, а затем, соответственно и 3D. Очевидно, что с каждым годом объём бурения, а также качество и количество сейсмического материала увеличивалось, что, конечно, требовало больше времени для анализа, но тем не менее, постепенно приоткрывая вуаль над тектоническим строением архей-протерозойского комплекса. К 2022 г. на территории ЮТЗ, в пределах Куюмбинского и Юрубчено-Тохомского месторождений объём МОГТ-3D довольно хорошего качества составлял около 8500 км$^2$, позволяя с высокой долей уверенности прослеживать одни из самых древних внутририфейских отражений R4 – вблизи кровли вэдрэшевской толщи, и в некоторых зонах – R5, по текущей стратификации – вблизи кровли зелендуконской толщи.

Тем не менее, в волновом поле не удавалось выделить непосредственно отражение от границы осадочный чехол – фундамент, даже несмотря на наличие скважин, вскрывавших древние рифейские толщи, и следующие за ними породы фундамента.

Несмотря на тот факт, что на Куюмбинском месторождении ОГ R5 прослеживается практически на всем участке сейсморазведочных работ МОГТ-3D, достоверно стратифицировать эту ОВ не представляется возможным, из-за отсутствия скважин, пересекающих данный ОГ. Поэтому, в связи с отсутствием отражений ниже ОГ R5, предполагалось, что поверхность фундамента либо ассоциируется с ОВ R5, либо находится вблизи неё, учитывая небольшие толщины зелендуконской толщи (до 300 м), вскрытую скважинами.

**Примеры**

Сейсморазведочные работы в пределах Юрубчено-Тохомского и Куюмбинского месторождения выполняются по заказу двух недропользователей – ООО «СлавнефтьКрасноярскнефтегаз» и АО «ВСНК».

В 2021 г. на сейсмических материалах, в пределах Терско-Камовского (северо-восточного) участка, охватывающих восточную часть Камовского свода, впервые было выделено и закартировано отражение F, которое, на тот момент, ассоциировалось с грабенообразной структурой фундамента, заполненной породами, контрастными по акустическим свойствам с гранито-гнейсами фундамента. Учитывая, уверенное прослеживание ОГ R5 выше наклонной границы, можно было сделать вывод, что ОГ R5 не является отражением от поверхности фундамента.

В 2023 г. выполнена интерпретация свежих сейсмических материалов на Терско-Камовском (южном) участке, который непосредственно граничит с результатами прошедших исследований. Собственно, о результатах интерпретации данных материалов сейсморазведки и пойдёт далее речь в докладе.

В пределах контура исследования, по аналогии с соседними съёмками МОГТ-3D довольно уверенно прослеживаются сейсмические отражения R4 и R5. Стратификация данных отражений не вызывает вопросов, так как корреляция с соседних съёмок передаётся надёжно.

В первую очередь, при анализе сейсмического разреза на рисунке 1 можно выделить нескольких довольно контрастных и глубозалегающих отражений, которые точно являют собой отражённые волны, а не волны помехи, которыми в значительной степени осложнён сейсмический материал в архей-протерозойском интервале.

Если раньше, на материалах 2022 г. отражение Syn1_1 могло ассоциироваться с отражением от поверхности фундамента, то сейчас наличие дополнительных отражений различной кинематики и динамики свидетельствует о том, что данные акустические границы имеют другую природу.

Среди имеющихся геодинамических моделей, описанных ранее, наиболее высокая степень соответствия наблюдается между приведённой волновой картиной, и моделью, представленной Грищенко и Макановой [1] (Рисунок 2).

На сейсмическом разрезе отмечается следующие:

- Наличие блоков структуры «домино» как результатов локального растяжения Сибирского кратона вследствие термического прогибания.
- Интервал между отражениями F и Syn2 соответствует первому крупному циклу синрифтового осадконакопления.
- Последующие циклы синрифтового осадконакопления вследствие дальнейшего рифтогенеза.

- Дальнейшая седиментация равномощных рифейских отложений, относящаяся к пострифтовой стадии.

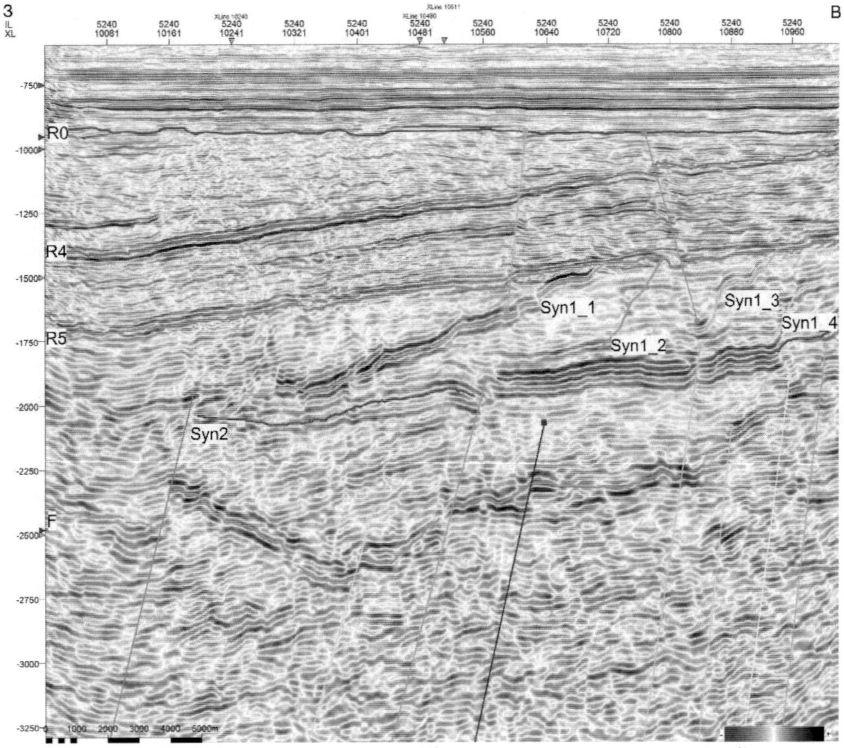


***Рисунок 1.*** *Предполагаемое тектоническое строение архей-протерозойского комплекса на Терско-Камовском (южном) УН, 2023 г.*

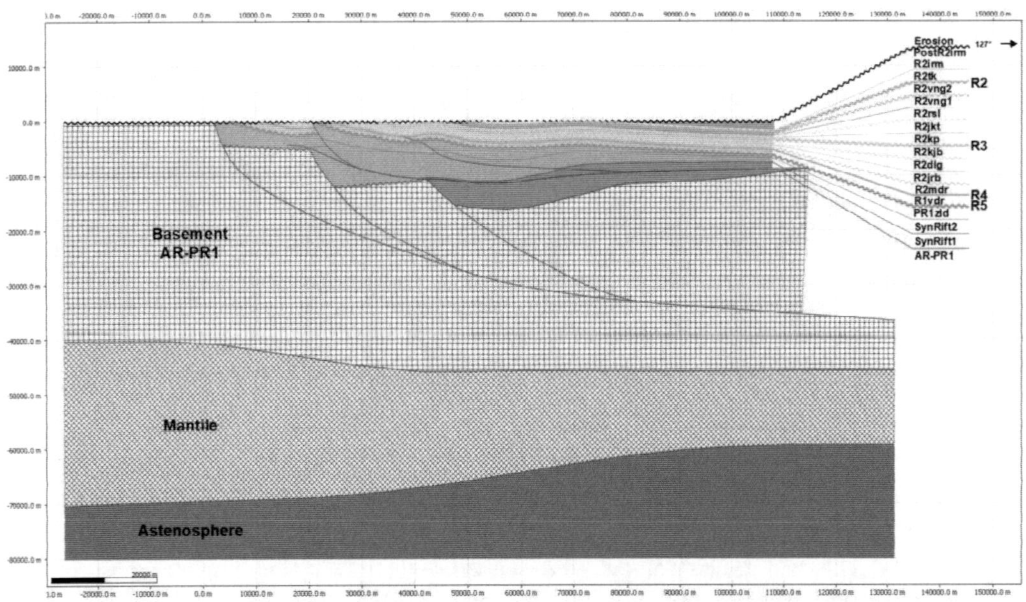


***Рисунок 2.*** *Модель тектонического строения архей-протерозойского комплекса [1]*

Обращают на себя внимание следующие моменты, на которых далее будет акцентировано внимание.

Во-первых, предположение о том, что тектоника рифейского комплекса связана с инверсией блоков фундамента вдоль сбросовых нарушений структуры «домино», находит однозначного подтверждения в представленных материалах. Так, в рифейском интервале разреза наблюдаются зоны некогерентной записи или ослабления амплитуды, которые могут ассоциироваться с тектоническими нарушениями, однако, значительных перемещений вдоль данных нарушений не наблюдается. Это в свою очередь свидетельствует о том, что тектонические процессы для рифейского комплекса и для фундамента могут иметь как различный генезис, так и единый.

Во-вторых, наличие явных стратиграфических несогласий в волновом поле свидетельствует о нескольких крупных циклах прогибания, которые связаны с последующей седиментацией обломочного материала.

В-третьих, в волновом поле выделяются несколько наклонных цикличных отражений под ОГ R5. Условия осадконакопления, в результате которых были сформированы данные границы будут рассмотрены в дальнейшем.

**Выводы**

Если попытаться использовать полученную информацию для промышленного применения при разработке и изучении месторождения, то основной вывод, который принципиально важен при анализе тектонического строения рифейского комплекса ЮТЗ – это неочевидная вовлечённость блоков фундамента в рифейские дислокации, что в свою очередь опять даёт некоторую свободу творчества для исследователей, в попытках описать геодинамику рифейского комплекса.

**Благодарности**

Авторы выражают благодарность ООО «Славнефть-Красноярскнефтегаз» и АО «ВСНК» за предоставленные материалы.

**Библиография / References**

1. Грищенко Д.В, Маканова Г.В. Куюмбинское месторождение. История тектонического развития 2022 г., конференция «Сейсморазведка в Сибири и за её пределами»
2. Харахинов В.В. Древние рифты Восточной Сибири и их нефтегазоносность, 2016, Геология нефти и газа №4, с. 3-17
3. Ulmishek G.F. Petroleum Geology and Resources of the Baykit High Province, East Siberia, Russia. U.S. Geological Survey Bulletin 2201–F, U.S. Department of the Interior U.S. Geological Survey, Version 1.0, 2001

**References**

1. Grischenko D.V, Makanova G.V. Kuyumbinskoye field. History of tectonic evolution. 2022 г, conference «Seismic in Siberia. Above and Beyond»
2. Kharakhinov V.V. Oil and gas potential of Eastern Siberia ancient rifts, 2016, Oil and gas Geology №4, p. 3-17
3. Ulmishek G.F. Petroleum Geology and Resources of the Baykit High Province, East Siberia, Russia. U.S. Geological Survey Bulletin 2201–F, U.S. Department of the Interior U.S. Geological Survey, Version 1.0, 2001.

**Оценка перспектив нефтегазоносности среднемиоценовых отложений в российском секторе акватории Среднего Каспия**

Д.В. Соколов* (ООО «ЛУКОЙЛ-Инжиниринг»), В.Ф. Шарафутдинов (ПАО «ЛУКОЙЛ-Инжиниринг»)

**Введение**

В дагестанском секторе акватории Каспийского моря, охватывающем западные части Среднего и Северного Каспия, прослеживаются восточные окончания известных геоструктурных элементов и связанных с ними нефтегазоносных районов Предгорного Дагестана, Прикумской области, перспективной Терско-Сулакской впадины и вновь открытые месторождения Каспия. Окруженная со всех сторон нефтегазоносными землями Дагестанская акватория Каспийского моря представляет исключительный интерес в отношении поисков нефти и газа. Наращивание запасов и увеличение добычи нефти и газа в ближайшем будущем требует освоения новых нефтегазоносных комплексов и районов, к числу которых относятся и кайнозойские отложения акватории Каспия, перспективность которых подтверждается ранее открытыми нефтяными месторождениями Избербаш-море и Инчхе-море. Результаты геологоразведочных работ предшествующего периода свидетельствуют о том, что практически все замкнутые среднемиоценовые структуры при наличии надежной покрышки оказываются продуктивными.

**Данные и методы**

Региональная структура и особенности строения среднемиоценовых отложений в пределах Каспия к настоящему времени недостаточно изучены, поскольку основным объектом интереса являются подстилающие мезозойские отложения. Перспективность среднемиоценовых отложений обосновывается региональной нефтегазоносностью и высокой продуктивностью карагано-чокракских песчаников на месторождениях Предкавказья. Проведению предшествующих специальных исследований по литологии, стратиграфии среднемиоценовых отложений и палеогеографической обстановки благоприятствовали природные условия региона с хорошей обнаженностью изучаемых отложений. Работы осуществлялись на основе анализа и обобщения естественных и скважинных разрезов путем их стратификации, детального расчленения и корреляции с выделением песчаных свит, и пластов с последующим составлением схем сопоставления, литологических профилей, карт мощностей и др. В акватории Каспийского моря расчленение среднемиоценовых отложений на ярусы пока проведено с определенной степенью условности из-за недостаточности кернового материала и палеонтологических данных.

Новые представления о геологическом строении и результаты сравнительного анализа аналогов требуют переоценки ресурсного потенциала среднемиоценовых отложений в сторону увеличения в пределах восточной части Терско-Каспийского прогиба, включая его акваториальную часть. Дальнейшие перспективы связываются с поисками углеводородных скоплений как на суше, так и в акватории моря, где могут быть открыты месторождения со значительными запасами нефти и газа. Поиски залежей нефти и газа на малых глубинах (до 3 км) в малоизученном в акватории нефтегазоносном комплексе среднего миоцена, обладают прогнозными углеводородными ресурсами, которые не были реализованы при разведке мезозойских отложений.

**Результаты**

Результаты детального анализа геолого-геофизической изученности, особенностей геологического строения и развития, а также процессов нефтегазообразования в регионе позволяют наметить основные перспективы нефтегазоносности среднемиоценовых отложений в пределах шельфа Каспия на малых глубинах. В пределах региона в среднемиоценовых отложениях разведаны различные типы залежей: пластовые сводовые, структурно-литологические, литолого-стратиграфические и тектонически-экранированные.

При оценке перспектив нефтегазоносности среднемиоценовых отложений и поисков в них литологически и тектонически-экранированных залежей нефти и газа, авторами были использованы материалы геологосъемочных работ, бурения, сейсморазведочных работ, а также специализированных тематических исследований и публикаций, посвященных проблеме поисков нефтегозонасыщенных песчано-алевролитовых пластов караганского и чокракского возраста. Промышленная нефтегазоносность связана с многочисленными пластами кварцевых песчаников и алевролитов, обладающих высокими значениями пористости и проницаемости.

На площади исследований находится целый ряд объектов, выделенных как предшествующими исследованиями, так и впервые обозначенные. Выделенные объекты показаны на Рис. 1.

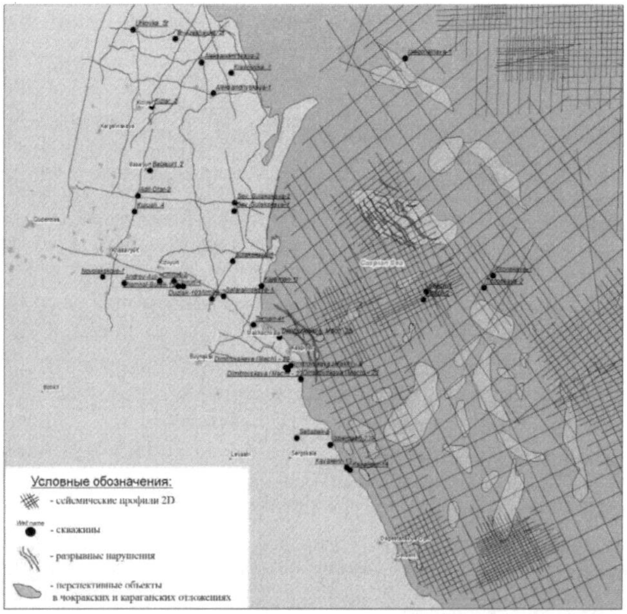


***Рисунок 1.*** *Схема распространения перспективных зон для поиска залежей углеводородов в кайнозойских отложениях на малых глубинах в пределах акватории Среднего Каспия*

Основные первоочередные перспективы видятся в пределах Усть-Сулакской зоне дислокаций, в качестве месторождения аналога этой зоны по тектоническому строению рассматривается Прибрежно-Морозовская зона Краснодарского края, где в течении последних десятилетий разрабатываются чокракские отложения. Месторождениями аналогами по строению резервуара являются месторождения Терско-Сунженской зоны – Старогрозненское, Октябрьское, Эльдаровское и др., и Предгорного Дагестана – Махачкала, Избербаш, Ачи-су, Тернаир.

Ловушки здесь могут быть связаны с крупными песчаными телами среднего миоцена караган-чокракского возраста. В северо-восточном направлении в акватории Среднего Каспия при приближении к источнику сноса прогнозируется увеличение песчанистости разреза и улучшение качества коллекторов. Прогнозируемая толщина песчаников может достигать 30-50 м (пористость до 37%), а полученные результаты свидетельствуют, что в разрезе скважины породы-покрышки характеризуются хорошими и высокими экранирующими свойствами.

В отложениях чокрак-караганского горизонтов в пределах Центрально-Каспийского лицензионного участка прогнозируется новая зона нефтегазонакопления, дислокаций майкоп-среднемиоценовых отложений. Размер данной зоны дислокаций в плане составляет около 20*40 км (Рис.2).

Здесь сейсморазведкой еще в начале века установлена блоковая структура майкоп-среднемиоценовых отложений, разбитых многочисленными сбросовыми нарушениями. Нарушения сплошности пород северо-запад юго-восточного простирания со смещениями амплитудой до 150 м, фиксируются по сейсмическим данным в интервале от среднемиоценовых до верхнемайкопских отложений включительно. Нарушения, как правило, сбросового типа, обусловленные проявлением диапировой тектоники, являются бескорневыми и не прослеживаются глубже майкопской серии [3].

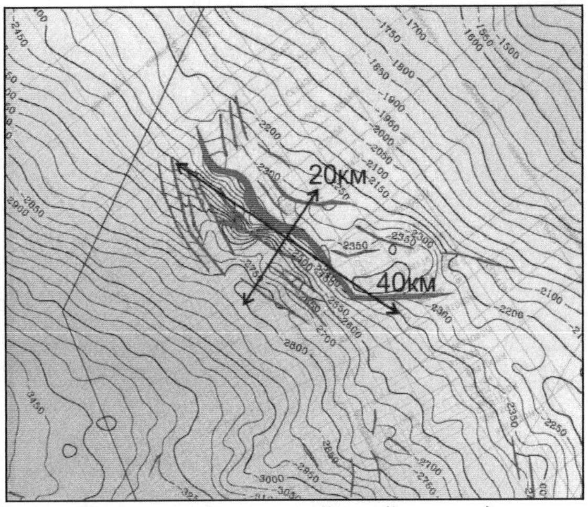


***Рисунок 2.*** *Усть-Сулакская зона дислокаций майкоп-среднемиоценовых отложений в пределах Центрально-каспийского лицензионного участка (структурная карта вблизи кровли майкопских отложений).*

Также в пределах Дагестанского шельфа выделяется ряд перспективных объектов в среднемиоценовых отложениях, где визуальный анализ волнового поля показывает, что чокракскому разрезу, как и караганскому, свойственны локальные флуктуации толщин экстремумов и изменение динамики, облик аномалий довольно разнороден и корреляция от профиля к профилю допускает варианты. Некоторые из аномалий не проявляются интенсивными и устойчивыми «яркими пятнами», часто это холмовидный рисунок в пределах более протяженной и широкой области повышенных амплитуд, размеры аномальных участков профилей разные – от небольших по отношению к плотности профилей (около 3-6км), фиксируемых только одним профилем, до достаточно протяженных (около 20-25км). Аномалии зачастую сопровождаются увеличением толщин, либо локальным изменением динамики отражений, или сочетанием того и другого. Аномалии AVO-атрибутов в чокракских и караганских отложениях выделяются, как правило, слабо и неоднозначно, и интерпретируются как изменения литологии.

Природа выявленных аномалий, вероятно, связана с аккумулятивными телами, распространенными в терригенных отложениях, которые могут служить ловушками углеводородов. Наиболее крупным и перспективным в нефтегазоносном отношении является объект Чокрак – песчаное тело в чокракских отложениях (рис. 3). Объект расположен в пределах шельфового лицензионного участка 2-Избербаш и на временных разрезах характеризуется следующими особенностями: 1 – наличием внутриформационной морфологически выраженной положительной структуры по кровле объекта; 2 – увеличенной мощностью (>100 мс) чокракских отложений внутри объекта; 3 – латеральным изменением характера волновой записи: внутри объекта – хаотическая, вне – параллельно-слоистая; 4 – наличием в кровле структуры амплитудной аномалии и снижением интенсивности отражений в подошве структуры; 5 – подошвенным налеганием перекрывающих отложений [2]. Представленная характеристика объекта свидетельствует о его высокой перспективности. Данный объект Чокрак относится к литологически и тектонически экранированному типу ловушки.

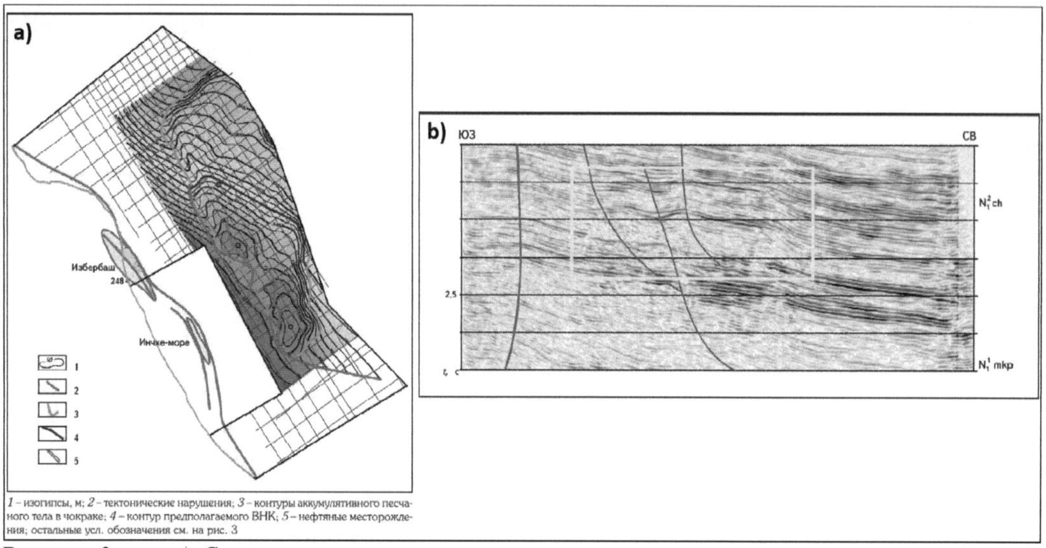


***Рисунок 3.*** *а) Структурная карта по кровле ловушки в чокракских отложениях (блок 2-Избербаш); b) аккумулятивное песчаное тело в чокракских отложениях (блок 2-Избербаш) по сейсмопрофилю 0107 [2]*

По ряду антиклинальных структур, выделенных по отложениям мезозойского возраста (Махачкала-море 2, Гилавар, Чедибдеш, Уйташ), среднемиоценовые отложения имеют конформное смятие, образуя антиклинальные ловушки не опоискованные еще бурением. На отдельных складках среднемиоценовые отложения характеризуются аномалиями типа «яркого пятна».

Таким образом, морская часть Терско-Каспийского краевого прогиба характеризуется наличием всей необходимой совокупности условий, необходимых для масштабной генерации и аккумуляции УВ флюидов. В пределах погруженной части складчатого и платформенного бортов прогиба выявлены многочисленные литологические неоднородности и литолого-стратиграфические выклинивания, которые могут служить в качестве ловушек при формировании скоплений УВ. Поэтому в рассматриваемом регионе кроме структурных перспективных объектов юрско-эоценового возраста прогнозируется наличие в разрезе литологических, литолого-стратиграфических и тектонически-экранированных ловушек в отложениях майкопа, чокрака, сармата и плиоцена.

**Список литературы**

1. Немцов Н.И., Гумаров Р.К., Капалин А.Б., Алиев Р.М. Новые объекты поисков углеводородов на российском шельфе Каспия (Республика Дагестан)// Геология нефти и газа – 2011. - № 2 – с. 56-63

2. Скоробогатько А.Н., Немцов Н.И., Гумаров Р.К. Особенности геологического строения и перспективы нефтегазоносности морской части Терско-Каспийского краевого прогиба в пределах российского сектора Каспия// Научно-технический сборник Вести газовой науки. – 2010. - №2(5) – с. 302-308

3. Шарафутдинов В.Ф., Калабин В.В. Перспективы обнаружения тектонически экранированных залежей в среднемиоценовых отложениях дагестанского шельфа Каспия // Современные проблемы геологии, геофизики и геоэкологии северного Кавказа. - 2021.Том XI. с.165-167

**Геологическое развитие и эволюция нефтегазоносных систем осадочных бассейнов Атлантических окраин**

М.А. Степанова* (ООО «ЛУКОЙЛ-Инжиниринг»), М.А. Обухова (ООО «ЛУКОЙЛ-Инжиниринг»), М.П. Голованова (ООО «ЛУКОЙЛ-Инжиниринг»), М.А. Бордюг (ООО «ЛУКОЙЛ-Инжиниринг»), В.Н. Колосков (ООО «ЛУКОЙЛ-Инжиниринг»)

**Введение**

В работе обозначены основные принципы выделения нефтегазоносных комплексов осадочных бассейнов Атлантических окраин. Основной являлись региональные исследования в пределах шельфов Экваториальной и Южной Атлантики: Гаяны-Суринамский бассейн (Южная Америка); бассейны Пелотас, Сантос, Кампос (юго-восточный шельф Бразилии); бассейны Нигер, Габон, Нижний Конго, Кванза и Намиб (западно-африканские шельфы). Определены главные тектонические события и обстановки осадконакопления, которые влияли на появление и эволюцию углеводородных систем. Основными задачами работы являлась оценка потенциала нефтегазоносности и эффективности НГМТ, прогноз фазового состава скоплений УВ.

В основе работы лежит комплексный анализ геолого-геофизических и геохимических данных с интеграцией полного спектра современных цифровых инструментов моделирования УВ систем. Технологическая цепочка включала в себя три последовательных этапа: интерпретация 2D-3D сейсмических данных и данных по скважинам с параллельным аналитическим анализом геологического строения и истории развития бассейнов, построение региональных геологических и седиментационных моделей, выполнение бассейнового моделирования УВ систем и прогноз нефтегазоносности. Особенности развития отдельных бассейнов (диапиризм солей и глин) требуют применения современных технологий восстановления эволюции осадочного чехла. Заключительным этапом работы был анализ полученных результатов и сравнительная оценка потенциала нефтегазоносности сопряженных окраин и ранжирование зон нефтегазонакопления.

**Метод (и/или Теория)**

Область исследования приурочена к современному континентальному склону Атлантического океана (шельфы Экваториальной и Южной Атлантики).

Структурное и стратиграфическое строение бассейнов и УВ систем обусловлено различиями их геодинамического развития.

Бассейны Атлантических окраин относятся к периконтинентальному типу и расположены вдоль окраины Бразильского и Африканского кратонов. Формирование данных бассейнов берет свое начало в раннемеловое (барремское) время, когда процессы континентального рифтогенеза привели к расколу древнего суперконтинента Гондвана и формированию пассивной окраины Атлантического океана. Барремский рифтогенез в бассейнах Пелотас и Намиб сопровождался активным вулканизмом - образованием мощных полей SDRs (пакеты сейсмических рефлекторов, наклоненных в сторону океана). В то же время, бассейны Сантос, Кампос, Кванза, Анголы развивались по пути авулканических пассивных континентальных окраин, и для них характерными являются образование грабенов, с накоплением в них озерных и аллювиальных толщ [3]. В бассейне Пелотас, рифтовая фаза также сопровождалась грабенообразованием, однако, их количество и размеры в десятки раз меньше. Доказано, что УВ из большей части месторождений в бассейнах Сантос-Кампос и Кванза, связаны именно с барремской озерной НГМТ. В это время в условиях глубоких озер в бескислородных условиях происходило накопление органического вещества и формировались нефтематеринские толщи.

В апте образовался изолированный соляной бассейн в Южной Атлантике. В пострифтовое время в условиях масштабной ингрессии с юга началось морское карбонатное осадконакопление, а затем терригенное, связанное с раскрытием океанического бассейна с крутыми континентальными склонами, на которых накапливались клиноформенные комплексы и дельтовые тела. В туронское и коньякское время отмечались благоприятные условия для накопления обогащенных органическим веществом нефтематеринских толщ.

Исходя из истории геологического развития восточного побережья южной Америки можно проследить, что бассейны Пелотас, а также Сантос и Кампос с аптского времени развивались по-разному, что отразилось в отличиях в их структурном строении (Рисунок 1).

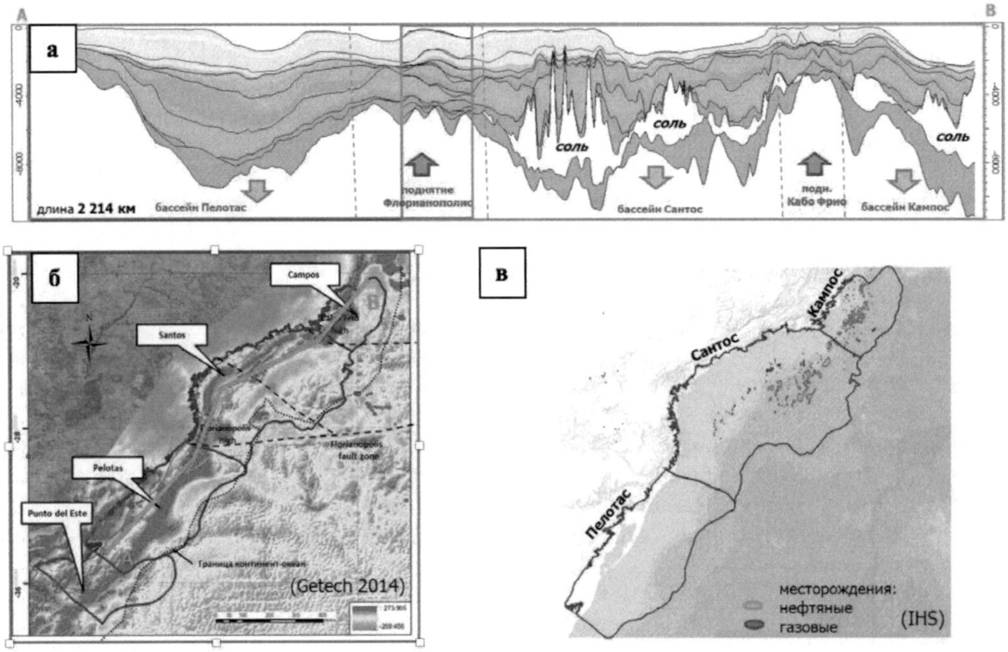


***Рисунок 1.*** *а) разрез через 3 бассейна, отражающий различия в структурном строении, б) карта гравитационных аномалий, в) карта, отражающая неравномерное распределение запасов УВ.*

Все вышеописанные характерные черты развития региона предопределили особенности нефтегазонакопления. В зависимости от истории развития осадочных бассейнов выделяются общие закономерности распределения НГК.

В подсолевом баррем-аптском карбонатном НГК относительно недавно обнаружены гигантские запасы УВ в бассейнах Сантос, Кампос и в бассейнах Нижнего Конго и Кванза. Месторождения приурочены к микробиальным карбонатным постройкам, озерного генезиса [4]. НГМТ питающие эти месторождения - баррем-аптские черные глины накопились в анаэробных обстановках соленых озер.

Из-за теплофизических свойств солей (высокая теплопроводность, низкая теплоемкость), нижнемеловая НГМТ до сих пор находится в нефтяном окне в бассейнах с активным проявлением галокинеза.

Основной объем УВ, сгенерированных данной формацией (с конца раннемелового времени), приурочены к подсолевым карбонатам (аптского возраста), более 90% от общего объема аккумуляций в бассейнах Сантос и Кампос. Таким образом, основные перспективы приурочены к подсолевому карбонатному комплексу [2]. Наиболее перспективная часть – зона соляных валов и стен в центральной части бассейнов.

Оставшаяся часть залежей УВ бассейнов бразильской части Атлантического шельфа может быть связана с альб-сеноманскими карбонатами и вышележащими терригенными системами (глубоководного и мелководного генезиса):

- надсолевые карбонаты (альб-сеноман).
- терригенные системы (мел-кайнозойского возраста).

Надсолевые НГК распространены преимущественно в бассейне Кампос, так как там присутствуют в большом количестве соляные окна, которые являются путями миграции [1].

Также выделяется второстепенная УВ система, связанная с глинистыми трансгрессивными толщами туронского времени. Для данной НГМТ характерны достаточно высокие показатели сгенерированных объемов УВ и малый объем эмиграции. Туронская НГМТ является основной материнской толщей для месторождений Гайана-Суринамской провинции (Рисунок 2).

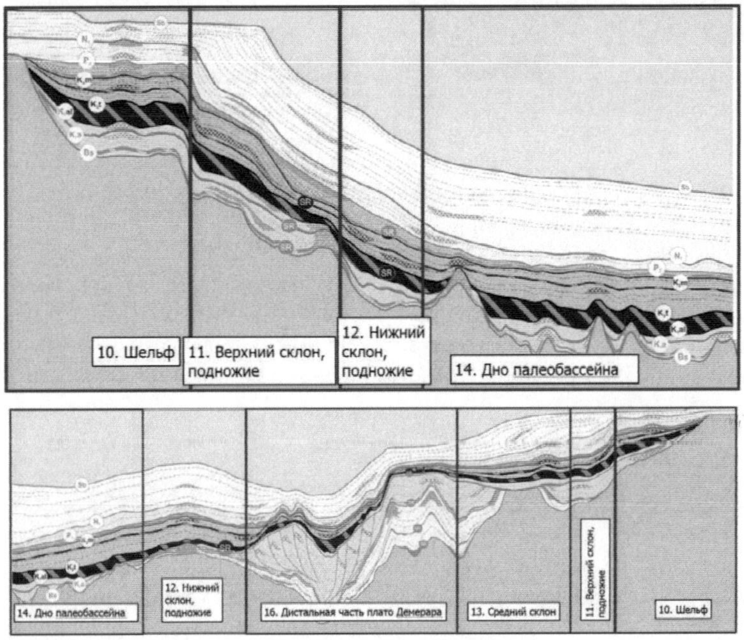


***Рисунок 2.*** *Схемы основных элементов мелового НГК Гайана-Суринамского НГБ.*

Кайнозойский НГК связан с гигантскими дельтовыми системами рек (дельта Конго, Нигера, Оранжевой и Рио-Гранде).

Терригенный верхнемел-кайнозойский НГК связан с турбидитовыми телами и подтвержден в большинстве изучаемых бассейнов. По результатам исследований турбидитовый НГК прогнозируется в бассейнах Пелотасе и Намибе (Рисунок 3).

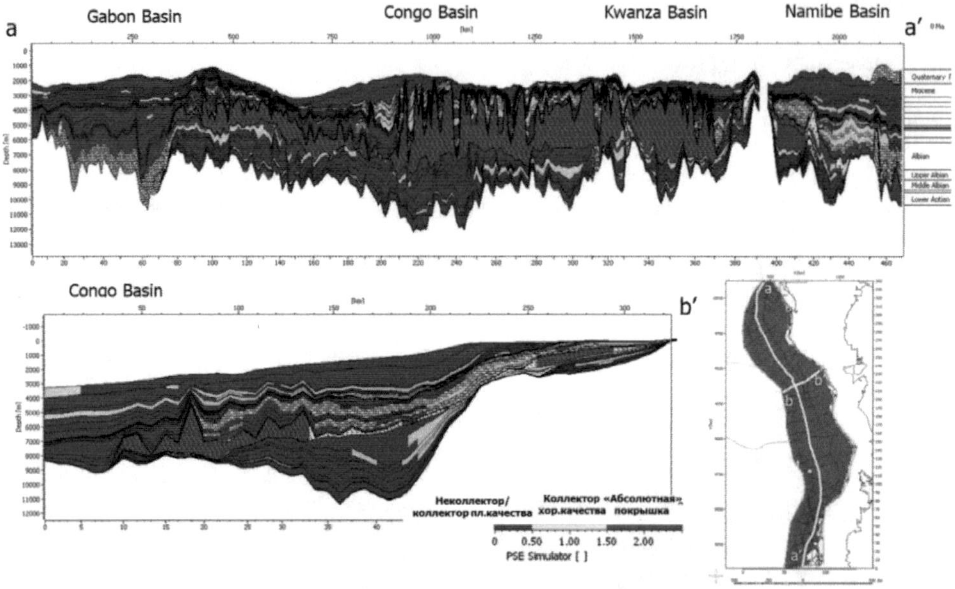


***Рисунок 3.*** *Модель распределения основных коллекторов и покрышек в разрезе бассейнов африканской окраины.*

Зоны возможного нефтегазонакопления связаны с песчаниками глубоководных каналов и конусов выноса. В бассейне Габон крупные турбидитные системы были развиты начиная с позднего мела, а в бассейне Нижнего Конго только с олигоценового времени. В бассейне Кванза наличие крупных турбидитных систем является дискуссионным вопросом.

**Выводы**

В работе применена комплексная система оценки бассейнов пассивных окраин Атлантического океана. Технологическая цепочка проведения работ включала в себя новейшие разработки цифровых технологий ГРР разных производителей ПО. В результате проведен сравнительный прогноз реализации УВ потенциала с учетом ряда геологических особенностей, характерных для каждого из бассейнов: галокинез, гигантские дельты, глубоководные турбидиты. В построении моделей применен сценарный подход с цифровым прогнозом накопления и эволюции свойств НГМП.

**Библиография / References**


1. Bruhn C.H., Pinto A., Johann P.R., Main Challenges and Uncertainties for Oil Production from Turbidite Reservoirs in Deep Water Campos Basin, Brazil, Search and Discovery Article, 2009.
2. Dimitrov M. F., Caracterização do ambiente magmático associado à sequência préaptiana na bacia de Santos, 2014.
3. Medina-Silva, et al. Microbial diversity from chlorophyll maximum, oxygen minimum and bottom zones in the southwestern Atlantic Ocean, Journal of Marine Systems, 2017.
4. Muniz M. C. Tectono-Stratigraphic evolution of the Barremian-Aptian Continental Rift Carbonates in Southern Campos Basin, Brazil, 2011.

# СТРУКТУРА ГРАНИЦЫ МОХОРОВИЧИЧА КАК ПРИЗНАК МЕХАНИЗМА ДЕФОРМАЦИИ ЗЕМНОЙ КОРЫ

Д.Г. Кушнир (АО “Таймыргеофизика”, группа компаний “Башнефтегеофизика”)

**Введение**

Согласно тектонофизическим представлениям [3], существует две основные схемы деформации земной коры. Первая (рис. 1, А) предполагает доминирование вертикальных колебательных тектонических движений, связанных с поочерёдным уплотнением и разуплотнением литосферы. Она проистекает из работ, обосновавших периодические опускания и воздымания земной коры на платформах (А.П. Карпинский) в условиях плотностной дифференциации вещества (О.Ю. Шмидт), интенсификация которых приводит к формированию подвижных поясов (М.М. Тетяев), в которых происходит становление обширных высокоамплитудных впадин – геосинклиналей, – завершающееся инверсией и появлением горной страны (Д. Холл, Д. Дена, О. Ог). Каждый новый геосинклинальный цикл начинается с прогибания в результате уплотнения, а заканчивается воздыманием, из-за разуплотнения, причины которых объясняются метаморфическими и магматическими процессами (Е.В. Артюшков, В.В. Белоусов, М.В. Гзовский). Вторая концепция (рис. 1, Б) говорит о преобладании горизонтальных перемещений литосферы и связанных с ними деформаций, вызванных конвективными течениями в подкоровой оболочке. Она обобщает представления О. Ампферера, А. Вегенера, Ф.А. Венинг-Мейнеца, Х.Х. Хесса, П. Кюнена, Э. Крауса и других зарубежных учёных, которые поддерживаются сегодня подавляющим большинством отечественных специалистов, а исходным тезисом для неё служат движение континентальных плит, спрединг и субдукция земной коры.

Полученные в последние десятилетия уникальные данные Таймырского геофизического полигона позволяют преодолеть противоречия между этими геодинамическими подходами, поскольку впервые не гипотетически, а на уровне реальных геологических тел, надёжно оконтуриваемых, как в плане, так и в разрезе, демонстрируют механизмы тектонического становления континента [5-8].

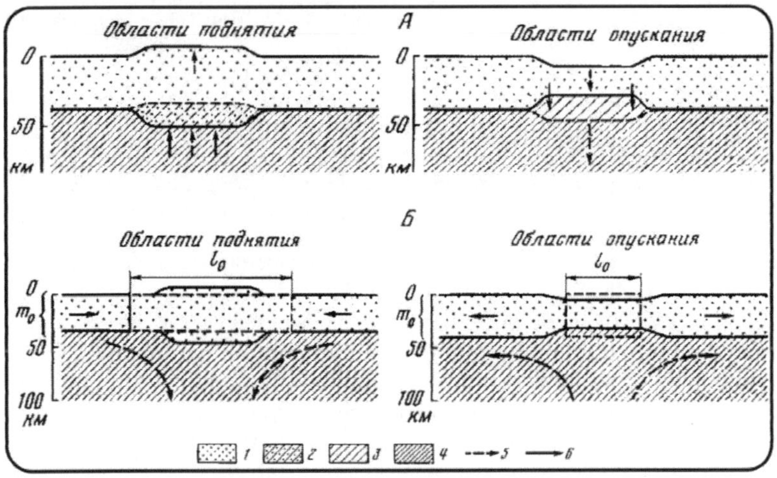


**Рисунок 1.** *Первая (А) и вторая (Б) схемы деформации земной коры по М.В. Гзовскому [3]*

**Новые данные**

Результирующие сейсмические разрезы ещё раз доказывают, что вертикальные тектонические колебания определяют появление всех крупнейших структур континентальной земной коры. Периодическими опусканиями и воздыманиями обусловлены не только наиболее подвижные пояса, но и гораздо более стабильные сегодня платформы, и даже щиты, которые также являются продуктом инверсии [6]. Зарождение обширных континентальных впадин взаимосвязано с уплотнением нижней части земной коры, то есть опускание крупных геоблоков происходит без разрушения литосферы, а, напротив, за счёт её консолидации. При этом в основании мезокайнозойских депрессий на сейсмическом волновом поле фиксируется как изначальная подошва коры (расположенная ниже древняя граница М, сформированная, по-видимому, до опускания – рис. 2), так и новая (граница КМ), которую определяет повышение плотности и которая совпадает с преломляющей границей и переходом к значениям продольных скоростей более 7.8-8.0 км/с (рис. 3).

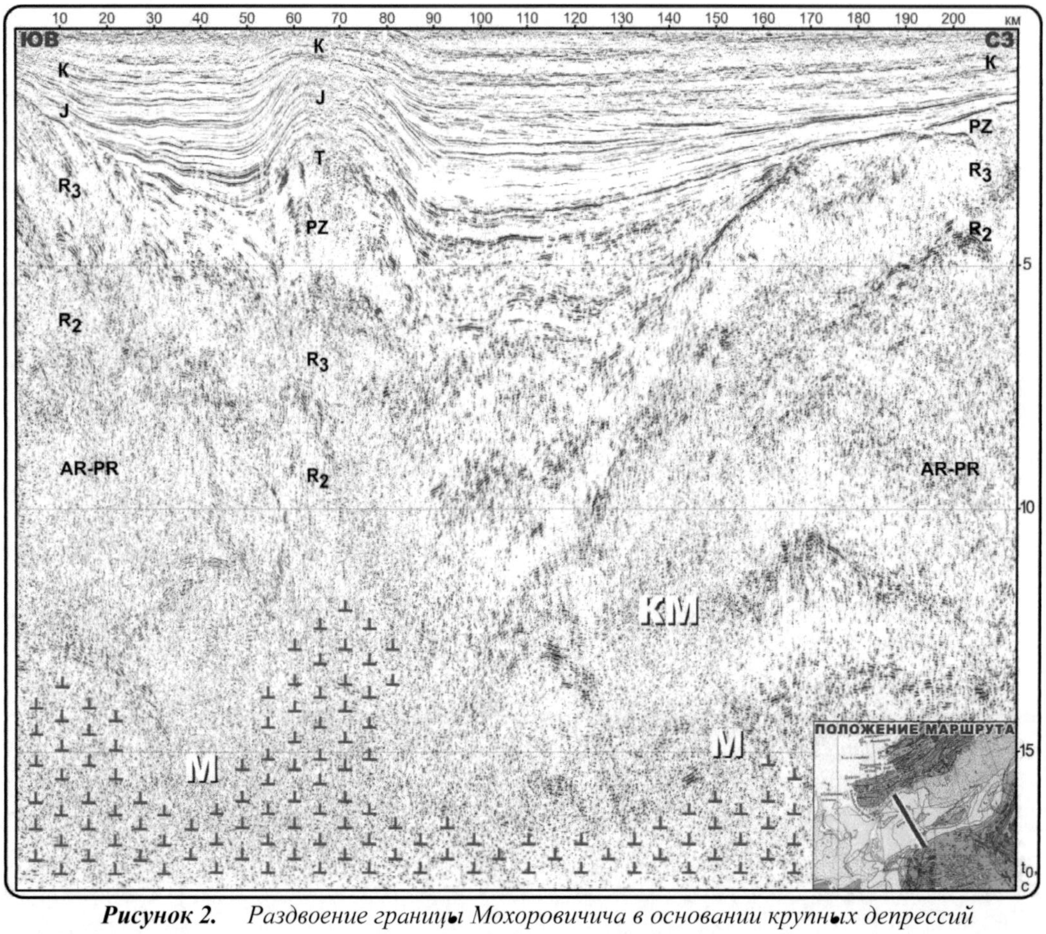


***Рисунок 2.*** *Раздвоение границы Мохоровичича в основании крупных депрессий*

Теоретически и экспериментально доказано, что уплотнение и ужесточение термобарических условий приводит к образованию эклогитов [1, 4], нарушающих изостатическое равновесие и обеспечивающих прогибание, максимальную амплитуду которого фиксирует изгиб границы М (до 2.5 с во временном масштабе – рис. 2-4). Гораздо более значимая в сравнении с ней мощность осадков, заполняющих результирующую депрессию (10-12 с на временных сейсмических разрезах), с одной стороны, является следствием предыдущих циклов опускания и воздымания геосинклинального типа, с другой, определяются сжатием промежуточного структурного этажа, мощность которого по итогам уплотнения сокращается в 1.5-2.0 раза.

Фиксируемое аномалиями скорости упругих колебаний и поля силы тяжести глобальное доминирование консолидации литосферы под континентами [6, 9-10] свидетельствует о наличии подобного высокоплотного основания у подавляющего большинства современных континентальных депрессий и прямо указывает на их происхождение вследствие геосинклинального прогибания, вызванного уплотнением.

Инверсионный рост в пределах геосинклиналей соотносится с выжиманием высокоплотного основания депрессионного геоблока за его пределы. Вытеснение эклогитов происходит сразу после завершения их формирования за счёт внедрения уступающих им по плотности перидотитов верхней мантии [5]. Этому способствуют флюидонасыщение и пластичность эклогитизированного интервала, маркируемые минимумом удельного электрического сопротивления и температурным максимумом (рис. 3).

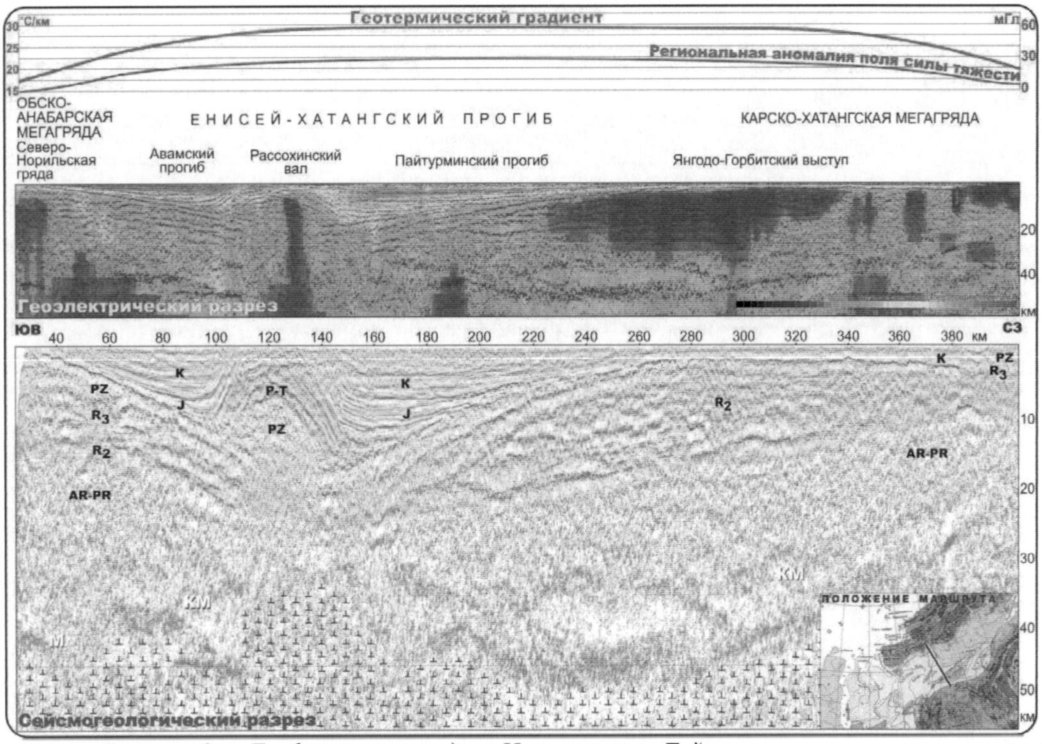


***Рисунок 3.*** *Геофизическая модель Центрального Таймыра*

Первоначально внедрения перидотитов происходят в осевой части прогиба, где эклогитизация начинается раньше и раньше достигает своего логического завершения, инициируя интрузивный процесс, обуславливающий возникновение во впадине центрального поднятия, каким, например, является система мегавалов, пересекающая Западную Сибирь и Енисей-Хатангский прогиб (Рассохинский мегавал на рис. 3). В свою очередь, на примере Гыдано-Таймырского и Усть-Енисейского прогибов можно наблюдать, что, в конце концов, интрузии перидотитов, полностью вытесняют уплотнённую коромантийную смесь из-под депрессий (рис. 4). Исключение из разреза наиболее массивного слоя порождает изостатическое воздымание и формирование крупных антиклинальных складок и горной страны на месте всего седиментационного бассейна. Так, предъюрское становление Обско-Анабарской мегагряды в пределах Усть-Енисейского прогиба привело к размыву до 10 км осадков рифея и палеозоя, что свидетельствует о соответствующих амплитудах вертикальных движений.

При изменении направления изостатических напряжений воздымание и орогенез влекут за собой снижение литостатического давления. Как предполагается [1-3], это приводит, к диафторезу и выплавлению базальтов, которые образуются уже на уровнях, где раньше была верхняя мантия и куда вследствие прогибания опускается корообразование, в то время как, в депрессионном блоке метаморфизованные в разной степени осадки замещают существенную часть кристаллического основания (рис. 2-4). Тем самым, на заключительной стадии геосинклинального цикла происходит разуплотнение верхней части литосферы, характерное для орогенов и рифтов [8].

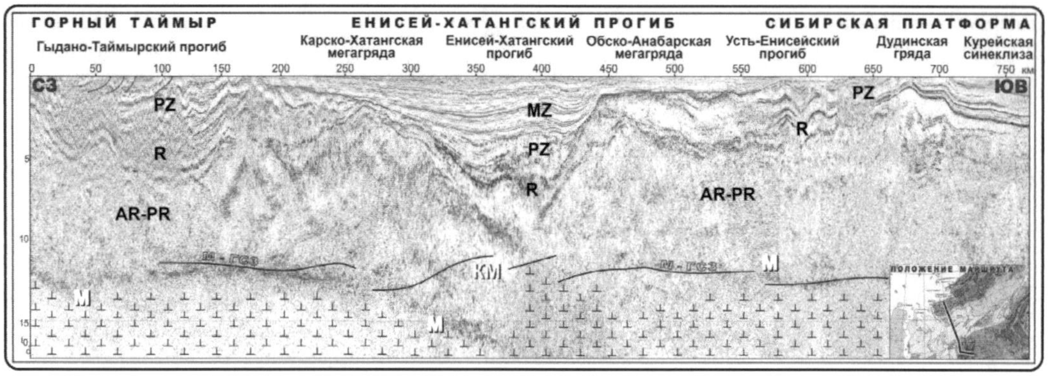


***Рисунок 4.*** *Сейсмо-геологическая модель Западного Таймыра*

**Выводы**

Таким образом, раздвоение раздела Мохоровичича маркирует верхнюю и нижнюю границу высокоплотного тела, обеспечивающего появление геосинклинального прогиба (рис. 1, А) и исключающего растяжение и утонение земной коры за счёт конвективных течений, как это показано рис. 1, Б (иначе ни фиксирующей подошву границы, ни самого тела не существовало бы). В этой связи характерное для континентальных впадин уплотнение, как и разуплотнение, отвечающее горным системам и расколам кратонов, соотносятся с первой схемой деформации коры и объясняются термобарическими имениями и плотностной дифференциацией её вещества. Следовательно, вторая схема деформации, вызванной конвективными течениями в подкоровой оболочке, на континентах не подтверждается.

**Библиография / References**


1. Артюшков Е.В. Механизм образования сверхглубоких осадочных бассейнов. Растяжение литосферы или эклогитизация? // Геология и геофизика. 2010. Т. 51 (12). С. 1675-1886.
2. Белоусов В.В. Основы геотектоники. 2-е изд. М.: Недра. 1989. 382 с.
3. Гзовский М.В. Основы тектонофизики. М.: Наука, 1975. 535 с.
4. Жарков В.Н. Внутреннее строение Земли и планет. Элементарное введение в планетную и спутниковую геофизику. М.: Наука и образование. 2013. 414 с.
5. Кушнир Д.Г. Гипербазиты как фактор геодинамики по результатам исследований на Таймырском геофизическом полигоне // Актуальные проблемы нефти и газа. 2020. Вып. 2(29). С. 3–27. https://doi.org/10.29222/ipng.2078-5712.2020-29.art1.
6. Кушнир Д.Г. Региональное соотношение дизъюнктивной и пликативной тектоники как признак геосинклинали и ключ к пониманию новой геодинамики // Материалы II международной научно-практической конференции “Геология и геофизика. Наука. Производство. Инновации”. Уфа. 2022. С. 179-185.
7. Кушнир Д.Г. Влияние плотностных неоднородностей в низах земной коры на определение положения её подошвы // Геофизика. 2022. № 6. С. 12-17.
8. Кушнир Д.Г. Новое понимание рифтогенеза в свете геосинклинальной тектоники плит // Сборник материалов конференции “Санкт-Петербург-2023. Геонауки: время перемен, время перспектив”. Т. II. С.-Петербург. 2023. С. 483-488.
9. Carlson R.W., Pearson G., James D.E .Physical, chemical, and chronological characteristics of continental mantle. 2005. Reviews of Geophysics. 43(1). DOI:10.1029/2004RG000156.
10. Kaban M.K. Integrative gravity and isostatic models of the lithosphere and upper mantle. The Helmholtz Centre Potsdam – GFZ German Research Centre for Geosciences https://www.gfz-potsdam.de/en/section/earth-system-modelling/topics/density-structure-of-the-earth/integrative-gravity-and-isostatic-models.

# ПРОИСХОЖДЕНИЕ ПЛИКАТИВНЫХ ДИСЛОКАЦИЙ ОСАДОЧНОГО ЧЕХЛА

Д.Г. Кушнир (АО “Таймыргеофизика”, группа компаний “Башнефтегеофизика”)

## Введение

Существование складки указывает, что напряжённое состояние в этом месте не было гидростатическим, и напряжение по одной из осей существенно выше и создаёт условия сжатия. Там, где наибольшее сжатие ориентировалось вдоль слоёв, появляются складки продольного изгиба и расплющивания, а там, где наибольшее сжатие было направлено поперёк слоистости, реализуются складки поперечного изгиба [3]. В некоторых специфических случаях их природа очевидна: например, в случае структур оползания, приуроченных к склонам горных сооружений, или всплывания и внедрения, связанных с разного рода диапирами и интрузивами. Но гораздо чаще складкообразование, в том числе и формирование локальных структур, вызывается универсальными процессами, охватывающими всю мощность земной коры, природа которых до сих пор считалась дискуссионной.

Многими отечественными учёными (Е.В. Артюшков, В.В. Белоусов, М.В. Гзовский, А.П. Карпинский, М.М. Тетяев, О.Ю. Шмидт и др.) традиционно развивались представления о преобладании на континентах вертикальных колебательных тектонических движений из-за поочерёдного уплотнения и разуплотнения литосферы, что, казалось бы, гораздо лучше объясняет наблюдаемую периодическую смену опускания крупных геоблоков на воздымание и наоборот. Но при этом влияние на складчатость горизонтального движения континентов, однозначно доказанного на сегодняшний день и, очевидно, также определяющего структурный план, чаще всего не учитывалась [2]. Как следствие, теперь, вслед за зарубежными специалистами, большинство геологов и геофизиков в нашей стране придерживаются плейт-тектонических представлений, когда возникновение и продольного, и поперечного сжатия объясняется за счёт механического перемещения масс в подкоровой оболочке и вызываемого им дрейфа континентов. Тем самым, сложилось два принципиально различных геодинамических подхода, что и породило противостояние фиксизма и мобилизма [13].

Разрешить сложившиеся противоречия в объяснении происхождения пликативных дислокаций позволяет уникальный Таймырский геофизический полигон, не только досконально изучивший строение осадочного чехла, но и с небывалой детальностью освещающий тектонику глубоких уровней земной коры и верхней мантии [5-12]. Запечатлённая в осадках история становления крупнейших структурных форм разреза позволила повсеместно зафиксировать эволюцию прогибания до его инверсии и превращения впадин в складчатые сооружения, а также обратный процесс: денудацию горных систем и становления новых депрессий на их месте. В свою очередь, взаимосвязь аномалий глубинной геологии с современными прогибами и поднятиями раскрывает механизмы подобных геосинклинальных циклов.

## Анализ новых данных

Новые данные демонстрируют ряд фактов о природе наиболее значимых пликативных тектонических дислокаций, доминирующих в геологическом разрезе при региональном рассмотрении [10].

1. Вертикальные тектонические колебания определяют появление всех крупнейших структур континентальной земной коры. Периодическими опусканиями и воздыманиями обусловлены не только наиболее подвижные пояса, но и гораздо более стабильные сегодня платформы, и даже щиты, которые также являются продуктом инверсии [10]. Стало быть, осадочный чехол целиком состоит из сложной совокупности обширных депрессий, каждый из которых испытал неоднократную смену направления поперечного изгиба, что актуализирует понятие геосинклинали как крупнейшего прогиба, завершающего своё формирование инверсией.

2. Зарождение обширных континентальных впадин взаимосвязано с уплотнением нижней части земной коры, то есть опускание крупных геоблоков происходит без разрушения литосферы, а, напротив, за счёт её консолидации. При этом в основании мезокайнозойских депрессий на сейсмическом волновом поле фиксируется как изначальная подошва коры (расположенная ниже древняя граница М, сформированная, по-видимому, до опускания – рис. 1), так и новая (граница КМ), которую определяет повышение плотности и которая совпадает с преломляющей границей и переходом к значениям продольных скоростей более 7.8-8.0 км/с [9].

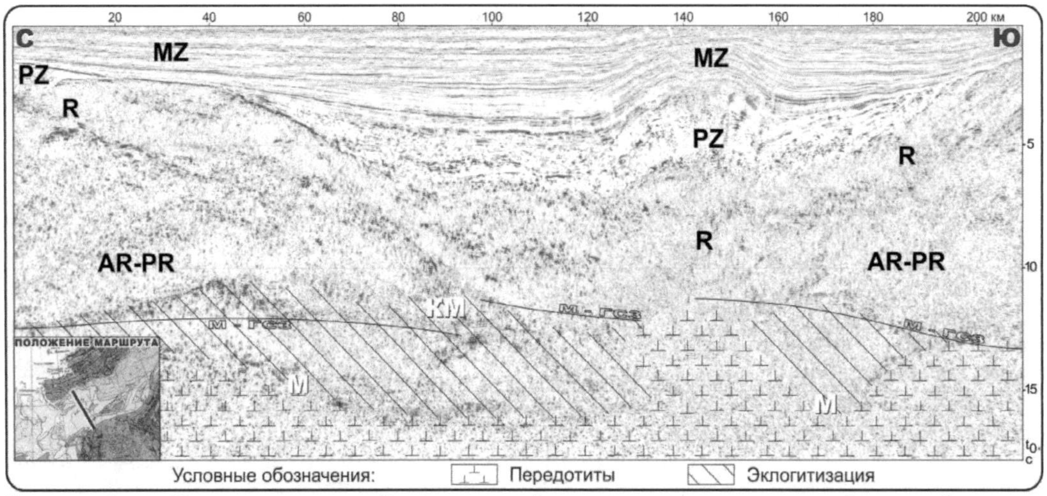


***Рисунок 1.*** *Уплотнение нижней части земной коры в основании крупных депрессий*

Теоретически и экспериментально доказано, что уплотнение и ужесточение термобарических условий приводит к образованию эклогитов [1, 4], нарушающих изостатическое равновесие и обеспечивающих прогибание, максимальную амплитуду которого фиксирует изгиб границы М (до 2.5 с во временном масштабе по данным Таймырского полигона). Гораздо более значимая в сравнении с ней мощность осадков, заполняющих результирующую депрессию (10-12 с на временных разрезах), с одной стороны, является следствием предыдущих циклов опускания и воздымания геосинклинального типа, с другой, определяются сжатием промежуточного структурного этажа, мощность которого по итогам уплотнения сокращается в 1.5-2.0 раза.

Фиксируемое аномалиями скорости упругих колебаний и поля силы тяжести глобальное доминирование консолидации литосферы под континентами [10, 14-15] свидетельствует о наличии подобного высокоплотного тела в основании подавляющего большинства современных континентальных депрессий и прямо указывает на их происхождение вследствие геосинклинального прогибания, вызванного уплотнением.

3. Инверсионный рост в пределах геосинклиналей соотносится с выжиманием высокоплотного основания депрессионного геоблока за его пределы. Вытеснение эклогитов происходит сразу после завершения их формирования за счёт внедрения уступающих им по плотности перидотитов верхней мантии. Этому способствуют флюидонасыщение и пластичность эклогитизированного интервала, маркируемые минимумом удельного электрического сопротивления и температурным максимумом [5, 8, 11-12].

Первоначально внедрения перидотитов происходят в осевой части прогиба, где эклогитизация начинается раньше и раньше достигает своего логического завершения, инициируя интрузивный процесс, обуславливающий возникновение во впадине центрального поднятия, каким, например, является система мегавалов, пересекающая Западную Сибирь и Енисей-Хатангский прогиб (рис. 1). В свою очередь, на примере Гыдано-Таймырского и Усть-Енисейского прогибов можно наблюдать, что, в конце концов, интрузии перидотитов, по-видимому, полностью вытесняют уплотнённую коромантийную смесь из-под депрессий.

Исключение из разреза наиболее массивного слоя порождает изостатическое воздымание и формирование крупных антиклинальных складок и горной страны на месте всего седиментационного бассейна. Так, предъюрское становление Обско-Анабарской мегагряды в пределах Усть-Енисейского прогиба привело к размыву до 10 км осадков рифея и палеозоя, что свидетельствует о соответствующих амплитудах вертикальных движений [11].

4. Становление центрального поднятия в начале инверсии сопровождается одновременным появлением на его границах впадин двух типов. Прежде всего, оформляются узкие желоба, расположенные практически на крыльях мегавалов и обозначающие их границу [7]. Они опускаются относительно быстро и не компенсируются осадками, заполняясь впоследствии уже за счёт их одностороннего бокового сноса со стороны поднятий. Помимо узких впадин, образуются новые широкие депоцентры взамен инверсировавшего, как с одной, так и с другой стороны от инверсионных валов. Можно предположить, что внедрения гипербазитов вытесняют пластичный эклогитизированный субстрат в направлении периферийных частей осадочного бассейна, где за счёт такого течения распространяются форсированное уплотнение и изостатическое погружение. На фронте течения высокоплотного вещества в основании коры реализуется максимально быстрое прогибание, и формируются седиментационные тела специфического клиноформного облика.

5. Ускорение эклогитизации на периферии инверсионных систем после её завершения приводит к соответствующему расширению рассматриваемых магматических внедрений и связанному с ними росту новых более молодых поднятий там, где совсем недавно происходило погружение с максимальной скоростью, маркируемой боковым сносом осадков [5-7]. Как и клиноформные тела, эти поднятия постепенно омолаживаются в направлении от области инверсии, о чём свидетельствуют более молодой возраст размыва осадков и распространение на них косослоистых толщ. Появление таких антиклинальных структур указывает, что в этом направлении развивается разрушение обуславливающего депрессионный режим высокоплотного тела и происходит пошаговое распространение инверсионных трендов для всего бассейна.

6. Несмотря на постоянное расширение континентальных депрессий с вовлечением в прогибание всё новых и новых территорий, формируются они в условиях перманентного всестороннего сжатия, о чём свидетельствует тот факт, что на одном и том же интервале любая более молодая седиментационная поверхность меньше любой более древней, и борта первоначального прогибания с течением геологического времени постоянно сближаются [12]. Расхождение разновозрастных седиментационных поверхностей на бортах осадочных бассейнов (расходящиеся сейсмофации на сейсмических разрезах МОВ) являются одним из наиболее характерных признаков континентального седиментогенеза. Постепенное увеличение мощности седиментационных комплексов в направлении депоцентра демонстрирует постоянное сужение исходного ареала накопления осадков, поскольку в разрезе кровля каждого из таких комплексов оказывается короче подошвы, то есть, чем древнее картируемая седиментационная поверхность, тем она обширнее.

В этой связи, региональное сжатие, являющееся продуктом, в том числе, дрейфа континентов, можно рассматривать как отличительную особенность континентального осадконакопления, которая усиливает дифференциацию впадин и поднятий, возникающих вследствие глубинных термобарических изменений и изостатических движений. Помимо этого, благодаря сжатию практически повсеместно формируются специфические дизъюнктивно-пликативные структуры, характерные для надвиговых систем, которые во многом определяют геологический облик региона, но не меняют соотношения крупнейших тектонических элементов, заложенных изостатическими и магматическими процессами.

**Выводы**

Таким образом, пликативные дислокации поперечного изгиба являются наиболее значимыми при становлении континентальной земной коры. Они появляются под действием сжатия, направленного вертикально, поперёк слоёв, и охватывают с той или иной интенсивностью весь объём континента, являясь следствием глубинных термобарических изменений, которые влекут за собой сменяющие друг друга опускания и воздымания, направленные на восстановление изостатического равновесия. При этом, учитывая взаимосвязь поднятий на начальных этапах инверсии с интрузивами, они обуславливают, в том числе, относительно локальные структуры по сравнению с депрессиями, становление которых всегда определяется региональными и даже субглобальными процессами консолидации земной коры и приводит к появлению складок соответствующего масштаба.

Связанное с движением континентов и другими факторами сжатие формирует дислокации продольного изгиба и расплющивания, на практике проявляющиеся чаще всего в форме дизъюнктивно-пликативных надвиговых систем, а также обеспечивает дополнительный рост амплитуды всех структур, обусловленных глубинными механизмами.

**Библиография / References**


1. Артюшков Е.В. Механизм образования сверхглубоких осадочных бассейнов. Растяжение литосферы или эклогитизация? // Геология и геофизика. 2010. Т. 51 (12). С. 1675-1886.
2. Белоусов В.В. Основы геотектоники. 2-е изд. М.: Недра. 1989. 382 с.
3. Гзовский М.В. Основы тектонофизики. М.: Наука, 1975. 535 с.
4. Жарков В.Н. Внутреннее строение Земли и планет. Элементарное введение в планетную и спутниковую геофизику. М.: Наука и образование. 2013. 414 с.
5. Кушнир Д.Г. Гипербазиты как фактор геодинамики по результатам исследований на Таймырском геофизическом полигоне // Актуальные проблемы нефти и газа. 2020. Вып. 2(29). С. 3–27. https://doi.org/10.29222/ipng.2078-5712.2020-29.art1.
6. Кушнир Д.Г. Новая геодинамика: геосинклинальная тектоника плит // Актуальные проблемы нефти и газа. Вып. 3(34) 2021. С. 3-20. https://doi.org/10.29222/ipng.2078-5712.2021-34.art1.
7. Кушнир Д.Г. Геодинамические предпосылки некомпенсированного осадконакопления // Сборник трудов X Международной научно-практической конференции “Геокалининград-2021”. Тверь: ПолиПРЕСС. 2021. С.
8. Кушнир Д.Г. Сверхконсолидированная суперконтинентальная земная кора по данным Таймырского геофизического полигона // Геофизика. 2022. № 4. С. 37-45.
9. Кушнир Д.Г. Влияние плотностных неоднородностей в низах земной коры на определение положения её подошвы // Геофизика. 2022. № 6. С. 12-17.
10. Кушнир Д.Г. Региональное соотношение дизъюнктивной и пликативной тектоники как признак геосинклинали и ключ к пониманию новой геодинамики // Материалы II международной научно-практической конференции “Геология и геофизика. Наука. Производство. Инновации”. Уфа. 2022. С. 179-185.
11. Кушнир Д.Г. Платформы и подвижные пояса как результат единого цикла колебаний тектоносферы // Труды конференции “Геоевразия-2023”. Москва. 2023. С. 70-73.
12. Кушнир Д.Г. Новое понимание рифтогенеза в свете геосинклинальной тектоники плит // Сборник материалов конференции “Санкт-Петербург-2023. Геонауки: время перемен, время перспектив”. Т. II. С.-Петербург. 2023. С. 483-488.
13. Спорные аспекты тектоники плит и возможные альтернативы. Сборник научных статей под ред. В.Н. Шолпо, Н.И. Павленковой, И.А. Резанова, и др. М.: ОИФЗ РАН, 2002. 236 с.
14. Carlson R.W., Pearson G., James D.E. Physical, chemical, and chronological characteristics of continental mantle. March 2005Reviews of Geophysics 43(1) DOI:10.1029/2004RG000156.
15. Kaban M.K. Integrative gravity and isostatic models of the lithosphere and upper mantle. The Helmholtz Centre Potsdam – GFZ German Research Centre for Geosciences https://www.gfz-potsdam.de/en/section/earth-system-modelling/topics/density-structure-of-the-earth/integrative-gravity-and-isostatic-models.

Геомодель

**«Опыт разработки месторождений как основание пересмотра геологического строения (на примере одного нефтяного месторождения Томской области)»**

Б.А. Федоров* (АО «ТомскНИПИнефть»), Н.А. Сурменев (АО «ТомскНИПИнефть»)

Введение

На территории Томской области большинство средних месторождений нефти находятся на третьей стадии разработки. Изученность геологического строения продуктивных залежей по ним считается достаточно высокой, благодаря полноценной реализации геологоразведочных работ в далеком прошлом, с одной стороны, и высокой степенью буровой изученности в настоящем, с другой. На примере одного из таких месторождений, промышленная разработка нефтяных залежей которого ведется с середины 80-х годов прошлого тысячелетия, и оценка геологического строения залежей рассматривалась на уровне ГКЗ, неоднократно показано, как результаты истории разработки одной из залежей опровергают устоявшееся предположение о строении последней.

Проводя плановые работы по составлению проекта разработки описываемого месторождения, выявлен факт необеспеченности остаточными извлекаемыми запасами залежи нефти, которая приурочена к классической антиклинальной ловушке, осложненной дизъюнктивными нарушениями в купольной части. Тривиальное понижение уровня водонефтяного контакта не обеспечило желаемого результата при попытках адаптации гидродинамической модели к истории разработки залежи. С одной стороны, значительное понижение контакта противоречило имеющимся данным на соседней восточной залежи, с другой, имеющиеся данные текущей обводненности продукции добывающих скважин не говорили в пользу значительного увеличения начальных геологических запасов исследуемой залежи.

**Метод (и/или Теория)**

При решении возникшей задачи для, казалось бы, хорошо изученной залежи авторы решили обратиться к базовым основам, на которых была заложена геологическая модель залежи для критического пересмотра структурно-тектонической модели.

Исследуемый объект приурочен к терригенным отложениям васюганской свиты верхнего отдела юрской системы мезозойской эратемы. Осадки свиты по литологическому составу представлены прослоями песчаников и алевролитов, разделенных глинистыми прослоями или углями. Формировались в прибрежно-морских условиях. Для большинства месторождений Томской области в тектоническом плане характерно пликативное строение. Не исключением, до определенного момента, было рассматриваемое месторождение нефти. До выполнения сейсморазведочных работ МОГТ 3Д (в 90-х годах) месторождение рассматривалось в пликативном варианте, рисунок 1.

Выполнив детализационные сейсморазведочные работы прогрессивными к тому моменту методами МОТГ 3Д, были закартированы дизъюнктивные нарушения, осложняющие оба антиклинальных купола месторождения, рисунок 2. Причем для восточной (наибольшей по площади) залежи рассматриваемого пласта нарушения частично экранировали нефтяную залежь, что отразилось на разноуровневых отметках контакта нефть-вода, а для западной – выделенные экраны носили лишь «информационный» характер и не предполагали гидродинамическую разобщенность залежи.

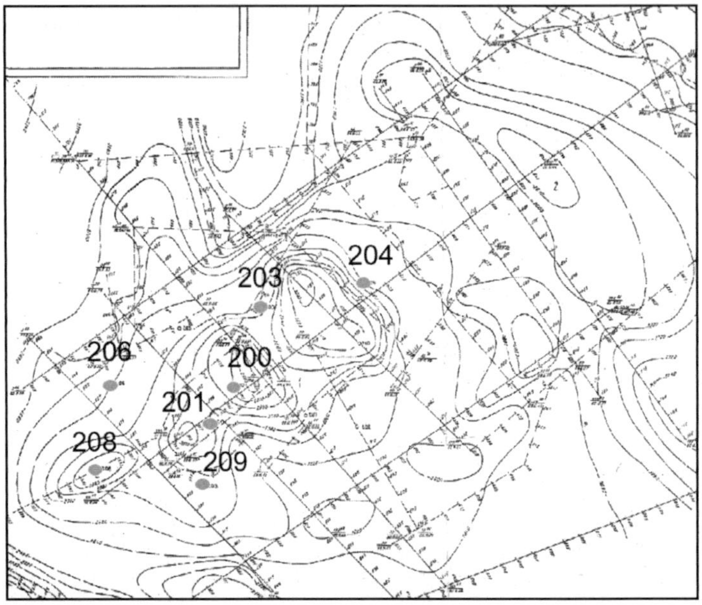


***Рисунок 1.*** *Фрагмент структурной карты от отражающему горизонту IIa, по материалам подсчета запасов 1991 года.*

Дальнейшая история разработки и добычи нефти из залежей показала неправомерность различного концептуального подхода при создании геологической модели залежей. Было отмечено так же, что выделенные ранее (2015г.) дизъюнктивные нарушения на восточном куполе разнонаправлены и имеют преимущественно два пересекающихся в крест направления простирания: северо-восточное и юго-западное. В то же время для западного купола преимущественное направление простирания разломов с запада на восток, рисунок 2.

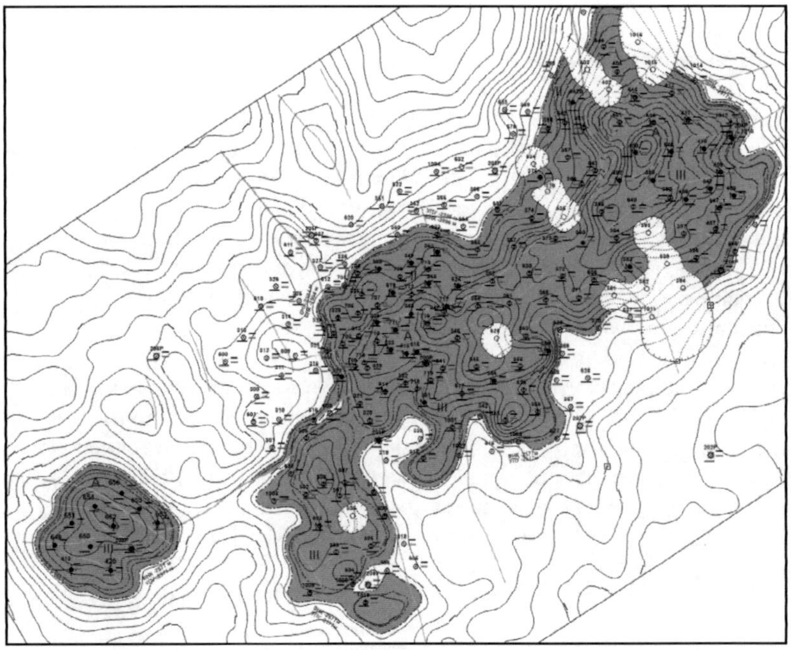

***Рисунок 2.*** *Фрагмент структурной и подсчетного плана продуктивного пласта по материалам подсчета запасов 2015 года.*

Для уточнения особенностей строения разреза юрской толщи, на основе акустического каротажа, а также путем пересчета через корреляционные зависимости между данными акустического каротажа и измерениями нейтронного каротажа в скважинах были получены акустические модели среды. Полученные одномерные модели среды с высоким коэффициентом корреляции между трассами синтетическими и реальными явились основой для динамической инверсии временных разрезов. Разрывные нарушения на временных разрезах фиксируются по вертикальному смещению осей синфазности, резкому изменению амплитуд отраженных волн, обусловленному нарушением сплошности среды; понижению частоты сейсмической записи, обусловленной разрушением седиментационной слоистости; снижению когерентности сейсмической записи. Подробный анализ карт когерентности, амплитуд, градиентов, азимутов и мощностей, а также разрезов мгновенных амплитуд, фаз и частот позволил протрассировать выделенные на временных разрезах тектонические нарушения.

Следует отметить, что использованный традиционный подход к интерпретации данных с «оглядкой» на историю добычи западной залежи, и «дефицитом» начальных геологических запасов, обусловленный значительными отборами позволил выявить унаследование характера азимутального распределения системы дизъюнктивных нарушений на западном куполе, аналогично восточному, рисунок 3.

В дальнейшем картирование дизъюнктивных нарушений в пределах западной залежи позволило обосновать характер и зону распространения нефтенасыщенной части коллектора таким образом, что исторические данные по накопленной добычи нефти и обводненности продукции были воспроизведены в гидродинамической модели без особых противоречий с фактическими данными. Обновленное представление о пластово-сводовой и тектонически ограниченной западной залежи представлено на рисунке 4.

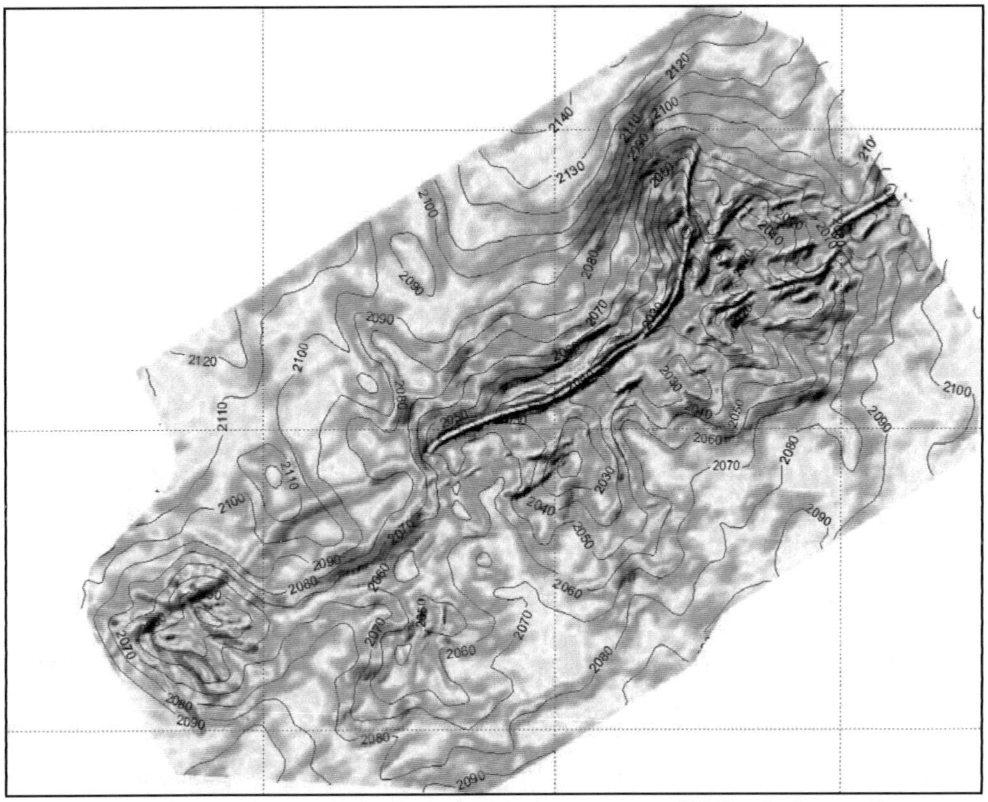

***Рисунок 3.*** *Фрагмент карты когерентности в интервале ОГ IIa (подошва баженовской свиты)*

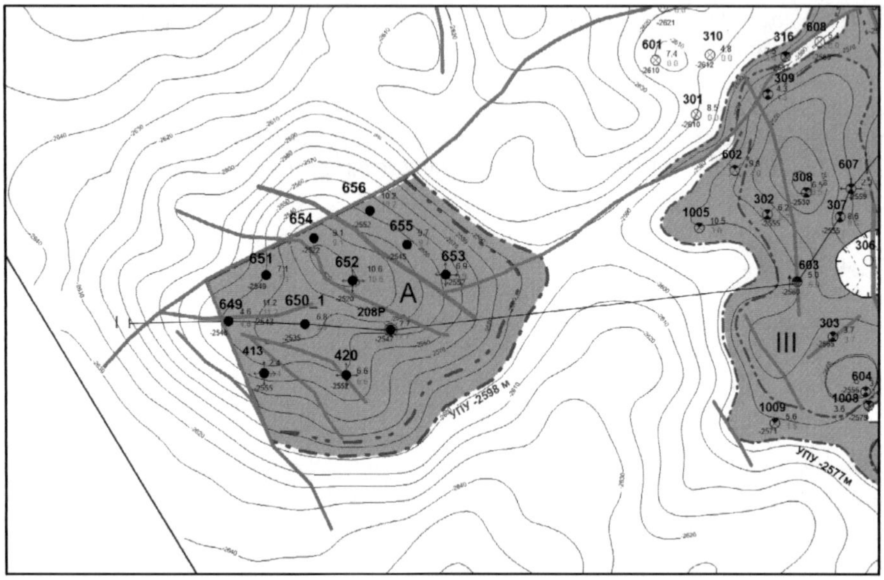


***Рисунок 4.*** *Фрагмент подсчетного плана западной залежи текущего представления о геологическом строении месторождения нефти*

**Выводы**

Новый взгляд на картирование дизъюнктивных нарушений в пределах западной залежи позволил ликвидировать необеспеченность остаточными извлекаемыми запасами с учетом исторически накопленной добычей нефти. Актуализированная структурно-тектоническая модель была использована при последней оценке запасов месторождения и нашла одобрение и утверждение не только при рассмотрении материалов ОПЗ в ФБУ «ГКЗ», но и при согласовании Дополнений к технологическому проекту разработки исследуемого нефтяного месторождения

**Библиография**

1. Методические рекомендации по использованию данных сейсморазведки (2D, 3D) для подсчёта запасов нефти и газа. – М.: ОАО "Центральная геофизическая экспедиция", 2006 г.
2. Методические рекомендации по подсчету геологических запасов нефти и газа объемным методом. Под редакцией док. г.-м. н. Петерсилье В.И., к. г.-м. н. Пороскуна В.И., док. г.-м. н. Яценко Г.Г., г. Москва – г. Тверь, 2003 г.
3. Методические рекомендации по применению классификации запасов и ресурсов нефти и горючих газов, утверждено распоряжением Минприроды России от 01.02.2016 г.

**References**

1. Methodological recommendations on the use of seismic data (2D, 3D) for the calculation of oil and gas reserves. – Moscow: JSC "Central Geophysical Expedition", 2006.
2. Methodological recommendations for the calculation of geological reserves of oil and gas by the volumetric method. Edited by Dr. G.-M.N. Petersile V.I.,Ph.D.-M.N. Poroskuna V.I., Dr. G.-M.N. Yatsenko G.G., Moscow – Tver, 2003.
3. Methodological recommendations on the application of the classification of reserves and resources of oil and combustible gases, approved by the Order of the Ministry of Natural Resources of the Russian Federation dated 01.02.2016

# Влияние мезозойско-кайнозойских тектонических процессов на формирование залежей углеводородов в нижнемеловых отложениях на юго-востоке Западной Сибири

А.Ю. Калинин* (ИНГГ СО РАН, НГУ), В.А. Конторович (ИНГГ СО РАН, НГУ), Л.М. Калинина (ИНГГ СО РАН), М.В. Соловьев (ИНГГ СО РАН, НГУ)

## Введение

Неокомский комплекс является одним из наиболее перспективных на территории Западной Сибири, более 80% запасов и ресурсов углеводородов сконцентрировано в берриас-нижнеаптских резервуарах. В юго-восточных районах Западной Сибири, которые в административном отношении охватывают территорию Томской, Новосибирской и Омской областей, неокомский комплекс пород по своему потенциалу существенно уступает верхнеюрскому. Несмотря на то, что первое и самое крупное в этом регионе Советское месторождение связано с нефтеносностью, в первую очередь, нижнемеловых резервуаров, основная масса запасов и ресурсов углеводородов на юго-востоке провинции сконцентрирована в оксфордских песчаных пластах горизонта $Ю_1$.

В настоящее время в юго-восточных районах Западной Сибири открыто 138 месторождений, из которых только на 15 промышленная нефтегазоносность связана с меловыми отложениями: 14 на территории Томской области и 1 на территории Омской области. В подавляющем большинстве случаев нефтегазоносность мела сопровождается наличием залежей в верхней юре, которые по запасам, как правило, существенно уступают меловым.

На территории Западно-Сибирского бассейна в разрезе неокома выделяют клиноформный и шельфовый комплексы пород. Клиноформная часть неокома отображается на временных разрезах серией косослоистых отражающих горизонтов, последовательно приближающихся к подошве баженовской свиты. В зоне шельфа отражающие горизонты, приуроченные к кровлям клиноформ, прослеживаются субпараллельно опорным отражающим горизонтам. На территории юго-востока Западной Сибири, главным образом в Томской области, мощность клиноформного комплекса пород уменьшается в восточном и южном направлениях по мере приближения к обрамлению Западно-Сибирской плиты. Уменьшение толщины клиноформных отложений происходит за счет куломзинской свиты и, в первую очередь, из разреза выпадают подачимовские аргиллиты и ачимовская песчаная пачка.

В юго-восточных районах Западной Сибири клиноформный комплекс представлен куломзинской и тарской свитами, шельфовый комплекс – вартовской и ванденской свитами. В разрезе берриас-нижнеаптских отложений выделяется более двух десятков песчаных пластов групп А и Б, являющихся потенциальными резервуарами. Роль регионального флюидоупора для залежей углеводородов в неокомских резервуарах выполняет кошайская пачка алымского горизонта. В разрезе неокома широкое распространение также получили зонально и локально развитые глинистые пачки, способные выполнять роль надежных экранов в пределах отдельных зон нефтегазонакопления и небольших площадей – объектов.

## Сейсмогеологическая характеристика и нефтегазоносность

Анализ тектонических процессов, имевших место в юго-восточных районах Западной Сибири в мезозойский и кайнозойский периоды, позволил выделить три этапа тектонической активизации, сопровождавшиеся активным формированием разрывных нарушений: юрский (точнее раннеюрский), раннемеловой, посттуронский (кайнозойский) (Гурари и др., 1966).

Юрские разрывные нарушения не проникают в мел и, следовательно, не могут оказывать влияние на перетоки углеводородов в неокомские песчаные пласты. Раннемеловые разломы были сформированы на этапе, когда баженовская свита находилась на небольших глубинах и не вошла в главную зону нефтеобразования, т.е. не генерировала углеводороды. К эпохе начала генерации такие разрывные нарушения, как правило, залечивались и могли выполнять роль тектонических экранов (Конторович и др., 2011). Посттуронские (кайнозойские) разломы образовались на этапе, когда баженовская свита оказалась в главной зоне нефтеобразования, а миграции углеводородов достигла максимума. Следовательно, наличие именно посттуронских разрывных нарущений благоприятно сказывается на открытие нижнемеловых залежей на юго-востоке Западной Сибири (Конторович и др., 2014).

На временных сейсмических разрезах молодые кайнозойские разрывные нарушения отображаются в виде смещения осей синфазности верхнемеловых и кайнозойских отражающих горизонтов IV (кровля сеномана) и V (ранний палеоцен). В нижнемеловых горизонтах (горизонт III) и на уровне горизонта, приуроченного к баженовской свите ($II^а$ и Б), смещения осей синфазности, как правило, не происходит, и разломы отображаются в волновых полях развитием локальных столбообразных зон расфазировки и падением амплитудно-энергетических характеристик сейсмической записи. Такой рисунок сейсмической записи наблюдается на Советском, Северном, Даненберговском, Конторовичском, Фестивальном, Гураринском, Соболином и др. месторождениях.

Все месторождения Томской области, на которых меловые отложения продуктивны, являются многопластовыми. На этих месторождениях, как правило, продуктивны оксфордские песчаники горизонта $Ю_1$ васюганской свиты и серия меловых песчаных пластов группы Б. При этом, верхнеюрские ловушки на значительном числе месторождений заполнены не целиком, и площади и запасы залежей углеводородов увеличиваются вверх по разрезу. Такая ситуация, в частности, отмечается на Советском и Северном месторождениях. Связано это с перетоками углеводородов из нефтепроизводящих пород баженовской свиты в меловые резервуары по молодым проводящим кайнозойским разломам.

Анализ геолого-геофизических материалов позволил сформулировать критерии нефтегазоносности неокомских отложений юго-восточных районов Западной Сибири – территории, где получили развитие породы баженовской свиты, являющиеся источником углеводородов; в неокомское время протекали вертикальные тектонические процессы, предопределившие формирование в структурных планах меловых горизонтов антиклинальных поднятий; в кайнозойское время проявились процессы тектонической активизации, сопровождавшиеся формированием разрывных нарушений, секущих практически весь мезозойско-кайнозойский осадочный чехол и являющихся каналами для миграции углеводородов из нефтепроизводящих пород баженовской свиты в меловые резервуары.

Анализ материалов ГИС позволяет сделать вывод о том, что строение разреза на месторождениях и водоносных объектах не имеет принципиальных отличий. Подавляющая часть залежей углеводородов в неокоме на юго-востоке Западной Сибири открыта в северо-западной части Томской области в зоне сочленения Александровского свода с Колтогорским мегапрогибом. Криволуцкий и Охтеурский валы являются ключевыми структурами Александровского свода. В рельефе кровли юры эти структуры занимают одинаковое гипсометрическое положение и разбиты многочисленными разрывными нарушениями, секущими юру. В то же время нефтегазоносность этих объектов принципиально отлична. На Охтеурском валу залежи углеводородов приурочены к верхней юре и неокомским песчаным пластам. При этом основные запасы сконцентрированы в мелу, а верхнеюрские залежи носят второстепенный характер. На Криволуцком валу залежь сконцентрирована в песчаных пластах надугольной и подугольной пачек горизонта $Ю_1$. Неокомские песчаные пласты испытывались в ряде скважин и во всех случаях были получены притоки воды.

Принципиальные отличия нефтегазоносности этих структур связаны с их историей тектонического развития. Криволуцкий вал активно развивался в неокоме и был полностью сформирован к туронскому веку. Структура разбита многочисленными разломами, секущими баженовскую свиту и затухающими в мелу. Охтеурский вал не испытывал тенденцию к росту в юре и берриас-туроне и был сформирован, благодаря посттуронским, в первую очередь, кайнозойским тектоническим движениям. Структура интенсивно разбита разрывными нарушениями, секущими практически весь осадочный чехол и затухающими в кайнозое, которые и являлись каналами для миграции углеводородов. На Александровском своде все структуры, контролирующие неокомские залежи углеводородов, осложнены молодыми разломами, проникающими в кайнозой. На Даненберговском месторождении выделяется V-образный разлом, разбивающий структуру на 3 блока. Аналогичным разломом, секущим всю мезозойско-кайнозойскую осадочную толщу, осложнено Конторовичское месторождение (рис. 1). Такие разрывные нарушения выделяются по всей зоне сочленения Александровского свода и Колтогорского мегапрогиба. В основу выделения разрывных нарушений были положены классические сейсмостратиграфические критерии: смещение осей синфазности сейсмических горизонтов, наличие дифрагированных волн, уменьшении амплитудно-энергетических параметров сейсмической записи (см. рис. 1).

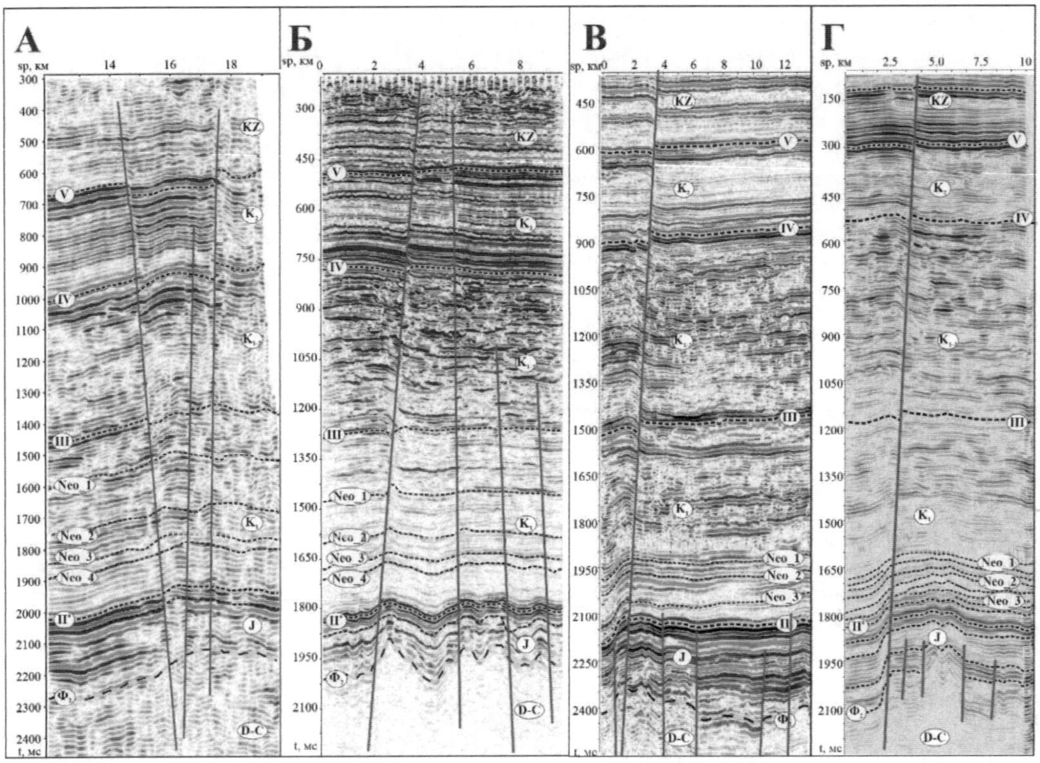


***Рисунок 1.*** *Фрагменты временных сейсмических разрезов по профилям, пересекающим Даненберговское (А), Обское (Б), Фестивальное (В) и Болтное (Г) месторождения.*

В этой зоне открыта подавляющая часть залежей углеводородов в неокоме на юго-востоке Западной Сибири. По данной территории были проанализированы процессы дизъюнктивной тектоники, выделены разломы, секущие юру, и осуществлена их дифференциация по времени формирования и глубине проникновения. А также выполнена оценка перспектив нефтегазоносности неокома в пределах зоны сочленения Александровского свода и Колтогорского мегапрогиба. Проведенный анализ показал, что на исследуемой территории наибольший интерес в отношении нефтегазоносности неокома представляют структуры, расположенные в линейной зоне, приуроченной к западному борту Александровского свода, где получили развитие кайнозойские разрывные нарушения. Локальные поднятия, расположенные в пределах Криволуцкого вала и вообще всей осевой части Александровского свода, по результатам испытаний являются водоносными.

В 2012 г. была открыта нефтяная залежь в пласте $Б_{10}$ на Фестивальной площади, расположенной на северо-восточном борту Нюрольской мегавпадины. Временные сейсмические разрезы по профилям, пересекающим продуктивный купол Фестивального месторождения, свидетельствуют о том, что в районе меловой залежи разрывных нарушений, которые секут меловые отложения, не выделяется. В то же время анализ геолого-геофизических материалов по Фестивальной площади в целом однозначно свидетельствует о том, что в западной части рассматриваемой территории, в зоне сочленения Фестивального вала с Нюрольской мегавпадиной получил развитие ярко-выраженный разлом, секущий весь мезозойско-кайнозойский осадочный чехол. Смещение осей синфазности отражающего горизонта III, а также позднемеловых и кайнозойских отражающих горизонтов по этому разлому достигает 50-70 мс. Эти разломы надежно картируются по профилям, пересекающим район исследований в различных направлениях.

Западный склон Болтного месторождения, на котором залежь по балансовым данным открыта в верхнеюрских отложениях, осложнен разломом северо-северо-западного простирания, который рассекает весь мезозойско-кайнозойский осадочный. Это разрывное нарушение надежно выделяется на широтных профилях и кубах атрибутов, а также находит отражение на картах амплитудных характеристик сейсмической записи волнового пакета $I^b$-$II^a$.

**Выводы**

Таким образом в юго-восточных районах Западной Сибири можно выделить два механизма формирования залежей в нижнемеловых отложениях. Как говорилось выше, заполнение нижнемеловых ловушек должно было происходить за счет вертикальной миграции УВ по кайнозойским разломам, секущим практически весь мезозойско-кайнозойский осадочный чехол. В большинстве случаев заполнение неокомских ловушек происходило по первому механизму. На Фестивальном месторождении структура не осложнена кайнозойскими разрывными нарушениями, и проводящий разлом находится немного в стороне от ловушки. В этом случае заполнение неокомских резервуаров на месторождении происходит за счет процессов как вертикальной, так и латеральной миграции. Сначала происходит вертикальная миграция углеводородов по разломам до проницаемых пластов-коллекторов, а затем восходящая латеральная миграция по пластам до расположенной гипсометрически выше ловушки. Вероятно, второй вариант формирования залежей углеводородов в меловых резервуарах, когда ловушка не разбита разломами, должен являться даже более благоприятным, поскольку исключает возможность разрушения залежей и перетоки углеводородов через кошайский и кузнецовский флюидоупоры.

**Библиография / References**


1. Конторович В.А., Соловьев М.В., Калинина Л.М., Калинин А.Ю. Роль мезозойско-кайнозойской тектоники в формировании залежей углеводородов в южных частях Каймысовского свода и Нюрольской мегавпадины // Геология и геофизика, 2011. Т: 52, № 8, с: 1075-1091.

2. Конторович В.А., Калинин А.Ю., Калинина Л.М., Соловьев М.В. Влияние мезозойско-кайнозойских тектонических процессов на формирование верхнеюрских и меловых залежей углеводородов в Северной части Александровского свода // Геология и геофизика, 2014. Т: 55, № 5-6, с. 847-861.

1. Kontorovich V.A., Solovev M.V., Kalinina L.M., Kalinin A.Y. The role of Meso-Cenozoic tectonics in the formation of hydrocarbon pools in the southern parts of the Kaimysovy arch and Nyurol'ka megadepression // Russian Geology and Geophysics, 2011. Vol. 52, № 8, p. 845-858.

2. Kontorovich V.A., Kalinin A.Y, Kalinina L.M., Solovev M.V. The effect of Meso-Cenozoic tectonic processes on the formation of Upper Jurassic and Cretaceous hydrocarbon pools in the north of the Aleksandrov arch (West Siberia) // Russian Geology and Geophysics, 2014. Vol. 55 – № 5-6 – P. 668-680.

# Сейсмостратиграфическая характеристика и перспективы нефтегазоносности верхнеюрских отложений юго-востока Западной Сибири

Л.М. Калинина* (ИНГГ СО РАН), В.А. Конторович (ИНГГ СО РАН, НГУ), А.Ю. Калинин (ИНГГ СО РАН, НГУ)

## Введение

По мере возрастания дефицита нефтепоисковых объектов в центральных наиболее перспективных в отношении нефтегазоносности частях Западно-Сибирской нефтегазоносной провинции все большее внимание исследователей обращается к периферийным областям бассейна, запасы нефти на которых представляют интерес для воспроизводства минерально-сырьевой базы региона. В зонах, приближенных к обрамлению Западно-Сибирской плиты, формирование келловей-оксфордских отложений происходило в области замещения морских отложений континентальными. Проблема выявления и детального картирования нефтегазоперспективных объектов на этих территориях связана со сложным характером распределения коллекторов, способных концентрировать значительные объемы углеводородов.

Работа посвящена верхнеюрским отложениям юго-востока Западной Сибири, с которыми связано более 130 месторождений нефти и газа. В административном плане район приурочен к Томской области. Согласно схеме фациального районирования, район исследований расположен в областях морского, переходного и континентального седиментогенеза (рисунок 1). Келловей-верхнеюрские отложения характеризуются фациальной неоднородностью. Отложения представлены васюганским, георгиевским и баженовским горизонтами (Стратиграфия…, 2000). С запада на восток преимущественно морские отложения васюганской свиты переходят в наунакскую свиту, а затем в тяжинскую свиту континентального седиментогенеза. Георгиевская и баженовская свиты переходят сначала в марьяновскую и далее в максимоярскую свиты. В южном направлении по мере приближения к бортовым частям Западно-Сибирского бассейна прослеживается аналогичное замещение морских отложений континентальными. Сложная палеоструктурная обстановка и приуроченность территории к переходной области седиментации предопределили полифациальный генезис песчаных пластов горизонта $Ю_1$ и существенную дифференциацию их коллекторских свойств.

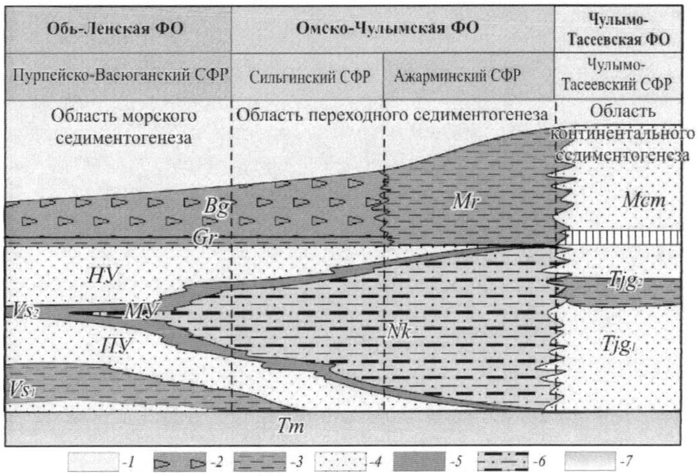


***Рисунок 1.*** *Принципиальная модель строения келловей-волжских отложений.*
*1 - меловые отложения, 2 – карбонатно-кремнисто-глинистые породы, 3 - аргиллиты, 4 - песчаники, 5 - угли, 6 - переслаивание алевролитов, аргиллитов, песчаников, углей, 7 - тюменская свита. Свиты: Bg - баженовская, Gr – георгиевская, Mr – марьяновская, Mcm – максимоярская, Vs – васюганская, Nk – наунакская, Tjg – тяжинская, Tm – тюменская. Пачки: НУ – надугольная, МУ – межугольная, ПУ – подугольная.*

**Стратиграфия**

Васюганская свита на большей части трансгрессивно залегает на континентальных отложениях тюменской свиты и по литологическому составу разделена на нижнюю и верхнюю подсвиты. Нижневасюганская подсвита представлена преимущественно аргиллитами, мощностью 30-40 м, в наиболее погруженных участках 55-60 м. В основании залегает пахомовская песчаная пачка. Верхневасюганская подсвита представлена толщей переслаивающихся песчаников, аргиллитов и алевролитов, с прослоями углей и углистых аргиллитов. Полный разрез подсвиты содержит 4-5 песчаных пласта, совокупность которых формирует регионально-нефтегазоносный горизонт $Ю_1$. В разрезе наунакской свиты, формирование которой происходило в переходных условиях, нижневасюганская подсвита не выделяется. Весь келловей-оксфордский разрез интенсивно углефицирован. Далее на восток разрез опесчанивается, представлен отложениями тяжинской свиты, которая делится на верхнюю и нижнюю подсвиту.

Выше по разрезу залегает георгиевская свита, представлена аргиллитоподобными глинами, содержащими различное количество алевритового материала и редкие зерна глауконита, распространена ограниченно.

Баженовская свита, представленная черными и буровато-черными карбонатно-кремнисто-глинистыми породами с высоким содержанием (до 20 %) органического вещества. На большей части Западной Сибири баженовская свита является основной нефтематеринской породой, находится в главной зоне нефтеобразования и является региональным флюидоупором, мощностью 10-30 м (Рыжкова и др., 2020).

Георгиевская и баженовская свиты в переходной области седиментации замещаются аргиллитоподобными глинами марьяновской свиты, далее на восток замещаются песчаниками с прослоями алевролитов и аргиллитов максимоярской свиты.

В юго-восточных районах Западной Сибири большинство месторождений нефти и газа горизонта $Ю_1$ приурочены к зоне развития васюганской и баженовской свит. В зоне распространения марьяновской и максимоярских свит залежей углеводородов не выявлено.

**Сейсмостратиграфическая характеристика**

На временных сейсмических разрезах весь верхнеюрский комплекс пород отображается единым волновым пакетом $II^а$. Наличие в геологическом разрезе пачки глинисто-кремнистых пород баженовской свиты, обладающих аномальными скоростями распространения продольных сейсмических волн и благоприятной для формирования интенсивного отражения на частотах 28-30 Гц толщиной (20-30 м), позволяет детально картировать структурную поверхность, но одновременно значительно затрудняет прогнозирование разреза верхневасюганской подсвиты по сейсморазведочным данным. При этом, чем лучше свойства баженовской свиты как сейсмического репера, тем сложнее осуществлять этот прогноз. На характер сейсмической записи помимо баженовской свиты, некоторое влияние оказывают волны, формирующиеся на акустических границах георгиевской и васюганской свиты. Учитывая аномально высокие коэффициенты отражения на кровле и подошве баженовской свиты и незначительную акустическую дифференциацию васюганской и георгиевской свит, основной вклад в рисунок сейсмической записи и энергию волнового пакета $II^а$ оказывают волны, отраженные от этих границ. В тоже время внутри васюганской свиты аномальными акустическими характеристиками обладают угольные пласты, на которых могут формироваться энергетически-выраженные отраженные волны. В случае, когда толщина надугольной пачки горизонта $Ю_1$ менее 10 - 15 м, волны, формирующиеся на межугольной пачке, будут накладываться на волну от подошвы баженовской свиты и влиять на динамические характеристики интерференционного волнового пакета. В других случаях влиянием волн от акустических границ васюганской свиты можно пренебречь.

Литолого-акустические модели, построенные по скважинам, показали, что аномальными акустическими характеристиками обладает также угольный пласт $У_1$, и именно на этой границе должна формироваться высокоамплитудная отражённая волна, способная значимо влиять на характер сейсмической записи волнового пакета $II^a$. В качестве прогнозного критерия была выбрана толщина надугольной пачки.

Результаты математического моделирования показали, что на рисунок сейсмической записи и динамические характеристики волнового пакета влияют толщины надугольной пачки и баженовской свиты. Реально сейсмогеологических параметров, характеризующих изменение толщины пачек, можно подобрать значительно больше. Все эти параметры так или иначе связаны с интерференцией волн, сформировавшихся на баженовской свите и угольном пласте $У_1$. В региональном плане в направлении восточного и юго-восточного обрамления Западно-Сибирского бассейна уменьшается аномальность волжских отложений. В этой ситуации динамическая выразительность и амплитудно-энергетические характеристики верхнеюрского волнового пакета снижаются.

На геологическом разрезе, построенном по скважинам, в направлении депрессии толщина баженовской свиты увеличивалась с 18 до 45, а георгиевской - с 2 до 10 м (рисунок 2). В этом же направлении несколько возрастали и толщины верхне- и нижневасюганской подсвиты. Рассчитанные волновые поля находят отражение на реальных сейсмических разрезах.

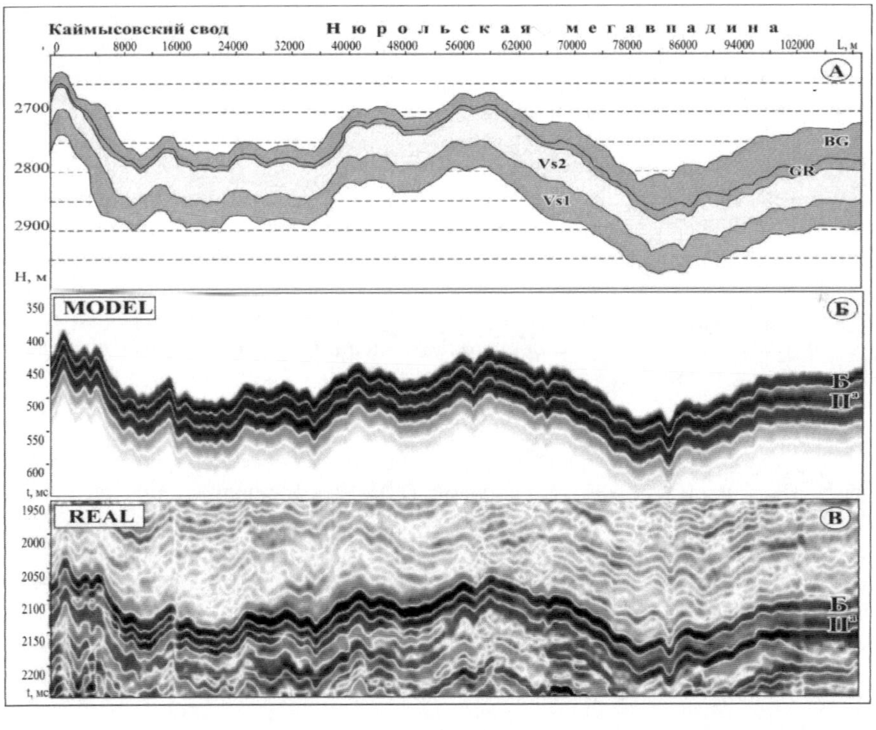


***Рисунок 2.*** *Геологический разрез (А), синтетический (Б) и реальный (В) временные разрезы по композитному профилю <Каймысовский свод - Нюрольская мегавпадина>.*

Результаты проведенных экспериментов показали, что на регионально-зональном этапе исследований на территории развития васюганской свиты рисунок сейсмической записи и амплитудные характеристики волнового пакета могут позволить осуществить сейсмофациальное районирование с выделением зон повышенного и пониженного генерационных потенциалов баженовской свиты.

**Перспективы нефтегазоносности**

Для баженовского горизонта по всем скважинам Томской области были рассчитаны средние значения КС, ГК, а также построены зависимости содержания $C_{орг}$ от геофизизических параметров. По каркасной сети профилей были рассчитаны средние по модулю амплитуды волнового пакета баженовской свиты. По этим параметрам были построены карты.

Анализ этих материалов показал, что территория Томской области разделяется на перспективную западную часть и бесперспективную восточную. Региональные особенности строения волжских отложений на юго-востоке Западной Сибири можно кратко сформулировать следующим образом - по мере уменьшения глубины палеобассейна в направлении обрамления плиты происходит: уменьшение содержания органического вещества; смена сапропелевой органики на гумусовую; уменьшение значений кажущего сопротивления (КС); увеличение толщины волжских отложений.

В поле повышенных энергий попадают все верхнеюрские месторождения, генетически связанные с нефтепроизводящими породами баженовской свиты. Региональное падение амплитуд волнового пакета в восточном направлении связано с фациальным замещением глинисто-кремнистых пород баженовской свиты низкопродуктивными глинами марьяновской свиты. Локальные очаги падения энергии волны в перспективном поле отвечают приподнятым участкам положительных структур I порядка, в пределах которых происходит существенное сокращение толщины баженовской свиты, наиболее высокие значения амплитуд фиксируются в осевых частях депрессионных зон. Учитывая весь объем геолого-геофизических материалов, были построены карты распределения залежей углеводородов и нефтегазоперспективных объектов горизонта $Ю_1$ для морского и переходного типов седиментогенеза.

Учёт всей совокупности геолого-геофизической информации, комплексный подход к интерпретации сейсморазведочных материалов, данных глубокого бурения, математического моделирования волновых полей позволяют решать тонкие задачи прогнозирования геологического разреза и картировать сложнопостроенные нефтегазоперспективные объекты.

Завершая характеристику заметим, что адаптированные к конкретным условиям подходы показали высокую эффективность на достаточно большом количестве локальных площадей, расположенных в юго-восточных районах Западно-Сибирского нефтегазоносного бассейна.

**Библиография**

1. Рыжкова С.В., Вакуленко Л.Г., Казаненков В.А., Конторович А.Э., Конторович В.А., Никитенко Б.Л., Шурыгин Б.Н., Борисов Е.В., Калинина Л.М., Нехаев А.Ю., Пономарева Е.В., Фомин М.А., Ян П.А. Фациально-стратиграфическое районирование келловей-кимериджских отложений Западно-Сибирского осадочного бассейна // Геология и геофизика – том 61 – № 3 – С. 409-421 – 2020.
2. Стратиграфия нефтегазоносных бассейнов Сибири. Юрская система. / Под ред. Шурыгина Б.Н., Никитенко Б.Л., Девятов В.П. и др. Новосибирск: Изд-во СО РАН, 2000. 480 с.

**References**

1. Ryzhkova S.V., Vakulenko L.G., Kazanenkov V.A., Kontorovich A.E., Kontorovich V.A., Nikitenko B.L., Shurygin B.N., Borisov E.V., Kalinina L.M., Nekhaev A.Y., Ponomareva E.V., Fomin M.A., Yan P.A. Facies-Stratigraphic Zonation of the Callovian-Kimmeridgian Deposits of the West Siberian Sedimentary Basin //Russian Geology and Geophysics – том 61 – № 3 – С. 330-340 – 2020.
2. Stratigraphy of oil and gas bearing basins in Siberia. Jurassic system. / Ed. Shurygina B.N., Nikitenko B.L., Devjatov V.P. and others. Novosibirsk: Izd-vo SO RAN, 2000. 480 p.

**Определение принципов локализации ловушек УВ в отложениях тюменской свиты на основе сейсмофациального и палеотектонического анализов на примере смежных лицензионных участков в пределах Салымского НГР**

Г.Ф. Хасанова* (ООО «РН-БашНИПИнефть»), С.О. Бруй (ООО «РН-БашНИПИнефть»), Р.Ф. Сафина (ООО «РН-БашНИПИнефть»), Д.С. Хлебников (ООО «РН-БашНИПИнефть»)

## Введение

Комплексный подход, заключающийся в оценке региональных условий осадконакопления, проведении сейсмофациального анализа, анализе тектонических и палеотектонических условий, а также структурных карт позволяет оценить особенности истории развития территории, выделить основные циклы тектогенеза, определяющие тектоническую модель и оценить ее влияние на формирование ловушек УВ наравне с седиментационным фактором. Такой подход позволяет наиболее полно раскрыть особенности локализации УВ.

В рамках работы рассмотрены 2 соседних участка, при этом особенности строения более изученного бурением участка (далее – участок 2) использованы как оценочная база при формировании представлений о втором – малоизученном участке (далее – участок 1). Участок 2 расположен согласно региональному плану в пределах Южно-Балыкского куполовидного мезоподнятия (Рис. 1) [1], участок 1 - в пределах Салымского куполовидного мезоподнятия.

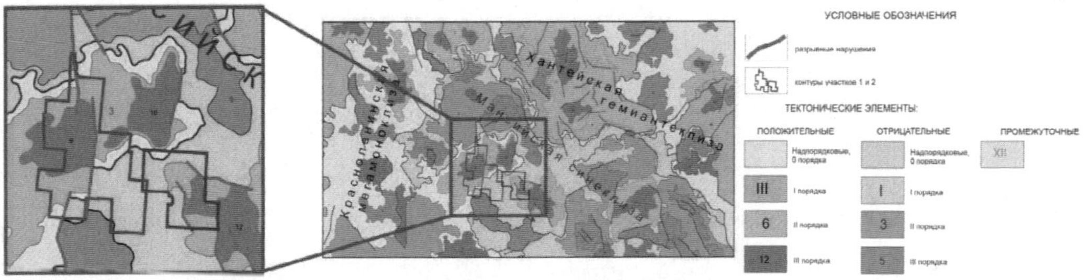


*Рисунок 1. Тектоническая схема по подошве осадочного чехла Западно-Сибирской геосинеклизы территории деятельности ОАО «Юганскнефтегаз» по Конторовичу А.Э., 2002 г. [1]*

## Региональные условия осадконакопления

В конце раннего тоара и во второй половине тоарского века началась регрессия, что привело к некоторому обмелению и опреснению морского бассейна, сокращению площади озерной седиментации. Падение уровня моря и регионального базиса эрозии во второй половине тоара и начале аалена при сравнительно высоком рельефе суши и наличии внутренних выступов фундамента обеспечивали поступление в осадочный бассейн значительного количества относительно грубозернистого обломочного материала [2]. На изучаемой территории в пределах смежных участков 1 и 2 во время образования пластов группы ЮС, в частности пласта ЮС2, могут наблюдаться континентальные обстановки осадконакопления.

## Сейсмофациальный анализ

Согласно описаниям кернового материала участка 2, отложения пласта ЮС2 сформировались в континентальных условиях. В пределах участка 1 пласт ЮС2 практически не освещен скважинными данными, керновый материал не представлен.

Исходя из схемы подразделения аллювиального комплекса на фации, предложенной В.С. Муромцевым [5], в разрезе могут быть выделены песчаные русловые фации, песчано-алевритовые фации внешней поймы, алеврито-глинистые фации внутренней поймы.

При отслеживании положения палеорусел меандрирующих речных систем пользовались погоризонтными слайсами, рассчитанными через 2 мс. В интервале отложений пласта ЮС2 можно выделить активно развивающуюся меандрирующую систему палеорусел, имеющую преимущественно северо-западное направление и формирующую мощные аккреционные комплексы. В пределах палеодолины по данным кривых ГИС пласта ЮС2 выделяется широкий спектр аллювиальных фаций: речные русла, внешняя и внутренняя часть речной поймы.

В пределах участка 1 стоит отметить сохранение общих тенденций, в частности, продолжение прослеживания крупного руслового объекта и прилегающую к нему внешнюю часть поймы (Рис. 2).

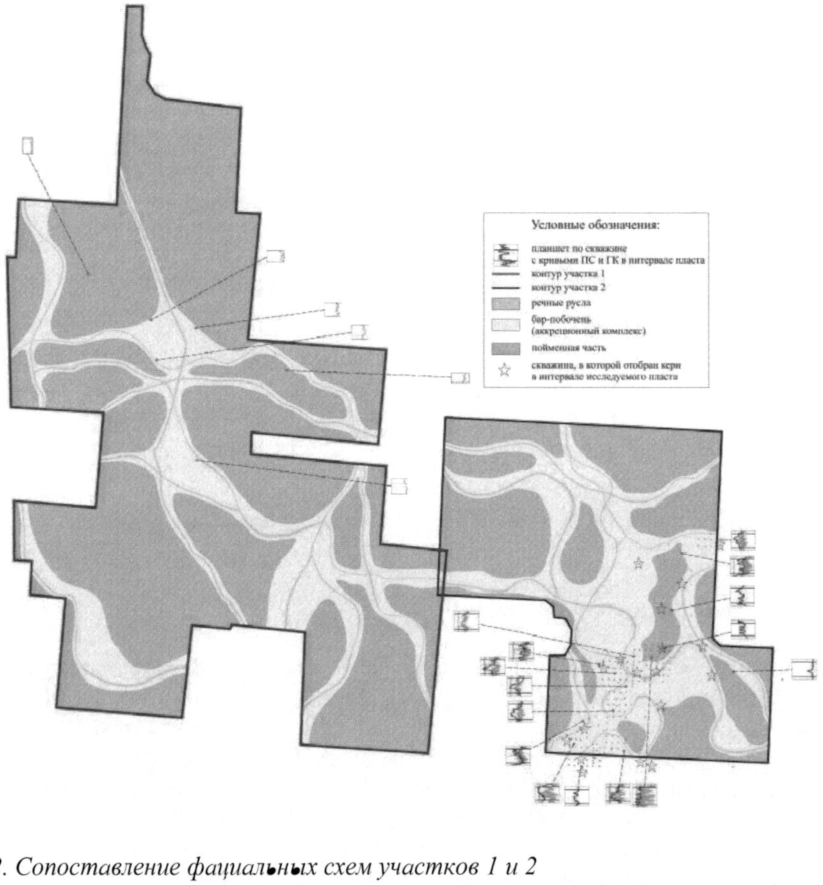


*Рисунок 2. Сопоставление фациальных схем участков 1 и 2*

Доказанная нефтеносность пластов ЮС2 на участке 2 и приуроченность ее к палеодолине позволяет предположить потенциальную перспективность юрских отложений и в пределах участка 1.

Согласно динамическому анализу самый мощный аккреционный комплекс, образованный в результате меандрирования речного русла, выделяется в южной части участка работ и хорошо сопоставляется с прогнозными картами эффективных толщин и средневзвешенной пористости. В северо-восточном направлении в разрезе отложений пласта ЮС2 увеличивается доля пойменных фаций, что отражается на снижении значений эффективных толщин и значений пористости. Можно отметить, что пески пойменных разливов переслаиваются с глинистыми пойменными отложениями и ухудшают тем самым связанность коллектора как по вертикали, так и по латерали. Обширных зон замещения не выявлено, отмечаются лишь отдельные локальные области с пониженными значениями от 1 до 3 метров, что в целом объясняется довольно широким спектром аллювиальных фаций в пределах палеодолины. Следовательно, выделяемые локальные зоны неколлектора (литологические экраны) могут частично ограничивать залежи.

**Особенности палеотектонического развития**

Разрывные нарушения по времени формирования предположительно связаны с этапом тектонической активности, происходившем в конце триасового и начале юрского времени (раннекиммерийская складчатость). Этап в пределах Западно-Сибирской плиты характеризуется погружением надрифтовых зон и ростом макроблоков доюрского основания [1, 3, 4]. Строение юрского интервала и доюрского основания генетически связаны, в связи с этим разломы, сформированные на этапе герцинской складчатости, также могли подвергаться активизации и подновляться в юрское время. Второй этап киммерийской складчатости позднеюрского и раннемелового периодов также мог характеризоваться подновлением разломов, заложившихся в раннеюрское время. К ним относятся нарушения выделяемые вплоть до ОГ Б и выше.

В процессе проведенного палеотектонического анализа с привлечением палеоструктурных карт и палеопрофилей, установлено, что:

1. В целом подтвержден унаследованный характер развития структурных форм;

2. Основные структурно-тектонические элементы и контролирующие их флексурно-разрывные нарушения заложены в палеозойское время. Рост положительных элементов, картируемых по горизонту «А», осуществлялся практически на протяжении всей мезозойской эры;

3. Формирование структурных планов, близких к современным, происходило с аптского по сеноманское, а также в палеоген-неогеновое и четвертичное время;

4. В процессе накопления морских отложений осадочного чехла и эрозии в континентальных условиях отмечается выполаживание структур вверх по разрезу, некоторые из структур полностью нивелируются по горизонтам мела;

5. Тектонические движения (в основном слабые) происходили на всех этапах геологической истории.

**Выводы**

1. По результатам сейсмофациального анализа в пределах территории исследования выделены речные системы, подтвержденные скважинными данными в пределах участка 2 и оконтуренные по данным атрибутного анализа на участке 1.

2. Установлено, что песчаные отложения баров-побочней, формирующие пояс меандрирования речной системы, являются наиболее хорошими породами-коллекторами с высокими фильтрационно-емкостными свойствами.

3. Пески пойменных разливов относятся к второстепенным коллекторам худшего качества. Можно отметить, что пески пойменных разливов переслаиваются с глинистыми пойменными отложениями и ухудшают тем самым связанность коллектора как по вертикали, так и по латерали. Основным направлением развития юрских речных палеодолин является северо-западное. В северо-восточном направлении отмечается смена фациальных обстановок и ухудшение коллекторских свойств.

4. Согласно проведенному палеотектоническому анализу структуры в пределах территории исследования являются унаследованными с палеозойского времени, наиболее активный рост большая часть структур имела в раннеюрское время. Нарушения в интервале отложений тюменской свиты приурочены к киммерийскому циклу тектогенеза.

5. Базируясь на принципах палеогеографических и фациальных особенностях обстановок осадконакопления, особенностях истории развития территории можно сделать вывод, что основным фактором влияющим на локализацию УВ в пределах территории исследования предполагается структурно-тектонический. Фациальная приуроченность по большей части влияет на качество коллектора и его связанность по латерали и вертикали. В пределах малоизученного участка 1 можно предполагать наличие залежей структурно-тектонического типа, где наиболее благоприятные коллектора будут локализоваться в зонах выделенных аккреционных комплексов.

**Библиография**

1. Конторович А.Э., Казаненков В.А. «Построение модели геологического строения, оценка сырьевой базы и разработка концепции геологоразведочных работ в зоне деятельности ОАО «Юганскнефтегаз» в ХМАО» ИГНГ СО РАН, г. Новосибирск, 2002.

2. Конторович А.Э., Конторович В.А., Рыжкова С.В., Шурыгин Б.Н., Вакуленко Л.Г., Гайдебурова Е.А., Данилова В.П., Казаненков В.А., Ким Н.С., Костырева Е.А., Москвин В.И., Ян П.А. Палеогеография Западно-Сибирского осадочного бассейна в юрском периоде. // Геология и геофизика, 2013, т. 54, № 8, с. 972—1012.

3. Конторович А.Э., Нестеров И.И. и др. Геология нефти и газа Западной Сибири. М., Недра, 1975 г. 680 с.

4. Конторович В.А. «Мезозойско-кайнозойская тектоника и нефтегазоносность Западной Сибири». // Геология и геофизика, 2009 г., №4, с. 461-474.

5. Муромцев В.С. «Электрометрическая геология песчаных тел-литологических ловушек нефти и газа». М., Недра, 1984.

**References**

1. Kontorovich A.E., Kazanenkov V.A. «Postroenie modeli geologicheskogo stroeniya, otsenka syr'evoi bazy i razrabotka kontseptsii geologorazvedochnyh rabot v zone deyatel'nosti OAO «Uganskneftegaz» v KHMAO» IGNG SO RAN, g. Novosibirsk, 2002.

2. Kontorovich A.E., Kontorovich V.A., Ryzhkova S.V., SHurygin B.N., Vakulenko L.G., Gaideburova E.A., Danilova V.P., Kazanenkov V.A., Kim N.S., Kostyreva E.A., Moskvin V.I., Yan P.A. Paleogeographiya Zapadno-Sibirskogo osadochnogo basseina v jurskom periode. // Geologiya I geophizika, 2013, t. 54, № 8, s. 972—1012.

3. Kontorovich A.E., Nesterov I.I. I dr. Geologiya nefti I gaza Zapadnoi Sibiri. M., Nedra, 1975 г. 680 s.

4.Kontorovich V.A. «Mezozoisko-kainozoiskaya tektonika I neftegazonosnost' Zapadnoi Sibiti». // Geologiya i geofizika, 2009 g., №4, s. 461-474

5.Muromtsev V.S. «Elektrometricheskaya geologiya peschanyh tel-litologicheskikh lovushek nefti I gaza». M., Nedra, 1984.

**Особенности глубинного строения Ковыктинского ГКМ в зоне сочленения надвиговых секторов Байкало-Патомского надвигового пояса в связи с нефтегазоносностью**

Н.В. Мисюркеева* (ООО «СИГМА-ГЕО», ИЗК СО РАН), А.Г. Вахромеев (ИЗК СО РАН, ФГБОУ ВО «ИрНИТУ), И.В. Буддо (ООО «СИГМА-ГЕО», ИЗК СО РАН, ФГБОУ ВО «ИрНИТУ), А.С. Смирнов (ФГБОУ ВО ТИУ), Ю.А. Агафонов (ООО «СИГМА-ГЕО»)

**Введение**

Краевые прогибы Сибирской платформы и зоны сочленения платформенной и горно-складчатых областей остаются наименее изученными объектами как бурением, так и геофизическими исследованиями. На сегодняшний день, по результатам новейших сейсморазведочных работ методом общей глубинной точки в модификации 3D (3D МОГТ), с учетом материалов предшествующих исследований выявлено, что территория Ковыктинского газоконденсатного месторождения (КГКМ) расположена в пограничной зоне стыка двух надвиговых секторов Байкало-Патомского надвигового пояса – южного (Предбайкальского) и центрального (Актикано-Непского). Привлечение новых геофизических данных, таких как 3D МОГТ, 3D электроразведочные исследования методом зондирований становлением поля в ближней зоне (3D ЗСБ), позволило уточнить структурно-тектоническое строение осадочного чехла КГКМ в зоне сочленения надвиговых зон, а также выявить и закартировать вторичные зоны разуплотнения, являвшиеся вероятными путями латеральной миграции углеводородов (УВ) со стороны Байкало-Патомского палеоочага генерации УВ.

**Результаты исследований**

Современное тектоническое строение Ковыктинско-Хандинской зоны рассматривается в двух структурно-тектонических ярусах: нижний (автохтон) и верхний (аллохтон), который интенсивно дислоцирован (в области сочленения платформенных структур и краевых прогибов платформы [1, 2]. Нижний ярус (автохтон) представлен породами фундамента, отложениями венда и рифейского прогиба на востоке территории исследования. Верхний ярус (аллохтон) в пределах области исследований слагают породы галогенно-карбонатного комплекса и характеризуется весьма сложным строением. Кембрийские породы аллохтона, в отличие от слабо нарушенного автохтона, характеризуются наличием линейной складчатости в парагенезисе с взбросо-надвигами, взбросо- и сбросо-сдвигами, которые подобны пликативно-дизьюнктивным формам тыловой части надвигового пояса [2]. Эти базовые черты геологического строения осадочного чехла в пределах Ковыктинско-Хандинской зоны закономерно отражаются в строении природных резервуаров кембрия, которые вмещают залежи УВ и промышленных металлоносных рассолов, выявленные глубоким бурением [1, 3, 4, 5].

Непосредственно разрез осадочного чехла территории исследования представляет собой трехслойную систему: подсолевая (автохтон), соленосная и надсолевая формации (аллохтон). К периферии Сибирской платформы соленосные породы замещаются сульфатно-карбонатными. Солевой и надсолевой комплексы (аллохтон) характеризуются наиболее сложным строением, в связи с активным влиянием процессов соляной тектоники, возникшей в процессе формирования структур Байкало-Патомского надвигового пояса. Детачмент надвиговой зоны в восточной части проходит по тирским отложениям венда и далее на запад переходит в кровлю осинского горизонта нижнего кембрия, поднимаясь в ангарскую свиту к форланду, фронтальной части Большеириньской коробчатой складки [2]. Движение аллохтона (Рис.1) происходило под действием тангенциального сжатия север-северо-западного направления со стороны горно-складчатого обрамления, которые вызывали деформацию, межсолевое проскальзывание компетентных отложений, ветвление детачмента и формировали складчато-надвиговые дислокации. Возраст складчатости, на сегодняшний день, определен как пермо-триасовый. Широкое развитие дизьюнктивных нарушений определило специфику проницаемости осадочных толщ чехла и особенности гидрогеологического строения территории исследования.

В составе всех стратиграфических уровней разреза осадочного чехла находятся горизонты-коллекторы, проявляющиеся в процессе бурения. В отложениях надсолевого комплекса фиксируется большое количество поглощений. Газопроявления чаще всего приурочены к отложениям ангарской свиты соленосной толщи нижнего кембрия, а также к нижне-среднебельской подсвите. Рапопроявления связаны с интервалами бельской и усольской свит. Парфеновский горизонт является основным объектом газодобычи. Важнейшие критерии локализации карбонатных природных резервуаров газоконденсатных месторождений и залежей концентрированных (промышленных) рассолов-рапы: наличие пластов карбонатных пород вторичного разуплотнения – повышенной трещиноватости, выщелачивания, перекристаллизации. В латеральном плане зоны развития пород повышенной и удовлетворительной емкости дискретно распространены по всей изученной площади, с их предпочтительной приуроченностью к региональным разломам, фронтальным зонам и плоскостям сместителей шарьяжно-надвиговых пластин и приуроченным к ним участкам выщелачивания карбонатных толщ.

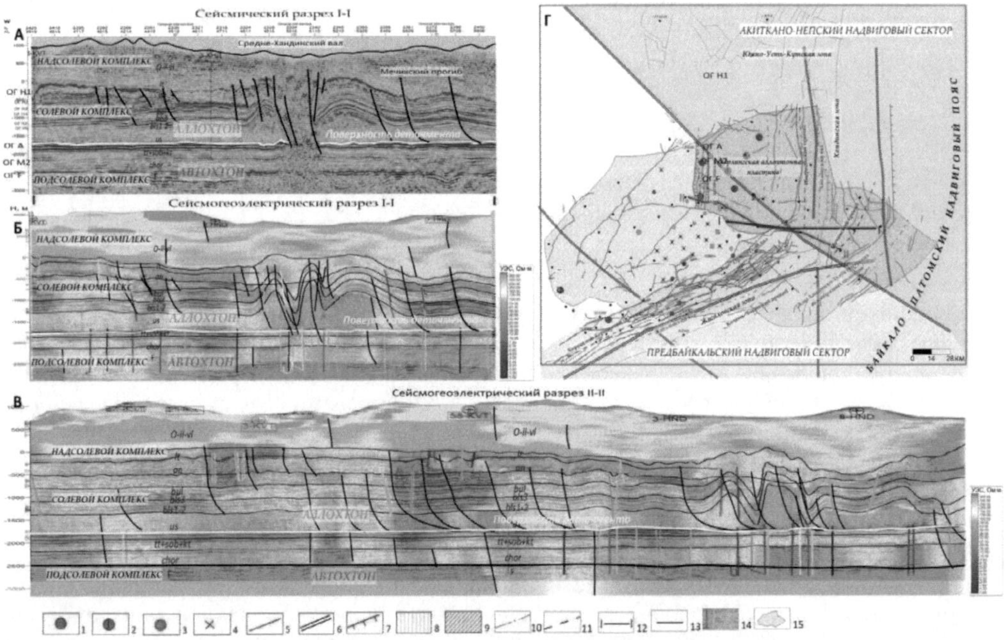


***Рисунок 1.*** *Особенности глубинного строения Ковыктинского ГКМ в зоне сочленения надвиговых секторов Байкало-Патомского надвигового пояса: А – сейсмический разрез I-I; Б – сейсмогеоэлектрический разрез I-I; В – сейсмогеоэлектрический разрез II-II; Г - Рис. 5.17 Схематическая карта соотношения надвиговых зон Акиткано-Неского и Предбайкальского надвиговых секторов в пределах Ковыктинско-Хандинской площади*

***Условные обозначения****: скважины: 1 – с рапопроявлением и АВПД; 2 – с газо- и рапопроявлением; 3 – с газопроявлением; 4 – со смятием колонн; 5 – тектонические нарушения по данным 2D-3D МОГТ в осадочном чехле; 6 – тектонические нарушения по фундаменту ; 7 – предполагаемые надвиги в осадочном чехле; 8 – Предбайкальский надвиговый сектор; 9 – Акиткано-Непский надвиговый сектор; 10 - оси антиклиналей; 11 - оси синклиналей; 12 - линии разрезов; 13 – предполагаемые нарушения по 3D ЗСБ; 14 – предполагаемые нарушения по 3D МОГТ; 15 – условный контур газоносности КГКМ (парфеновский горизонт).*

По данным Мигурского А.В, 2010, главные этапы латерального перемещения пластовых флюидов на Сибирской платформе напрямую связаны с проявлениями складчато-надвиговых дислокаций и траппового магматизма. В том и другом случаях происходило их «отжатие» от внутренних частей складчато-надвиговых поясов и регионов развития пластовых интрузий [6]. Представляется, что процессы надвигообразования способствовали как миграции флюидов и УВ со стороны Байкало-Патомского палеоочага генерации в сторону Сибирской платформы, так и созданию структур и пустотных емкостей (коллекторов трещинного типа), благоприятных для формирования залежей УВ. Большую роль при этом сыграли отложения солей, служившие как поверхностями срыва, так и надежными флюидоупорами [6, 7, 8].

Основой для комплексного геолого-геофизического подхода при изучении складчато-надвиговой структуры осадочного чехла Ковыктинско-Хандинской зоны являлись результаты интерпретации сейсморазведочных исследований МОГТ 3D и и электроразведки 3D ЗСБ. Исследования 3D МОГТ позволяют с высокой степенью точности картировать структурно-тектонические особенности участка как в плане, так и в разрезе. Электроразведка методом ЗСБ, в свою очередь, является прямым методом картирования проницаемых зон флюидонасыщенных вторичных карбонатных коллекторов [9, 10, 11, 12, 13, 14]. Области повышенной проводимости по данным ЗСБ отражают участки развития сложных каверново-трещинных межсолевых коллекторов.

На сейсмогеоэлектрическом разрезе в пределах галогенно-карбонатной толщи трассируются предполагаемые листрические тектонические нарушения, формирующие чешуйчатую зону – серию одинаково ориентированных надвигов, которые соединяются пологим подошвенным надвигом. Зоны улучшенного коллектора, отражающиеся низкими значениями сопротивления в разрезе вкупе с зонами межпластовых срывов и приразломными зонами дробления, могут являться самостоятельными флюидоносными либо флюидопроводящими структурами (Рис. 1).

На геоэлектрическом разрезе через Хандинский к Ковыктинскому ЛУ отмечается общее восстание кровли проводящего горизонта в сторону последнего от терригенного венда в усольскую свиту и далее в отложения бельской и булайской, ангарской свит. Вероятно, подобная зона может указывать на транзит флюидов (флюидомиграцию) из погруженной области регионального прогиба к платформенной области чехла с юго-востока на северо-запад вверх по разрезу под соленосной формацией по детачменту и зонам межпластовых срывов.

Рассматривая возможные варианты формирования наблюдаемой слабо наклонной зоны проницаемого тектонического сместителя детачмента, картируемой по электроразведочным данным (рис. 1), можно предположить, что они соответствуют нескольким этапам эволюции зоны сочленения платформенного чехла и краевой области по А.В. Мигурскому [6], *«в качестве сил, вызывающих движение флюидов, выступают мощные тектонические напряжения периодов геодинамических активизаций в земной коре. Причем главным процессом, приводящим к масштабной латеральной миграции флюидов, является субгоризонтальное тектоническое сжатие».*

Вероятная проградация шарьяжно-надвигового процесса в кайнозое, при активизации рифтогенеза Байкальской рифтовой зоны, предполагает активизацию детачмента и обновление активных, а значит и проницаемых субгоризонтальных и веерных разломных зон. Все проницаемые зоны обводнены, что мы и видим на рис. 1. Очевидно, именно этот природный механизм латеральной миграции мог быть основным при переформировании УВ-залежей карбонатных резервуаров Ангаро-Ковыктинской зоны нефтегазонакопления. По А.В. Мигурскому [6] *«Поддвиг окраин платформы под складчатые области приводил к выжиманию флюидов погружающегося чехла и, вероятно, к перемещению целых месторождений и к их накоплению у фронтальных частей складчато-надвиговых поясов».*

Другая, пока менее аргументированная гипотеза: наблюдаемая на протяжении более 100 км слабо наклонная зона проницаемого тектонического сместителя детачмента, картируемая по электроразведочным данным, может быть повторно активизированной зоной. Это одна из многих веерных надвиговых разломных зон, по которой шло заполнение углеводородными системами природных мегарезервуаров венда и кембрия уникального Ковыктинского ГКМ из палеобассейна Палео-Азиатского океана. Ведь именно недооценка «роли тектонических движений мезо-кайнозойского этапа» переформирования залежей пластовых углеводородных систем этого региона, «струйного перетока УВ в новые ловушки» отмечена в серии опубликованных работ акад. А.Э. Конторовича с соавторами [15, 16].

**Выводы**

В поле действия тангенциальных напряжений сформировлись субгоризонтальные зоны разуплотнения и дробления реологически жестких пород (доломиты, известняки), которые залечены пластичными пластами солей, формируя при этом как протяженные, в десятки километров, так и замкнутые флюидонасыщенные объемы природных резервуаров трещинного типа. Подобные объекты отчетливо отражаются в данных комплексных геофизических исследований сейсморазведки 3D МОГТ и электроразведки 3D ЗСБ. Привлечение новейших геофизических данных (3D МОГТ, 3D ЗСБ) позволило уточнить структурно-тектоническое строение осадочного чехла КГКМ в зоне сочленения надвиговых зон, а также вероятные пути миграции УВ со стороны Байкало-Патомского палеоочага генерации УВ.

**Библиография / References**


1. Вахромеев А.Г., Сизых В.А. Роль шарьяжно-надвиговой тектоники в формировании аномально-высоких пластовых давлений и промышленных металлоносных рассолов Сибирской платформы // Доклады РАН. - 2006. - № 2. - С. 1-5.
2. Misyurkeeva N.V., Vakhromeev A.G., Smirnov A.S., Buddo I.V., Gorlov I.V, Shemin G.G., 2022. Adjustment of Thrusting Structure in the Kovykta-Khandinskaya Reflected Folding Zone. Geodynamics & Tectonophysics 13 (2s), 0607. doi:10.5800/GT-2022-13-2s-0607.
3. Вахромеев А.Г., Хохлов Г.А. Перспективы прогноза зон рапопроявлений в Верхоленском (Жигаловском) газоносном районе Иркутской области. \\Сб. Особенности технологии проводки и закачивания скважин в Вост. Сибири и Якутии. – Новосибирск, Иркутск: ВСНИИГГиМС, 1988, – С.140-142.
4. Смирнов А.С., Горлов И.В., Яицкий Н.Н., Горский О.М., Игнатьев С.Ф., Поспеев А.В., Вахромеев А.Г., Агафонов Ю.А., Буддо И.В. Интеграция геолого-геофизических данных - путь к созданию достоверной модели Ковыктинского газоконденстного месторождения // Геология нефти и газа. 2016. №2. С.56-66.
5. Модели строения и количественная оценка перспектив нефтегазоносности реигиональных резервуаров нефти и газа Предпатомского регионального прогиба (Сибирская платформа). Под ред. Г.Г. Шемина: монография. Новосибирск: Изд-во ГЕО, 2017г - 560 с.
6. Мигурский А.В. Масштабные латеральные перемещения пород и флюидов на Сибирской платформе // Геология и минерально-сырьевые ресурсы Сибири. – 2010. - № 1. - С. 53-57.
7. Ларионова Т.И. Перспективы аллохтона Нюйско-Джербинской впадины на нефть и газ (Сибирская платформа) // Нефтегазовая геология. Теория и практика. 2014. Т. 9. С. 1-10.
8. Шемин Г.Г. Геология и перспективы нефтегазоносности венда и нижнего кембрия центральных районов Сибирской платформы (Непско-Ботуобинская, Байкитская антеклизы и Катангская седловина). – Новосибирск: Изд-во СО РАН, 2007. – 467 с.
9. Поспеев А.В. Выделение пластов-коллекторов в разрезе осадочного чехла юга Сибирской платформы по данным зондирований становлением электромагнитного поля в ближней зоне / А.В.Поспеев, И.В.Буддо, Ю.А.Агафонов, Н.О.Кожевников // Геофизика. - 2010. - № 6.
10. Современная практическая электроразведка. Монография. Поспеев А.В., Буддо И.В., Агафонов Ю.А., Шарлов М.В., Компаниец С.В., Токарева О.В., Мисюркеева Н.В., Гомульский В.В., Суров Л.В., Ильин А.И., Емельянов В.С., Мурзина Е.В., Гусейнов Р.Г., Семинский И.К., Шарлов Р.В., Вахромеев А.Г., Сень Е.А. Новосибирск: Академическое изд-во «Гео», 2018. – 231 с. – ISBN 978-5-9909584-1-8. DOI: 10.21782/B978-5-9909584-1-8.
11. Buddo I.V., Pospeev A.V., Shelohov I.A., Misiurkeeva N.V., Agafonov Y.A., Smirnov A.S. Geoelectric Model of the Section As an Integral Part of the Oil and Gas Fields Geological Model

(Case Study From the Kovykta Gas Condensate Field). GeoBaikal 2018. 2018. DOI: 10.3997/2214-4609.201802044.

12. Buddo I.V., Shelokhov I.A., Smirnov A.S., Musjurkejeeva N.V. Mapping the fractured zones of the carbonate-haloid rocks in Eastern Siberia by seismic and electromagnetic survey. IOP Conf. Series: Earth and Environmental

13. Мисюркеева Н.В., Агафонов Ю.А., Токарева О.В., Михеева Е.Д., Вахромеев А.Г. ЗСБ, как базовый метод прямых поисков промышленных рассолов в осадочном чехле платформ (на примере одной из площадей Сибирской платформы). VIII –ая Междунар. Науч-практ. Конф. ГЕОМОДЕЛЬ- 2013: Сб. тезисов. Геленжик: «ЕАГЕ-ГЕОМОДЕЛЬ- 2013», 2013, с.82.

14. Мисюркеева Н.В., Токарева О.В., Агафонов Ю.А. Буддо И.В., Вахромеев А.Г. Оценка эффективности поисков промышленных рассолов электромагнитными методами ИрГТУ, 04-2014

15. Конторович А.Э., Мандельбаум М.М., Сурков В.С., Трофимук А.А, Черский В.В. Лено-Тунгусская провинция – перспективный регион для создания новой базы добычи нефти и газа на Востоке СССР //Геология и геофизика, № 1, 1986, с.

16. Конторович А.Э., Рыбъяков Б.Л., Самсонов В.В. Перспективы нефтегазоносности западного участка БАМа // Советская геология, № 10, 1985г./

**Изучение литолого-стратиграфических толщ рифея в пределах Байкитской антеклизы и Катангской седловины с применением электроразведочных работ ЗСБ**

О.В. Токарева* (ООО «СИГМА-ГЕО»), А.И. Ильин (ООО «СИГМА-ГЕО), М.А. Масленников (Новосибирский государственный университет)

**Введение**

Территория исследования относится к области распространения рифейских осадочных образований, от долины реки Подкаменной Тунгуски на северо-западе до Богучанского водохранидища на юго-востоке. С точки зрения тектонического строения территория включает в себя восточную часть Байкитской антеклизы и западную часть Катангской седловины, расположенных в западной части Сибирской платформы и входящие в состав Лено-Тунгусской нефтегазоносной провинции, Байкитской и Катангской НГО.

Объектом исследования является осадочный разрез рифея, выходы карбонатных толщ на предвендскую эрозионную поверхность представляют собой перспективные объекты для размещения залежей УВ. Проблема корреляции отложений рифея Сибирской платформы связана с тем, что рифейские толщи местами сильно дислоцированы, характеризуются блоковым строением и значительно эродированы в предвендское время как на территории складчатого обрамления, так и во внутренних районах платформы (Мельников, 2005). В связи с вышеупомянутой проблемой сводные разрезы рифея отдельных фациальных районов и зон составляются по результатам глубокого бурения групп скважин, которые вскрывают разновозрастные толщи. Данная задача достаточно успешно решается в пределах месторождений нефти и газа (Кринин, 2002), которые изучены десятками близкорасположенных скважин, с использованием для корреляции данных ГИС и результатов исследований керна.

Более сложной задачей является корреляция разрезов одиночных скважин, расстояние между которыми десятки километров и их сопоставление, в том числе, с естественными разрезами. В таких случаях используются данные сейсморазведки, результаты интерпретации сейсмических материалов по западной части Сибирской платформы опубликованы во многих работах (Кощук, 2003; Филипцов, 2018; Процко, 2019). Помимо сейсморазведочных работ в комплексе ГРР применяются электроразведочный исследования позволяющие изучить разрез до глубин 4 – 5 км для картирования выступов кристаллических пород фундамента на эрозионную поверхность, а так же изучения распространения различных стратиграфических и литофациальных пород докембрийских образований.

Анализ керновых данных показал, что присутствие в разрезе преимущественно карбонатных или глинистых разностей влияет на уровень значений сопротивления толщи в целом. Однако в большинстве случаев, керновым материалом описаны карбонатные интервалы, поскольку именно они являются наиболее перспективными на обнаружение залежей УВ, выходя на предвендскую эрозионную поверхность. Таким образом, данные наблюдения и практические примеры применения электроразведочных работ показывают возможность использования наземных методов ЭРР в комплексе с данными сейсморазведки с целью корреляции стратиграфических толщ рифея.

**Метод (и/или Теория)**

Одним из наиболее эффективных электроразведочных методов при решении нефтегазопоисковых и структурных задач в Восточной Сибири является метод зондирования становлением поля в ближней зоне (ЗСБ) [3]. Метод основан на импульсном выключении тока в источнике (первичного электромагнитного поля) и регистрации спада вторичного электромагнитного поля в зондируемом пространстве. Скорость затухания вторичного электромагнитного поля пропорциональна удельной электропроводности зондируемой среды.

Т.к. метод основан на индукционном принципе распространения электромагнитного поля (применяются незаземленные генераторная и приёмные петли), открывается возможность изучения отложений, перекрытых мощными слоями солей, которые являются непреодолимым экраном для методов постоянного тока.

Современные электроразведочные работы в комплексе ГРР в Красноярском крае выполняются с 2017 г. Типичная установка ЗСБ с размером генераторной петли 600×600 м, приёмной - 18×18 м; силой тока в источнике до 170 А. Шаг по профилю составил 500 м.

**Результаты применения**

Согласно синтетическому моделированию сигналов ЗСБ выявлено, что при сравнении моделей с наличием отложений рифея 100 м и более и полного отсутствия (выходов кристаллических пород фундамента на предвендскую эрозионную поверхность), расхождение превышает уровень шума. Таким образом, основная цель применения электроразведочных работ ЗСБ, это верификация текущей модели выступов фундамента, и выявление рисковых участков. По результатам профильных электроразведочных работ в ряде случаев подтверждены прогнозные зоны выступов по данным сейсморазведочных работ 2D и 3D и выявлены дополнительные участки предполагаемых выходов кристаллических пород на предвендскую эрозионную поверхность, путем картирования зон максимально высоких значений сопротивления.

Помимо контрастных объектов с высокими сопротивлениями, связанные с непродуктивными образованиями, по данным электроразведочных работ на ряде изученных территорий прослежены маркирующие проводящие геоэлектрические горизонты, положение которых в разрезе описывает как структурное особенности залегания толщ, так и литологические свойства пород. Проводящими интервалами в разрезе, часто определяются толщи характеризующиеся преимущественно глинистым составом (см. Рисунок.1), такие как: рассолкинская, и мадринская толщи.

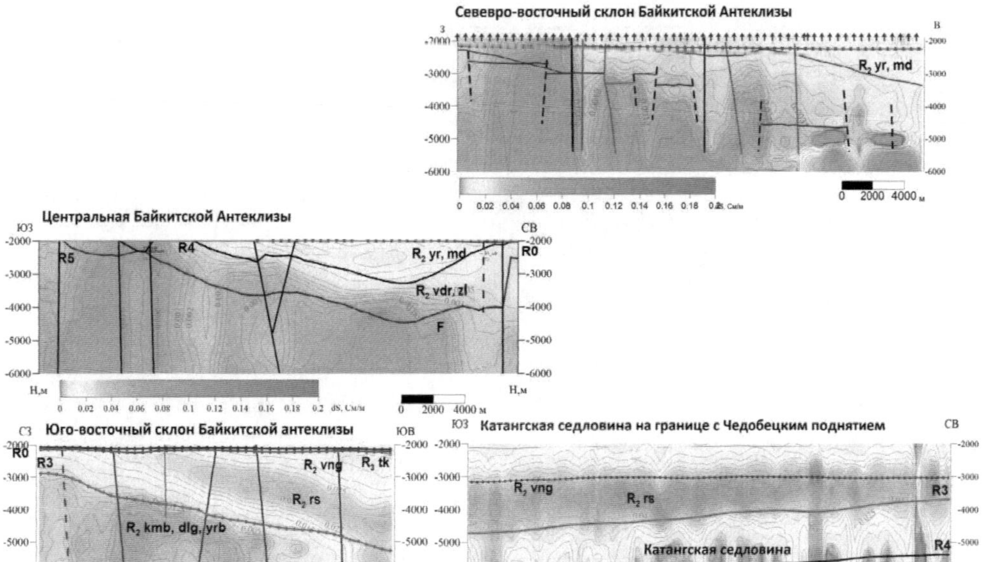


***Рисунок 1.*** *Разрезы дифференциальной проводимости рифейских отложений.*

Судя по геоэлектрическим разрезам, мощность рассолкинской толщи на юго-восточном склоне Байкитской антеклизы и в пределах Катангской седловины увеличивается и может достигать 600 - 800 м. Подошва геоэлектрически контрастного горизонта без учета данных сейсморазведочных работ, проходит параллельно ОГ R3 . Вблизи эрозионной поверхности (ОГ R0) мощность горизонта сокращается. При достаточной мощности отложений рифея, вверх по разрезу контрастный проводящий горизонт, приуроченный к преимущественно глинистым отложениям, сменяется толщей относительно высокоомных пород, приуроченных к преимущественно карбонатным толщам.

Необходимо отметить, что геоэлектрические свойства карбонатных отложений вблизи эрозионной поверхности, за счет интенсивных процессов выветривания, определяются степенью трещиноватости и характером насыщения. Кроме того, наличие глубинных разломов отражается в изменении геоэлектрических свойств, в большинстве случаев, вдоль разломов прослеживаются локальные субвертикальные зоны пониженных значений сопротивления, прослеживающихся на глубину от первых сотен метров до нескольких километров.

В работах Ю.А. Филипцова, Е.М. Хабарова показано наличие крупных рифейских карбонатных платформ на территории Байкитской антеклизы, М.А. Масленниковым и др. закартирована краевая часть платформы с крупными органогенными постройками и предрифовым склоном, который маркируется на сейсмических разрезах сменой волновой картины с сейсмически прозрачной на более динамически выраженную клиноформную. Опираясь на детальную 3D модель, окраина карбонатной платформы была прослежена и по 2D данным, что позволило закартировать крупную ранне-среднерифейскую платформу на территории Байкитской антеклизы и Катангской седловины. По данным электроразведочных работ на горизонтальном срезе УЭС зона отчетливо прослеживается средним уровнем значений сопротивления, относительно высокоомной платформенной части и перекрывающих проводящих преимущественно глинистых отложений. На геоэлектрических разрезах в рамках одного горизонта данная зона характеризуется большей проводимостью, чем глубоководная часть платформы (см. Рисунок 2).

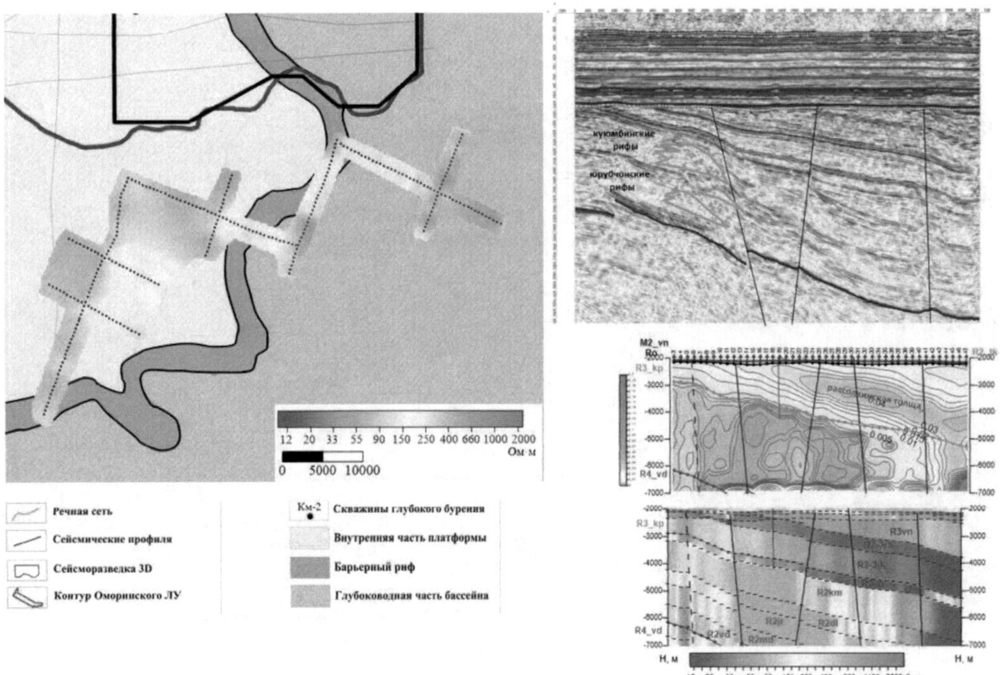


***Рисунок 2.*** *Изучение края карбонатной платформы рифея по\ЗСБ.*

**Выводы**

Таким образом, на основе практических примеров применения электроразведочных работ ЗСБ, последние могут быть использованы для изучения структурных и литологических свойств рефейских отложений в комплексе с данными сейсморазведочных работ, с целью корреляция отдельных толщ и выявления перспективных и оконтуривания менее перспективных участков для последующего освоения.

**Благодарности (на ваше усмотрение)**

Ваши тезисы ДОЛЖНЫ состоять из четырех полных страниц А4 и ДОЛЖНЫ содержать минимум один рисунок. Размеры шрифта и межстрочный интервал не должны отличаться от шаблона. Последний срок подачи ваших тезисов – 20 мая 2023 г.

**Библиография / References**

1. Масленников М.А., Дубовская А.А. и др. Опыт использования данных сейсморазведки для уточнения стратиграфии рифея Сибирской платформы. СТРАТИГРАФИЯ ВЕРХНЕГО ДОКЕМБРИЯ: ПРОБЛЕМЫ И ПУТИ РЕШЕНИЯ. Санкт-Петербург 2021 г.
2. Мельников Н.В., Якшин М.С., Шишкин Б.Б. и др. Стратиграфия нефтегазоносных бассейнов Сибири. Рифей и венд Сибирской платформы и ее складчатого обрамления. Новосибирск: «Гео». 2005. 428 с.
3. Кринин В.А., Конторович А.А., Гутина О.В. и др. Сводный геологический разрез и литофациальное районирование протерозойского комплекса внутренних районов югозападной части Сибирской платформы // Геология и минеральные ресурсы Центральной Сибири. Красноярск: КНИИГГиМС. 2002. Вып. 3. С. 140–159
4. Кощук Е.П., Кощук Н.П. Вопросы корреляции рифейских отложений Камовского свода с разрезами Чадобецкого поднятия (Сибирская платформа) и Енисейского кряжа // Геология и минеральные ресурсы Центральной Сибири. Красноярск: Изд-во КНИИГиМС. 2003. Вып. 401. С. 195–199
5. Филипцов Ю.А. Нефтегазоносность верхнего протерозоя западной части Сибирской платформы. Диссертация, д.г-м.н. Новосибирск. 2015. 42 с.
6. Поспеев А.В., Буддо И.В., Агафонов Ю.А., Шарлов М.В., Компаниец С.В., Токарева О.В., Мисюркеева Н.В., Гомульский В.В., Суров Л.В., Ильин А.И., Емельянов В.С., Мурзина Е.В., Гусейнов Р.Г., Семинский И.К., Шарлов Р.В., Вахромеев А.Г., Сень Е.А. [2018] Современная практическая электроразведка. Новосибирск: Академическое изд-во «Гео». 1-231. ISBN 978-5-9909584-1-8. DOI: 10.21782/B978-5-9909584-1-8
7. Процко А.Н. Геологическое строение и перспективы нефтегазоносности рифейских отложений междуречья Нижней и Подкаменной Тунгусок. Диссертация, к.г-м.н. Новосибирск. 2019. 20 с
8. Хабаров Е. М., Вараксина И. В. Строение и обстановки формирования мезопротерозойских нефтегазоносных карбонатных комплексов запада Сибирского кратона // Геология и геофизика. 2011. Т. 52. № 8. С. 1173–1198.

**Библиография / References**

1. Modern applied electroprospecting / A.V. Pospeev, I.V. Buddo, Y.A. Agafonov et al.; Edited by Corresponding Member of RAS D. Gladkochub ; RAS, Siberian Branch, Inst Earths Crust, Irkutsk, Russia – Novosibirsk : Academic publishing house «Geo» 2018. P. 53-56. DOI: 10.21782/B978-5-9909584-1-8.

**Сравнительный обзор технологий профилирования притока в добывающих горизонтальных скважинах для карбонатных пластов на примере Куюмбинского месторождения**

М.Т. Нухаев* (Сибирский Федеральный Университет), И.А. Никишин (ООО «Планима Трассерс»), К.Т. Величко (ООО «Планима Трассерс»), В.В. Капустин (ООО «Славнефть-Красноярскнефтегаз»), А.Г. Кузнецова (ООО «РН-КрасноярскНИПИнефть»), Колыбинский С.А. (ООО «РН-КрасноярскНИПИнефть»), В.А. Кабанов (ООО «Планима Трассерс)

**Введение**

Целью работы является сравнение технологий профилирования притока в добывающих горизонтальных скважинах для карбонатных пластов на примере Куюмбинского месторождения. Характерной особенностью коллекторских свойств рифейских и вендских комплексов Куюмбинской группы месторождений является наличие основного притока по трещинам и кавернам. После проведение работ по интенсификации притока, распределение профиля притока значительно меняется. Для применения инженерного подхода к эксплуатации горизонтальных скважин требуется технология, позволяющая проводить длительный мониторинг профиля притока. проб по определенной программе, далее выполняется лабораторный анализ хроматографическими методами и математическая интерпретация состава притока.

**Описание метода**

В работе представлено сравнение следующих решений (Рисунок 1):

- традиционное ПГИ в открытом стволе с помощью механической расходометрии;
- ПГИ с помощью шумометрии и термометрии на ГНКТ;
- распределенные системы измерения температуры на базе оптоволокна;
- хромато-десорбционные системы [1, 2], устанавливамые на оборудование заканчивания скважин (Рисунок 2). Системы представляют собой полимерный композиционный материал, в который на этапе изготовления запаковываются уникальные химические аналиты. ХДС устанавливаются на оборудование нижнего заканчивания скважин и имеют уникальное сочетание пар нефте-, водо- и газовых индикаторов для каждого интервала. При контакте с целевым флюидом из ХДС начинает выделяться соответствующий аналит, который с потоком пластовых флюидов поступает на поверхность. На устье осуществляется отбор проб по определенной программе, далее выполняется лабораторный анализ хроматографическими методами и математическая интерпретация состава притока (Рисунок 3).

В работе приведены примеры работы данных технологических решений для условий работ горизонтальных скважин Куюмбинского месторождения. Представлены основные преимущества и недостатки каждого из решений. Приведен сравнительный инженерный и экономический анализ использования каждой из технологий профилирования притока.

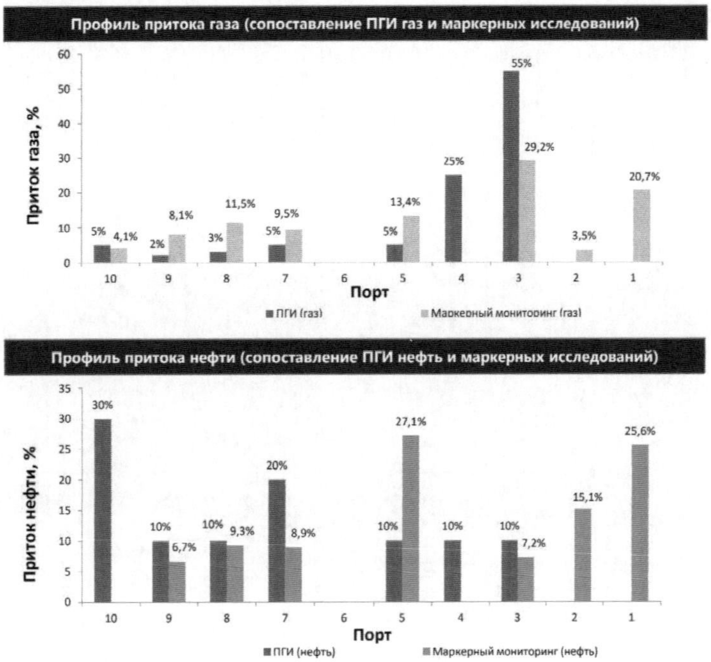


***Рисунок 1.*** *Сопоставление результатов исследований профиля притока скважины*

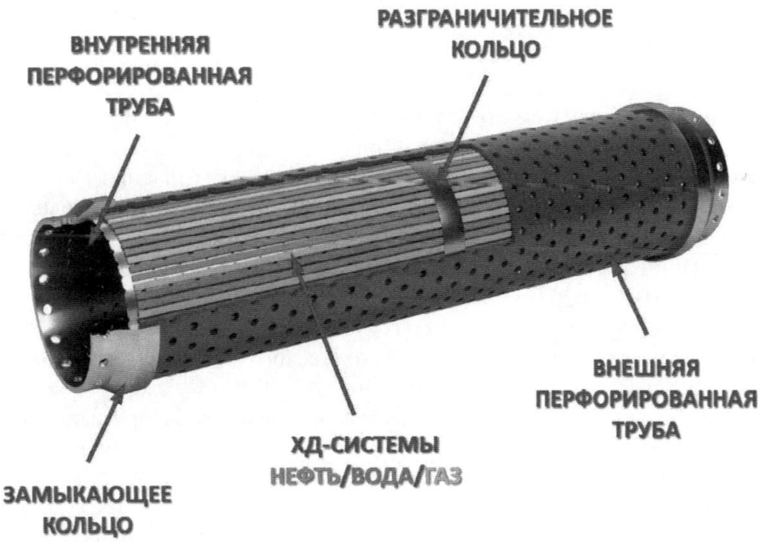


***Рисунок 2.*** *Схематичное изображение фильтра кожуха-носителя с интегрированными ХД-системами всех типов*

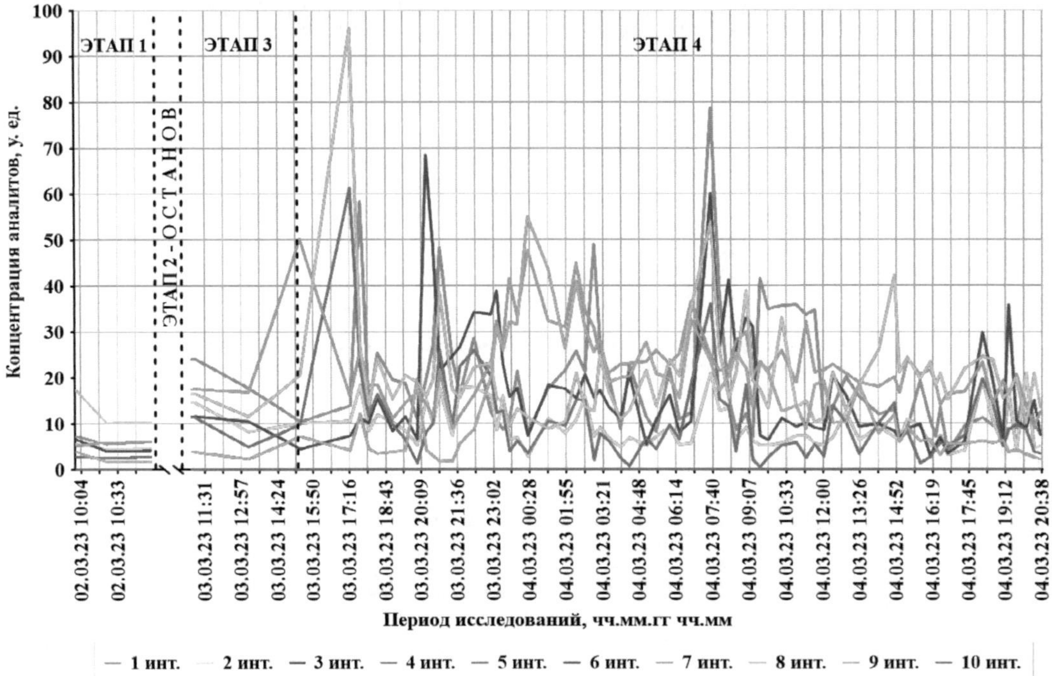


***Рисунок 3.*** *Концентрации нефтяных аналитов, полученных в ходе исследований с помощью ХД-систем*

**Выводы**

Проведенные работы на нескольких скважинах Куюмбинского месторождения показали преимущества использования хромато-десорбционных систем для постоянного мониторинга работы скважин. В процессе работ удалось оценить качество освоения различных зон после вывода на режим, изменение профиля притока по результатам проведенных работ по интенсификации притока, а также определение интервалов прорыва воды и газа. Тем не менее, данный тип постоянного мониторинга необходимо дополнять ПГИ с помощью шумометрии и термометрии на ГНКТ для описания процессов в призабойной зоне скважины. Комплексирование данных исследований необходимо для планирования возможного комплекса мер геологического, технологического, технического и экономического характера, направленных на реализацию проектных решений по объекту Куюмбинского месторождения, оптимизации его работы и в целях обеспечения максимальной добычи углеводородов.

Впервые в России для постоянного мониторинга разработки карбонатного месторождения горизонтальными скважинами предлагается комплексирование хромато-десорбционных систем и ПГИ с помощью шумометрии и термометрии на ГНКТ. Проведенные работы показали несомненные преимущества данного подхода для оптимизации разработки месторождения.

**Библиография / References**


1. Shtun. S., Senkov. A., Abramenko O., Nikishin I., Efimov E., Minakhmetov R., Platonov I., Nukhaev. M., Kabanov V. Technology for Monitoring Gas and Water Breakthrough Intervals using Chromate Desorption Systems in the Development of Fields in the Caspian Sea. SPE Russian Petroleum Technology Conference. 2021 – 206623

2. Lyutoev P.A., Nikishin I.A., Platonov I.A., Nukhaev M.T., Kabanov V.A., Minakhmetov R.A., Velichko K.T. The use of chromate-desorption systems to determine the intervals of water and gas

breakthrough in the development of oil rims on the example of continuous monitoring of the wells of the Yareyuskoye field. PROneft. Professionally about Oil. 2023;8(1):81-88.

Геомодель

**Автоматическое построение кривых падения и характеристик вытеснения для анализа и планирования разработки месторождений**

В.Р. Иксанов* (ООО «РН-БашНИПИнефть»), М.Н. Харисов (ООО «РН-БашНИПИнефть») ,
Х.Х. Сулейманов (ООО «РН-БашНИПИнефть»)

**Введение**

Анализ текущего состояния эксплуатации и оперативный прогноз уровней добычи новых скважин являются важными этапами планирования разработки месторождений. В настоящее время для этой цели широко используется подход с использованием кривых падения и характеристик вытеснения.

Определение кривых падения и характеристик вытеснения осуществляется на основе анализа фактических показателей эксплуатации, требующем сбора и обработки большого объема разнообразных данных. В связи с этим возникает потребность в автоматизации и унификации данного процесса.

**Алгоритмы построения кривых падения и характеристик вытеснения**

Для построения кривых падения новых скважин был разработан алгоритм представленный на рисунке 1.

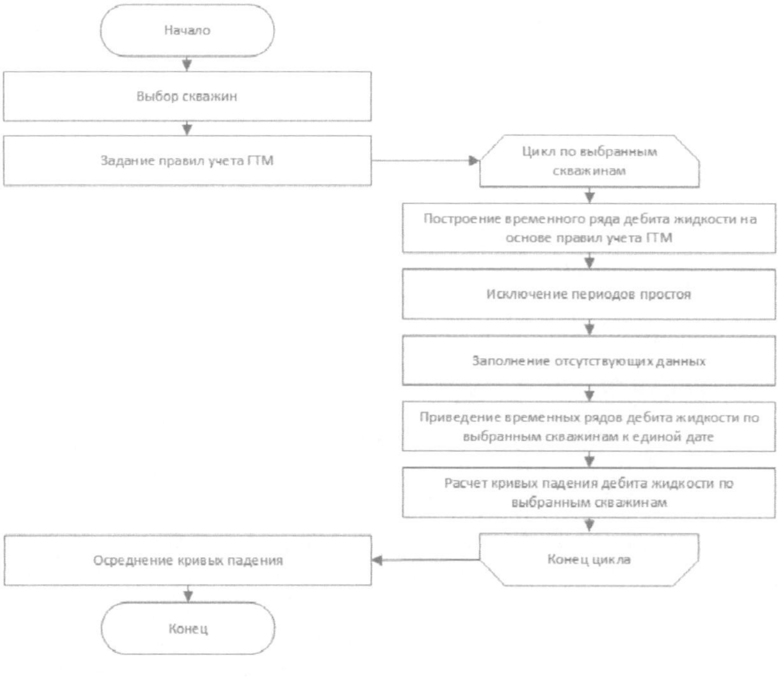


***Рисунок 1.*** *Алгоритм построения кривых падения*

Задание правил учета геолого-технических мероприятий позволяет по каждому виду определить свой способ обработки. В случае проведения на выбранной скважине ГТМ для построения временного ряда дебита жидкости показатели эксплуатации по скважине могут: использоваться в полном объеме; использоваться до момента проведения мероприятия; не использоваться.

Заполнение отсутствующих данных производится линейной интерполяцией или с использованием последнего значения.

Осреднение кривых падения осуществляется с использованием следующей системы уравнений:

$$\begin{cases} \bar{k}_0 = 1 \\ \bar{k}_t = \bar{k}_{t-i} \cdot \dfrac{\sum\limits_{i=1}^{n} q_t^{(i)}}{\sum\limits_{i=1}^{n} q_{t-1}^{(i)}}, q_t^{(i)} > 0 \end{cases},$$

где: $\bar{k}_t$ – средний коэффициент падения дебита жидкости в момент времени *t*; $q_t^{(i)}$ – дебит жидкости *i*-й выбранной скважины в момент времени *t*.

Построение характеристик вытеснения осуществляется с использованием алгоритма представленного на рисунке 2.

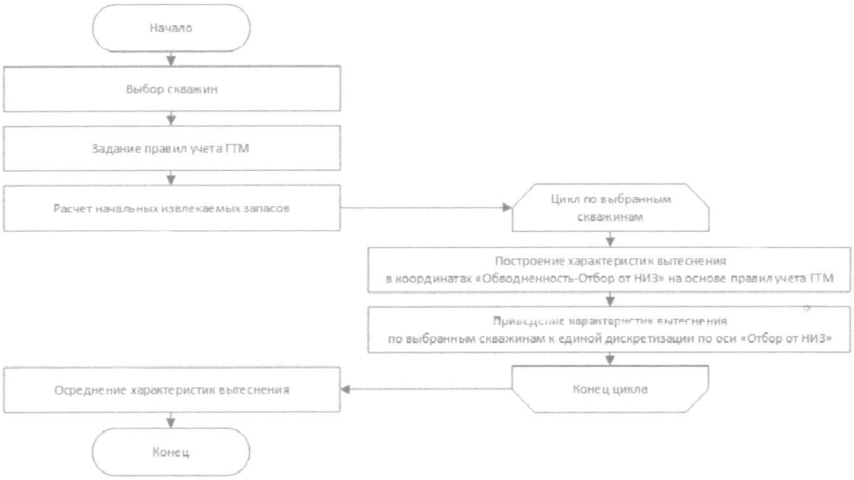


***Рисунок 2.*** *Алгоритм построения характеристик вытеснения*

Расчет начальных извлекаемых запасов по выбранным скважинам осуществляется объемным методом [1] с использованием контуров Вороного [2].

Приведение характеристик вытеснения к единой дискретизации по оси «Отбор от НИЗ» осуществляется линейной интерполяцией.

**Примеры построения кривых падения и характеристик вытеснения**

Разработанные алгоритмы были реализованы в виде модуля программного продукта РН-КИН.Express.

Пример построения кривых падения представлен на рисунке 3.

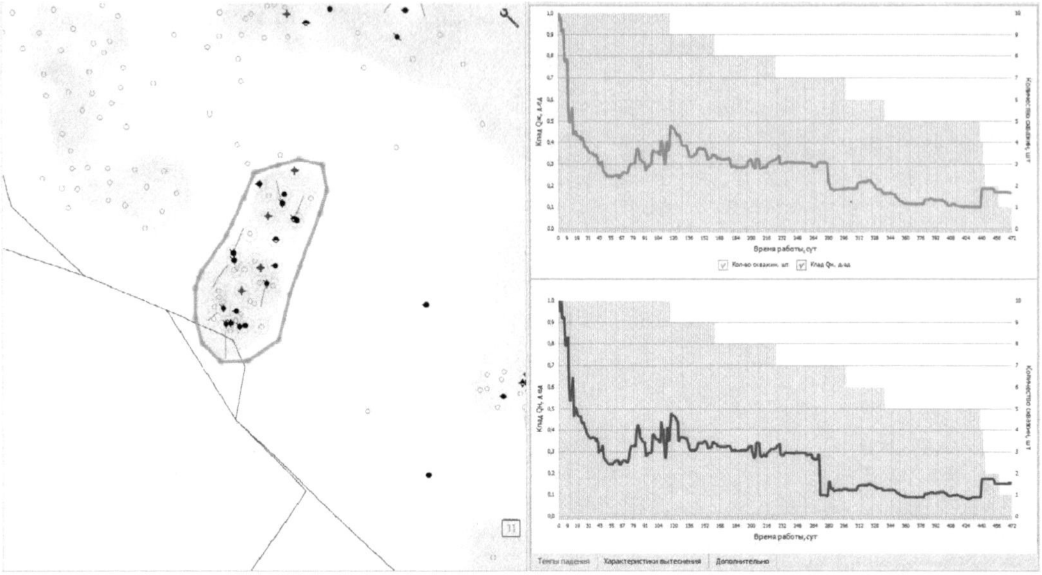


***Рисунок 3.*** *Пример построения кривых падения*

Пример построения характеристик вытеснения представлен на рисунке 4.

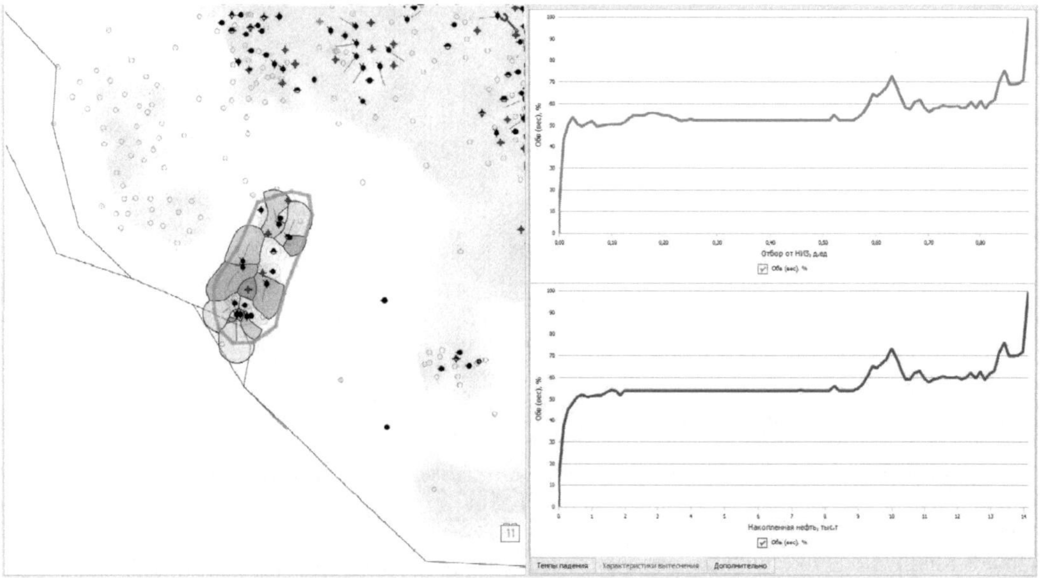


***Рисунок 4.*** *Пример построения характеристик вытеснения*

Полученные кривые падения и характеристики вытеснения, а также использованные исходные данные и параметры расчета имеется возможность сохранить в корпоративную базу данных.

Для анализа текущего состояния эксплуатации новых скважин в модуле предусмотрен режим сравнения кривых падения и характеристик вытеснения с результатами расчета по объектам-аналогам из корпоративной базы данных (рисунок 5).

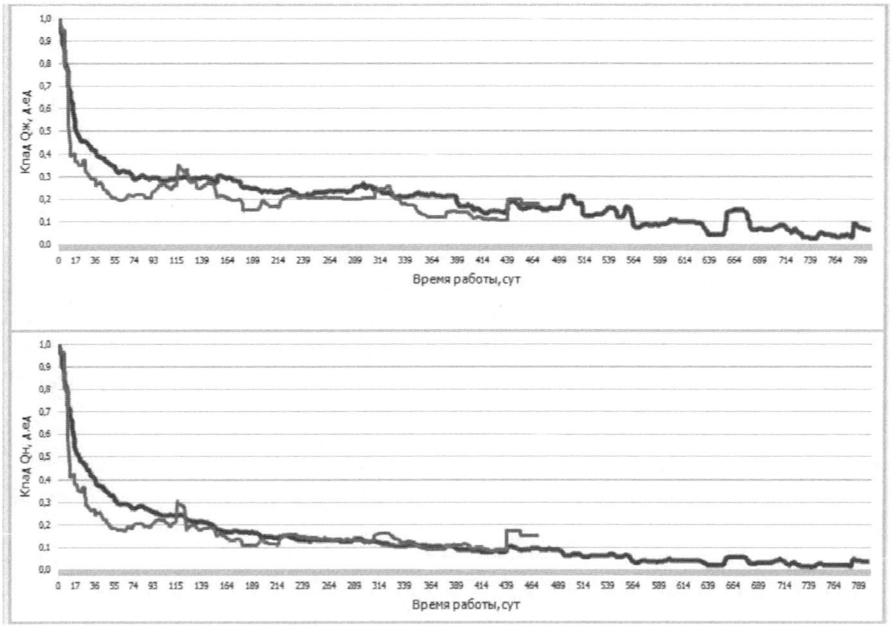


***Рисунок 5.*** *Пример сравнения кривых падения*

**Выводы**

Разработанное алгоритмическое и программное обеспечение позволяет унифицировать и автоматизировать процесс построения кривых падения и характеристик вытеснения, повышая эффективность процесса анализа и планирования разработки месторождений.

Возможность сохранения проекта (исходные данные, настройки и результаты расчета) в корпоративную базу данных обеспечивает прозрачность и единое информационное пространство для пользователей, находящихся в разных географических местоположениях.

**Библиография**

1. Dake L.P. Fundamentals of Reservoir Engineering. – Elsevier, 1983. – 498 p.
2. Скворцов А.В., Мирза Н.С. Алгоритмы построения и анализа триангуляции. – Томск: Изд-во Том. ун-та, 2006. – 183 с.

**References**

1. Dake L.P. Fundamentals of Reservoir Engineering. – Elsevier, 1983. – 498 p.
2. Skvorcov A.V., Mirza N.S. Algoritmy postroeniya i analiza triangulyacii. – Tomsk: Izd-vo Tom. un-ta, 2006. – 183 p.

**Подходы к выбору реализаций при вероятностном моделировании геологической модели и анализ влияния на параметры разработки**

С.А. Андронов* (ООО «Газпромнефть НТЦ»), Е.А.Горенкова (ООО «Газпромнефть НТЦ»), И.А. Максименко (ООО «Газпромнефть НТЦ»), А.А. Гомонов (ООО «Газпромнефть НТЦ»)

**Введение**

Геологическое моделирование играет важную роль в нефтегазовой индустрии. Точное моделирование критически важно для определения наиболее эффективного способа извлечения нефти и газа из подземных резервуаров. В данной статье описан опыт выбора вариантов при вероятностном геологическом моделировании и его влияние на параметры разработки. В частности, будут рассмотрены особенности моделирования с использованием модуля геоскрининга программного обеспечения Petrel и то, как идентичные варианты запасов углеводородов могут отличаться по объему связанных пор и фильтрационным свойствам.

**Методология**

Вероятностное моделирование является методом, позволяющим учитывать неопределенность и изменчивость геологических параметров, таких как структурная поверхность, фильтрационно-емкостные свойства резервуара, PVT параметры флюидов. Оно включает создание ряда возможных сценариев, которые могут отражать подземные условия нефтяного или газового месторождения. Эти сценарии известны как реализации геологической модели, и каждая реализация является возможным результатом на основе набора входных данных, которые определяют геологические свойства резервуара.

При выборе реализаций можно использовать разные подходы. Один из подходов - генерировать большое количество вариантов, которые затем анализируются для определения диапазона возможных результатов. Другой подход - использовать подмножество вариантов, которые представляют наиболее вероятные результаты. Последний подход может быть более эффективным, но может не учитывать весь диапазон возможных сценариев. Кроме того, важно учитывать, что среди такой выборки геологических реализаций могут оказаться варианты, которые при гидродинамическом моделировании не будут соответствовать тем же перцентилям вероятности.

Для рассматриваемого объекта (пласт В5 одного из месторождений Восточной Сибири) выполнены многовариантные расчеты геологической модели с помощью ПО Petrel, по результатам которых получен набор реализаций с различным набором геологических переменных. В процессе вероятностного моделирования был использован инструмент геоскрининга для выбора наилучшей реализации на основе критериев связности и фильтрационных характеристик пласта. Данный модуль в программе Petrel содержит быстрый калькулятор линий тока для анализа динамической связности и проверки представительности модели [3]. Таким образом для каждой геологической реализации просчитывается упрощенная версия гидродинамического расчета, что позволяет оценить связный поровый объём коллектора. При дальнейшем анализе полученных результатов критерий связности был использован как основной фактор - определен диапазон приемлемых значений и отобраны реализации, попадающие в этот диапазон. Кроме того, учитывались такие критерии, как соответствие перцентилю вероятности P10-P50-P90 общего углеводородонасыщенного объема, начальных геологических запасов нефти и газа и основных подсчетных параметров.

**Результаты**

Выбор реализаций при вероятностном моделировании геологической модели может повлиять на параметры разработки ввиду различной оценки запасов нефти или газа рассматриваемого объекта, что впоследствии влияет на выбор методов добычи, системы разработки и в целом на экономическую эффективность проекта. В то же время различные реализации с одинаковыми запасами углеводородов могут отличаться по связанному поровому объему, что также влияет на гидродинамическую модель и прогнозный профиль добычи.

Связанность коллектора означает степень, в которой поровые пространства в породе взаимосвязаны и позволяют потоку жидкости проходить через породу. В целом, более высокая связанность пласта может привести к более высоким дебитам и коэффициентам извлечения, поскольку она обеспечивает более эффективный поток жидкости через породу, однако влияние связности пласта на параметры разработки зависит и от других факторов, таких как тип добываемого флюида, пластовое давление, разработка на истощение или с ППД. Например, в некоторых случаях высокая связанность пласта может привести к увеличению добычи попутно добываемой воды, что может снизить общий коэффициент извлечения флюида.

Связанность коллектора и фильтрационно-ёмкостные свойства взаимосвязаны, и изменение одного из этих параметров может повлиять на другой. Например, при увеличении коэффициента связанности уменьшается эффективная пористость и проницаемость коллектора, что может привести к снижению скорости фильтрации жидкости. С другой стороны, при увеличении пористости и уменьшении коэффициента связанности, проницаемость коллектора увеличится, и скорость фильтрации жидкости может увеличиться.

В гидродинамике проницаемость является одним из ключевых параметров для двух основных показателей: продуктивность и доля фаз в потоке. Коэффициент проницаемости в классическом виде определяется зависимостью от пористости по результатам керновых исследований. В благоприятных случаях уточняется дополнительными параметрами (кривые ГИС, фации и др.), а в худшем принимается один общий тренд на все «облако» точек керна.

В качестве модели зависимости «Кп-Кпр» использовалась концепция связанности порового пространства [1]. В рамках концепции в формуле расчета проницаемости есть уточняющий параметр S – структурный фактор, который отвечает за геометрическую связанность между отдельными порами. Данный параметр позволил подобрать зависимости для каждого литотипа.

В рамках проекта получилось увязать структурный фактор S с кривой ДГК. Таким образом удалось перейти от дискретного прогноза к непрерывному.

Проведенные многовариантные расчеты геологических моделей подтвердили, что наилучшая реализация имеет более высокие значения проницаемости, что обеспечивает более высокие дебиты по сравнению с другими вариантами. Для рассматриваемого объекта разработки из всего ансамбля моделей по вариантам P50 была выбрана базовая реализация и в качестве стресс-теста реализация с наихудшей связанностью коллектора (Рисунок 1, Рисунок 2).

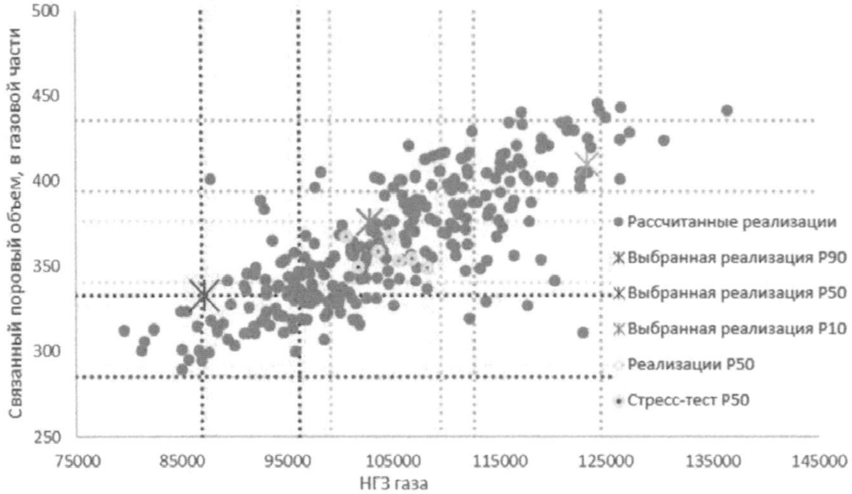


***Рисунок 1.*** *Выбор реализации варианта P50 с наихудшей связанностью для газовой части*

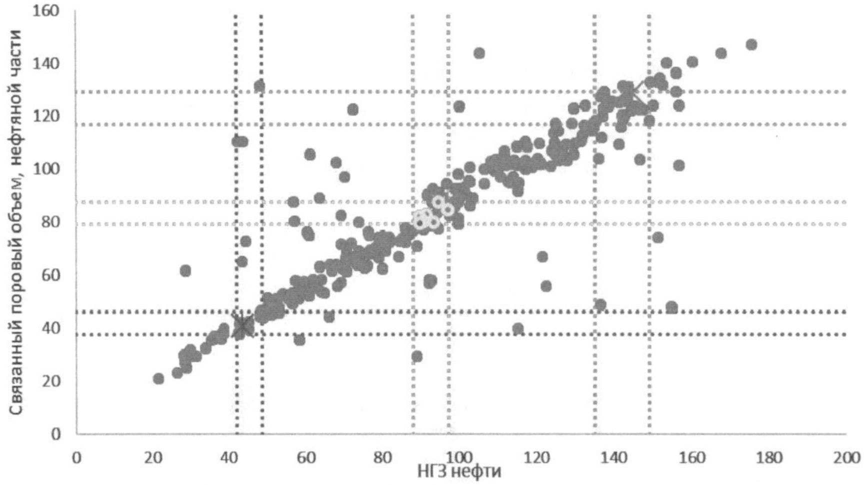


***Рисунок 2.*** *Выбор реализации варианта P50 с наихудшей связанностью для нефтяной части*

| Модель | Добыча газа на скважину, млн.м3 | Добыча нефти на скважину, тыс. |
|---|---|---|
| Базовый вариант | 2809 | 168 |
| Уменьшение связанности коллектора | 2635 (-6%) | 150 (-10%) |

При сопоставимых запасах нефти/газа для варианта P50 профиль добычи УВ может достаточно сильно варьироваться в зависимости от связанности коллектора. Данный факт был учтен при выполнении формировании конечного пула моделей 10-50-90.

По результатам проведенных работ было подтверждено, что использование модуля Geoscreening в ПО Petrel позволяет более точно подобрать варианты, соответствующие перцентилям 10, 50 и 90 по всем параметрам.

В целом, влияние связанности пласта и фильтрационно-емкостных свойств на параметры разработки является сложным и зависит от множества факторов. Понимание этих свойств и их влияния необходимо для разработки эффективных стратегий добычи и максимального извлечения углеводородов из пласта.

**Заключение**

Результаты выполненных работ доказывают, что использование модуля Geoscreening в ПО Petrel является эффективным инструментом для улучшения точности моделирования и оптимизации процесса разработки месторождений.

Выбор реализаций при вероятностном моделировании геологической модели является важной задачей, которая может влиять на параметры разработки и качество модели. Для минимизации влияния выбора реализаций необходимо использовать комбинацию различных подходов к выбору реализаций, таких как метод Монте-Карло, методы оптимизации и экспертные оценки. Это поможет получить наиболее точную модель и оптимальные параметры разработки.

**Библиография**

1. Беляков Е.О. Петрофизическое моделирование фильтрационно-емкостных свойств нефтеносных коллекторов в концепции связанности порового пространства (на примере традиционных терригенных коллекторов Западной Сибири). — М.–Ижевск : Институт компьютерных исследований, 2021. — 288 с.
2. Методические рекомендации по созданию 3D геологических моделей. — ПАО «Газпром нефть», М-01.05.25-03, 2017. — 294 с.
3. Основы workflow и анализа неопределенности, выбор реализаций с модулем Geoscreening. — Schlumberger, 2021. — 67 p.

**References**

1. Belyakov E.O. Petrophysical modelling of oil reservoir properties in the concept of pore volume connectivity (on the example of traditional terrigenous reservoirs of Western Siberia). — M.–Izhevsk : Institute of Computer Scince, 2021. — 288 p.
2. Guidelines for the creation of 3D geological models. — PJSC «Gazprom neft», M-01.05.25-03, 2017. — 294 p.
3. Workflow basics and uncertainty analysis, selection of geological realization with Geoscreening module. — Schlumberger, 2021. — 67 p.

**«Расчет порового давления воды в мерзлых грунтах при миграции влаги на основе моделирования»**

Чжоу Бичэн* (МГУ «Геокриология»), А.В. Брушков (МГУ«Геокриология»), Ху ЦзяБо(КГУ «Геология»)

## Введение

Морозное пучение грунтов является основной причиной инженерных аварий в холодных регионах, но текущие экспериментальные и численные исследования сосредоточены на деформации грунтов при морозном пучении, в то время как численных исследований основных факторов, вызывающих деформацию при морозном пучении - давления поровой воды - меньше. Для моделирования процесса миграции воды при замерзании грунта в одном направлении в данном исследовании решается управляемое уравнение частного дифференциала для создания модели водно-тепловой связи в замерзшей грунте. Мы изучали изменения влажности грунта с помощью экспериментов по замораживанию грунта и смоделировали этот процесс с помощью методов моделирования, а также рассчитали значения давления поровой воды в замерзшем грунте.

## Теория

Напряженное состояние в мерзлых грунтов:

$$\text{(а) } p_i = p_w; \text{ (б)} p_i = \delta_s$$

(а)Напряженное состояние без ледяной линзы; (б) Напряженное состояние, образованной ледяной линзой.

Здесь $p_w$ - давление поровой воды, $p_i$ - давление льда и $\delta_s$ - эффективное напряжение.

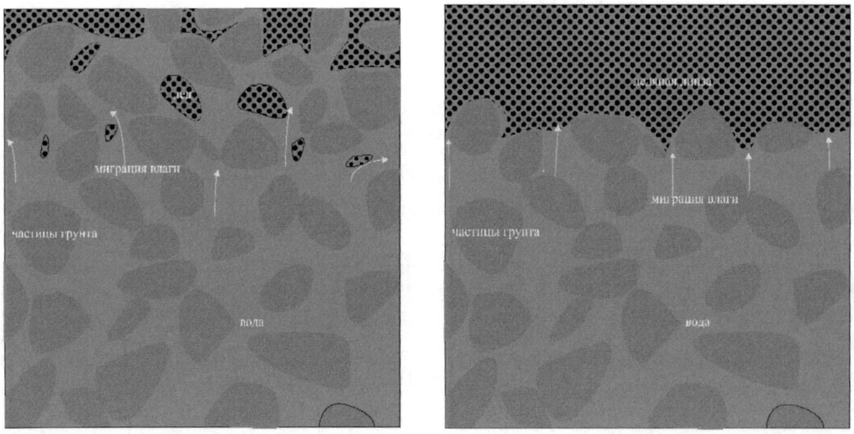


(а) (б)

***Рисунок 1.*** *Микроскопическая схема грунта на границе промерзания: (а)схема без ледяной линзы, (б)схема, образованной ледяной линзой.*

Как правило, по уравнению Клапейрона-Клаузиса получают два варианта формул для расчета порового давления воды мерзлого грунта:

$$\text{(а): } p_w\ (w_1) = -L/(V_w T_0) \cdot T; \text{ (б): } p_w(w_2) = -L/((\llbracket V_i - V \rrbracket_w) T_0) \cdot T$$

(а) - формула порового давления воды без ледяной линзы, (б)- формула порового давления воды, образованной ледяной линзой.

В то же время новая формула порового давления воды без ледяной линзы была получена путем преобразования формулы свободной энергии Гиббса:

$$p_w = 1/((1/\rho_w + \theta_w/\theta_i 1/\rho_i))L_f ln(T + 273.15)/(T_0 + 273.15)$$

Суть моделирования связанного гидротермического процесса в мерзлом грунте заключается в решении коэффициентного частного дифференциального уравнения:

(1).Уравнение теплопередачи с учетом скрытой теплоты фазового перехода:

$$\rho C \frac{\partial T}{\partial t} - L_f \rho_i \frac{\partial \theta_i}{\partial t} = \lambda_s(\theta)\nabla^2 T$$

(2) Уравнение фазового перехода лед-вода:

$$\frac{\partial \theta_u}{\partial t} + \frac{\rho_I}{\rho_w}\frac{\partial \theta_I}{\partial t} = \nabla[D(\theta_u)\nabla\theta_u + k(\theta_u)]$$

**Метод**

Методология исследования подразделяется на: эксперимент и моделирование.

Грунт для экспериментов с односторонним замораживанием- элювиальная палеогеновая каолиновая глина из Глуховецка, Украина Каолинит является наиболее доминирующим минералом в каолиновой глине, размер зерен: 1-0,05 мм - 0,5%, 0,05-0,002 мм - 44,7%, менее 0,002 мм - 54,8%.

***Таблица 1.*** *Свойства грунта и параметры граничных условий для экспериментов по замораживанию*

| Тип грунта | Высота | Начальное влажность | температура верхней поверхности | температура нижней поверхности | Начальная температура замерзания |
|---|---|---|---|---|---|
| глина | 28cm | 0.45 | -5°C | 0°C | -0.207°C |

На основе определяющих дифференциальных уравнений в частных производных создана математическая модель, моделирующая процесс миграции влаги в грунте при промерзании. Основываясь на вышеуказанных принципах, мы используем программное обеспечение Comsol для создания модели мерзлого грунта и задаем различные температурные граничные условия, так что температура верхней поверхности составляет -5 °C, а температура нижней поверхности составляет 0 °C; Граничное условие просачивания: отсутствие просачивания, время работы модели 120ч. Количественные значения параметров модели следующие, а остальные условные параметры доступны из литературы и экспериментов.

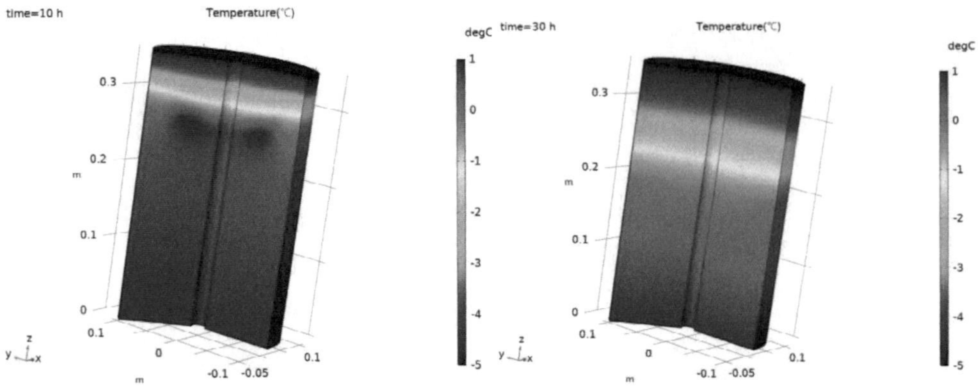


***Рисунок 2.*** *Изображения температур грунта модели после 10 часов и 40 часов замерзания*

**Результаты**

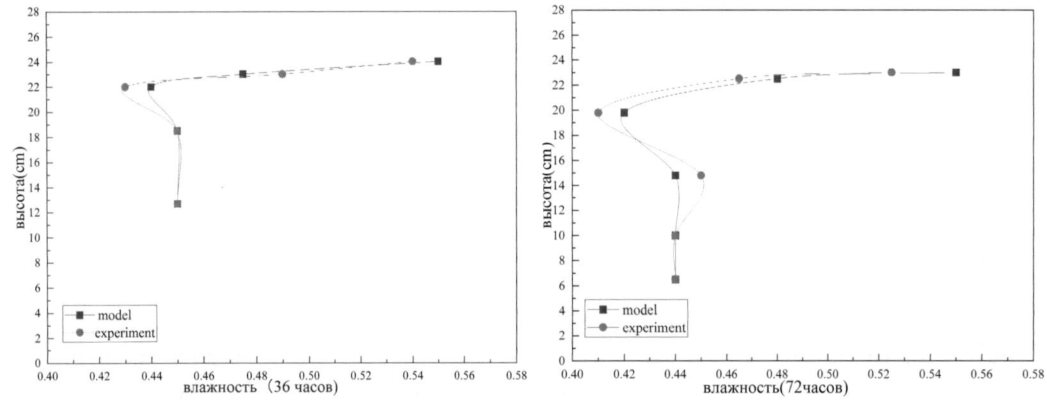


***Рисунок 3.*** *Экспериментальные и модельные результаты для влажности в мерзлой грунтовке*

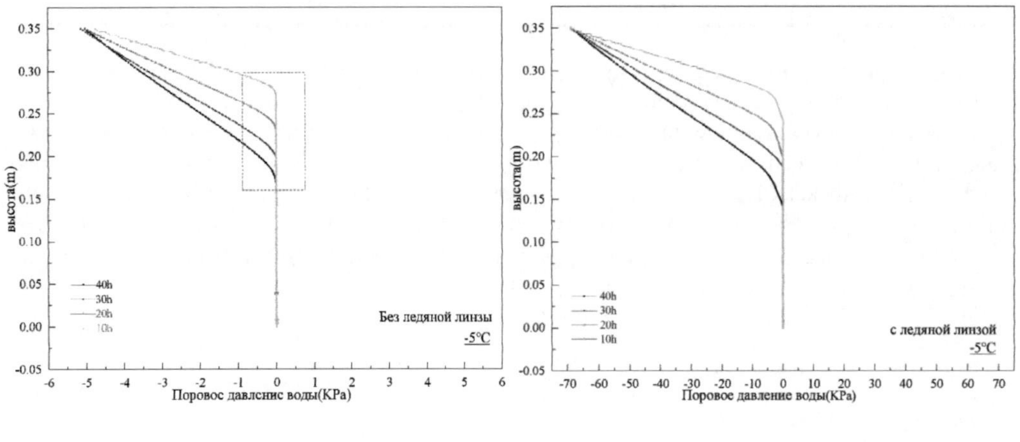


***Рисунок 4.*** *Результаты расчета порового давления влаги во глубине образца*

миграция незамерзшей воды в замороженную область под действием градиента температуры увеличивает влажность в замороженной области, при этом миграция воды существует и внутри замороженной области, чем выше содержание льда, тем больше препятствий для ее миграции, что приводит к минимальному значению влажности вблизи границы замороженной области. Результаты моделирования показывают, что значение давления поровой воды увеличивается с понижением температуры из-за расширения поровой воды в поровый лед, в то время как значение давления поровой воды в незамерзающих областях составляет 0.

**Выводы**

В данном исследовании получены новые расчетные формулы давления поровой воды для насыщенного мерзлого грунта путем решения уравнения свободной энергии Гиббса, и построена термогидравлическая модель связи при различных граничных условиях для расчета значений давления поровой воды и потока воды в процессе миграции воды. Результаты расчетов по модели показвли, что (1) глубина промерзания и изменение влажности со временем согласуются с экспериментальными результатами, подтверждая обоснованность модели; (2) давление воды в порах промерзающего грунта с ледяной линзой примерно в десять раз больше, чем без ледяной линзы, а расчетные результаты согласуются с ранее известными экспериментальными результатами; (3) температура верхней поверхности напрямую определяет верхний предел значения порового давления воды в промерзающем грунте; (4) в зоне промерзания поровое давление воды уменьшается с глубиной намного быстрее, чем скорость снижения температуры.

**Благодарности (на ваше усмотрение)**

**Библиография / References**

1. Bai Qing-Bo, Li Xu, Tian Ya-Hu, Fang Jian-Hong. Equations and numerical simulation for coupled water and heat transfer in frozen soil, Chinese Journal of Geotechnical Engineering, 2015, 37(2)：131-136. (In Chinese)
2. Konrad, J. M., Duquennoi, C. A model for water transport and ice Lensing in freezing soils[J]. Water Resources Research, 1993, 29(9): 3109-3124.
3. Zhao C, Liu Z, Shi P, Et al. Average soil skeleton stress for saturated soils and discussion on effective stress[J]. International Journal of Geomechanics, 2016, 16(6): D4015006.
4. Chen Fei-Xiong, Li N, Cheng G. The theoretical frame of multi-phase porous medium for the freezing soil. Chinese Journal of Geotechnical Engineering, 2002, 24(20): 213-217. (In Chinese)
5. LU Ning, LIKOS William J. Unsaturated soil mechanics[M]. Beijing: Higher Education Press, 2012: 269–287. (In Chinese)
6. Konrad, J. M. Unfrozen water as a function of void ratio in a clayey silt[J]. Cold Region Science and Technology, 1990, 18(1); 49-55.
7. O'Neill, K., The physics of mathematical frost heave models: a review[J]. Cold Regions Science and Technology, 1983, 6 (3), 275–291.
8. Konrad, J. M., Duquennoi, C. A model for water transport and ice Lensing in freezing soils[J]. Water Resources Research, 1993, 29(9): 3109-3124.
9. Harlan, R. L. Analysis of Coupled Heat-Fluid Transport in Partially Frozen Soil[J]. Water Resources Research, 1973, 9(5): 1314-1323

**Оценка влияния разломов на формирование тектонической трещиноватости**

Е.И. Михайлов* (ООО «НК «Роснефть»-НТЦ»), С.В. Корпач (ООО «НК «Роснефть»-НТЦ»)

**Введение**

При разработке месторождений с трещиноватым типом коллектором ключевой проблемой является выделение зон повышенной трещиноватости, Неоднородность фильтрационно-емкостных свойств коллекторов может быть связана либо с условиями формирования и преобразования пород-коллекторов из осадков, либо с тектонической обстановкой при формировании структуры.

Для месторождений, расположенных в сложных структурно-тектонических обстановках, главным фактором формирования трещин является тектонический. Поэтому для прогноза необходимо определить механизм и порядок формирования структур, с которыми связана трещиноватость, а также механические свойства вмещающих пород. При этом необходимо различать системы трещин, формирующиеся при образовании пликативных и дизъюнктивных структур. В данной работе использовался метод угловых дислокаций, позволяющий прогнозировать зоны трещиноватости, связанные с образованием разломов.

Входными данными для прогноза являются результаты структурно-кинематического моделирования. Они представляют собой кинематические модели, представленные геометрией горизонтов и разломов, векторами и амплитудами смещения по разломам и поверхностями восстановления для доскладчатых моделей. Затем на основе полученных данных рассчитывается напряженно-деформированное состояние для горных пород, слагающих структуру.

**Теория**

Метод угловых дислокаций предназначен для расчёта поля деформации в прилегающем к дизъюнктивному нарушению пространстве из амплитуды смещения примыкающих горизонтов с учётом кинематики смещения и геометрии разлома. В данном алгоритме разлом представляется в виде модели Андерсона-Рида, где разлом имеет конечные размеры и при его формировании на крыльях вблизи концов симметрично образуются области растяжения и сжатия. Поле деформации описывается главными осями деформации $\varepsilon_1$, $\varepsilon_2$, $\varepsilon_3$, где $\varepsilon_1$ ось максимального растяжения, а $\varepsilon_3$ – ось максимального сжатия. Имея их ориентировку, можно спрогнозировать основные параметры трещиноватости – тип, ориентировку и интенсивность трещин, которые могут сформироваться в таком поле деформаций. В геомеханическом смысле (в горном деле, в экспериментах с горными породами) различают два типа трещин: скола и отрыва [1-3]. В качестве высокопроницаемого коллектора интерес представляют, прежде всего, трещины отрыва, характеризующиеся раскрытостью (рисунок 1). Раскрытые трещины могут быть открытыми и залеченными. Данный тип трещин формируются ортогонально оси растяжении $\varepsilon_1$, в плоскости $\varepsilon_2$ - $\varepsilon_3$ (рисунок 1).

**Пример**

Расчёт поля деформации методом УД был произведен с помощью ПО MOVE для взбросов, нарушающих отложения мендымского горизонта лицензионного участка N. Расчёт производился для структурной поверхности горизонта и для профиля, пересекающего один из разломов. Так как нарушения затухают в пределах турнейского горизонта, исследуемый горизонт расположен близко к области затухания взброса. Зона влияния дизъюнктивного нарушения не превышает 200 м, что определено по зависимости уменьшения величины главной компоненты деформации $e_1$ от расстояния от взброса. В приразломной зоне в висячем блоке нарушения наблюдается обстановка сжатия, выраженная в значениях $\varepsilon_1$, близких к нулю и отрицательных аномалии $\varepsilon_3$(Рисунок 2-4).

В лежачем блоке прослеживается обстановка растяжения, представленная аномалиями величины $\varepsilon_1$ при значениях $\varepsilon_3$, близких к нулю (Рисунок 2-4). В висячем блоке оси главной компоненты деформации $\varepsilon_1$ ориентированы ортогонально поверхности нарушения, $\varepsilon_3$ – параллельно сместителю. В лежачем блоке ситуация противоположная – $\varepsilon_1$ ориентированы вдоль взбросов, $\varepsilon_3$ расположены перпендикулярно нарушениям (Рисунок 3, 4). На основе полученных данных были рассчитаны ориентировки прогнозируемых трещин скола и трещин отрыва (Рисунок 5, 6).

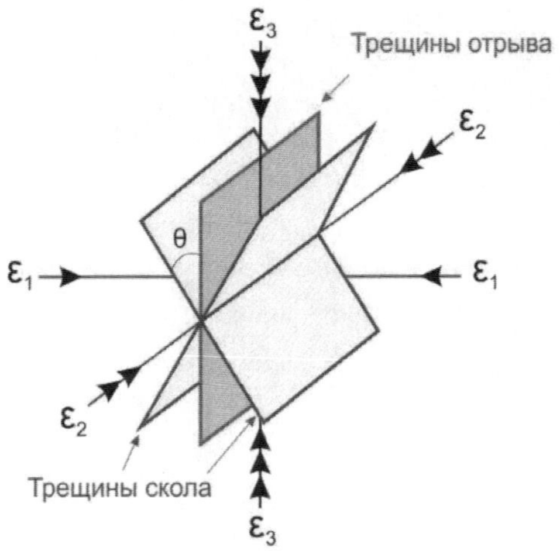


***Рисунок 1.*** *Типы и ориентировка трещин по отношению к ориентировке главных осей поля деформации*

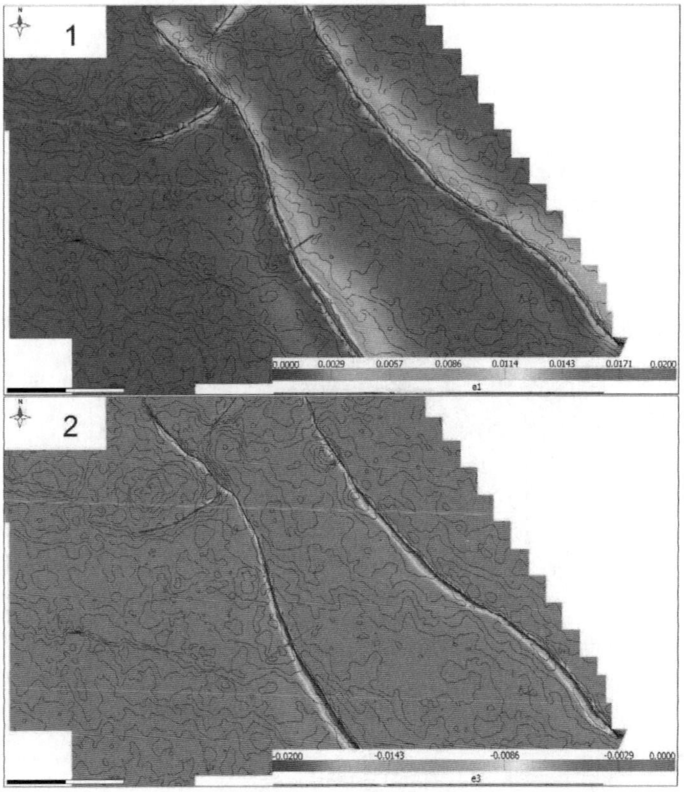


***Рисунок 2.*** *Структурная поверхность мендымского горизонта с вынесенными параметрами величины главной компоненты деформации $\varepsilon_1$ (1) и $\varepsilon_3$ (2)*

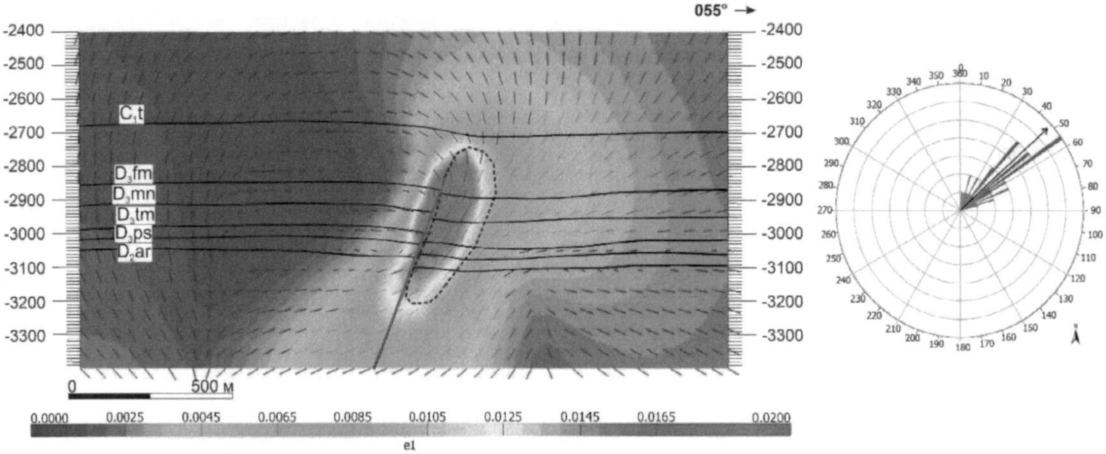


***Рисунок 3.*** *Профиль вкрест взброса с вынесенным значением величины и ориентировками главной оси деформации $\varepsilon_1$*

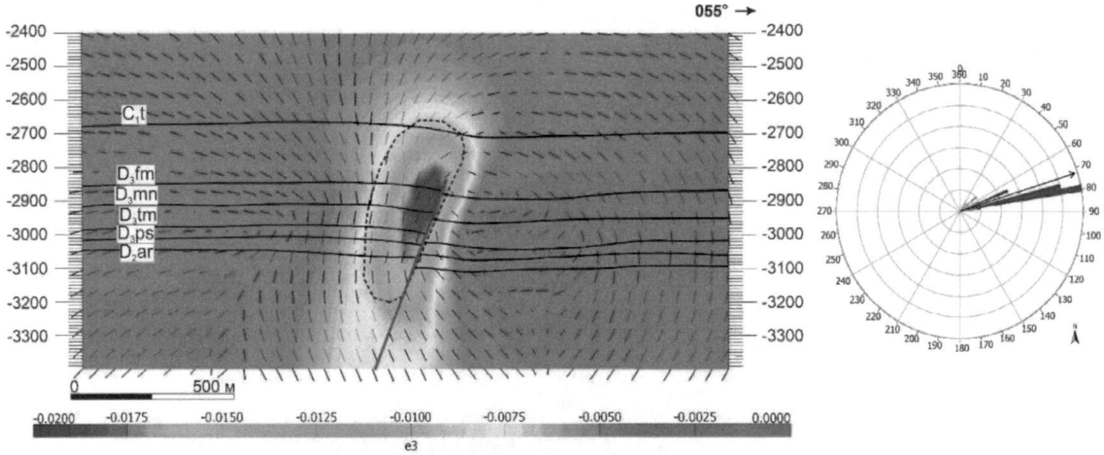


***Рисунок 4.*** *Профиль вкрест взброса с вынесенным значением величины и ориентировками главной оси деформации $\varepsilon_3$ в приразломной зоне*

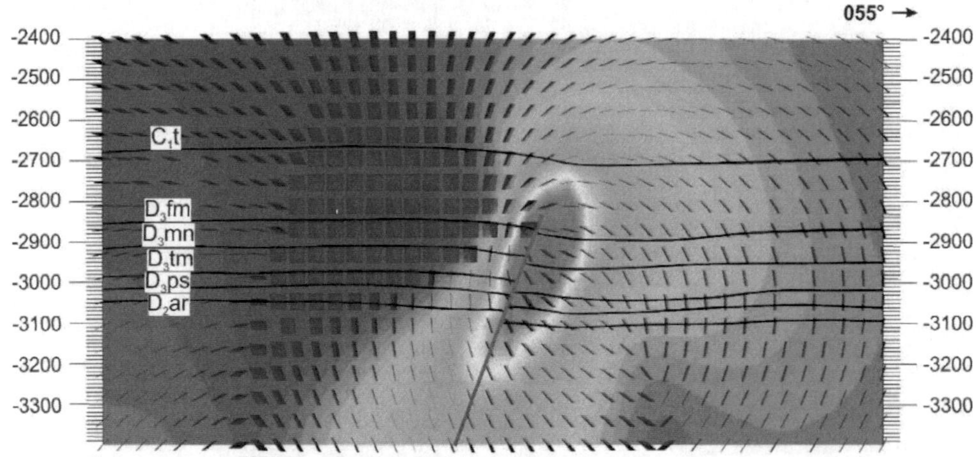


***Рисунок 5.*** *Профиль вкрест взброса спрогнозными ориентировками трещин отрыва*

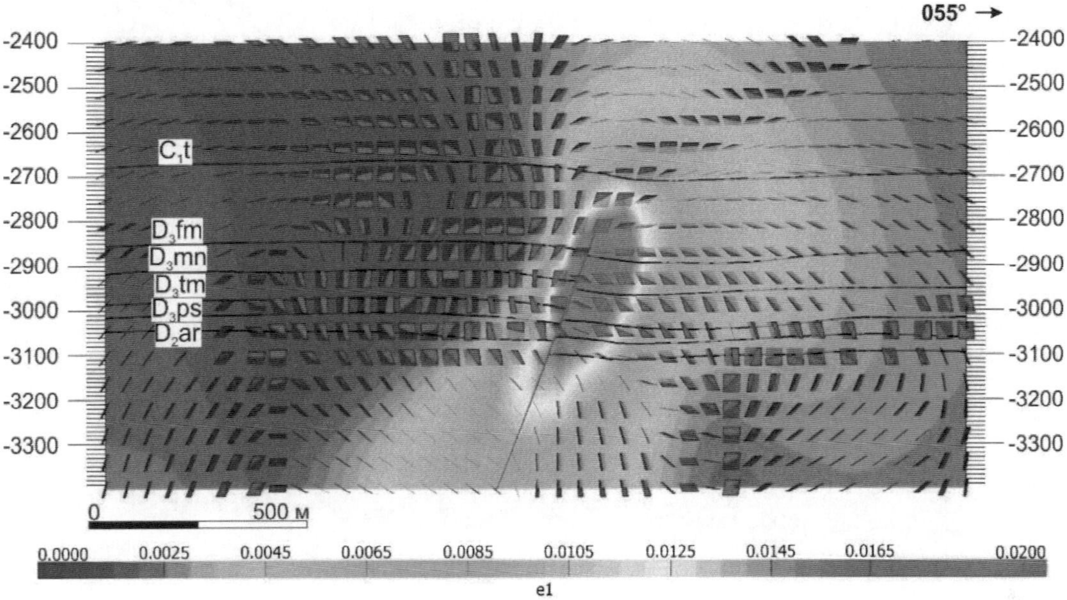


***Рисунок 6.*** *Профиль вкрест взброса спрогнозными ориентировками трещин скола*

**Выводы**

На основе это можно сделать вывод, что для исследуемого объекта, представленного отложениями мендымского горизонта, в лежачем блоке взброса формируются трещины отрыва, залегающие под пологими углами (не превышающие 40 град.) в зоне влияния нарушения не более 200 м от разлома. В висячем блоке вблизи разлома (десятки метров) прогнозируются сколовые трещины.

**Библиография / References**


1. Pollard D. et al. Fundamentals of structural geology. – Cambridge University Press, 2005.
2. Suppe J. Principles of structural geology. – Prentice Hall, 1985.
3. Zoback M. Reservoir Geomechanics. – Cambridge University Press, 2007.